THE DREAM MACHINE
ドリーム・マシーン
悪名高きV-22オスプレイの知られざる歴史

リチャード・ウィッテル 著　影本賢治 訳

鳥影社

ジェラルド・ヘリック（左）とコンバータプレーン。プリンストン大学を卒業した弁護士であり、技術者である彼は、その人生と資産の大半を個人的なドリーム・マシーンの開発に費やした。

（写真提供：国立航空宇宙博物館）

ジェームズ・G・レイと上院議員ハイラム・ビンガムは、1931年７月に米国議会議事堂イースト・フロントの駐車場からピトケアン・オートジャイロで離陸した。
（写真提供：ピトケアン財団）

9年もの間、憑りつかれたように設計・作製を繰り返したリモコン・ヘリコプターで展示飛行を行うアーサー・ヤング。1941年9月3日、部下の技術者たちと一緒にそれを見た航空企業家のラリー・ベルは、ヤングがフル・サイズのヘリコプター2機の製造を監督してくれるならば、25万ドルを支払う、と約束した。
（写真提供：ベル・ヘリコプター・テキストロン社）

ベル・ヘリコプター社の若き技術者であったディック・スパイビーと彼が特許を取得した「ウィスパー・チップ」のローター・ブレード
（写真提供：ベル・ヘリコプター・テキストロン社）

1959年、ベル・ヘリコプター社に入社したディック・スパイビーは、同社の最初のティルトローターであるXV-3コンバーチプレーンに初めて出会った。それ以降、ティルトローターは、スパイビーのドリーム・マシーンとなった。

（写真提供：ベル・ヘリコプター・テキストロン社）

ベル社の主任ティルトローター設計者であったケニス・G・ウェルニッケは、後にV-22オスプレイと呼ばれることになる航空機に対する軍の要求性能を聞いて、がく然とした。その設計に手を付けなかったウェルニッケは、ほぼ辞任したようなかたちでその職を離れた。

（写真提供：ベル・ヘリコプター・テキストロン社）

1988年5月23日、ベル社とボーイング社は、ハリウッドのプロデューサーの助けを借りながら、V-22オスプレイ初号機のロールアウトを公表した。迷彩塗装を施されたオスプレイは、戦闘準備を完了したかのように見えたが、実際には、それにはほど遠い状態であった。（写真提供：ベル・ヘリコプター・テキストロン社）

フロリダ州のマッキンリー極限気候研究所に送り込まれた試作4号機は、過酷な試験を受けた。「タイダウン試験装置」に拷問を受けるがごとく縛り付けられた機体は、焼けつくような摂氏52度から、骨まで凍り付くようなマイナス54度までの温度環境にさらされた。この拷問で受けた傷は、バージニア州クワンティコまでの運命的な飛行の開始を遅らせることになった。（写真提供：キャシー・マヤン）

MOTT（多用途実用試験チーム）のパイロットたち（1999年）。
前列左から右へ：ロン・カルプ少佐（コードネーム　カーリー）、マイク・ウェストマン少佐（同ピグミー）、キース・スウェーニー中佐（同ミッキー）、ジェームズ・シェーファー少佐（同トリガー）、ブルックス・グルーバー少佐（同チャッキー）、ジョン・D・エドワーズ空軍少佐（同ＪＤ）
後列左から右へ：ポール・ロック少佐（コードネーム　ロケット）、ジム・シャッファー空軍中佐（同ダートバグ）、マイケル・マーフィー少佐（同マーフ）、ジョン・T・トレス少佐（同ＪＴ）、ジョン・ブロー（同ブート）
（撮影：ロナルド・S・カルプ）

結婚式の日のブルックスとコニー・グルーバー。ブルックスが搭乗したオスプレイがマラーナで墜落してからというもの、コニーは月を見るたびに、彼が死の直前にそれを見たに違いないと思わずにはいられないのであった。
（写真提供：コニー・グルーバー）

サウスカロライナ州出身の 22 歳のクルー・チーフであったケリー・キース伍長は、フーティー・アンド・ザ・ブロウフィッシュの「レット・ハー・クライ」を歌うのが好きであった。キースは、マラーナでの事故で死亡した。
（撮影：エリック・ソールスギバー）

ニュー・リバーでの事故で死亡したマイケル・マーフィー少佐（コードネーム「マーフ」）（左）とジェームズ・シェーファー少佐。MOTT（多用途実用試験チーム）のパイロットたちは、社交的なマーフィーのことを「市長」と呼んでいた。見知らぬ人ばかりの部屋に入っても、２人の友達と一緒に出てくることができたからである。　（撮影：ロナルド・S・カルプ）

ジェイソン・バイク軍曹（左）とアベリー・ランネルズ２等軍曹。クルー・チーフであった２人は、ニュー・リバーでの事故で亡くなった。　（撮影：モーリーン・マルロニー）

オスプレイは、17ヵ月間の飛行停止の後、2002年5月29日にメリーランド州のパタクセント・リバー海軍航空基地で飛行を再開した。　（撮影：ジェームズ・ダーシー）

アリゾナ州ユマでイラク派遣のための訓練中に、オスプレイの前でポーズをとるポール・ロック中佐と VMM-263（第 263 海兵中型ティルトローター飛行隊）の隊員たち
（撮影：フェイ・K・ロス）

マーク・トンプソンは、オスプレイがイラクで惨事を引き起こすと予測する記事をタイム誌に掲載した。その記事に対する隊員たちの答えを示したこの写真は、VMM-263（第 263 海兵中型ティルトローター飛行隊）の誰からも好評であった

ドリーム・マシーン
悪名高きV−22オスプレイの知られざる歴史

目次

V－22オスプレイの開発中に命を失った民間人や海兵隊員、そしてその愛する者や友人たちにこの本を捧げる。

1992年7月20日
バージニア州クワンティコ

ジェラルド・W・マヤン
ロバート・L・レイバーン
アンソニー・J・ステシック・ジュニア
パトリック・J・サリバン
ブライアン・J・ジェームズ少佐
ゲイリー・リーダー上級曹長
ショーン・P・ジョイス1等軍曹

2000年4月8日
アリゾナ州マラーナ

搭乗員
ジョン・A・ブロー中佐（特別昇任）
ブルックス・S・グルーバー少佐
ウィリアム・B・ネルソン2等軍曹
ケリー・S・キース伍長

同乗者
第5海兵隊第3大隊
クレイトン・J・ケネディ少尉
ホセ・アルバレス・ジュニア軍曹
アダム・C・ニーリー伍長
カン・ソレルランス伍長
ジェイソン・T・デュークランス伍長
イエスゴンザレス・サンチェスランス伍長
セス・G・ジョーンズランス伍長
ホルヘ・A・モリンランス伍長
ケネス・O・パディオ伍長
ガブリエル・C・クレベンジャー1等兵
アルフレッド・コロナ1等兵
ジョージ・P・サントス1等兵
ケオキ・P・サントス1等兵
アダム・L・タトロ2等兵

第38海兵隊航空団通信大隊
エリック・J・マルティネス伍長

2000年12月11日
ノースカロライナ州ニュー・リバー

キース・M・スウェーニー中佐
マイケル・L・マーフィー中佐（特別昇任）
アベリー・W・ランネルズ2等軍曹
ジェイソン・A・バイク軍曹

ドリーム・マシーン

悪名高きV－22オスプレイの知られざる歴史

プロローグ

「セールスマンは、夢に生きるものなのだ。その夢は、受け持ち区域にあるのだ」
『セールスマンの死』アーサー・ミラー著、倉橋 健訳

ディック・スパイビーは、そのニュースを聞いた時にどこで何をしていたのか、今でもはっきり覚えている。2000年4月8日19時58分（現地時間）にアリゾナ州マラーナ近郊の砂漠で発生したその惨事は、1963年11月22日のケネディ暗殺や2001年9月11日のアメリカ同時多発テロ事件にならぶ衝撃的な出来事として、スパイビーの脳に刻まれた。「これらの出来事は、私にとって、どれも同じくらいに重大なものなのです」スパイビーは、テキサス州独特のなまりのある発音と、ジョージア州独特のゆっくりとした話しぶりで私に語った。

その事故が起こった時、スパイビーは、事故が発生したマラーナから8500キロメートルも離れ、7時間も時差があるロンドンで朝を迎えていた。その都心にあるシスル・ホテル・ビクトリアのベッドで目が覚めたばかりのスパイビーは、朝のテレビニュースの音だけを聞いていたのであった。大理石風の石で作られたシスル・ビクトリアは、やや古ぼけてはいるものの、多くの列車が発着するビクトリア駅に連接した便利なホテルとして観光客に人気があった。59歳のスパイビーは、テキサス州フォートワースにあるベル・ヘリコプター社に勤める航空技術者出身の営業担当者であ

り、月曜日に行われる航空機関連の会議に参加するため、そのホテルに滞在していたのであった。その会議では、スパイビーと1人の海兵隊将官が、ある航空機について発表することになっていた。それは、スパイビーが約20年前に海兵隊と調達契約を交わした航空機であり、その調達は、海兵隊にとって過去に類を見ないほど優先度の高い事業であった。

その航空機とは、V‐22（ブィ・トゥエンティ・トゥと発音される）オスプレイのことであった。翼端に取り付けられた2つの巨大なローターを離着陸時は上方に、高速飛行時は前方に傾けることから「ローターを傾ける」という意味の「ティルトローター」と呼ばれるこの航空機は、1920年代から発明家、技術者、事業者および軍が悩み続けてきた航空工学上のある課題に対し、ベル社が提案した解決策であった。その課題とは、ヘリコプターのように垂直に離着陸し、ホバリングすることができ、かつ、飛行機のように早く、遠くまで飛べる航空機を作ることであった。スパイビーは、かつて、技術者としてその航空機の設計に携わり、1970年代に営業担当者となってからは、話を聞いてくれそうな人であれば誰にでも、それを宣伝し続けてきた。ディック・スパイビーは、単に商品を売るだけではなく、夢を持ったセールスマンであった。ティルトローターが、ジェット・エンジンと同じように、人類の飛行方法に変革をもたらすと信じていた彼は、出会ったすべての人々にその信念を伝え続けてきたのである。

2000年春の時点で、オスプレイのスケジュールは最初の予定より9年遅れており、その予算は当初の見積よりも数十億ドルも超過していた。技術的ハードルと政治的干渉という二重の困難に直面し、製造上の問題も抱えていたオスプレイの開発者たちは、ビジネス上のライバルたちと自らの野心的過ぎた目標によって、息の根を止められそうになっていた。そもそもオスプレイを製造すべきなのか、という米国政府内の政治的論争は、感情的にも金銭的にも痛々しいものとなっていた。しかし、この論争に勝利を収めた海兵隊は、オスプレイの導入を強力に推し進め、2001年のオスプレイ導入後に行う部隊改編に備え、オスプレイを使って、想定上の任務を行い始めたのである。その日、スパイビーと一緒に会議に参加する将軍は、その任務の実施状況について説明する予定であった。一方、スパイビーは、ベル社が取り組んでいるさらに大胆なティルトローター機の構想について発表しようとしていた。その構想は、巨大機C-130ハーキュリーズ輸送機よりも大きいティルトローター機に関するものであった。その航空機は、オスプレイのように2つではなく、4つのローターを翼に装備することから、設計者たちからQTR（クワッド・ティルトローター）と呼ばれていた。旧約聖書に登場する怪物ビヒモスのように巨大なこの航空機は、V-22の4倍の人員および貨物を搭載できると考えられていた。スパイビーは、この航空機が軍にもたらす効果のすべてを会議で説明するつもりであった。もし、質問を受けたならば、滑走路を必要としないティルトローターは、空港の混雑問題を解決し、民間航空輸送に単なる変化ではなく革命をもたらすものとなる、ということを積極的に説明しようと考えていた。将来、ティルトローターが使われるようになれば、電車やタクシーでこのホテルがあるビクトリア駅からロンドンのヒースロー空港に行くよりも短い時間で、ロンドンの中心地からパリの中心地まで乗客を運べるようになると確信していたのである。スパイビーは、その可能性に興奮するあまり、寝付けないこともあった。

ところが、その日の朝、ロンドンのホテルの部屋でまどろんでいるところを、テレビから聞こえてきたあるニュースで揺り起こされたのである。「ニュースでは、米国で『海兵隊のジェット機』が墜落して19名が死亡したと言っていました」とスパイビーは私に語った。「緊張が体中を駆けめぐるのを感じましたが、その時点のニュースでは、その航空機のことを『ジェット機』と呼んでいたのです。最初は『海兵隊に19人も乗せられるジェット機なんて、あるわけがないだろう』と思って、気楽に考えていたのです。しかし、その時、血が凍るような考えが頭をよぎり、将軍に電話をかけて確認したのです」

ワシントンにある司令部に電話をかけた将軍は、恐ろしいニュースをスパイビーに伝えてきた。2〜3時間前にマラーナ近郊で墜落し、4名の搭乗員と後ろに乗っていた15名の海兵隊の兵士たちの命を奪った航空機は、ジェット機ではなかった。オスプレイだったのである。

＊　＊　＊

ポール・J・ロック・ジュニアは、顎のえらが張った赤毛の海兵隊パイロットである。「ロケット」というコードネームを持つ、常に緊張感に満ちあふれたこのパイロットは、マラーナでの事故を忘れられない者の1人であった。軍の航空事故報告書では「事故機」という無味乾燥な用語で表現されるその航空機は、大使館からの邦人救出を想定した訓練に参加していた4機のオスプレイのうちの1機であった。スパイビーたちティルトローター信仰者は、このような任務がティルトローターの活躍の場であると確信していたし、そのように説明し続けていた。当時、若き少佐であったロックは、先行する2機のオスプレイの後方を飛行する2機のオスプレイのうちの1機に副操縦士として搭乗し、ツーソン市の北西約40キロメートルにある砂漠ばかりの場所にあるマラーナという町の近くにある小さな飛行場に向けて飛行していた。その飛行場には、大使館員役の隊員たちが「救助」されるのを待っていた。

最初の2機が飛行場に進入し、着陸するためにローターを上方に向けた時、悲劇が起こった。2番機が、突然、強烈な右ロールに突入し、機体下面を上にして地面に激突したのである。機体は爆発して火の玉になり、その光が夜空を広く照らした。事故発生地点から5マイル(約9キロメートル)離れた所を旋回していたロックは、バックミラーの中にオレンジ色の炎を確認した。同じ飛行隊の同僚である4名の搭乗員と後部座席に搭乗していた15名の海兵隊員は、全員が即死であった。

事故調査委員会により、事故の原因が「操縦ミス」であるという結論が出されると、海兵隊はオスプレイ計画の続行を決定した。しかしながら、その8ヵ月後、もう1機のオスプレイがニュー・リバー海兵隊航空基地周辺の森林地帯に墜落した。当時、ノースカロライナ州の沿岸にあるその航空基地の飛行隊に所属していたロックは、さらに4名の同僚たちを失うことになった。国防総省の職員たちは、予定されていた海兵隊用オスプレイ全360機の製造計画の承認を棚上げするとともに、すでに製造されていたオスプレイ全機の飛行停止を決定した。ティルトローターの開発のためには、すでに何十年という年月と何十億ドルという予算が費やされていた。

ニュー・リバーでの事故の4日後、国防長官ウィリアム・コーエンは、この航空機に致命的な欠陥があるのかどうかを審議するための委員会を組織した。しかしながら、その委員会がようやくその仕事を始めたのは、オスプレイの事故に関し、ある国家的スキャンダルが報じられるようになってからのことであった。ニュー・リバーのオスプレイ訓練飛行隊の指揮官が、オスプレイの可動率について、虚偽の報告をするように整備員たちに指示しているという隊員からの申し立てがあったのである。国防総省は、犯罪捜査を開始した。

ニュー・リバーのオスプレイ・パイロットたちの士気は、墜落、飛行停止および整備スキャンダルによって、完全に失われてしまった。パイロットは皆、飛ぶことを愛している。飛ぶために生きているパイロットも少なくない。しかしながら、海兵隊のオスプレイ・パイロットたちは、それから2年の間、オスプレイを離陸させることはおろか、座席に座ってエンジンを始動することさえも許されなかったのである。それは、新たな問題が生じることを恐れた海兵隊司令部からの指示によるものであった。

整備マニュアルの見直しや改訂くらいしかやることがない中、ロックや他のオスプレイ・パイロットたちは、「もう二度とティルトローターで飛行できないのではないか」あるいは「地上訓練さえもできないのではないか」と懸念するようになった。一方、批評家たちは、オスプレイのことを「骨折り損」、「死のわな」、そして「未亡人製造機」などと呼び始めた。このような複雑怪奇なからくり道具のために多額の税金と多くの命を無駄にしている海兵隊は、良く言っても無謀者、悪く言えば妄想家である、と酷評された。中には、このような野獣は再び人を殺す前に抹殺されるべきだ、とペンタゴンや議会に詰め寄る者もいた。

米海軍兵学校の卒業生であるロックは、軍を生涯の仕事にしようと考えていた。1997年、自らの強い意志をもってオスプレイ計画に加わったロックは、間違いなく海兵隊航空の最先端を走っていた。そして、海兵隊の戦法に革命をもたらす革新的テクノロジーが投入され、海兵隊で最も注目されている航空機を操縦できることに誇りを持っていた。しかし、オスプレイの墜落と飛行停止、友人の葬儀への出席、整備スキャンダルについての国防総省調査官の尋問、オスプレイ飛行隊からのほぼすべてのパイロットの転属などにより、完全に意気消沈してしまい、転属を希望したり、退役したりすることさえも考えるようになった。

2001年、ポール・ロックの将来とディック・スパイビーの夢は、アリゾナ州の砂漠やノースカロライナ州の森に墜落したオスプレイと同じように、燃え尽きた灰の中に横たわっていたのである。

＊　＊　＊

2007年10月、V-22オスプレイを装備する最初の飛行隊を率いたポール・ロック中佐は、イラクでの軍事作戦に参加した。その国では、その4年前の米国主導の侵略がきっかけとなって、民族および宗教に関わる血で血を洗う争いや反乱が起こり、多くの人々の生命が武装勢力により奪われ続けていた。オスプレイが投入される頃には、その戦争を開始することの是非をめぐる激しい議論は概ね終了していたが、この戦争のスポンサーたちが、金銭的にも人命的にも、それほど簡単に世界を変えることができると考えた理由を説明するのは、容易なことではなかった。

イラク戦争は、オスプレイの戦場デビューにふさわしいステージであった。それは、かつては実在すると信じられていた任務のために提案されたプロジェクトであり、すぐに悪夢へと変わってしまった夢を見ながら始まった冒険的企てであったからである。オスプレイとそれが最初に投入された戦争の間には、多くの共通点があったのだ。

第1章　夢（ドリーム）

文書とグラフやチャートで構成された数千ページに及ぶその入札書は、設計図面や概要図とギリシャ文字だらけの数式であふれていた。それは、文書をCDやDVDに保存できるようになる前のことであり、文書を綴《つづ》った何百キログラムもの重さがある光沢のある白色のバインダーが、約30箱の段ボール箱に詰め込まれていた。その段ボール箱は、航空界におけるドリーム・マシーンの製造計画としては当たり前の重さであったが、1人の男が背負うにはあまりにも重すぎた。それでも、ディック・スパイビーは、自分でその書類をワシントンDCまで運ぼうと決心した。

大学1年生であった1959年からベル・ヘリコプター社で働いてきたスパイビーの仕事は、配達員ではなかった。入社した頃は、痩せて筋肉質だったその体つきは、1983年冬のその頃には、少し太っていたし、頭もはげてしまっていた。12月6日で42歳を迎えた彼は、その2週間前に再婚したばかりであった。ディスコ時代に身に着けていた派手な赤毛のかつら、金のネックレス、パステルカラーのスーツを捨てて、友人や同僚を安心させたのは、ほんの数年前のことであった。スパイビーの身なりは、その本来の姿にふさわしい、落ち着いたものになっていた。ベル社に入社してから最初の24年間の彼の経歴は、特殊なヘリコプター用ロータ－・ブレードを設計し、その特許権を取得するなど、航空技術者としてのものであった。しかし、その頃には、主に営業担当者およびセールスマンとして勤務しており、何年も前からこのドリーム・マシーンのマーケティングに携わっていた。ベル社とそのプロジェクト・パートナーが契約を獲得した場合、ヘリコプターを超える全く新しいマーケットが生まれる可能性があった。数十億ドルの潜在的価値を持つそのマーケットは、今後数十年間にわたるベル社の未来を左右するものとなるはずであった。スパイビーは、自分自身でこのドリーム・マシーンの提案書をワシントンに届け、これまで温め続けてきた夢がかなうところを見届けたかったのである。バインダーに綴じられていたのは、翼端に配置したローターの方向を上向きや前向きに変えることで驚異的な性能を発揮する、従来とは全く異なる新しい軍用機を製造するための計画であった。スパイビーは、セールス・トークを行う時、体の横に腕を伸ばして人差し指を上に向けながら、ティルトローターと呼ばれるその航空機が「ヘリコプターのように離陸する」ことを説明した。続いて、腕を下げて人差し指を前方に向け、「飛行機のように飛ぶ」と付け加えるのであった。ティルトローターとは、ヘリコプターが持つ垂直離着陸能力と飛行機が持つ高速飛行能力の両方を兼ね備えたハイブリッド機である。ヘリコプターは、空力特性上、最高速度や航続距離に著しい制約を受けるが、ティルトローターは、飛行中にその形態を変更し、ローターをプロペラとして使うことによって、通常のターボプロップ機とほぼ同等の速度で長距離を飛行できるのであった。しかも、飛行機と違って、離着陸するために滑走路や巨大な甲板を有する空母を必要としないのである。

政府との契約の下、30年の月日をかけて2機の小型ティルトローター実験機を製造し、その試験を行ってきたベル社は、この航空機に関する基本的な技術上の問題をほぼ解決していた。そのうちの2機目の設計には、スパイビーも参加していた。しかし、そのバインダーに綴られた計画の中でベル社とボーイング・バートル社が提案しているティルトローターは、パイロットと副操縦士しか搭乗できないその実験機よりも、はるかに巨大なものになるはずであった。このティルトローターは、24名の兵員を搭載し、通常の兵員輸送ヘリコプターと比較すると、4倍遠くまで、2倍の速度と高度で飛行することが可能となる。兵員や貨物を搭載していなければ、２０００マイル（約３７００キロメートル）以上の飛行ができる。空中給油を行えば、ほぼ無制限に飛行できるのであった。この航空機の製造は、ベル社が直面してきた最も困難な課題の1つになると考えられていた。航空宇宙業界の巨大企業ボーイング社の一部門であるボーイング・バートル社でさえも、そのプロジェクトの一翼を担うことの困難さを理解していた。しかしながら、このテクノロジーが軍によって大きな規模で実現され、その有効性が証明されれば、航空業界に新しい時代の夜明けが訪れ、やがては民間企業もこのようなドリーム・マシーンを求めるようになるとスパイビーは信じて疑わなかった。それは、空港の混雑という厄介な問題を過去のものにするからである。旅行者は、ジェット機で長距離を旅行する場合を除けば、空港に行くための時間の無駄から解放され、街から街へと飛びまわれるようになるのである。人里離れた地域にある小さな町でも、滑走路を建設することなく、航空機を利用できるようになる。ティルトローター機を用いれば、ヘリポートや川沿いの桟橋、ショッピングセンターの駐車場からさえも乗客を乗せ、どこでも行きたい所まで短時間で移動することができるのである。ディック・スパイビーは、この夢の実現に関わっていたのであった。

スパイビーは、最初のうち、このような構想は全く持っていなかった。ティルトローターという優れた能力を持つ航空機は、動力飛行の初期段階から技術上の大きな夢の1つであった。その夢には、勢いがあった。その夢は、何十年もの間、多くの人を動機づけ、関係する国家機関を活性化してきた。発明者、技術者、起業家、実業家、および軍事戦略家は、代々、同じような航空機を理論づけ、構想し、設計し、製造しようとしてきたが、ことごとくうまくいかなかった。その理想を追求するために、資産を使い果たしてしまった者もいた。数多くの設計が提案され、何十機もの航空機が製造され、そして何らかの理由で破棄されていった。しかし、航空界におけるこの夢の探求は、北極海の北西航路の探索に匹敵する価値を有していた。

その旅は、完璧さを探す旅として始まった。１９０３年12月にノースカロライナ州キティホークで、ライト兄弟が動力飛行の時代の幕を開けると、空は、人類にとっての新たな開拓地となった。マニフェスト・デスティニー（明白なる使命、西部開拓を正当化する標語）の成就に貢献するにはすでに時期を失していたが、発見への情熱を持つ男女にとって、空は、魅力的な処女地であった。航空界のパイオニアたちは、単に飛ぶ以上のことをやろうとし、祖先たちが西部を征服したのと同じように空を征服しようとした。多くの理想主義者にとって、固定翼機は単なるスタートに過ぎなかった。ニューヨーク大学のダニエル・グッゲンハイム校の校長として尊敬を集めていたアレキサンダー・クレミン博士は、１９３８年4月の米国下院軍事関係委員会での証言で、その挑戦について次のように述べた。「最も広い意味で空を征服することとは、鳥が空でできることのすべてを実質的にできるようになることです。この意味では、現在の航空機では、たとえどんなに素晴らしい実績を有していようとも、空を完全に支配したとは到底言えないのです」

「鳥ができる完全にすべてのこと」を行うとは、どこでも離着陸でき、ホバリングできることを意味する。１９３８年にクレミンがその証言を行った頃、飛行機はすでに一般的なものになっていたが、ヘリコプターは米国ではまだ誰も実用的なものを製造できておらず、地面から数フィート浮び上がって、安定したホバリング飛行を行うことさえもできていなかった。航空業界の多くの者は、ヘリコプターに取り組んでいる発明者たちを「絶望的なロマン派」、つまり「感情や主観にとらわれている者たち」であると考えていた。航空界の権威であったオービル・ライトが「ヘリコプター型の飛行機には、克服困難な問題が存在し続ける」と断言し、これらの努力を無駄なものとする否定的な立場をとったのは、そのわずか2年前のことであった。しかし、野心的なドリーマーたちは、その時すでに、飛行機とヘリコプターを組み合わせたように飛行できる航空機を設計しようとしていた。垂直に離陸し、空中で水平飛行に転換し、着陸態勢に再転換できるこのドリーム・マシーンは、「コンバーチプレーン」と呼ばれるようになった。

コンバーチプレーンは、都心の屋上や小さな船のデッキ、大きめの裏庭などからでも飛び立つことができるので、飛行機のように長い滑走路がなくても離着陸でき、カタパルト（射出機）やアレスティング・ギア（着艦制動装置）を備えた空母も必要がなくなるとドリーマーたちは見込んでいた。どの家の車庫にもコンバーチプレーンが置かれる日が来ると考えたコンバーチプレーンの設計者の中には、「道路走行能力」を構想に加える者もいた。１９３８年10月、テスト・パイロットのジェームズ・G・レイは、フィラデルフィア航空会議で次のように語った。「最高に便利な乗り物とは、自宅から職場やゴルフ場、銀行、そして友人宅まで、空を飛ぼうが、道路を走ろうが、好きな方法で移動できる乗り物でしょう。その乗り物は、自動車のライバルとなるのです。このようなマシーンを実現させることは、不可能ではありません。きっと実現することでしょう」

同じようなビジョンを持ったもう1人のドリーマーに、ニューヨーク・タイムズ紙に「コンバーチプレーンの父として承認」と掲載され、１９５５年9月10日に亡くなったジェラルドことゲラルドゥス・ポスト・ヘリックがいた。雑誌「メカニックス・イラストレーテド」の１９４３年の記事には、コンバーチプレーンが世界をどのようにして変えるのかというヘリックの理念が紹介されている。「まだ幼い子供のジミー・ジュニアは、１９５０年モデルの三輪車に座って、水平線の真上にある小さな点を見つめていた。そして、それが毎分10キロメートル以上の猛スピードで動いていることに気づいて叫んだ『お父さん！　芝刈り機をどかさないと！　お母さんが降りてくるよ。』」

はげ頭で眼鏡をかけ、いつも蝶ネクタイを身に着けていたヘリックは、1895年に22歳でプリンストン大学を卒業し、24歳でニューヨーク大学ロースクールを卒業した技術者兼弁護士であった。彼が飛行の世界に取り付かれたのは、ライト兄弟の飛行からずっと後のことであったが、後に語るところによれば、第1次世界大戦中に陸軍航空部で大尉として勤務している間は、「自分自身の特別な経験と技術を『飛行』の完成に役立たせようとする欲望にかられて」いた。「向上させるべきものは何なのか」を明らかにしようとしたヘリックは、それが「安全性」であるとの結論に至った。「安全性と信頼性が確保されさえすれば、多くの人々が空を飛ぶことを受け入れるようになるだろう」と推察したヘリックは、最初、ヘリコプターを設計しようと考えた。しかし、その後、固定翼飛行機にローターを追加するだけで、その頃はまだ理論的なものでしかなかったヘリコプターの「おそらく90パーセント」の安全性と利便性が得られると考えるようになった。

飛行機の翼やヘリコプターのローター・ブレードは、どちらも、上面が湾曲し下面が比較的平板な翼断面を有しており、それに沿って空気が流れることで揚力や推力が生じる。従来の飛行機は、プロペラや1940年代に入って実用化されたジェット・エンジンにより、翼を空気中で押したり、引っ張ったりすることで揚力を発生する。このため、翼が揚力を維持するためには、飛行機がある程度の速度を維持している必要があった。さもなければ、失速したり、操縦不能に陥ったりしてしまうのである。一方、ヘリコプターは、ブレードが円弧を描いて動くことにより、機体が前進しているかどうかにかかわらず、推力や揚力を発生できる。これが、ホバリング能力と呼ばれるものである。当然のことながら、ローターの能力にも制約がある。ローターは、自分自身のダウンウォッシュを吸い込んでしまうような高速度で降下すると、揚力を供給するための推力を発生できなくなる。ただし、エンジンによる回転力が得られなくても、回転しながらある程度の速度で降下している間は、揚力を発生することができる。ローターを通って流れる空気の力がブレードを回転させ、自分自身で揚力を発生するのである。

通常の飛行機にローターを追加することで安全性を向上できると考えた最初の1人は、スペインの技術者であり発明家であるファン・デ・ラ・シエルバであった。彼がこの考えにたどり着いたのは、1919年に自分で設計した3発機がエンジン停止で墜落した後のことであった。それから4年後、シエルバは、「オートジャイロ」の飛行に成功し、特許を取得した。そのマシーンの機首には前進するための推力を発生するプロペラがついており、胴体の下には小さな固定翼がついていた。ただし、後のモデルでは、翼は取り外された。オートジャイロの特長は、パイロットの頭上に上向きに取り付けられた自由に回転するローターが、揚力の大部分または全部を発生することである。ローターと呼ばれる「回転翼」は、航空機が前方に動くことで発生する相対風を受けて、風車の羽根のように回転する。（相対風とは、移動している翼または機体に向かって流れる空気流を意味する航空用語である。）シエルバのオートジャイロは、その「回転翼」が発生した揚力により、風の状況にもよるが、60～90メートルほどの滑走路から離陸し、テニスコートほどの広さの場所に着陸することができた。この能力により、オートジャイロは、飛行機よりもはるかに高い安全性を得られるはずであった。たとえエンジンが故障しても、樹木の種が回転しながら落ちるように、ローターが相対風と慣性力により回転を続け、オートジャイロを地上に着陸させるのに必要な揚力を発生できるからである。この着陸方法は、オートローテーションと呼ばれる。

その一方で、オートジャイロは、そのローターにより航空機の空気抵抗、つまり風によって生ずる抵抗が著しく増大するため、飛行機よりもはるかに速度が遅く、燃費が悪かった。さらに、そのローターには動力が供給されないため、ホバリングすることもできなかった。米国のコンバーチプレーン発明者であるジェラルド・ヘリックの最初のアイデアは、ヘリコプターのように動力で駆動されるローターによって空中に浮かぶことのできるマシーンであった。ヘリックは、シエルバのオートジャイロの存在を知る以前からこの考えを持っていた、と語っている。空中に浮かんだ後は、回転翼を特別な機構で停止させ、ローターを固定翼に変換して、機体の形状を複葉機に変換する。そして、着陸したりホバリングに近い状態で低速で飛行したりする場合には、ローターを解放して再び回転させるというものであった。しかしながら、1920年代にこの航空機について研究したヘリックは、ヘリコプターのように離着陸できる航空機を製造するには「途方もない開発労力」が必要であると結論付け、動力源で駆動されないローターを装備したハイブリッド機に焦点を絞ることにしたのである。そのローターは、定位置に固定することも、風により自由に回転するように解放することも可能なものであった。ヘリックは、この方法により、オートジャイロの低速着陸能力と飛行機の速度の両方を兼ね備えた航空機を作ることができると考えた。この複葉機のように離陸して飛行でき、かつ、空中で回転翼を解放して低速で飛行したり、着陸したりすることもできる「コンバーチブル」な航空機は、ヘリックにより「バータプレーン」と呼ばれたが、時には「バートプレーン」と呼ばれることもあった。このドリーム・マシーンを製造するプロジェクトは、30年後にヘリックが死ぬまで、その情熱と資金を吸い尽くすこととなった。

1930年、グッゲンハイム航空学校でアレキサンダー・クレミンたちの助けを得ながら、その構想に基づく研究を1年間にわたって行っていたヘリックは、ニューヨークにバートプレーンを開発する会社を設立した。そして、実物大の単翼機の上にマストを載せ、そこに直径7メートルの木製ローターを取り付けた航空機を自らの費用でシカゴ社に製造させた。1931年11月6日、へリックとパイロットのメリル・ランバートは、ミシガン州のナイル近郊のミシガン湖の40キロメートル東にある飛行場で、でき上がったばかりのＨＶ-１バータプレーンの飛行試験を行った。

ランバートは、上側の翼を複葉機位置に固定し、少し滑走してラダー・ペダルが作動することを確認してから離陸し、低い高度で３～４分飛行しながら操縦装置の作動状態を確認した。一旦着陸し、それから再び離陸してさらに15分間、数百フィートの高度を飛行した。機体は、良好に制御され、かつ安定しており、自由に操作することができた。ランバートとヘリックは、試験の続行を決定した。ランバートは、特殊なスターターを使って回転翼を回転させると、機体が離陸しようとするのを抑えながら、飛行場を約１００メートル滑走した。その後、10～30フィート（約３～９メートル）まで、２～３回飛び上がり、エンジンを停止させてから、深い角度でゆっくりと短距離着陸させてみた。それは、非常にうまくいった。ランバートは、もう一度離陸し、10フィート（約３メートル）くらいから着陸して、ローターが回転している状態で十分に操縦ができることを確認した。これも、うまくいった。次に、２～３回の地上滑走を実施して、上部翼の解放メカニズムの試験を行い、風が当たった時にローターが回転し始めることを確認した。ヘリックとランバートは、今度は、バータプレーンが、その名が示すとおり形態を変換しながら飛行できることを確認することにした。

上翼を複葉機の位置にロックして離陸したランバートは、４０００フィート（約１２００メートル）まで上昇した。問題が生じた場合にベイル・アウト（緊急脱出）できるように、十分な高度を確保したかったのである。うまくいったのは、ここまでであった。ローターを解放し、それが２～３回転した時、激しいシーソー運動が始まった。前方のプロペラと後方のテール・フィンがローターで切断され、操縦不能となった。ランバートは、地面に向かって急降下する機体から何とか脱出したが、パラシュートが開かなかった。メリル・ランバートは、コンバーチプレーンの飛行による最初の犠牲者となった。

発明に熱中するあまりに視野が狭くなっていたヘリックにとって、ランバートの死は、自らの探究に影を落とす悲劇ではなく、自分が発明した航空機が故障した原因を究明することへの障害でしかなかった。ヘリックは、「残念ながらパイロットのパラシュートは開かなかった。しかしながら、機体からの脱出は成功しており、機体の調査に基づく事故原因の分析は、それとは切り離して実施されるべきものである」と1933年のNACA（航空諮問委員会）に提出した報告書で述べている。そして「機体が回収されたことから、結論は比較的容易に得られるであろう」と委員会で説明した。その報告書を提出する前の年には、2ヵ月前のランバートの死が発明に悪影響を及ぼすことを恐れたヘリックは、その日ナイルで起こったことについて、違った言い方をしていた。その飛行と墜落に関するアビエーション・エンジニアリング誌の記事の中で、ヘリックは、最終飛行は400フィート（約1200メートル）の高度で実施しており、「何か問題が発生しても、パイロットは、パラシュートで脱出できた」とだけ語った。ランバートが脱出した後に何が起こったのかについては言及せず、安全に機体を脱出できたと読者に思い込ませたのである。

1915年に設立されたNACAは、NASA（航空宇宙局）の前身の組織であった。ヘリックは、ランバートの死後に製造した新しいバータプレーンを試験するため、NACAに機体全体を試験できるフル・サイズの風洞実験装置の使用を許可するように求めた。ヘリックはその許可を申請する際に、次のように説明した。「私は、この研究に4～5万ドルの費用と5～6年の月日を費やしてきましたが、もはや予算がないのです。現在の経済状態の影響もあり、外部から何らかの援助を得られなければ一時的に研究を停止するか、少なくとも遅らせなければなりません」

「現在の経済状態」とは世界大恐慌のことである。同じように経済的に行き詰まり、政府との契約を求める航空界のドリーマーたちは他にも多くいたが、それが成功することはほとんどなかった。

＊　＊　＊

1983年、ワシントンに飛行機で到着したディック・スパイビーは、ベル・ボーイングのティルトローター機提案書を届けるため、NAVAIR（ナブエアと発音される。海軍航空システム・コマンド）までの通い慣れた道を車で走った。第2次世界大戦以来の軍による特別なニーズ、大規模な予算、および制約のない経費は、特に航空業界における新しい技術開発を後押しするようになっていた。「最初から『民間航空だけを対象としたリスクのある航空機開発を目指す』というビジネスケース（投資対効果検討書）を作るわけにはいかないのです。航空機の開発には長い時間が必要ですが、民間航空の世界では、最初の飛行機を売却するまで1銭も得ることができないからです。しかし、軍との取引であれば、出来高部分払い方式の恩恵を受けることができるのです。それができない民間航空の事業には、大きなリスクがあるので、最先端の技術は、軍との契約に基づき開発されることになるのです。軍は、私たちが『投資』と呼ぶものの供給源でした。軍は、戦場での優位性をもたらす可能性のある技術を進展させる事業に、金をつぎ込むことを何とも思わなかったからです」とスパイビーは、かつて説明してくれたことがあった。

第2次世界大戦以降､軍による「投資」は､数多くのテクノロジーに著しい進歩をもたらしてきた。その進歩は、また、ドワイト・D・アイゼンハワーが「軍産複合体」と名付けた体制を誕生させ、それを維持してきた。アイゼンハワーは、また、企業と軍の担当者がプロジェクトに関し協力しあう際に生み出される政治的・個人的な関係がもたらす「罠《わな》」にも言及していた。本来、研究機関や軍需企業と政府は、コストや武器などの能力を巡って対立し、衝突することが多かった。しかし、個人レベルでは、業務上の副産物または計算ずくの交際により、友情や提携が産まれる場合があった。企業のために働く者たちと、軍のために事業を管理する者たちは、プロジェクトを成功させたいという抑えきれない欲望を共有するようになるのである。その結びつきは、企業の利益と軍需企業が「顧客」と呼ぶ政府の利益の間に存在すべき境界線を不鮮明にし、時には、その境界線を踏み越えてしまう場合もあった。元帥として連合軍を率い、ナチス・ドイツを打ち倒したアイゼンハワーは、1961年にホワイト・ハウスを去る際の辞任演説で、この問題が持つ大きな危険性について、「我々は、軍産複合体からの要求の有無にかかわらず、不当な影響を受けてはならない」と警告した。また、「軍事機関と軍事産業とが巨大な共同事業を行うことは、米国にとって初めての経験なのである」とも述べた。

世界大恐慌の間、米軍は現在のように巨大ではなかったし、航空機産業の規模も小さかった。米軍と航空機産業の双方が急速に成長したのは、第2次世界大戦が迫ってからのことである。それでも、現在ではおよそ140万人いる米軍の現役兵士は、大戦前の10年間のほとんどにおいては、ほぼ25万人しかいなかったし、軍事予算も、インフレを考慮しなければ近年の500分の1以下である10億ドルにも達していなかった。ペンタゴンも建設されておらず、各軍種を統合する国防総省も存在しない中、陸軍は陸軍省により、海軍と海兵隊は海軍省により監督されていた。1930年代には、ボーイング社、ダグラス社、ロッキード社、マクダネル社、ノースロップ、グラマン社などの今日では有名になった多くの航空企業が軍事事業を準備しているか、もしくはすでに開始していたが、これらの企業が行う事業の大半は、民間事業で占められていた。

その一方で、米国の航空機産業は、その黎明《れいめい》期から、軍との契約に依存していた。記録に残っている米国における最初の実用航空機の販売は、1908年にオービルとウィルバー・ライトが陸軍通信職種に1機の航空機と操縦訓練を提供し、2万5000ドルの支払いを受けたことであった。（この最初の軍用機は、陸軍が購入してから1ヵ月も経たないうちに、プロペラの欠陥が原因で墜落した。この事故で飛行訓練中の若い中尉が死亡し、オービルも負傷した。）しかし、1930年代後半まで、陸軍や海軍は、航空機の調達に消極的であり、実験機の開発にも足を踏み入れようとはしなかった。当時の軍は、後に、ディック・スパイビーが最先端テクノロジーを開発するための鍵であると語る、出来高部分払い方式を採用していなかった。このため、各軍種は、納入時に機体価格の支払いを行うだけで、開発コストを支払うことはなかった。ドナルド・M・パッチーロが自らの経歴を細部にわたって記録した「プッシング・ザ・エンビロープ」には、米国の航空機産業は、「企業と政府が取引を行うために必要な構造を確立できていなかった。契約や調達は、その場しのぎの対立的なものになることが多かった」と述べられている。

このことは、ハロルド・ピトケアンにとって、大きな問題であった。

ピッツバーグ・プレート・グラス社の共同創設者の末息子で、パイロットであり起業家でもあったハロルド・F・ピトケアンは、1920年代後半、フィラデルフィア近郊を本拠として、航空郵便などの様々な航空事業を展開していた。ピトケアンがシエルバのオートジャイロに出会ったのは、ヨーロッパ旅行中のことであった。将来、オートジャイロが飛行機に代わるものになると確信したピトケアンは、1929年7月に他の航空事業を売却し、この発明の米国における権利を買い取った。しかし、タイミングが悪かった。その3ヵ月後、株式市場が暴落し、世界大恐慌が始まったのである。

ピトケアンのオートジャイロ・ベンチャーの始まりは順調であった。自分の会社が製造した最初のオートジャイロの試験飛行を政府の承認を得るためだけではなく、その知名度を得るためにも利用した。オートジャイロ製造のための資金を預託されたピトケアンは、他の2つの会社にもオートジャイロの製造ライセンスを譲渡した。1930年、全米飛行家協会は、「安全な航空輸送」手段としてオートジャイロを実証した功績をたたえ、ピトケアンのチームに「コリア・トロフィー」を授与した。この賞は、オスカーの「ベスト・ピクチャー賞」に相当するものである。そのトロフィーは、1931年4月22日にホワイト・ハウスでハーバート・フーバー大統領から授与された。その式典の間にテスト・パイロットのジェームズ・G・レイは、ホワイト・ハウスの芝地にオートジャイロを着陸させ、そこから再び離陸させて見せた。そして、将来的には、すべての車庫にコンバーチプレーンが存在するようになる、と予言した。しばらくの間、ピトケアンとその特許権を保持している者たちのオートジャイロは、財政的にも離陸できたかのように見えた。ピトケアンは、ある日、国防調達に関する議会の支持を得るため、ジム・レイの操縦するオートジャイロが議事堂の駐車場に着陸できるように手配した。その頃は、国会議事堂のイースト・フロントに駐車場があったのである。レイは、コネチカット共和党員であり元陸軍飛行士であるハイラム・ビンガム上院議員を乗せると、メリーランド州ベテスダ郊外の「バーニング・ツリー・クラブ」という高級ゴルフ場まで飛行し、オートジャイロを使えば移動時間の短縮が可能であることを実証してみせた。その後、陸軍は、砲兵の弾着観測機としての有効性を確認するため、数機のオートジャイロを購入した。その頃、アメリア・イヤハートなどの有名な飛行士たちもオートジャイロを操縦していた。2つの新聞社が写真撮影用にオートジャイロを購入した。ニュージャージー州のカムデンからフィラデルフィアへの郵便輸送に用いられ、フィラデルフィア市の中央郵便局の屋根から離着陸を行うオートジャイロもあった。また、「或夜の出来事」という1934年のクラーク・ゲーブル主演の映画にも、オートジャイロが特別出演した。しかし、その年、世界恐慌は最悪の状態を迎え、オートジャイロの需要は消え失せてしまった。1938年にピトケアンの事業は絶望的な状態となり、オートジャイロをさらに調達するように陸軍を説得しようとしたが、進展は得られなかった。ピトケアンは、フィラデルフィア出身の民主党員であり、2期目の下院議員であったフランク・ドーシーに援助を求めた。

ドーシーを説得することは、それほど困難ではなかった。ドーシーは、2～3年前にオハイオ州上空で危うく竜巻に巻き込まれそうになるという恐怖の飛行を経験して以来、より安全な航空機に興味を持っていた。「約2000フィート降下し、それから1200フィートのエア・ポケットに入り、無事に着陸できるかどうか判らず、眼下には森林以外に何も見えない状態の中、そのような状態でも空中を飛び続けるか、あるいは木の上でも着陸できるような航空機が絶対に必要だと考えたのです」とドーシーは、後に語っている。1938年という年は、ドーシーが再選を目指していた時期であった。ピトケアンは、ドーシーにとって重要な有権者の1人であった。まだ十分ではなかったが、ピトケアンのビジネスは、ドーシーの選挙区に雇用をもたらしていたのである。ドーシーは、陸軍に研究・試験用としてオートジャイロを調達させるため、200万ドルを陸軍省に供給する法案を提出してピトケアンを喜ばせた。その法案が通れば、陸軍のために費やした研究予算の3分の1程度について、その払い戻しを受けることができるのであった。

ドーシーの下院における序列は低かったが、この種の事業を開始するための機は熟しているように思えた。ナチス・ドイツとの戦争が迫っていたからである。3月、ヒトラーは、当時、ドイツに協力的であったオーストリアを第3帝国に併合し、チェコスロバキアのズデーテン地方を武力により占領する兆候を見せていた。このため、議会は軍事予算を強化しようとしていた。しかし、4月に軍事関係委員会が行った公聴会において、ドーシーとその支持者たちの法案は歓迎されなかった。

ドーシーは、同僚議員たちにオートジャイロに対する期待感を持たせ、法案に賛成させようと努めていた。26名の委員の前に証人として立ったドーシーが思い描いていた構想は、数十年後にディック・スパイビーなどのティルトローター支持者たちが夢中になったものと、ほとんど同じものであった。「20名の人員または同等の重量の貨物を何千マイルも高速で輸送できるオートジャイロの軍事的および民事的優位性をぜひ理解して頂きたい」とドーシーは述べた。「このような航続距離と有効搭載量（ペイロード）を有しながら、垂直に離着陸できるオートジャイロは、軍事航空および民間航空の双方に革命を起こすことになるでしょう」

すでにオートジャイロの試験を完了していた軍は、それに対して良い印象を持っていなかった。発明家トーマス・エジソンの息子であり、1880年代にヘリコプターを発明しようとして失敗していた海軍次官補のチャールス・エジソンは、オートジャイロは速度と航続距離が不十分なことから、海軍省は「この法案に全く興味がない」と証言した。陸軍省の研究開発の長であった陸軍少佐E・N・ハーモンは、ドーシーの法案に2つの異議を唱えた。第1に、陸軍の研究開発部門は、議会によって予算の使途が特別プロジェクトに限定されることを望んでいなかった（このことは、下院と上院の議員たちが決して放棄しない慣習なのであった）。第2に、陸軍はすでに3機のオートジャイロを購入していたが、「思わしい結果が得られなかった」のである。これら3機のオートジャイロは、「極めて短期間のうちに墜落してしまいました」とハーモンは報告した。ただし、もちろん「このような新しいタイプの航空機には、そのうちの1機が事故に遭遇し墜落するくらいの危険が常に伴うということは理解しています」と付け加えた。

ピトケアンにとってさらに都合の悪いことに、当時、関係者の尊敬を集めていた航空技術者のアレキサンダー・クレミンが、オートジャイロだけではなく「回転翼を有するすべてのマシーンに」資金を供給することを委員会に提言した。このことは、その資金が、オートジャイロとは違って、動力でローターを回転させ、緩やかに空中に浮かんだり着陸したりできるヘリコプターにも供給されることを意味した。クレミンは、ドイツでは、2つのローターをサイド・バイ・サイドに配置したフォッケウルフ61（Ｆｗ61）が、完全な実証飛行を行っており、この種の航空機が次世代航空機として空を制しようとしている、と指摘したのであった。「もし創造性豊かな仕事を行おうとするのであれば、建物の屋根から飛び立ち、裏庭に着陸できるような航空機の実現に向けた構想を示すべきではないでしょうか」とクレミンは助言した。「この件に関する私の科学的知識によれば、我々が踏み出すべき次のステップはこれに違いないと直感しています」

ピトケアンが陸軍にオートジャイロをさらに調達させようとしたことが、クレミンを擁護することになってしまったのであった。ドーシーの法案に関する2日間のヒアリングが終わった時、ヘリコプターは、オートジャイロ以上の期待を勝ち取り、ドーシーは完全に敗北した。その法案は、6月にドーシー・ローガン法として成立し、陸軍省に200万ドルの支出を認めたが、それはオートジャイロだけを対象としたものではなかった。その資金は、「回転翼機およびその他の航空機」の研究、開発、購入および試験のために使われることとなったのである。

＊　　＊　　＊

回転翼機という虹の彼方にあるようなものに、突然、純金がごっそりと招き寄せられた。オートジャイロ、ヘリコプターおよびコンバーチプレーンという、それぞれ競合する航空機を支持する回転翼族の先鋒たちは、その埋蔵金に刺激され、その金をどのように使うべきかを議論し始めた。彼らは、フィラデルフィアの中心部にあった有名な設計学校であり、博物館でもあり、かつ、回転翼機開発の中枢でもあったフランクリン研究所に集まった。フィラデルフィアは、オートジャイロ関連会社の所在地であり、その近郊には、ヘリコプター産業の鍵を握る人々が生活し、働いていた。そこは、ドーシー下院議員の故郷でもあった。1938年10月28日から29日の「回転翼航空機会議」への参加の受け付けは、その研究所の航空ホールで行われた。そこは、軍隊にオートジャイロを売り込むためのピトケアンの議会への働きかけの予想外の結果に相応しい部屋であった。天井から吊るされていたのは、米国で最初に製造され、すでに博物館に展示されていたオートジャイロだったからである。

その会議を主催したのは、バータプレーンの発明者であるジェラルド・ヘリックと意気投合していたE・バーク・ウィルフォードであった。それは、そのミーティングが、回転翼機製造企業への変換に大きな影響力を持つ出来事であることの証であった。技術者兼社長であり、資産家でもあったウィルフォードは、回転翼機のアイデアに熱狂的に取り組んでいたもう1人の自由思想家であり、航空起業家でもあった。ウィルフォードは、チャールズ・リンドバーグがスピリット・オブ・セント・ルイス号で初めて大西洋単独横断飛行を成功させた1927年に、さらに安全な航空機を開発するためのコンテストに参加し、航空の世界にのめり込んでいった。そして、1920年代にドイツを訪問した際に購入した設計図に基づき、オートジャイロに似たマシーンであるジャイロプレーンを作り上げていた。

その頃、回転翼軍団に興奮をもたらしていたのは、ドイツのFw61ヘリコプターであった。Fw61は、後のティルトローターに非常に良く似た航空機であった。胴体と尾部は飛行機のようであったが、翼の代わりに側方に張り出したパイロンが2つの巨大な垂直ローターを保持していた。ナチスは、その機体を政治的宣伝に利用した。１９２８年の初頭、ベルリンの新しい競技場であるドイツランドホール競技場で開催されていた毎年恒例の自動車展覧会において、毎日夕方の6分間、ドイツの有名な女性テスト・パイロットであったハンナ・ライチュがこの革新的なマシーンを室内飛行させていた。このマシーンこそがクレミンが下院委員会で語っていたヘリコプターであり、フィラデルフィアでの会議の参加者たちの心を捉えていたものであった。

ウィルフォードは、その会議をフランクリン研究所のレクチャー・ホールで開催した。そこは、急角度でせり上がった劇場型の座席が配置された新古典派スタイルの公会堂であった。「これは、おそらく世界で初めての回転翼機会議です。小さいかもしれないが歴史的な1歩にしたいと考えています。そのための唯一の方法は、皆さんが自分の思っていることを話すことなのです」ウィルフォードは、ほぼ満席の聴衆席に向かって述べた。彼は、２４２名の技術者、発明者、航空業界の重役、および軍人たちを見上げた。聴衆の右側からは、ニュートン、ガリレオおよびコペルニクスの壁画が彼らを見下ろし、科学者が因習を打破することによって得られるものを暗示していた。反対側の壁画には、金属を金にしようとする錬金術師が描かれており、因習を打破しようとする科学理論がすべて成功するわけではないことを暗示していた。聴衆の中に座っている者には、航空機に関する前衛芸術的な事業を推進する軍団の一員であるか、またはその一員になろうとしている者がほぼ全員そろっていた。「他の者の心象を害することや、従来の流儀に反することを恐れないで頂きたい」とウィルフォードは続けた。「それがこの会議の目的であり、今後は、それが回転翼機業界において当たり前のこととなるのです」

初日の会議の議長は、回転翼の教祖であるクレミンであった。クレミンの気分は、浮かれていた。

その前の晩、フランクリン研究所で開かれた特別ミーティングで明らかにしておいた本日の会議におけるる開催宣言の内容が、その日の朝のフィラデルフィア・インクワィアラー紙の1面に「回転翼機への信頼を確立」という見出しですでに取り上げられていたからである。クレミンが最初に発言を求めたのは、バータプレーン発明者であり、しばしばクレミンの助言を求め、その突飛な人格と考え方でいつも楽しませてくれるヘリックであった。クレミンは、ヘリックのことを航空における一種の錬金術師だと思っていた。クレミンは、「自分自身の運命を左右する男」とヘリックを紹介した。ヘリックが話し終わった時、クレミンはその内容について「希望を持てるアイデアです」と述べ、それから次のように付け加えて聴衆の笑いを引き出した。「唯一私が賛同できないのは、彼の数学です。私が大学教授であったら成績表に『Cマイナス（不可に近い可）』を付けるでしょう」

ヘリックは、最初のバータプレーンが墜落してから7年後、そのドリーム・マシーンのことを「コンバータプレーン」と呼び始めていた。クレミンは、ヘリックが話し始めるとからかった。「私は、それが『コンバートプレーン』なのか『コンバータプレーン』なのかをはっきりさせて頂きたいのです」

黒板の所まで歩いてきたヘリックは、チョークを手に取ると、次のように書いた。「CONVERTible Air PLANE」それから、その社交的な発明家は、説明を始めた。「私が提案するのは、一種のハイブリッド機であり、分かりやすく言えば、雑種なのです。そして、このコンバータプレーンが、貴重な品種かどうかを検証したいと思っているのです」それから、冗談を言った。そして、詩を読んだ。それからヘリックは、かつて「ある南部出身者」に説明したのと同じように、その発明のための10年間がどのようなものであったのかについて語った。彼は、その男が次のように答えたと言った。「飛行機をヘリコプターと交配させることができずに、自然のままになっているのは残念だ。

雑種を生ませるのには1年もかからないのに」

それから、少々自意識過剰気味にコンバータプレーンの細部を説明したヘリックは、すべての急進的な研究は、慣習からある程度の自由を持ち、解決のために常軌を逸することを過剰に恐れない、奇抜な人物を必要とするのだと思った。

聴衆の中で彼と同じ思いを持った男の1人が、ヘリックと同じプリンストン大学の32年後輩にあたるアーサー・M・ヤングであった。フィラデルフィア郊外のラドナーという町の金銭的に恵まれた家庭で育ち、模型や機械式おもちゃを作ったり、ラジオをいじり回したりしながら育ったヤングは、プリンストン大学で数学を学んでいた時、哲学者になろうと決心した。しばらくの間、大学で新しい哲学を発見しようと試みたが、自分が現実の世界がどのように動いているのかを何も分かっていないことに気づいた。１９２７年に大学を卒業した彼は、その空白を埋めるようにヘリコプターの発明に没頭し始めた。後に成功を収め、カリフォルニア州のバークレーにある「スタディ・オブ・コンシャスネス研究所」を設立したヤングは、「それは、飛びたいからではなく、自然がどのように機能しているのかを自分自身が分かっているかどうかを判断するためだったのです」と述べている。

アーサー・ヤングは、生え際が富士額になった茶髪を持ち、腕相撲が大好きな体格の良い若き天才であった。プリンストン大学を卒業すると、ヘリコプターの理論を学ぶため、1年以上の間、主要な都市の公立図書館を渡り歩き、それから、科学者としての課題に気が狂ったように取り組んだ。実家の馬屋の一角に作業場を作った彼は、直径1・8メートルのローターを持つリモコン操縦のヘリコプター模型の設計・作製を9年間も取りつかれたように繰り返した。その材料は、近所の子供たちを使って廃品置き場から集めた金屑《かなくず》や木材であった。最初のうちは、ゴムバンドや電気モーターをエンジンの代わりに使っていた。揚力を測定する計測器を設計・作製し、金属部品にかかる応力を計算しながら、様々な形状のローターの試験を繰り返した。１９３８年、ヤングは、20馬力のエンジンを搭載した大型の新型モデルに取り組んでいた。ローターが回転しても、飛ぶことはおろか、壊れずに持ちこたえることもできなかったが、進歩が感じられていた。その後、わずかな財産を叩《はた》いてペンシルベニア州のパオリに農場を購入し、古い納屋を巨大な作業場に作り変え、機体の製造・試験を始めた。そして、フィラデルフィアの回転翼航空機会議に現れたのである。

その会議で得られた2つのことがヤングに影響を与えた。１つ目は、ハビランド・H・プラットが配布したヘリコプターに関する論文であった。彼は、機械設計士であり、最初の自動車用オートマチック・トランスミッションの発明者であり、空を征服しようと躍起になっているパイオニアの1人でもあった。ヤングは、飛行中にローター・ブレードをどうやって安定させるかという困難な問題に関するプラットの理論的解決方法に釘付けとなった。プラットの方法には誤りがあると考えたものの、その論文から名案が浮かんだのである。ヤングは、作業場に戻ると、プラットの理論を活かし、その問題点を解決した「スタビライザー・バー」と呼ばれる装置を考えだした。２つ目は、その会議で航空設計者のイゴール・シコルスキーが上映した、もう1つの永遠のジレンマに対する解決法を提案する映像フィルムであった。そのジレンマとは、メインローターのトルクまたはねじり力が、ヘリコプターの胴体を反対方向に回転させようとすることである。シコルスキーが提案したのは、テールローターを追加することであった。この方式は、今日のほとんどのシングルローター・ヘリコプターにおいて、標準的なものとなっている。

ヤングは、シコルスキーの言葉には、耳を傾けなければならないと思っていた。イゴール・イワノビッチ・シコルスキーは、単なるドリーマーではなく、第1級の航空実践家であったからである。

航空歴史家の中には、シコルスキーをライト兄弟と同等に扱い、ヘリコプターの父と呼ぶ者もいる。

ウクライナで生まれ、帝国ロシアから亡命した後にパイロットおよび飛行機の設計者として名声を得たシコルスキーは、1938年に航空複合企業の子会社であったコネチカット州ストラットフォードのユナイテッド・エアクラフト社の代表になった。シコルスキー・エアクラフト部は、何年もの間、水上から離着陸する「飛行艇」の製造を専門に行っていた。飛行艇は、旅客機として使用されていた時期もあったが、その頃には表舞台から遠のいてしまっていた。1938年の始め、ユナイテッドがその部の閉鎖を計画していることを知ったシコルスキーは、代わりに自分の設計チームにヘリコプターを担任させるように経営陣に提案した。シコルスキーは、何年も前にロシアでヘリコプターの製造を試みていたが、あきらめてしまっていた。その頃のエンジンは、エンジン自体やパイロットと機体を空中に垂直に浮かせるために必要な重量比出力を達成できていなかったのである。しかし、エンジンが徐々に改善される中、シコルスキーは、どうやってヘリコプターを飛ばすかを考え続けていた。ユナイテッドがゴーサインを出すと、それを成功させるのに長い時間はかからなかった。

1939年9月1日、ナチス・ドイツのポーランド侵攻により第2次世界大戦が勃発した。その2週間後、シコルスキーは、ストラットフォードにおいて、米国初のヘリコプターであるVS-300の飛行に成功した。9ヵ月後、陸軍は、ドーシー・ローガン法の予算を使い、オートジャイロではなく、ヘリコプターの試作機を購入した。2番目のヘリコプター契約は、シコルスキー・エアクラフト部が獲得した。オートジャイロは、すぐに忘れ去られてしまったが、その代わりにヘリコプターの長くておぼつかなかった妊娠期間が終わりを告げ、新しい産業が生まれようとしていた。その産業の父親たちの1人がイゴール・シコルスキーであった。

もう1人の父親は、1983年に米国政府にベル・ボーイングのティルトローターの入札を行うディック・スパイビーが勤めていたベル社の創設者であるローレンス・D・ベルであった。ベルも先見の明のある人物ではあったが、発明家や技術者ではなかった。飛行機の整備士から転じて航空業界の重役になったベルは、チャンスを逃さない鋭い感性を持ち、広報活動にも才覚があった。ずんぐりとした体格で気立ての良いベルは、1935年にニューヨーク州のバッファローに会社を設立し、戦闘機を製造するための技術革新を進めた。ベル・エアクラフト社は、第2次世界大戦中に何千機ものP-39エアラコブラ戦闘機を製造しただけではなく、アメリカで最初のジェット戦闘機も製造した。ただし、その機体は実験機に過ぎず、戦場で用いられることはなかった。戦後は、太い胴体に翼がついたロケット機であるX-1を製造した。この機体は、テスト・パイロットのチャック・イェーガーが1947年10月14日に飛行させ、人類で初めて音速の壁を破って生還した。

日本が1941年12月7日にパールハーバーを攻撃し、米国が第2次世界大戦に参戦する3ヵ月前、ローレンス・ベルは、あることを予感していた。1938年、フランクリン・D・ルーズベルト大統領がヒトラーの能力を判断するために送り込んだ実業家グループの一員としてドイツを視察したベルは、サイド・バイ・サイド方式のローターを装備したFw61ヘリコプターを見たことがあった。第2次世界大戦が始まり、ヘリコプターに関心を持ち始めていた米陸軍は、その製造に必要な予算をすでに確保していた。アーサー・ヤングのうわさを聞きつけたベル社の技術者の1人が、バッファローのベル社の工場に彼を招いて展示を行わせた。ヤングは、その時すでにリモート・コントロールのヘリコプターの模型をパオリの納屋で飛ばせるようになっていた。

1941年9月3日、スーツケースにヘリコプターの模型を入れたヤングが到着し、戦闘機格納庫の中でその模型を飛び回らせた。ベル社の設計者たちは、彼が小さなヘリコプターの飛行を完全にコントロールし、ホバリングまでやって見せたことに衝撃を受けた。２ヵ月後、ヤングはベル・エアクラフト社との契約に署名した。ベル・エアクラフト社は、ヤングの設計によるフル・サイズのヘリコプター２機を製造することについて、25万ドルを支払うことに同意した。引き換えに、ヤングは、何年もかかって手に入れていた様々な特許をベルに譲渡することに同意した。ベル・エアクラフト社は、１９４０年代に多少なりともヘリコプターを販売した４つの会社のうちの１つになった。それは、ヤングという発明の達人にかけてみようというローレンス・ベルの判断がもたらしたものであった。

＊　＊　＊

ヘリコプターは、徐々に理解され始めた。１９４６年に書かれた陸軍航空隊の研究成果には、「１９３８年以降、ヘリコプターの軍事的価値の有無が広く議論されるようになった」と記述されている。「しかし、陸軍航空隊には、このマシーンの実戦における価値について疑問を呈する者もいた」第2次世界大戦中に４５００万ドルをヘリコプターに投入した陸軍航空隊は、１５１機のヘリコプターをシコルスキー・エアクラフト部から調達するとともに、別の会社からもシコルスキーが設計した２０１機のヘリコプターを調達した。しかしながら、戦場での飛行は、中国やビルマ、インド戦域において墜落したパイロットや負傷した兵士の救助を19回行っただけであった。それでも、ヘリコプターの出現は、航空界の多くの者たちの想像力をかきたてた。あまりにも長い間ヘリコプターを夢見てきた人々は、それが使えるようになると、ほとんど何でもできなければならないと思うようになった。ヘリコプターを初めて考案したのは、15世紀後半のレオナルド・ダ・ビンチであった。そしてついに、垂直飛行という困難な問題がようやく解決されたのである。しかし、ヘリコプターの登場は、もう1つの理由でコンバーチプレーンについての新しい、広い、そして深い関心を燃え立たせた。ヘリコプターにはアキレス腱《けん》があることがすぐに明らかになったからである。それは、ローターの空力的特性により、高速で飛行することは決してできないであろうということであった。

ローターは、ホバリングではその機能を良好に発揮できるが、前進飛行においてはあらゆる種類の空力上の問題を発生させる。そのうち最も重大なものの1つは、ヘリコプターが前進飛行する時、それぞれのローター・ブレードの相対風に対する速度が、ブレードが機体に対し前方に動いているか後方に動いているかによって、劇的に異なることである。相対風に対し前方に動いている「前進側ブレード」は、後方に動いて相対風から遠ざかっている「後退側ブレード」よりもはるかに多くの揚力を発生する。ヘリコプターが飛行可能となったのは、発明者や技術者たちがこの違いを相殺するメカニズムを開発したからこそであった。そのメカニズムは、回転しているブレードの「ピッチ」と呼ばれる角度を変化させ、後退側においては、より大きな角度で空気にあたるようにするというものであった。しかし、ヘリコプターの速度がさらに高速になれば、後退側ブレードのピッチをさらに大きくして、前進側ブレードが発生する揚力と同じ揚力を発生させなければならなくなる。ある時点で、このメカニズムの作用は限界に達し、後退側ブレードが揚力を発生できなくなる。この「後退側ブレードの失速」によりヘリコプターの最高速度は制限され、通常、170ノット（時速約320キロメートル）を超えることができないのである。第2次世界大戦の終わりまでに、ジェット機は何百ノットもの高速で飛行するようになったが、ヘリコプターは90ノット（時速約160キロメートル）を超えるのがやっとであった。このため、コンバーチプレーンは、ジェラルド・ヘリックのような非現実的な発明家だけではなく、多くの人から注目され始めていた。
「技術者たちは、ヘリコプターのホバリングおよび低速着陸能力に通常の飛行機の高速飛行能力を組み合わせたコンバータプレーンに、大いなる興味を持ち始めた」１９４８年にアビエーション・ウィーク誌は、この種の機体について、ヘリックの呼び方を用いた記事を掲載した。「この発想は、旅客機の多用性と安全性を増大させる手段としてだけではなく、軍用兵器としても興味深い魅力的な可能性をもたらすものである」ＮＡＣＡ（航空諮問委員会）の空気力学委員会が１９４７年にこの航空機の可能性を研究し、「昨年11月に、この機体について、さらなる試験を実施するように勧告した」とその記事は述べた。また、これまでに提案された6つの主要なアイデアを簡単に紹介し、ヘリックの取り組みについても掲載した。その記事には、ヘリックは「ニューヨークで仕事を続ける」と書かれていた。

かつてと同じように仕事を続けていた75歳のヘリックは、その発明の名前のスペリングにまだ迷っていた。彼が亡くなった後に残されていた論文の中に、タイプ打ちされた「発明の記録」があった。その論文は、次のような言葉で始まっていた。「１９４９年5月8日午前2時、私ことジェラルド・Ｐ・ヘリックは、コンバーチブル機のローターを停止させる機構を考案した……」

１９３８年に回転翼航空機会議を主催したジャイロプレーン開発者であるバーク・ウィルフォードは、コンバーチプレーンの探求にその人生のすべてを捧げていた。１９４９年12月9日、ウィルフォードは、今度はフィラデルフィアのセブンティーンス・アンド・ローカスト通りにあるウォーウィック・ホテルという豪華なホテルで、もう1つの会議を主催した。ウィルフォードは、その会議を「第1回コンバーチブル・エアクラフト会議」と呼んだ。航空科学研究所と5周年を迎えた米国ヘリコプター協会が共催したその会議には、２５０人の技術者など、コンバーチプレーンに興味のある者が参加した。発表者には、もちろんヘリックも含まれていた。老齢のヘリックには、主催者から「コンバーチブル機の父」として彼を称える盾が贈られた。後に刊行されたその会議の議事録の序文で、ウィルフォードは、コンバーチプレーンは「人類にとって有用な飛行の最終解決手段」である、と記している。その序文は、ナチス・ドイツの詳細な歴史の前に記載されており、今日では耳障りに感じるようなフレーズがそこから引用されていた。

一方、ドリーム・マシーンへの探求がヘリックやウィルフォードのような因習を打破しようとする発明家や個人起業家によって主導される日は、終わりを告げようとしていた。それに取って代わったのは、新たに現れた軍産複合体であった。

第2章　営業担当者（セールスマン）

初春の木曜日、1台のグレイハウンド・バスが1階建ての工業用建物の前に止まった。その建物は、テキサス州北部のフォートワースの約20キロメートル北東の郊外にあるハーストという町の10号線沿いにあった。空は、晴れ渡り、まだ9時だというのにすでに蒸し暑くなり始めていた。そのバスから埃《ほこり》っぽい道路に降り立ったのは、真新しいスーツと光沢のある黒革の靴に身を包んだ、短い赤髪の若者であった。ガッシリとした肩と水泳選手のように筋肉質な首を持つその若者が、ゲートを入った所にある小さな丸太小屋のドアをノックすると、守衛が顔を突き出した。ジョージア州のゆっくりとした話し方で、微笑みながら丁寧に自己紹介をした若者は、良くない知らせを受けることになった。そこは、ベル・ヘリコプター社ではあったが、技術部のある工場ではなかったのである。「その道路をもっと向こうに行かなきゃ」とその守衛は言った。「工場は、あの大きな丘を超えた向こう側、2・5キロメートルくらい離れた所だよ。それにバスなんて、失礼、次のバスが到着するのは、2時間後だよ」若者は、顔をしかめたが、守衛に感謝の言葉を述べてから歩き始めた。参った。仕事の初日に早くも遅刻してしまった。

１９５９年4月2日のその日、リチャード・F・スパイビーは、18歳であった。

大学を卒業するために必要なお金を両親からもらえず、どうすることもできないでいた私を拾い上げ、航空技術者にしてくれたのはベル社であった、とスパイビーは後の人生においてよく語ったものである。ジョージア州チコピーに生まれ、父親の勤める電話会社があったマリエッタで育ったスパイビーが、アトランタ州のジョージア工科大学に入学したのは、その前の年の秋のことであった。その大学を選んだのは、仕送りがなくても生活できる可能性があったからである。ジョージア工科大学には、学生が授業料を稼ぎつつ実務経験を積めるように、企業で勤務しながら大学に通える「生協」プログラムがあった。学生たちは、4年生になるまで、大学で1学期を過ごすと次の学期を企業で働くというように、大学と企業の間を行ったり来たりしていた。スパイビーが入りたかった物理学科には、生協プログラムがなかった。しかし、物理学と関連が深い航空宇宙工学科にはそれがあった。その生協プログラムの1つに、ケープ・カナベラルにある宇宙計画関係企業があった。その会社はいかにも格好がよかったので、スパイビーはそこに応募した。しかし、テーマ・ライティング講座の第1学期の試験で、単語のスペリングを3つ間違ったために落第してしまった。スパイビーは、その講座をもう一度受けなおさなければならなかった。「不可」の成績では、どうやっても生協プログラムに参加する資格が得られないため、スパイビーは、その冬を大学で過ごした。春学期になると生協プログラムの参加資格を得ることができたが、その時には、ケープ・カナベラルの仕事は、すでに他の学生に取られてしまっていた。その代わりに選んだのが、ベル・ヘリコプター社であった。

ベル社の重役や技術者たちがいる黄色いレンガ造りの建物に到着した時には、もうすでに遅刻してしまっていた。嬉しいことに、技術人事部長であるウォーレン・ジョーンズは、ロビーでスパイビーを待っていてくれた。新しい生協プログラム学生の遅刻を気にしていないようであり、額に汗もかいていなかったし、しっかりと磨かれた黒い靴には1日の始まりにふさわしくホコリひとつ付いていなかった。笑顔で握手しながらスパイビーを歓迎したジョーンズは、工場を案内し始めた。

スパイビーは、この工場がすぐに気に入った。最も興味をそそられたのは、管理棟のすぐ後ろにある倉庫のような長い建物の中にあるヘリコプター組立ラインであった。そこでは、動力工具のうなり音や金属がガチャガチャとぶつかり合う音の中、デニムのズボンと半袖シャツを着た作業員たちが、航空機の組み立てを行っていた。その工場の西側には、コンクリート・ブロックとアルミで作られた2つの格納庫があり、その向こう側には広大なコンクリートのエプロンが広がっていた。格納庫には、巨大な青色のドアがついていた。この場所で、テスト・パイロットたちは、すべての新しいヘリコプターのコックピットに座り、何時間もグランド・チェックを行うのだ、とジョーンズは説明してくれた。そこのヘリコプターは、安全性を確保するため、地上に拘束されていた。パイロットたちは、それが終わると、納入するまでに少なくとも3時間はその航空機を飛行させるのである。ベル社が繁盛していることがスパイビーにも分かった。エプロンに駐機されていたのは、透明なバブル型キャノピーをもち、高性能の小型ピストン・エンジンを搭載したベル47ヘリコプターであった。このヘリコプターは、最近ヒットした「ワーリーバード（ヘリコプター）」というテレビ番組でも紹介され、つい最近まで「ハイウエイ・パトロール」という番組でも使われていた。その昔、ブルーとホワイトの塗装が施された特別仕様のベル47Jがドワイト・D・アイゼンハワー大統領をホワイト・ハウスの芝地からキャンプ・デービッドまで空輸した。これが、ヘリコプターによる大統領空輸の始まりであった。数年後には、同じ型のヘリコプターが「マッシュ」というテレビドラマのオープニングで主役を務めた。新型のタービン・エンジンを搭載した2機のHU-1Aもあった。ベル社が陸軍用に製造したそのヘリコプターは、「イロコイ」と命名されていた。ただし、兵士たちは、それを「ヒューイ」というニックネームで呼び、陸軍がその航空機の名称をUH-1

と変更した後も、その呼び方を変えることはなかった。

ベル社のほとんどすべての人がフレンドリーでカジュアルなことも気に入った。去年の夏、高校を卒業した後に働いていたマリエッタのロッキード・エアクラフト社の工場とは大違いであった。３２００人の従業員のうち、一部の技術者たちは、半袖のワイシャツにペン差しをつけ、ネクタイを巻いていたが、堅苦しい者はいなかった。ただし、そのリラックスした雰囲気は、プラスになることばかりではなかった。人事部長であるジョーンズは、その日のうちに、春から飛行試験技術者として勤務することになる管理棟や蒸し暑い整備格納庫、気取ったテスト・パイロットたちがいる控室などにスパイビーを連れて行ってくれたが、どこに行っても彼を「リチャード」ではなくニックネームの「ディック」と紹介した。スパイビーは、母親からさえも、「リチャード」としか呼ばれなかった。友人たちからは、「リック」と呼ばれていた。常におおらかで、年長者を尊敬していたスパイビーは、自分の名前の呼び方について苦情を言うのは失礼だと思った。人事部長から「ディック」と呼ばれるのをそのままにしていると、そのニックネームが定着してしまった。それでも、スパイビーは気にしなかった。ただそこにいるだけで幸せであった。幸せのあまり、メイン・ゲートまで慌てて来た時にネクタイを緩め、襟のボタンを外していたことをすっかり忘れてしまっていた。常に穏やかだが並外れた知識を持つ技術担当副社長のバートラム・ケリーに紹介される時でさえも、そのことを誰も気に留めていないようであった。

ケリーは、背が高く、ガリガリに痩せていたが、知的な顔つきをした男であった。ハーバード大学で物理学修士号を取得していた彼は、１９４１年にヘリコプター発明者アーサー・ヤングの右腕として、時給90セントでベル社に入社した。ペンシルベニア州生まれのケリーは、４歳年上のヤングと幼馴染であった。彼らは、ニューヨーク州のバッファローに近いガーデンヴィラにベル・エアクラフト社のヘリコプター部門を立ち上げた。ローレンス・ベルは１９５1年にそれをテキサス州のフォートワースに移設した。飛行に適した天候と安い税金に加えて、そこには強い労働組合が存在していないという利点があった。１９４9年にニューヨーク工場で起こった労働者たちによる暴力的なストライキは、ベル社に苦い思い出を残していた。また、ベルは、ヘリコプター部門を巨大な固定翼プロジェクトの影から脱出させたいとも考えていた。固定翼機の技術者や管理者たちは、資金の分配に際し、ヘリコプターのような弱小事業を押しのけるのが得意であった。一方、国防総省も、冷戦下にあったソ連の攻撃による被害を局限化するため、軍需企業がその拠点を東海岸と西海岸に分けることを奨励していた。ベル社の移設費用は、海軍用の新型対潜哨戒ヘリコプターの巨額な製造契約でまかなわれた。移設が終わると、ベル・ヘリコプター社はベル・エアクラフト社の子会社となった。ケリーは、ベル・ヘリコプター社と共にテキサスに移動した。アーサー・ヤングは、その時すでにパオリの農場に戻り、哲学および形而上学の研究を再開していた。ベル社の主席技術者となったケリーは、ダラス室内音楽協会の設立を援助し、オーボエの演奏にもその情熱を傾けていた。

スパイビーは、ケリーに度肝を抜かれた。かつて予備校の講師であったその男は、銀縁のメガネをかけ、濃い口ひげを生やしていた。常に笑顔を絶やさない寛大な男であったが、その一方で、容赦のない指導者であり、正しい英語にこだわりを持っていた。技術者たちから受け取った連絡票に文法やスペリングの誤りを見つけると、赤鉛筆で印をつけて返し、修正させるようにしていた。パデュー大学を卒業後、38年間ベル社で勤務し、２００３年に技術上席副社長として退職した技術者のトロイ・ギャフィーは、ケリーが当時会社に雇われていたオーストラリア人技術者が書いた連絡票を、血が噴き出しているように修正して返した時のことを決して忘れはしない。ケリーは、その男の机の所まで来ると「こんなものを理解できるか！」と言いながら、メモをゴミ箱に投げ入れて去って行ってしまった。１９６０年代にジョージア工科大学を卒業した技術者としてベル社に戻ったスパイビーは、ケリーからスペリングの誤りを指摘されることが多かった。ケリーが威圧的になり始めると、スパイビーも見上げるようにして反発した。ただし、スパイビーは、その老人の1つの習慣を見習うことにした。それは、ハーバード・マサチューセッツ工科大学の生協から取り寄せた、表紙が濃茶色で厚さが約3センチメートルの「コンピュティション・ブック」というノートに業務日誌をつけることであった。

ベル社で勤務するスパイビーを恐れさせたもう1人の男は、ペンシルベニア州出身のロバート・L・リヒテンであった。主任飛行技術者であるリヒテンは、色黒で、その外見どおり聡明かつ意固地な技術者であった。主任技術者であるバートラム・ケリーの代理を務めていた彼は、その後継者であることが明らかであり、ベル社におけるティルトローターの父でもあった。

スパイビーは、フィラデルフィア生まれのリヒテンのことをケリーよりも粗削りで「気に入らない者を思いっきり非難する」男だと思った。リヒテンと一緒に働いた技術者たちは、そのほとんどが彼と口論したり、対立したりした経験があったようである。背が高くてハンサムなリヒテンは、まるで暴君のようであった。下品ではなかったが、部下に対して否定的な立場をとることが多かった。誰かと意見が合わないと、突然、回れ右をして一言も言わずに立ち去ったり、本当に気に入らない時には、その場で真っ赤になって非難したりすることがあった。１９４３年にマサチューセッツ工科大学で航空工学の学位を取得していた彼が重視していたのは、当時ベル社では習慣となっていなかった分析と計算であった。ベル社には、アーサー・ヤングとバートラム・ケリーが築き上げた「トライ・アンド・エラー」や「カット・アンド・トライ」の文化が根付いていた。当時、リヒテンの補佐をしていたケネス・G・ウェルニッケは、その文化に悩まされていた。ウェルニッケは、リヒテンのやり方が好きであった。「部下たちには、彼らができること以上のことを期待するがゆえに、厳しく接するべきだ」と考えていた。リヒテンは、その期待を裏切るようなことをする者たちを見下すので、人から嫌われることが多かった。

そんな状態ではあったが、リヒテンは、陸軍および海兵隊用のヒューイやベストセラーとなった民間用ジェットレンジャーなどを世に送り出し、ベル社にとって最大の成功をもたらしてきた技術者たちを、何年もの間にわたって指導してきた。仕事以外では、自由党員として、第2次世界大戦中に高まったユダヤ人の市民権獲得運動に情熱を傾けていた。それは、全米有色人地位向上協会の終身会員である彼にとって、無理からぬことであった。リヒテンは、ユダヤ系アメリカ人委員会、ダラス国際連合協会ならびにアメリカ自由人権協会およびテキサス自由人権協会のダラス支部のリーダーでもあった。また、ケリーと同じく、ダラス室内楽協会にも所属していた。ただし、その人生の大部分において、最も熱中したのは、ドリーム・マシーンであった。

リヒテンは、まるで依存症にかかったかのようにティルトローターに没頭し続けた。1965年、主任ティルトローター技術者にウェルニッケを指名した時、自分のようにその仕事を「人生で唯一のもの」にしないように警告した。「お前には、俺のようになって欲しくない」リヒテンはウェルニッケに言った。「人生には、他にやるべきこともあることを知って欲しい」

ティルトローターは、リヒテンの「赤ん坊」であったが、実際には、養父に過ぎないことがウェルニッケは分かっていた。その機体の技術的DNAは、ドイツのFw61にさかのぼることができる。それは、サイド・バイ・サイド方式のローターを持つヘリコプターで、1930年代に回転翼機の教祖であったアレキサンダー・クレミンたちアメリカ人に強い印象を与えていた。ローレンス・ベルもその中の1人であった。その年、ナチスの戦争遂行能力を評価するため、ルーズベルト大統領がドイツに派遣した視察団の一員であった彼は、ベルリンのドイツランドホールで、ハンナ・ライチュがFw61を実際に飛行させるのを見ていたのであった。ベルリンでFw61を見たもう1人の男は、イギリス生まれの技術者であり、ハロルド・ピトケアンや彼から特許使用許可を得た者たちと一緒にオートジャイロを開発していたW・ローレンス・ルパージュであった。ライチュがFw61を飛行させる様子を撮影した映像フィルムをドイツから持ち帰ったルパージュは、陸軍の協力を得てフィラデルフィアで開催した回転翼航空機会議でそれを公開した。その後間もなくして、ルパージュとハビランド・H・プラットは、似たようなヘリコプターを製造するため、ペンシルベニア州のエディストンに会社を設立した。その時に雇った技術者の1人が、ロバート・リヒテンであった。

プラット・ルパージュ社のヘリコプターは、ドイツのマシーンと同じように、飛行機の翼のように張り出した支柱の両端にローターが取り付けられていた。また、同じような形態でローターを前傾できる機構をもった機体も設計した。プラット・ルパージュ社がこのティルトローターを実際に製造することはなかったが、リヒテンは、この方式と恋に落ちてしまったのである。その方式は、コンバーチプレーン設計者にとっての中心的な課題に対する有力な解決案であった。その課題とは、1つの機体に揚力と推力を発生させるための2種類の形態をいかにして実現するか、ということであった。2組の機械装置を搭載したのでは、重量と空力抗力が増大し、飛行が困難になってしまうのである。第2次世界大戦後、ヘリコプターの開発によりコンバーチプレーンへの関心に新たな火が灯されると、リヒテンは、2人のパートナーと共にティルトローターを開発するための新会社を設立した。彼らは、ティルトローターの役割そのものを意味する「トランスセンデンタル(先験的)・エアクラフト社」という名前をその企業に与えた。

2年後、リヒテンは、以前からコンバーチプレーンのアイデアに興味を持ち続けていたヘリコプター発明家のアーサー・ヤングがいるベル社へと移った。ベル社に入った翌年の1949年、リヒテンは、フィラデルフィアで開催された第1回コンバーチブル・エアクラフト会議において、1940年代の初めに撮影された映像フィルムを上映した。このフィルムには、翼の上にティルトローターを取り付けたコンバーチプレーンの原型を飛行させているヤングの様子が映し出されていた。ヤングは、そのテクノロジーを追求するため、ベル社の中にあるプロジェクトを立ち上げた。その航空機は、「モデル50コンバート・O・プレーン」と呼ばれた。しかしながら、1947年、ヤングが以前行った研究に基づいてベル社がヘリコプターを製造するようになると、ヤングは、ベル社を去り、ペンシルベニア州の農場に戻ってしまった。ヘリコプターよりも哲学への関心の方が強かったのである。

その翌年、リヒテンは、ティルトローターに関するアイデアをベル社に持ち込んだが、その時はまだ、そのプロジェクトに従事している多くの技術者たちの中の1人に過ぎなかった。自称奇人のジェラルド・ヘリックが第1回コンバーチブル・エアクラフト会議によって「コンバーチプレーンの父」と命名された1949年までの間に、ドリーム・マシーンを探求するための重点は、急速に移り変わっていた。その探求は、異端的な発明者たちから、仕事を欲する航空機産業と新たな紛争への準備を進める軍隊へと受け渡されたのである。その年、中国においては、共産主義者が内戦に勝利し、その権力を握った。ソ連においては、最初の核実験が行われた。米国と欧州の同盟国は、ソ連による侵攻から西ヨーロッパを守るため、NATO（北大西洋条約機構）を結成した。不安を感じた議会が予算を準備し、米軍は、来るべき共産主義との対立への備えを直ちに開始した。

一方、まだ、第2次世界大戦中の契約で生じた巨大な損失から回復できていなかった米国の航空機製造会社は、新しい製品を模索しているところであった。1944年には3億1700万ドルであったベル・エアクラフト社の歳入は、終戦翌年の1946年には1150万ドルまで落ち込んでいた。1940年代の後半、ヘリコプター企業を新たに設立したローレンス・ベルたちは、奇妙な外観をした新型航空機を売り込もうと懸命であったが、「エッグ・ビーター（卵泡だて器）」と呼ばれたヘリコプターの大衆化は、遅々として進まなかった。軍隊ですら、ヘリコプターの調達には二の足を踏んでいた。第2次世界大戦中にも数機のヘリコプターが陸軍航空隊と沿岸警備隊により使用されていたが、これらは、まだ完成されたものではなかった。ヘリコプターは、軍が大量発注するには、あまりにも脆弱《ぜいじゃく》過ぎたし、新しすぎた。先見の明のある戦術家や戦略家をもってしても、ヘリコプターの本当の使い道やその使い方が全く分かっていなかった。当時の彼らの様子を描いた風刺絵が、2年半前に創刊されたばかりのアメリカン・ヘリコプターという雑誌の1948年7月号に掲載されている。その絵には、制帽を地面に置き、カクテルグラスの載ったガーデンテーブルの横に制服をかけ、折りたたみいすに前かがみに座っている1人の陸軍将校が描かれている。くつろいでいる将校の頭上には、米軍の星のマークがついた小さなヘリコプターが地面に打ち込まれた支柱から紐《ひも》で吊り下げられ、ホバリングしている。右下の角には、その将校がローターのダウンウォッシュで涼んでいる姿を眺める2人の兵士が描かれ、1人の兵士がもう1人に話しかけている。「あの歩兵職種の大佐は、ヘリコプターでいったい何をするつもりなんだろう」

この風刺画が発表された当時、ヘリコプターを兵器として用いることに注目していた軍種は、水陸両用作戦で部隊を船から岸に上陸させる際の上陸用舟艇に代わる輸送手段としてそれを研究していた海兵隊だけであった。ヘリコプターの真価が認められるようになったのは、1950年から1953年の朝鮮戦争の間のことであった。ヘリコプターは、負傷者を後送し、補給品を部隊まで輸送し、前線よりも敵側または海上に墜落したパイロットを救助し、兵士や海兵隊員を戦場に送り込むのに最適の輸送手段であった。一方、１９４８年の段階でほとんどの士官たちが明確に認識できていたことは、ヘリコプターに関する物事がイライラするほど進まないということだけであった。そんな中、ジェット機時代が幕を開けた。第２次世界大戦中に開発されたターボジェットおよびターボプロップ・エンジンにより、航空機設計者たちは、驚異的な速さのマシーンを生み出すことができるようになった。強力なエンジンの出現により、多くの技術者や士官たちが、古くからあったコンバーチプレーンのドリームについて、初めて真剣に考え始めた。音速の壁が破壊され、宇宙旅行が現実味を帯びてくる中、何でもできるように思えてきたのである。

そのような背景の中、米軍は、その後の20年間に数百万ドルをコンバーチプレーン実験に支出することを決定した。対立していたソ連や裕福な同盟国であるイギリス、フランスおよび西ドイツにも同じような動きがあった。ＮＡＳＡ（航空宇宙局）の先任航空宇宙技術者であるジョン・Ｐ・キャンプベルは、１９６２年にこの件に関する本を書いている。キャンプベルは、「ＶＴＯＬ」（バーチカル・テイク・オフ・アンド・ランディングの略語、ヴィートールと発音される）と呼ばれる垂直離着陸機を、ヘリコプターを含んだ16のカテゴリーに分類した。その時すでに、専門家たちは、この種の航空機のことをコンバーチプレーンとは呼んでいなかった。ＶＴＯＬ機は、垂直飛行から水平飛行に転換するために用いる推進方法よって区分され、ローター、プロペラ、ターボジェットおよびダクテッド・ファンという４つの基本的形態があった。ダクテッド・ファンとは、囲まれたカウリングの内側でプロペラまたは多数のブレードを有するファンが回転するものをいう。また、それには、基本的に４つの変換方式があった。機体全体を垂直から水平に傾けるもの、推力のみを傾けるもの、垂直飛行時は下向きに水平飛行時は後方に推力を偏向するもの、および１つの機体で２つの推進方法を装備し、そのうちの１つを垂直飛行用に、もう１つを水平飛行用に使うものである。キャンプベルがこの本を出版した時点では、16種類のカテゴリーすべてがすでに試されていたが、そのほとんどが好ましくない結果に終わっていた。

軍とNASAが予算をつぎ込んだVTOLの設計には、今にして思えば全くもってこっけいに見えるものもあった。それらの航空機は、古くからの慣習となっている英文字と番号で構成された略号で識別されていた。海軍が資金を提供したのは、「テール・シッター」と呼ばれ、「パゴス」(恐竜)とも称されていたコンベア社のXFY-1とロッキード社のXFV-1であった。どちらの機体も、一見、通常の機体と似ていたが、機首に2つの巨大な反転プロペラをもち、その名が示すとおり尾部を下にして、上方に向かって立った状態から垂直に離陸するようになっていた。パイロットにとって、この航空機を操縦することは至難の業であった。離陸する時は、背中を下にして仰向けになり、足を空中に浮かした状態から飛行を開始しなければならなかった。そして、着陸する時も同じ状態で飛行を終えなければならず、縦列駐車する時のように肩越しに地面を見ながら、この化け物のような機体を尾部から接地させなければならなかったのである。コンベア社のXFY-1は、この方法で数回離着陸し、垂直飛行から水平飛行への転換にも成功した。一方、ロッキード社の「パゴス」は、通常の航空機としては飛行できたが、垂直離着陸を行うことはできなかった。どちらの航空機もジェット戦闘機の導入などにより非実用的になったことから、海軍は、1950年代の半ばにその開発を諦めてしまった。

陸軍が資金を提供した「プロペラ後流偏向型」機のライアンVZ-3とフェアチャイルドVZ-5という2機種の機体も、同じくらいに奇妙な外観をしていた。これらの機体の翼には、従来の飛行機と同じような翼にプロペラが付いていた。ただし、それに加えて、巨大なフラップが取り付けられており、これによってプロペラの推力を下向きに偏向させ、少なくとも理論的には、垂直に離着陸したりホバリングしたりできるというものであった。しかしながら、どちらの機体もその期待に応えることはできなかった。水平飛行に転換しようとしたVZ-3が操縦不能となり、危ないところでテスト・パイロットが脱出したこともあった。米国やその他の国の軍隊は、何十機種ものVTOL試作機の製造資金を航空機製造会社に供給した。それ以外にも、何千もの設計が行われたが、製造に移されることはなかった。航空宇宙工学技術者でありVTOL（垂直離着陸）歴史学者でもあるマイケル・J・ヒルシュベルグは、1990年代にある図表を発表した。それは、旧マクダネル・エアクラフト社の誰かが、1960年代に企画されていた様々な試みを表したものであった。「The V／STOL Wheel of Misfortune」という標題でインターネット上でも公開されているその図表は、「回転ルーレット」のような形をしており、実際に製造された45種類のVTOL機が描かれていた。ただし、その中には、後にヒルシュベルグが付け加えたいと思った30種類以上の特殊なヘリコプターは含まれていなかった。

ヒルシュベルグがそのルーレットを公開した時、そこに描かれているVTOLの中で引き続き飛行していたのは1機種だけであり、かつて量産され装備化されたことがあったものは2種類だけであった。そのうちの1機種が1992年に退役したソビエトのYak-38「フォージャー」であった。また、もう1機種は、「ジャンプ・ジェット」と呼ばれ、1960年代に英空軍用に英国が設計し1970年代および1980年代に米海兵隊が調達したハリアーであった。この「推力偏向型」機は、ジェット推力を下方向に向けることで垂直離着陸およびホバリングが可能であった。しかし、それは、完全な単座戦闘機であり、コンバーチプレーンの熱狂的信者が想像していた旅客用マシーンからは、ほど遠いものであった。1970年代の半ば、技術者たちはVTOLジェット旅客機の製造は非現実的であると結論付けてしまっていた。その理由の1つは、比較的少ない空気の流れを高速まで加速することにより推力を生み出すジェット・エンジンは、大量の燃料を消費するからであった。乗客を運べる大きさのマシーンを作ったとしても、垂直離陸時に必要な大量の燃料を搭載しなければならないため、航続距離が短くなってしまうと考えられたのである。コンバーチプレーン信仰者は、そのような制約がない航空機を追い求めていた。それは、1930年代に航空学における象徴的存在であったアレキサンダー・クレミンの言葉によれば、乗客を乗せて「実質的に鳥が空でできることのすべてができる」航空機であった。彼らは、軍事だけでなく民間航空をも変革したいと考えていた。彼らが望んでいたのは、ドリーム・マシーンであった。

＊　＊　＊

コンバーチプレーンの探求には、北西航路探検や聖杯伝説にも似た動機があった。しかし、その探求には、技術的問題が悪魔のように山積していた。中でも最も大きな障害の1つは、重量であった。

航空機の設計者たちは、「空虚重量」が「全備重量」に占める割合、つまり、燃料タンクが空で貨物も搭載していない時の重量と最大積載量を搭載した時の重量の比率をもって、ヘリコプターや飛行機の概《おおむ》ねの能力を判断する。明確に規定することは難しいが、理想的なのは、その比率が50パーセントになるようにすることである。この比率であれば、マシーン自体の重量と等しい重量の乗客や貨物、燃料を輸送することが可能となる。ベル社の技術者であるケネス・ウェルニッケが予想したとおり、この比率は、ほとんどのＶＴＯＬ（垂直離着陸）機設計者を途方に暮れさせてしまうような大問題であった。「これらの機体の多くは、機体自体を地面から浮かび上がらせることはできたが、機体重量が重すぎて十分な燃料を搭載できないか、または、ほとんど貨物を搭載することができないかのどちらかだったのです」とウェルニッケは私に説明してくれた。「この問題を解決するためには、倍の能力がある揚力システムを持つか、もしくは倍の能力がある推進システムを持たなければならないのですが、問題はそのシステムの重量なのです」ウェルニッケは、自分を指導してくれたロバート・リヒテンと同じく、ティルトローターが最善の解決策だと思っていたが、他の方法も試してみることにした。当時、ベル社に雇われていたエミリオ・ビアンキは、才気あふれるイタリア人技術者であった。ウェルニッケと彼は、実用的な「複合ヘリコプター」を設計しようとして数ヵ月を費やした。それは、通常のヘリコプターに、前進飛行用の推進手段としてプロペラやジェットなどを追加したものであった。推進機構を追加することにより、ローターに通常発生する後退側ブレードの失速などの空力的制約によってもたらされる速度制限を解消し、ヘリコプターの性能を向上させることが期待できた。しかし、推進機構の追加による重量の増加は、搭載燃料量を減少させ、航続距離を制限してしまうことになる。ある日、ビアンキはうんざりして鉛筆を製図板上に投げ落とすと、吐き出すように言った「くそくらえだ！」複合ヘリコプターは、重量による航続距離の制限により、速度の増加が相殺されてしまうため、自分自身を正当化することができない、とウェルニッケとビアンキは結論付けた。「遠くまで飛べないならば、速く飛ぶ必要がないのではないか？」ウェルニッケは、その理由を考えた。「遠くまで飛べない航空機は、結局のところ到着するのに時間がかかってしまうからだ」また、そのようなマシーンは、「ホバリング時にしか使わない荷物を常に引きずって歩くようなもの」であり、前進飛行時の空気力学的効率が低下してしまうのである。

　ウェルニッケとそのベル社の仲間たちは、ここにティルトローターの利点があると考えた。ローターを傾けてプロペラとして使うようにすれば、余分な「お荷物」により抗力が増大したり、重量増加の影響を受けたりすることがないのである。ウェルニッケは、そこが気に入った。

陸軍とNASA（航空宇宙局）の前身であるNACA（航空諮問委員会）の資金援助を受けたベル・ヘリコプター社は、ロバート・リヒテンにそのプロジェクトを担当させ、空軍が1951年に行ったコンバーチプレーン開発競争の一環として実験用ティルトローターを製造する契約を勝ち取った。当時、ヘリコプター市場において、ベル社の主だったライバルであったマクダネル社とシコルスキー・エアクラフト社も、それぞれ同様の契約を獲得した。マクダネル社は、複合ヘリコプターと同じようなものを提案した。シコルスキー社は、航空機が空中に浮かんだ後には折りたたみ、着陸する時には開くローターを胴体の上に搭載した3角翼のジェット機を設計したが、実際には製造されなかった。

ベル社のティルトローター機は、軍によりXV-3コンバーチプレーンと命名された。

＊　＊　＊

この世には、一目見ただけで夢中になるものがある。夢中は、やがて情熱へと成長し、情熱は熱中を生み出すのである。ディック・スパイビーがXV-3に初めて出会ったのは、1959年にベル社に到着したその日のことであった。ウォーレン・ジョーンズがスパイビーを案内してくれた時、エプロンにその機体が置かれていたのである。スパイビーは、すぐにこの飛行機に夢中になった。

「ベル社が最初に製造したこのティルトローターに引き付けられたのは、「他の航空機と違い、奇妙な獣のような外観をしていたからです」とスパイビーは数年後に語っている。既存の機体の部品を継ぎ合わせて作られたＸＶ-３は、飛行機に追突されたヘリコプターのような形をしていた。翼から前方側の胴体は、その頃の一般的なヘリコプターと同じく箱のような形状をしており、コックピットを囲む窓が後ろの方まで伸びていた。翼から後ろは、完全に飛行機であった。その翼端からは、「パイロン」と呼ばれる２つの小さな涙滴型の回転ポッド（容器）が突出しており、そのそれぞれに直径約７メートルの２枚ブレードのローターが取り付けられていた。ローターを回転させるエンジンは、銀色に塗装された胴体の中に搭載されていた。パイロンやラダー（方向舵）は明るいオレンジ色に塗装され、飛びぬけて大きな尾翼は銀色であったが、垂直尾翼の下端には黒色でＮＡＳＡと書かれた黄色い３角形が描かれていた。（その前年の10月にＮＡＣＡ〈航空諮問委員会〉は、ＮＡＳＡ〈航空宇宙局〉へと改編されていた。）垂直尾翼の上端には、「Ｕ．Ｓ．ＡＲＭＹ」の文字が、これも黒色で描かれていた。降着装置には、一対のスキッドが装備されていた。スパイビーには、この機体がとても格好良く見えた。

スパイビーが見たのは、ベル社が製造した２機のＸＶ-３のうちの１機であった。１機目のＸＶ-３は、２年半前に最初の試験飛行を実施中に大破していた。パイロットのディック・スタンスベリーは、この事故で生涯、手足が不自由になってしまった。それは、１９５５年８月に行われたＸＶ-３の初飛行の時のことであった。別のパイロットがホバリングを行っていると、機体に異常振動が発生し始めた。ベル社とＮＡＳＡ（航空宇宙局）は、原因を究明するため、２〜３ヵ月の間、その機体を用いて風洞実験を行った。１９５６年10月25日、スタンスベリーの操縦によりホバリング試験を再開し、ローターを前方に傾ける試験を行おうとした。ＸＶ-３をホバリングさせ、ローターを17度前方に傾けた時、機体が激しく振動し、コックピットが強く揺さぶられ始めた。ブラック・アウト状態となったスタンスベリーは、コックピットに叩きつけられた。操縦不能となったＸＶ-

3は地面に激突し、スタンスベリーは腰を負傷した。ベル社とNASA（航空宇宙局）は、2年間かけて原因を究明した。その結果、この事故の原因は、「空力的共鳴」とも称される「動的不安定」現象であることが判明した。プロペラやローターとそれを保持するマストの強度が不十分な場合に、それらが遠心力で揺れ始めると、ますます振れが増大してゆく現象である。XV-3初号機には、3枚ブレードのローターが装備されていた。そのローターには通常のヘリコプター用ローターと同じようなヒンジ（関節）があり、各ブレードは、フラップ（上下）およびラグ（前後）に独立して動くことができた。そのヒンジは、風によりローター・ブレードが上下に揺すられた際に、マストに曲げ応力が加わることを防止するために設けられていた。しかし、複雑に作用する空力的な力によって、サイド・バイ・サイドに配置された2つのローターが相互に干渉し合い、操縦不能になるほどの振動が機体に発生したのである。ベル社とNASAの技術者たちは、最終的には、ローターを2枚ブレードに変更し、それぞれの翼の下にストラットを取り付けることによって、この問題を解決したのであった。こういった事象を分析できるコンピューターが存在しない時代、それは非常に困難かつ時間のかかる作業であった。長い治療期間を終えたディック・スタンスベリーは、両肘まで伸びたアルミ製の装具を付け、足を引きずって歩きながらではあったが、研究開発技術者としてベル社に復帰し、ティルトローターへの希望を抱き続けていた。

時給1ドル78セントの生協プログラム学生であったスパイビーがXV-3に直接関わる業務を行うことはなかったが、多くの新進気鋭の技術者たちと同じように、数々の新しい技術と新しいアイデアに魅了され、その影響を受けることになった。スパイビーは、XV-3に取り組んでいるパイロットや技術者が何かを見せてくれる時には、いつでも足を運んだ。スパイビーがその新型機に最も深く関わったのは、その機体の飛行試験の「データ整理」の一部を任された時であった。その作業は、飛行に伴う歪みデータをグラフにプロットするというものであった。XV-3の木製および金属製の主要部品には、「ひずみゲージ」という負荷を測定する細い電線が装着されていた。ひずみゲージは、「電球のフィラメントのようなものなのです。そのひずみゲージを張り付けた外板に荷重がかかってわずかに曲がると電線の抵抗が変化します。その値を測定することにより、機体が何らかの損傷を受ける状態に近づいているかどうかを知ることができるのです」とスパイビーは私に説明してくれた。現在では、ひずみゲージからのデータは、コンピューターに入力されるが、当時は、オシログラフに接続されていた。デジタル時代になる前の心電図と同じように、ロールに巻き取られながら移動するグラフ用紙に曲線を描くことでデータを記録していたのである。ベル社は、その春に新型の自動オシログラフ読み取り機を購入したばかりであった。その機械を使うことにより、データをパンチ・カードに打ち出して、別の機械にプロットできるようになっていた。古顔たちの中にはその新しい機材におじけづく者もいて、スパイビーがその使い方を研究することになったのである。まるで、現在の親たちが子供に新しいコンピューターの操作を頼むようなものであった。しかし、新人の生協プログラム学生にとっての主な仕事は、自転車で広大な地域に広がる施設の間の使い走りをすることであった。その仕事のおかげで、スパイビーは、その施設のことを熟知することができた。

XV-3は、その夏にフォートワースから去っていった。3ヵ月間に及ぶ飛行試験を実施するため、サンフランシスコの南東65キロメートルのカリフォルニア州マウンテンビューにあったNASA（航空宇宙局）エイムズ研究センターに移管されたのであった。しかし、若きスパイビーの心は、ティルトローターに留まっていた。スパイビーは、ベル社での生協プログラム期間中にXV-3に関する検証を繰り返し、あらゆる側面からそれを研究し続けた。ジョージア工科大学3年生の時に空気力学講座を受講したスパイビーは、ティルトローターに関するブリーフィングを行う機会があった。それは、それから40年間に彼が行うことになる2000回以上と推定されるブリーフィングの最初のものとなった。全員が何らかのブリーフィングを準備して授業中に発表し、航空宇宙工学者として必要な重要な技能の1つを磨き上げなければならなかったのである。「その教室には、ティルトローターを作りたいと思っている学生は他に誰もおらず、通常のヘリコプターを作りたいと思っている者ばかりでした。このため、彼らにティルトローターを作る必要性を納得させるようなブリーフィングを行わなければならなかったのです」とスパイビーは私に語った。「皆を納得させることができたかどうかはわかりませんが、ティルトローターがなぜ優れたアイデアなのか、という理由を提示することができました。ヘリコプターとティルトローターを比較した私のブリーフィングは、かなり良い成績をもらえたはずです」

＊　＊　＊

スパイビーは、その夏に、2つ目に夢中になるものと出会った。彼女の名前は、ヤン・リー・グランザーと言い、スパイビーよりもちょうど1歳年下のテキサス・クリスチャン大学の2年生であった。彼らが出会ったのは、ファースト・ユナイテッド・メソジスト教会の日曜学校が湖畔で行った独身大学生のためのピクニックでのことであった。スパイビーは、同世代の学生と出会う方法の1つとして、ベル社とは何の関係もないそのイベントに参加していたのである。その教会は、その前の週くらいに彼が越してきたＹＭＣＡの寄宿舎のすぐ近くにあった。スパイビーとヤンの恋は、ピクニックで彼が自己紹介をするとすぐに始まった。そしてファースト・ユナイテッド教会のスパイビーの友達であったハワード・スケンクとそのガールフレンドと一緒にデートを重ねた。2組のカップルは、フォートワースのストックヤード・エリアと呼ばれる観光用地域にあるレストランに行ったり、映画を見たり、ダンスをしたり、湖畔でゆっくりと話をしたりした。

ハワードは、優秀な整備員であった。彼が持っていた全長4メートルの小型ボートにはコルベットのエンジンを搭載し、スパイビーと水上スキーを楽しんだ。ハワードのボートは、恐ろしくスピードが出たので、水面を跳ねる時には死ぬかと思うくらいの衝撃があった。彼らは、フォートワースの北西にあるイーグル・マウンテン湖という大きな湖でそのスリルを味わった。ある年、スパイビーは、ジョージア州から旧式のハング・グライダーを持ち帰った。それは、竹の支柱、レーヨン布のセイル、木製のブランコ型の座席と重心を移動させるためのハンドル・バーで自作したものであった。それは、本に書かれていた宇宙カプセル回収のためにNASAが設計したハング・グライダーをまねて作られていた。スパイビーとスケンクは、それを水上スキー用のロープでボートに結び付け、イーグル・マウンテン湖の上空を飛び回った。離陸するまでは、操縦者は、座席に座った状態で水上スキーを使って滑走し、離陸後は、ボートのすぐ後ろを引っ張られながら10メートルくらいの高さを飛び、着陸する時は、ボートのスピードを緩めて水上スキーでゆっくりと滑り降りた。しかし、ある日、スパイビーにあるアイデアが浮かんだ。ジョージア工科大学の課程を終えたばかりであった彼は、そのグライダーで本当に飛ぶことができると考え、ロープに自動車用のシートベルトのバックルを取り付けて、切り離すことができるようにした。ハワードがボートのスピードを上げると、スパイビーは水上スキーを脱ぎ捨てて離陸した。通常よりもはるかに高くまでグライダーを上昇させると、後にそれはばかげたことであったと思うのだが、グライダーをボートから切り離した。切り離したとたん、グライダーは機首を下げ、そのままでは死んでしまうことが確実だと思えるくらいのスピードで水面に向かって急降下した。スパイビーは、必死に体重を移動させ、重心をずらして急降下から回復しようとした。ぎりぎりで間に合って、時速90キロメートル以上で進んでいるボートを超低空で追い越してから、なんとか水上に着陸した。けがはなかったものの、死ぬほど怖い思いをした。それは、ベル社ですでに学んでいたことを改めて思い出させる恐ろしい出来事であった。実験機は、危険なものなのである。

＊　＊　＊

スパイビーがジョージア工科大学を卒業して2ヵ月後の1964年8月22日、スパイビーとヤン・グランザーは、ヒューストンにあったヤンの両親の教会で結婚式を挙げた。2人はアトランタ州のエモリー大学の近くのアパートに引っ越し、ヤンはクリスチャン大学で修士号を取得するための準備を始めた。数週間後、スパイビーもジョージア工科大学の航空宇宙工学修士号の勉強を始めるとともに、生活のため、夜は、ロッキード社の航空機製造工場で働くようになった。次の夏には、そこで正規社員として働き始め、当時、機密事項であったあるプロジェクトのデータ整理に従事した。それは、後にジョン・ウェインの『グリーン・ベレー』やジェームズ・ボンドの『007サンダーボール作戦』などの映画やテレビ番組でも取り上げられることになった「フルトン・ピックアップ・システム」と呼ばれる装置であった。

その装置は、前線よりも敵側に墜落した航空機のパイロットなどを飛行機が着陸することなく救助するためのもので、次のように用いられた。まず、ピック・アップ（救助）を行う航空機は、動けなくなったパイロットに向けて、巨大なバルーン、ヘリウム入りのボンベ、特殊なバックルを備えたフライト・スーツ（上下がつながった飛行服）および長さ150メートルのナイロンロープが入った救助キットを投下する。パイロットは、そのフライト・スーツを身に着け、ナイロンロープの一方をその特殊なバックルに、他方をバルーンに接続し、バルーンにヘリウムを充填して浮上させる。バルーンを確認した救難機は、急降下して機首に取り付けられたフォークの形をした一対の「角《つの》」にナイロンロープを引っ掛ける。機体が進むのに従ってパイロットが空中に吊り上げられると、救難機の搭乗員は頑丈なJ型のフックを使ってロープをつかむ。搭乗員は、ロープをウインチに接続し、パイロットを飛行中の機内に収容するのである。飛行機の速度にもよるが、被救助者がその角で引っ張り上げられる際の力は、重力の10倍を意味する10Gに達する。このため、被救助者は、機体の後方で安定する前に、一旦、機体よりも高く振り上げられる場合もあった。一度それを体験したある者は、「どんな怖いもの知らずの者であっても、ディズニーランドの絶叫アトラクションのように感じるさ」とスパイビーに語った。

ＣＩＡは、１９６０年代に同様のシステムを2回使用したことがあった。その際に使用した航空機の速度は、時速２８０キロメートルであった。その頃、ロッキード社は、より大型で高速な特殊作戦仕様のＣ-１３０輸送機を用いた試験を各種気候および高度で行っていた。スパイビーは、その試験を行うチームの一員として、まずはアリゾナ州ユマまで、次にはカリフォルニア州のエドワーズ空軍基地までＣ-１３０で飛行し、そこの砂漠でこのシステムの試験を行った。彼の仕事は、オシログラフなどの計測器が取り付けられた2体の等身大のダミーの操作であった。Ｃ-１３０のフックがナイロンロープに接触する約10秒前にオシログラフのスイッチをオンにし、走って逃げるのである。Ｃ-１３０には、ナイロンロープが４つのプロペラに絡まるのを防ぐため、機首と翼端の間に1本のケーブルが張られていたが、フックにロープを引っ掛けるのに失敗し、ロープが翼に滑り込んで、右翼内側の第3プロペラに絡まったことがあった。ダミーは、急激に空中に巻き上げられた後、ロープが切断して地上に墜落した。スパイビーは、その一部始終を見てしまった。後に、スパイビーは、そのシステムが別の問題を起こし、事故が発生した時の話を聞いた。海軍がそのシステムの海上での試験を行うことになり、1人の志願者が救命浮舟から吊り上げられた。被救助者は、ウインチで引っ張り上げられたが、機体下面のハッチの側面に手をかけて機内に収容できる状態となった後も、ウインチが回り続けてしまった。ロープが破断し、その志願者は、海に落ちて行った。彼が発見されることはなかった。

＊　＊　＊

スパイビーとヤンは、アトランタで1学期を過ごしただけでフォートワースに戻ることに決めた。スパイビーは、常に働きどおしであったが、収入は無いに等しく、大学院での成績も芳しくなかった。ヤンは、ホームシックにかかってしまい、テキサス・クリスチャン大学の修士課程に転籍することになった。ベル社は、スパイビーを正式の空気力学技術者として喜んで雇ってくれた。1965年1月、スパイビーは、ベル社の仕事に復帰した。

ベル社のビジネスは、活況を呈していた。ローレンス・ベルが心臓発作で亡くなった1956年以降、ベル社は、ヒューイ・ヘリコプターを、当初は患者後送機として、後には兵員輸送機として陸軍に販売し続けていた。1962年、軍および民間の専門家たちで構成されたある委員会が、ヘリコプターを装備する「空中騎兵部隊」を陸軍に創設する計画を承認した。スパイビーがベル社での仕事に復帰してから数ヵ月後に新しく再編成された陸軍第1騎兵師団（空中機動）第7騎兵隊第

１大隊は、ベトナムのドラングバレーにおいて、歴史上初めての大規模な空中機動をヒューイを使用して行った。その直後から、米陸軍は、何千機ものヒューイやヒューイ・コブラと呼ばれる攻撃ヘリコプターの調達を始めた。ベル社は、組立工場の２つの大きなドアから、まるで「クリスピー・クリーム」のドーナツのように航空機を出荷していた。同時に25機もの新造機が製造される場合もあった。テスト・パイロットたちは、陸軍のパイロットたちに引き渡す前に実施しなければならない地上試験と３時間の飛行試験をかろうじてこなしているような状態であった。ベトナム戦争時代のピーク時には、１ヵ月あたり１５０機のヒューイと約50機のその他の陸軍用の機種がベル社において製造されていた。当時、ベトナムのダナンにあった巨大な米軍の飛行場を除けば、ベル社のヘリポートは、おそらく世界で一番混雑していた。

空気によって航空機に加わる抗力などの力を分析する空気力学技術者であるスパイビーが、最初に取り組んだ仕事は、ヒューイ・コブラ攻撃ヘリコプターに関する研究であった。スパイビーは、ベル社に戻って最初の３年間に、ヒューイ・コブラ用のローター・チップ（翼端）に関する優れた設計を行い、その特許を取得した。それは、ブレード・チップを後退させ、「衝撃波」の発生を遅らせるというものであった。衝撃波とは、ヘリコプターの速度を制限するとともに、初期型のヒューイなどの一部のヘリコプターの特徴でもあった「パン、パン、パン」という大きな騒音を発生させる空力的現象であった。スパイビーの設計したローター・ブレードは、騒音を低減できることから「ウィスパー・チップ」と呼ばれた。

スパイビーは、すぐにベル社のローター専門家とみなされるようになったが、常に計算どおりに事が進んだわけではなかった。ウィスパー・チップの場合もそうであった。バートラム・ケリーやその他の管理者たちは、ヒューイ・コブラにもっと静かなブレードを装備することに強い関心を持っていた。コブラの原型機は、騒音が非常に大きく、戦闘用航空機としてふさわしくなかったからである。自分が答えを解き明かしたと考えたスパイビーは、その計算に基づくローターを工場に製作させて、ヒューイ・コブラの試作機に搭載した。ある日、テスト・パイロットがその機体で離陸した。ヘリポートの片隅には、パイロットや技術者たちが、期待を胸にしながら集まっていた。ケリーもヘリポートまで出てきていた。長年にわたってベル社のテスト・パイロットを務めていたドルマン・キャノンは、航空用語でランプと呼ばれる駐機帯でスパイビーが上司たちの隣で勝利の瞬間を待ちながらどんなふうに立っていたかを思い出すと、笑わずにはいられなかった。南方向に機体が見えなくなり、音が聞こえなくなるまで飛んだが、戻ってくるために旋回した時、機体が見えるよりも先に音が聞こえてきた。その音は、標準的なブレードよりも大きかったのである。ケリーは、回れ右をすると、何も言わずにオフィスに戻ってしまった。その後何年もの間、スパイビーが本当のウィスパー・チップ・ブレードのデザインに成功してからさえも、キャノンは、スパイビーのことを「ウィスパー・ディック」と呼び続けた。

テスト・パイロットたちは、スパイビーの新しいローターの試験に振り回され、スケジュールの調整を余儀なくされていた。ベル社の他の者たちの中には、スパイビーの服装についても、からかう者が大勢いた。スパイビーには、ヒッピーのようなところがあった。彼が本当にヒッピーだったというわけではない。マリファナを吸うわけでも何でもなかった。それどころか、１９６８年と１９７２年の大統領選では、ニクソンに投票していたくらいであった。しかし、60年代に自由で解放された「新時代」が幕を開けると、スパイビーはそれに目覚めてしまった。スパイビーは、裾の大きく広がった格子柄のベル・ボトムをはいて、まばゆいばかりに派手な上着を着て、見たこともないようなひどい柄の太いネクタイをつけて職場に現れた。スパイビーは、フォルクスワーゲン社のスポーツカーであるカルマンギアという赤い小型のコンバーチブルに乗っていたが、ある日、工場の前で事故を起こし、車を完全に破壊してしまった。まだ20代であったが、生まれつき赤毛の髪は薄く、残った髪を長くのばしていた。ディスコ時代が到来すると、スパイビーもそれに熱中し、白い靴や派手なスーツで職場に現れるようになった。彼のお気に入りは、肌色よりも鮮やかなローズ・ピンクのスーツであった。それでも、ベル社のほとんどの者は、自由な精神を持つスパイビーのことが大好きであった。いつも笑顔を絶やさず、人から嫌われるようなことを言うことがなかった彼は、誰もが一緒にいたくなるような人物であった。

＊　＊　＊

1971年のある日、スパイビーは、上司であるジャック・バイヤーズのオフィスに呼ばれた。「テッド・ホフマンがお前に営業の仕事を手伝ってほしいと言っているのだが」とバイヤーズは言った。ホフマンは、ベル社の軍事マーケティング担当者のトップであった。スパイビーは、その話に驚いたが、その一方で興味をそそられた。その頃は、ベル社のヘリコプターがどうやって売られているのかをあまり知らなかったが、自分が開発に加わった新型ヘリコプターの調達を米陸軍に働きかける時、そのヘリコプターの営業担当者と行動を共にしたことがあった。陸軍関係者と話をした営業担当者は、会社に戻ると、技術者たちにどんなものが売れるのかというアイデアを伝えるのである。スパイビーは、ベル社の営業担当者たちと一緒に、展示会や毎年恒例の米国ヘリコプター協会の総会に参加することも多かった。営業担当者たちが気に入っていたし、彼らの仕事が面白く思えていた。

「私は、どうするべきでしょうか？」スパイビーは、バイヤーズに尋ねた。バイヤーズは、その異動はスパイビーの経歴にプラスになると思う、と答えた。複数の部署で働いて自分の視野を広げようとする社員は、経営陣から高く評価されるものだからである。再編成されたばかりのベル社の営業部門は、研究・開発関連の契約を締結するため、専門的な技術知識を有する者を必要としていた。営業部門でしばらく働けば、設計部門に戻った後の昇任の可能性が高まるはずであった。「マーケティングというのは、今までとは違う仕事だけれど、会社のビジネスについて多くのことを学べるはずだ」とバイヤーズは言った。

軍事マーケティング担当副社長であったクリフ・カリスタは、米国ヘリコプター協会の総会で講演をしているスパイビーを見た時、そのブリーフィングのスタイルが気に入ってしまった。カリスタは、スパイビーに半分冗談で言った。「あの総会の時、アルコール無料の接遇用特別室で夜中の1時まで起きていたのは、俺とお前だけだったよな」スパイビーは、カリスタが次のように良く言っていることを知っていた。「営業部に向いているのは、パーティー大好き人間だ」

スパイビーは、営業部で働くことにした。

スパイビーは、すし詰め状態に机が並べられて人の行き来も困難な質素なタイル張りの技術部門のオフィスから、カーペット張りの営業部門のオフィスへと異動した。営業部門のオフィスは、軍の士官たちや顧客となる可能性のある企業の重役たちが訪れることが多いため、技術部門よりも上質の内装が施されていたのである。

スパイビーの新しい肩書は、「セールス・エンジニア」であった。ベル社も、他の軍需企業と同じく「セールスマン」という肩書を使わないようにしていた。軍やNASAは、どんなものであろうとも「売りつけられている」と感じることを好まなかったからである。ほとんどの企業は、嘘つきの怪しいセールスマンをイメージさせるとして、「営業担当者」という肩書も敬遠していた。「NASAは、営業担当者ではなく、技術者と取引をしたがるものなのです」とスパイビーは私に述べた。このため、ベル社も他の軍需企業と同じく「営業担当者」という肩書をやめてしまった。営業担当者たちには、「事業開発部長」や「軍事機器課長」などの肩書が与えられた。

ベル社には、３つの営業部門があった。国際、民間、軍事の３つである。軍事営業部の10～12人の営業担当者は、いくつかのチームに分けられていた。スパイビーのようにベル社製航空機の技術的事項を説明できる「セールス・エンジニア」は、「アプリケーション・エンジニア」たちとチームを組んでいた。アプリケーション・エンジニアには、軍のパイロットなどの元士官たちが採用されていた。彼らは、技術者としての経験はないが、軍隊とその戦略や戦術を知り尽くしていた。さらに重要なことは、国防総省や、軍事基地や、飛行部隊など、軍隊との接点をもっていることであった。彼らは、かつて一緒に勤務していた士官を呼び出し、戦争の話をし、妻や子供のことを聞いてやってから、部隊が何を必要だと考えているのか、上官たちが何を欲しているのかを聞き出すのであった。セールス・エンジニアが「ドアを蹴破」って、軍需企業から「顧客」と呼ばれる軍隊に製品を売り込むのを手助けするのが、アプリケーション・エンジニアの役割であった。しかし、それは、マーケティングのほんの一部に過ぎなかった。

軍隊に航空機や主要装備を売ることは、車を売るのとはわけが違っていた。それは、販売というよりも、求愛や誘惑とでも言うべきものであった。ベル社などの軍需企業による軍用機の製造は、フォード社が乗用車を製造するように投機的な判断で行うわけにはいかないのである。軍需企業は、軍に対し、将来的な要求に合致する新型機や改良を施した既存機について、自らの負担でその構想を提案し、その開発に興味を持たせなければならないからである。技術者たちは、ある機体についてエンジンの取り付け場所を示した図面などを作製する「設計前検討」を行い、その理論上の性能を表す一覧表を完成させる。営業担当者は、その検討を踏まえ、その理論上の航空機が特定の軍事作戦において発揮できる性能を説明するブリーフィングを作り上げる。そして、前に進み始める。軍人や関係する国防総省の文官にそれを説明するのである。その際、軍人たちの賛否両方の反応に、よく注意しなければならない。彼らの中には、その航空機を技術者たちが考えるよりももっと多くの人員や燃料を搭載できるようにすべきだとか、より多くのあるいはもっと違った武装を搭載できるようにすべきだとか、あるいは、より高く、より遠くまで飛行できるようにすべきだと考える者がいるかもしれない。常にそうであるのだが、自分たちの構想が完全なものではないと分かったならば、営業担当者は、それを一旦持ち帰り、技術者たちと設計の修正について相談し、軍が欲しがり、議会が調達を決定するように構想を修正しなければならない。「軍が欲しているのはこれだ。何とかできないか？」営業担当者たちは、技術者たちに依頼するのである。営業担当者たちは、技術者たちが修正した設計に基づいて再度ブリーフィングを行い、さらなる提案を持ち帰ることになる。このようなことが、何年も繰り返される場合もあった。

「マーケティングとは、ニーズを掘り起こし、それに対する反応を生み出すための手法である」と元海軍ヘリコプター・パイロットであり、ベル社の販売部門で35年間勤務したフィリップ・ノーワインは述べている。ディック・スパイビーの上司であった彼は、「ニーズを見つけ出すか、あるいは作り出すかして、（軍隊が）考えてもいなかった反応を引き出さなければならない」と語っていた。ノーワインが好んだ手法は、新型機や旧型機の改良について、部隊の若い隊員からスタートし、大尉、少佐、そして中佐というように飛行部隊の指揮系統に沿って確認し、彼らが何を望んでいるのかを把握するというものであった。それから、その情報を活用するのである。「将軍たちと話をする前に、階級の低い兵士たちから話を聞き、部隊が本当に求めているものを把握したかったのです」とノーワインは私に説明してくれた。ノーワインは、大佐や将軍にブリーフィングを行う時には、「把握したニーズを基づき、彼らの昇任につながるアイデアを持って行く」ことが理想的である、と付け加えた。「今は、少佐である者も、数年後には将軍になっているかもしれないのです」

営業担当者たちが議員やその側近たち、特に国防予算を作り出す委員会の構成員たちに行うブリーフィングは、このようにして準備されていたのである。それが目標としていたのは、大佐や将軍が新機種に興味を持ち、かつ、議会から予算の供給が得られるタイミングを見計らって情報を提供することであった。国防総省が航空機製造契約に必要な予算を要求する前に、すでにその構想に対する支持が得られていることが望ましいのである。セールス・エンジニアとアプリケーション・エンジニアの仕事は、協力し合いながら計画・構想を練り、売り込みを行い、その目的を達成することであった。

その仕事は、スパイビーにとって新たな挑戦であったが、自分に合った仕事だと感じていた。スパイビーは、友人関係を構築するのが得意であった。話し上手であったが、それ以上に聞き上手でもあった。スパイビーは、すでに技術的ブリーフィングのやり方を心得ていたし、忙しい軍人や役人たちに最小限の時間でブリーフィングを行う方法について、テッド・ホフマンから多くのことを学んでいた。１枚のチャートで伝えることは、３つ以内にすること。その当時、パワーポイントというようなものはなかったので、ＯＨＰシートと呼ばれる透明なシートが用いられていたが、そのスライドに書き込む単語数は、最小限にする必要があった。言いたいことを覚えてもらえるように、文章ではなく、いくつかの単語の集まりで表現すること。できるだけ図を多く使用し、言葉ではなく図で記憶に留めてもらえるようにすること。図を見せながら、口頭で説明するようにすること。

スライドは、誰でもわかる単純なものとすること。そして「エレベーター・ブリーフィング」と呼ばれる、エレベーターに乗っている間にでもできるくらいに短切な、要点をまとめたブリーフィングを準備すること。ペンタゴンの廊下で、会いたいと思っていた者に出会ったならば、その人物と別れるまでの間に言わなければならないことを把握しておくことが重要であった。

ベル社の製品をよく理解できていたスパイビーは、それを説明することが得意であったが、「顧客」に関しては、まだまだ学ぶべき点があった。ジョージア工科大学の学生であった頃に空軍のROTC（予備役将校訓練課程）に入隊したことがあったが、軍隊で実際に勤務した経験はなかった。ベトナム戦争が激化していた頃に大学を卒業したが、重要な軍需企業従業員としてベル社から徴兵猶予が申請されていたのである。軍について知っていることは、仕事上で学んだことだけであった。スパイビーは、「アビエーション・ウィーク誌」、「シー・パワー誌」、「アーミー・タイムズ誌」、「プロシーディング誌」などの軍事刊行物を読むことに多くの時間を費やし、軍が何を買おうとし、将来どんな航空機や兵器を欲しており、戦略や戦術がどのように変わろうとしており、そして、議会が国防予算をどうするつもりなのかを学ぼうとしていた。各軍種に少なくとも1名が割り当てられていたアプリケーション・エンジニアたちから、それぞれの軍がどのように編成され、どのような兵器、特に航空機を保有し、どのようにそれらを使用しているのかについて、個別に指導を受けた。翼の空気圧分布を計測することではなく、軍の研究開発関連契約を管理している「兵器システム・コマンド」の複雑な官僚機構の中で誰が誰なのかを学ぶことに目を向けるようになっていた。

スパイビーの生活における最大の変化は、出張回数の増加であった。それは、妻であるヤンにとって、喜ばしいことではなかった。彼女は、2人の小さな息子たちと一緒に家に取り残されることが多くなった。スパイビーが営業担当者になった時、ブレットは3歳で、エリックはその年に生まれたばかりであった。技術者であった頃にも、1年に1回か2回、カリフォルニア州やニューヨーク州のロングアイランドにある風洞実験装置に行ったり、定期総会に出かけたりすることがあったが、夜には家に帰ることが多かった。ところが、営業担当者になってからは、ワシントンや、オハイオ州のライト・パターソン空軍基地や、セントルイスの陸軍航空コマンドへと飛び回り、1ヵ月に2回か3回は数日間の出張をするようになった。アプリケーション・エンジニアたちは、スパイビーを陸軍や海兵隊基地に連れてゆき、隊員たちと顔を合わせ、軍事訓練を見学できるように調整した。海軍の空母や海兵隊の強襲揚陸船にも搭乗できるようした。スパイビーは、そういったことが大好きであった。特に艦上運用のテクノロジーに魅了されていたスパイビーは、それが軍隊でどのように使われているのかを知ることに興奮さえも覚えるようになった。

さらに、奇数年には大きな航空宇宙見本市であるパリ航空ショー、偶数年にはロンドン近郊でファーンボロー国際航空ショーが開催された。その1週間の開催期間中に多くの要人に製品を披露できるこれらのショーは、航空機メーカーの営業担当者にとって、絶対に参加しなければならないものであった。ベル社などの企業は、航空機を展示するだけではなく、室内ブースに営業担当者を待機させてパンフレットを配ったり、ブリーフィングを行ったりした。また、「シャレー」と呼ばれる展望デッキのある2階建ての仮設小屋をエプロン沿いに設置した。シャレーには、高級ワインと一流シェフを揃え、全世界のほとんどすべての軍隊から参加している将軍、米国の議員、アラブの王様やその他の権力者たちが、自由に食事やお酒を楽しみながら、出展企業の航空機が目を見張るようなアクロバティック飛行を行うのを見学できるようになっていた。

しかしながら、スパイビーにとって最も忘れられない海外出張は、独裁者になったばかりのモハンマド・レザー・パフラビー国王（パーレビ国王）が統治していたイランへの出張であった。

1971年のパリ航空ショーにおいてベル社のシャレーを訪問した兵器担当国防副大臣のハッサン・タウファニアン中将は、ベル社の最高経営陣とイラン軍用のヘリコプターの調達について語り合った。1972年8月、スパイビーは、ヒューイ・コブラと214スーパー・ヒューイと呼ばれるヒューイの派生型機のデモンストレーションを行うため、技術担当者、営業担当者、テスト・パイロットおよび経営陣で構成された40名のチームの一員としてイランに渡った。スパイビーには、旧型のヒューイの後継機としてベル社が米陸軍に売り込んでいた214の主席技術者として3年間勤務した経験があった。しかし、1971年に214が初飛行すると、米陸軍は、ヒューイの後継ヘリコプターの選定に競争方式を採用することを決定した。

ベル・チームは、数ヵ月間かけてその出張の準備を整えた。ベル社の新しい代表取締役であったジェームズ・アトキンスは、「イランの高温環境下において問題がないことが確認されたら、そのヘリコプターを多数調達する」という約束をタウファニアンから取り付けていた。ベル・チームのテスト・パイロットとイランの当局者は、イランの灼熱《しゃくねつ》の砂漠や空気の薄い山岳地帯およびペルシャ湾のカーグ島沖で214とコブラの飛行を4週間にわたって行った。ある日、イラン軍の2つ星の少将、マヌクエール・コスロゥダッドは、214で砂漠の上空を自ら飛行し、コブラで標的を射撃した。飛行を終えたコスロゥダッドは、ベル・チームが滞在しているホテルのバーに傲慢な態度で現れた。「彼は、ホルスターから実弾の入った拳銃を取り出すと、カウンターの上にそれを放り投げ『バーテンダー、こいつらに一杯おごるぞ』と大声で叫んだのです」とスパイビーは私に語った。「その時、銃がカウンターから滑り落ちたのです。恐怖でドキドキしました。まるで、恐ろしい最上級生のようでした」

9月、ベル・チームがテキサスに戻ると、国王は、287機のスーパー・ヒューイと202機のコブラを発注した。12月には、下院議員であったジム・ライトがそれを公に発表した。その代わりに、スパイビーの頭がはげあがってしまった。「それまではフサフサに髪があったのに、イランに行った年に突然こんなふうになってしまったのです」とスパイビーは、かつては赤毛が生えていたが、今ではピンク色の肌になってしまった頭のてっぺんを優しくなでながら私に言った。「不思議なことに、たった1年でこうなってしまったんですよね。パッと消えちゃったんです！」フォートワースに戻ったスパイビーは、冗談で買った安物のかつらを被ってオフィスに出勤した。それは、濃い赤色のおかっぱ頭のようなかつらであった。彼の同僚のほとんどがそれを見てせせら笑い、中には声を出して笑う者もいた。しかし、自分自身もはげているバートラム・ケリーは言った。「ディック、俺がもし若かったら、同じことをやったぞ」スパイビーは、ケリーを崇拝するようになった。技術担当副社長がＯＫと思っているとなれば、それは「いかしている」ということである。その後何年もの間、スパイビーは、常にその赤いかつらを被り続けた。帽子のように汗をかくので時々新しいかつらに買い替えると、その都度ヘアー・スタイルが変わってしまった。長く使っていると、ねばねばして悪臭をはなつこともあった。周りの友人たちは、そのかつらに慣れてはきたものの、はげ頭のままで暮らして欲しいと願っていた。

イランから帰国した後の感謝祭の日、スパイビーとヤンが子供たちと一緒にヒューストンのヤンの実家に帰省していた時のことであった。フィリップ・ノーワインから電話があり、フォートワースまでどれくらいの時間で戻って来られるか、と聞かれた。重要な新規プロジェクトのためにお前が必要なのだ、とノーワインは言った。ベル社が製造した２機目のＸＶ-３ティルトローターは、１９６８年にカリフォルニア州のＮＡＳＡのエイムズ研究センターで風洞試験を実施中に、翼端のパイロンが両方とも完全に吹き飛び、大破してしまっていた。その原因は、左翼の疲労亀裂およびリベットのゆるみであったことが判明した。その後、ケネス・ウェルニッケが率いる小さな技術者チームが、新しい試験用ティルトローターを設計していたことは、スパイビーも知っていた。技術部から転属する前のスパイビーは、その胴体やローターの設計を手伝っていたのであった。ティルトローターの教祖であるロバート・リヒテンは、その前の年、オースチンで開かれたテキサス州市民自由連合会のミーティングから帰宅する途中、車で道路から転落して亡くなっていた。トロイ・ギャフィーやウェルニッケのチームの者たちは、リヒテンの死に伴いベル社がティルトローターの研究をやめてしまうことを恐れていた。しかし、その次の年、ＮＡＳＡ（航空宇宙局）の関心が急激に高まった。陸軍との統合事業としてティルトローター・プロジェクトを立ち上げたＮＡＳＡは、2機のティルトローターの製造について、最もすぐれた設計を提出した企業と契約を結ぼうとしていた。ベル社の競争相手は、ボーイング社のヘリコプター部門であるボーイング・バートル社であった。スパイビーは、ベル社の提案書を書くのを手伝うように頼まれたのである。もし、ベル社が契約を勝ち取れば、スパイビーはベル社の主任ティルトローター営業担当者になるだろう、とノーワインは付け加えた。

スパイビーは、そのアイデアが気に入った。ものすごく気に入った。スパイビーは、ティルトローターのことばかりを考えるようになった。それは、ドリーム・マシーンだと思った。ベル社の未来そのものに思えた。そして、スパイビー自身の未来でもあるようにも思えた。

＊　＊　＊

ボーイング・バートル社は、ティルトウイングを製造した経験はあるがティルトローターを製造した経験はなかった。ベル社は、ボーイング・バートル社を打ち負かし、NASA（航空宇宙局）のティルトローター設計入札を勝ち取った。１９７３年、NASAと陸軍は、ベル社と２６４１万ドルの契約を締結し、ベル社が設計した流線型の小型複座ティルトローターが２機製造されることになった。ローターがついていることを除けば高級ジェット機のような外観のその航空機は、NASAにより、XV-15と名付けられた。スパイビーとベル社のティルトローター設計者たちは、大喜びした。ベル社が製造しようとしていたのは、ティルトローターが今までのコンバーチプレーンのような「ペーパー上は良さそうに見えるが空中では役に立たない夢物語」ではない、ということを証明する航空機であった。しかしながら、誰もが分かっていたことだが、これは、人類に新しい飛行方式をもたらすティルトローターを作り上げ、ベル社に利益を生み出す新製品を産みだすことに向けた、最初の1歩に過ぎなかった。ティルトローターが採用されたとしても、ベル社が利益を得るためには、新技術のためにリスクを負う顧客であり「投資」の源泉である軍に対し、何らかのものを納入することが必要なのである。

その時から、ティルトローター構想を宣伝し、軍と製造契約を結ぶことがスパイビーの仕事となった。しかしながら、展示できる本物のティルトローターがない中、スパイビーたち営業担当者の仕事は、長きにわたり遅々として進まなかった。XV-15が初飛行するまでには、実に4年の年月を要したのである。技術者たちは、XV-15を製造するための製造上の問題と闘い、風洞実験装置などによる機体や部品の試験を何百時間も行わなければならなかった。そんな中、スパイビーたち軍事マーケティング・チームは、空軍、海軍および海兵隊がティルトローターに関心を持つように働きかけ続けていた。

その頃のスパイビーは、国防総省でティルトローターについて話し合うため、月に２〜３回はワシントンに飛行機で向かっていた。時にはベル社の「アプリケーション・エンジニア」の1人であるトミー・H・トマソンと一緒に、また時にはベル社のXV-15プログラム・マネージャーでありティルトローター技術者のケネス・ウェルニッケの双子の兄弟であったロドニー・ウェルニッケと一緒であった。スパイビーたちは、あらゆる軍事基地と海軍艦船を可能な限り訪問した。国会議事堂にも行き、議員やその側近たちと定期的に会った。米国ヘリコプター協会のミーティングに出席し、ティルトローターに関するブリーフィングを行った。軍隊を支援する主要な非営利団体である米陸軍協会、空軍協会、海軍協会および海兵隊協会などが、ワシントンで開催する年次総会にも出席した。何百回もブリーフィングを行い、何千もの質問に答えた。その際に最も強調したのは、ティルトローターはヘリコプターのように離着陸でき、その2倍の速さで2倍遠くまで飛べる、ということである。2倍の速度で、2倍遠くまで……2倍の速度で、2倍遠くまで……

XV-15が飛行できるようになるまでの間、スパイビーたちが提示できるのは、技術者たちが起案した別のティルトローター機や、ティルトローターが理論上遂行できる新旧の軍事作戦を表現した概念図だけであった。このため、ティルトローターに対する国防総省の関心をなかなか得られないでいた。NASAおよび陸軍とベル社との間でXV-15の契約が締結されると、ベル社は、海軍に1500万ドルで対潜哨戒機を製造する、という大安売りの契約案を2つ提示した。しかし、その価格をもってしても、海軍の将官たちは食いついてこなかった。巨大なデッキを有する空母は、威嚇的外交ツールとして、あるいは潜在的軍事兵器として、歴代大統領が何十年にもわたって活用してきた米国の力の象徴であり、海軍の誇りでもあった。空母支持派は、離着陸に巨大なデッキを必要としない小さな航空機にほとんど関心を示さなかったのである。

空軍も、ほとんど関心がなかった。航空機が敵地や海上に墜落した場合のパイロットの救出にティルトローターを使うというアイデアに強い関心を示す者もいたが、空軍にとって優先順位が高かったのは、ジェット戦闘機や戦略爆撃機であった。一方、海兵隊の士官たちには、スパイビーの話に興味を示す者が多かった。しかし、残念ながら、海兵隊の航空予算は、他の軍種に比べて少なかった。スパイビーは、XV-15と同じくらいの大きさの武装ティルトローターのアイデアを提供したものの、このような小型のティルトローターが果たすことのできる役割は、極めて限定されていた。

スパイビーがすぐに学んだのは、夢を売るためには伝道師のような地道な努力が必要なことであった。そして、人を改宗させる努力を根気よく続けるためには深い信仰心が必要なのであった。ティルトローターの教義を語れば語るほど、その布教により強い信念と情熱を持つようになったスパイビーは、自分自身のドリーム・マシーンへの信仰をさらに深めていった。

20年前の１９７４年にベル社に入社したバージニア・コープランドは、スパイビーのアシスタントを務めていた。XV-15は、契約から3年が経っても、まだ空を飛べずにいた。スパイビーの机の上空には、誰かが彼をからかって吊り下げたXV-15の模型が糸でぶら下げられていた。床に置かれた扇風機を上に向けてスイッチを入れると、その小さな模型は、空中でゆらゆらと揺れた。スパイビーは、「ほら、これを見ろ！」と叫んだ。「きっといつかは、空を飛ぶようになるぞ！ きっといつかは、空を飛ぶところが見られるぞ！」スパイビーの熱中の対象は、XV-15だけではなかった。「ローターを傾けることができるものだったら、扇風機でも愛してしまったに違いないわ」とコープランドは思った。スパイビーは、ティルトローターが世界を変えると、本当に信じていた。「スパイビーには、なぜ皆がこのことを理解してくれないのか、分からなかったのかもしれないわね」とコープランドは私に語った。スパイビーは、何が何でも皆に理解させようと決意していた。「スパイビーは、誰に知ってもらうべきかを時間をかけて検討し、その人の所に行って、その人を探し出し、自分の夢が正しいことを納得させたのよ」コープランドは彼の成功を誇張しながら私に言った。スパイビーは、会社から出発する前に「ブリーフィングのネタを作るのに何時間も費やしていたわ。ブリーフィングが人の目を引くように、できるだけ派手なものになるように努めていたのよ」

それは、電子メールはおろか、ファックスさえもない頃のことであった。誰かに何かを見せたければ、そこに行くしかなかった。スパイビーは、頻繁に出張することになった。妻であるヤンにとっては、それはしょっちゅうではなく、年がら年中のことのように思えた。数年の間、ヤンは、ディックが不在にすることに耐えながら、だらだらと結婚生活を続けていた。ディックは、仕事と結婚し、ティルトローターに恋してしまったのだというヤンの思いは、ますます強くなっていった。ヤンとディックは、次第に一緒にいる時が幸せに感じられなくなってきていた。スパイビーは、離婚のことを考え始めていたが、離婚は悪いことだと子供の頃から考えていた。それを考えることさえも、神の意に反することであると感じていた。しかしながら、しばらくすると、スパイビーは、ヤンに対する自分の情熱が冷めてしまっていることを認めざるを得なくなった。彼らは、１９７８年２月に別居した。７月には、彼らの離婚が決定的になった。

今や、スパイビーの情熱の対象は、ティルトローターだけになった。

第3章　顧客（カスタマー）

毎年11月10日には、歴代の海兵隊総司令官の中で最も崇拝されている者の1人であるジョン・A・ルジューンが1921年に制定した儀式が行われる。その儀式は、2人以上の海兵隊員が集まれば、ケーキを買うか、焼くか、あるいは他の手段で準備して、必ず行われるのである。海兵隊創立記念式典においては、美しいダーク・ブルーの制服を着用した海兵隊士官および下士官兵がそれを執り行う。アフリカ沿岸の強襲揚陸艦、イラクの土嚢《どのう》やコンクリート壁に囲まれたFOB（前方運用基地）、朝鮮の非武装地帯を見渡す孤立した監視所で勤務しているジャングル用やデザート（砂漠）用の迷彩服に身を包んだ海外派遣中の海兵隊員たちも、この儀式を簡単な要領で執り行う。その儀式の最も正式な要領は、次のとおりである。まず、最先任の海兵隊員がマムルーク剣でケーキカットを行う。マムルーク剣とは、オスマン帝国軍人の兵器をモデルに作られた、十字型の柄《つか》と象牙の握りが付いた儀礼用の刀であり、海兵隊が1804年にアフリカ北海岸でバルバリア海賊との戦いに勝利した際の戦勝記念品である。この戦いは、「トリポリの海岸まで」という海兵隊賛歌の有名な一節にもなっている。その刀で切り取った最初の一切れは、主賓に与えられる。主賓は、2番目の一切れを切り取り、出席している最年長の海兵隊員に与える。それは、退役軍人であることが多く、その名前、年齢および入隊日がナレーターにより読み上げられる。「元海兵隊員」というものは存在しない。海兵隊には「一度海兵となったものは、永遠に海兵である」という言葉がある。最年長の海兵隊員は、老衰し車いすに座っている場合もある。その海兵隊員が、自分に与えられたケーキを参加者の中で最も若い海兵隊員に与える。それは、通常、基礎課程を卒業したばかりの2等兵である。最年少の海兵隊員の名前、年齢および入隊年月日が読み上げられ、集まっている老練の退役海兵隊員たちがうなり声を上げる。標準的なナレーション原稿には、このケーキの授与は「我が海兵隊の年長者から年少者への経験と知識の継承」を象徴する、と書かれている。次に3番目の一切れが切り取られ、最年長の海兵隊員に与えられると、ナレーターが「年長の海兵隊員が自分のことよりも年少の海兵隊員を大切にすることを表している」という説明を述べる。ナレーターは、そこで少し間を置いてから続ける。「そして、そうでなければならないのです」

ワシントンで行われる海兵隊創立記念式典は、例年、まるでロイヤル・ウエディングのように華やかに行われる。海兵隊総司令官だけではなく、米国大統領が主賓として参加する年もある。ラッパが吹奏される中、海兵隊総司令官と来賓が隊列を先導して現れる。続いて、合衆国国歌「星条旗」と「海兵隊賛歌」が海兵音楽隊により演奏され、4名の海兵隊員が創立記念ケーキと共に入場する。参加者全員がうやうやしく起立する中、司令官副官が1921年のルジューン将軍の創立記念メッセージを読み上げ、ケーキカットを行う。

薄暗い明かりの中、キリスト教の聖餐《せいさん》と同じように崇拝の念をもって執り行われるこの儀式に参加した来賓たちは、ジャングルの中で部族の儀式を行っている原住民に遭遇した探検家のような感覚を覚えるのである。ビクター・H・クルーラックは、その著書である「ファースト・トゥ・ファイト」の中で「海兵隊の神秘は、個人を凌駕する」と述べている。3つ星の中将で退役したクルーラックの息子のチャールズは、海兵隊総司令官になった。「海兵隊は、ある意味、病気を治す超能力者がいる原始部族である。彼は、部族の神話を語り継ぎ、伝統を引き継ぎ、価値観を守るのだ」とビクター・クルーラックは述べている。

「ウォーリアア・カルチャー（武士道）」とも呼ばれるこの海兵隊の洗練された部族気質は、その独特な歴史に由来している。今日、米国の各軍種の中で最も精強な集団として知られている海兵隊は、数々の激しい戦闘において勝利を収めてきた。しかしながら、２００年もの間、海兵隊以外の各軍種は、海兵隊をできの悪い子供のように扱ってきた。１７７５年に海軍に上陸能力をもたらし、艦船上の規律を維持し、海戦の際にマストの先端から敵の乗組員を射撃するために編成された海兵隊は、それ以来ずっと、米国で最も弱小な軍種であり続けた。今日、海兵隊を構成している士官および下士官兵の数は、20万人に過ぎない。これに対し、陸軍の現役隊員は53万人以上、海軍および空軍のそれはそれぞれ30万人以上もいる。これらの軍種は、その予算も海兵隊よりはるかに多い。陸軍や海軍のリーダーたちは、海兵隊の創立以来ずっと、その存在を不快に思い、それを維持するための予算を奪おうとしてきた。海兵隊は、自らを存続させるため、数年ごとに、自分以外の軍種に立ち向かわなければならなかったのである。１８３０年には、アンドリュー・ジャクソン大統領が海兵隊を陸軍に編入することを連邦議会に勧告した。１８６１年に始まった南北戦争の間にも、同じような要求が連邦議会で議論を巻き起こした。海兵隊は、戦場における輝かしい勝利と国会議事堂における狡猾《こうかつ》なロビー活動の強力な組み合わせによりそのような動きを打ち砕き、その勝利を部族の神話として残してきた。この生き残りのための戦いはまた、部族の結束と海兵隊へのこだわりを生み出してきたのであった。

20世紀に入り、蒸気機関を装備した鋼船の時代が到来すると、海兵隊を廃止しようとする動きが再び始まった。敵の乗組員に姿をさらして、マストから射撃をする必要性がなくなったからである。海兵隊がその存在を正当化するためには、新しい任務が必要であった。第1次世界大戦から第2次世界大戦にかけて、その新しい任務として考案された水陸両用戦は、海兵隊独自の任務として確立された。海兵隊は、その設計者の名前から「ヒギンズ・ボート」と呼ばれる上陸用舟艇などの水陸両用戦用装備を調達した。その任務の遂行に必要な戦術を編み出した海兵隊は、第2次世界大戦間の太平洋における島伝いの軍事作戦で数々の栄光を手にした。海兵隊の評判は、否応なしに高まった。長さ8キロメートルほどの硫黄島《いおう》で繰り広げられた5週間の戦闘による海兵隊の戦傷者数は、738名の海軍医官および衛生兵を含めると2万5581名に上った。無慈悲な戦闘のさなか、5人の海兵隊員と1人の海軍衛生下士官が摺鉢山に星条旗を立てた時、海軍長官であったジェームズ・V・フォレスタルは、「摺鉢《すりばち》山に立てられた星条旗は、海兵隊に今後500年間の安泰をもたらした」という有名な言葉を残した。

しかし、そのわずか18ヵ月後、これらは、すべて過去の歴史となった。1946年、マーシャル諸島のビキニ島で2回の核実験が行われ、艦船およびその装備品に対するその新型兵器の効果が確認されたのである。試験のために集められ、沖合に投錨された90隻以上の船のうち、16隻が沈没し、その他の船も放射線降下物により汚染された。海兵隊総司令官のアレキサンダー・A・ヴァンデグリフトは、その試験をロイ・S・ガイガー中将に視察させた。ガイガーには、将来、我々の敵も原子爆弾を保有すること考えるならば、この時代に従来の強襲上陸を行うことは自殺行為であることが分かったはずであった。視察から戻ったガイガーは、海兵隊は、水陸両用作戦の方針を根本から見直さなければならない、と報告した。

海兵航空を4年間指揮した後に1979年に中将で退役したトーマス・H・ミラー・ジュニアは、「海兵隊は、苦境に立たされていた」と述べている。第2次世界大戦中、若き大尉であったトーマス・

ミラーは、親友であったジョン・グレンと一緒に太平洋でF4U-1コルセア戦闘機を操縦していた。ジョン・グレンは、宇宙飛行士として活躍した後、米上院議員となっている。第2次世界大戦での強襲上陸においては、兵員やヒギンズ・ボートを搭載した艦船は、海岸まで2〜3キロメートルくらいの所まで近づくのが通常であった。「任務部隊が必要な艦船を集結させて潜水艦や航空機の攻撃から防護しつつ、海岸に接近するようなことを行えば、1発の原爆で全滅してしまう」とミラーは気づいたのである。

この新しい局面は、海兵隊が別の困難に直面している時期に発生していた。1946年、海兵隊はその存続に関し、新たな試練を迎えていた。その試練をもたらしたのは、米国大統領であるハリー・S・トルーマンであった。

トルーマンの後ろ盾を得た陸軍省は、連邦議会に対し、各軍を統合する国防総省を設立し、海兵隊の持ち分を縮小することを要求していた。それまでは、陸軍は陸軍省の統制下にあり、海軍および海兵隊はそれとは別の海軍省の統制下にあったのである。新しく設立された国防総省は、陸軍、海軍および空軍を監督することになった。空軍は、それまで陸軍の1つの兵科であったが、新たに独立することになった。海兵隊は、海軍内の1つの単位として位置づけられ、海兵隊総司令官は、統合参謀長の職から外されることになっていた。ビキニでの試験が海兵隊に最大の課題を投げかける中、この計画に危機感を抱いた海兵隊上層部は、国会議事堂での戦いに向けて備えを始めた。それは、勇猛な水陸両用戦のようであった。

直ちに3名の将官で構成される特別委員会を設立した海兵隊は、実行可能な方策についての検討を開始した。その委員会で得られた結論は、「立体包囲」と呼ばれる新しい戦術であった。もはや、上陸用舟艇を用いた海岸への波状攻撃による強襲上陸は、海兵隊の主要な作戦ではなくなった。その代わり、海兵隊員は、水平線の彼方、40キロメートル以上の沖合を分散して航行する艦艇で作戦を準備し、敵の沿岸防御線をヘリコプターで飛び越えるのであった。1947年、海兵隊は、HMX-1（エイチ・エムエックス・ワンと発音される。第1海兵ヘリコプター開発飛行隊）と呼ばれる最初のヘリコプター飛行隊を創設し、1名のパイロットと2名の完全武装の兵士が搭乗するのがやっとのシコルスキー社製小型ヘリコプターを2機調達すると、操縦士の訓練を開始した。そして、強襲上陸の実施要領を定めた教義（ドクトリン）を書き改めた。海兵隊は、ヘリコプターとの恋に落ちたのである。「海兵隊は、まさにヘリコプターにしがみつき、それをまるごと信じてしまったのです」とミラーは私に語った。

国会議事堂における周到な地盤固めが功を奏し、海兵隊は、この新しい教義により、1つの軍種として存続するための戦いに勝利を収めた。国防総省の創設を規定した1947年国家安全保障法に関する連邦議会での討議において、海兵隊が起案して議会の支持者たちに手渡した修正案が、海兵隊存続の道を切り開いたのであった。その新しい法律により、海兵隊は、「海軍の拠点を獲得または防衛し、または海戦遂行に不可欠な上陸作戦を遂行するために」自前の航空および地上戦力を「編制、練成および装備化」することが認められたのである。

「海兵隊を救ったのは、もちろん、議会でした」とミラーは海兵隊について私に語った。「第10編と呼ばれるものを法律に記載したのです。海兵隊は、それにより救われたのです」

後に議会がその法律を1950年に再検討した時、海兵隊の勝利を確実にしたのは、トルーマンであった。海兵隊のロビー活動に立腹した民主党のトルーマンは、ある共和党の国政批評家に痛烈な手紙を送ったのである。「言っておくが、私が大統領である限り、そしてその後も、海兵隊は海軍の憲兵部隊に過ぎない存在であり続けるであろう。海兵隊は、スターリンに匹敵する宣伝組織を持っている」

その批評家は、直ちにその手紙を議会に提出した。その手紙が政治的な論争を引き起こしている間も、海兵隊員たちは朝鮮で戦い、命を失っていたのである。最終的には、大統領は、海兵隊に対し公的に謝罪することとなった。

* * *

朝鮮戦争の頃のヘリコプターは、まだ十分に発達しておらず、海兵隊は、何回かの空中強襲作戦を行ったものの、それを真の「立体包囲」のために使用することはできていなかった。堅牢で信頼性の高いヘリコプターを戦闘部隊の空輸に必要な数だけ装備できるようになるのには、それより も10年以上後のベトナム戦争まで待たなければならなかった。海兵隊がヘリコプターを使用したのは、主に補給品の輸送、通信線の敷設および負傷者や墜落した航空機の操縦士の後送であった。それでも、米軍の中で最大のヘリコプター・ユーザーは、海兵隊であった。朝鮮戦争が終わると、海兵隊の所属人員1人あたりのヘリコプターの機数および操縦士の数は、世界中のいかなる軍隊よりも多くなっていた。

「ヘリコプターは、今や自らの必要性を証明した。その道を切り開いたのは海兵隊だ」朝鮮戦争が終わった時、トーマス・ミラーは語った。海兵隊は、ヘリコプターを使うことにより、「10～15マイル（約19～28キロメートル）以上沖合に広く分散した艦船から強襲上陸を遂行すること」が可能になった。このことは、敵が支配する海岸に対する継続的な上陸作戦の実施を可能にすることを意味し、海兵隊の戦術に、劇的な変化をもたらした。それは、海兵隊が存続する理由にもなったのである。一方、朝鮮戦争を通じて得た経験から、それまで以上に速度が追求されるようになった。1954年、時速251キロメートルという当時のヘリコプター世界最高速度の記録が、ある陸軍パイロットにより打ち立てられたが、それは、海兵隊にとって十分なものではなかった。

1956年1月の米国ヘリコプター協会ジャーナル誌のある記事は、海兵隊は、「何らかの形式のコンバーチプレーンにより回転翼と固定翼飛行を組み合わせることについて、他の軍種と同じくらいの興味を示している。次世代の海兵隊強襲航空機においては、200ノット（時速約370キロメートル）以上の速度が必須となるであろう」と述べた。

その時すでに、その種の航空機の実験が各軍種により始められていたが、コンバーチプレーンはまだドリーム・マシーンに過ぎなかった。1960年代に入り、ベトナム戦争が始まると、陸軍や海軍と同様に、海兵隊もさらに大量のヘリコプターを調達した。その頃調達されたのは、ベル社製のヒューイ多用途ヘリコプターやコブラ攻撃ヘリコプターが主体であった。また、兵員輸送やその他の「中輸送」任務のため、タンデムローター形式のCH-46シー・ナイトがフィラデルフィアのボーイング・バートル社から調達された。さらに、重重量の貨物および装備の輸送のため、シコルスキー社製の巨大な双発ヘリコプターであるCH-53シー・スタリオンが導入された。しかし、いずれも、200ノットよりもかなり遅い速度でしか飛行できず、もっと高速で飛べる回転翼機を手に入れようとするアイデアが消えることはなかった。

ヘリコプター戦術のパイオニアであるキース・マカッチャンは、コンバーチプレーンに興味を持った海兵隊士官の1人であった。マカッチャンは、中佐であった時に創隊当初のHMX-1の指揮官を務め、朝鮮戦争でヘリコプター飛行隊を指揮していた。また、1960年代の後半には、少将として海兵航空を指揮していた。大佐の時にマカッチャンの参謀を努めたトーマス・ミラーは、彼のことを尊敬していた。「マカッチャンは、『今のヘリコプターに惚れ込んではだめだ。速度と航続距離があまりにも限られている』と言ったものです」ミラーは２００７年に亡くなる直前に私に語った。「『ヘリコプターは、暫定的な乗り物に過ぎない』マカッチャンはよくそう言ったものでした。『暫定的な航空機に過ぎない』のです。マカッチャンは、こうも言っていました『もっと早いものを探さなければ。部隊を移動させるためにヘリコプターよりも優れた性能を持つものがなければ、21世紀に対応することはできない。』」

ミラーに与えられた役割は、海兵隊のCH-46シー・ナイト強襲揚陸作戦用ヘリコプターをどうやって更新するかを研究することであった。CH-46は、巡航速度が時速約２３０キロメートルのタンデムローター機である。CH-46の主な任務は、強襲上陸作戦において、沖合80キロメートル以内の船から飛び立ち、最大18名の海兵隊員を一挙に海岸まで運び、船まで戻ってくることであった。これは、その搭載量におけるCH-46の航続距離の限界に近かった。この航空機の正式名称は、CH-46「シー・ナイト」であったが、スイレンの葉のような強襲揚陸艦から海岸に飛び移ることから、海兵隊は大抵の場合、親しみを込めて「フロッグ（かえる）」と呼び、もっと可愛らしくするため、そして自然界の両生類と区別するために「Ｆｒｏｇ」ではなく「Ｐｈｒｏｇ」と綴ることが多かった。ベトナム戦争中に６００機のシー・ナイトを調達した海兵隊は、戦場までの兵員および補給品の輸送にそれを用いていた。ミラーは、１９６０年代に行った研究の成果として、新しいヘリコプターの要求性能を作成し、それができなければならないことを列挙した。戦闘機パイロットを職業としていたミラーは、ヘリコプターのことをあまり知らなかった。このため、海兵隊の次期兵員輸送機は、２００ノット（時速約３７０キロメートル）で巡航できる必要があると考えた。その判断は、ミラー自身のベトナムでの経験に基づいていた。大きな敵部隊と銃撃戦に突入した海兵隊の斥候が増援の空輸または斥候の救出を行うヘリコプターが到着するまで、何時間も待たなければならない状況を経験していたのである。ミラーは、海兵隊には30分以内に部隊を戦闘加入できる航空機が必要であると考えた。海兵隊においては、戦闘爆撃機への地上部隊からの攻撃要請に対し、30分以内に応じることになっていたからである。そのことをミラーから聞かされたヘリコプター製造会社の営業担当者たちは、そんな航空機は夢物語だ、と言った。「私だって200ノットがすぐに実現するとは思っていませんでした。しかし、200ノットで巡行できるヘリコプターを製造できない彼らは、私のことを頭がおかしいのではないか、と言ったのです」とミラーは私に語った。

1975年、中将に昇進したミラーは、恩師であったマカッチャンの後を引き継いで航空担当副参謀長となり、海兵隊の航空に関する事項を担当していた。シー・ナイト兵員輸送機をどうやって更新するかという海兵隊が抱えていた問題は、その頃にはさらに緊急度を増していた。ミラーがこの問題に取り組み始めてから、すでに10年が経過していたのである。ベトナムでは、海兵隊が強襲上陸に用いられることはなく、陸軍よりもはるかに軽武装の海兵隊が、陸軍と同じように使われることが多くなった。1950年に朝鮮の仁川《インチョン》で行われた作戦以降、海兵隊が敵火力の下での完全な上陸作戦を遂行したことはなかった。海兵隊の廃止を公に提案する者はいなかったが、ベトナム戦争が終わって、ソ連がその影響力を行使するようになると、軍による海外の「小戦争」への介入は世論の支持を得られなくなっていった。議会や研究機関の専門家たちは、海兵隊の変革を議論し始めた。海兵隊の規模を小さくすべきか、あるいは、予算を投じて重装備を持たせ、ソ連に率いられたワルシャワ条約機構と戦えるようにすべきかが議論された。海兵隊は、そのスローガンである「ファースト・トゥ・ファイト」が示すとおり、危機に直面した時に大統領が最初に目を向ける、国家の「戦力投射」を担う軍隊としての地位を維持する方策を探求していた。そのためには、フロッグよりも速く海兵隊員を戦場に運ぶ方法を見つけなければならない、とミラーは考えた。

１９７８年のある日、ミラーの部下の１人がＣＬ‐84と呼ばれるカナダの実験機の映像フィルムを上映した。それは、主翼全体を上方に傾けることにより、垂直に離陸できるプロペラ機であった。その映像フィルムには、上陸用舟艇から離陸し、ほぼ２００ノットで飛行機のように飛行するＣＬ‐84ティルトウイングの姿が映し出されていた。ミラーたちは、この機体に興味を持った。ミラーは、その頃はまだコンバーチプレーンと呼ばれていたＶＴＯＬ（垂直離着陸）機の信仰者になりつつあった。１９６８年の話に戻るが、まだ大佐でマカッチャン将軍の下で働いていたミラーは、海兵隊員として初めて英国のジェット戦闘機であるハリアーで飛行したことがあった。それは、翼の下にあるエキゾースト・ノズルを下向きに回転させることにより、垂直に離着陸できる戦闘機であった。１９７１年、ハリアーの調達を開始した海兵隊は、地上部隊の要請を受領してから30分以内で近接航空戦闘支援を行うという目標を達成できる手段を得た。ジャングルの中の開豁地《かいかつち》や道路からでも離陸可能な「ジャンプ・ジェット」は、前線のすぐ後方で待機することができたからである。ミラーはまた、ヘリコプターは「暫定的な航空機」に過ぎない、という恩師であるマカッチャンの忠告を忘れていなかった。その映像フィルムに映しだされたカナダ製のティルトウイングは、騒音がとてつもなく大きいなど完璧なものではなかったが、垂直に離着陸することが可能であった。海兵隊がこのティルトウイングのように高速で飛行できる輸送機を保有すれば、30分以内に戦場に増援を送り込むことが可能となり、強襲上陸に関する論争に終止符を打つことができると考えられた。

「参謀たちに、国内にこれに近いことができるものはないか確認するように指示したのです」とミラーは私に語った。「返ってきた答えは、『ＸＶ‐15』でした」

ベル社がＮＡＳＡ（航空宇宙局）のために製造したその小さな機体は、その前年に陸軍による飛行が開始されたばかりの実験機であった。しかし、ディック・スパイビーなどのベル社の営業担当者が、過去数年間にわたって「2倍の速度で、2倍遠くまで」と訴えてきたブリーフィングやミーティングが、その効果を発揮し始めていた。ティルトローターという言葉も、広く認識されるようになっていた。

やがて起こった胸の痛む出来事は、スパイビーたちの売り込みに転機をもたらし、それによる変革の規模を劇的に拡大させることになるのであった。

＊　＊　＊

軍用ヘリコプターは、比較的低速で、極めて騒音の大きな飛行手段である。また、危険な移動手段でもある。特に敵地の低空においては、危険性が高い。また、照明のない夜間においても、危険性が高い。さらに、砂漠の砂塵の中や地形に習熟できていない渓谷においても、危険性が高い。

１９８０年４月24日木曜日の夜、海兵隊少佐ジェームズ・Ｈ・シエーファー他15名の選び抜かれた米軍パイロットたちは、ある任務を遂行しようとしていた。彼らが操縦していたのは、シコルスキーＣＨ-53の海軍型機であり、掃海を主任務とする８機のＲＨ-53Ｄシー・スタリオンであった。増加燃料タンクを装備したその機体は、航法士たちを悩ませる暗闇と埃をローターでかき回し、レーダーに補足されないように無線封止をしながら、アヤトラ・ホメイニが革命を起こしたイランの上空を超低空で飛行していた。

シー・スタリオンは、イーグル・クロー作戦と呼ばれるルービック・キューブのように複雑に入り組んだ極秘任務において、重要な役割を担っていた。この作戦の目的は、１９７９年11月４日にイランにある約10ヘクタールの米国大使館施設がイスラム急進派により占拠されて以来、５ヵ月半にわたって人質にされていた53名の米国人を救出することであった。この任務のために選ばれた１１８名のデルタ・フォースの特殊部隊員たちは、５００万人が暮らすイランの首都に潜入して大使館を襲撃し、２００人と見積もられる警戒員を制圧して人質を解放する計画であった。もしヘリコプターがなかったならば、このイーグル・クロー作戦の起案者がその首都の近郊に潜入する手立てではなかったであろう。また、もしヘリコプターがなかったならば、人質たちや特殊部隊員たちをテヘランから脱出させる手立てもなかったであろう。大使館で人質たちを乗せたヘリコプターは、56キロメートル南のマンザリアにある飛行場に向かう予定であった。空挺降下した米陸軍レンジャー部隊が占領したその飛行場には、空軍のC-１４１スターリフター輸送機が急降下着陸し、人質たちを安全な所まで脱出させる手はずとなっていた。

デルタ・フォースの創設者であり指揮官であった陸軍大佐チャールズ・ベックウィズは、ヘリコプターがこの作戦において重要な役割を果たすと同時に、大きなリスクを抱えていると考えていた。ベックウィズは、ヘリコプターが好きではなかった。ヘリコプターは、どれも醜いと思っていた。ベトナムでヘリコプターに搭乗している間に３回も撃墜された経験を持つベックウィズは、ヘリコプターは命を救うことも多いが、頼りにならないものでもある、という思いを持ちながら戦場から帰還していた。何千という可動部品でできているヘリコプターのエンジンがうなりを上げ、ローターが時速何百キロメートルという速度で回転している間、それらを動かしている部品やオイル、グリース、作動油などの油脂類は常に振動を続けている。当時のヘリコプターにおいては、その振動がチューブや油圧系統のシールにオイル漏れを生じさせたり、機能部品に故障を発生させたりすることが多かった。このため、用意周到な作戦起案者は、ヘリコプターを任務に使用する場合、故障に備えて予備機を要求した。複雑なイーグル・クロー作戦を成功させるためには最低でも6機のシー・スタリオンが必要であることから、8機が投入されることになった。しかし、これだけの予備を確保したとしても、ヘリコプターが作戦中止の要因となる可能性がゼロになる訳ではなかった。

シー・スタリオンは、米軍の装備するヘリコプターの中でも最も強力なものの1つである。燃料を最大限に搭載しても30名の人員を搭乗させることができ、燃料を減らせば40～50人を搭乗させることも可能であった。チタニウムとファイバーグラスでできた6枚ブレードの巨大なローターは、直径が22メートルもあった。これは、サッカー場の4分の1を占める大きさである。また、何トンもの人員および貨物を搭載して飛行することができた。しかしながら、このようなヘリコプターをもってしても、オマーン湾の空母の甲板からテヘランまでの1500キロメートルを無給油で飛行することは不可能であった。このため、シエーファーたちパイロットの1日目の夜の任務は、テヘランの南西430キロメートルの砂漠に設けられた会合点まで飛行することであった。その飛行は、暗闇の中、NVG（暗視眼鏡）を装着して行わなければならなかった。当時の第1世代のゴーグルは、パイロットに眼精疲労を発生させ、その深視力を低下させる厄介な代物であった。砂漠の降着地域に着陸したシエーファーたちは、デルタ・フォース、米陸軍レンジャー部隊の1個中隊および6機の空軍のC-130輸送機と会合する予定であった。C-130には、航空燃料が入った巨大なゴム製のタンクが搭載されていた。シー・スタリオンは、この燃料タンクから燃料の再補給を受けると、戦闘員を搭乗させ、テヘランの100キロメートル南東の「秘密陣地」まで空輸する予定であった。その後、そこから24キロメートル離れた、テヘランの95キロメートル南東にあるガルムサー村近郊の丘陵地帯まで飛行し、次の日まで隠れて待機することになっていた。作戦の2晩目には、突入部隊がトラックでテヘランを強襲し、大使館に突入して、人質を解放する予定であった。隊員たちは、リーバイスのジーンズを穿《は》き、ダーク・ブルーの海軍の毛糸の防寒帽をかぶり、真っ黒なフィールド・ジャケットを身に着けているはずであった。大使館に到着したならば、ジャケットの袖に縫い付けられた米国旗パッチの上に貼り付けられたテープを剝がして、それが見えるようにすることになっていた。

隊員たちが人質を救出したならば、イラク陸軍の色に塗装されたシー・スタリオンが市内に進入するのであった。1〜2番機は、障害がなければ大使館の近くに着陸し、そうでなければ道路の反対側のサッカー場に着陸する。３番機は、外務省の建物の近くに着陸することになっていた。そこでは、陸軍特殊部隊の隊員で構成される別のチームが他の人質を開放する。それから、開放した人質全員をマンザリアの飛行場まで空輸し、そこに待機しているC-141に人質と隊員たちを搭乗させ、イランから脱出させる予定であった。イーグル・クロー作戦の起案者は、最初の夜の燃料再補給点を「デザート・ワン」と名付けた。

シエーファーのヘリコプターは、1番機としてデザート・ワンに着陸した。そこには、1時間以上前に到着していたベックウィズや空軍輸送機の搭乗員たちが、イライラしながら待っていた。この作戦が成功するかどうかは、作戦起案者が「1つの暗闇の時間（ワン・ピリオド・オブ・ダークネス）」と呼ぶ、その日の日没から翌日の夜明けまでに行われる最初の段階を完了できるかどうかにかかっていた。作戦は、予定よりもすでに遅れていた。

シエーファーが5時間の飛行の後、シー・スタリオンから降りて、機体前方の砂の上で小便をしている時、8機のシー・スタリオン部隊の指揮官である海兵隊中佐エド・セイフェルトを探していたベックウィズが駆け寄ってきた。ベックウィズは、シエーファーをみて驚き、そしてシエーファーが落ち着き払っていることにさらに驚いた。ベックウィズは、３年後に自分の著書である『デルタ・フォース』の中で、シエーファーに「会えて良かった」と言ったと記している。ベックウィズに会ったシエーファーは、「ひどいフライト（飛行）だった」と答えたという。ベックウィズによれば、シエーファーは、「早いとこヘリを砂漠から出して、皆をC‐130に乗せて帰りたい、というようなこと」を口にしたことになっている。シエーファーは、それとは違っている。シエーファーが私に語ったその場面の様子は、シエーファーは、RH‐53Dに戻っていった。

ベックウィズは、シエーファーに「他の奴らは、いったいどこに行ったんだ」と怒ったように言った、とシエーファーは私に語った。『『ひどい夜だ』と私は言いました。『彼らはここに来るかもしれないし、山側にいるのかもしれない』というふうに言ったはずなのです」

原子力空母USSニミッツからデザート・ワンまでの飛行は、不運の連続であった。まず、イランまで300キロメートル足らずの所で、8機のシー・スタリオンのうちの1機がローター・ブレードに亀裂が発生したために放棄された。その機体の搭乗員は、救援のために着陸した別の機体に乗り込んだ。その後、イラン人がハブーブ（砂嵐）と呼ぶ、気圧の変わり目の何キロメートルもの範囲に発生する粉末状の白砂の雲に遭遇した。ハブーブのタルクの粉のようなダストは、機体のあらゆる隙間を通り抜け、エンジンやコックピット、何千という可動部品の中に入り込み、その内部温度を上昇させた。無線封止状態で飛行中にハブーブによって視界が遮られたパイロットたちは、お互いの機体を見失ってしまった。編隊はバラバラになり、それを組み直すために貴重な時間が費やされた。最初の機体が故障した後、もう1機の機体がコックピット内の警報灯が点灯したため、ニミッツに帰艦した。他の機体は、何とか前進しようと必死であった。これらの機体を操縦するパイロットたちは、敵と対峙した場合の勇敢さや冷静さを買われて選出された者ばかりであった。しかし、高温でほとんど何も見えない中、NVG（暗視眼鏡）による空間識失調と闘いながら何時間も飛行し続け、ようやくデザート・ワンに到着した時には、完全に疲労困憊《こんぱい》していた。さらに悪いことには、シエーファーの機体は、デザート・ワンに滑走着陸を行った際、前方降着装置が砂の上の轍《わだち》に当たって横滑りを起こした。タイヤがリムから外れて空気が抜け、滑走できない状態になっていた。シエーファーは、シー・スタリオンの巨大な前方降着装置をローターの力で地面から引き上げてから、会合点まで飛行しなければならなかった。

その会合点には、任務を続行するために必要な６機のヘリが到達していたが、ベックウィズは、シエーファーたちパイロットが「もうほとんどくじけて」いるのにショックを受けた、と書き留めている。

ジェームズ・シエーファーが海兵隊で最も優秀で勇敢なパイロットの１人であることを知っていたがゆえに、ベックウィズが受けた衝撃は、なおさら大きかった。ワシントンＤＣで生まれ、カリフォルニア州のサンフェルナンド・バレーで育ったシエーファーは、１９９６年、ワシントン州オリンピアのセント・マーティンズ大学を卒業し、海兵隊に入隊した。ジェット機のパイロットを希望していたシエーファーは、テスト・パイロットたちが「ライト・スタッフ」と呼ぶ、任務遂行に必要な資質を持っていた。通常18ヵ月の基本操縦課程を７ヵ月半という異例の短期間で卒業したシエーファーは、１９６８年にウイング・バッジを取得した。シエーファーの操縦課程での成績は、海軍に入隊していればジェット・パイロットとしての資格を余裕でクリアできるものであった、しかし、海兵隊の少ない固定翼機パイロットの枠はすでに埋まってしまっていたので、ＣＨ-53のパイロットに割り当てられたのであった。直ちにベトナムに送り込まれたシエーファーは、物資補給、捜索救難、部隊潜入および回収など、14ヵ月で５００飛行時間に及ぶ戦闘任務を遂行した。その頃、まだ新しい航空機であったＣＨ-53は、敵の射撃を受けるようなホット・ゾーンを飛行することを想定していない航空機であった。そういった任務は、強襲航空機であるヒューイやコブラ、CH-46兵員輸送機の役割であった。パイロットたちがH-53と呼ぶその重輸送機は、海兵隊の空飛ぶセミ・トレーラーであり、本隊から離れた部隊に大量の糧食や弾薬を運ぶことを主な任務としていた。しかし、ベトナムでは、H-53も敵火にさらされることがあった。シエーファーは、弾丸が機体の付近を飛んだり、コックピットを突き抜けたりしても、冷静さを保つ方法を学んだ。

「いい腕」を持つと評判になったシエーファーは、1978年6月に海兵隊がアリゾナ州ユマに新しく創設された教育機関のヘリコプター戦術・運用部の初代部長に抜擢《ばってき》された。その機関は、MAWTS-1（モォウッ・ワンと発音される。第1海兵航空兵器訓練飛行隊）と呼ばれた。MAWTS-1は、当時の航空担当副参謀長トーマス・ミラー中将が長年温めてきたプロジェクトであった。彼は、後に宇宙飛行士になるジョン・グレンと第2次世界大戦における戦友であり、友人でもあった。海兵隊で地上部隊を支援するジェット機やヘリコプターの運用は、年月を重ねるに従って、ますます複雑になってきていた。ミラーは、海兵隊が統合空地任務部隊と呼ぶ組織を構成する部隊がお互いに協力しあうためには、すべての実動部隊において訓練の改善が必要であると考えていた。

1979年11月、そのMAWTS-1に所属していたのが、シエーファーであった。イランにおける人質救出作戦の計画担当者たちは、彼にイーグル・クロー作戦の計画を手伝わせ、その任務に参加するヘリコプター・パイロットたちの訓練を行わせた。

その夜、シエーファーたちの機体がデザート・ワンに着陸するとすぐに、ある機体に油圧ポンプの故障が発生した。残りの油圧ポンプが故障すると操縦不能となる危険性があったことから、その機体は、任務から外されることになった。任務に使用できるヘリコプターは5機になり、任務遂行に最低限必要な数よりも1機足りない状態となった。現地では、激論となった。しかし、秘匿無線機を使用したワシントンへの指揮系統を通じた報告の後、デルタ・フォースの指揮官であるベックウィズは、イーグル・クロー作戦の中止を宣言した。ワシントンでは、ジミー・カーター大統領や上層部側近および顧問たちがこの任務をモニターしていた。ベックウィズは、デルタ・フォースおよびレンジャー部隊にＣ-１３０への搭乗を命じ、イラクからの離脱を開始した。

燃料補給を終えたシエーファーのヘリコプターは、Ｃ-１３０の隣に駐機していた。その時、地上誘導員がコックピットにやって来て、Ｃ-１３０が離陸するために向きを変えるので、ヘリを動かして欲しいと伝えた。地上誘導員は、シエーファーの機体移動を誘導するため、闇夜の中を駆け足で移動した。デザート・ワンは、騒音と砂埃で大混乱となっていた。すべての航空機のローターやプロペラが回転し、爆音を轟かせていた。シエーファーがシー・スタリオンを約15フィート（約5メートル）の高さまでホバリングさせた時、Ｃ-１３０は、兵士たちを積み重ねるようにして機内に詰め込んでいる最中であった。その時「ローターが大量の砂を空中に巻き上げ、『そこにいる誘導員だけ』しか見えない状態となったのです」とシエーファーは私に言った。誘導員は、砂塵を避けるため、Ｃ-１３０の方に向かって下がった。シエーファーは、自分の機体に集中しすぎて、誘導員が移動したことに気づかなかった。「離陸した時、見えたのは誘導員の暗い人影だけで、それしか地面に目標となるものが無かったのです」とシエーファーは私に語った。「そのため、誘導員がいる方向に向かって機体を移動させてしまい、Ｃ-１３０の翼に接触してしまったのだと思います。接触させたというよりも、かなり強く衝突してしまったのかもしれません。その後のことはよく覚えていないのです」

シエーファーのヘリコプターは、Ｃ-１３０のコックピットに激突し、双方の航空機の燃料が爆発した。爆発による激しい衝撃で、シエーファーは一瞬気を失った。兵士たちは、機体が燃え上がる前に緊急脱出しようとしたが、C－130輸送機の5名の空軍の搭乗員とシエーファーのシー・スタリオンに搭乗していた3名の海兵隊員がその猛火で死亡した。シエーファーは、かろうじて生き残った。シエーファーが気づいた時、脱出できるのは、座席側方の窓しかなかった。シエーファーは、窓を内側に開いた。コックピット内に流れ込んだ熱と炎により、彼の顔は焼き焦がされ、窒息しそうになった。意識がもうろうとする中、何とか窓を外側に放出し、機体から砂の上に飛び降りた。起き上がると、炎の壁に囲まれていた。その炎の中に飛び込んだ。再び起き上がると、別のC－130がすでに動き始めているのが見えた。他の生存者を積み込んだその航空機は、離陸のための移動を開始していた。シエーファーは、その機体に向かってよろよろと歩いた。走ることはできず、歩くのがやっとであった。途中で何回も倒れた。その時、誰かが彼を発見した。C－130は停止し、ドアが開けられた。誰かが彼を機内に助け入れ、大きな燃料タンクに寄りかからせてくれた。そのタンクの周りには何人もの他の兵士たちがすでに座っており、その中にはシエーファーの副操縦士もいた。死亡者、燃え尽きたC－130および無傷のままの5機のヘリコプターを後に残し、機体はエジプトに向かって離陸した。機内の爆発物に点火してヘリコプターを使えなくする時間がなかったため、ベックウィズはヘリコプターを破壊するための航空攻撃を無線で要請した。しかし、エジプトに到着してから聞かされたところでは、米大統領府が周辺地域のイラン人に危害を与える恐れがあると判断したため、その攻撃は行われなかった。

次の日、落胆した表情のカーター大統領がテレビに出演し、その大失敗の全責任を取ると発表した。この大惨事は、「まともな戦闘のできない暴力集団」というベトナム戦争後の米軍に対する印象をさらに悪化させることになった。また、数ヵ月後の1980年大統領選挙で、カーターがロナルド・レーガンに敗北する大きな要因にもなった。

それから何年かの間、デザート・ワンの悪夢は、米軍に劇的な変化を引き起こすのであった。その1つは、議会の方針の転換であった。議会は、各軍種の関係を常に特徴づけてきた競争と島国根性に代わって、「統合」を促進するように強要し始めた。この「統合」とは、空軍、陸軍、海軍および海兵隊の間の協力を意味する。もう1つは、兵士やパイロットを対象とした、特殊作戦に関する訓練の実施が新たな重視事項となったことであった。3番目は、国防総省や連邦議会が特殊作戦のための装備品の調達に新たな関心を持つようになったことであった。それらの装備品には、暗闇における作戦を容易にするための性能向上型のNVG（暗視眼鏡）、特殊無線機および新型レーダーなどの電子機器、ならびに新型の兵器および航空機などがあった。すでに米軍が装備しているものでは不十分なことが、明らかになったのである。ベル・ヘリコプター社のような軍需企業や、ディック・スパイビーのような営業担当者たちに、売り込みのチャンスが巡ってきた。

他の企業の代表者たちも同様であったが、スパイビーは、デザート・ワンよりもずっと前からユマのMAWTS-1を訪問し、自社製品の売り込みを続けてきた。ヘリコプターだけではなく、すべての海兵隊航空機に関し、それを用いた戦術を編み出すことを任務とするMAWTS-1は、新しい構想に関して軍需企業と協力し合う立場であった。スパイビーがMAWTS-1に持ち込んだのは、1977年に初飛行したベル・ヘリコプター社の新しい実験用ティルトローター機であるXV-15に関する構想であった。スパイビーは、MAWTS-1のパイロットであるジェームズ・シエーファーたちに、XV-15に関する最新情報を伝え、海兵隊用のティルトローターができなければならないことを質問するのであった。「我々は、海兵隊員たちがこのような飛行機に求めるものについて話し合ったのです」とスパイビーは私に語った。「海兵隊員たちから助言を得たかったのです。『この無線機は、必要ですか』『そのレーダーは、必要ですか』というような質問をすることによって得られた助言を、設計に反映していったのです。海兵隊員たちは、興味を持ってくれているようでした」

シエーファーは、年に数回、スパイビーや他の企業代表者たちを『テクノロジー・ウィーク』と呼ばれる行事に招待した。スパイビーは、ユマへの出張をいつも楽しみにしていた。軍隊での経験はなかったし、パイロットでもなかったが、シエーファーと友人となっていたのである。当時、独身であったシエーファーは、遊ぶのが大好きであった。スパイビーもそうであった。男たちは、シエーファーに好感を持つ者が多かった。女たちも、彼のことが大好きであった。シエーファーは、おおらかで皮肉をこめたユーモアのセンスのある活動的な男であった。テクノロジー・ウィークの始まりには、ユマで勤務するもう1人のパイロットと同居しているモルタル造りのスペイン風の家で、パーティーを開くのが恒例であった。スパイビーや他の企業代表者も招かれ、MAWTS－1の教官や学生も、妻やガールフレンドを連れて参加するのであった。彼らはメキシコ料理を食べ、「プールに飛び込んだり、次の日のことを心配しながらビールを一気飲みしたり、本当はやるべきではないことをやったものです」シエーファーは顔をしかめながら、私に話してくれた。

イラン人質事件が起こってから2週間後の1979年11月、スパイビーがユマを訪問すると、スパイビーとよく顔を合わせていた2人の海兵隊パイロットとシエーファーが姿を消した。彼らがどこにいるのか、誰も知らないようであった。テレビ・アナウンサーのウォルター・クロンカイトやテッド・コッペルは、米国人の人質がイランで拘束されてから何日経ったのかを、毎晩、国民に伝え続けていた。シエーファーと他のパイロットたちは、80キロメートル離れた所にある砂漠でイランでの任務に備えた訓練を行っていたのである。

シエーファーは、スパイビーとティルトローターが持つ潜在能力について話し合うことが楽しみであった。「現在のヘリコプターが持つ限界を超えようとしている人と会うことは、ワクワクすることでした」とシエーファーは私に言った。「特に期待していたのは、その飛行速度でした。敵と対峙している、あるいは入り乱れている時間の総量を減らせば減らすほど、生き残る可能性が高くなるのです。進入し、隊員を卸下《しゃか》する。速やかに任務を遂行し、そこから離脱する。これは考えるだけでもワクワクすることだったのです」シエーファーがティルトローターに惹きつけられたもう1つの理由は、海兵隊のヘリコプター・パイロットたちが、二流の軍人と考えられている状況から脱出できるという希望を抱いたからであった。一番小さな軍種である海兵隊には、最低限の軍事予算しか与えられていなかった。海兵隊の指導者たちが欲しているとおりに、すべてのものを調達できる予算が与えられたためしがなかったのである。シエーファーの見方によれば、当時、航空予算を提出する時期になると、最大の分け前を手にするのは、常に戦闘機パイロットであった。戦闘機パイロットたちは、さっそうとして白いスカーフを巻いたライト・スタッフの隊員たちのように思われていたし、自分たち自身でもそう思っていた。それに対して、ヘリコプター・パイロットたちは、バスの運転手のように扱われていた。戦闘機パイロットとヘリコプター・パイロットは、別物であった。彼らは、別々の士官集会所を持っており、それぞれ別に酒を飲んでいた。ティルトローターは、それを操縦するヘリコプター・パイロットたちにいかばかりかの魅力を与えるマシーンになる、とシエーファーは考えていた。スパイビーは、そのアイデアが気に入った。

デザート・ワンの2日後の土曜日、スパイビーと10歳の長男のブレットがフォートワースの家でテレビを見ていると、その任務の失敗が及ぼす影響についてのニュース番組が流れた。その番組は、1人の負傷者がストレッチャーに乗せられて、最新のやけど治療室を有するサンアントニオのブルック陸軍メディカル・センターに運ばれる様子を映し出していた。スパイビーは、背筋を伸ばして座り直した。顔の一部が包帯で隠れていたが、スパイビーには、その負傷者が誰なのかが分かった。ジェームズ・シエーファーであった。

「父さんは、この人を知っている」スパイビーは、ブレットに言った。

次の月曜日、スパイビーは、ベル社の仲間たちと、その任務について夜遅くまで語り合い、午前3時までかかって、ティルトローターの新しいブリーフィングを作り上げた。そのブリーフィングには、ヘリコプターではなくティルトローターを使っていれば、どのようにして人質たちの救出を成功できたかが述べられていた。ティルトローターがあれば、イーグル・クロー作戦のように、米軍がイラン国内に2夜1日も留まらなければならないような複雑な実施要領や実現困難な時程表を用いることなく任務を遂行できた、とスパイビーのブリーフィングは主張していた。ティルトローターがあれば、デザート・ワンのような、燃料再補給のための命がけの会合点を設ける必要がなかったのである。デルタ・フォースや他のいかなる部隊が使われようとも、単純に空母や中東のどこかの友好国の領地からティルトローターに乗り込み、テヘラン近郊まで直接飛行し、街に潜入し、警戒員を倒し、人質を開放し、大使館の外かその敷地内でティルトローターと会合し、全員を搭乗させ、真っすぐに船などに戻ってくることができた。侵入から脱出まで、8時間もかからなかった。1晩である。つまり「1つの暗闇の時間（ワン・ピリオド・オブ・ダークネス）」で任務を完了できたのである。

デザート・ワンの1ヵ月後、スパイビーの同僚である営業担当者のロドニー・ウェルニッケがユマに出張し、顔見知りの少佐にティルトローターに関するその新しいブリーフィングを行った。「少佐は気に入ってくれたようである」スパイビーは、業務日誌に書き入れた。その1ヵ月後、スパイビーは自分自身がユマに出張し、その新しいブリーフィングをMAWTS-1のジェームズ・シエーファーを含む他のパイロットたちに説明してみることにした。シエーファーは、顔、手、背中および脚のやけどの、サンアントニオでの数週間に及ぶ苦痛に満ちた治療を終え、仕事に復帰していた。

ユマに向かう途中、スパイビーは、空港で1冊のニューズウィーク誌を買い、飛行機の中で目を通した。１９８０年6月30日の特集記事は、コンピューター技術の改革についてであった。「新しい世代の『利口な』コンピューターは、人間の脳の力を拡大したようなもので、訓練を受けていない素人でも使うことができる」とその記事は述べていた。ただし、スパイビーの目をとらえたのは、「人命救助任務の新たな事実」という記事であった。それは、デザート・ワンにおいて何が間違っていたのか、ということに関する詳細な分析であり、そこにはシエーファーのヘリコプターが、C-１３０に衝突したことに関する考察も含まれていた。「そのヘリコプターのパイロットであるジェームズ・シエーファー（記事には、綴りが誤って記載されていた）は、左にバンクしてC-１３０から離れ、別の輸送機の燃料補給位置に移動するように命ぜられた」とニューズウィークは報じていた。「シエーファーは、命令を了解し、左にバンクし始めた。その時、おそらく方向を見失ったものと思われる。続いて反対の右にバンクして、C-１３０に激突した。双方の航空機は、爆発し、炎に包まれた」その記事には、任務失敗の2日後、サンアントニオのやけど治療室に運ばれるため、ストレッチャーに乗せられているシエーファーの写真が添えられていた。

スパイビーは、その雑誌を持ったまま、MAWTS-1のシエーファーの執務室に到着した。運動から戻ったばかりのシエーファーは、短パンを穿いていた。彼の脚には、やけどの跡があるのが見えた。

「ジム、これを見たかい？」スパイビーは、ニューズウィーク誌を渡しながら聞いた。

「いや、まだ見ていない」とシエーファーは言い、不機嫌そうな顔をしながら雑誌を手にした。シエーファーは、「イランでの失態」を特集記事とした5月5日号に対し、ニューズウィーク誌に抗議文を書き、それ以降は、もうこの雑誌は読まないと宣言していた。その記事には、AP通信が提供したデザート・ワンの写真が掲載されていた。そこに写っていたのは、黒焦げになったシエーファーのヘリコプターの残骸と死亡した1人の米国人であった。シエーファーには、その遺体が彼の航空機のクルー・チーフのものであるのが分かった。スパイビーは、シエーファーが病院に運び込まれる写真が載った新しい雑誌を手渡したが、シエーファーは、それをパラパラとめくっただけであった。

「それで、これを俺がどう思うか分かるか」シエーファーは冷笑しながら言った。

「分からないよ。どう思うんだい？」

流れるような動きで、シエーファーは回れ右をし、腰を曲げ、短パンを両手で握るとスパイビーに尻をだして見せた。

2人は、腹の底から笑った。

2～3週間後、シエーファーたちヘリコプター・パイロットは、新たな訓練を開始した。2回目の人質救助作戦が実施される可能性があったのである。この作戦は、世界一怖いもの知らずだと言われる生き物の名前から、ハニー・バジャー作戦と命名されていた。しかしながら、ロナルド・レーガンが大統領に正式に就任した1981年の1月20日、イランが米国人を解放したため、この作戦が実行されることはなかった。レーガンが選挙に勝利できた1つの要因は、カーターを弱腰と批判したことであった。レーガンは、イランのイスラム改革派だけではなく、ソ連を含めた米国の敵に対し、断固たる態度で臨むことを約束した。ソ連政府は、米国がベトナム戦争やウォーターゲート事件以降、自信を喪失していることに乗じ、大胆になってきていた。1979年、ソ連は、アフガニスタンに侵攻した。また、中央アメリカの左翼革命家たちを援助していた。レーガンは、ヨーロッパにおけるソ連の新たな脅威について警告した。そして、それに対抗するための米軍の再構築を約束した。それを聞いて特に興奮したのは、兵器の調達を担当する将軍たちであった。ベトナム戦争後のカーター政権の間、調達予算は生き地獄のような状態であった。例えば、海兵隊は、CH-46兵員輸送ヘリコプターを更新するための経費を海軍の長期予算に盛り込むように求め続けたが、カーターの政治任用官たちは、それを阻止し続けていた。レーガン政権のもと、国防総省の担当者たちは、そのような予算をはるかに容易に得られるようになろうとしていた。

＊　＊　＊

軍隊の士官たちは、ほとんど誰もがペンタゴンで働くことを恐れている。部内者は、ペンタゴンのことを「ザ・ビルディング」と呼ぶ。士官たちは、そこで勤務することよりも、野外や艦船で部隊を指揮したり、パイロットであるならば飛行したりすることの方を望んでいる。歩兵士官たちは、野外の射場でライフルの射撃音を聞いたり、大演習に参加したりして、火薬やディーゼルエンジンの排気の匂いを嗅ぎながら、自分自身や自分の部隊の戦闘能力に磨きをかけることを好む。パイロットたちは、戦闘機やヘリコプターのコックピットに座って、士官集会所で語れるような経験ができる時間を切望する。ザ・ビルディングで働く士官たちは、旧約聖書の「ヨナ書」に出てくるクジラの胃の中のヨナのように、そこから脱出することを切望するのである。

第2次世界大戦中に建設されたペンタゴンは、長いスポークのような廊下で結ばれた環状の5階建ての建物である。その広大な建造物の面積は、内側の中庭を含めると、12ヘクタールにも及び、その廊下の長さは、28キロメートルに達する。環状の建物にはAからEまでの文字が書かれており、廊下には1から10までの数字が表示されているが、初めてそこで勤務する士官たちは簡単に迷ってしまう。彼らの中には、目標を見失ったり、ひねくれたりする者もいる。ザ・ビルディングでの勤務で、徐々に健康を害したり、家庭生活に支障をきたしたりする者もいる。ザ・ビルディングで働くということは、事務室に閉じこもって机に座っているだけではなく、膨大な文書を製造または創造することを意味する。そのために長時間にわたって勤務することとなり、夜明けのずっと前から、日没のずっと後まで働くことも多かった。毎日毎日、いつ終わるとも知れない会議の間じゅう、座っていることになる。文官の官僚、政治任用官や議員たちから、馬鹿げた話を聞いてやることになる。彼らは、制服を着たこともなければ、怒りに満ちた1発の銃声も聞いたことがないにもかかわらず、自分自身を鋭い軍事戦略家だと思い込んでいるのだ。個々の問題を解決したり事業を計画したりするのは、「担当士官」と呼ばれる少佐や中佐たちである。担当士官たちは表向きには物事を判断せず、彼らの助言に依存した大佐たちが、自らの意志に従ってその権限を行使する。その上官である将軍たちも、その大佐たちの助言に依存することになるのである。担当士官であるということは、また、計画や決定を厳しい締め切り期日に間に合うように準備するため、奴隷のように働かなければならないことを意味する。しかし、その計画は、政治的理由で将軍の決裁を得られず、廃案になったり、全く違ったものになったり、延期されたりしてしまうことも多いのである。中には、自信を喪失して疲れ果て、国防総省での勤務から脱落してゆく担当士官もいる。軍隊をやめたくなる者もいる。しかし、陸海空軍の大佐や将軍などになって大部隊を指揮したいと思っている士官たちにとって、ザ・ビルディングでの勤務は、避けては通れないものなのである。現行の人事管理では、担当士官として働いた経験のない者が上位階級に昇任することは、ほとんど不可能だからである。このため、いつの日か肩に星をつけたいと願っている士官たちは、誰もがその勤務をただひたすら耐えぬこうとするのである。

ロバート・マグナスは、まさにその最中にいた。着飾ればいい男に見える茶髪で青い目をしたマグナスは、簿記係の父と裁縫師の母の間の末っ子としてニューヨークで生まれ育った。１９４７年にロバートが生まれると、両親はブルックリンのフラットブッシュからロングアイランドのレビットタウンに移り住んだ。その家庭は、ロバートが言うところの「典型的なユダヤ人家庭」であった。ユダヤ人の子供には珍しいことなのだが、マグナスは、軍隊を生涯の仕事にすることを熱望した。マグナスという名前は、ラテン語で「大きい」ことを意味するが、ロバート・マグナスは、そのとおりにはならなかった。成長しきっても、身長は1メートル65センチしかなく、小柄な男たちによくあるように、何か自慢できることがあるかのように振る舞うことが多かった。友人の両親たちには、子供が医者や弁護士や宗教家になることを望む者が多かった。だが、ロバートは、１９５０年代に放映された潜水艦戦争に関する物語である「ザ・サイレント・サービス」などの、第２次世界大戦に関する映画やテレビ番組を見て育った。10代の頃、海軍の砲術士官になりたいと思ったロバートは、海軍の予備役士官として得た奨学金でバージニア大学に入学し、ヨーロッパおよびロシアの歴史を専攻した。米国には、「ＲＯＴＣ（予備役士官訓練団）」と呼ばれる、士官を養成するための教育課程制度を持つ大学がある。在学中は奨学金を貰って大学の授業を受けながら軍事訓練に参加し、卒業後は士官として入隊することができるのである。２人の予備役士官の教官に強い感銘を受けたマグナスは、彼らのような海兵隊歩兵士官になりたいと思うようになった。１９６９年に大学を卒業すると海兵隊少尉に任官し、新米の少尉にとっての登竜門であるバージニア州クワンティコの基本課程に入校した。歩兵士官になろうとしていたマグナスであったが、基本課程の時の友人から航空学校に志願することを誘われた。その誘いを断り切れずに志願したマグナスは、ヘリコプターのパイロットとしての道を歩み始めた。

ROTC卒業生に課せられた4年間の兵役を終了したマグナスは、新しい野心を抱くようになった。金儲けである。軍隊を除隊すると、ウォール・ストリートで働き始めた。しかしながら、1年も経つと、その仕事に嫌気が差してしまった。飛行機や海兵隊を懐かしく思うようになったのである。軍隊に戻ったマグナスは、今度は、軍を一生の仕事にしようと決心した。まずは、ノースカロライナ州のニュー・リバーでCH-46シー・ナイトを操縦した。次に海兵隊航空群で参謀職についた。その後、ユマのMAWTS-1（第1海兵航空兵器訓練飛行隊）に配属され、兵器・戦技教官として勤務した。ユマにおいて、飛行隊の同僚たちからあるコードネームを与えられた。ニューヨーク出身のユダヤ人の子供である彼は、それを気に入っていたが、妻には好かれなかったので、Eメールで名前に使うことはやめてしまった。そのコードネームは、「ヒーブ」であった。それは、ユダヤ人を中傷する言葉であったが、ニューヨークの若いユダヤ人たちがそのアイデンティティを象徴するために自ら用いる言葉でもあった。

MAWTS-1で勤務していたマグナスは、海兵隊司令部での勤務に志願した。そこで勤務しなければ、上位の階級に昇任できないことが分かっていたからである。1980年7月、マグナス少佐は、海兵隊司令部の海兵隊航空部署の担当士官に任ぜられた。航空部署とは、どのような種類の航空機およびその他の航空器材を海兵隊が必要としているかを決定し、それらに必要な要求性能を明確化し、その事業を海軍の予算の中の海兵隊事業にどうやって入れ込むかを考えだす部署であった。

海兵隊司令部全体の雰囲気が沈んでいるような状況であっても、マグナスはそこに花を咲かせた。まず、彼はすべての「雑用」を引き受けた。最初の役職は、搭乗員訓練器材担当士官であった。次に、ＮＢＣ（核・生物・化学）防護器材担当士官になった。コーヒーなどを準備する「茶坊主」としても勤務した。誰も引き受けようとしない職務をすべて引き受けたのである。狩猟犬としてのルーツを持つ子犬のテリアのように、それらの職務に嚙《か》みついてゆく彼は、上司たちから好評であった。マグナスが転入してくるとすぐに、海兵隊のＣＨ-46シー・ナイトの維持を担当しており、そのベトナム戦争時代のヘリコプターの更新を提案していたジョー・ムーディー中佐が、マグナスに手伝って欲しいと言った。その新しい職務は、マグナスに、あらゆる種類の人々と話す権限をもたらした。彼は、それを最大限に活用した。海兵隊司令部は、４階建ての淡褐色のブロック造りである「海軍別館」の中にあった。第２次世界大戦に建てられたその建物は、アーリントン国立墓地とペンタゴンを望む丘の上にあった。だが、マグナスは、そこに居ることがあまりなかった。国防総省や国会議事堂で常に動きまわるか、ＣＨ-46の更新について何かを学んだり、アイデアをくれる者たちと話したりできる所に出張していた。その訪問先は、海軍省の官僚や士官たちであることが多かった。海兵隊基地を回って、ＣＨ-46があとどれくらい使えるのか判断するためのデータを収集し、海兵隊の次期兵員輸送機が持つべき能力について、パイロットたちの意見を聞いた。航空機製造工場を訪問し、フロッグの後継機について、企業の代表者たちと話し合った。司令部に戻ると、判明した事項について、将軍たちにブリーフィングを行った。ロバート・ボールチ大佐は、マグナスが航空部署での最初の勤務を終えた時の上司の１人であった。「私が書いたマグナスの勤務評定には、『マグナス少佐は、かつて私のために働いた者の中で最も優秀な大佐である』と記載されているのです」ボールチ大佐は含み笑いをしながら私に語った。「マグナス少佐は、常に２階級上の考えを持ち、２階級上の働きをしてくれました」

マグナスは、それらの調査や取材を通じて、ベル・ヘリコプター社がNASA（航空宇宙局）と米陸軍のために開発していたXV-15に興味を惹《ひ》かれるようになった。1980年までに2機のXV-15を製造したベル社は、そのうちの1機の飛行試験をフォートワースで行っている最中であった。もう1機は、カリフォルニア州パロアルトの郊外にあるNASAのエイムズ研究センターが保有していた。航空部署に挨拶に訪れたディック・スパイビーとマグナスが出会ったのは、その頃のことであった。マグナスとスパイビーは、定期的に電話で話し合うようになった。スパイビーがワシントンに行った時には、マグナスと会うことが多くなった。スパイビーは、マグナスにXV-15の近況を伝え、新しいティルトローター機の設計を海兵隊に適応させるために何が必要なのかを話し合うのであった。スパイビーは、すぐに、マグナスが潜在的な支持者であると感じ始めた。マグナスは、まだ少佐であったが、エネルギーとアイデアにあふれており、それを他の者と分かち合うことに積極的であった。ただし、スパイビーがマグナスに好印象を持った最大の理由は、ティルトローターに大きな期待を寄せていることであった。

*　*　*

ティルトローターに興味を持ち始めていた海兵隊士官は、マグナスだけではなかった。スパイビーは、マグナスが航空部署で勤務し始めるよりもずっと前から、航空部署の士官たちとティルトローターについて話し合ってきたのである。そのうちの1人は、その頃はまだ中佐の担当士官であったロバート・ボールチであった。「スパイビーと私は頻繁に会い、どうやって上司たちにこのアイデアを売り込むかを話し合ったのです」ボールチは私に語った。ボールチは、もしベル社がティルトローターを海兵隊に売り込みたいならば、実証機である２人乗りのＸＶ-15よりもずっと大きなものでなければならない、とスパイビーに言った。「海兵隊用のティルトローターは、最低でも24名の完全武装の兵士を運べなければなりません」

また、ＮＡＳＡと陸軍がそのプロジェクトを終了しようとしていた１９７８年に、ベル社がＸＶ-15の試験飛行を継続できるようにすることに一役買ったのも、ボールチであった。その年のある日、陸軍の航空事業の担当である陸軍のカウンターパートの１人が航空部署に立ち寄り、ボールチに言った。「おい、陸軍は、例の役に立たないことをやめようとしているぞ」ＸＶ-15計画が最も経費を必要としていた１９７０年代後半のインフレ率は２桁に達し、政府の調達力は大きく低下しようとしていた。ＮＡＳＡは、２機のＸＶ-15のうちの１機を使って、エイムズ研究センターで風洞実験装置を使った試験を実施したばかりであったが、飛行に適さないという結果のままで放置されていた。ベル社は、もう１機のＸＶ-15をフォートワースで飛行させていたが、ＮＡＳＡと陸軍の双方の指導者たちは、エイムズ研究センターのＸＶ-15を再び飛行させるために予算を使いたがらなかった。ＮＡＳＡや陸軍でティルトローターに取り組んでいる技術者たちは、そのことを残念に思っていた。ＮＡＳＡの最優先事項は宇宙計画であり、陸軍の最大の関心は新型攻撃ヘリコプターのための回転翼機研究費に向けられていたのである。

ボールチは、この貴重な情報を、当時の航空担当副参謀長であり、２～３ヵ月後に退役を予定していたトーマス・ミラー中将に伝えた。カナダのティルトウイング機の映像フィルムを見た参謀からの報告により、すでにＸＶ-15について聞いており、ティルトローターにも興味を持っていたミラーは、ＸＶ-15の飛行を継続するための予算を海軍が工面できるかどうかは、すでに確かめた、とボールチに言った。

る。このような状態にならないように高度を保ちつつ速度を増加または減少させるためには、機体の迎え角を変化させなければならない。

ローレンスが驚いたのは、ティルトローターは、そのような迎え角と対気速度の関係による縛りを受けないということであった。ティルトローターは翼だけではなく、ローターでも揚力を得ることができるためである。エアプレーン・モードで飛行しているXV-15は、サム・スイッチを押してローターを少し上向きに傾けるだけで、高度を下げることなく対気速度を減少させることができた。速度の低下に伴う翼による揚力の低下をローターによる揚力が補うので、機体の迎え角を変更する必要がなかったのである。通常の飛行機やヘリコプターでは、このようなことは不可能である。「その点において、まさにユニークな飛行機だったのです」とローレンスは私に語った。ローレンスは、XV-15に搭乗する際に、カセット・テープ・レコーダーを持ち込んで自分のコメントを録音し、それを聞きながらNAVAIRに提出する報告書を書いた。ローレンスが操縦した初飛行の際のテープには、ティルトローターの操縦が容易であることやそれができる驚くべきことについて、喋《しゃべ》りまくっているのが録音されている。ローレンスは、キャノンと機体を失速状態に入れる準備をしながら「グリースのように滑らかな操縦性だ」と言った。エアプレーン・モードからヘリコプター飛行に転換して数分後には、「絹のようにしなやかだ」と言った。「まさに浮かんでいるという感じだ」ナセルを70度に傾けて上昇すると「パイロットのワークロードは、ないに等しい」と驚きの声を上げた。エアプレーン・モードに転換してから下降させると、ローレンスは、「こいつは、気に入った」とキャノンに言った。機体の速度を落としてホバリング状態に移行し、滑走路に静かに接地させ、初めての着陸を行うと、ローレンスは静かに笑った。駐機するため、ランプにタクシー・バックして、エンジンを停止すると、ドアが開く音がした。「さあ、この粋なマシーンから降りよう」キャノンはローレンスに言った。「ウォーッ」機体から降りたローレンスは、叫び声を上げた。キャノンは、「おい、ドルマン、すごいな。もうマシーンを自分のものにしたな」と言った。

格納庫まで歩いて戻ったローレンスは、ベル社の大勢の技術者たちに迎えられた。その中の1人が1974年から軍用ティルトローター・ビジネス開発課の課長を務めていたディック・スパイビーであった。スパイビーは、ローレンスが本当におしゃべりなのに驚いたが、彼のことが気に入ったスパイビーは、カメラマンにXV-15と一緒のローレンスの写真を撮らせ、さらに、ローレンスがフォートワースを去った後、記念になるようにローレンスの飛行証明書を作って送るように部下に指示した。

ローレンスは、XV-15で実際に飛行するまでは、ティルトローターにあまり注目していなかった。しかし、それを操縦してみて、その素晴らしい性能を理解した。パタクセント・リバーに戻ったローレンスは、44ページに及ぶ報告書を作成し、ティルトローターは「海軍および海兵隊の垂直／短距離離着陸の多種多様な任務に関する卓越した潜在能力」を有していると述べた。NAVAIRに送られたその報告書は、海兵隊司令部の中を飛び交い始めた。また、ローレンスは、海軍別館に出かけ、1979年6月にトーマス・ミラーに代わって着任していた航空担当副参謀長のウィリアム・J・ホワイト中将に自分の構想を説明した。ローレンスとホワイトのミーティングについて、スパイビーが業務日誌にメモを残している。スパイビーは、部下に命じて盾を準備させ、今後のXV-15のゲスト・パイロットたちに渡せるように準備した。ローレンスの反応から、XV-15はただの実験機ではなく、強力な販促ツールになりうると確信したスパイビーたちは、XV-15をそういった目的に利用するための計画を起案し始めた。

１９８０年が終わると、スパイビーは、ついに事態が好転しつつあると感じ始めた。ベル社のスパイビーたちは、軍用ティルトローターのマーケティングにすでに8年の年月を費やしていたが、それまでは販売の糸口すらつかめていなかったのであった。それは、まだ直ちに販売できる状態ではなかったが、デザート・ワンでの惨事を踏まえたティルトローターへの強力な期待と、ＸＶ-15という一流の販促ツールの存在により、海兵隊支持者たちの賛同を得られつつあった。何年にもわたって、スパイビーとベル社が目指してきたのは、巨大な予算を有する軍種である陸軍、海軍および空軍を主な対象として、ティルトローターを販売することであった。しかし、ティルトローターの顧客（カスタマー）は、最も少ない予算しか持っていないが、最も大きなニーズを持っており、保有するヘリコプターの大部分の更新を最も強く迫られており、ヘリコプターの速度限界を乗り越えることに最も関心があり、自らの軍種の将来に最も危機感を有している、そして議会に入り込むすべを最も知り尽くしている軍種であるべきだ、とスパイビーは考え始めていた。海兵隊である。

第4章　販売（セール）

パリは、魅惑に満ちあふれている。特に晩春のパリはなおさらである。芸術家、詩人、作曲家、そして恋人たちは、古くからそのことを知っていた。ここ何十年もの間、世界中の航空業界の重役たちの多くは、その魅惑に引き付けられるように、２年に一度行われるパリ航空ショーに参加してきた。そのショーが開催されるのは、パリの北東に位置し、リンドバーグが着陸した歴史を持つル・ブルジェ空港である。重役たちは、そこまで自分たちの航空機を運ぶための費用と手間に、不満を持っていた。また、飛行機やヘリコプターを観覧するＶＩＰたちをワインや食事でもてなすために、エプロン沿いに設置されるシャレーの賃料に文句を言っていた。さらに、毎晩パリに引き返し、高級ホテルや有名レストランで行われる豪華なディナーやレセプションに参加して、顧客となる可能性のあるゲストやメディアをもてなさなければならないことにも不平を言っていた。にもかかわらず、ほとんどの重役たちは、春のパリには、恋人たちと同じように顧客たちを誘惑する何かがあると考え、そのショーに参加するのであった。パリ航空ショーにおいては、巨大な取引が締結されたり、少なくともそのきっかけとなったりすることが多かったのである。

ジェームズ・Ｆ・アトキンスには、１９７２年にベル・ヘリコプター社の社長になる前からそれが分かっていた。ベル社がその頃の数年間に成功した取引には、パリ航空ショーにおける顧客たちとのリラックスした雰囲気の中での会話から生まれたものが少なくなかった。副社長のアトキンスが社長への就任を準備していた1971年には、イラン国防総省の兵装担当副大臣から、国王がベル社のヘリコプターに興味を持っているという情報を得ることができた。この情報は、約500機の多用途機および攻撃機を500万ドルで納入するという、ベル社にとって過去最大となる海外取引のきっかけとなったのである。当初の契約の後、イランは、もう1つの何百万ドルもの取引をもたらした。それは、4500人の軍人パイロットと6000人の整備員を訓練し、イランが保有するヘリコプターを維持するために必要なすべての支援を行うというものであった。1970年代の終わりにその業務を取り扱う子会社を設立したベル社の利益は、何十億ドルにも達していた。ベル・ヘリコプター・インターナショナル社は、5000名の従業員とその扶養家族8000名をイランに居住させた。その数があまりにも多かったため、国王政府は、テヘランの南約340キロメートルに位置するイスファハーンに彼らが居住するための村を造ったほどであった。

イランとの取引は、1970年代のベル社を黒字に維持することに貢献した。それがなければ、赤字になるところであった。まず、陸軍のベル社製ヒューイを更新するための、新型多用途ヘリコプターの製造に関する競争に敗れていた。何十億ドルというその取引は、新型のUH-60ブラック・ホークを提案した、ユナイテッド・テクノロジーズ社の子会社であるシコルスキー・エアクラフト社が勝ち取った。次に、陸軍がベトナム戦争で使用したヒューイ・コブラを更新するための、戦闘ヘリコプターの供給に関する4年間にわたる競争に敗れた。陸軍は、ヒューイ・コブラに代わってAH-64アパッチを購入することを決定したのである。イランとの取引は、米軍の中で最大の顧客である陸軍との取引での敗退が及ぼす影響を和らげてくれることとなった。しかしながら、1980年に国王がイスラム改革派により国外に追放され、エジプトでガンのために死亡すると、イランにおけるベルの事業も同じ運命をたどることになった。ジェームズ・アトキンスは、１９７８年９月に、それまで何回も繰り返されていた国王との面談を最後に行った時、この事業が終末を迎えたことを悟った。国王とアトキンスは、国王宮廷の２人掛けの椅子に隣り合って座っていた。首都で毎日のようにデモ行進を行っていた革命派は、時として暴徒化することもあった。この混乱をどうやって乗り切るつもりなのか、と尋ねるアトキンスに、国王は、「街頭で起こっていることに何も問題はない」と興味なさそうに答えたのであった。アトキンスは、車で空港に向かう途中で、抗議者たちと国王警察の間の市街戦に巻き込まれた。ドライバーは、アトキンスを後席に伏せさせた。アトキンスは、無傷で脱出できたが、大いに驚かされた。フォートワースに戻ったアトキンスは、パンナム社から10機のボーイング７４７をリースし、まず従業員たちの家族をイランから脱出させた。１９７９年１月に国王が国外逃亡すると、同じようにして従業員たちも避難させた。最後の従業員が避難を完了したのは、米国大使館を学生たちが襲い米国人を人質にしてから１ヵ月後の12月のことであった。

ジェームズ・アトキンスは、その後、新しい軍用機ビジネスを始めるためのあらゆる可能性を模索していた。そんな中、新たなマーケットを切り開くために最善と考えられた製品は、ヘリコプターではなかった。何年もの間、アトキンスたちベル社の重役たちは、ティルトローターを科学実験としてしか認識していなかった。だが、ヘリコプターのようにも飛行機のようにも飛行可能な航空機を製造できることがＸＶ-15により証明されたこと、および１９８０年４月のイラン救出作戦が失敗に終わったことを受け、軍は、新しい技術により精力的に取り組むようになっていた。軍用ヘリコプターのマーケットが飽和状態になりつつある中、ティルトローターは、アトキンスにとって１つのビジネス企画になり始めていたのである。アトキンスの思いは、自然とパリに向けられた。

ある日、ベル社のテスト・パイロットであるドルマン・キャノンがオフィスにいると、電話が鳴った。テキサス育ちの元海兵隊パイロットであるキャノンは、それが誰からの電話か分かると、立ち上がって直立不動の姿勢をとった。その小さな電話機にベル・ヘリコプター社の社長が電話をかけてくるのは、そうあることではなかった。

「ドルマン、私はXV-15をパリ航空ショーに持って行こうと思う」アトキンスは言った。「君はどう思うかね」

「社長、自分の考えでは、まだ早すぎます」キャノンは、アトキンスに答えた。「パリ航空ショーに行くには、まだ、飛行エンベロープの確認が不十分です。飛行可能な速度や高度などの確認が終わっていないのです」

「ありがとう、ドルマン。君の意見は尊重するよ」アトキンスはそう言って、電話を切った。

ベル社のもう1人のXV-15テスト・パイロットであるロン・エアハルトもすぐに同じ電話を受けた。エアハルトの答えも、同じであった。

ほどなくして、例年行われているレクリエーション行事のため、100人ほどのベル社の主要メンバーがオースチン近郊にあるテニス・リゾートに集められた。それは、テキサス州の緑に覆われた丘陵地帯の湖畔にあった。参加者たちは、アトキンスの言葉に驚いた。「我々は、これまでXV-15を飛ばし続けてきた」アトキンスは言った。「かなり良い結果が得られている。パリに持って行こうではないか」これに対し、何人かの技術者たちが、テスト・パイロットたちと同じように反対した。パリでXV-15を飛行させることには、大きなリスクがある、と警告したのである。墜落したらどうするのだ。もし部品に不具合が起きて、展示飛行で飛べなくなったらどうするのだ。飛んだとしても、誰も興味を示さなければどうするのだ。もしそうなったら、XV-15はどうなるのだ。

ル・ブルジェに持って行くということは、ＸＶ-15を輸送機に載せられるように分解し、到着したならば再び組み立てて試験飛行を行い、ショーの間、10日間連続で飛行させ、また分解し、テキサスまで輸送し、また組み立てるということになる。飛行試験のために、何週間も必要となる。加えて、膨大な費用も必要となるのである。

しかし、ディック・スパイビーは、アトキンスの考えに大賛成であった。確かにリスクはあるが、それに見合う価値があると考えた。その前の夏以来、ティルトローターを販売する危険を冒すことに、恐れを抱かないようになっていたのである。スパイビーは、テスト・パイロットであるキャノンに、ある飛行を行うように要望し続けていた。ＸＶ-15を垂直離陸させて低高度ホバリング状態にし、ローターをエアプレーン・モードに傾けながら、できるだけ早く最大速度まで加速して見せるのである。ヘリコプター・モードからエアプレーン・モードへの転換にかかる時間は、12秒である。スパイビーは、その飛行を撮影して、ティルトローターを調達する可能性がある者たちに見せたかった。ティルトローターが降着地域から素早く離脱できることをことは、戦闘用航空機として大きなセールス・ポイントになるはずであった。スパイビーは、１９７９年7月30日、アーリントン空港の滑走路の周りにカメラマンを配置し、キャノンが「とんずら」するところを撮影した。キャノン、同僚のテスト・パイロットであるエアハルト、そして彼らが操縦するＸＶ-15の決定的瞬間は、それらのカメラによってしっかりと捉えられるようになっていた。キャノンは、ＸＶ-15をランプに設けられたヘリコプター用のランディング・パッドの上で低い高度でホバリングさせ、次に滑走路と平行に設けられている芝地から2～3フィート（約60～90センチメートル）浮かんでいる状態で南に機首を向けると、サム・スイッチを使ってローターを可能な限り素早く前方に傾けた。ところが穏やかな天候のため、向かい風による相対速度の増加を得られず、ＸＶ-15

は、十分に加速することができなかった。翼が揚力を供給する役割を完全に担えるようになる前に、ローターがエアプレーン・モードとなってしまったのである。固定翼機のプロペラのように真っ直ぐ前を向いたローターは、翼よりも12フィート（3・6メートル）も下側に弧を描いた。ローターが全く揚力を発生しない状態で、2〜3フィート（約60〜90センチメートル）ほど高度を失ったXV－15は、ローターの下側を飛行場の端にある有刺鉄線のフェンスやエノキの木に接触させるところであった。キャノンやエアハルトは、最初は危険を感じていなかった。しかし、直前になってキャノンがスティックを引き、XV‐15の機首を持ち上げた。機体は、何とかフェンスを飛び越えたが、ローターが木の先端に当たって音を立てた。近くで見ていたスパイビーたちにも、その音が聞こえた。「パン、パン、パン、パン」

「しまった！」キャノンがXV‐15を飛行場に緊急着陸させるために急旋回させた時、スパイビーは、歯を嚙み締めながらつぶやいた。キャノンとエアハルトが機体から降りると、スパイビーたちは機体に駆け寄った。大きな損傷はなかったものの、一方のローターのブレード先端に取り付けられたひずみゲージが外れ、ブレード・チップ（翼端）が緑色に汚れていた。ベル社での将来を約束されていたキャノンにとって、このXV‐15での不安全の発生は、許容できないものであった。格納庫に集まったキャノン、エアハルト、スパイビーや他の技術者たちは、何が起こったのかを話し合った。その時、キャノンは、この責任をすべて1人で負うつもりはない、と宣言した。「いいか、このことについて俺に責任を押し付けるやつがいたら、許さないからな」キャノンは言った。しばらくの間、沈黙が続いた。キャノンには、自分の息遣いが聞こえるようであった。

スパイビーには、大失敗を引き起こしたばかりのキャノンの気持ちが理解できた。ベル社やキャノン自身の将来に大きな損失をもたらし、エアハルトやキャノン自身が怪我をしたり、死んだりしたかもしれなかったのだ。しかし、スパイビーは軍の顧客たちに「とんずら」の映像フィルムを見せたかった。撮影できたものを見ると、悪くないものが録画できていた。スパイビーは、関係者が落ち着きを取り戻すまで2～3ヵ月待つと、その映像フィルムを顧客たちに見せ始めた。そのことを知って激怒したのは、XV-15のプログラム・マネージャーであるトミー・H・トマソンであった。「トミーは、今後、この樹木接触画像を使ったらクビにするぞ、と私に言った」とスパイビーは、業務日誌に記録している。スパイビーは、その映像フィルムを見せることをやめた。しかし、この事案は、トマソンにとってそれほど驚くことではなかった。トマソンは、スパイビーは鉄砲玉のような男であり、ティルトローターの宣伝のためならば、上からの指示や命令に構うことなく、どんなことでもやるのが分かっていた。「許可をもらうよりも、謝るほうがましだ」というスパイビーの口癖は、トマソンをいつもいらつかせていたのである。

リスクがあろうがなかろうが、たとえテスト・パイロットや技術者たちがどう考えようが、スパイビーには、XV-15をパリに持っていくことが素晴らしいアイデアに思えた。１９８０年までの8年間、ティルトローターのマーケティングに専念してきたスパイビーには、わずかな報酬しか与えられていなかった。スパイビーというセールスマンは、販売に飢えていたのである。

ジェームズ・アトキンスもまた、ティルトローターを販売することを熱望していた。彼が販売したかったのは、XV-15というティルトローターが実現可能なことを証明するために作られた航空機ではなかった。それは、他の航空機用に設計された部品で作られた技術実証機であり、実際の任務のために製造された量産機ではなかった。エンジンの燃料消費量が膨大であり、空虚重量と全備重量の比率が劣悪であった。2名のパイロット、機体のすべての動きを記録するために必要な約４５０キログラムの計器類、および約６５０キロメートルを飛行するために必要な燃料以外には、ほとんど何も搭載することができなかった。そんなXV-15をパリに持って行く目的は、それを販売するためではなかった。それは、ティルトローター技術が証明され、成熟し、より大きな機体に適用できる準備が整っていることを航空界に示すためであった。

アトキンスには、部下の技術者やパイロットたちが慎重すぎるように思えた。他の航空業界の重役たちとは違って、アトキンスは技術者でもパイロットでもなかった。1940年代に、買入債務の事務員としてベル・エアクラフト社に就職したアトキンスは、苦労の末、トップまで上り詰めていた。会計の専門家である彼は、会社の金をどこに投入すべきかについて、目先の利く男であった。ベル・ヘリコプター社は、1960年に親会社であるテキストロン社と呼ばれるロードアイランド複合企業に買収されていた。しかし、ほぼ独立的な経営を任されていたアトキンスは、実践的経営者としての誇りを持っていた。指揮系統を無視して、組織の細部までに入り込み、いくつも下のレベルの社員と話し合っていたアトキンスは、何が本当に起こっているのかを常に把握していた。社員たちに対しては常に紳士的であり、その見た目と同じように堂々としており、礼儀正しかった。ただし、間違ったことを行った場合には容赦がなかった。灰色の髪を額から後ろにまっすぐに整えた彼は、鋭い目と相まって鷲のように見えた。その姿は、アトキンスの態度を反映しているかのようであった。ビジネスに対して鋭敏な視点を持ったアトキンスは、自らの判断に自信を持っていた。XV-15をパリに持って行くことについても、すでにNASA（航空宇宙局）に打診し、その了解を得ていた。NASAの創設以来の任務は、合衆国の航空および宇宙技術を世界の最先端に維持することであり、XV-15計画の担当者たちは、ベル社と同じようにティルトローターの普及に熱心であった。オースチンのテニス・リゾートで、しばらくの間、部長たちに意見を述べさせたアトキンスは、こう言った。「よし、じゃあやろう」

＊　＊　＊

　１９８１年6月4日から14日までのパリ航空ショーで、キャノンとエアハルトは、入念に演出されたアトラクションをＸＶ-15で行った。彼らの演技は、観衆をあっと言わせた。ＸＶ-15は、見栄えが良かった。機体は真っ白にペイントされ、太いブルーのストライプが側面全体に引かれ、Ｈ形の2つの尾翼の上端および下端には赤色の縁取りが施されていた。胴体には、航空ショーで割り当てられた番号である53に加えて、スポンサーであるＮＡＳＡ、ＡｒｍｙおよびＢｅｌｌの名が記されていた。キャノンとエアハルトは、日ごとに交代で機長を務めた。副操縦士は、常にＮＡＳＡのダン・デュガンが務めた。司会者によるＸＶ-15の紹介が終わると、彼らは待機していたランプの上で空中に4メートルほど上昇し、ヘリコプターのようにローターを垂直にしたまま、滑走路の端までゆっくりと空中を移動した。そこで数秒間停止して、安定したホバリングができることを示してから、３６０度の方向転換をして見せた。次に左右にわずかに横進してから、滑走路上の元の位置に戻った。そして、ローターを後方に傾け、滑走路に向かって時速40～50キロメートルの速度で後進して見せた。その直後、ローターを再び前方に15度傾け、空中で停止すると、今度は前進飛行へと切り替えた。これは、ホバリング状態から始めるよりもティルトローターを速く見せる効果があった。

　滑走路上を低空で通過しながら、ローターを完全に前方に傾け、できるだけ早く速度を上げた。ローターが完全に変換を完了した時には、通常のヘリコプターの巡航速度よりも速い、時速２６０キロメートル近くまで達していた。今度は、左に急旋回し、そして右に２７０度旋回し、離陸した方向に機首を向けた。滑走路の端でもう一度旋回して、もう一度低空通過を行い、機首を急激に上げると元のヘリコプター・モードに復帰した。次に右に急旋回させながら急降下し、滑走路上のアトラクションを開始した場所でホバリングに移行した。この時、キャノンとエアハルトは、観衆が驚くような離れ業を行った。ローターを5度後方に傾けながら、スティックを前方に押したのである。すると、XV-15は、後方に下がらずその位置にホバリングしたまま、機首を下げた。それは、あたかも小さな飛行機が観客にお辞儀をしたように見えた。これができる回転翼機は、他になかった。観衆たちは、ただ感嘆の声を漏らすのみであった。ニューヨーク・タイムズ紙は記した。「ベル社のXV-15ほど愛らしい飛行機は、かつてなかった」「ショーの一番人気をかっさらった」

＊　＊　＊

たとえどんなに毅然《きぜん》とした男であっても、偉大な芸術品には影響を受けるものである。たとえそれが画家によるものであろうとも、音楽家によるものであろうとも、ダンサーによるものであろうとも、あるいはアクロバット飛行をするパイロットによるものであろうともである。ジョン・レーマンは、そんな毅然とした男の1人であった。それは、新たに大統領に当選したロナルド・レーガンが、海軍および海兵隊を統括し、その調達に大きな影響力を有する海軍長官に彼を選出した理由の1つであった。1981年のパリ航空ショーでXV-15を見たレーマンは、心臓の鼓動が速まるのを感じた。

海軍の予備役少佐であったレーマンは、戦闘爆撃機A-6イントルーダーの爆撃・航法士を務めたことがあった。海軍長官に就任してからは、ヘリコプターの操縦も学び始めていた。そのレーマンが、6月5日にパリでXV-15に出会った。その日、海軍長官軍事補佐官の海兵隊大佐ラス・

ポーターは、ベル・ヘリコプター社のシャレーに初めて現れ、上司からのメッセージを告げた。その後、彼は連日そこに通い詰めることになった。レーマンが、ＸＶ-15での飛行を希望していたのであった。航空ショーの最中にである。

今度は、ディック・スパイビーの心臓の鼓動が速まった。こんなマーケティングの機会は、そう頻繁に訪れるものではない。しかし、同僚たちと話し合った後、スパイビーは、ポーターの提案を断らざるを得なかった。ＮＡＳＡは、航空ショーでＸＶ-15を操縦できるパイロットを、テスト・パイロットであるキャノン、エアハルトおよびデュガンの３名に限定していたのである。ポーターは、一旦は立ち去ったが、しばらくすると戻ってきた。レーマンは、ＮＡＳＡに特例を認めるように求めたのであった。ベル社とＮＡＳＡの職員たちの間で、もう一度討議したものの、結論は変わらなかった。ＮＡＳＡは、自分たちの所有物であるＸＶ-15に、航空ショーでゲストを搭乗させることを許可しなかった。加えて、ＸＶ-15のパイロットたちも、航空ショーの規定によりル・ブルジェ空港上空での飛行にゲストを搭乗させることはできないと考えていたし、航空ショー以外の目的でＸＶ-15を飛行させたくないとも思っていた。飛行場から離陸できたとしても、戻ってくる許可を得るのは困難であると思えたし、そんなことをした経験もなかった。ポーターは、また一旦立ち去り、少し経つと戻って来たが、今度は少し興奮していた。スパイビーもまた、同じ回答しか得られないにもかかわらずまた戻ってきたポーターに、彼と同じくらいにいらついていた。こんなことが、２日間続いた。レーマン長官は、「ノー」と言われることが嫌いであった。

ウインストン・チャーチルイギリス首相の若き日々を描いた１９７２年上映の映画の題名から、レーマンの周りの者たちは、彼を「ヤング・ウインストン」と呼んでいた。ジョン・フランシス・レーマン・ジュニアは、見た目には、そのイギリスの伝説的政治家と似たところがなかった。身長

175センチ、体重80キログラムのレーマンは、痩せていて、その喧嘩腰の性格を暗示するような曲がった鼻と額を覆うボーイッシュな濃茶色の前髪を持っていた。しかし、厚顔なレーマンは、第1次世界大戦前のチャーチルと同じように、前例のないほど若くして米国海軍を支配していた。歴史上最も若い38歳で、米国の65代海軍長官に就任したのである。

チャーチルと同じように、レーマンもまた親族に有名人がいた。フィラデルフィアの裕福な家庭に生まれたレーマンは、元米国女優のグレース・ケリー、つまりモナコのグレース王妃のいとこちがいであった。レーマンの祖母とグレース・ケリーの父親は、姉弟だったのだ。レーマンは、フィラデルフィアのセント・ジョゼフズ大学で学士の学位を取得し、イギリスのケンブリッジ大学で法律および外交の修士の学位を取得していた。休みになると、グレース王妃やその夫であるレーニア王子とモナコで一緒に過ごした。ケンブリッジを卒業したレーマンは、リチャード・ニクソン大統領政権下において、ヘンリー・キッシンジャーが仕切っていたNSC（国家安全保障会議）で勤務した。民主党のジミー・カーター政権下においては共和党で活動し、もっと大きな空母を調達すべきだとする本を書いた。また、ワシントンに本拠を持つ国防コンサルタント会社であるバイントン・コーポレーションに籍を置き、1980年の大統領選においては、レーガンの国防アドバイザーとしても勤務した。レーマンが海軍長官に就任できた背景には、これらの経歴に加えて、テキサス州共和党の冷戦時代の戦士ジョン・タワーと民主党の指導的タカ派ヘンリー・M・ジャクソンという、2人の大きな権限を持つ上院議員の後ろ盾があった。

レーマンは、本物の「ヤング・ウィンストン」と同じように、あふれんばかりの野心と大胆さを持っていた。明確な目標を設定し、それを力強く追求し、かつてなかった方法で海軍を運営した。年上の海軍大将たちに向かって、多くの人が耐えられないと思うほどに威張り散らした。ただし、常に海軍に対して異を唱えていた海兵隊の将軍たちの中には、このことで彼を慕う者もあった。レーマンの向こう見ずな流儀が、気に入られたのである。レーマンは、レーガン政権において、剣士役で有名なハリウッド・スターのエロール・フリンのような存在であった。彼の敵にとっては、冷ややかな笑いを浮かべるしかない、1枚上手のライバルだったのである。レーマンの最大の目標は、1989年までに、海軍の艦船を就任時の479隻から600隻に増やすことであった。これに対し、レーマンの在任期間中に国防副長官であったポール・セイヤーは、レーマンが長年温めてきたプロジェクトによってもたらされる海軍予算の大幅な増額を食い止めようとした。しかし、ホワイト・ハウスに協力者を獲得したレーマンは、2隻の新型空母に関する報道発表資料において、レーガン大統領の目標は、海軍に600隻の艦船を保有させることである、という事実上の発表を行うことに成功した。議論は終わった。

レーマンは、1981年のパリ航空ショーに行く前からXV-15のことを知っていた。しかし、モナコのレーニア王子とその息子であるアルバート王子と一緒にVIPボックスからそれを見ていた時、突然ひらめいたのである。「ヘリコプターと違って、この機体は、相容れない部品が適当に組み合わさっているようには見えなかったのです」とレーマンは私に語った。「それは、飛行機のようであり、鳥のようでもあったのです。『これは、理にかなっている。これは、うまくいきそうだ』そんなふうに思えたのです」レーマンは、ティルトローターの軍事的可能性に興味を持った。「私は、このテクノロジーの虜になったのです」とレーマンは私に言った。「自分自身もヘリコプターのパイロットであった私は、常日頃からヘリコプターは戦場において脆弱過ぎると考えていました。地上火器やその他のすべての火力に対し、脆弱過ぎるのです」XV-15が高速で飛行する様子を見たレーマンは、ティルトローターは「300ノット（時速約560キロメートル）の速度で戦場に侵入し、迅速に着陸し、離脱することができる可能性を秘めている」と考えたのであった。

「パリでＸＶ-15に心を奪われたＶＩＰは、海軍長官のレーマンだけではなかった。その中の１人が、当時72歳の白髪の米上院議員バリー・ゴールドウォーターであった。彼は、第２次世界大戦中のパイロットであり、アリゾナ州空軍州兵の創設者であり、空軍の予備役少将でもあった。１９５３年に上院議員に初当選したゴールドウォーターは、１９６４年に大統領候補にノミネートされて以来、気難しい保守的な共和党員であり続け、その頃には上院軍事委員会でその権力を振るっていた。ゴールドウォーターは、テキサス州のもう1人の保守的共和党員である背の低い、格好つけたがりのタワー上院議員と一緒にベル社のシャレーに現れた。１９８０年の選挙で共和党が上院を支配すると、出身州の主要企業であるベル社を長きにわたって支持していたタワーは、上院軍事委員会の議長に指名されていた。

シャレーには、航空ショーが見えるバルコニーに出られるガラス製の引き戸があり、その近くには、８人から10人が座れる円卓があった。シャレーでは、フランス料理を振る舞う会社が多かったが、ベル社は、テキサス・ビーフのステーキ、細長いボトルに入ったローン・スターのビールや米国産のワインを提供していた。しかしながら、タワーとゴールドウォーターは、食べたり飲んだりするためにシャレーに来たわけではなかった。ティルトローターについて、話し合うために来たのである。テーブルの1つに着いた彼らは、ベル社の重役たちや1年前にＮＡＶＡＩＲ（海軍航空システム・コマンド）でＸＶ-15を飛行させた海兵隊パイロットであるウィリアム・ローレンスと長い時間話し合った。数ヵ月前にスパイビーに電話をかけ、航空ショーへの出張の一員に加えてもらったローレンスにとって、それは頭の痛いことであった。ローレンスは、ベル社のパリ派遣団に自分が加わることを海兵隊司令部に要求するようにスパイビーに頼んだのであった。「了解」スパイビーは答えた。39歳の少佐に過ぎないウィリアム・ローレンスがここにいたのは、そのためであった。そして、生きた伝説であるバリー・ゴールドウォーターと実力者であるジョン・タワーから浴びせられるXV-15やティルトローターについての質問に答えなければならなくなったのである。彼らは、それがどのように飛び、どの軍用機の代わりになり、民間機としてどのような将来があるのか、その危険なところは何か、最大の利点は何かなどについて知りたがった。

「ゴールドウォーターは、航空技術についての自分の考えを再確認したかっただけだったのです」とローレンスは私に語った。「ゴールドウォーターは、熟練のパイロットでした。私なんかより、はるかに多くの操縦経験を持っていました。そして、ティルトローターをスライスした食パン以来の偉大な発明だと考えていました」ローレンスは、上院議員に対し、「ティルトローターは軍事的に何にでも応用できますし、いくつかのシナリオはすでにできあがっています」と答えた。

航空ショーが終了する前の晩、ベル社は、パリの西側に位置するブーローニュの森という広大な公園にある上品なレンタル展示館で、何百人ものVIPゲストに豪華な夕食を振る舞った。アトキンスたちベル社の重役たちは、そこで、議員、米国および外国の武官、政府高官などの重要な顧客たちと親密な会話をした。その夜のパーティーでは、オーケストラの音楽とろうそくの明かりの中、カナッペとシャンパンに続いて、テキサス・ステーキではなく、優雅なフランス料理が高級ワインと一緒に出された。そして最後には、キリッとした服装のウエイターたちが、粋な音楽に合わせて現れた。先頭のウエイター以外は、火花を散らすケーキ用花火で装飾されたデザートのベークド・アラスカの皿を手にしていた。先頭のウエイターが持っていたのは、パリ航空ショーの主役であったXV-15の30センチメートルくらいの大きさの模型であった。

ディック・スパイビーは、その夜、かつてないほどに自分の会社を誇りに思った。ベル社は、完全にうまくことを運んだし、XV-15は、本当のドリーム・マシーンのようにパリを飛んだと思った。軍に対するティルトローターの売り込みが、まさに始まろうとしていた。

＊　＊　＊

航空ショーの2週間後、大将に昇任したP・X・ケリー将軍は、海兵隊で最も権限がある2つの要職である海兵隊副司令官と参謀長を兼務した。赤毛でボストン訛《なま》りのかすれ声のケリーは、歩兵士官であったが、新しいポストに着任してから数週間の間に検討しなければならなかった課題の中で最も差し迫っていたのは、航空に関する問題であった。それは、「フロッグ」と呼ばれる、海兵隊が1960年代に調達したがすでに老朽化していたCH-46シー・ナイト輸送ヘリコプターをどうやって更新するかという問題であった。海軍省は、ある検討を終えたばかりであった。それは、フロッグの損耗率を考慮すれば、海兵隊は、今後数年のうちに着上陸作戦という重要な任務を遂行できなくなるという結論をもたらした。それは、海兵隊上層部にとって最悪の事態であった。部隊を敵がいる海岸に投入できないということになれば、またしても、海兵隊を陸軍に編入すると言われかねなかった。そんな事態に陥らないようにするためには、少なくとも1991年までに新型の輸送ヘリコプターの導入を開始しなければならない、とその検討成果は述べていた。ケリーが思ったとおり、それには、海兵隊の将来がかかっていたのである。

海兵隊は、10年以上前からCH-46を更新するための予算を要求し続けていたが、ベトナム戦争終結後、国防費を削減し始めたカーター政権下では厳しい状況が続いていた。この計画に着手した担当士官は、そのたびに、年度予算の戦いに敗れ続けていた。一方、海軍は、1980年にソ連や中東に問題が起こると、海兵隊のフロッグを更新するための航空機を開発するため、新しい部署を設けていた。その夏、ケリーが海兵隊司令部で勤務を始めた時、その部署は、１９８２年に「紙面上の競争」つまり設計競争を実施し、１９８３年に新機種を選定することを計画していた。

その夏、ケリーは、この件に関するいくつかのミーティングに参加した。ティルトローターが議題になったことも、少なくとも1回はあった。海兵隊総司令官のロバート・バロー大将と航空担当副参謀長ウィリアム・ホワイト中将は、モデル３６０の導入を考えているようであった。それは、フロッグの製造元であるボーイング・バートル社が提案していた新型のタンデムローター・ヘリコプターであった。ＣＨ-46に似たその航空機は、グラファイト・エポキシなどの「複合材料」と呼ばれる軽量かつ強靱《きょうじん》な新しい素材で作られていることから、部内関係者からは「プラスチック・フロッグ」と呼ばれていた。ボーイング社によれば、プラスチック・フロッグは、18～24人の兵員が搭乗した状態で、ＣＨ-46の最高速度より30パーセント速い１８０ノット（時速約３３０キロメートル）で巡航することができるのであった。初期の見積では、２機のモデル３６０の試作機を製造するためのコストは、13～20億ドルになると考えられていた。ディック・スパイビーたちベル社の代表者たちは、何年にもわたって、数多くの若年士官たちにティルトローターへの興味を持たせてきたが、将軍たちは、それをＣＨ-46の後継機としては考えていなかった。

海軍長官のジョン・レーマンは、将軍たちに新たな指示を出そうとしていた。

9月24日、ケリーは、国防総省のＥリング４階にあるレーマンの執務室で行われるＣＨ-46の状況に関するブリーフィングに出席する予定であった。ホワイト航空担当副参謀長とその他の海兵隊主要将官たちおよびＮＡＶＡＩＲ司令官であるリチャード・シーモア中将も参加を予定していた。ケリー海兵隊副司令官は、国会議事堂から国防総省へと駆けつけたが、13時30分からの会議にわずかに遅れてしまった。すると、ディック・シーモアが控室に1人で居た。

「皆は、どこにいるのだ？」ケリーは、ディックに尋ねた。

「長官は、ミーティングを中止されました」シーモアは、肩をすくめた。

彼らが話しているのを聞いたレーマンが、執務室のドアから頭を出した。「2人ともこっちへ来い」レーマンは言った。「君たちに話したいことがある」

ケリーとシーモアがレーマンの反対側のソファーに座ると、レーマンは単刀直入に話し始めた。

「新型のヘリコプターを評価するために、20億ドルもの初度費を払うつもりはない」とレーマンは言った。米国は、その時、軍事的のみならず経済的にも、そして航空宇宙における国際的指導力を巡ってもソ連と競り合っていた。「海兵隊には、最先端技術を持って21世紀を迎えさせたい。それは、ティルトローターだ」とレーマンは言った。

ケリーにとっては、まさにそのとおりと思えることであった。「海兵隊司令部に戻ると、海兵隊副司令官および参謀長として関係者を執務室に集めました」とケリーは私に語った。「『決心は下された。今度は、ヘリコプターではない。ティルトローター構想の始まりだ』と私は言ったのです」

すでに国防総省のスターであったケリーが、総司令官の了解を得ていたのは、明らかであった。海兵隊総司令官がくしゃみをすると、海兵隊は肺炎にかかる。ケリーの言葉は、海兵隊総司令官と同じくらいの影響力を持っていた。その時以来、少なくとも海兵隊は、ティルトローターの調達に向けて進み始めた。

＊　＊　＊

いばらだらけの国防調達の世界は、単純なものではない。複雑な規則、官僚機構および政治が絡み合い、一直線に進むことはできない。ティルトローターのような高価で複雑な最先端技術を駆使した航空機を開発するための十分な予算を獲得することは、海兵隊にはほとんど不可能なことが分かっていた。たとえレーマンの後ろ盾があったとしてもである。海兵隊の航空機は、海軍の予算から資金を供給されるのであり、海軍の将軍たちには、自分たち自身の優先順位があった。彼らは、海兵隊が調達するものを指示することはできないが、蛇口は彼らの手中にあった。海兵隊は、レーマンからそれを忘れるように言われていたが、控えめなCH-46の更新計画を進めようと何年にもわたって努力してきた。しかし、レーマン、ケリーおよびシーモアは、海兵隊が慣例を覆し、欲しているティルトローターを手に入れる1つの方法が、目の前に転がり込もうとしていることが分かっていた。

ロナルド・レーガンが選出された理由の1つは、「弱体化」した軍を再建し、米国の力と国外での名声を復活させる、と約束したことであった。レーガンは、膨大な国防費を投入して、それを実行し始めた。１９８１年にレーガン政権が議会に初めて要求した１９８２年の国防予算は、ジミー・カーター大統領が政権を去る前に要求した予算よりも２６０億ドル多い、２２２億ドルであった。国防総省に幸福な日々が再び訪れた。各軍種は、カーター政権下で却下されたあらゆる種類の事業を引っ張り出してきて、その執行を再び要求し始めた。それは、与えられた予算をはるかに超え、このまま国防予算が増加し続けたとしても、国防総省が捻出できる費用をはるかに超えるものとなった。議会の国防委員会の軍事支持者たちでさえも、各軍種は、特にヘリコプターと小型機のプロジェクトに関して、あまりにも多くの新しい計画を開始しようとしすぎている、と直ちに異議を申し立てた。

海兵隊の望みは、CH-46の更新であった。陸軍は、通信を傍受または妨害する極秘の電子機器を搭載して敵地の上空を飛ぶための新しい航空機を欲していた。海軍は、何年もの間、いくつかのタイプのヘリコプターや飛行機を1種類のVSTOL（垂直／短距離離着陸）機に更新することについて議論し続けてきていた（VSTOLは、ヴィー・ストールと発音され、「垂直または短距離離陸および着陸」を意味する略語である。それは、その中の1つの形態であるハリアー・ジャンプ・ジェット機の導入と共に、一般化した言葉であった）。海軍と空軍は、どちらも新型の戦闘捜索救難機を欲しがっていた。空軍は、また、イランで失敗した人質救出作戦のような任務において、夜間に低空飛行しながら特殊作戦部隊を空輸できる新型のヘリコプターを欲しがっていた。批評家たちが疑問を投げかけたのは、これらすべての計画のための予算がいったいどこから来るのかということであった。

レーガン政権下の新任の研究開発担当国防次官であったリチャード・D・デラウアもまた、それに対する回答を望んでいた。デラウアは、航空学および数学の博士号を持つ元海軍士官であり、軍需企業であるTRW社の重役として13年間勤務した経験があった。デラウアが前任者から引き継いだ国防総省の参謀の1人に、回転翼機関連調整官である海兵隊大佐ウィリアム・シュレンがいた。テスト・パイロットであり、海兵隊の最初のハリアー部隊の飛行隊長であったシュレンは、海兵隊航空部署の担当士官としての経験もあった。シュレンは、デラウアに担当業務に関する諸問題についてブリーフィングを行い、各軍種が6～7種の新型のヘリコプターや飛行機をどうやって調達しようとしているのかを説明した。各軍種が予算をプールして、それぞれの任務に適合できるような1種類の共通VSTOL機を開発するほうがもっと理にかなっているし、安価であるというのがシュレンの提案であった。こういった統合事業は、議事堂において、良い反応を得られるかもしれない、とデラウアとシュレンは考えた。イランでの作戦は、各軍種が一緒に作戦を行うことの困難さを明らかにした。多くの国防専門家たちが述べているように、より多くの共通装備品を調達することは、それを容易にする１つの方法であった。デラウアは、その計画の実行の可能性を検討するようにシュレンに指示した。「わかりました。そのようにご指示を頂けるならば、ティルトローターまたはそれに類するものを選定することになるでしょう」シュレンはデラウアにそう言った、と私に語った。

シュレンは、自分自身に無理難題を突きつけたことが分かっていた。４つの軍種に対し、予算計画を書き換えて統合事業をスタートするように説得することは、４隻の巨大な船を同時に進路変更させるようなものである。統合事業は、少なくとも１９６０年代のロバート・マクナマラ以降の「国防知識人」の間では流行りであったが、各軍種は、総じてそれを好まず、特に大きな統合事業はほとんど成功していなかった。１９６０年代に、空軍のF-111戦闘爆撃機が海軍と共通の航空機を調達する統合事業として開始されたが、海軍は途中で降板し、代わりにF-14トムキャットを独自開発した。ベトナム戦争後の共通戦闘機の開発および調達についても、文官の国防総省当局者たちからの圧力があったにもかかわらず、空軍はF-16、海軍はF-18を開発した。２つの軍種の間での事前ミーティングは、文字どおり怒鳴り合いになった。統合事業がスタートした後も、各軍が満足する結果を得ることは、極めて困難であった。仕様をめぐる各軍種間の論争、各軍種の予算をめぐる抗争、異なった要求性能、異なった優先事項、異なった物事の進め方、および個別の内部的権力抗争に伴う各軍種間の文化的摩擦により、事態は泥沼化するのが常であった。シュレンが各軍種に統合事業を売り込むためには、覚書を起案し、各軍種の要求性能を研究して、１種類の航空機でそれを満たす方策を表した資料を作成する必要があった。また、陸軍省、空軍省、海軍省および国防長官府において、この種の計画を承認する立場にある准将、少将、中将、大将および高級文官にブリーフィングを行うこと、言い換えれば、そのように見せかけることが必要であった。

シュレンは、陸軍および空軍にも支援を求められる友人が数人いたが、この大きな仕事をするためには、彼自身の出身である海兵隊に支援を求めようとしていた。海兵隊航空部署で勤務した時代に、NAVAIRなどでCH-46の更新に関わっていた海兵隊の大佐および中佐の専門家たちと一緒に働いたことがあった。そして、彼らがこの新しい計画を海兵隊のフロッグ問題を解決するための絶好の機会と捉えることに確信を持っていた。シュレンが頼った者の1人が、海兵隊航空部署で数年間にわたってCH-46問題に取り組んでいたジョー・ムーディー中佐であった。ムーディーは、自分のアシスタントであるロバート・マグナス少佐をシュレンと一緒に働かせることにした。

8月にシュレンとマグナスは、空軍、海軍および海兵隊による統合VSTOL計画を提案する覚書を作成した。その覚書には、この要求性能を具現するためには「唯一の先進かつ熟達したテクノロジーであるXV-15の軍用派生型のような回転翼機が最も適合する」と記載されていた。XV-15の当初のスポンサーであった陸軍は、その指導者たちの競争心をあおることを計算し尽くした上で、この計画から意図的に除外されていた。シュレンは、「ちょっとした海兵隊マフィア」と呼ぶ者たちからの支援を受けながら、その文書を国防総省内で回覧し始めた。ほどなくして、陸軍の指導者たちは新しい統合事業に参加するだけではなく、その計画を主導したいと要望し始めた。マグナスはその文書をケリー大将に手渡した。ケリーは、要求された統合事業は、海兵隊のCH-46問題を解決できる可能性がある、と記した覚書をレーマンに送付した。ケリーはまた、その問題の緊急性を踏まえ、この計画が「海兵隊航空の最優先開発計画」であると宣言した。

2週間後、レーマンは、ケリーとシーモアを執務室に呼び出し、「海兵隊にティルトローターを与えよう」と言った。その言葉は、直ちに海兵隊マフィアのマグナスたちに伝えられた。正式かつ公式には、海兵隊はまだ、各軍種が何らかのＶＳＴＯＬ機を調達する可能性のある統合事業を始めるというデラウアの進め方を支持したに過ぎなかった。国防調達に関わる規則や反対意見を呼び起こす危険性などの数多くの理由から、この統合事業がティルトローターの製造を目的とするものであるとレーマンがすでに決定していることを公表するのは、得策ではなかった。９月24日にレーマンの執務室で行われた会議の議事をまとめた報告文書の中でも、ケリーは、ティルトローターに言及しなかった。この統合事業は、海兵隊がＣＨ－46を更新するための予算獲得戦争に突入するため用いる馬であった。最初のうち、それはトロイの木馬だったのである。

＊　　＊　　＊

多額の費用がかかる事業を開始する場合、対象となる装備、兵器または器材を調達しようとする各軍種は、まず運用要求書を起案しなければならない。それには、それがなぜ必要なのか、それが軍の教義（ドクトリン）にどのように適合するのか、それが何をできなければならないのか、そして、その他の詳細な事項が数多く記載されなければならない。２つ以上の軍種がその装備などを必要としている場合は、それらの軍で１つのＪＯＲＤ（統合運用要求書、ジョードと発音される）を起案しなければならない。次に、それを大勢の各軍種と国防総省の当局者たちに承認させなければならない。これとは別に、このような新規の事業は、国防総省長期支出計画に記載されなければならない。そのためには、各軍種の少将および中将の予算責任者ならびに国防総省の高級文官によって検討され、議論されなければならず、かつ、その計画は、毎年見直されなければならない。このハードルを超えられたとしても、開発段階での「マイルストーン」を通過するためには、主要な事業を承認する国防総省委員会で生き残らなければならない。官僚機構の迷宮は、これだけではない。計画が国防総省の文民高官により一旦承認されたとしても、国防予算に加えてもらうためには、毎年同じような手順を踏まなければならない。そして、その手順は、米大統領府の機関である行政予算管理局の審査を受けなければならない。次は議会の番である。議員たちは、春から夏にかけての公聴会で軍や国防総省の当局者たちから証言を聞き、計画の詳細について議論することになる。順調に行けば、夏か秋までには、国防総省の各計画を認可する予算案と、来年度の支出を充当する予算案の2つの主要国防予算案について、下院および上院の議員たちによる委員会および各院での投票が行われる。各段階における判定により、事業は、縮小されるかもしれないし、追加されるかもしれないし、修正されるかもしれないし、消去されてしまうかもしれない。

軍需企業が他の利益団体と同じように、ロビイストたちに巨額の謝礼や給与を支払い、予算成立の過程を追跡するとともに、自分たちの製品の利益になるように働きかけを行うのは、このためである。ロビイストたちは、その事業に関与する国防総省当局者や士官、議会の議員およびその側近たちに対し、製品に関する説得力のあるブリーフィングを行おうとする。そのためにまず必要なのは、高官たちに接触し、その注意を引くことなのである。その接触を実現するため、ほとんどすべてのロビイストは、自ら選挙献金を行うとともに、雇い主にも献金を行わせる。また、議員たちのための資金集めパーティーを主催し、または寄付金を募集して、集まった金を束にして下院および上院議員たちに渡し、自分たちが感謝の気持ちを向けるべき方向を彼らに分からせるのである。不正なロビイストたちは、時には議員たちを買収し、あるいは買収しようとするが、それは世間一般に思われているほど一般的なことではない。通常、ロビイストたちは、はるかに巧妙な手法で議員たちに影響を及ぼそうとする。議員たちや主要な側近たち、特に委員会の主要なメンバーたちと、ただの友人になろうとすることが最も多い。

しかしながら、その影響力を行使するためには、とにかく接触することが鍵なのである。議員たちのスケジュールは、委員会や表決、記者会見、事務所で次から次へと行われるミーティングなどでいっぱいであり、その合間に資金集めのための夕食パーティーが挟み込まれているのが通常である。さらに、週末には、地元での有権者との会合や選挙キャンペーンのための活動が行われる。議員たちの支持を得るための最初の1歩は、その耳に入れることであり、そのためには、まず、接触することが必要なのである。このため、ロビイストにとっては、何を知っているかよりも、誰を知っているかということがはるかに重要となる。このため、ワシントンのロビイストたちを構成しているのは、すでに国会議事堂に人脈を持っているこのゲームの経験者たちばかりであった。ロビイストたちの多くは、元議員、議員の元側近、または政府の議会連絡事務所の退職者であった。

ベル社がXV-15をパリに持ってゆくべきだと決断した頃、ジェームズ・アトキンスは、新しいロビイストを雇った。ジョージア州オールバニ出身の社交家であり、ニコニコバッジのような目とブルドッグのような歯を持つジョージ・G・トラウトマンは、元第2次世界大戦中の爆撃機パイロットであり、空軍の議会担当連絡将校としての経験から国会議事堂での活動に精通していた。空軍で22年間勤めた後に退役した彼は、ゼネラル・ダイナミックス社、その後、航空機用エンジンを製造しているゼネラル・エレクトリック社のロビイストとして活動していた。

「ジョージ・トラウトマンをベル社に雇った理由は、ティルトローターでした。それだけが理由だったのです」とアトキンスは私に語った。

２０００年にガンで亡くなったトラウトマンは、洗練された策略家であった。１９７９年の国防ロビイストに関するビジネス・ウィーク誌の記事によれば、あるカリフォルニア州議員は、彼のことを「ビジネスにおいて、最も優れた人物だろう」と述べている。その記事には、次のように書かれている。優れたロビイストの第1の条件は、「嘘をつかないこと」。しかしながら『トラウトマンの法則』として知られる当然の摂理が存在する。トラウトマンの友人の1人が言っているように『決して嘘はつかないが、真実をぺらぺら喋る必要はない』のである」

かつてディック・スパイビーの営業部門での上司であったフィリップ・ノーワイは、「トラウトマンは、宝でした」と私に語った。「とても賢い男でした。トラウトマンが自分で自分宛の手紙を書くのを見たことがあります。1通はある議員からのもので、もう1通はある将軍からのものでした」トラウトマンは、クリスマスに国防総省の駐車場の守衛たちにギフト用に包んだ小さなシャンパンをプレゼントしていた、とノーウィンは私に語った。9・11より前は、今よりも警備がゆるく、守衛たちは、いつもトラウトマンを建物の近くに駐車させてくれた。門では、車を運転したまま手を振るだけで、守衛たちの前を通り過ぎることができた。

国会議事堂の人を誰でも知っていたトラウトマンは、要人たちとも仲の良い友人のようであったし、実際にそうでもあった。ベル・ヘリコプターの工場があるフォートワース出身の民主党員である下院多数党院内総務ジム・ライトとは、トラウトマンが空軍の議会担当連絡士官であった時からの友人同士であった。また、上院議員のゴールドウォーターとは、第2次世界大戦で戦った空軍退役軍人同士であり、釣り仲間でもあった。1981年のパリ航空ショーでゴールドウォーターをベル社のシャレーに案内したのもトラウトマンであった。ベル社のアトキンス社長の後継者として育てられてきた元海兵隊パイロットのレオナルド・M・ジャック・ホーナー副社長は、航空ショーが終了してからは、ティルトローターを売り込むため、毎週のようにワシントンに出かけるようになっていた。トラウトマンは、ホーナーを議会の議員たちや国防総省の職員たちに会わせた。「トラウトマンの働きは、素晴らしいものでした」とホーナーは私に言った。「誰にでも接触することができたし、その仕事ぶりは革新的なものでした」「ワシントンでは、『イエス』と言う人は気にすることはありませんが『ノー』と言う人には気をつけなければなりません」とトラウトマンが教えてくれた、とホーナーは言った。「だから、『ノー』と言う人がいない状態にして、系統に沿って事が進むようにすることが大事なのです。必ずしも『イエス』と言ってもらう必要はないのです。トラウトマンは、私がそれをできるように助けてくれました」

１９８０年代までに、「軍産複合体」は、さらに複雑なものへと進化し、出身地方や州に雇用をもたらす国防調達プロジェクトを後押しする議員たちと各軍種および各企業との間に、相互協定が締結されるようになっていた。１９８１年の国防契約に関するある書籍によると、国防費の抑制に関する米国政府の研究機関である予算・政策優先事項センターのゴードン・アダムズは、この経済関係者、官僚および政治的利害関係者の自然発生的な同盟を「鉄のトライアングル」と呼んでいた。ティルトローターの開発を推し進めることにレーマンが納得し、海兵隊が自分たちのために1機、その他の軍のためにもう1機のティルトローターを購入する統合事業を始めようとしていることがベル・ヘリコプター社に伝えられると、ベル社は、鉄のトライアングルにおける議会との関係を整えることに集中し始めた。

トラウトマンやホーナー、そしてスパイビーたちは、常に国会議事堂の中を回って歩いた。ティルトローターはすでに準備万端であり、その製造に関する軍との契約はテキサス州に何十億ドルもの金と何千という仕事をもたらすという話をテキサス州の代議員たちの間に広めたのである。また、国防委員会の主要なメンバーには、なぜティルトローターならばデザート・ワンの惨劇を回避することができるのか、なぜ軍のためにティルトローターを製造する契約がテキサス州に仕事をもたらす下請け契約も実現できるのかを説明した。しかし、トラウトマンは、それだけでは、国防委員会で勝利を勝ち取るためには不十分である、とホーナーに言った。軍用ティルトローター計画を受け入れさせ、それを継続するために必要な政治的基盤を作り上げるためには、国防問題にほとんど関心を示さない議員たちの中にも支持者を必要としていた。そのような議員たちと話す時には、ティルトローターが民間航空に革命をもたらすテクノロジーであることを強調した、とトラウトマンは私に言った。垂直離着陸が可能であり、かつ、ターボプロップ機と同じ速さで飛行できるこの航空機は、空港の過密問題を低減するとともに、アラスカ州のような遠隔地域での航空事業を可能とすると考えられた。ティルトローターが軍で実績を積み、民間にも適用されたならば、諸外国に販売し、巨大な経済的利益を得ることもできるとも考えられた。誰だって、そうするはずである。しかしながら、そのテクノロジーが実現可能であることは、まず軍によって証明されなければならないのである。そのリスクを負担することは、民間航空には到底できないことであった。「ティルトローターは米国にとって有益である、というその素晴らしいアイデアを思い付いたのは、トラウトマンでした」とホーナーは私に語った。「私たちは、このチャンスを逃せば、このテクノロジーをものにできないと思っていました」

*　*　*

トラウトマンは、非常に役に立つ男であったが、ベル社の最良の販促ツールとしてのXV-15の地位は、揺らぐことがなかった。パリ航空ショーの前から、スパイビーは、ベル社が2機のXV-15のうち1機をNASAから借り受け、ゲスト・パイロットがテキサス州で搭乗できるようにすることを上司たちに要望していた。過去にはこのアイデアに乗ってこなかったＮＡＳＡであったが、航空ショーが終わると態度が変わった。ＮＡＳＡの航空学部門は、ＸＶ‐15がパリで見せた性能と、ティルトローター・プロジェクトに対する世論の注目度の高さに興奮していた。長年にわたり、ＮＡＳＡのほとんどの金と注目を集めていたのは、宇宙計画であった。それは、航空機に関わる業務を行っているＮＡＳＡの職員たちに大きな影を投じていた。ＮＡＳＡにとって、パリ航空ショーで実験機の展示飛行を行ったことは初めての経験であった。そのようなイベントで実験機の飛行が許されたことは、これまでなかったのである。それは、大きな賭けであった。しかし、ＮＡＳＡのエイムズ研究センターの職員たちは、その賭けに見事に勝利したと考えていた。10月、ＮＡＳＡは、2機のＸＶ‐15のうちの1機を、航空ショーの時の塗装のままベル社に供給し、試験飛行を行うことを正式に認め、会社が費用を負担してゲスト・パイロットを搭乗させることを許可した。ＮＡＳＡのＸＶ‐15プロジェクトの公式記録には、「この同意は、潜在的マーケットを探し出し、作り上げることを目的としている。ベル社は、軍および民間航空の意思決定者たちに、ティルトローター機の能力を理解させることが可能となる」と記載されている。

ベル社は、時を無駄にすることなく、すぐにＸＶ‐15を利用し始めた。10月30日、バリー・ゴールドウォーターは、左腰の2回目の手術を受けるため、アリゾナ州の自宅に帰る途中であった。その際、フォートワースに立ち寄った上院議員は、ＸＶ‐15に初めて搭乗した。この搭乗は、ゴールドウォーターの友人であるトラウトマンによってアレンジされたものであった。彼のような右翼の象徴がベル社を訪れることにスパイビーたちは興奮していた。テスト・パイロットのロン・エアハルトは、ゴールドウォーターが一度でもＸＶ‐15に搭乗したならば、軍との契約を実現してくれるものと確信していた。ベル社の社長であるアトキンスが上院議員を出迎え、航空機までエスコートした。ＸＶ‐15の左側コックピットの窓の下の胴体には、上院議員の名前がｓｅｎ．ｂａｒｒｙｍ．ｇｏｌｄｗａｔｅｒと表示されていた。

その日の飛行を担当していたドルマン・キャノンが右席の機長席に搭乗した。腰が悪いゴールドウォーターは、コックピットに乗り込むのが大変そうであったが、機嫌は良く、文句を言うことはなかった。キャノンは、ホバリングに移行した。灰色の曇りがちの空を南に向かい、ＸＶ‐15のローターを前方に傾けてエアプレーン・モードに移行すると徐々に高度を増した。通常のターボプロップ機のように飛行し始めると、キャノンは、ゴールドウォーターを見ながら「操縦してみますか？」と声を掛けた。

「ああ」ゴールドウォーターは、嬉しそうに言って、操縦桿《そうじゅうかん》を握った。それから、キャノンのほうを向いてさりげなく聞いた。「今までこいつをロールさせた奴はいるか？」

キャノンは、ゴールドウォーターがからかっているのかどうかが分からなかった。「いいえ」テスト・パイロットはきっぱりと答えた「今も行うべきではありません」

ゴールドウォーターは、べっ甲縁の眼鏡越しにキャノンを見ると、茶目っ気たっぷりの笑顔を見せた。

当時、ベル社のテスト・パイロットであったロイ・ホプキンズは、キャノンとゴールドウォーターが戻ってきた時、ベル社の飛行研究センターのドアの近くに座っていた。彼らが部屋に入ってきた時、ゴールドウォーターは誰に言うでもなく「お前ら、すごいものを作ったな」と呟《つぶや》いた。そして、技術者、営業担当者および部長たちで満席になっている狭い会議室に、足を引きずりながら入ってきた。ゴールドウォーターは、自分の搭乗の感想と、ティルトローターについて思い描いている明るい未来を語った。ゴールドウォーターを見送った時、スパイビーは確信していた。「上院議員は、落ちた」

11月、シュレンやマグナスたち海兵隊マフィアは、統合ＶＳＴＯＬ計画を順調に作り上げていた。その頃には、各軍種は、他の軍種やそのプロジェクトに応札する可能性のある軍需企業と、そのアイデアについて大っぴらに議論し合うようになっていた。マグナスは、「彼らは、統合事業を正当化するための研究を行っているうちに、ティルトローターを信仰するようになったのです」と私に語った。

ベル社の社員たち、特にホーナー、トラウトマンおよびスパイビーは、信者を増やすためにできることは何でもやっていた。スパイビーは、フォートワースでのＸＶ-15への搭乗に、関係すると思われるすべての軍人や職員たちを招待した。トラウトマンも、それを手伝ってくれた。11月30日から12月12日までの間に、ＮＡＶＡＩＲ司令官のシーモア、海兵隊航空職種長のホワイトおよび空軍、陸軍および海兵隊の６名の将軍たちがＸＶ-15に搭乗した。12月14日から16日までの３日間で、ベル社は、統合事業の売り込みに力を注いでいるマグナス、シュレンなどの海兵隊マフィア10名を呼び寄せた。そのうちの４名が初日に搭乗した。マグナス、シュレンおよび他のもう1人の３名は、2日目に搭乗した。３日目は、ＣＨ-46の更新を持ち出したロバート・ボールチ大佐、ダーウィン・ランドバーグ大佐およびＮＡＶＡＩＲの課長であるジェームズ・クリーチ大佐の順番となった。スパイビーは、各ゲスト・パイロットに、一緒に搭乗したベル社のパイロットとジェームズ・アトキンスのサインが入った盾を渡せるように手配した。盾には次の文字が刻まれていた。「（名前）が世界で最も先進的かつ高性能な高速回転翼機であるＸＶ-15に搭乗したことを証する（日付）」

搭乗を終えたボールチ、ランドバーグおよびクリーチは、アトキンスの執務室に呼ばれた。「それでは、君たちの口から感想を聞きたい」ベル社の社長は言った。「もし、私が本件に深く関与した場合、うまくいくと思うかね？」

全員がうまくいくだろうと答えた。

「もし、君たちが同じ制服を着ていなければ、もっと安心できるのだが」アトキンスは3人の海兵隊員に言った。

他の軍種は、海兵隊やレーマンのようにはティルトローターに納得していないことを、アトキンスは知っていた。統合VSTOL計画が開始されることは、そろそろ見えてきていたが、それがいつまで続くのかは不確かであった。より速く戦場から負傷者を救出する方法を模索していた陸軍は、約10年前にNASAと一緒にXV-15計画を開始していた。しかし、ほんの2～3年前には、その計画をほとんど放棄しかけていた。高官たちは、まだ、ティルトローターの速度が陸軍に大きな変化をもたらすと確信していない、とベル社のスパイビーたちは聞いていた。陸軍の将軍たちの中には、敵のレーダーを回避するためのステルス技術を使った新しい戦闘偵察ヘリコプターを開発することに興味を持っている者もいた。海軍の将軍たちも、レーマンほどには熱心ではなかった。600隻体制の海軍、新しい戦闘機、その他多くの装備品を作り上げようとしているのに、主に海兵隊が用いる複雑な新型機に多額の金を投資することを避けたがっていた。

アトキンスが海兵隊の大佐たちと話し合ってから2週間後、フランク・カールッチ国防副長官は、デラウアの進言に従い、統合VSTOL計画を開始するための費用として陸軍、海軍および空軍がそれぞれ150万ドルを支出するように指示する命令に署名した。その命令は、「マイルストーン・ゼロ」と呼ばれた。しかし、それは始まりに過ぎなかった。次のステップは、各軍種とその計画に実際に取り組ませ、議会に資金を供給させることであった。

製造を予定する新型機は、当面の間、JVX（統合次期先進垂直離着陸機）と呼ばれることになった。業界紙は、それが開始されれば、総額200億ドル以上の巨大なプロジェクトとなると報道していたが、本当の見積額は、その2倍以上の410億ドルであった。海兵隊は、CH-46とCH-53Dシー・スタリオンの更新用として、552機の新型機を調達しようとしていた。海軍は、各種任務用として50機を調達する予定であった。空軍は、特殊作戦および戦闘捜索救難機として、200機を要求していた。陸軍は、電子偵察、人員空輸および患者後送用として、288機を調達するものと考えられていた。新たに創設されるプログラム・オフィスが必要な検討と事務処理をすべて完了した後、1983年に設計入札が行われることになっていた。どの会社がこの入札に勝利しようとも、大儲けになるはずであった。事業全体を担当するのは陸軍であったが、プログラム・マネージャーには、かつてNAVAIRでCH-46の更新機を検討しており、12月にXV-15に搭乗していた海兵隊大佐のジェームズ・クリーチが起用される予定であった。

1月、そのプログラム・オフィスは、速度、航続距離、高度、有効搭載量（ペイロード）など、JVXが達成すべき最低限の要求性能を決定するため、4つの軍種が集まる委員会をクワンティコ海兵隊基地で開催した。各軍種は、少数の専門家グループを送り込んだ。マグナスは、海兵隊代表団を率いていた。（もう1人の参加者は、マグナスが「海兵隊総司令官ロバート・マグナス」と自己紹介したことを思い出すと、にやりと笑った。全くもって、マグナスは海兵隊総司令官の代行者であった。）その委員会は、それまでの1週間に周到な準備を行い、JORD（統合運用要求書）を書き上げていた。公式には、ティルトローター、ティルトウイング、シコルスキー社が取り組んでいる先進ブレード構想と呼ばれる複合ヘリコプターなど、すべてのVSTOL機がJVXの理論上の候補機種であった。ただし、その委員会は、JVXは、海兵隊および陸軍が要求する任務を遂行するため、250ノット（時速約460キロメートル）の速度で飛行し、3万フィートの高度を飛行できる必要がある、と決定していた。それは、ティルトローターでなければ実現できない要求性能であった。

また、ＪＶＸプログラム・オフィスは、54人のメンバーからなるチームを編成し、統合運用要求に応えるため、多様なＶＳＴＯＬテクノロジーを評価しようとしていた。そのチームには、マグナスも所属していた。２月から４月にかけてそれらの選択肢を研究したそのチームは、ＪＶＸの要求性能を満たすことができるのは、ティルトローターだけである、と結論付けた。

ベル社のスパイビーたちは、ことが順調に進んでいることに興奮したが、取引に勝てるかどうかについては、確信が持てないでいた。ベル社以外に、過去にティルトローターを製造した企業はなかったが、理論的には、他の企業でも製造が可能であった。特に、ボーイング・バートル社は、ＮＡＳＡや陸軍とのＸＶ-15に関わるプロジェクトについて、ベル社と戦ったことがあった。その頃のスパイビーには、知る由のないことではあったが、かつて海兵隊にプラスチック・フロッグを売り込もうとしていたボーイング社の重役たちは、ＪＶＸ計画が公表される前から、努めて速やかに独自のティルトローター計画を立ち上げるように促す提案書を社長に提出していたのであった。一方、マグナスは、シコルスキー社が独自のティルトローターを設計し、入札する可能性があるという情報をスパイビーに提供していた。その頃、マグナスは、スパイビーと頻繁に電話で話をするようになっていた。「私たちは、適切ではあるけれども、かなり緊密な間柄になっていました」とマグナスは私に語った。しかしながら、マグナスでさえも、海兵隊が欲している大型かつ高性能のティルトローターを製造できる能力をベル社が有しているかどうかは、確信が持てないでいた。

ＪＶＸ計画が軌道に乗り始めると、マグナスたち海兵隊マフィアは、予算獲得に向けて本格的に動き始めた。そのためには、海軍省の了解を得て、ＪＶＸを国防総省の将来の国防費支出計画に組み込み、文官たちの承認を受け、議会による議決を受けることが必要であった。マグナスは、毎日

５時30分に出勤し、暗くなるまで働き続けた。海軍の将官たちは、将来、海兵隊の予算の大部分を支出することになるこの計画の先行きに問題を投げかけ、その進行に抵抗し始めていた。将官たちが用いたのは、検討を要求する、というごく一般的な戦術であった。マグナスは、そのほとんどをやり遂げた。また、レーマンとケリーが要求した検討にも取り組み、レーマンがやろうとしていることに不安を感じていた海兵隊航空職種長のホワイトと海兵隊総司令官のバローを納得させようとした。

下院多数党院内総務であるライトや上院議員のタワーなどのベル・ヘリコプター社の利益を期待しているテキサス州代議員団の支援や、議会におけるベル社のロビー活動のおかげで、ＪＶＸの勢いは急激に増していった。マグナスも、ＪＶＸの予算獲得が確実になるように、議会に働きかけていた。通常、この種の事項を担当するのは海兵隊の議会連絡事務所であったが、マグナスは、１月以降、独断で国会議事堂を頻繁に訪問し始めた。そして、下院および上院の軍事委員会の側近たちに対し、ＪＶＸ計画とティルトローターが海兵隊に必要な理由をブリーフィングした。マグナスの行ったことは、ケリーから望まれていたことではあったものの、議会担当連絡士官の担当領域を侵害する行為であった。そのため、議事堂には目立たないように私服で行くこともあった。

「マグナスは、『議会担当連絡士官たちは優秀な人ばかりであるが、彼らを動かすには時間がかかりすぎる』と考えるタイプの男でした」と航空部署でマグナスの元上司であったロバート・ボールチは私に語った。「マグナスは、『よし、45秒以内にそれをやろう』というような男でした。彼の心の中では、ＪＶＸ計画は『自分が担当する計画』でしたし、何よりも優先度の高い仕事であったのです。そして、彼は、独自の裏ルートも持っていました。そういったことにかけては、天才だったのです。米国政府がどのように動いているのかが分かっていたマグナスは、裏ルートを好んで使いました。そこには、情報をもたらす人がいました。そこをたどることによって、どこに金があり、誰がそれを握っているのかが分かったのです」

マグナスは、かつて、JVX計画の立ち上げに関する自分の実績を列挙したことがある。それは、マグナスの勤務評定を行うため、ボールチが指示したことであった。小さな手書きの字で活字体と筆記体を織り交ぜながら丁寧に書き上げられたそのリストには、5ページにわたって50項目近くの事項が記載されていた。

JVXがティルトローターになることが確実だという噂が広がるにつれ、多くのゲスト・パイロットがテキサスに押し寄せ、XV-15に搭乗するようになった。「彼らは買い物にでも行くように、それに乗りたがったのです」とパイロットのドルマン・キャノンは含み笑いを浮かべながら私に語った。多くの将軍たちに交じって、タワー上院議員の側近の1人も搭乗した。スパイビーは、ティルトローターの民間航空機としての潜在能力を宣伝するため、FAA（連邦航空局）の2人のパイロットを招待した。そして、ついにレーマンの順番が回ってきた。

レーマンは、ワシントンの南、車で45分間の所にあるバージニア州のクワンティコ海兵隊基地にあるHMX-1（第1海兵ヘリコプター開発飛行隊）という部隊で、ヘリコプターの操縦訓練を行ったことがあった。その部隊は、大統領の空輸を任務とする飛行隊であり、その部隊が装備する緑と白に塗装された大型ヘリコプターは、大統領が搭乗している間、「マリーン・ワン」と呼ばれるのである。3月の下旬、テスト・パイロットのキャノンやスパイビーなどのベル社の職員たちで構成されたチームは、XV-15をクワンティコ海兵隊基地まで空輸した。レーマンとマグナスもそのチームに合流した。マグナスは、レーマン長官にJVX計画の状況を報告する役割を担った。スパイビーは、レーマンにXV-15のテクノロジーについて説明し、データを見せ、ティルトローターがどのようにしてデザート・ワンのような屈辱的失敗を回避できるのかを示した。レーマンは、どちらにもあまり時間をかけなかった。搭乗することが目的であったからである。キャノンが飛行前ブリーフィングでＸＶ-15の操縦や、必要な場合の脱出方法について説明している間、レーマンは、文字どおり舌なめずりをしていた。それが緊張していたからなのか、熱心であったからなのかは、分からなかった。キャノンとレーマンは、「ヤング・ウインストン」がパリ航空ショー以来ずっと希望し続けてきた飛行をすぐに開始した。レーマンは、燃料残量警報灯が点灯するまで飛行するつもりであった。

着陸後、航空機から降りるレーマンの写真は、彼の飛行中の様子を物語っている。フライト・スーツとパイロット用サングラスを身に着けたレーマンは、ＸＶ-15の狭いハッチから外に出るために立ち上がった。その時、初めてジェットコースターに乗った小さな子供が降りる前に「もう１周できる？」と頼む時のような笑顔を振り撒いたのである。「お願い、もう一度！」

２日後、下院多数党院内総務であるライトの国会議事堂の執務室を訪問したレーマンは、ＸＶ-15への搭乗について語った後、その年の国防法案においてＪＶＸ計画に資金を供給する方法を話し合った。「私は、過度に働きかけることはしませんでした」とライトは私に語った。もし、ベル社が軍にティルトローターを納入するようになれば、ライトの出身地であるフォートワース地域に雇用を創出できるはずであった。また、もし、軍がティルトローターを製造すれば、民間機としても活用できるようになり、将来、軍の調達機数が減少したとしても雇用を生み出し続けるはずであった。「それは、双方に利益のあるウィンウィンの関係を生み出す、と私は思ったのです」とライトは私に言った。共にテキサス州民であり、レーマンのよき助言者であった民主党議員のライトと共和党上院議員のタワーは、テキサス州における軍事プロジェクトの促進について協力し合うことが多かった。彼らは、JVXに関し議会の同意を得ることについても、すぐに協力し合うようになった。

＊　＊　＊

JVX計画が公表された後、ジェームズ・アトキンスは、ベル社がその契約を勝ち取るために行うべきことについて、レーマンに助言を求めた。「この大規模な計画を実行するためには、パートナーが必要だと思う」とレーマンはアトキンスに言った。「それは君次第だ。選択は、君に任せる。君のやりたいようにやりたまえ」

この点に関して、アトキンスが望んでいたことと、レーマンが望んでいることは、完全に一致していた。その可能性をじっくりと検討したアトキンスは、ボーイング・バートル社の社長ジョセフ・P・マレンに接触した。マレンは、かつて、ティルトローターを設計したことや、ティルトウイング機を製造したことがあった。アトキンスは、JVXの要求性能に24名の兵員が搭乗可能であることが含まれるだろうと考えていた。ボーイング・バートル社には、それが可能な大きさのキャビンを持つ大型ヘリコプターを製造した経験があった。また、マレンとレーマンは、個人的にも知り合いであった。さらに、レーマンは、海軍長官になる前にボーイング・バートル社の顧問であったことがあった。多くの理由から、JVX契約に関してベル社とボーイング社がチームを組むことは、競争するよりも適切な選択であると考えられたのであった。

その冬、2人の社長は、ある航空展示会の会場であった米国南西部の街にあるホテルのプールサイドで待ち合わせると、アトキンスのスイートルームで話し合いを始めた。すぐに意気投合した2人は、大型の新型軍用ティルトローターを設計しJVXに入札するため、50対50のパートナーシップを形成するという取引に合意した。

１９８２年、ベル・ボーイングのパートナーシップが公表された。その1ヵ月後、ホーナー、トラウトマンおよびスパイビーは、ボーイング社のカウンターパートとのミーティングに参加するため、フィラデルフィアに向かっていた。スパイビーは、このことを自然の成り行きだと思った。ボーイング・バートル社が製造していたのは大型ヘリコプターであり、ベル社が製造していたのは小型ヘリコプターであった。この2つの会社は、ベル社とシコルスキー社のような直接の競争相手ではなかったのでお互いにわだかまりがなかった。また、航空業界において最も優れた「システム統合」技術を持つボーイング社は、ハイテク器材の航空機への搭載に関し、優れた技術を持っていた。さらに、相当な政治的影響力も持っていた。ボーイング・バートル社のヘリコプター製造工場は、レーマンの故郷であるフィラデルフィアのすぐ近くにあった。ペンシルベニア州の代議員団は、議会でかなりの勢力を持っていた。ボーイング・バートル社の親会社であるボーイング社は、巨大な航空宇宙企業であり、他の州でも同じような政治的支援を得ていた。ベル社が下院多数党院内総務、上院軍事委員会委員長などの有力な議員を擁する大勢力かつ強力なテキサス州代議員団からの支持を得ていることを考慮すれば、ベル・ボーイング社のチームは、とめどもない強大な政治的影響力を発揮できるように思えた。

このパートナーシップが発表されると、ＪＶＸを支持する多くの人々は、すでに競争は終わったと考えた。だが、スパイビーは、それほどには確信を持てなかった。7月、スパイビーは、シコルスキー社が陸軍にＪＶＸ競争入札の期日を3ヵ月遅らせるように要求したと業務日誌に書いている。「シコ社がベル・ボーイングをつぶしにかかってきているのではないか」とスパイビーは、シコルスキーの社名を自己流に省略して書き留めた。

1ヵ月後、JVXプログラム・オフィスは、25の企業の代表者を招集し、ティルトローターが4つの軍種すべての要求性能を満たすことのできる唯一の「選択されるべきテクノロジー」である、と説明した。このブリーフィングの目的は、シコルスキー社の先進ブレード構想ヘリコプターを排除することであった。その一方で、JVXプログラム・オフィスの高官たちは、シコルスキー社が入札してくれることを望んでいた。もし、ベル・ボーイングが競争相手を失えば、適正な価格を得ることが困難になる可能性があったからである。もし、競争入札が行われなければ、議会やレーガン政権がこの計画を中止する可能性もあった。1982年8月26日、シコルスキー社がNASAのXV-15への搭乗を要望」し、10月、シコルスキー社のパイロットがNASAのXV-15に実際に搭乗した、とスパイビーは業務日誌に記録している。

秋になると、スパイビーは、シコルスキー社が入札するだけではなく、JVX計画全体を崩壊させるのではないか、と恐れるようになった。事態は、あやふやな様相を呈していた。6月、ついに3つの軍種の長官がJVXを推進するという同意書に署名した。海兵隊総司令官も同じページに名前を載せることができたのだが、それは同じく6月にホワイトが退官した影響もあってのことであった。ホワイトに代わって航空担当副参謀長に着任したのは、VSTOL機信仰者であるウィリアム・F・フィッチ中将であった。ホワイトと交代してから6週間後にフォートワースを訪問したフィッチは、XV-15に搭乗していた。そして、翌年の上院委員会における予算公聴会において、ティルトローターの開発は「戦闘機へのジェット・エンジン導入に匹敵するステップ」であると述べようとしていた。

一方、XV-15に関するNASAのパートナーであり、かつてはJVX計画を担任することを要求しようとしていた陸軍は、すぐにこのプロジェクトに対して冷めた態度を取り始めた。1982

年の省内予算協議において、他の陸軍予算に興味を抱いている将軍たちから、圧力がかかり始めたのである。陸軍省国防次官のジェームズ・アンブローズは、「ティルトローターは、あまりにも費用が掛かりすぎる上に、陸軍の電子戦任務に使用するには敵のレーダーに探知されやすい」と省内で異論を唱え始めた。10月、レーマンは、アンブローズと陸軍長官のジョン・O・マーシュ・ジュニアに会った。アンブローズは、陸軍は完全に撤退しようと思っているとまでは言わなかったものの、2人とも陸軍が担当省庁としての役割から外れることを望んでいた。統合軍種同意書によれば、予算の50パーセントを供給する海軍がほとんどの機体を調達することになっていた。レーマンは、海軍がその役割を喜んで引き受けるだろう、と言った。12月、NAVAIR（海軍航空システム・コマンド）がJVX計画の管理を担当することが決定された。

同じ月、NAVAIRが入札の募集を開始した。プログラム・オフィスは、夏のうちに、約100社の軍需企業に入札要綱の案文を送り、意見を求めていた。ボーイング・バートル社は、約50名の技術者をフォートワースのベル社に送り込んだ。両社は、入札の準備をほとんど完了していた。まだ、パソコンやCDがない時代のことであり、ベル・ボーイングの要求書は、約500キログラムに及ぶ書面で作成された。スパイビーは、その文書をまとめるのを手伝いながら、いつも心配していた。「自分が長年にわたって関わってきた契約をシコルスキー社がひったくろうとしているのではないか」最近のうわさでは、シコルスキー社は絶対に入札しないと聞いていたが、確かな情報ではなかった。スパイビーが自分自身でその契約を米国政府に届けることにしたのは、このためであった。

その時、ディック・スパイビーが携えていたのは、42歳のセールスマンである彼が、その経歴の半分以上を捧げてきたドリームであった。スパイビーは、その冒険の旅のために、自分の髪と最初の妻を失った。何千キロもの出張をこなし、ホテルの部屋で数え切れないほどの孤独な夜を過ごした。最近になって再婚したが、その時にもＪＶＸ契約の虜になっていた。スパイビーと新しい妻である麻酔専門看護師のテリーは、11月に結婚したが、ハネムーンは6月までお預けになっていた。スパイビーは、「ベル・ボーイングがこの契約を勝ち取るかどうかで自分の将来は決まる」と考えていた。その年、ベル社は、民間ヘリコプターの売上減少に伴い、８０００人の従業員のうち１５００人を解雇したばかりであった。

１９８３年2月22日、アメリカン・エアラインでワシントン国際空港に降り立ったスパイビーは、レンタルしたバンの中でベル社のワシントン営業所の同僚であるジェラルド・ガードと落ち合った。貨物ターミナルに立ち寄って、ベル・ボーイングの入札書が入った30個あまりの段ボール箱を受け取った2人は、4キロほど車で走ったところにあるクリスタル・シティと呼ばれる花崗《かこう》岩で覆われた高層ビル群に到着し、ホリディ・イン・クリスタル・シティというホテルの地下駐車場に車を止めた。その駐車場は、隣のジェファーソン・プラザ・ワンと呼ばれるＮＡＶＡＩＲの事務所がある高層ビルとつながっていた。そのホテルで1泊したスパイビーは、次の朝、ガードと一緒に、書類の入った段ボール箱を借りてきた手押し車に載せ、ＮＡＶＡＩＲまで運んだ。守衛に案内されて入った空き部屋のカーペットの上に段ボール箱を積み重ねると、職員から受領書を受け取った。

「入札者それぞれに部屋があるのですか？」とガードは受付係に聞いた。シコルスキー社が入札しようとしているかどうかを確かめようとしたのである。

「提案書を提出するのはあなたたちだけよ」と彼女は答えた。ガードは、シコルスキー社が入札する予定はないものと判断した。そして、そのことをスパイビーに知らせると、自分のオフィスに戻っていった。しかしながら、スパイビーは安心できなかった。受付係がそのことを本当に知っているかどうか分からないと思ったのである。スパイビーは、自分自身でそれを確かめなければ気が済まなかった。

どこからか椅子を持ち出してきたスパイビーは、ベル・ボーイングの提案書を置いた部屋の前に陣取った。受付係は、話好きな人ではなかった。スパイビーは1日中ただ座って新聞を読んだり、時々ホールまで行ったり、水を飲みに行ったりしながら過ごした。スパイビーは、その受付係が正しくて、誰も入札しなければ良いと思ってはいたが、もしそうであった場合に起こることを恐れてもいた。競争相手がなければ、国防総省は、ベル・ボーイングの提案を却下し、初めからやり直すかもしれないと考えていた。レーガン政権は、常日頃から自由市場競争の利点を繰り返し主張していた。ただし、誰も競争しようとしないことはベル・ボーイングの責任ではなかった。

入札期限16時30分まで誰も現れることはなかった。2ヵ月後の4月25日、NAVAIRは、JVXのティルトローターの設計、ローターなどの試作および風洞実験の実施のため、ベル・ボーイングと6870万ドルの契約を結ぶことを発表した。もし、すべてがうまくいけば、この最初の契約は、試作機を製造・試験し、何百機もの新しいティルトローター機を製造するための何十億ドルもの契約をもたらすはずであった。スパイビーは、シコルスキー社からの抗議に備えた。何も起こらなかった時、スパイビーは有頂天になった。

スパイビーは、自分自身を誇りに思った。スパイビーは、自分自身でティルトローターを売ったわけではなかったが、誰よりも長く、そして誰よりも熱意をもって、その売り込みを続けてきた。スパイビーが海兵隊の中堅士官たちと育て上げてきた契約書は、ティルトローターの販売のために欠かせないものであった。ベル社が販促ツールとして使用してきたXV-15も、それと同じくらいに重要なものであった。スパイビーが提案したゲスト・パイロット・プログラムは、その販促ツールの活用に大きく貢献した。この成功の鍵がＸＶ-15であったことに、異論のある者はいなかった。ホーナーは、そのことでスパイビーをからかったことがある。「俺たちが必要なのは、お前ではない」とホーナーが言った。「あの飛行機が、自分で自分を売り込んだんだ」スパイビーは、ホーナーにそう言われても気にすることはなかった。からかっているだけなのが分かっていたからである。ある日、スパイビーは、スパイビーの名刺に「ティルトローター売人」と書くべきだ、とよく言っていた。ホーナーは、スパイビーは、ホーナーにやりかえした。その肩書の入った名刺を本当に作り、ホーナーに渡したのである。２人は大声で笑った。一方、ベル社の他の者が、ティルトローターを売り込んだのは自分だ、と言い始めると、スパイビーは苦々しい思いがした。スパイビーは、技術者たちの中には、営業担当者を見下す者がいることを知っていた。「俺たちは、『行商人』だと思われていたのです」とスパイビーは私に言った。「俺たちは、『ガマ油』を売っていたようなものなのです」

ＸＶ-15は、ガマ油とはかけ離れたものであった。スパイビーが売り込んだもの、そしてそれがもたらしたものは、ガマ油のように単に便利なマシーンではなかった。それは、ドリームであった。模型飛行機が子供たちに空想をもたらすように、小さなティルトローター機が、その夢を信じる者たちの輪を広げ、その想像力を掻き立てたのであった。ＸＶ-15は、非常に困難な課題を解決していた。その課題は、誰もが尊敬する航空工学教授であるアレキサンダー・クレミンが１９３８年に述べたものとほぼ同じものであった。それは、「実質的に鳥が空でできることすべて」を行うことである。ただし、ベル・ボーイングが設計の契約を獲得し、たった8年間で戦場に送り込むことを約束した巨大な太っちょのティルトローターとＸＶ-15とは、見た目が似ているだけで、同じ属に属するものの種の異なる生き物であった。

ＸＶ-15の機体重量は、約1万ポンド（約4・5トン）であった。それが搭載できたのは、２人のパイロット、概ね1500ポンド（約680キログラム）の燃料、および1000ポンド（約450キログラム）程度の試験器材だけであった。その胴体、翼およびローターには、ほぼ1インチ（約2・5センチメートル）間隔でデータ収集用のゲージが取り付けられていた。これらのゲージが降水により損傷する恐れがあったので、雨などの悪天候時には飛行することができなかった。

これに対し、JVXのティルトローターは、3名の搭乗員と24名の完全武装した海兵隊員を艦船の甲板から何百キロメートルも離れた海岸まで空輸し、艦船まで戻ってくることを何回も繰り返すことが求められていたし、ベル・ボーイングはそれができることを約束していた。それは、250ノット（時速約460キロメートル）で巡行可能で、300ノット（時速約560キロメートル）まで加速することができ、無給油で2400マイル（約4400キロメートル）を飛行できる予定であった。XV-15のベル・クランクとプッシュ・プル・ロッドを用いた操縦系統に代わって、最新のコンピューター化された「フライ・バイ・ワイヤ」方式の操縦系統を持つ予定であった。昼夜を問わず、いかなる天候でも、いかなる気象状態でも飛行できる電子機器を装備する予定であった。それは、4つの軍種が、10種類の異なったミッションに用いる、軍用輸送機のスーパー・プレーンになり、真のドリーム・マシーンになるはずであった。

ほぼ4半世紀後、白髪の大将になった海兵隊副司令官のロバート・マグナスは、JVXの要求性能を作成する時に思い描いていたものに比較すれば、「XV-15は、組み立て式のおもちゃのようなものでした」と私に語った。

「しかし、それは、ティルトローター技術が魔法でも神業でもないことを証明したのです」とマグナスは私に言った。そして、こう付け加えた「もちろん、その技術が完成するまでは、失敗する可能性も残っていました」

第5章　機体（マシーン）

コンバーチプレーンに関し先見の明があったジェラルド・ヘリックは、１９３８年にフィラデルフィアで開催された回転翼航空機会議のステージに立った。「自分自身の運命を操る男」と紹介された彼は、それに応えて話し始めた。そして、アル・Ｆ・デイビスという詩人の書いた詩を朗読し、聴衆として集まっていた技術者、発明者および航空業界の重役たちの緊張を和らげた。それは、「航空設計者たちの悩み（ワン・オブ・アワ・シンプル・プロブレム）」という詩であった。

親方たちが言った「飛行機を作れ」、
こんなふうに作れ、
手放しで飛べるように、
墜落しても壊れないように、
どんな下手くそでも飛ばせるように、
背もたれは前後に倒れるように、
需給のバランスは大事だが、
翼形なんてどうでもいいんだ。

翼長は6フィートでなけりゃだめ、
湯水のように部品を使え。
胴体はワイヤーで地上に緊締、
でなけりゃ同じように翼を緊締、
安全でなけりゃならないが、
ハリケーンにも耐えられること、
速く安全に飛べること、
（設計者がもらったどえらい仕事！）
早くて軽くて快適に、
アフリカの町まで飛べること、
もちろん小型車だけじゃだめ、
10トントラックも運べなきゃ。
まっすぐ上がってまっすぐ降りて、
気づかぬうちにそっと着陸。
そうさフラップとブレーキと引き込み脚、
こんちくしょう！
親方たちの最後の言葉は、
「昨日までにやっておけ」
よく考えたらもう1つあった、
やつらは100円ショップで売るつもりだ！

ジェラルド・ヘリックが回転翼機のパイオニアたちを航空設計者の皮肉を込めた哀歌で喜ばせた時、ケネス・G・ウェルニッケは、カンザスシティに住むまだ６歳の子供であった。44年後、航空設計者となったウェルニッケは、ベル社のティルトローター主任技術者になっていた。ベル・ボーイングがＪＶＸ（統合次期先進垂直離着陸機）の仕様を入手し、軍の要求を知った時、ウェルニッケは、皮肉な詩を書きたくなるほどに愕然《がくぜん》としてしまった。

高速飛行、長距離飛行、そして海兵隊２コ分隊またはＦ－18ジェット戦闘機用のエンジンを空輸できる胴体などの基本的な要求性能は、ウェルニッケにとって何の問題もなかった。これらは、すべて予想されていたとおりであった。しかし、それは最初の部分だけであった。敵火をかいくぐって飛行を継続し、敵のミサイルを回避または欺騙《ぎへん》し、後方に射撃するための火器を搭載するなど、かつて製造されたいかなるヘリコプターも持ち合わせていない強靱性が求められていた。それは、機体重量の増加を意味した。いつでも、どこでも、いかなる天候でも飛行できるようにするため、最新かつ最良の電子機器を搭載することが要求されていた。それは、さらなる機体重量の増加を意味した。最悪だったのは、強襲揚陸艦での運用が要求されていたことであった。甲板の下に保管したり、そこで整備をしたりできるようにするため、強襲揚陸艦のエレベーターの大きさに適合するようにローターを畳み、翼を回転させるための複雑なメカニズムが必要とされていた。それは、大幅な機体重量の増加を意味した。しかしながら、一番大きな問題は、強襲揚陸艦で運用できるようにローターの大きさを小さくしなければならず、要求された有効搭載量（ペイロード）を確保することが困難になることであった。

「かつて誰も望まなかったことが、何から何まで求められていたのです」とウェルニッケは私に語った。「機体は、ものすごく重くなりそうでした。あまりにも多くのことが要求された上に、船のエレベーターで下ろせる大きさにしかできなかったのです。何もかもが悪いニュースばかりでした」

ケネス・ウェルニッケの見解は、無視できないものであった。彼は、ベル・ヘリコプター社の首席ティルトローター技術者であった。ということは、世界の首席ティルトローター技術者であることを意味する。ベル社以外のどの会社も実用的なティルトローターを製造したことがないのである。

細身でまじめな、短く刈った茶髪を持つハンサムな顔つきのウェルニッケは、ティルトローターの先駆者であったロバート・リヒテンの生まれ変わりのようであった。カンサス大学で航空工学の修士号を取得したウェルニッケがベル社に入社したのは、1955年のことであった。航空技術者には、芸術家のようにいくつかの分野で働くがそのうちの1つを専門とする者が多い。芸術家は、画家、建築家、彫刻家などに分けられるが、複数の分野を完全に修得できるのは、ミケランジェロのようなまれに見る天才だけである。航空技術者には、空気の流れとそれが航空機に与える効果を予測する空力技術者がいる。他には、航空機やその可動部品の動きによって生じるストレスを低減または除去する方法を探知・発見する動力技術者がいる。さらには、飛行中に直面する空力的および動力的負荷に耐えうる航空機の構成を焦点とする構造技術者もいる。ウェルニッケは、ミケランジェロのようにすべての分野に精通していた。「ウェルニッケは、何でもよく知っていました。空力も、動力も、構造もこなしていたのです」XV-15の動力技術者としてウェルニッケの下で働いていたトロイ・ギャフィーは、私に語った。

1960年代、ウェルニッケは、8～9名のティルトローター技術者で構成されるチームを率いていた。その技術者の中には、彼の双子の兄弟であるロドニーもいた。その頃、何千機もの陸軍や海兵隊用にベトナムで使用する軍用ヘリコプターを大量に生産していたベル社にとって、ティルトローターは、余興や道楽のようなものであり、良く言っても将来に向けた長期的投資に過ぎなかった。ウェルニッケのチームは、ほとんど注目されることがなかったのである。彼らは、ベル社の技術棟の2階にある窮屈な狭い部屋で、机と製図版に向かって働いていた。その建物は、ハーストと呼ばれるフォートワース郊外のあまり人の住んでいない地域にある10号線に面して建っている２つの黄色のレンガ造りの建物のうちの1つであった。そのチームの仕事場は、もっと大きな研究開発技術者チームと共用であった。２つのチームは、上側の鉄枠にすりガラスがはめ込まれている低い仕切りで分けられていたが、騒がしかった。ウェルニッケの近くに座っている秘書は、いつも電子タイプライターをカタカタという音をたてながら叩いていた。技術者たちは、いつもお互いに話したり、電話で誰かと話したり、あるいは何か問題を解決する糸口を見つけようとして立ち寄ったベル社技術部の同僚たちと話をしていた。

「様々なことについて、大議論になったものです」とギャフィーは私に語った。「それはもう、エキサイティングな毎日でした。私たちは、解決策を探し続けていたのです。まるで、大航海時代のような感じでした。ぐっすり眠っている時以外は、ティルトローターのことや、どうやって問題を解決するかということを考え続けていました。ティルトローターを浮かび上がらせて、飛ばせることに情熱を持っていたのです」アイデアがひらめいたティルトローター技術者が、同僚の机に腰かけ、スケッチを見せながら「これをどう思う？」とか、「これを見てくれ！」とか言うことがしょっちゅうであった。技術者たちは、自分たちのアイデアをかわるがわる絵に描きながら、話し合ったものであった。仕事の話をする時は、たとえナプキンであっても自分の前に紙を置いて、ペンや鉛筆を持った方が話しやすかった。ローター・ブレードやテール・フィンをスケッチしたり、図式や要図を描いたり、その意味を表す方程式を書き出したりした。１９６０年代の技術者たちは、まだ紙を使って仕事をしていたのである。ただし、製図版や計算尺に代わってコンピューターの設計ソフトウェアが使われるようになった現在においても、このことに変わりはないようである。

その紙で遊ぶこともあった。ギャフィーは、ある日の課業終了後、ティルトローターの技術者たちは、即興のコンテストを開催した。ギャフィーは、その様子を楽しそうに私に説明してくれた。技術者たちは、タイム・カードで紙飛行機を作り、飛距離が伸びるようにクリップをつけると、交代で会議用テーブルの上に立ち、誰の飛行機が一番遠くまで飛ぶかを競った。ウェルニッケが飛行機を発射するためにテーブルに上った時、開いていたドアから社長のジェームズ・アトキンスが不意に現れた。「ウェルニッケを見て、『お前は何をやっているんだ』というような顔をしたアトキンスのことを、今でも覚えています」とギャフィーは私に笑顔を浮かべながら語った。

アトキンスの執務室は、10号線に面しているもう1つの黄色いレンガ造りの建物である管理棟にあった。その建物は、正面ゲートを入ってすぐにある、警備小屋の反対側にあった。そこには、ベル社の重役、弁護士、営業担当者たちなど、技術者以外の社員たちが勤務していた。ギャフィーは、その建物をゲイリー・ラーソンの漫画にならって、『向こう側』と呼んだ。ベル社の技術者たちは、経営陣や営業担当者たちと衝突することが多かった。しかし、１９７２年にベル社がXV-15の製造に関する契約をNASA（航空宇宙局）と締結してからのティルトローター技術者たちは、違っていた。聖杯伝説に出てくる深い絆で結ばれた兄弟のようであり、技術的検討以外のことでは、衝突することがほとんどなかった。XV-15を設計することにより、ベル社は、数多くのティルトローター技術者たちを育ててきた。大きなオフィスに移動した彼らは、その結果として、現実の世界に入っていった。ティルトローターの機が熟したと判断したアトキンスが、ＸＶ-15を販促ツールとして使い始めた時、ティルトローターの技術者たちは輝かしい孤立状態を失ったのである。

ＪＶＸ（統合次期先進垂直離着陸機）が現実のものになる2年前、営業部門は、ウェルニッケのチームに24名の海兵隊員が搭乗できるティルトローターの概念設計を依頼した。それからは、活発な議論が始まった。技術者たちは、すでにＸＶ-15と同じくらいの大きさで12名の兵士を乗せられるティルトローターの概念設計を完了していた。そのため、営業部門にそれを販売することを要望した。ディック・スパイビーは、技術者たちに「海兵隊は、そのようなものを欲していない」と言った。海兵隊が欲しがっていたのは、24名の兵士を運べる飛行機であった。使える強襲揚陸艦の数に限りのある海兵隊は、標準的な強襲作戦に必要な兵力を一挙に空輸できる大きさの航空機を必要としていた。それに、海兵隊が12名の兵士しか搭乗できない航空機を調達することに同意したならば、国防総省はシコルスキー社のＵＨ-60ブラック・ホーク・ヘリコプターを調達するように要求するに違いなかった。すでに陸軍で運用されているブラック・ホークは、ちょうどそれくらいの大きさのヘリコプターであり、ティルトローターよりも安く調達できるからである。数年間にわたって海兵隊にティルトローターを売り込んできたスパイビーは、海兵隊は陸軍と同じヘリコプターを買おうとしない、と思うようになっていた。「陸軍と同じものを調達すればするほど、陸軍に取り込まれてゆく」からである。

ベル社における、大型ティルトローター対小型ティルトローターの論争が重大な局面を迎えたのは、一部の技術者が、ベル社の最初のティルトローター製品は、12名が搭乗できる設計で行くべきだ、ということをアトキンスに納得させようとした時のことであった。この問題に関するミーティングに参加したスパイビーは、技術者たちに、その大きさのティルトローターを軍に販売することは不可能だ、と言い切った。議論に勝ったのは、営業部門であった。アトキンスも、大きなマシーンを好んでいたのである。アトキンスが軍に売りたかったのは、24名の乗客を乗せられる、民間仕様に改修するのに十分な大きさのティルトローターであった。地域航空輸送の市場で、ジェット機と競争できるようなマシーンである。

ＪＶＸ計画が始まる少し前に、営業部門は、24名の海兵隊を乗せて強襲上陸艦で運用できる流線型をした大型のティルトローターを売り込むためのパンフレットをまとめ上げていたが、ウェルニッケは、全く気に留めていなかった。自分の部下である設計者たちの仕事に完全に心を奪われていたウェルニッケは、自分の周りで起こっていることにほとんど気づいていなかったのである。自分宛の手紙でさえも、返信がないという苦情が来るまで開かないほどであった。ピサの斜塔のようになるまで机の上に置いた書類受けに積み上げたままにしてから、くずかごの上でひっくり返してしまうのであった。ベル社とボーイング社が入札準備のために入手した仕様書案を読んだウェルニッケは軍がＪＶＸに望んでいるものにやっと目を向けるようになった。それを見たウェルニッケは激怒した。

「技術副社長のロバート・リンの部屋に飛び込んでいって、『こんなことはできない。これではティルトローターが崩壊してしまう』と言ったのです」とウェルニッケは私に語った。

ウェルニッケは、誰よりもティルトローターを信じていた。１９８１年のパリ航空ショーでＸＶ-15が展示飛行をするのを誇らしく見ていたし、それがちょっとお辞儀をして観客が大喜びした時には顔を輝かせた。ウェルニッケは、海軍または海兵隊用としてＸＶ-15と同じくらいの大きさのティルトローターをほとんど完璧に設計できるし、船から飛ばそうとは考えないであろう空軍や陸軍用には、それよりも大きなものを設計できると考えていた。岩だらけの地面から同じく岩だらけの地面までを結ぶ長距離輸送は、ティルトローターの垂直離着陸能力が必要とされ、かつ、速度と航続距離が切り札となる任務である。これこそがティルトローターにとって理想的な任務なのだ、とウェルニッケは考えていた。軍は、間違った任務のためにティルトローターを調達しようとしていたのである。

ＪＶＸには、４つの各軍種のために、多くの雑用が与えられようとしていた。しかし、その主だった仕事は、船から50～１１０マイル（約90～２００キロメートル）程度離れた海岸に３５００フィート（約１１００メートル）以下の高度で海兵隊を空輸することになると考えられていた。そのような任務においては、垂直に離着陸し、各飛行の最終段階ではホバリングするという航程を、燃料補給するまで繰り返す必要がある。それは、ヘリコプターの任務だ、とウェルニッケは考えた。効率的に、つまり最小限の燃料でホバリングできる機体であれば良く、高高度で飛行する必要がないからである。ティルトローターのローターは、プロペラとしても機能しなければならないため、ヘリコプターのように効率的にホバリングすることができない。ベル社では、２つの機能を有するこの部品を「プロップローター」と呼んでいた。プロペラとしても機能するプロップローターのブレードは、前進飛行時に効率よく推力が得られるようにするため、ヘリコプターのローター・ブレードよりも長さが短く、かつ、強くねじられていた。それは、同じ重量を空中に浮上させて保持するために、ヘリコプターのローターよりも大きなパワーが必要となることを意味した。プロップローターは、また、ブレードが長すぎるため、理想的なプロペラでもなかった。ただし、この点に関しては、正しく設計さえすればそう悪いものではなかった。このことから、ティルトローターは海兵隊の任務には適さない、とウェルニッケは考えたのである。確かに、ティルトローターを用いることにより、海兵隊は速度を獲得できるであろう。しかし、効率的に速度を獲得できるのは、空気が薄く、少ない燃料で高速飛行できる高高度飛行時のみなのである。「ティルトローターには、その高速で長距離を航行できる利点を生かせる任務が与えられるべきなのです」とウェルニッケは言った。彼によれば、ティルトローターが高速で飛行するための理想的な高度は、空気の濃度が海面上の25パーセント程度となる4万フィート（約1万2000メートル）であった。軍の要求性能には、そのような任務は含まれていなかった。

ウェルニッケに最後の追い打ちをかけたJVXに対する要求性能は、LHAと呼ばれるタラワ級強襲揚陸艦での運用ができる、というものであった。LHAは、決して小さな船ではない。この船には、1個海兵大隊とその補給品および装備品、それらを海岸まで空輸するための24機のヘリコプターならびに6機のハリアー・ジェット戦闘機を搭載することができる。垂直離着陸のための「甲板スポット」が10ヵ所もあり、そこで離着陸を実施している間に他の航空機を駐機して置くためのスペースもある。しかし、仕様書には、「JVXは、ローターを回転させながらこの艦船の上部構造物の側方を滑走しながら通過できること」と書かれていた。そのためには、「アイランド（艦橋部）」と呼ばれる部分の横を通り抜ける際、それに最も接近するローターの先端との間に12フィート8インチ（約3・9メートル）以上のクリアランスを確保し、かつ、甲板の端から降着装置のタイヤまでが5フィート（約1・5メートル）以上離れるように設計しなければならない。そうしなければ、航空機が艦船の側方に転がり落ちるリスクがあったからである。この狭い通り道を通過するためには、各プロップローターの直径を38フィート（約11・6メートル）以下にしなければならない。それは、ウェルニッケがこの航空機の容積を確保するために必要と考えていた大きさを満たしていなかった。

4つの軍種で構成される委員会の参加者たちは、JVXの要求性能に示される空虚重量が、それにより更新される予定のＣＨ‐46よりも４０００ポンド（約１・８トン）重い２万ポンド（約９トン）から２万５０００ポンド（約11トン）になるだろうと予測していた。しかし、彼らは、その航空機に搭載される物の総重量を甘く見積もっていた。その委員会は、飛行中の航空機の40パーセント以上が損害を受けたベトナム戦争の教訓から、これまでのヘリコプターの要求性能をはるかに超える「生存性（サバイバビリティ）」を求めていた。「フライト・クリティカル・システム（飛行に不可欠な系統）」に関する要求性能によれば、当時最大のソ連製機関銃で発射される14・５ミリの徹甲焼夷弾の被弾に耐えられる強度を有するか、または、１つの系統が損傷しても飛行を継続できるように多重の系統を装備することが求められていた。タービン・エンジンの排気を熱線追尾式ミサイルから覆い隠すため、ＩＲサプレッサーと呼ばれる重い装置を装備しなければならなかった。また、数多くの特殊電子機器に加えて、任務に応じ「地域制圧用自動火器および対空戦闘用ミサイル」を搭載できることが要求性能に述べられていた。ＮＡＶＡＩＲ（海軍航空システム・コマンド）の技術者たちが書き上げた詳細な仕様書は、４つの軍種で構成される委員会が起案した任務要求書よりも、さらに現実的であった。ＮＡＶＡＩＲは、ＪＶＸの「空虚重量」の制限を最大３万１８８６ポンド（約14・５トン）に設定した。空虚重量とは、燃料、パイロット、乗客および貨物が搭載されていない状態での重さを示す値である。しかしながら、エンジンやローターを傾けるためのメカニズムを備え、ローターを畳んで翼を格納するためのメカニズムも装備した巨大な胴体は、その他の要求性能を実現しようとすれば、おそらくそれよりももっと重くなることがウェルニッケにはすぐに分かった。技術者たちが「設計総重量」と呼ぶ通常飛行時の重量は、間違いなく４万５０００ポンド（約20トン）を超えるだろう。軍の大きな期待は、任務遂行を不可能にするものであった。

すべての航空機の設計には、妥協が付きものである。大きさ、速度、航続距離などをトレード・

オフし、開発しようとしている航空機の要求性能が満たされるようにバランスを取らなければならない。設計者にとって、最も根本的な問題は、航空機の重量がどれくらいになるかということである。それは、マシーンを空中に浮かばせて、必要な搭載物を運ぶために必要なパワーがどれだけ必要かを決定するからである。回転翼機をまっすぐに離陸させたり、ホバリングさせたりするためには、重量1ポンドあたり1ポンドの推力と、ローターのダウンウォッシュがマシーンの胴体を押し下げることによる損失を補う推力が必要である。その推力を生み出すためにどれだけの馬力を必要とするかによって、回転翼機のエンジンが発生する馬力から実際にどれだけの揚力が得られるかを意味する「ホバリング効率」が決定される。ホバリング効率は、燃料消費率に影響し、運用コストを左右する。

ある回転翼機がどれだけの馬力が必要かを決定する1つの要素が、「ディスク・ローディング（回転面荷重）」である。ここでいう「ディスク（円盤）」とは、ローターのブレードにより描かれる円領域のことを指す。「ローディング（荷重）」とは、必要とされる重量を持ち上げるためにそのディスクが生み出さなければならない推力を意味する。大きなローターは、小さなローターよりも大きなディスク面でより多くの空気を動かせるので、より少ないエネルギー、すなわちより少ない馬力および燃料で同じ量の推力を得ることができる。ディスク・ローディングは、1平方フィートの面積あたりのポンド重量で表され、機体の通常飛行重量、つまり設計総重量をディスク面積で除することにより求められる。ディスク面積が大きければ大きいほど、ディスク・ローディングは小さくなる。他にもホバリング効率を決定する要素はあるが、一般的には、ディスク・ローディングが小さければ小さいほど、航空機を持ち上げ、ホバリング状態を維持するために必要なパワーは小さくなる。

ほとんどのヘリコプターのディスク・ローディングは、4～10ポンド毎平方フィート（約20～49キログラム毎平方メートル）に設定されている。しかし、小さなローター直径で重い重量を持ち上げなければならないJVXのディスク・ローディングは、20ポンド毎平方フィート（約98キログラム毎平方メートル）以上という極めて大きなものになりそうであった。この大きなディスク・ローディングは、いくつかの問題を引き起こし、数年後に激しい議論を引き起こすことになる。ローター寸法の制約についてウェルニッケがその時点で特に心配していたのは、JVXは重量増加が余儀なくされるだろう、ということであった。小さなローターと大きなディスク・ローディングを採用することは、ローターを船の甲板ではなく機体の重量に合わせた大きさにした場合よりも、さらに強力なエンジンが必要となることを意味した。エンジンは、強力であるほど大きくなる。大きなエンジンは、重くなる。大きくて重いエンジンは、より大きくて重いトランスミッションを必要とするのである。それだけに止まらない。航空機が重くなればなるほど、頑丈な内部構造を必要とする。頑丈な内部構造は、通常、重量を増加させる。重い航空機であればあるほど、飛行するための燃料も多く必要である。燃料が多くなれば重量も増加する。燃料の増加は、燃料タンクの増加を必要とする。増加された燃料タンクは、重量の増加をもたらす。その他、もろもろである。ほどなくして「設計ループを閉じる」ことのできない事態に陥るのが、火を見るよりも明らかであった。世の中には、予定していた搭載量を輸送するために必要な余積を確保できなかった航空機が数多く存在している。JVXは、構想段階からその状態に近い、とウェルニッケは思った。

「価格と積載荷重のバランスを保ち、費用に見合った効果を得るためには、機体重量が重すぎることが最初から分かっていたのです」とウェルニッケは私に語った。

仕様書を確認したケネス・ウェルニッケは、ベル社の技術上席副社長のロバート・リンの所に行き、こんなことはできない、こんなＪＶＸの設計はやらない、と言った。あまりにも複雑すぎて、重すぎて、費用が掛かりすぎるこの仕様では、ティルトローターへの信頼が失墜してしまう恐れがあったからである。

ウェルニッケは、リンから説得された。

「これをできる者は他にいないし、やるべきだし、やるしかないのだ、とリンから言われたのです」とウェルニッケは私に語った「もちろん、やるしかないことは分かっていました」

＊　＊　＊

ウェルニッケによれば、リンには、プロジェクトをやめるというウェルニッケの脅しにショックを受けたり、うろたえたりする様子がうかがえなかった。一方、リンは、この時のことを覚えていない、と数年後に私に語ったが、ウェルニッケの記憶を否定することはなかった。「ウェルニッケは、確かにそんな男でした」とリンは私に言った。ケネス・ウェルニッケがいつも短気で、ティルトローターに対して情熱的であることを知らない者はいなかった。ティルトローターは、ウェルニッケにとってドリーム・マシーンであったし、彼がマーケティングに関し「為せば成る」の気概も持っていることをリンは理解していた。リンや他のベル社やボーイング・バートル社の重役たちも、ＪＶＸから与えられた課題は厳しいものだと認識していたが、彼らはウェルニッケよりも実践的であった。ウェルニッケとは違い、彼らには、国防総省と何年にもわたって取引をしてきた経験があった。その頃のウェルニッケの上司であり、リンの部下であった副社長のスタンレー・マーチン・ジュニアもその1人であった。「顧客が望んでいることを行うのであって、自分が望むものを顧客に語ってはならない、ということを学ぶことも必要なのです」とマーチンは私に語った。

元来、軍は非現実的な要求性能を突き付けることが多かった。それは、巨大な調達を実施するにあたって、企業により高い目標へ向けて拍車をかけるためかもしれないし、要求性能を書く士官たちに何が可能なのかを判断する力が欠けているためかもしれないし、あるいは、新しい計画をスタートすることを正当化するためであったのかもしれない。さらには、軍が作り上げたいと思っているものがすでに存在するものよりも大きく改善されたものでなければ、国防総省の文官たちや議会がそれに資金を供給することを拒む可能性があったためかもしれない。このため、各軍種は、要求性能を書く段になると常に見上げるような要求を行い、企業たちはアル・Ｆ・デイビスの詩の中にあった言葉どおり、それを「昨日までに」「１００円ショップで売れる」価格で納入できる、と常に応えるのであった。常軌を逸したスケジュールの遅れやコスト超過に関する話題が、国防総省を非難する記者たちの定番記事になるのはこのためであった。主要な軍事装備品、特に航空機の開発スケジュールおよびコストに関する見積は、常にばかばかしいほどに楽観的であった。軍と企業の双方が高望みをすることに駆り立てられ、見積がどれだけ外れるかは後で心配すれば良いと思っていたのであった。

ベル・ボーイングは、ＪＶＸの要求性能が書き上げられた後も当初契約を結ぶまでの間は、多くの物を求め過ぎている、などと顧客たちに向かって言うはずがなかった。「契約締結のチャンスを獲得するチャンスを、放棄しようと思うはずがないでしょう？」とリンは私に言った。ベル社やボーイング・バートル社に、軍が要求していることができないと考えた者は、ほとんどいなかった。彼らは、ひどく困難なことになるだろうと思っているに過ぎなかった。リンは述べている。「自分では成功しないと思っていても、皆がそう思っていないならば、それを主張するのは気が引けるものなのです」

感動は、理由と同じくらいに人々の判断に平準化をもたらすものである。リンは、ベル社が同社の最初のティルトローターであるXV-3を製造して飛行させた時、研究開発部門の主任を務めていた。XV-15の製造を指導してきたのも、彼であった。リンは、JVXに対し「これは、ティルトローターの最後のチャンスだ。私は、このシステムに50代前半から関わり続けてきたのだ。たとえどんな結果になろうとも、今までできなかったことを実現しなければならない。そして、それがどうなるのかを見届けたい」という思いを持っていた。

統合運用要求には、ある免責条項があった。そこには、「ここに示すすべての能力および性能に関する目標は、価格、重量、能力および性能上に関する影響分析により、変更されることを妨げない」と記載されていた。言い換えれば、両社がNAVAIRに対し他に手段がないということを証明できれば、これらの要求性能を緩和できる可能性があったのである。1983年にベル・ボーイングが契約を勝ち取ると、リンたちは、NAVAIRの要求性能の一部を緩和するためのアイデアをひねり出そうとしていたが一向に進まなかった。NAVAIRの当局者たちの態度は、「俺の気持ちは固まっているのだ、そのことで手をわずらわせるな」と言っているようにリンには思えた。JVXがまだ「紙飛行機」に過ぎなかったこの段階においては、要求性能があまりにも野心的すぎるという主張は聞き流されてしまったのであった。

＊　＊　＊

当然の成り行きとして、JVXは、その後数年にわたって紙飛行機であり続けた。何十億ドルもする軍用機の調達は、長期間の複雑な段階を経るものである。それぞれの段階が完了するには数年を要し、そのためには、単一のあるいは数件の契約と数十件の下請け契約が必要となる。１９８３年4月に締結されたベル・ボーイングの最初のＪＶＸ契約は、基本設計に関するものであった。入札の際にベル・ボーイングがＮＡＶＡＩＲに提示していたのは、単なる構想であり、性能・費用見積に基づいた基本的な図面に過ぎなかった。その図面は、１９８２年、リンが憤慨するウェルニッケを説き伏せた後、両社の技術者たちで構成されるチームが共同で作り上げたものであった。ボーイング・バートル社の技術部長ウィリアム・ペックは、ペンシルベニア州のフィラデルフィア南側のリドリー・パークにある施設にいた50人ほどの技術者を率い、テキサス州のハーストにあるベル社の社屋にやってきた。アパートを借りたペックたちは、数ヵ月間そこに滞在した。ボーイング社の技術者たちが、ベル社のカフェテリアでカウボーイ・ハットとウエスタン・ブーツを身に着けた従業員たちが朝食にグレイビー・ソースのかかったスコーンを食べるのを見慣れた頃になって、入札が完了した。ボーイング・バートル社の技術者たちは、ペンシルベニア州のそれぞれの家に戻っていった。１９８３年当時、両社は、この新しいティルトローターの主要構成部品（メジャー・コンポーネント）をどのように空力的に形作るかを考えだし、その製造に用いる材料の選択および試験を実施し、ＮＡＶＡＩＲに計画を承認させ、数機の試作機の製造に関する契約を結んで、その本格的な設計に本腰を入れて取り掛からねばならない状況にあった。

大まかなアウトラインは、最初から明らかであった。航空機の設計においては、芸術におけるよりも「形は機能に従う」という原則が重視される。通常の場合、航空機の形状は、その目的により決まるのである。ジェット戦闘機は、高速性と運動性を獲得するため、流線型の胴体と短い翼を有している。コンコルド超音速旅客機やコウモリのような翼を持つＢ-２ステルス爆撃機のような明らかな例外を除けば、通常の長距離旅客機や爆撃機は、多くのものを搭載できる大きな丸い胴体と、高高度を低燃費で飛行できる細い翼を有している。揚力および推力を獲得するための水平に回転する2つの基本形態のうちのどちらかを採用している。一方、西洋諸国のヘリコプターは、次の2つの基本形態のうちのどちらかを採用している。メインローターと方向をコントロールするための垂直に回転する小さなテールローターを装備するか、あるいは2つの大きなローターを前後に配置するかである。ベル社とボーイング・バートル社がJVXをスタートさせた時、すでに製造できていたティルトローターは、XV-3とXV-15の2機だけであったが、その形態がどうなるかははっきりしていた。ヘリコプターと飛行機の双方の要素が組み合わされたハイブリッドであるティルトローターは、飛行機と同じような主翼や尾翼をもった胴体とヘリコプターと同じようなローターを有していた。翼端に配置されたローターは、「エンジン・ナセル」と呼ばれるローターを傾けるための軸受けの役割をするポッド（容器）で保持されていた。これがティルトローターの形態であり、その形状は、その機能から生み出されたものであった。

両社は、大まかな作業分担を早い段階で決定していた。ティルトローターに関する経験のほとんどを有していたベル社は、翼、プロップローターおよびエンジン・ナセルを担当することになった。大型のタンデムローター・ヘリコプターが専門であったボーイング・バートル社は、胴体と降着装置を担当することになった。電気・油圧系統およびコンピューターで電子制御される「フライ・バイ・ワイヤ」の操縦系統については、ベル社も言いたいことが山ほどあったが、ボーイング社が一義的な責任を負うことになった。また、「アビエーション・エレクトロニクス」の省略形である「アビオニクス」は、ボーイング社が担当することになった。エンジンは、官側から支給される装備である「官給品」を使用することになり、NAVAIRが4大航空機用エンジン・メーカーの1つから別契約で調達してベル社に供給し、エンジン・ナセルに搭載されることになった。

もし、あなたがＪＶＸ首席設計技術者であるベル社のケネス・ウェルニッケやボーイング・バートル社のトーマス・Ｗ・グリフィスであったならば、最初にやらなければならない仕事は、航空機の大きさを要求性能に適合させることである。あなたは、設計チームにこう言うだろう。「この強襲揚陸艦に合わせるためには、ローター・チップ（翼端）からローター・チップまでの全幅が84フィート7インチ（約25・8メートル）を超えてはならない」エアプレーン・モードで飛行する時のローター・チップと胴体のクリアランス（間隔）は、ＣＨ‐46と同じ程度でなければならない。ローター・チップを胴体から1フィート（0・3メートル）離すためには、エンジン・ナセルを含んだウイングスパン（翼長）は、ローター・ハブからローター・ハブまで45フィート10インチ（約14・0メートル）でなければならない。そうなると、ローターの直径は38フィート（約11・6メートル）となる。さて、これで全体の幅はどれくらいになるだろうか？　胴体には、24名の兵員を搭載することに加えて、人員および貨物を搭載するためのリア・ランプを装備し、前方にはコックピットを配置し、前方降着装置や燃料プローブなどのためのスペースも確保しなければならない。翼を折りたためるように回転させる場合、胴体をさらに長くしなければならないが、その長さは、ＣＨ‐46の1・2倍以上になってはならないと要求性能に記載されている。そのため、胴体の長さは、最大63フィート（約19・2メートル）となる。この長さで、いったいどうやって、ローターを折りたたんで翼を格納するのだろうか？　そして、要求されている航続距離を満たすための燃料をどこに搭載するのであろうか？　通常は、翼に燃料を搭載することになるのだが、この航空機は、それ以上の燃料を必要としていた。追加燃料タンクは、どこに置くのであろうか？　エンジン・ナセルには、エンジンに加えて、ギヤボックスとトランスミッションを搭載できる大きさが必要であったし、その後端にはＩＲサプレッサーを装備しなければならなかった。エンジン・ナセルの重さは、どれくらいになるのであろうか？　どのくらいの金属を使用しなければならないのであろうか？　どれくらいの部分を複合材で製造できるのであろうか？　などなどである。

テキサス州のハーストとペンシルベニア州のリドリー・パークでこのプロジェクトに割り当てられた何百人という技術者たちは、多くのヘリコプター製造会社の技術部と同じように、それぞれの職場において「設計」と「技術」の2つのグループに区分された。設計グループの技術者は、航空機の各種コンポーネントやサブシステムの形状や構成を担当した。技術グループの技術者たちは、空力学および動力学的な分析と使用する材料の選定を担当した。各グループのメンバーには、音響、振動などの工学分野の専門家が何十人も含まれていた。技術者たちの主要な仕事の1つは、「リスク削減」と呼ばれるものであった。

ここで言う「リスク」とは、航空機が安全であるかどうかではなく、航空機が要求されている性能を発揮できるかどうかを意味する。例えば、入札の際に両社は、機体のフレームや外板などの基本構造の製造に、アルミニウムに代えて炭素繊維複合材料を使用することを提案していた。これは、改革に近いことである。複合材料構造物の製造は、まず、織物や粘着テープのように整形が容易な特殊な繊維で作られた紐を所望の形状になるまで何層にも積み重ねることで始まる。次に、それを加圧式の高圧釜で焼き固めて硬くて強い構造物を作り出すのである。これまでも複合材料を使用した航空機はあったが、ベル・ボーイングが計画していたような広範囲にそれを使用したものはなかった。「率直に言って、我々はどうやってやったら良いのか、分からなかったのです」と、このプロジェクトを担任したボーイング・バートル社技術部長のアレン・スコーエンは私に言った。

どちらの会社も複合材料でローター・ブレードを製造した経験があったが、より大きな構造物への複合材料の適用については分からないことがたくさんあったし、個々の部品の製造方法についても新たに考えださなければならないことがたくさんあった。ＪＶＸの空虚重量を軽減するためには、努めて多くの複合材料を使用することが必要であった。しかし、ＮＡＶＡＩＲは、この材料が飛行中の応力および負荷を受けた場合に受ける影響を適正に評価・予測できることを証明するように求めた。このため、両社は、縮小したあるいは実物大の部品を作って各種の試験を行い、材料の劣化に関するリスクを評価しなければならなかった。基本設計の間に、ベル社は、38フィート（約11・6メートル）の本物のローターと同じ角度でひねりが加えられた25フィート（約8メートル）のローターを複合材料で製造した。また、翼の構造部材も複合材料で製造した。ボーイング・バートル社は、34フィート（約10メートル）の胴体の「試験片」を複合材料で製造したが、それは始まりに過ぎなかった。その後、胴体の一部を保持する小さなジョイントから、機体外板の大きなパネルまで、1万４０００個以上の試験用部品を複合材料で製造することになった。技術者たちは、通常、これらの試験部品を風洞実験装置の中に入れたり、部品を伸ばしたりねじったりする特別な機械に載せて引っ張りおよび破断強度を測定したり、あるいは材料を温めたり、冷やしたり、雨を模擬した水で濡らしたり、塩水に浸からせたりできる可搬型の「環境室」の中に入れて試験を行う。複合材料についてこのような試験を行うことは、ほとんど初めてのことであり、中には何年にもわたって技術者たちを悩ませる部品もあると考えられた。基本設計が終わってからも続けられたこの試験においては、技術者たちに斬新な発想が求められる場合があった。

１９８８年のある夏の夕方、ベル社の材料技術者であるグレッグ・マーシャルは、フォートワースからサンアントニオに向かって車を走らせていた。その途中、テキサス州の警察官に路肩に車を寄せて停止するように命じられた彼は、後ろに載せているものを説明するのに悪戦苦闘することになったのである。マーシャルが乗っていた会社所有のアボカド・グリーンのステーション・ワゴンには、古き良き時代に見られたウッド・パネルが側面に張られていた。その貨物室に載せられていたのは、警察官にとっては何とも怪しく見える大きな黒い物体であった。それは、当時、ベル社を悩ませていた複合材料製の部品であった。カーボン・ファイバーの層を1・5インチ（約4センチメートル）ほどの厚さになるまで何層にも重ね合わせた40ポンド（約18キログラム）ほどの重量のローター・グリップである。最初の試作機の製造が開始されてからそろそろ2年が過ぎようとしていたが、ベル社は、まだこの部品がうまく機能するという確信を得られないでいた。マーシャルがサンアントニオに向かっていたのは、このグリップの特別な試験を行うためであった。その部品は、植民地時代にハンターたちがアフリカからよく持ち帰った象の足で作られた傘立てと形も大きさも似ていた。底辺はほぼ正方形で、両方の側面には穴が開いていた。丸い形をした先端部には、JVXのプロップローター・ブレードの根元が取り付けられるようになっていた。正方形をした底辺側には、ローター・ヨークが取りつけられるようになっていた。ローター・ヨークとは、ローター・グリップをローター・ハブに接続する3つの腕をもった一体型の部品である。グリップには、ブレードをヨークに接続するだけではなく、飛行中、ピッチを変更するために常にねじり曲げられることが要求される。それまでローター・グリップを複合材料で作った者はいなかったが、これを成功させることは、JVXの重量を軽減するための1つの鍵となると考えられていた。1機のJVXには、6個のローター・グリップが必要となるが、それぞれの価格は25万ドル以上になると見積もられていた。もし、複合材料のグリップがうまくいかなければスチール製のグリップで代替するしかなかったが、その重量は3倍になり、大きな技術的リスクをもたらすと考えられていた。

ローター・グリップの製造方法を確立するための鍵は、それが高圧釜から取り出された後、その内部を検査してテープの層の中にしわや隙間がないことを確認する方法であった。そのような内部欠陥は、ローターが毎分数百回転という速さで回転した際にグリップが破断する原因となりうるからである。超音波やＸ線というような通常の方法では、ＮＡＶＡＩＲを十分に満足させられる根拠とはならなかった。そんな時、サンアントニオのある会社の技術者がベル社に１つの提案をしてくれた。「ローター・グリップをＣＴスキャンにかけてみてはどうですか？」ＣＴスキャンは、Ｘ線で何百という「断面」を撮影することにより、人体などの不明瞭な物体の３Ｄイメージを生成するものである。その頃、まだ新しい技術であったＣＴスキャンは、その数が非常に少なかった。幸いなことに、テキサス大学南西医療センターの一部署であるサンアントニオのベクサー郡立病院が１台を保有していた。ベル社の担当者がローター・グリップの検査予約を申し込むと、病院の職員たちは快く承諾してくれた。警察官に止められた時、マーシャルが向かっていたのはその病院だったのである。

「ヘッドライトが切れているのに気づかなかったのか？」と警察官はマーシャルに尋ねた。知らなかった、とマーシャルは生まれながらのテキサスなまりで答えた。これは会社の車だから、とライトが切れていることに気づかなかった理由を説明し、できるだけ早く修理すると言った。「会社の車？」と聞いた警察官は、古いステーション・ワゴンの外側を懐中電灯で照らしながら眉をひそめた。「お前ら、どこから来たんだ？」彼は横目でマーシャルを見ながら尋ねた。「どこに行くんだ？」と言いながら懐中電灯の光でステーション・ワゴンの後部を照らすと、大きな黒いローター・グリップを見つけた。「おい、車の後ろに載せてあるのは何だ？」警官は、問いただした。ジーンズとウィンドブレーカーを着たマーシャルは、その時27歳であった。黒い髪が少しだけ耳にかかっていて、口ひげを生やしていた。

マーシャルは正直に答えた。その黒い物体は、彼の会社が軍のために製造している新しいティルトローター機の部品である、と言った。「ティルトローターって何だ？」警官は尋ねた。マーシャルは、その構想を詳しく説明したが、警官にはなかなか理解してもらえなかった。「一部がヘリコプターで、一部が飛行機だと？」マーシャルが詳しく説明すればするほど、警官は疑い深くなってゆくようであった。「こいつは何でできているんだ？」「危険なものではないのか？」「爆発は、しないのか？」「これを持ってどこに行くんだ？」警官は、矢継ぎ早に質問した。マーシャルは、そのグリップは不気味に見えるかもしれないが、全く危険性がない物である、と説明した。テキサス大学南西医療センターに運んで、特殊なX線装置でスキャンするのだ、と言った。おっと。警官は、今度はそれが放射性物質なのではないかと疑い始めた。もし、そうであれば識別標示をつけなければならないはずだ。マーシャルは、違反切符か何かを切られて、ローター・グリップと一緒に警察署まで連れていかれるに違いないと思った。しかし、マーシャルがベル社の社員章を示しながらさらに説明を加えると、やっとのことで警官は解放してくれた。

次の朝、マーシャルは、荷物運搬台車に載せたローター・グリップを病院に運び込んだ。病院側の指示に従い、患者と同じようにそれをストレッチャーに載せた。そのストレッチャーをCTスキャン室に運び込み指示されたとおりにグリップをスキャンの台の上に置くと、困惑した表情の技術者が象の足のようなグリップの下に枕を入れ、患者と同じように適切な姿勢になるように調整した。スキャンが終わると、グリップをストレッチャーに戻し廊下へと出た。マーシャルは、CTスキャンを待っている老夫婦がストレッチャーの上に載っているものをぽかんと見ているのに気づくと、笑いを堪《こら》えることができなかった。「ちょっと長く焼きすぎたみたいなんです」マーシャルは老夫婦に言った。

ＣＴスキャンの結果、そのローター・グリップには、超音波では分からなかった隙間があることが分かった。これにより、ベル社の技術者たちは、グリップの製造・検査方法をＮＡＶＡＩＲが満足するように改善できるようになった。「部長連中は、直ちに工場内にあるすべてのものをＣＴスキャンしたい、と言い出したのさ」マーシャルは、含み笑いをしながら私に語った。近くの病院でＣＴスキャンが使えるようになると、ベル社のローター・グリップは常連の患者となった。しかし、その後数年間かかっても、すべての部品をスキャンすることはできなかった。

＊　　＊　　＊

見合い結婚をした夫婦は、最初は、お互いのことをあまり知らなくてもお互いに尊重しあうものである。同じように、ベル・ボーイングのパートナーシップも非常にスムーズに始まった。しかしながら、結婚式が終わってハネムーンから帰ると、新婚夫婦はお互いを知り始める。結婚というものが天に昇るような気持ちになることばかりではないと分かるのである。

ボーイング・バートル社とその親会社であるボーイング社にとって、ベル・ヘリコプター社とその親会社であるテキストロン社は、取るに足らない存在であった。ベル社の社長であるジェームズ・アトキンスがボーイング・バートル社の社長であるジョセフ・マレンと最初に会った時、本当は60対40や、ベル社が最低限の主導権を握れる51対49のパートナーシップを提案したかったが、50対50を提案したのはこのためであった。アトキンスは、後に同じ割合にしたことを後悔するようになったが、その時は、「強大で悪知恵の働くボーイング社」が、このような冒険的事業において少数派としての立場に甘んじるようなことはあり得ない、と予測していたのであった。「アトキンスの予測は、正しかったのです」とマレンは私に語った。しかし、両社長や彼らの会社や政府は、50対50のパートナーシップが構造的な問題を有していることに気付くのであった。誰も責任を取らないのである。このため、大きな問題が発生した場合に、解決を得るのが非常に困難であり、実際にそうなることも多かった。それは、道路の段差舗装が車の速度を落とさせるように、ＪＶＸの開発を遅らせたのであった。

問題になったのは、機体の大きさだけではなかった。両社の個性、つまり社風は、それぞれの会社が離れているのと同じようにかけ離れていた。２つの会社は、２２００キロメートルも離れていたし、もっと重大であったのは、米国の北部と南部の間の境界であるメイソン・ディクソン線で隔てられていたことであった。

ベル社の文化には、航空ビジネスにおける地位だけではなく、その会社の起源と環境が反映されていた。ベル社は、ローレンス・ベルというやり手の起業家とアーサー・ヤングという天才ヘリコプター発明家が生み出した会社であった。個性を育てることがベル社の文化であった。技術者たちは、自分自身のアイデアを追求することが許されていた。組み立て作業員たちは、機械の歯車ではなく、芸術家のように扱われていた。２人の組立工が同じ部品を若干違った方法で組み立てたとしても、それが機能していれば良いのである。ベル社の親会社であるテキストロン社は、１９６０年代において多角経営の先駆けとして誕生したコングロマリットであった。テキストロン社の系列会社は、時計バンド、万年筆、ゴルフ・カート、スノー・モービル、グリーティング・カードなどを製造していた。ロードアイランド州のプロビデンスにあるテキストロン社の小さな本社は、系列会社のビジネスに重複する部分があったとしても、最低限の収益を上げている限りそれぞれの判断に任せていた。ただし、系列会社の収益の最低ラインは絶対的なものであり、それを毎年達成することが求められていた。テキストロン社は、短期的にすら赤字になったことがなかった。

ボーイング・バートル社は、ヘリコプター企業の創設の父の1人であるフランク・パイアセッキにその会社の系譜をたどることができる。（「Vertol〈バートル〉」は、「Vertical Take Off and Landing〈垂直離着陸〉」の頭字語であった）しかしながら、ボーイング社がパイアセッキ・ヘリコプター・コーポレーションの後継であるバートル・エアクラフト社を買収し、1960年にその会社の再建を完了すると、パイアセッキの印象は、消し去られてしまっていた。シアトルを本拠とする巨大航空企業のボーイング社は、航空業界のニューヨーク・ヤンキースであった。リッチで、パワフルで、どんな点においても強大であった。民間および軍用機の製造、宇宙テクノロジー、ミサイル、ヘリコプターなど、いかなる航空ビジネスにおいても、ボーイング社はそのリーダーであった。ボーイング社の数多くの子会社の間では、相互交流が頻繁に行われていた。また、ボーイング社は長期投資を恐れることがなかった。このことは、民間航空機の製造に不可欠であった。その一方で、スケジュールに妥協を許さず、その指針は人よりも過程を重んじていた。「物事を成し遂げるのは過程であって、人ではない」と、あるボーイング・バートル社の技術者がベル社の同僚に主張したことがある。ボーイング社は、ヤンキースのオーナーであるジョージ・スタインブレナーのように部長たちを頻繁に交代させせた。重役たちは、配置換えされたり、転属させられたり、あるいは単に解任されたりすることが多かった。主要な技術者たちは、大リーグの野球選手のように会社の中で移管させられたり、貸し出されたりする者が多かったが、そのまま残る者もあった。数人の技術者は、何年にもわたってボーイング・バートル社に在籍しており、かつてフランク・パイアセッキに仕えていた者もほんの少しはいた。しかし、そんな彼らであっても、シアトルのルールと手順に支配されていた。

ボーイング・バートル社の社員たちは、そのほとんどがフィラデルフィアやその周辺で生まれ育ち、地理的にも気質的にもヤンキーであった。ベル社の社員たちは、ほとんどがテキサス出身であったり、少なくとも南部または南西部の出身であったりしていた。北部と南部の違いは、冗談の種になっただけではなかった。ジョン・F・ケネディがワシントンDCに見出したことで有名な、「南部の効率と北部の魅力」という2つの資質の融合によるパートナーシップも生み出したのであった。

ボーイング・バートル社のヤンキーたちは、大都市のペースで話したり働いたりしたし、大都市のマナーも身に付けていた。彼らは駆け引きが上手であった。ベル社の南部人たちは、にぎやかであわただしい環境の中にあっても穏やかな人生を送っていた。彼らにとっては、礼儀正しいことが重要であった。ベル社の者たちから見ると、ボーイング・バートル社の者たちは常に急いでいるように思えた。押しが強く、時として全くもって無作法であった。ミーティングでお互いを罵ったり、悪態をついたりもした。（これについて質問した私に、長年リドリー・パークで働いてきたある従業員は、「フィラデルフィアの私たちは、長い間、侮辱するということを楽しんできた」と認めた。）ベル社の多くの者は、ボーイング・バートル社のヤンキーたちは、聞くよりもはるかに多くのことを話すと感じていた。ただし、ヤンキーたちには結局何も言えないので、それほど問題になることはなかった。ヤンキーたちは、まるで何でも知っているかのようであった。ベル社のテスト・パイロットのロン・エアハルトは、テキストロン社の重役たちとのミーティングにおいてこう警告したことを覚えている。「やつらフィラデルフィアのヤンキーたちを放っておいたら、あなた方を踏みつけ始めますよ」

ボーイング・バートル社の技術者たちと重役たちは、ベル社の雰囲気があきれるほどにカジュアルで、手順に関して戸惑いを感じるくらいにあいまいであることに驚いた。ボーイング社においては、部品を再設計したいと思ったならば最初に設計図面を書き、その承認を受けてから工場に渡す。新しい部品が作られるのは、それからである。ベル社では、最初のステップは「カット・アンド・トライ」であることが多かった。図面の変更は後から行えば良いのだ。ボーイング・バートル社には、そんなことは航空機製造工場にあってはならないことであると考える者もいた。しかし、大型航空機の製造に関して、どうやったらベル社が分かったと言うのであろうか？　ボーイング・バートル社は大型の複雑なヘリコプターを製造した経験があったが、ベル社は小型のヘリコプターしか製造したことがなかった。「我々にとって、ベル社は、軽飛行機を作っている会社に過ぎなかったのです」ボーイング・バートル社を退職したある技術者は私に語った。「ベル社の連中は、そんな大きさのものを作ることに慣れていなかったし、経験もしていなかったのです」ボーイング・バートル社の者たちは、この大型ティルトローターを製造するために自分たちの援助が必要なことが分かっていたのである。

トロイ・ギャフィーは、初めてリドリー・バークを訪れた時からそのことに気づいていた。ボーイング・バートル社のカウンターパートは、技術担当副社長であり、技術者たちを脅しで牛耳っている無作法な男であるケニス・グライナにギャフィーを会わせた。「グライナから飛べと言われれば、『どれくらいですか？』と誰でも言ったものでした」グライナの下で技術者として働いていたウィリアム・ランバーガーは私に語った。グライナは、「自分の部屋から出てくると、部下の製図版の上のすべてのものを投げ捨て、最初からやり直させたりしたのでした。あいつは最高権力者だったです」また、その頃のボーイング・バートル社の社長であったジョセフ・マレンは私に語った。グライナは、「ものすごく頭がよく、私を含めて誰の言うことも聞かなかったのです」グライナは、ＪＶＸ計画の開始される前にボーイング・バートル社が海兵隊に売り込もうとしていたモデル３６０というヘリコプターの生みの親であった。機体のほとんどが複合材料で作られたそのヘリコプターは、「プラスチック・フロッグ」と呼ばれていた。「それは、彼の夢だったのです」マレンは私に語った。グライナは、ティルトローターの支持者ではなかった。ティルトローターは複雑すぎて、ヘリコプターよりも劣るし、飛行機よりも劣ると考えていた。ギャフィーは、グライナがベル・ヘリコプター社を軽視していることを思い知らされた。

「グライナは、構造に関する専門分野において、偉大な技術者の1人だったのです」とギャフィーは私に語った。ギャフィーがグライナに会いに行った時、JVXの複合材料製の外板を両社がどうやって作るか、ということが論争になっていた。ギャフィーが部屋に入った時、グライナは手を後ろに回して、自分の机の後ろに立っていた。「グライナは、前のめりになりながら私をにらみつけ、握手のために手を差し出そうとさえもせず、『ボーイング社が正しいということをなぜ信じられないのか、と言いたい』とかなんとか、でかい声で叫んだのです」ギャフィーは、私に語った。「あの男には、あぜんとしました。そして、グライナは、ベル・ヘリコプター社が夢を見続けてきた以上に、ボーイング社はヘリコプターを理解している、とわめき散らしたのです」

ベル社の多くの者が、ボーイング・バートル社の必要性について疑問を抱いていた。振り返れば、ボーイング・バートル社は、1972年のXV-15の時にもベル社に対抗して入札していた。ボーイング社の技術者の中には、ジョセフ・マレンがJVXに関してベル社とチームを組むことに同意した時には、すでにティルトローターの設計に取り組んでいた者もいた。しかし、ベル社の技術者たちは、ティルトローターはベル社のテクノロジーであると思っていた。ティルトローターのエキスパートは自分たちであり、ボーイング・バートル社はただの「箱」である胴体を作るだけだ、と考えていた。ティルトローターの開発に30年間にわたって心血を注いできたベル社の技術者たちの多くは、自分たちが学んだことをボーイング社と分かち合うことに戸惑いを感じていた。彼らの知る限りにおいては、ボーイング社は、将来、何らかの契約において、その技術を使ってベル社に競争を仕掛けてくる可能性があったからである。その一方で、ベル社の部長たちは、下請け会社にティルトローターに関する情報をボーイング・バートル社と共有するように指示しなければならない場合もあった。

グライナのベル社側のカウンターパートは、ロバート・リンであった。彼は、ボーイング社と働くことは、「これまでの人生でやってきたことで、最も困難なことの1つだ」と考えていた。業務はしばしば遅延するようになった。何かをどうやって行うかということについて両社が同意できなかったり、担当レベルの技術者同士では同意しそうになっても、結局、グライナなどの上層部に拒否されてしまったりするからであった。「俺は、いつも他の者たちに、グライナを何とかしろ、と言ったものでした」リンは私に言った。「グライナは、誰かと一緒に働くことができない人間なのです。自分が何かをやりたいと思った時は、絶対にそれを曲げないのです」

ただし、このパートナーシップに生じていた自然発生的な摩擦は、担当レベルでは大きな問題とはなっていなかった。技術者たちには相手の会社と接触することが制限されていた者も多かったが、ベル社とボーイング・バートル社は、2～3人の社員をお互いの工場に派遣し、お互いのやっていることを把握し、様々な事項の調整に努めていた。重役たちが参加する運営委員会が2ヵ月ごとに実施され、お互いに顔を合わせての話し合いの場が設けられた。技術者のためのビデオ会議を行うことも検討されたが、その頃はまだ技術的に困難であり、費用もかさむことから見送られた。その代わり、それぞれの技術チームは、毎週月曜日の午後に電話会議を行い、業務の進捗を確認するとともに、その週の予定を話し合った。個々の技術者たちは、お互いに電話をかけることができたし、ハーストからリドリー・パークまで、リドリー・パークからハーストまで、あるいはワシントンのすぐそばのクリスタル・シティにあるＮＡＶＡＩＲ（海軍航空システム・コマンド）の本部まで、それぞれの本拠地から少人数のグループが出張することも多かった。ファックスで設計図を取り交わすことも頻繁に行われた。しかし、技術者たちの間に意見の相違が生じたり、技術者たちの意見が上司に蹴られたりすると、両社間の文化の違いや50対50のパートナーシップが障害となることがあった。１９８９年に海軍の修士課程学生によって書かれたＪＶＸ計画に関する論文には、「2つの会社のうちの一方が欲しない決定が下されると、故意に仕事を長引かせたり、放棄したりする傾向があった」と記述されている。

＊　　＊　　＊

全く異なる会社が50対50のパートナーシップのもとで決定を下しながら、かつて経験したことのない量の複合材料を用いて重量を軽減し、ＪＶＸを「艦船で運用可能」にするためには、多くの課題が山積していた。それが一挙に噴出する最悪の事態となったのは、主翼収納機構の設計であった。この機構は、主翼を横方向から縦方向に胴体の上で回転させて、強襲揚陸艦の甲板の下に機体を降ろせるようにするためのものであった。胴体の一部であるこの主翼収納機構は、ボーイング社の責任範囲であったが、それに取り付けられる翼はベル社が製造することになっていた。このため、その設計には両社の同意が必要であったが、何年にもわたって同意に至ることができないでいた。

第2次世界大戦以降、海軍および海兵隊は、航空母艦での運用を可能にするため主翼を折りたためる航空機を使用し続けてきた。しかし、巨大なエンジン・ナセルとローターを有するＪＶＸの場合は、単に主翼にヒンジ（ちょうつがい）をつければ良いということにはならなかった。選択できる唯一の方法は、胴体の上にピボット（旋回軸）を設け、主翼が回転できるようにすることであった。簡単に聞こえるが、それは耐えがたいほどの緻密さを要求するものであった。

その機構は、飛行中は主翼を定位置に固定し、収納時にはその固定を解除して90度回さなければならず、その間、翼端に取り付けられたエンジン・ナセルの主翼をたわませるほどの重量に耐えなければならない。その機構は、また、胴体に荷重を加えて変形させないようにしながら、主翼を回転させなければならない。「胴体は頑丈にできているように見えるけれども、曲がったりそったりしてしまうものであり、主翼もまた曲がったりそったりしてしまうものなのです」と、ケネス・ウェルニッケは私に説明してくれた。「だから、もし胴体と翼の一方が曲がって、他方が曲がらなければ、主翼収納機構に引っ掛かりが生じてしまうのです」この問題を解決するため、主翼が収納されている時だけではなく、飛行中においても主翼の動きから胴体を分離できるような装置が必要であった。

他にもあった。主翼収納機構は、油圧および燃料配管、何千という電気、操縦系統などの配線の束を保持し、かつ回転させなければならなかった。さらには、この区域には、巨大なドライブシャフトも通さなければならなかった。このドライブシャフトの目的は、２つのローターを連結して、一方のエンジンが故障しても他方のエンジンで両方のローターを回せるようにすることである。これらのことに加えて、要求性能には、３度までのピッチング（縦揺れ）、15度までのローリング（横揺れ）および時速50マイル（秒速約22メートル）の風が吹く艦船の甲板においても主翼を格納できなければならないことが示されていた。しかも、その収納は、90秒以内で完了できなければならないのである。

これは、技術的問題の怪物であった。

この怪物を退治するため、両社は技術者たちの小さなグループを編成し、身支度を整えて出発させたが、その戦闘計画についてすらも合意に至ることができなかった。何ヵ月もの間、40以上の設計についてお互いに戦ったが、1つの設計に同意することはなかったのである。当時、ボーイング・バートル社の技術部長であったウィリアム・ペックと技術部JVX首席設計技術者のトーマス・グリフィスは、新しいチャンピオン、つまり設計上の突破口を切り開く能力をもった救世主を探し求めていた。そこで見出されたのが、4半世紀前から技術の世界で生きてきたボーイング・バートル社の古株、ウィリアム・ランバーガーであった。

リドリー・パークからエシントンに向かう道沿いの町で生まれ育ったランバーガーは、フィラデルフィアのドレクセル工科大学で工学の学位を取得した。1959年からボーイング・バートル社で働き、いくつかの特許を取得した彼は、既成概念にとらわれない男として知られていた。その人柄は魅力的で、生まれつき駆け引きに長けていた。主翼収納の問題に取り組み始めたランバーガーは、ベル社の技術者たちや気難しいことで悪名が知れ渡っていたケネス・ウェルニッケとさえも、うまくことを運んだ。しかし、ランバーガーは、夢の国に入ってしまっていたことに気づいた。「ベル社は自分のことをやり、ボーイング社も自分のことをやって、両社が集まって主翼収納ミーティングを開くことにしたのです」とランバーガーは私に言った。ところが、「両社が同意した結論は、それぞれが得られた結論にお互いに同意しない、ということだけでした。そして、お互いを無視するようになってしまいました。お互いに拒否権を行使し始めたのです」そんな状況の中、両社がすでに提案していた何十もの設計からそれぞれの特徴を抜き出して組み合わせようとするランバーガーの外交的解決法が関係者の心をつかみ始めた。

主翼を旋回させるために大きなセントラル・ベアリングを設けるというランバーガーの提案は、直径90センチメートルの巨大なボールペンの先端のようなものであった。ランバーガーからそれを見せられたボーイング・バートル社の技術者たちは、すぐにそれを気に入ってくれた。しかし、ケネス・グライナは、それが気に入らなかった。グライナには、それは複雑すぎるように思えた。グライナは、どうしても主翼収納機構を複合材料で作りたかったのである。ランバーガーは、再び製図版と向かい合った。

その一方で、ボーイング・バートル社の首脳陣は、シアトルの「巨大企業ボーイング社」からこの問題を解決するための数人の技術者たちを迎え入れた。ＳＷＡＴ（特別機動隊）のようなものである。そろそろ、問題は急を要するものとなってきていた。ベル社とボーイング・バートル社は、両社の意見の相違を解決し、ＮＡＶＡＩＲにその設計図を承認させ、試作機の製造を開始するための契約を締結する必要があった。数週間後、そのＳＷＡＴチームは、新しいメカニズムを考え出した。ベル社とグライナがそれを承認すると、シアトルから来た技術者たちは帰っていった。次の日、ペックを自分のオフィスに招いたグライナは、「ＳＷＡＴチームの設計は、絶対に受け入れない」と言った。それが複雑すぎると判断していたグライナは、「俺の飛行機にガラクタはいらない」と考えていたのである。

ＳＷＡＴチームがリドリー・パークにいる間、ランバーガーは自分自身の判断で密かに新しいアイデアを検討していた。１９８０年代の半ばまでには多くの技術者が設計にコンピューターを用いるようになっていたが、ランバーガーはそうではなかった。いつものとおり、紙に設計図を描くと、自分の理論を確かめるために厚紙で模型を作った。このため、机の引き出しの中には常に厚紙と木工ボンドが準備されていた。主翼の曲がりを十分に吸収できるしなやかさを備えつつ回転するその新しい設計を、ランバーガーは複合材料フレックス・リングと呼んだ。それは、グライナの要求を満足することを特別に意識して設計されたものであった。その模型を製作し終えたランバーガーは、グライナ、ペックおよびベル社の承認を受けた。試作品を作るための下請け企業との契約は、ボーイング・バートル社が行うことになった。ボーイング・バートル社とその下請け会社は、ほぼ1年間にわたって、それをテストした。そんなある日、シアトルの巨大企業ボーイング社の部長たちが複合材料フレックス・リングを却下したという知らせが届いた。ランバーガーは驚いた。あまりにも異常な事態であった。ランバーガーは、シアトルのボーイング社が問題としているのは、単にそのアイデアがあまりにも斬新すぎることだと考えた。

その頃、グライナは彼自身の設計を考え付いた。複合材ではなくステンレスで作られた固定リングを用いる「ベッド・フレーム」システムである。ベル社とボーイング社は、結局、グライナの主翼収納機構を試作機に搭載することになったが、それは重量が重く、整備性が悪く、かつ高価であることが分かった。ランバーガーは、フレックス・リングを決してあきらめなかった。それを改良し、回転軸であるキャプスタンを追加し、リングを回転させるケーブルを保持するようにした。ケーブルがどのように巻き付けられ、ほどかれるのか、その感触をつかむため、ランバーガーは1巻のたこ糸を購入し、糸を切ってケーブルの代わりを作り、彼が設計した厚紙のキャプスタンの周りに巻き付いたり、ほどけたりするようにした。数年後、グライナが退職すると、グライナの「ベッド・フレーム」は、ランバーガーのステンレス・スチール・フレックス・リングに取って代わられることになった。フレックス・リングは、３００ポンド（約１３５キログラム）の軽量化と、1個あたり30万ドルの経費節減をもたらした。ランバーガーの設計が採用されると、彼の同僚たちは、彼にニックネームを付けた。「ロード・オブ・ザ・リング」である。

「多くの時間を浪費してしまいました」ランバーガーは、肩をすくめながら私に言った。

＊　＊　＊

双方の会社は、予想される数多くの問題に関して、いつ終わるとも知れない議論を続けていた。誰がアビオニクスを製造するのか、操縦装置はヘリコプターのように働くのか、それとも飛行機のように働くのか、機体の尾翼はどんな形にするのか、などである。ベル社は、ＪＶＸにもＸＶ-15と同じようなＨ型尾翼を採用したかった。ボーイング・バートル社の技術者は、空力的に優れている上に、格好も良いＴ型尾翼を求めた。ボーイング社は、Ｔ型尾翼の図面に「テキサスのＴ」という標題をつけ、ベル社に甘い言葉を投げかけた。風洞実験装置での試験ではどちらの尾翼も空力的に問題がなかったが、艦船上での運用に関する要求性能が議論を呼んだ。カーゴ・ランプを装備する余積を確保するために後部胴体を当初の計画よりも高くしなければならなくなると、テキサスのＴでは高くなりすぎて艦船の甲板の下に格納することができなくなった。ＪＶＸには、高さを低くできるＨ型尾翼が採用されることになった。

両社は、ＮＡＶＡＩＲとも激しい論争を繰り広げた。そこでは、特に材料が問題となった。多くの論争の根源にあったのは、艦上運用であった。ＮＡＶＡＩＲとの間での関係者が二度と顔を会わせたくなくなったほどの辛辣な論争の1つは、ハニカムと呼ばれる構造に関するものであった。主翼や胴体などの構造部材を軽量化するため、航空機製造会社は、１９５０年代からハニカム構造を使い続けていた。航空機用ハニカムは、その名前から想像できるように、自然のミツバチの巣箱と似た構造となっており、アルミニウム製の６角形の空洞の殻を並べて作られるのが一般的である。この殻は、ソリッド構造の代わりに空気を用いることで重量を軽減するとともに、通常0・3ミリ以下という意外なほど薄い航空機の外板をその形によって補強し、十分な強度を得ることに貢献していた。ベル社は、アルミニウム・ハニカムをJVXの主翼に使用したかったし、ボーイング・バートル社は、ノーメックスと呼ばれる複合材料製のハニカムを胴体に使用したかった。これにより、何百ポンドという重量が軽減できると両社は計算していた。しかし、ハニカムには1つの問題があった。水分が6角形の殻の中に入って重量を増加させたり、アルミニウムを腐食させたり、氷結してハニカムと外板の間に隙間を生じさせたりすることが多かった。その場合、強度が低下し、飛行の安全が保てなくなるのである。その水分は、外板の「表面板」に発生した亀裂やへこみや外板パネルの隙間からハニカムに浸み込むものと考えられていた。塩水のスプレーが機体のどこにでもかかる海上においては、この問題がさらに厄介なものとなることを海軍は学んでいた。NAVAIRの主任構造技術者であり、気難しいキャリア官僚であるマイク・デュバリーは、JVXにハニカムを使用することに断固として反対していた。ボーイング・バートル社の同じように気難しい技術部長であるケネス・グライナは、同じように断固としてそれに賛成していた。

デュバリーがJVXのローターにハニカムを用いることに同意すると、ベル社は、この問題についての議論から離脱した。デュバリーとグライナの間に挟まれたボーイング・バートル社の技術者たちは、デュバリーの決心を変えようと、繰り返し試みた。「NAVAIRが望んでいる重量の航空機を実現するための唯一の方法は、ハニカムである」グライナは、部下の技術者たちに言った。しかし、クリスタル・シティにあるNAVAIRの事務所で2~3週間ごとに行われていた設計審査ミーティングにおいて、デュバリーはボーイング・バートル社のハニカムを使用する計画を拒絶した。その後、ボーイング・バートル社は、ハニカムを用いた新しい設計を再び提出した。「ハニカムは、お前らにとって、カビのようなものだな」デュバリーは、何回も不平を漏らした。「ちょっと目を離して、ひと月かそこら離れていると、別の小さなカビがどこからともなく発生して、また戻ってきて退治しなければならなくなるんだ」デュバリーがひどい悪態をつくようになると、ボーイング・バートル社のＪＶＸ首席設計技術者であるトーマス・グリフィスは、デュバリーと会ったり、話したりすることを拒絶するようになってしまった。

ある日、デュバリーの所に彼の上司がやってきて、「海軍長官が、あいつはかわいそうなバートル社の技術者たちに何をやっているんだ、と言っているぞ」と告げた。ボーイング社の誰かが、海軍長官のジョン・レーマンに、デュバリーに関する苦情を申し立てたのであった。デュバリーの上司は困っているというよりは面白がっているように見えたが、デュバリーは面白がっているというよりは困っていた。頭越しに議論が行われても、デュバリーの態度は変わらなかった。「ボーイング社の連中は、俺を怒らせたかっただけなのです」デュバリーは私に語った。「問題は、やつらに強化された外板を設計するのに必要な技術力がなかっただけのことなのです。ハニカムは、怠け者で頭の悪い技術者の考えることなのです」デュバリーは、そのお返しとして、ボーイング・バートル社の技術者たちに対する自分の意見をシアトルのボーイング社重役に伝えた。

デュバリーがグライナの技術者たちに譲歩したのは、ＪＶＸの胴体に取り付けるドアや小さな点検パネルなどの交換が容易な部位にノーメックスのハニカムを使うことだけであった。ただし、それを認めたのは、数年後にベル・ボーイングが試作機の製造を開始した後のことであった。基本設計の段階では、デュバリーは、ハニカムを断固として拒絶した。代替案として採用されたのは、その外板が用いられる部位に必要な強度に応じ、５層から12層で構成される中空ではない複合材料を用いることであった。ボーイング・バートル社は、その外板が形状を維持できるように、Ｊ字型の

「スティフナー（補強材）」を胴体の内側に追加するという方法を考えだしたのである。しかし、ハニカムに比べれば重かった。

デュバリーは、防弾ベストに使われる素材として有名な複合材料のケブラーを胴体の床下構造に使用するというボーイング・バートル社の計画も拒絶した。ケブラーは、航空機が墜落した時の搭乗員の防護に役立つと期待されていた。その悪い知らせがシアトルのボーイング社から伝えられた時、その床下構造を担当していたのは、ボーイング・バートル社の技術者であるデレック・ハートであった。ハニカム構造のケブラー外板は、巨大企業であるボーイング社により、1983年に就航したボーイング757ジェット旅客機のフラップ（下げ翼）およびエルロン（補助翼）の内部に使用されていた。ロサンゼルスとメキシコシティの航路に使われていた757において、ケブラーの外板上に水蒸気の凝結が発生した。高温の空気と低温の空気の中での飛行を頻繁に繰り返していたことが原因であった。後で分かったことだが、外板の防水性能が不足していたため、ハニカムに進入した水分が氷結して、ケブラー外板を押し上げたのであった。ハートは、まだその問題を思案していた頃、ある電話を受け取った。電話の主は、デュバリーであった。

「すぐにここに来い、ケブラーについて話がある」とデュバリーは命じた。次の日、クリスタル・シティのNAVAIRの事務所まで車で向かったハートがデュバリーのオフィスに到着した時、「顧客」から明確な指示が与えられた。「俺は、お前たちがケブラーを床下に使う設計をしていることを知っているぞ」デュバリーはハートに言った。「そんなものを俺の飛行機に使うな」

＊　　＊　　＊

重量という単純な問題に、全く解決の目途が立っていなかった。基本設計が終わろうとしているのにもかかわらず、未だにNAVAIRの当初の要求性能である3万1886ポンド（約14・5トン）の空虚重量を数千ポンドもオーバーしていた。NAVAIRが認めていた2500ポンド（約1トン）の重量増加の許容をさらに拡大しようとする「重量紛争」が起ころうとしていた。この問題は、機体価格の高騰ももたらしていた。この段階での機体設計上の概算費用は、機体構造1ポンド（約0・45キログラム）あたり約1000ドルであった。ブレード折りたたみ・主翼収納機構の重さは2000ポンド（約900キログラム）程度であり、言い換えると、200万ドル程度の費用が見込まれた。複合材料の胴体にハニカム構造を用いないことは、さらなる費用の増大をもたらす。そして、より強力なエンジンを使用することも重量増につながる。このリストは、まだまだ続くのであった。

技術者たちには、このような大型のティルトローターにおいて、重量が問題となることが最初から分かっていたが、ここまで大きな問題となるとは誰も予想していなかった。複合材料を使用すれば、JVXの重量を同じ大きさのアルミニウムの航空機よりも約25パーセント削減できると考えられていた。「フライ・バイ・ワイヤ」方式の操縦系統も重量を軽減すると考えられていた。にもかかわらず、これらは、結局、重量を増加させることになってしまった。

全複合材料製の胴体は、ハニカムを使用できないことだけではなく、ボーイング・バートル社のリスク低減検討が予期しない結論に至ったことにより、大幅な重量の増加をもたらした。その結論とは、胴体に使用され、その大きさに応じて「フレーム」または「フォーマー」と呼ばれる複合材料製のリブは、角部に曲がりをつけながら必要な荷重を支えなければならないため、予想していたよりも厚くする必要がある、というものであった。複合材料のフレームとフォーマーには、もう1

つ別の問題もあった。ボーイング・バートル社の製造作業員が手作りのサンプルを製造してみたところ、高圧釜から出てきた2つの部品を同じ厚さと強度にすることは、ほとんど不可能であることが分かった。本棚に使われているL型金具を、ビニールテープを重ね合わせて直角になるようにしてから、硬く焼き上げて作ろうとするようなものであった。繊維を固めるためのエポキシには、厚すぎる所と薄すぎる所ができてしまい、しわや空洞が生じて、焼き固めた時に強度が弱くなってしまうのである。3週間から4週間をかけ、大変な苦労をして、かつ、多額の費用をかけてフレームやフォーマーを作りあげても、10個のうち3個から4個が無駄になってしまうのであった。

フライ・バイ・ワイヤも、ベル・ボーイングが予想していたようには重量を軽減できなかった。理論的には、電気式の操縦系統は、機械式のものよりもはるかに軽量になるはずであった。電線は、スチール・ロッドよりも軽いからである。しかし、JVXにおいては、1発の弾丸が1つの系統を損傷させた場合でも飛行を継続できるようにするため、3重の系統にすることが要求されていた。当時は、現在のコンピューターやテレビにつながっているような、細いケーブルもなかった。使われていたのは、ゴムの絶縁体で包まれた何千本もの電線を束にした苗木の幹ほどの太さのケーブルであった。これを使った3重のフライ・バイ・ワイヤ・システムのワイヤーの重量は、単独の機械式操縦系統よりも重くなってしまうのであった。ただし、単独の機械式の操縦系統では、JVXの生存性（サバイバビリティ）に関する要求性能を満たすことができなかった。

重量に関しては、もう1つの決心が必要とされた。それは、JVXが飛行を開始した後も数多くの頭痛の種を生み出した。JVXには、その頃のヘリコプターや一般的な固定翼機が使用していた従来型の油圧系統に代えて、特別に軽量なものを使用することが決定された。油圧系統とは、液体に力を加えることによって重い物を動かす装置である。その液体には、通常、オイルが使われ、チューブを通じてシリンダーへと送り込まれる。閉じ込められた液体が「アクチュエーター」と呼ばれるシリンダーに送り込まれると、ピストンを圧し、それが金属製のロッドを押して、ローター・ブレードやエルロンなどの重い物を動かすのである。その頃のヘリコプターや一般的な固定翼機には、内部圧力が3000psi（ポンド毎平方インチ）の油圧系統が用いられていた。これに対して、戦闘機においては、5000psiの油圧系統が使われ始めており、はるかに少ない量の液体で、はるかに細いチューブを使って、はるかに小さなアクチュエーターを動かすようにして、システムの重量軽減を図っていた。ベル社とボーイング・バートル社は、JVXに5000psiのシステムを採用することに決定した。このため、チューブには、通常のステンレス・スチールではなく、チタニウムで造られたものが使用されることになった。チタニウムは、ステンレス・スチールのおよそ半分の重さで同じ強度を有しているが、ステンレス・スチールよりももろく、作動油漏れを生じやすかった。JVXの技術者たちの中には、5000psiのシステムは、整備上の問題を引き起こす可能性があることが分かっていた者もいた。ジェット戦闘機のチューブと違い、JVXの油圧チューブは機体の形状に沿って複雑に曲げられなければならず、エンジン・ナセルが傾けられる時に曲げ応力が加わるからである。一方、技術者たちには、他に選択の余地がないことも分かっていた。標準的な3000psiの油圧系統を用いて、この大きさのティルトローターを製造することは不可能なことが明らかであった。また、アクチュエーターの大きさと重量に関する要求から言っても、油圧系統は5000psiでなければならなかった。

このような重量軽減対策を行っても、JVXの空虚重量は、NAVAIRの要求する3万1886ポンド（約14・5トン）を大きく超え、おそらく3万4000ポンド（約15・5トン）もしくは3万5000ポンド（約16トン）に達すると見積もられた。十分な出力のあるエンジンと空力的に適当な大きさのプロップローターが使用できれば、搭載量に関する要求性能を満足できたかもしれなかったが、それには遠く及ばない状態であった。

１９８５年、基本設計が完了した両社は、試作機用の部品の組み立てに必要な、何千枚もの詳細図の作成を開始した。ウェルニッケの悩みは、世界最初のティルトローター実用機をどうやって実現させるかということであった。ウェルニッケは、ベル・ボーイングは、要求性能の一部を削除するようにＮＡＶＡＩＲを説得しなければならない、と上司であるスタン・マーチンに言い続けていた。妥当なレベルまで機体重量を削減するには、それしか道がなかった。「『あいつらにねじ込まないとだめだ。俺たちはまっとうな飛行機を作るか、何も作らないかのどちらかしかないのだ』という立場で行くべきです」とウェルニッケはマーチンに言った。「しかし」とウェルニッケは私に語ったのであった。「そうは問屋が卸しませんでした。我々には、やつらから金をもらってやつらの言うとおりに作るか、計画を放棄するか、そのどちらかしかなかったのです」

ウェルニッケは、その時すでに、要求性能に対する自分の意見を「顧客」にも伝えていた。その返事は彼の上司の所に来た。ウェルニッケは、ＮＡＶＡＩＲには一度か二度しか行ったことがなかった。すぐに時間の無駄だと分かったからであった。さらに、ベル社との製造管理会議に行くこともやめてしまった。試作機の製造が始まると、ベル社はウェルニッケを異動させ、ティルトローター設計者の責任者を他の者に交代させてしまった。ウェルニッケには新しい役職が与えられたが、これ以降、ウェルニッケがこの大きな技術者チームで頭角を現すことはなかった。その代わり彼は、毎日、ほとんどの時間をＪＶＸの重量を減らす方法を見つけるために使ったのであった。

「我々もそうだったが、ウェルニッケは、そのプロジェクトが実現すると思っていなかったのです。だから、その仕事を続けたくはなかったのです。１１０パーセントの意気込みをもって取り組むことのできないプロジェクトには、関わり合いになりたくなかったからです」当時、ウェルニッケの上司であったスタン・マーチンは、私に語った。

最初の試作機が飛行するのは何年も先のことになるのであったが、それがどんなものになるのかは、すでに分かっていた。多くの決断を行ってその航空機の形態を決定してきたウェルニッケが悩んでいたのはそこであった。

ロバート・リヒテンの部下になってから20年以上が経っていたウェルニッケは、ティルトローターの真の信仰者となっていた。「ティルトローターに自分の人生を支配されるな」というリヒテンの忠告を忘れたことはなかったが、ウェルニッケの思いは徐々にティルトローターに支配されていた。１９５０年代から、すべてのガレージにヘリコプターが入っているような時代がいつか来ると本当に思っていたウェルニッケは、そうなるように努力しようと思っていた。しかし、１９６５年に決してそうはならないことを知った彼は、そのことにいらだっていた。リヒテンとティルトローターから新しい刺激を与えられ、それが自分の経歴を支えてきたと思っていたウェルニッケにとって、その仕事は極めて重大な意味を持っていた。ウェルニッケが加わる少なくとも30年前から、民間機でも通用するこの種の航空機を製造しようとしてきた技術者たちや発明家たちがいた。その航空機とは、垂直に離着陸ができるだけではなく飛行機のように飛行できるものであり、空を征服できるマシーンであった。ウェルニッケは、自分とロバート・リヒテンが、そのようなドリーム・マシーンを作る唯一の実行可能な方法がティルトローターであると確信した最初の２人であることに誇りを持っていた。もちろん、最初にその見込みをもったのはリヒテンであったが、ウェルニッケがベル社の技術者たちとＸＶ-15を設計し、製造した時、ティルトローターが世界を変えることを完全に確信できるようになったのである。なるべくしてそうなったのだ、とウェルニッケは考えていた。あまりにもそのことを強く確信していたウェルニッケは、周りを見回しながら思うことがあった「なぜ、今さらヘリコプターを作るんだ？　なぜ、皆はティルトローターを作らないんだ？」１９２７年にチャールズ・リンドバーグが世界初の大西洋無着陸飛行を成し遂げ航空機の歴史と世界を塗り替えたまさにその場所で１９８１年に開催されたパリ航空ショーにおいて、XV-15が人気を独占した時がターニング・ポイントであった。あの時、本当のティルトローター実用機を製造するチャンスがベル社に与えられることをウェルニッケは確信していた。それは、ティルトローターが本当のドリーム・マシーンであることを世界に証明するチャンスであった。そして、軍は、ＪＶＸとそのばかげた要求性能を思い付いた。その要求性能は、拘束衣のようにウェルニッケの行動を制約し、ティルトローターは結局実現せず、将来において実現しないアイデアであると人々に思わせるような航空機を設計することを強要した、とウェルニッケは考えたのであった。

ＪＶＸの設計を監督するためにベストを尽くしたウェルニッケであったが、その結果には悔しい思いが残った。今にして思えば、XV-15は美しかった。彼女は、美しいボディラインと、かわいい顔と、キュートな小さなしっぽと、ちょうど良い大きさのエンジン・ナセルをもっていた。ＪＶＸは、それに比べると野獣のようになろうとしていた。ベル・ボーイングの元々の完成予想図は空力的に洗練された航空機であったが、ＪＶＸは、違ったものになっていた。それは、イルカに似た機首とクジラのように太った胴体を持っていた。胴体の底から横に「スポンソン」と呼ばれる大きな突起物が張り出し、後方降着装置と一部のアビオニクスが収納されていた。技術者たちは、ベル・ボーイングが提案した流線型のスポンソンをずんぐりとしたものに代えるように強いられたのであった。ＪＶＸの航続距離に関する要求を満たすため、燃料を収納する場所がなかったからである。それは、ダイエットに失敗した人のぜい肉のようであった。確かに、ＪＶＸはダイエットに失敗していた。唯一の優美なラインは、胴体の後端からH型尾翼までのテーパーがかかった部分だけであったが、尾翼自体は大きすぎた。主翼を格納する時にエンジン・ナセルを回すためのスペースを確保するため、後部胴体も湾曲していた。新型ティルトローターの背中に、牛の首にかけられたくびきのように掛けられる主翼は、厚くてどっしりとしていて、わずかな前進翼になっていた。両方の翼端には、オスプレイの最も衝撃的な特徴である見てくれが悪いほど大きなエンジン・ナセルが取り付けられており、ポパイの太い前腕部のように膨れていた。それぞれのエンジン・ナセルには、このようなマシーンを浮き上がらせるために大きくなければならなかった無骨なタービン・エンジンが組み込まれることになった。それらのエンジンには、かなり小さくさせられたものの、それでも大きく見える３枚ブレードのプロップローターが取り付けられるのであった。

「丸ぽちゃの飛行機だったのです」ウェルニッケは私に語った。「私は、いつもそれが醜いと思っていました」そう語る彼の表情は、悲しげであった。

第6章　若き海軍長官のオスプレイ

1984年11月9日（金曜日）の夜、きらびやかなワシントン・ヒルトン・ホテルに到着したボーイング・バートル社の社長であるジョセフ・マレンは、足を引きずりながら海兵隊創立記念式典の出迎えの列の間を通り抜けると、ジョン・レーマンのそばで立ち止まった。タキシードをまとった若き海軍長官は、わけもなくニヤニヤ笑いながらマレンの手を握ると、自分の脇に立たせた。

「『オスプレイ』と呼ぶことにする」とレーマンは告げた。「君の会社は、いい名前を選んだな」

レーマンは、まるで自分がその親であるかのように、ＪＶＸ（統合次期先進垂直離着陸機）に名前を付けたのであった。その年の初め、レーマンは、ベル・ヘリコプター社、ボーイング・バートル社およびＮＡＶＡＩＲ（海軍航空システム・コマンド）に対し、部内コンテストを行って、名前の案を出すように指示していた。その案の中には、ティルトローターが飛ぶ様子を思い起こさせるものもあったが、歴史や伝説、神話から引用されたものが多かった。ベル社が提案したのは、ケンタウルス、コンドル、エクスカリバー、グリフィンおよびペガサスであった。ＮＡＶＡＩＲからは、バンディット、センチュオン、コマンチ、ドラゴンフライ、ジャヴェリンおよびストーカーという案が出された。ボーイング・バートル社は、ハミングバード、ランサー、パンツァーおよびオスプレイというアイデアを出した。その中でレーマンが気に入ったのは、「オスプレイ」であった。世界中のどこでもみられる中型の水鳥であるオスプレイ（和名ミサゴ）は、茶色と白色の羽毛で覆われた猛禽類である。自然界のミサゴは、魚を主食とし、上空でホバリングしてからダイビングし、強力なかぎ爪で魚を捕らえる。その後、垂直に離陸し魚を海岸まで運んでから食べるのである。ＪＶＸは、米国に対する敵を自分自身で捕食するものではないが、敵を急襲する海兵隊員を運ぶためのものであるところがミサゴに似かよっていた。レーマンは、そこが気に入った。国防総省は、新しいティルトローターの「ＭＤＳ命名法」の文字および数字を決定し、通達を発簡した。それは、垂直離着陸（バーチカル・テイク・オフ・アンド・ランディング）を意味する「Ｖ」とＶ型航空機の登録リスト上の順番を示す「22」であった。１９８５年1月、ＪＶＸは、Ｖ-22オスプレイと正式に命名された。

自分自身でオスプレイと名付けたことは、そのプロジェクトに対するレーマンの父親的な態度を表していた。海兵隊にティルトローターを調達するように言って、それが生まれるきっかけを作ったのは、レーマンであった。また、ベル・ヘリコプター社とボーイング・バートル社の社長にパートナーを探させ、両社がこの事業に共同入札するように仕向けたのも、レーマンであった。両社と海兵隊が議会で支援を得られるように工作し、この事業をスタートさせたのも、彼であったそうであった。１９８２年12月に陸軍がこの事業から撤退した時、海軍に主導権を握るように圧力をかけたのも、１９８７年に海軍長官を離職するまで、レーマンは、悪賢くかつ強力な影響力を行使し、オスプレイに対する攻撃を避けたり、少なくともその攻撃を鈍くしたりしたのである。

ベル社とボーイング社は、最初は彼のような後援者の存在を歓迎していた。オスプレイは、レーマンによって生み出された時、すでに絶滅危惧種であったからである。各軍種や国会議事堂で利益を奪い合っていた軍需企業は、その飛び立とうとするヒナを注意深く監視していた。国防総省が今後20年間にわたって新しいティルトローターに投入するであろう10億ドルと見積もられる予算を、虎視眈々《こしたんたん》と狙っていたのである。レーマンがそのヒナを自分の翼の下に守っていなければ、オスプレイの敵たちは、基本設計が完了する前にそれに襲いかかり、奪い去ってしまったことであろう。このため、ディック・スパイビーやベル社やボーイング社の他の者たちは、レーマンがオスプレイを我が物のように振る舞うのを好ましく思っていた。しかしながら、レーマンが退任する頃には、彼がいなくなることを望むようになっていった。

＊　＊　＊

オスプレイが潜在的に有している問題は、まだそれがＪＶＸと呼ばれている頃からすでに顕著化していた。問題の発端となったのは、陸軍で２番目に地位の高い文官であり、白髪の薄い唇をした仕事中毒のジェームズ・Ｒ・アンブローズ国防次官であった。彼は、レーガン政権に参加するまで、軍需企業の重役として36年間働いていた。国防総省での職についたアンブローズは、止まるところを知らない情報要求で部下たちを悩ませるようになった。ある疑問に対する回答を知りたくてたまらなくなった時には、たとえ夜中の２時や３時であっても陸軍のプログラム・マネージャーに電話をすることをためらわなかった。自分自身のやり方を「質問による管理」と呼んだアンブローズは、ティルトローターに関する質問を十分に行った上で、陸軍にはもっと優先度の高いものがあると決断した。

１９８２年12月、アンブローズは、まず、ＪＶＸの管理を海軍省に委譲した。そして、ＮＡＶＡＩＲが新しいティルトローターに関する契約をベル・ボーイングと締結してからわずか２週間後の

1983年5月13日、陸軍がその事業から完全に撤退することを発表したのである。「担当部署および機関に対し、陸軍はもはや関係者ではないということを通知されたい」アンブローズは、覚書をもって陸軍参謀に指示した。

アンブローズのこの決断は、海兵隊やレーマンにとって不意打ちであった。そんなことが起こるとは思っていなかったし、陸軍なしでは、JVX事業全体が崩壊するかもしれなかった。陸軍の離脱は、いくつかの点で国防総省および議会の支援を弱体化すると思われた。まず、陸軍は、電子偵察任務用に調達を計画していた288機のオスプレイを購入しないことになる。そのことは、海兵隊、海軍および空軍が購入する機体の価格を高騰させることになる。通常の企業と同じように、航空機製造企業も、大量に売れなければ価格を安くできないからである。空軍は、すでにオスプレイの調達機数を200機から80機に削減していた。ティルトローターの価格が上昇すれば、空軍も陸軍に追従し、この事業から完全に撤退する可能性があった。たとえ空軍が残ったとしても、海兵隊がJVXに必要な予算を獲得することは、それまでよりも困難になると思われた。陸軍は、ティルトローターに反対するだけではなく、その代わりとなる別なプロジェクトのための予算を要求しようとするからである。最も問題なのは、陸軍なしではJVXはもはや「統合事業」ではなくなり、主要なセールス・ポイントの1つを失うことであった。国防長官府や議会の者たちは、最も予算の少ない海兵隊が本当にこの新しいマシーンに必要な支出を担うことができるのかどうか、疑問に思わざるを得なかった。オスプレイ1機あたりの価格は、すでに約1500万ドルに達すると予想されており、その開発コストや将来のインフレを考慮すればさらに高騰することが予想された。

海兵隊は、アンブローズの決断を覆すか、少なくとも修正するように要求することを決心した。海軍省は、この問題をDRB（国家安全保障資源審議会）の秋期会議において直ちに提起した。当時、この委員会は、高官たちが国防総省の予算を分配する場となっていた。DRBがこの問題を取り上げた時、7月に海兵隊総司令官に着任したP・X・ケリー将軍は、陸軍参謀総長であるジョン・ウィッカムを「こき下ろし」た。海兵隊司令部からケリーの補佐役を命ぜられたロバート・マグナス少佐は、夏季休暇を返上してブリーフィングの準備を開始した。

海兵隊は、また、国会議事堂における「膨大すぎる支出」という批判を鎮めようとした。1983年の7月28日の米上院国防歳出小委員会において、航空担当副参謀長であるウィリアム・フィッチ中将は、海兵隊航空予算について証言を行った。委員長であるアラスカ州共和党上院議員のテッド・スティーブンスは、第2次世界大戦中の陸軍航空隊の輸送機パイロットであり、軍に親近感を持っていた。ロビイストのジョージ・トラウトマンは、2年前に国会議事堂でベル・ヘリコプター社のための活動を開始した時、ティルトローターが軍用機としてだけではなく民間機としても理想的であるという主張を繰り広げたが、その主要な標的となったのがスティーブンスであった。スティーブンスは、その主張に納得した。

7月の公聴会は、ダークセン上院ビルにあるSD-192号室で開かれた。ネオローマン調の豪華なその部屋は、天井が高く、明るい色の木目調と緑色のモンテベルデ大理石調の羽目板で囲われていた。スティーブンスと他の2人の上院議員は、少し高い所にある半円形の演台の後ろに座っていた。フィッチは、長い木製の証人席に座っていた。彼の後方にあるレザー製の椅子には、軍隊のスラングで「馬の番人」と呼ばれる数人の副官たちが控えていた。フィッチのお気に入りであったマグナスも、その中の1人であった。

スティーブンスは、わざと反対意見を言い、見せかけの質問をしながら、フィッチが海兵隊の主張を発言できるようにした。これは、陸軍のJVX撤退について、上院議員たちがその意思を決定する前に議会の意思を形作るための作戦であった。「私は、図らずも、個人的には、ＪＶＸティルトローターに非常に興味を持っています」スティーブンスは、フィッチに言った。「しかし、それは、予算の許す範疇《はんちゅう》においてであります。海兵隊だけのためにティルトローターの開発を続けるのは何故なのか、理由を答えて頂きたい」

「統合事業は、まだ続いているのです」フィッチは言った。陸軍と空軍が離脱しても、「この事業が行おうとするものがある限り、単独でもそれを継続する十分な理由があるのです」とフィッチは宣言した。「ＪＶＸは、我々の研究・開発の中で、おそらく最も優先すべきものなのです」

「なぜ、代わりにブラック・ホークを購入しないのですか？」スティーブンスは問いかけた。「海軍は、シコルスキー・エアクラフト社が艦船での使用における塩水のスプレーによる腐食などの環境に耐えられるように改善し、『海上運用』に適合させたブラック・ホークをすでに購入しているではないですか」

それは、ごく最近になってティルトローター支持者たちに聞こえてきた主張であり、つぼみのうちに摘み取っておきたいものであった。この主張を繰り広げたのは、ペンタゴンで最も権力のある官僚の1人であるデビッド・Ｓ・Ｃ・チュウであった。彼は、通常「ＰＡ＆Ｅ」と呼ばれる事業解析・評価部の部長であり、主要国防事業の費用対効果の分析を行う経済学者や数学者たちを率いていた。彼らの行っていることは、簡単に言えば、いかにして支出に勝るものを得るか、ということを解き明かすことであった。それは、誰にでもできるような計算であった。彼らのおおざっぱな見方によれば、ティルトローターは、ブラック・ホークよりもはるかにコストを必要とした。おそらく、1機あたり5倍のコストがかかる計算であった。しかし、スティーブンスは、この問題を取り上げるようにフィッチに依頼した。マグナスが、強力な答えを準備していたからである。

海兵隊がティルトローターの代わりにブラック・ホークを購入したならば、「それらのブラック・ホークを載せるために、６隻の艦船を購入しなければならなくなる」とフィッチは警告した。マグナスは、ＪＶＸが24名の海兵隊員を乗せられるのに対し、ブラック・ホークは11名しか乗せられず、強襲揚陸艦の甲板にはそれほど多くの航空機を載せられないという事実から、そのことを推定していたのだ。おおざっぱに言うと、同じ時間内に同じ人数の海兵隊員を運ぶためには、ＪＶＸの2倍の機数のブラック・ホークが必要となる。それらのブラック・ホークを発艦させるためには、もっと多くの艦船が必要であり、それには航空機よりももっと費用がかかるのである。

やり取りが進むにつれ、スティーブンスは新しい役割を担った。わがままな子供に、リスクの高い行動をやめるように説得しようとしている親のような役割である。心配ではあるものの、子供の勇気を誇らしく思う親が「だめだ」と言えるであろうか？

「あなたが進めているのは、４１０億ドルの事業だということを認識されていますか？」スティーブンスは、インフレを考慮した場合に20年間で必要となると見積もられる費用を引き合いに出しながら質問した。

「はい、そのことは良く理解しています」フィッチは、断言した。

「海兵隊だけでですよ?」スティーブンスは、念を押した。「それに、もし議会が予算を認めなかったら、ヘリコプターがない状態になるのですよ」

「決して海兵隊だけではありません。海軍省もそうなるのです」フィッチは答えた。

フィッチは、海軍省がレーマンの言いなりである、ということを付け加える必要はなかった。それに、レーマンは、陸軍がＪＶＸ事業に残ることを望んでいた。海兵隊が議事堂でこの問題について嘆願し、アンブローズと戦う準備をしている間に、レーマンは、勝利を獲得するための戦略を思い付いていた。アンブローズの頭越しに事を進めたのである。

陸軍の調達に関しては、アンブローズの言葉は、通常、最終判断であった。陸軍長官のジョン・O・マーシュ・ジュニアは、バージニア州の元下院議員であり、議会対策担当の国防次官補だったこともあった。マーシュは、政策および議会対応を担当し、アンブローズに技術面と調達問題を担当させた。しかしながら、マーシュは、レーマンとも仲が良かった。2人は、数日に1回は一緒に昼食を食べたり、コーヒーを飲んだりしていた。その夏のある日、レーマンはマーシュに取引を持ち掛けた。「JVXが完成した後、陸軍がそれを調達することに同意さえしてくれれば、陸軍にティルトローターの開発に資金を投入させようとはしない」というものであった。「私にとって、それは最善の提案でした」レーマンは私に語った。「なぜならば、陸軍にこの事業を台無しにするような要求をさせることなく、その支援を受けることができるからです」レーマンとマーシュの取引を実現するためには、DRB（国家安全保障資源審議会）の承認を受けなければならなかった。そこでは、陸軍参謀総長のウィッカムと海兵隊総司令官のケリーがこの問題について討議を行うことになるのであった。

1983年9月19日、DRBは、国防長官の会議室で会合を開いた。ペンタゴンのE回廊にあるその会議室は、大きな長いテーブルでその部屋のほとんどが占領されていた。レーマンとマーシュの取引以降、その審議会の議題は、陸軍がJVXの海兵隊仕様を購入するか、それとも事業から完全に撤退するかという問題に移った。その会合には、レーマン、チュウおよびアンブローズを含む17人の高官たちが出席していたが、投票は予定されていなかった。DRBは、民主的な決定を行う場ではなく、単なる議論の場に過ぎなかったのである。通常は、議長を務める国防副長官のポール・セイヤーが最終決定を下すことになっていた。

ＪＶＸに関する討議の口火を切ったウィッカムは、陸軍は、海兵隊が欲しているティルトローターのような巨大な太っちょの航空機を必ずしも必要とはしていない、と言った。そして、アンブローズが推進しているプロジェクトの１つであるＬＨＸと呼ばれる軽量の多用途ヘリコプターを切望している、と述べた。次に発言したケリーは、マグナスが準備した15枚のスライドを使いながら詳細なブリーフィングを行い、部隊および物資の空輸などの任務においてティルトローターがかに素晴らしいものであるかを説明した。あるスライドには、陸軍は、戦場への部隊輸送や戦場からの患者後送に、２３１機のティルトローターを使用できる、と述べられていた。そして、陸軍が、当初、ＪＶＸの任務として考えていた電子偵察任務は、他の機種が担うことになるだろう、と記載されていた。ケリーの発言が終わると、ウィッカムがＪＶＸとその巨大なローターをあざ笑った。「これは怪物だ！」と彼は一蹴した。ケリーは、ウィッカムが座っている所まで静かに歩み寄った。身長１７７センチメートル、体重70キロのウィッカムは、小さな男ではなかったが、きゃしゃな方であった。身長１８３センチメートル、体重91キロのケリーがその巨大な姿を現すと、ウィッカムは完全な劣勢に見えた。「ジョン」とケリーは叫んだ。「お前にとっては、何だって大きいんだろう」

部屋は、笑いに包まれた。それが収まると、セイヤーが言った。「分かった。どちらの意見にも同意する」

それは、レーマンとマーシュとの取引が承認されたことを意味した。陸軍は、ＪＶＸの開発には１銭も払わないが、ティルトローターの開発が終われば、原則として、２３１機の海兵隊仕様機を調達するのであった。すべての開発経費は、海軍と空軍により負担されるが、ティルトローター支持者たちは、議会などからこの事業への陸軍の参加に関する質問を受けた時に、きっちり２３１機の「要求」がある、と答えることができるだろう。その数を決めたのは、陸軍次官補の研究開発補佐官であったグレン・ヤーブローであった。「雲をつかむようなものでした」ヤーブローは私に語った。ヤーブローは、最初はもっと丸めた数字を使うつもりであったが、２３１の方がより「分析結果っぽい」と考えたのであった。

上院での公聴会において、スティーブンスはフィッチに言った。「この役立たずが欲しいのであれば、お渡しできるように最大限に努力しますよ。でもそいつを手にしたら、きっと驚きますよ」

スティーブンスは、正しかった。ドリーム・マシーンを追求する旅は、海兵隊を荒っぽいドライブへと連れ出そうとしていたのである。その装備は、ディック・スパイビーが１９６０年代に関わっていたジェームズ・ボンドばりのレスキュー装置である「フルトン・ピックアップ・システム」に匹敵するほど、無謀に思えるものであった。フルトン・ピックアップは、機首にフォークを取り付けた航空機でヘリウムを充塡したバルーンに取り付けられたケーブルを引っ掛けて、動けなくなったパイロットやスパイを地面から吊り上げるものであった。その航空機は、重力の10倍の加速度でパイロットなどを空中に飛び上がらせると、ウインチを使って機体後方の空中から下部貨物室に引き込むのである。

海兵隊にとって、バルーンはすでに揚げられていた。

＊　＊　＊

ＤＲＢの会合から４ヵ月後のじめじめとした寒い1月の午後、スパイビーとマグナスはイギリスのグリニッジにいた。イギリスに出張中であったベル・ヘリコプター社の営業担当者と海兵隊の担当士官である2人は、その日の午後、スパイビーの提案によりグリニッジ天文台に数分間立ち寄っていた。その天文台は、ロンドンの南東側近郊にある草地の丘の頂上にあった。スパイビーは、北極から南極に引かれ、東半球と西半球を分けている架空のラインであるグリニッジ子午線をまたいでみたかったのである。

スパイビーとマグナスは、軍需企業と軍の間に引かれた目に見えない想像上の一線を越えてしまうことが多かった。3年近くにわたって、ティルトローターの導入を推進し続けてきたこのチームは、軍産複合体で活動する小宇宙のようなものであった。スパイビーがフォートワース、マグナスがワシントンにいる間も電話で話し合い、うわさや情報を交換し、戦術や戦略を議論して、JVX計画を成功させるための新しい方法を作り上げてきた。マグナスは、ベル社が特定の将軍や政府高官をXV-15の搭乗に招待するように勧めたり、国会議事堂や国防総省での会議でブリーフィングした際の印象を教えたりしてきた。スパイビーは、技術者たちから得られた進捗状況を伝えたり、ブリーフィングで使えるデータを教えたりしてきた。また、この計画に関して、国防総省やNAVAIRで何が起こっているのかを教えて貰《もら》っていた。スパイビーがワシントンに来た時には、関係者たちに対するJVXのブリーフィングをマグナスとペアを組んで行うことが多かった。2人は、スパイビーが「販売促進会」と呼ぶ航空関連会議に参加するために国中を飛び回った。マグナスは、入念に作り込んだスライドを使ってブリーフィングを行った。海兵隊がティルトローターをどのように使おうとし、海兵隊の陳腐化した強襲上陸能力を蘇《よみがえ》らせ、戦場における機動性を劇的に向上させ、世界のどこにでも直ちに派遣可能にしようとしている、ということを説明した。スパイビーは、航空技術者としての経験を活かし、ティルトローター技術の特性に加えて、ベル社とボーイング社の技術者たちがいかにしてJVXを設計しているか、ティルトローターが何をできるようになるのか、この新しい飛行方法が軍用機だけではなく民間機を含めた航空の世界にいかなる革命をもたらすか、ということを語った。

グリニッジを訪問する前日、スパイビーとマグナスは、イギリス国防総省のホワイトホールと呼ばれる庁舎において、軍人や軍需企業の重役たちに自分たちのショーを披露していた。それは、ジョン・レーマンがアレンジした訪問であった。スパイビーは、イギリスがこの事業に加わる可能性は少ないと考えていたし、実際、そのとおりであった。ただし、2人は、他のベル社およびボーイング社の営業担当者、ロビイストおよび重役たちと同じように、JVXの支持基盤を幅広く強化することが必要だと感じていた。

米国政府においては、年度予算のサイクルの中で決定されない限り、いかなる事業も完全に納得されることはなく、いかなる問題も決着しない。軍需企業がスパイビーのような営業担当者やジョージ・トラウトマンのようなロビイストと広報チームを雇っていたのは、このためであった。営業担当者たちは、3年から4年ごとに新たに配置される国防総省の担当士官や軍の指導者たちにJVXを説明し直さなければならなかった。ロビイストたちは、新しい議員やその側近たちと新しい政府の職員たちに知識を与え、そのご機嫌を取る必要があった。軍の広報関係者たちは、ドイツの対空砲FLAKのイギリス式表記である「FLACKS」と記者たちから呼ばれていた。彼らは、報道発表の場でJVXの進捗に関する前向きな情報を周期的に発射し、ティルトローターを攻撃する敵機をすべて撃墜して、好意的な世論の形成に努めなければならなかった。

トラウトマンやベル社の広報担当者たちがブリーフィングを行ったり、記者会見での質問に答えたりする際には、スパイビーを頼りにすることが多かった。スパイビーほどにティルトローターの歴史と技術を知っており、素人にも理解できる方法でそれを説明できる者は他にいなかった。スパイビーは、ＪＶＸの技術とその成り立ちに関する「歩く百科事典」であった。その理由の1つは、機会あるごとに技術者ミーティングに参加していたからである。営業担当者たちは、技術者たちから軽蔑されがちであったが、スパイビーは、ベル社の技術者たちからも、その能力が認められていた。スパイビーも、かつてはその技術者の1人であったからである。スパイビーは、ティルトローターと同じようにハイブリッドであった。技術者でもあり、セールスマンでもあったのである。技術者は、ティルトローターの技術的細部を理解している。しかし、その技術的細部を誰にでも理解できる売り込み文句に変換するのは、セールスマンの仕事であった。スパイビーは、新しい売り文句が浮かぶと、ブリーフィングで使う前に、ジョージア州に住んでいる年老いた母親にそれを試してみることにしていた。

スパイビーには、他にもベル社やボーイング社の他の者たちにはないものを持っていた。それは、夢であった。スパイビーは、その夢によって動かされ続け、単なる営業担当者ではなく、預言者のように明確なビジョンを持つセールスマンであった。ただし、伝道者のように手振りを加えながら火を噴くように自分の思いを叫ぶのではなく、牧師のように丁寧にその福音を広めようとしていた。それでも、ティルトローターの原理を説明する際には、手振りを加えることが多かった。肘を体の横に張り出してから、腕と人差し指を上に向けてティルトローターが「ヘリコプターのように離陸」し、それから腕を前方に回して「飛行機のように飛ぶ」ということを説明するのである。これをやる時のスパイビーは、仰天するようなトリックをやってのけたマジシャンのような笑みを浮かべていた。ティルトローターを素晴らしいものだと思っていたスパイビーは、それが航空界に魔法のような奇跡を起こすことを確信していた。

アンブローズが陸軍のＪＶＸからの撤退という爆弾を投下した2日後、ダラス・モーニング・

ニュース紙の記者であるジョー・シムナーシャからインタビューを受けたスパイビーは、10年以内、つまり1990年代の半ばまでにベル社とボーイング社が軍用に開発しているティルトローターと同じようなものが「海底油田会社の頼りになる働き手」になるだろう、と断言した。また、一度に40人の乗客を乗せられる民間仕様のティルトローターが、ダラスやフォートワースの近郊からヒューストンの中央商業地域まで飛行するようになるだろう。それまでの間、軍用ティルトローター・プロジェクトは、フォートワース地域だけでも少なくとも1万人以上の雇用をもたらすであろう、と予言した。その数字は、テキサス農工大学がベル社の依頼を受けて行った研究の成果から引用されたものであった。

1983年にジェームズ・アトキンスの後継者としてベル社の社長に就任したレオナルド・M・ジャック・ホーナーは、このような構想を思い描いているスパイビーのことを「信仰者」と呼んだ。

信仰者は他にもいた。1983年にNASA（航空宇宙局）の副局長に就任し、長年にわたりベル社がティルトローターを完成させ、改良することに尽力してきたハンス・マークは、もう1人の主だった信仰者であった。1940年に家族と共にナチス・ドイツに渡った有名な化学者の息子であったマークは、MIT（マサチューセッツ工科大学）卒の原子物理学者であった。いくつかの有名大学の筆頭研究室で勤務しながら教鞭をとった後、1969年に40歳という若さでNASAのエイムズ研究センターの所長になっていた。エイムズ研究センターでマークの目に最初に留まったプロジェクトが、ティルトローターであった。空港を必要としない飛行マシーンのアイデアに興味を惹かれたのである。1973年、XV-15の製造に関する契約は、ベル社やNASAの担当レベルでは同意に至ることができないでいた。このため、フォートワースまで飛行機で向かったマークは、ベル社社長のジェームズ・アトキンスと自ら契約を結んだのであった。1979年、空軍省次官としてカーター政権入りしたマークは、前任者の辞任に伴い、空軍長官に就任した。その次の年、ベル社がＸＶ-15をパリ航空ショーに運ぶための手段を探していた時、ベル社の要求に応じて２機の大型輸送機を空軍に準備させたのもマークであった。１９８１年、レーガンが大統領になると、マークは、副局長としてＮＡＳＡに戻った。その夏、レーマンがパリ航空ショーでＸＶ-15が飛行するのを初めて見た時、彼に同行していたのもマークであった。ワシントンに戻った時、レーマンからティルトローターに対する見解を聞かれた彼は、途方もない期待が持てるものだ、と言った。

２年後、アンブローズ事案が解決すると、ベル社は、ＪＶＸを政治的に強化するための方策について、マークに助言を求めた。「マーク博士は、１９８３年11月22日、ＪＶＸを国家事業の１つにする、と述べた」とスパイビーは業務日誌に記録している。１９８３年11月22日、ベル社のＪＶＸチームは、営業担当者ミーティングにおいてある戦略を決定した。それは「事業売り込みの継続」と名付けられた。スパイビーは業務日誌に記録している。

ホーナーは、ワシントン・ポスト紙、ニューヨーク・タイムズ紙、ロサンゼルス・タイムズ紙などの編集委員会を訪問し、ティルトローターを宣伝して回った。ベル社は、ＸＶ-15を国中のあらゆる場所に送りこみ、展示飛行を行った。スパイビーは、ＸＶ-15の「ゲスト・パイロット」プログラムをさらに推進し、１９８１年から１９８２年にかけて50名近くの政府高官および軍人たちを搭乗させた。ただし、１９８３年の搭乗者数は９名に止まった。ベル社は、オスプレイの下請けとなる可能性のある会社のためにシンポジウムを開催した。彼らにティルトローターを理解させるとともに、議員たちに対し自分たちの会社が地元の経済および国家のためにどれだけ重要であるかを説明するように仕向けたのであった。スパイビーは、主要な部品供給業者であるアビオニクス製造会社、エンジン製造会社などをホーナーと一緒に訪問し、スパイビーの言葉を借りれば「その事業が現実的であることを確信させる」ように努め、ロビー活動に資金を供給するように促した。ホーナーやスパイビーたちは、行った先々でティルトローターは単なる新しい航空機ではなく「国家の財産」であることを強調した。スパイビーは、この「国家の財産」というアイデアを、この6ヵ月から9ヵ月の間に世論と政治においてブランド化することが目標だ、とノートに書き留めた。

次の年、ベル社は、XV-15を用いて、3500マイル（約6500キロメートル）、55フライト（飛行）に及ぶ「米国東部ツアー」を行った。10月2日、ワールド・トレード・センターの近くにあるニューヨーク港湾公社のヘリポートでホーナーを搭乗させると、ワシントンDCのボーリング空軍基地まで空輸した、このツアーは、ティルトローターのVIP機としての能力を知らしめるものとなった。その200マイル（約370キロメートル）の行程を飛行するのに要した時間は、わずか66分間であった。同じ年、XV-15を飛行させたゲスト・パイロットの数は、39名に上った。オスプレイは、まだ、技術者たちによる設計の最中であったが、スパイビーは、それが計画どおりに1987年に初飛行を行い、1989年までに量産が開始されることを信じて疑わなかった。1984年6月12日、スパイビーは、業務日誌に次のとおり記述している。「1989年に国防総省から運輸省にJVX数機を貸与し、都心間の輸送試験システムを構築させること」

＊　＊　＊

レーマンは、オスプレイ計画を自分の信念のテスト・ケースにしようとしていた。「軍事調達の問題点を解決するためには、自由市場競争が必要だ」という信念である。レーガン政権が始まって4年が過ぎると、国防調達システムには無駄、不正および悪用があふれていることが、誰の目にも明らかになっていた。640ドルの便座や7622ドルのコーヒー・メーカーが軍に納入されたり、軍需企業が政府から何百万ドルも搾取したことで告訴されたり、何十億ドルものコスト超過が生じたりというような事例が次から次へと発生し、その報道が日常化していた。この社会悪を是正するには競争させるしかないと思っていたのは、レーマンだけではなかった。1985年、議会は、軍との契約に競争原理をより積極的に導入することを主たる目的としたいくつかの国防調達改革議案を可決した。軍需企業間の競争の促進により、請負業者たちがより誠実に行動するようになり、価格が下がり、コスト超過がなくなるとレーマンや議会の改革論者たちは確信していた。1983年にベル・ボーイングだけがJVXに入札した後、設計が完了し、10機程度のオスプレイが製造されたならば、2つの会社を分離させ、製造契約についてお互いに競争させようとレーマンは決めていた。このやり方は、レーマンが「先駆者と追従者」と呼んでいた施策を発展させたものであった。その施策とは、設計入札において落札できなかった企業にも十分な情報を供給することを要求し、落札した企業の設計に従って製品を製造できるようにするというものであった。2つの企業が機体を供給できるようにすることにより、製造契約に競争が生まれ、どちらの会社も十分な利益を分かち合えるようになるはずであった。この方法を使えば、事業を開始する時だけではなく、その後も毎年、巨大な契約をめぐる競争が生まれることになり、国防総省に価格低減のためのツールを提供できるとレーマンは考えていた。「そうしなければ、請負業者に真剣に仕事をさせることなどできないのです」とレーマンは私に言った。「毎年競争をさせるようにしなければ、誰だって怠け者になるものです」軍需企業は、このアイデアを嫌った。

1982年5月に署名されたベル・ボーイングの共同開発同意書によれば、両社は、初号機の供給後も最低5年間はJVXへの共同出資者としての関係を維持することになっていた。レーマンの決定は、すぐさま両社に仲たがいをもたらした。両社の重役や技術者たちは、お互いにすべての情報を共有することに慎重になった。両社は、わずか2～3年後に、最大の利益を得られる製造契約を巡って直接対決することになるからである。

　1985年の秋、レーマンは、ベル社とボーイング社をさらに驚かせた。その頃行われていたのは、国防総省の調達における基本設計に続く第2の段階であるFSD（全規模開発）であった。FSDとは、航空機などの高額な装備品を開発している単一もしくは複数の会社が必要な工具を製造または購入し、部品や補給品を調達し、試作品を製造して試験を行い、設計どおりに動かない部分を再設計して、量産のための準備を行うことをいう。FSDは、政府にとっては事業への予算の投入を本格的に開始する段階であり、製造企業にとってはその設計に問題を発見することが多い段階である。ベル社およびボーイング・バートル社は、まだオスプレイを設計中であった1984年から、NAVAIRとFSD契約に関する交渉を開始していた。1985年7月、両社はNAVAIRに対し、最低16億ドル、最大18億ドルで6機の飛行試験用試作機と4機の地上試験用試作機を製造することを提案した。それは、「コスト・プラス・インセンティブ・フリー（原価・報奨金加算方式）」と呼ばれるもので、すべてのコストを政府が負担し、両社が最大18億ドルの費用で試作機を製造するというものであった。もしも両社が最大費用よりも少ない費用で製造できた場合は、報奨金としてさらなる利益を得ることになる。他方、もしも両社が最大費用を超過した場合は、政府がその超過費用を負担するか、または企業が製造を中止しプロジェクトから撤退することになる。

　NAVAIRは両社の提案に同意し、ベル・ボーイングはコスト・プラス契約に署名した。後は、レーマンがそれを認めるかどうかであった。NAVAIRとベル・ボーイングにとっては、それは単なる手続きに過ぎなかった。両社は、1987年にオスプレイを初飛行させるスケジュールに間に合わせるため、自己負担によるFSDを開始していた。ところが、1985年9月9日、レーマンに契約を提出したNAVAIRの当局者たちは、大きな衝撃に見舞われることになった。レーマンは、「コスト超過には、もううんざりだ」と言った。二度とそれを生じさせたくなかったのである。レーマンは、NAVAIRの職員たちにオスプレイの契約を「固定価格」にするように命じた。固定価格契約においては、最大費用を超過した場合、両社が自己負担でFSDを完了しなければならない。

レーマンが欲していたものは、もう1つあった。「上限価格」である。つまり、ベル・ボーイングが認可された最初の2個ロットのオスプレイを製造するにあたって、1機あたりのコストを決定するのである。

スパイビーは、次の日の業務日誌に「SECNAVにボコボコにされた」と国防総省で用いられる海軍長官を表す略号を用いて記録した。

レーマンのその要求を聞いたベル社社長のホーナーは、もう少しで椅子から転げ落ちるところであった。両社が固定価格のFSDを受け入れることは、とてつもないギャンブルであることがホーナーには分かっていた。オスプレイは、複合材料を用いた新しい構造やコンピューター化された途方もなく複雑な操縦系統を採用したマシーンであった。どうやって作ればいいのかまだ全く確信が持てない、非常に複雑な航空機であった。ありとあらゆる予見不可能な問題が起こり、コストを増大させる可能性があった。その航空機は、技術者たちにとって「何が分からないかが分からない」というような状態だったのである。固定価格のFSDに同意することは、断固として拒絶すべきである、とホーナーは考えた。ベル社の他の者たちやボーイング社もそれに同意した。

1985年10月10日、ホーナーとボーイング・バートル社のジョセフ・マレン、そして、ベル社の親会社であるテキストロン社のCEO（最高経営責任者）であるビバリー・ドーランとボーイング社のＳＶＰ（上席副社長）であるライオネル・オールフォードは、レーマンを説得できることを期待しながらペンタゴンに向かった。ワシントンにあるボーイング・バートル社の事務所を取り仕切っていた退役空軍将軍のハリー・ベンドルフは、彼らをレーマンの執務室に案内した後、待合室で待機していた。30分後に彼らが再び現れた時、ベンドルフには、それがうまくいかなかったことが分かった。重役たちは、顔を真っ赤にして汗を噴き出していた。ドーランは、レーマンの傲慢さにあきれていた。「こんなことをしても無駄だったな」ドーランは、ホールで立ち話をしていると、テキストロン社のＣＥＯであるドーランが怒り始めた。ドーランは、興奮した口調で言った。

ベル社のスパイビーたちは、後になって、ホーナーから何が起こったのかを聞かされた。「ジョン、俺たちはダイナマイトで遊んでいるようなものなんだぞ」とホーナーは、レーマンに言ったのであった。両社は、ＮＡＶＡＩＲにＦＳＤに必要な金額を告げていたが、それは単なる見積に過ぎなかった。「10パーセントや15パーセントの間違いがあるかどうか、分かるわけがないだろう！」ホーナーは主張した。オスプレイが量産段階に入れば固定価格契約も可能かもしれないが、ＦＳＤにおいては不確定要素があり過ぎたのである。

「いいか、良く聞けよ。俺は、お前に金を使い込まれたくないのだ」レーマンは、答えた。「コスト超過の原因が政府にもあることは分かっていました」とレーマンは、私に言った。プログラム・オフィスというお役所には、艦船や航空機が開発されている最中に要求性能を変更し、装備の追加または性能向上を企業に行わせるという悪い癖があった。それがコストの増大を招いていたのである。固定価格契約の利点はそこにあるのだ、とレーマンは重役たちに言った。オスプレイに関しては、ＮＡＶＡＩＲが要求性能の変更をできなくなるだろう。両社は、理屈の通らない変更に対し、追加費用がなければ新たな要求に応えることはできない、と言えるようになるからである。「いいか、お前たちは、そういった要求性能に対して、政府の警察官としての役割を果たさなければならないのだ」とレーマンは言った。「もし、お前たちに固定価格にしようとする心づもりがあるのなら、この事業を進めることにしよう。そうでなければ、固定価格でFDSを行うというリスクに耐えられる、十分な確信をもった設計ができるまで、オスプレイの基本設計を続ければ良いのだ。前向きに考えるんだ」とレーマンは促した。「この事業が成功すれば、政府は、お前たちが予想しているよりもはるかに多くのオスプレイを調達するだろう」

「アメとムチ」スパイビーは、ノートに書き込んだ。

両社は、固定価格契約に同意するかどうかを決定するため、重役会議を招集した。ベル社やボーイング社の契約会計部の担当者たちから、分析結果が提出された。それによれば、すべてがうまくいったとしても、FSDに必要な費用は、ベル・ボーイングがNAVAIRにすでに提出した18億ドルを最低でも1億ドルは超過するだろうと考えられた。もちろん彼らは、政府が超過分を支払わなければならないコスト・プラス契約について話し合った際にも、そのことを説明していた。しかし、今度は、自分たち自身の費用について話し合わなければならなかった。

ボーイング社は、この種のギャンブルに慣れていた。民間旅客機ビジネスにおける新機種の開発には、投資が付き物であった。オスプレイ計画を統括していたボーイング社SVP（上席副社長）のオールフォードは、その取引に乗るつもりでいた。「この契約を18億ドルで引き受けるべきだ」とオールフォードは明言した。「それができないならば、こんなビジネスに参画するな」当時のベル社政府契約部長であったダン・マクローには、上司であるテキストロン社CEO（最高経営責任者）のビバリー・ドーランやベル社社長のホーナーが、オールフォードの怒号を自分たちの男気に対する挑戦状として受け取ったように思えた。「突然、『誰が一番度胸があるか』が問題になったのです」とマクローは私に語った。ドーランやホーナーは、「もちろん、俺たちも度胸はあるさ」と言っているように思われた。そして、彼らはやることを決心した。

1986年3月19日、NAVAIRと両社は、契約の修正を完了した。新しい取り決めでは、今後7年間での6機のオスプレイ試作機の製造やその他のFSD関連経費として、17億1400万ドルの目標価格に1億ドルを加えた18億1000万ドルが最高価格として設定された。FSDのコストが目標価格を超過した場合は、最高価格を上限として、超過費用の60パーセントが政府から支払われる。ただし、18億1000万ドルを超過した場合は、たとえそれがいくらであろうとも、両社が残りの費用を負担することになるのである。また、ベル社とボーイング社は、レーマンから要求されたとおり、最初の量産型オスプレイ12機を12億ドル以下で購入する選択売買権をNAVAIRに与えることに同意した。この価格は途方もないものに思えるが、産業界で「ラーニング・カーブ」として知られるものを反映すれば、そうでもなかった。イケアで組み立て家具を購入した買い物客と同じように、初めての商品を組み立てるのには、コツをつかんだ後よりも長い時間を必要とするものなのである。計画全体を通じて、オスプレイの平均価格は3000万ドル程度になると予想されており、最初のロットである12機に予想されている1機あたり1億ドルよりも価格を低くできると考えられた。NAVAIRのような政府機関は、最終的に何機を調達するかを保証できない。このため、最初のうちは最大製品価格で購入し、ラーニング・カーブが下がってくるに従って値引きを求めることになるのである。ただし、いかなる設計および技術上の問題に直面するか分からない中、ベル社およびボーイング社が1985年の時点で最初の12機のオスプレイをたった12億ドルで製造できるかどうかは、誰にも分からなかった。

「近いうちに、俺たちはこのことを本当に後悔することになるだろう」この決定がなされた時、ホーナーはスパイビーに言った。「そうなった時は、自分がやったことの責任を取るさ」

＊　＊　＊

レーマンは、すぐに次の変化球を両社に向かって投げ込んだ。オスプレイは、垂直、水平およびすべての角度において、問題なく運転できるように設計されたエンジンを必要としていた。ＮＡＶＡＩＲは、既存のエンジンではなく、新型のより進化したガス・タービン・エンジンを選定するため、競争入札を行った上でエンジンを調達し、そのエンジンをベル社に官給して、オスプレイのエンジン・ナセルに搭載させることを計画していた。すでに３つの会社が、その契約に向けて準備を進めていた。プラット・アンド・ホイットニー社（プラット社）とゼネラル・エレクトリック社（ＧＥ社）の2社は、それぞれがフロリダ州とマサチューセッツ州に持つ部署において開発した新型のエンジンを提案していた。そのエンジンは、より軽量、安価、かつ燃費の良いタービン・エンジンを搭載しようとしていた陸軍のヘリコプター事業のために開発中のものであった。このプラット社とＧＥ社のエンジンは、間違いなく必要な時期までに準備できるとは言えなかったが、既存のエンジンよりも、より少ない燃料でより遠くまで航空機を飛ばせることが約束されていた。タービン・エンジンは一般的にそうであるが、どちらのエンジンもコンパクトで、それゆえに軽量でもあった。３番目の候補となったエンジンは、インディアナ州を本拠とするゼネラル・モーターズ社の傘下にあるアリソン・ガス・タービン社（アリソン社）が提案した、Ｃ-１３０輸送機やＰ-３哨戒機で何十年も使われているＴ56エンジンの派生型であった。アリソン社が提案したＴ４０６エンジンは、プラット社やＧＥ社の提案したエンジンのように燃費は良くなかったが、技術的な実績があり、安価な価格で提供することができた。また、必要に応じ馬力を増加できる余裕を十分に残した設計となっていた。

情報通の間では、GE社が落札するだろうと考えられていた。重量約850ポンド（約390キログラム）のGE社のエンジンは、優れた「SFC（特定燃料消費率）」が約束されていた。SFCとは、ある馬力を出力するために、1時間当たり何ポンドの燃料を消費するかを示す値である。オスプレイのエンジンには、航続距離の要求性能を満たすため、できる限りSFCの良いものが必要であると考えられていた。そのためには、重量の軽いエンジンの方が有利であった。専門技術者の人数が限られていたベル社は、これら3種類の候補となるエンジンすべてについてエンジン・ナセルの設計を行う余裕がなかった。このため、GE社のエンジンに焦点を絞って設計を進めていた。プラット社のエンジンを搭載するエンジン・ナセルについてもある程度の作業をしていたが、アリソン社のエンジンについてはほとんど検討の対象外にしていた。重量が1050ポンド（約475キログラム）のアリソン社のエンジンは、あまりにも重すぎたし、SFCの値も高く、許容できないほどの「酒好き」であった。

1985年の秋、NAVAIRは、候補となるエンジンの評価を行った。NAVAIRの専門家たちは、GE社のエンジンが最善の選択であるというベル社の考えに概ね同意したが、出力増加の余裕があるアリソン社のエンジンを好む者もいた。12月、NAVAIRの職員たちは、レーマンの執務室に説明に向かった。当然のことながら、「GE社のエンジンを採用する」という提案が承認されると思っていた。説明を聞いたレーマンは、「政府が一切の超過価格を負担しない、完全な固定価格契約をアリソン社と結ぶ」と言った。「アリソン社のエンジンは、すでに実績のあるテクノロジーを使っているので安価なはずだ」レーマンは言った。「GE社やプラット社のエンジンよりもＳＦＣは良くないけれども、希望の兆しがある」アリソン社のエンジンの燃費が悪い理由の１つは、他のエンジンと比べて、比較的低い温度で燃料を燃焼させているためであった。そのため、耐久性に優れ、かつ、必要に応じちょっと手を加えるだけで出力を増加させることができた。「航空機というものは、いつもそうだが、近い将来にオスプレイの重量が増加した時、これは優れた特徴となるだろう」とレーマンは言った。ＮＡＶＡＩＲは、ＧＥ社やプラット社が提案した価格よりもはるかに安い７６４０万ドルでアリソン社と契約を結んだ。

ベル社の技術者たちは、愕然とした。オスプレイのエンジン・マウントを再設計し、燃料ラインのエンジンへの接続要領を変更し、エンジン・ナセルの形状を変更しなければならなかった。最悪であったのは、オスプレイの重量を６００ポンド（約２７０キログラム）も増加させるアリソン社製エンジンに適合させるため、機体全体の設計変更が必要となることであった。何がレーマンをそうさせたのか、技術者たちはいぶかった。アリソン社と契約して、それが軍用機用エンジン・ビジネスを継続できるようにし、「軍事産業基盤」を守ろうとしたのであろうか？　ゼネラル・モーターズ社の誰かが、何らかの働きかけを行ったのだろうか？　政治的に大きな力を持つＧＥ社とプラット社のどちらかを選ぶよりも、その両方を外したほうが良いと判断したのであろうか？　様々な意見やうわさが、飛び交った。

「それは、将来的な予想に基づく判断であったのです」レーマンは私に語った。「政治的には、アリソン社は最も愚かな選択だったかもしれません。ゼネラル・モーターズ社の配下にあったアリソン社は、議会や大統領府に対して、事実上、全く影響力を持っていなかったのです。一方、ＧＥ社とプラット社は非常に力を持っていて、そのどちらかを選択する決定を下すたびに、ロビイストや委員長たちがわめき散らし、大統領府や国防長官府から、なんだかんだと言われたものでした」

将来、オスプレイの重量が増し、より大きなエンジン出力を必要とするようになると考えるNAVAIRの技術者に味方したのだ、とレーマンは私に言った。「純粋かつ単純に、技術者の意見に同意したがゆえに、アリソン社のエンジンを選択したのです」

理由がどうであれ、レーマンの決定は、オスプレイに大きな問題をもたらした。重量とスケジュールである。オスプレイは、ますます重くなり続け、あらゆる設計上の問題点や、機体に使用する複合材料をめぐるボーイング社とNAVAIRとの闘いや、エンジンの変更により、事業はスケジュールから遅れていった。初飛行は1987年に計画されていた。しかし、すぐに1988年に変更された。

＊　＊　＊

1985年5月のある日、スパイビーは、日ごろ使っているMIT（マサチューセッツ工科大学）のノートに次のように記した。

質問しないでくれ。
JVX（V-22）を作れるか？　なんて聞かないでくれ。
その代わりに、
V-22の装備化をあきらめることができるのか？

スパイビーは、その後すぐ、PA&E（事業解析・評価部）の部長であるデビット・チュウから、その1つ目の質問を受けることになった。1985年の末、議会において軍事委員会の補佐官を務めていたダグラス・ネセサリーは、委員会のメンバーやスタッフの要請を受け、オスプレイが海兵隊にとって本当に最善の選択肢なのか、という研究を行うことを決定した。1986年の春に研究を終えたネセサリーは、「V-22オスプレイは、ティルトローターの先駆者となりうるか？」と題したその論文のコピーを委員会のスタッフたちに配った。

「我々は、誤った航空機を、誤った時期に、誤った理由で調達しようとしている可能性がある」とネセサリーは記した。「問題は、『その任務を遂行するティルトローターが開発できるかどうか？』ではなかった。ヘリコプターならばもっと少ない費用でその任務を遂行できるのではないか、ということである」ネセサリーは、海兵隊がオスプレイを欲する理由であるその航続距離が強襲上陸のために本当に必要なのか、ということに疑問を呈した。オスプレイは、370キロメートル離れた攻撃発揮位置まで兵員を空輸できるが、火砲などの重量のある装備品を空輸するためには、240キロメートルしか飛行できないヘリコプターを使用する必要がある、とネセサリーは述べた。そう遠くない将来に、オスプレイも、攻撃ヘリコプターと同じように武装した護衛を必要とするようになる。海兵隊の作戦起案者には、今のところ自己防護武装として1丁の機関銃しか装備していないオスプレイを武装ティルトローターに護衛させることを考える者もいたが、具体的な計画は何も存在していなかった。「V-22で降着した部隊は、海兵隊の他のチームが到着するまで、火力を有しない『裸の』ままでいることになる」とネセサリーは記した。さらに「ヘリコプターでも対応できるような距離で行われる強襲上陸作戦において、オスプレイの速度は、何の利点にもならない」と付け加えた。

ネセサリーの研究結果が海兵隊に届けられた後、下院に勤めている友人たちから、海兵隊はその研究にあまり関心がない、という声がネセサリーに聞こえてきた。実際のところは、海兵隊航空部署の担当士官たちは怒りまくっていた。彼らは、強襲上陸作戦において海兵隊の第1波が火砲と一緒に上陸することは決してない、ということを何時間もかけてネセサリーに説明していたのだ。攻撃の初期段階における敵陣地の攻撃には、火砲ではなく戦闘爆撃機を使用するというのが、古くからの海兵隊の教義（ドクトリン）であった。そのために、ハリアー・ジャンプ・ジェット機を調達したのである。ネセサリーは、このことを無視しているようであった。「ネセサリーは、無資格であり、専門外であり、自分が何を言っているのか分かっていないのです」と海兵隊の担当士官たちは議事堂で言って回った。

明らかに彼らの神経に障ることをしてやった、とネセサリーは思っていた。4月の初めにベル社とボーイング・バートル社がネセサリーの21ページの論文に対抗して、31ページに及ぶ反論を国防担当記者たちに送り付けた時、ネセサリーは改めてそのことを確信した。その反論によれば、ネセサリーの論文は「軽率な分析」であり、「古い、不完全なデータ」に基づくものであるとされていた。

「なぜ、彼らはこれほど執拗《しつよう》に反論しようとするのでしょうか？」ネセサリーは、軍事関係を主として扱っている新聞であるディフェンス・ニュース誌のインタビューで、悲しそうに問いかけた。

その問いに対する答えの1つは、タイミングであった。デビッド・チュウが率いるPA&E（事業解析・評価部）は、緑に囲まれたオフィスで、オスプレイ計画を阻止するための分析を行っていた。ネセサリーの論文は、偶然にもその分析結果と同じ頃に出回り始めたのであった。FSD（全規模開発）を開始するためには、海軍省がDSARC（国防総省システム取得審問委員会）と呼ばれるより高いレベルの国防総省の委員会で承認を受ける必要があった。部内関係者たちがディー・

サークと発音するその委員会が決定を下したのは、４月17日のことであった。その会議で、チュウは、海軍分析センターと呼ばれる連邦政府が運営する研究センターが海兵隊の要請により行ったある研究を引き合いに出した。その研究成果によれば、「海岸への部隊空輸をオスプレイで行うことは、ヘリコプターで行うよりも効率的ではあるが、極めて非経済的である」とされていた。チュウは、その結論とＰＡ＆Ｅ独自の分析に基づき、海兵隊に対し、オスプレイの代わりにブラック・ホークを調達して、部隊空輸に用いるように示唆した。レーマンと海兵隊総司令官のケリーがチュウに反論したおかげで、ＦＳＤは、ＤＳＡＲＣにおいては、何とか承認された。しかし、海兵隊とベル・ボーイングは、理解し始めていた。オスプレイを失わないためには、今後も戦い続けなければならない。ティルトローターを使えば強襲上陸において海兵隊を海のかなたから海岸までより早く運べる、というような単純な説明では不十分なのである。

ＮＡＶＡＩＲのオスプレイ・プログラム・マネージャーであった海兵隊大佐のハロルド・ブロットは、ＤＳＡＲＣによるＦＳＤ承認の後、アンフィビアス・ウォーフェアー・レビュー（水陸両用戦論評）誌のインタビューにおいて、次のような警告を発した。ネセサリーの研究はオスプレイについて「筋の通った疑問」を突き付けるものであった、とブロットは言った。「にもかかわらず、我々海兵隊は、無防備な状態でネセサリーの異議申し立てを受けてしまった」我々は、自分たちの頭の中では、上陸した後、この航空機をいかに運用すべきなのかが良くわかっていた。しかし、我々がオスプレイの正当性を訴える際に説明してきたのは、強襲上陸作戦間に艦船から海岸への機動において、この航空機がどのように運用されるかということだけであった。ブロットは、「海兵隊は、実のところ、オスプレイを使って遂行できる30種類の任務をリストアップしている」と語った。

海兵隊は、この議論をさらに深めようとした。その春、海兵隊は海軍分析センターに「V-22事業が承認を受けるための最もすぐれた論拠」に関する新しい研究を依頼した。その研究成果は、7月に発表された。その時以来、国防総省でのミーティング、議会における証言、軍事機関誌における記事などにおいて、海兵隊の将校たちは、ティルトローターが海兵隊のためにできることを発表するようになった。オスプレイは、対舟艇ミサイルの射程の外から「水平線を越えて」強襲上陸を行うだけではなく、空中給油をしながら大洋を超えて飛行し自己展開することもできる。ヘリコプターは、海を超えて飛行することはできなかった。ヘリコプターを戦場に持ち込むためには、艦船で輸送するか、分解して1機あたり2機または3機を輸送機に搭載して中継基地まで空輸してから再組立てし、試験飛行を行わなければならなかった。海を越えてヘリコプターを運ぶには、数週間が必要となるのである。これに対し、オスプレイは、海を超えて自ら飛行することができる。海兵隊に対し、「ファースト・トゥ・ファイト(戦いの先陣を切れ)」という自らの理念を実現するための、独自の手段を与えることができるのである。1980年代に想定されていた最悪の有事事態は、ソ連による西ヨーロッパへの侵攻であった。それが生起した場合、海兵隊のティルトローターは、遅くとも1日か2日でヨーロッパまで飛行し、直ちに地上部隊と連携して、それを紛争地域に送り込むことができると考えられた。士官たちの中には、「海兵隊がこのような能力を有していることを知らしめることは、ソ連を抑止することにつながる」と論ずる者もいた。ヨーロッパやその他の地域で戦争が始まれば、オスプレイは「戦場におけるマルチプライヤー(万能工具)」として活躍することになるであろう。オスプレイは、部隊をある地点から別な地点に往復移動する手段を指揮官たちに与え、誰から攻撃を受けているのか分からないように敵を攻撃し、その後すぐに別な場所にいる敵を再び攻撃することができるのである。オスプレイは、他の航空機に空中給油を行うことも可能である。負傷者を医療機関まで緊急空輸することも、前線部隊に対する食料や弾薬の補給を維持することもできるのであった。

オスプレイに関する議論が深まるに従って、海兵隊の中でもティルトローターの価値が高まってゆくようであった。突然とひらめくようにではなく、ゆっくりとではあるが確実に、徐々に浸透するように、ティルトローターを使って海兵隊に変革をもたらすアイデアが根付いていった。オスプレイがなければ、海兵隊は、新しいヘリコプターを調達して旧式のヘリコプターを更新しなければならない。そうなれば、海兵隊の兵士を削減して艦船乗組員や大使館警備員に充当し、あるいは陸軍に編入させようとする者たちからの攻撃をその都度かわし続けなければならないのである。オスプレイは、海兵隊総司令官にとってなくてはならない、極めて重要な兵器となるはずであった。ティルトローターを用いれば、ファースト・トゥ・ファイトを理念とする海兵隊が先陣を切る際に敵を圧倒し混乱させることができるのである。オスプレイは、第２次世界大戦の硫黄島での戦いにおいて擂鉢山に国旗を立てた時には存在しなかった攻撃方法を海兵隊にもたらし、その将来を約束するのであった。

ただし、オスプレイの装備化は、硫黄島で勝利した時よりも複雑な戦いになるように思えた。

＊　　＊　　＊

レーマンがオスプレイ計画を引き継がせるために抜擢したのは、ハロルド・ブロット大佐であった。１９８５年の秋、ＦＳＤの兆しが見え始めた頃、価格が高騰し始めたオスプレイは、国防費の削減を目論む者たちに注目され始めていた。膨らみ続ける連邦予算の赤字は、その年のグラム・ラドマン・ホリングス法の制定を議会に促すこととなった。その法律は、財政赤字の削減目標が達成されない場合に、自動的に支出をカットするものであった。NAVAIRが必要としていたのは、オスプレイの予算をスケジュールどおりに確保できる強力な統制力であった。ブロットにはその力がある、とレーマンは思ったのである。

1962年にヴィラノーバ大学の機械工学科を卒業したハロルド・W・ブロットは、海兵隊の戦闘機パイロットであった。F-8クルセーダー戦闘爆撃機のパイロットとしてベトナムで戦った後、テスト・パイロットとなったブロットは、宇宙飛行士になるための訓練を受けた。しかし、NASA（航空宇宙局）の有人軌道実験室計画が中止されると、メリーランド州の沿岸近くにあるパタクセント・リバー海軍航空基地に転属となった。そこでは海軍と海兵隊の航空機の試験が行われていた。1970年頃、海兵隊が垂直離着陸ジェット機に関心を持つようになると、ブロットは、ハリアーを評価するためイギリスに送り込まれた。そして、海兵隊がその次の年に編成した最初のハリアー飛行隊に配属された。70年代の後半に入ると、NAVAIRでハリアー事業を担当するようになり、2～3年後にはその責任者になっていた。

レーマンは、新しい型式のジャンプ・ジェット機であるAV-8に機械的不具合が続発した際などにおいて、マクダネル・ダグラス社に対処するよう圧力をかけたブロットのやり方に感銘を受けたのであった。ブロットについて調べさせたレーマンは、ハリアー事業の管理者としての3年間の任期が終わりに近づいていることを知った。その頃、ブロットは、クリスタル・シティにあるNAVAIRの味気ない高層ビルでの仕事から抜け出して、操縦の仕事に戻りたがっていた。また、将来は、海兵隊航空群の司令官になって、その仕事に成功を収め、准将に昇任することを望んでいた。ある時、NAVAIRのある海軍大将がブロットに言った。「あまり気のりはしないだろうが、次は、V–22プログラム・マネージャーになってもらいたいと思っている」

「お断りします」ブロットは言った。ブロットは、すぐに海兵隊総司令官の執務室に電話で呼び出された。

ケリー海兵隊総司令官は、自分はレーマンにブロットをオスプレイ計画の担当にすることを諦めるように説得しようとしたのだ、とブロットに言った。「我々は、ブロットに航空群を任せるつもりなのです」とレーマンに言ったのであった。「彼は、将軍に相応しい能力を持っています」

「俺が海兵隊の最も重要な事業を担当させると、将軍にはなれないということか？」レーマンは答えた。「もしそうならば、今後、海兵隊のプログラム・マネージャーは廃止するぞ」

そういった会話があったことを説明してから、ケリーはブロットに言った。「月曜日に出頭しろ」ブロットがドアに向かうと、ケリーが呼び止めた。

「おい！」

「何でしょうか？」

「出頭する時は、笑顔を忘れるな」

＊　　＊　　＊

ブロットは、生来、にこやかなほうではなかった。冷淡な鋭い目をした、ポーカーフェイスの無口な男であった。オスプレイが置かれている状況を考えると、笑えるはずがなかった。レーマンは、ブロットに、オスプレイ計画が予期のどおりに進んでいないことを告げた。ブロットは、それに同意した。ベル社は、オスプレイ計画の大きさと複雑さのために身動きできない状態に陥っており、決断することを恐れているとブロットは思っていた。「ベル社の連中は、ゼロがいっぱい並んだ数字に慣れていなかっただけなのです」ブロットは私に語った。「100万ドルの会社が、10億ドルの事業をやろうとしていたのです」ボーイング・バートル社は、ベル社に比べれば、大きなプロジェクトに慣れていたが、両社の間で調整がうまく行かないために前に進めないでいた。形式的には、両社は、統合事業事務局を編成していた。しかし、そこに配置された従業員たちは、フォートワースとリドリー・パークに分かれて勤務しており、一緒に勤務してはいなかった。また、すべての決定は、統合事業事務局ではなく首脳陣によって行われていた。ブロットは、ベル社とボーイング社に、クリスタル・シティにあるNAVAIRの向かい側に本物の統合事務局を開設し、誰か気の利いた者を配置して、本当の権限を持たせて運営するように言った。両社の共同開発同意書によれば、統合事業事務局の局長の指名権はベル社が有していた。ホーナーは、かつてボーイング社の重役であった億万長者のクライド・スキーンを指名した。スキーンは、大きな数字に慣れ親しんでいた。

DSARC（国防総省システム取得審問委員会）がFSD（全規模開発）を承認してから2週間後の1986年4月、クリスタル・シティにベル社とボーイング社の営業担当者たちを招集したブロットは、オスプレイを政治的にテコ入れするためにやるべきことを示した。スパイビーのノートによれば、ブロットは、オスプレイの問題は「そのコストのために、誰もが敵となっている」ことだ、と言った。このように大きな事業は、世論に訴えなければならない。両社は、十分な宣伝を行ってこなかった。両社は、マスコミにもっとティルトローターのことを発表する必要があった。「情報を得たマスコミは、他に代えがたい働きをするのだ」とブロットは言った。ただし、その際、海兵隊に焦点を絞るべきではない。強調すべき点は、ティルトローターは「航空業界における新しい構想」であり「商業的副産物をもたらす国家の財産」であるということだ。ブロットは、また、営業担当者たちに、ティルトローターを新型のヘリコプターだと思うことをやめるように言った。それは、両社がヘリコプター製造会社であるがゆえの自然のなりゆきであったが、ブロットは「固定翼機の思考」が必要だ、と言った。

ブロットが1986年5月21日にXV-15を操縦するためにフォートワースを訪れた時、彼の意味することが明らかになった。ブロットは、ベル社のパイロットであるロン・エアハルトからその小さなティルトローターの操縦を代わると、1機のヘリコプターともう1機のターボプロップ機と編隊を組んで飛行した。それは、XV-15を初めて飛ばす者にとっては、難しいことであった。エアハルトは、ブロットの操縦を美しいと思った。しかし、ブロットは満足していなかった。ブロットはエアハルトに、XV-15のパワー・レバーが飛行機のように働けばもっとうまくできたはずだ、と言った。

飛行機やヘリコプターのパイロットは、機体をコントロールするために3つの舵を操作しなければならない。サイクリック・スティック・レバー、フット・ペダルおよびパワー・レバーである。飛行機でもヘリコプターでも、方向は主としてスティックとペダルでコントロールされる。これは、どちらのタイプの航空機でも、それが制御するメカニズムは異なるものの同じように動く。ヘリコプターのスティックとペダルは、ローター・ブレードのピッチを変える。飛行機のスティックとペダルは、エレベーター（昇降舵）、エルロン（補助翼）およびラダー（方向舵）の角度を変える。オスプレイのパイロットたちは、このことをあまり深く考える必要はない。３つの操縦制御コンピューターが、ヘリコプターと飛行機の飛行形態の間を巧みに転換するように働くからである。ローターが揚力の大部分を供給している際には、コンピューターがオスプレイのスティックとペダルに応じてローター・ブレードのピッチをコントロールする。オスプレイが十分な前進速度を得て、翼が揚力の大部分を担うようになると、コンピューターは、スティックとペダルの機能をローター・ブレードのピッチ変更からエレベーター、エルロンおよびラダーの操作へと徐々に転換する。しかし、オスプレイのパワー・レバーの設計については、飛行機の方式とヘリコプターの方式のどちらかを選択しなければならなかった。

飛行機とヘリコプターのどちらにおいても、推力をコントロールするレバーはパイロットの左側に設けられているが、似ているのはそこまでである。飛行機においては、パワー・レバーはスロットルと呼ばれ、床面から垂直に立っている。スロットルを前方に押すと出力が上がり、速度が増す。反対に引くと出力が下がり、速度が落ちる。ヘリコプターでは、パワー・レバーは「コレクティブ」と呼ばれる。ローター・ブレードのピッチを等しく「コレクティブ（集合的）」に変更し推力全体を増加または減少させるからである。スロットルとは違って、コレクティブは、自動車のサイド・ブレーキのように床から斜めに突き出ている。コレクティブを後方に引き上げると推力が上がり、機体を上昇させるか、速度を増加させる。前方に押し下げると出力が減り、速度を減じるか、機体を降下させる。ヘリコプターを製造していたベル社は、XV-15の設計にあたって、パワー・レバーにコレクティブを採用していた。ボーイング・バートル社もまたヘリコプター・メーカーであった。このため、両社は、XV-15と同じように、オスプレイにもコレクティブのように働くパワー・レバーを装備するように計画していた。ブロットにとって、それは間違いであった。ブロットは、固定翼機の思考を持った、固定翼を愛する男であった。ブロットは、オスプレイを、ハリアーのように垂直に離着陸することができるものの主に飛行機として飛行する固定翼機である、と考えていた。オスプレイはコレクティブではなく、スロットルを装備すべきであるとブロットは両社に言った。「パワー・レバーは、パイロットが前方に動かすと推力を増し、逆に動かすと減らすものでなければならない」

　エアハルトとその友人のベル社パイロットのドルマン・キャノンは、その考えは間違っている、とブロットを説得しようとした。オスプレイがヘリコプターとして飛ぶ時間は、飛行機として飛ぶ時間よりも短いかもしれないが、最もクリティカルな時である、と彼らは訴えた。地面に激突して死ぬかもしれない時なのである。オスプレイのパイロットには、ホバリングをしたり、垂直に離着陸をしたりするヘリコプターの技能が必要となる。また、ヘリコプターで訓練を積んできたパイロットは、コレクティブに慣れ親しんでいる。非常事態に遭遇したパイロットは、昔からの習慣に立ち帰る傾向にある。パワー・レバーがスロットルのように働く場合、コレクティブに慣れたパイロットは、間違った方向に操作し、悲惨な結果をもたらす可能性がある、とヘリコプターのパイロットたちは警告した。

　ブロットになぜコレクティブがダメなのかを説明する役割は、当時、ボーイング・バートル社のオスプレイ担当技術課長であったフィリップ・ダンフォードに割り当てられた。ある日、リドリー・パークに来たブロットは、カラーのスライドを見せながら30分にわたって行われたダンフォードの説明を一言も発することなく聞いていた。ダンフォードが説明を終えると、ブロットは言った。「よし、フィリップ、素晴らしいプレゼンテーションだった。しかし、時間の無駄だぞ。スロットルを採用するのはもう決まっているんだ」

　両社は、ハイブリッドの推力制御方式を設計することにした。スロットルのように前に押すと出力が上がるが、コレクティブのようにある角度をもって動くようにしたのである。その機構は、公式には、ＴＣＬ（推力制御レバー）と名付けられたが、非公式には、誰もがそれを「ブロットル」

と呼んだ。ただし、ブロットの前では、そう呼ばれることはなかった。

＊　＊　＊

ブロットがオスプレイ計画を引き継いでからしばらくの間、それは、波に乗っているように思われた。1986年6月、レーマンは、海軍が捜索救難機として調達するオスプレイは、80機だけであるが、それ以外にS-3バイキング対潜哨戒機の後継機として300機を調達すると発表した。このアイデアは、スパイビーが何年も前から海軍に売り込んできたものであった。レーマンの発表から1ヵ月後、ベル社は、350万ドルをかけてフォートワースとダラスの間に位置するアーリントン空港にあった飛行研究センターの拡張工事を開始した。オスプレイの試作機を組み立てる準備をするため、9290平方メートルの工場に7430平方メートルの工場を増設したのである。11月、ベル社とボーイング社は、201社の主要下請け会社のうち131社の選定を完了した。12月、NAVAIRはオスプレイの設計を承認した。

ブロットの勧告に従い、両社は、ティルトローターの「国家の財産」としての売り込みについても新たな進展を図った。ベル社は、FAA（連邦航空局）、国防総省およびNASA（航空宇宙局）に対し、各種ティルトローターの米国輸送システムへの適合に関する研究を実施するように依頼したのである。その研究の報告書の作成には、9名の委員で構成される政府主導のある委員会の指導を受けながら、ベル社およびボーイング社のスパイビーなど4名の技術者、金融専門家および営業担当者たちがあたった。その報告書によれば、「ティルトローターは、需要の高い短距離航空輸送マーケットの3分の1から3分の2を担うようになる」と予測された。また、ティルトローターは、会社重役などの航空機移動に適しており、油田作業員の沖合の掘削プラットフォームへの往来に使用する航空機として「明らかに優れて」おり、かつ、民間航空輸送機としての可能性も秘めている、とも記述されていた。１９８７年、ＦＡＡおよび運輸省は、ニューヨーク・ニュージャージー港湾公社から別の研究を委託された。その研究は、ニューヨーク州、ニュージャージー州およびペンシルベニア州にかけての地域航空輸送におけるティルトローターを活用した乗客の輸送に関するものであった。８月には、ＦＡＡ局長であるアラン・マカーターがXV-15に搭乗した。それ以降、ティルトローターが民間旅客機として使用しうる安全性を有していることを「認証する」という長期にわたる手続きが、ＦＡＡの優先事項に加えられた。また、ＦＡＡの中に設立された民間ティルトローター事務局は、６つの州とプエルトリコに１９０万ドルの助成金を供給した。この資金により、将来、民間旅客ティルトローターが使用する新たな着陸場の計画が策定されはじめた。11月18日、議会の２つの小委員会でティルトローターの民間利用についての公聴会が行われ、航空管制や飛行場システムをティルトローターに適合させる手順についての証言が聴取された。その中で、ハンス・マークは、ティルトローターは「米国のサクセス・ストーリー」の１つであると証言した。

社名を変更したボーイング・ヘリコプター社とベル社がオスプレイの試作初号機を製造していたフォートワースやリドリー・パークの作業現場では、そんなふうには思われていなかった。両社は、複合材料を使った部品を設計どおりに製造するのは、非常に困難であることを認識し始めていた。ボーイング社がCH-47チヌークの製造にも使用していたリドリー・パークのオスプレイ製造部門は、大混乱に陥っていた。CH-47担当の部長は、不本意ではあったが、胴体の製造に必要な面積の概ね半分をオスプレイ・チームに明け渡していた。ボーイング社は、複合材料を使ったフレームやフォーマーの製造に関して、数え切れないほどの問題を抱えていた。ベル社は、複合材料を使ったローター・グリップの製造に悪戦苦闘していた。オスプレイは、未だに重すぎるという問題を抱えたままであった。この問題に対処するため、両社は28名の技術者たちを専属とし、航空機の重量軽減の方策を探ることに専念させていた。一方、ブロットと海兵隊は、ベル・ボーイングに対し、早く試作初号機を製造し、飛行させるように圧力をかけていた。政治の風向きが良くなかったからである。

１９８７年、国防総省の高官たちは、グラム・ラドマン・ホリングス法が定める財政赤字の削減目標を達成するため、国防予算を削減する方法を探していた。ティルトローターが具体的な構想として認められつつある中、オスプレイは、重要なものを失おうとしていた。4月には、レーマンが、民間人として起業するため、海軍長官を辞任した。6月には、ケリー海兵隊総司令官が退官した。数ヵ月後、陸軍は、２３１機のオスプレイの要求を完全に取り下げることを決定し、１９８８年2月には、事業から完全に撤退した。同月、空軍は、オスプレイの調達予定数量を80から55に減らすことを発表した。その1ヵ月後、海軍は、３００機の対潜哨戒用オスプレイを要求しないことを決定した。この要求は、まだ公式には事業に追加されていなかったものであった。海軍は、まだ50機の捜索救難機の調達を予定していたが、たった1ヵ月の間に、軍全体のオスプレイ調達計画機数は、１２１３機から６５７機に急減してしまった。この時点でのオスプレイの価格は、1機あたり３０００万ドルと予想されていた。これは、元々の見積の2倍以上の価格である。ブロット、ベル社およびボーイング社には、オスプレイが飛べるようになったならば、できるだけ早く飛ばした方が良いのが分かっていた。

１９８８年１月26日、テキサス州のある晴れた日、ＮＡＳＡが所有する巨大な貨物機である「スーパー・グッピー」がアーリントン空港に降り立った。２〜３分後には、貨物機のノーズが巨大なホオジロザメのあごのように開き、白鯨のように見える大きな白いものを吐き出した。リドリー・パークのボーイング・ヘリコプター社で製造されたオスプレイの最初の胴体がベル社の飛行研究センターに到着し、ベル社の翼、エンジン・ナセル、ローターおよび尾部と組み合わされることになったのである。

＊　　＊　　＊

１９８７年12月に発行されたベル・ボーイングの報道発表資料は、「ボーイング・ヘリコプター社、V-22オスプレイ飛行試験初号機用の胴体の組み立てを完了」と報じていた。「この革新的な新型ティルトローター機の初飛行は、１９８８年６月に予定されている」しかし、実際には、オスプレイの胴体は完成しておらず、そんなに早い時期に飛行できるはずがなかった。技術者たちが胴体を設計するために用いる、新しいコンピューター・プログラムの精度が不十分であったため、胴体の多くの部品がお互いに整合していなかった。大きさの合っていない部品の隙間を埋めるため、グラファイト・エポキシや金属で作られた何千ものシム（詰め物）を使用しなければならなかった。主要な電気および機械系統も、まだ取り付けられていなかった。残っている数多くの作業を終わらせるため、ボーイング社から25名の技術者、整備員、電気技師、材料担当者およびその他の「現場作業員」たちがアーリントンに送り込まれた。アパートに移り住んだ彼らは、１日に12時間から14時間、１日も休まずに働き、胴体の飛行準備を行った。

その多くがヤンキーであるボーイング社の組み立て作業員たちは、ステーキ・アンド・チーズ・

バーガーが大好きで、自分たちの故郷であるフィラデルフィアを「フィリー」と呼んでいた。アメフト・チームのフィラデルフィア・イーグルスが好きで、ダラス・カウボーイズが嫌いで、ベル社流の話し方やテキサス人たちのゆっくりとした動作に慣れるのに苦労していた。その一方で、アーリントンで2～3週間暮らすと、地元のカウボーイ文化に慣れ始める者もいた。板金工のジム・カレンは、カウボーイ・ブーツ、カウボーイ・ハットとパラボラアンテナのような大きなバックルが付いたベルトを着けて飲みに行き、フィリーから来た他の者たちを驚かすことに快感を覚えていた。がっしりとした体つきの整備員であり、飛行試験技術者でもあったアンソニー・ステシックは、口ひげとヤギひげをはやし、ハーレー・ダビッドソンのTシャツを着るバイカー・ルックが好きであった。そんな彼がカウボーイ・ブーツ、ベルト・バックルとカウボーイ・ハットを買ったのである。ある夜、ベル社は、ベル社とボーイング社の試験チームのために「ホーダウン」と呼ばれるダンス・パーティを開催した。そのパーティーは、ストックヤーズというフォートワースの旅行者が集まる場所にあるビリー・ボブスという有名なカウボーイ・ナイトクラブで行われた。そのクラブには、闘牛場も備えられていた。パーティーの出し物として、ボーイング社のヤンキーたちの中から正真正銘のテキサス人として最もふさわしい服装の者を選ぶコンテストが行われた。優勝したのは、夫婦でカウボーイ・ブーツ、カウボーイ・ハット、ウエスタン・シャツとジーンズを着たステシックとその妻のミッシェルであった。

ただし、フィラデルフィアから来た者のほとんどは、カウボーイ文化に魅せられることがなかった。試験を担当する専門家たちを監督するためにボーイング社から送り込まれたジョー・ロンバルドは、小柄でぶっきらぼうで、口の悪い、真のサウス・フィリー出身者であった。ロンバルドは、西部のことを好きになれなかった。しかし、その夜のビリー・ボブスでは、ボーイング社の男たちが、からかい半分に、出し物の1つであった「ガンマンの早打ち」をロンバルドにやらせた。ロンバルドは、空砲を詰めた6連発拳銃を腰につけてフロアーに歩み出ると、相手のガンマンに言った。「よし、3つ数えたらやるぞ。ワン。ツー」そこで銃を引き抜いて発射した。相手のガンマンは、そのジョークに付き合って倒れて見せた。「これがサウス・フィリーのやり方さ」ロンバルドは、ベル社の派遣要員たちに冷たく言い放った。

テキサス人たちは、お互いに苦笑いした。「ボーイングの奴らは、本当に信用できねえよ」

＊　＊　＊

オスプレイは、翼と胴体の結合は終わっていたが、その春に飛行を行う準備を整えるのには、まだ何ヵ月かが必要であった。海兵隊は、その進捗を公表したかった。同じことを考えていたベル社とボーイング社は、5月23日に1号機の「ロールアウト」を一般に公開することにした。このイベントのために、ハリウッドのプロデューサーやニューヨークのセット・デザイナーと脚本家が雇われた。50人の将軍、8人のテキサス州およびペンシルベニア州選出の上院および下院議員、地方および中央報道記者、ならびに何百人もの来賓など、招待された来賓は、総計2000人以上に及んだ。

そのイベントは、前夜にフォートワースの様々な場所で行われたレセプションで幕を開けた。次の日、壁全体が黒いカーテンで覆われたベル社のアーリントン・プラント6に参加者全員が集まった。バリトン歌手のような声のアナウンサーが、ベル社とボーイング社の重役たちとVIPゲストを紹介した。その中には、フォートワース選出の議員である下院議長のジム・ライトと、ケリーの後任の海兵隊総司令官であるアルフレッド・M・グレイ・ジュニア将軍も含まれていた。海兵隊音楽隊が国歌を演奏する中、儀仗隊《ぎじょうたい》が軍旗を持って行進した。ティルトローターの歴史に関するビデオ「ドリーム」が巨大なスクリーンに映し出された。「V-22オスプレイの誕生は、長距離飛行を実現するための、粘り強い努力の結果なのです」ナレーターは、XV-3のカット映像、黎明期におけるボーイング社のティルトウイングへの挑戦、および飛行しているXV-15の映像に合わせて語った。「しかし、ティルトローターの将来は、まだこれからなのです。ここ米国だけではなく、世界中の軍用および民間機として、多くの可能性を秘めているのです。ティルトローターが使われる領域の拡大を妨げるものがあるとすれば、それは、我々の創造力だけなのです」次にスピーチが行われた。グレイは、オスプレイは、海兵隊にとって「喫緊の要求事項」であり、1990年代のうちにオスプレイを装備化したいと考えている、と聴衆に向かって述べた。「この事業は、最も優先順位の高い航空関係事業であり続けるでしょう」とグレイは付け加えた。何人かのスピーチが終わると、音楽隊によるファンファーレが演奏され、司会の声が響き渡った。「皆様、お待たせしました。NAVAIR（海軍航空システム・コマンド）、米国海兵隊、ベル・ボーイング・ティルトローター・チーム、何百というサプライヤー、そしてゼネラル・モーターズのアリソン・ガス・タービン社が自信をもって皆様に、そして全世界にお披露目する、新たな次元に向かって飛び立つ航空機です。V-22オスプレイ！」ライトが暗くなり、先ほどとは違うファンファーレが演奏されると、ステージ上の黒いカーテンが開き、夢のようなドライアイスの霧に覆われたオスプレイが、赤い光のビームで照らされながら現れた。「おー」

オスプレイは、戦闘準備が整っているように見えた。グリーンとグレーの海兵隊迷彩色に塗装されたその機体は、エンジン・ナセルが垂直に立てられ、あたかも巨大な鳥が筋肉を収縮させているようであった。選ばれた数百人の群衆が外で待つ中、整備員が小さな牽引車をオスプレイの前方降着装置に取り付け、機体を太陽の光の中へと引きだした。エプロンで停止すると、オスプレイの後部ランプ・ドアがゆっくりと地面に着くまで開いた。ＶＩＰたちは、キャビン内に案内された。ライト下院議長は、コックピットに進み、右側のパイロット席に座ると、横側の窓から頭を出して歯を見せて笑いながら右手を挙げ、Ｖサインをして見せた。機内を見て回ってから後方ランプから機外に出たグレイ司令官に、誰かが感想を聞いた。「素晴らしい航空機だ」グレイは低い声で答えた。「将来が楽しみだ」

イベントが終わると、作業員たちは迷彩塗装をホースで洗い流した。それは水性塗料であった。下地には、ＮＡＶＡＩＲが試作機に要求していた白色の塗料が塗られていた。テキサス州の高い気温と湿度のため、迷彩塗装は、ロールアウトの最中からすでに所々剝がれ始めていた。ベル社とボーイング社の広報担当者たちは、そのことに誰も気づかなかったことに安堵した。胴体パネルの段差が粘着テープで覆われ、その上から塗料が塗られていることも気づかれずに済んだ。後方キャビンにいた整備員のマーチン・ルクルーが、携帯油圧装置のレバーを慎重に操作し、後方ランプ・ドアを作動させていたことにも、誰も気付かなかったようであった。ルクルーは、操り人形で演技をしているような気持ちであった。

「ロールアウトには、煙と鏡がたくさん使われました」ジム・カレンは、20年後になって私に語った。かつて板金工であったカレンは、その時には、リドリー・パークの管理職になっていた。「すべてのランプやライト類を作動させて、初飛行の準備が整いつつあるように見せかけたのです。でも、本当は、準備なんかできていなかったのです」

＊　　＊　　＊

ロールアウトから9ヵ月後の1989年2月22日、フィリップ・ダンフォードたちボーイング社とベル社の技術者は、ワシントン郊外のクリスタル・シティにあるNAVAIRのオフィスから浮かれた気分で出てきた。この1年、オスプレイを飛ばすために、気が狂いそうになるような日々が続いていた。あらゆる種類の問題が生じていた。特に、複合材料で作ったローター・グリップが所望の信頼性を満たしていなかったため、初飛行の日程は何度も変更を余儀なくされていた。4月に准将に昇任したプログラム・マネージャーのブロットは、そのような状況においても、公には平静を装っていた。1988年9月、アビエーション・ウィーク誌のインタビューに、オスプレイのスケジュールが遅れていることを認めながらも「技術的には、現時点において、この事業はもはや夢ではない」と語っていた。しかし、技術者たちは、悪夢にうなされ続けていた。ブロットや技術者たちの上司は、オスプレイを飛行させるように強烈な圧力をかけていたし、会社の重役たちは、ブロットが思っていた以上にやきもきしていた。1988年、ベル社とボーイング社が費やした費用は、FSD（全規模開発）の契約金額である18億ドルを大幅に超過しようとしていた。固定価格契約の下、赤字がいくらになるのか想像もつかなかった。固定価格方式は両社がNAVAIRの設計変更要求に抵抗するように働く、というレーマンの理論のとおりには、ことが運ばなかった。変更を要求し続けるNAVAIRに対し、両社は、この顧客との良い関係を保つように対応せざるを得なかった。「そんなものは、空約束に過ぎなかったのです。『おや、警察官にでもなったつもりなのか？』と言われれば、請負業者は、何もできなくなるのです」当時、ベル社の会計担当副社長であり、後の社長であるウエッブ・ジョイナーは私に語った。「顧客の所に行って『おい、すべての決定権はお前にあることを知っているし、この事業を続けるかどうかを決めるのもお前だと分かっているけれども、お前ができることと、できないことを俺が教えてやる』なんてことが本当に言えるのでしょうか？　それは、会社の従業員が社長の所に行って、社長がやるべきことを言うようなものなのです。そんなことをできる訳がないのです」

年が進むにつれ、超過費用に関する月間レポートの合計金額は増大し続けた。テキストロン社の重役たちは、怒りをあらわにした。超過費用の原因は、そのほとんどがボーイング社にあったが、50対50のパートナーシップの下では、テキストロン社の子会社であるベル社も、その支払いの半分を引き受けなければならなかった。5月のオスプレイのロールアウトからほどなくして両社が開いたミーティングにおいて、ベル社の契約部長ダン・マクローたちは、FSDが終わるまでのベル・ボーイングの総計損失額は、3億ドルに達する見込みである、と報告した。この問題の責任を巡って、テキストロン社の主任運用役員であるウィリアム・A・アンダーズとボーイング社の重役であるオールフォードは、毎月行われるミーティングで激しく言い争った。アンダーズは、1955年に米海軍兵学校を卒業し、かつて自分が宇宙飛行士であったことに自己満足している痩せ男であった。彼が怒りの矛先を向けたオールフォードは、でっぷりと太った元テスト・パイロットの保守的な軍需企業家であった。

どちらも顔を真っ赤にしてテーブルを叩き、部屋にいる他の者たちが縮み上がるような大声でお互いを罵り合った。アンダーズ対オールフォードのエキサイティングな試合を見たジョイナーは、ベル社とボーイング社がこのミーティングのチケットを売れば超過費用を埋め合わせることができるだろう、と冗談を飛ばした。

一方、1989年2月のNAVAIRでのミーティングを終えたダンフォードたち技術者は、こういった会社間の争いとは、幸せなくらいに無関係になっていた。技術者たちにとって、事態はいい方向に向かっていたのである。ついにオスプレイの初飛行に向けた準備が完了し、NAVAIRもそれを承認したのだ。その節目を祝うため、技術者たちはワシントンのジョージタウン地区にあるモンド・クチナというおしゃれなイタリアン・レストランにディナーに出かけた。2〜3杯飲んだ技術者たちは、「ウィザード（魔法使い）」と「タートル（カメ）」の2つのチームに分かれ、複雑な賭けをした。その賭けは、負けた方が勝った方に3つのレストランのうちの1つでディナーをおごる、というものであった。どちらがどのレストランでおごるかは、「ウィザード」が予想しているオスプレイが初飛行でホバリングする時の必要馬力がどれだけ当たっているかによって決まるのであった。次の日、1人の技術者が、その賭けの詳細な条件を「モンド・クチナ協定」と標題がついた文書に書き上げた。技術者たちにとって、オスプレイの未来は輝いて見えた。

3月19日の曇った日曜日、テキサス州アーリントンにおいて、テスト・パイロットのベル社のドルマン・キャノンとボーイング社のディック・バルザーが、オスプレイ試作機の初号機に乗り込んだ。一部が赤と青でマーキングされた白い機体は、全体がひずみゲージのワイヤーで覆われていた。そのオスプレイには、機体の振動や応力を検知する監視機器が搭載されており、格納庫のテレメーター室に無線でデータを送り、何か問題が発生しそうな場合はそこにいる技術者たちがパイロットに警告できるようになっていた。その機体重量は、合計3万9450ポンド（約18トン）であった。それは、いくつかの必ずしも必要ではない部品を取り外したとしても、NAVAIRが空虚重量に関する仕様として示していた3万1886ポンド（約14・5トン）を大きく上回っていた。初飛行には、メディアは招待されず、20〜30人のベル社とボーイング社の社員だけがそれを見守っていた。オスプレイが飛行できなかったり、もっと悪い結果に終わったりするかもしれないのに、敢えて多くの人に見せる必要はなかったのである。

キャノンは、独特のハスキーなうなり声を上げながら、オスプレイを滑走路の北端まで地上滑走させた。中部標準時10時56分、キャノンがブロットルを前方に押すと、オスプレイは、空中に2～3フィート（約60～90センチメートル）重々しく浮かんだ。高ディスク・ローディング（回転面荷重）のローターが発生した吹きおろし風が、埃や石、アスファルトを巻き上げ、胴体や風防に打ち付け始めた。上昇して埃の嵐から出ようとしたキャノンは、意図していたよりも少し出力を上げすぎた。オスプレイは、40フィートまで急上昇した。キャノンは、その高さでホバリングに移行した。オスプレイの操縦は予想していたよりも少し敏感であったが、その感覚はキャノンとバルザーが飛行訓練に用いていたフライト・シミュレーターと同じであった。キャノンは、ホバリング中にフット・ペダルを使って何回か旋回し、推力の方向が予期していたとおりに変わることを確かめながら、極めて慎重にローターを少し前方に傾けた。ここまでは、うまくいった。オスプレイは、滑走路の上を約20ノットで移動し始めた。キャノンは、ローターを90度に戻し、オスプレイを10～20分間、ホバリングさせた。巨大なティルトローターがコンピューター化された操縦系統に反応するのを心地よく思ったが、ローターのダウン・ウォッシュ（吹きおろし風）の威力には少し驚いた。乱気流が下のアスファルトの滑走路の末端を巻き上げ、大量の破片を吹き飛ばしていた。キャノンは、バルザーに言った。「おい、ディック、こいつを着陸させてタクシー・バックしよう」彼らは、そうすることにした。地上滑走を始める前にも、少しだけ空中に浮かせた。これがオスプレイの初飛行であった。

それまでに何十時間もシミュレーターを操縦していたキャノンにとって、初飛行は拍子抜けするくらいに簡単なものであった。

技術者であるフィリップ・ダンフォードたちの「ウィザード」にとって、それは幸せな時間であったが、大金を失った瞬間でもあった。オスプレイがホバリングする時の必要馬力について、技術者たちの見積は甘かったのである。４名のウィザードは、テスト・パイロットとその妻たちである「タートル」を上品なフレンチ・レストランに連れて行かなければならなかった。勝者たちがオーダーしたステーキ、カモ、そして高級ワインの料金は、大変な金額であった。

スパイビーにとって、オスプレイの初飛行を見ることは、赤ん坊の誕生を見るようであった。ティルトローター技術者のケネス・ウェルニッケが幻滅を感じたように、スパイビーもオスプレイを醜くて不格好だと思った。しかし、それが飛行するのを見た時、彼の気持ちは高揚した。まるで父親になった時のような、温かい幸福感に包まれていた。

第7章　1つの暗闇の時間（ワン・ピリオド・オブ・ダークネス）

その日、民主党下院議員のチャールズ・ウィルソンは、テキサス州議員代表団の会議に参加するため、国会議事堂に早めに到着した。そこには、先に到着していたテキサス州の共和党上院議員ジョン・タワーが会議が始まるのを待っていた。「おお、ジョン」ウィルソンはゆっくりとした口調で話し始めた。「いいスーツを着ているじゃないか。どこで買ったんだ？」

「ロンドンのサビル通りで買ったのさ。６００ドルもしたんだぞ」タワーが鼻であしらうように言った。

「そりゃ驚いた！」ウィルソンは答えた。「男物だったら、幾らするんだ？」

この話は、１９８０年代にテキサス州議員代表団のメンバーの間で話題になったものである。出所は怪しいが、おそらく真実であろう。チャールズ・ウィルソンは、身長が１８０センチメートルを優に超え、よく風刺画の題材になるようなテキサスらしい大胆な発想の持ち主であり、テキサスの特産品であるウェスト・テキサス・インターミディエイト原油の樽《たる》のように大きくて、無作法で、乱暴だが、女性から好かれ、酒の誘惑に負けやすい男であった。生意気な小悪党のようなところがあるウィルソンは、頭に浮かんだとんでもない意見をなんでも口走る傾向があった。２００７年の映画「チャーリー・ウィルソンズ・ウォー」の中で、ウィルソンを演じたトム・ハンクスは、寛大な心をもって見れば忠実に演じていると言えるだろう。元CBSのテレビ・プロデューサーのジョージ・クライルが書いた同名の小説に基づくこの映画には、ウィルソンが1980年代に行った矛盾だらけの施策が詳しく描き出されている。ウィルソンは、ソ連のアフガニスタン占領に抵抗していたイスラム反政府勢力に対し、CIAを使って「密かに」武器を供給したのであった。

身長165センチメートルのジョン・グッドウィン・タワーは、メソジスト派の牧師の息子としてヒューストンに生まれた。彼は、イギリスのユーモア作家P・G・ウッドハウスや風刺作家イーヴリン・ウォーの小説から出てきたような人物であった。海軍の下士官兵として第2次世界大戦に従軍したタワーは、戦後、ダラスの南メソジスト大学で学士号と修士号を取得した後、ロンドン・スクール・オブ・エコノミクスで1年間を過ごした。19世紀初期の英国紳士の服装やスタイルに影響された彼は、その後の人生において、仕立てのきちんとしたスリー・ピースのスーツを着て、胸ポケットにハンカチーフを入れ、糊付けされたフレンチ・カフのワイシャツをまとい、銀のケースに入った英国製タバコを取り出して、銀のライターで火をつけるようになった。1961年から1985年まで上院議員であったジョン・タワーは、チャールズ・ウィルソンが自己中心的であったと同じように自信過剰気味であった。ウィルソンとタワーは、それ以外にも少なくともいくつかの共通点を有していた。どちらも、美しい女性と強い酒が好きだったのである。

1988年のクリスマス直前のある日、ディック・スパイビーが夜中の2時30分に帰宅したのも、タワーの酒好きが原因であった。その夜、スパイビーは、ベル・ヘリコプター社の社長であるジャック・ホーナーたちと一緒に、フォートワースのホテルで行われた元上院議員タワーのスピーチを聞いた。タワーは、当時、ジョージ・H・W・ブッシュ大統領の下で国防長官になると噂されていた。国防総省を牛耳っているタワーのアイデアは、ベル社の者たちを喜ばせる内容のものであった。１９８1年のパリ航空ショーでＸＶ-15の飛行するのを見たタワーは、ティルトローターの支持者になっていた。上院軍事委員会の委員長として、議会における最後の任期の間、オスプレイ計画の立ち上げに一役買ったのであった。上院議員を離職し、軍縮交渉担当者となったタワーは、レーガン大統領の要請によりイラン・コントラ事件を調査していたある委員会を仕切っていた。また、１９８8年5月からは、ベル・ヘリコプター社の親会社であるテキストロン社でオスプレイ計画に関する顧問を務め、1ヵ月あたり1万ドルの報酬を得ていた。新しいブッシュ政権は、大統領選挙期間中の「新税はない」という有名な公約に従い、国防費を削減するのが明らかであった。しかし、タワーが国防総省を牛耳っている限りオスプレイは安全であると思われた。

その夜、フォートワースでスピーチを行ったタワーは、ホーナーやスパイビーたちベル社の社員とハイアット・リージェンシーのロビーでカクテルを一杯やることになった。正式にはホテル・テキサスと呼ばれるこのホテルは、25年前にジョン・Ｆ・ケネディ大統領が人生最後の夜を過ごしたホテルでもあった。スパイビーたちは、夜中の2時まで飲みながら話した。その話題は、もっぱらオスプレイに関することであった。スパイビーは、技術者たちがオスプレイの重量軽減のために行ったすべてのことを、タワーに語った。タワーが帰ると、スパイビーはいい気持ちになった。それは単にアルコールのせいだけではなく、タワーの国防長官就任を上院が承認すれば、オスプレイの未来が開けるように思えたからであった。

ところが、上院は承認しなかった。１９８9年1月31日に始まったタワーの人事聴聞会は、メロドラマに変わった。タワーの素行に憤慨した保守系活動家ポール・ウェイリッチは、上院軍事委員会において、国防長官候補が女たらしでアルコール依存症であるといううわさは真実である、と述べた。それは、タワーの２番目の妻が、１９８7年の離婚係争中に申し立てたものであった。ウェイリッチ自身も、タワーが「しらふでない状態で、結婚していない女性と一緒にいるところ」を目撃した、と証言した。

FBIは、ブッシュ大統領がタワーを指名する前からこの疑惑を調査していたが、タワーは、飲酒に関わる問題を抱えていることを否定していた。しかし、軍事委員会においては、ジョージア州民主党員であり委員会の議長であったサム・ナン上院議員が言ったように、国防長官が「常に明確な思考」ができる状態であることを確認すべきであると言う者もいた。また、タワーは軍需企業との関係が強すぎるのではないかという疑問を持つ委員もいた。テキストロン社は、タワーが上院議員を離任して以降、コンサルティング料金として76万3777ドルを支払っていた。そういった軍需企業は、他にもあった。タワーは、飲酒問題が事実であると確認されたならば禁酒すること、およびかつての取引相手に影響を与えるような意思決定には関与しないことを約束した。しかしながら、タワーは、その党派愛の激しさおよび誇りの高さゆえに、あまりに多くの議員、特に民主党議員たちから長年にわたって疎んじられていた。3月9日、上院は、タワーの指名を53対47で否決した。55人の民主党員のうち3名を除いた全員と、45人の共和党員のうちの1名が、反対票を投じたのである。スパイビーたちは、失望した。

4日後、ブッシュ大統領がタワーの後任に指名したのは、下院における第2位の共和党リーダーであり、ワイオミング州の下院議員であるディック・チェイニーであった。軍事委員会が開かれる前に1日限りの簡単な公聴会を行った後、上院は3月17日に92対0でチェイニーの指名を可決した。それは、オスプレイが初飛行を行う2日前のことであった。

チェイニーは、人事聴聞会で2つのことを確認した。第1に、ブッシュ大統領が2月に最初の予算を議会に提出した時、新しい政府は、国防費の増加をインフレに見合う分だけに限定することを約束しているということである。1989年の米国政府にとって、レーガン時代に残された膨大な赤字と戦うことは、最も優先度の高い課題であった。グラム・ラドマン・ホリングス法の下では、議会とブッシュ大統領は、次年度の赤字を1兆ドル以下に抑えなければならなかった。

第2にチェイニーが確認した事項は、自分が行政権を信頼しているということである。これは、2001年から2009年にかけての副大統領としての2任期の勤務を通じて、疑問の余地もないほどに確信したことであった。チェイニーは、下院に10年間在籍していたが、政治家として名が売れたのは、1970年代にドナルド・ラムズフェルドの補佐役を務めた時のことであった。後に国防長官になるラムズフェルドは、その当時、ニクソン政権においてアドバイザーを務めていた。チェイニーは、1974年にリチャード・ニクソン大統領がウォーターゲート事件で辞任して以来、米国政府内のパワー・バランスは、立法府に偏りすぎていると考えていた。特に国防および外交政策に関しては、行政府側へ振り子を戻す必要があった。チェイニーは、公聴会において「議会と対立しているということは、正しい道を進んでいるということである」と宣言した。

チェイニーの理論を確かめる機会は、すぐにやってきた。2月に最初の予算を議会に送っていたブッシュ大統領は、それが否決されることが最初から分かっていた。冷戦が終結し、ソ連の基盤が揺らぎ始めると、議会の両議院を支配していた民主党は、ブッシュ大統領がグラム・ラドマン・ホリングス法の定める赤字削減を実現するために提案した額よりも、さらに多額の国防費を削減するように求めていた。ブッシュ大統領は、議会指導者たちとの「サミット」に予算部長を送り込んだ。すると、上院がチェイニーを承認した翌日に取引が成立したのである。ブッシュ大統領は、3056億ドルの国防予算から、100億ドルを削減することに同意した。また、今後5年間で、国防総省の支出を640億以上削減することを約束した。チェイニーの最初の仕事は、何を削減するかを決定することであった。

＊　＊　＊

4月14日、予算折衝が開始された時、スパイビーは、フロリダ州のジャクソンビルにいた。海軍ヘリコプター協会のミーティングでベル・ヘリコプター社の展示を担当し、3日間にわたってティルトローターの宣伝をしていたのである。元空軍将軍であり、ワシントンでボーイング・ヘリコプター社のオフィスを運営していたハリー・ベンドルフからの電話をもらったのは、ホテルの部屋で帰宅の準備をしている時であった。スパイビーには、ベンドルフの声が震えているのが分かった。「知り合いの1人から、悪いニュースを聞いた」とベンドルフは言った。チェイニーは、国防予算を削減するために、大きな事業のいくつかを中止することを決定した。そのうちの1つがオスプレイになりそうなのであった。

スパイビーには、信じられなかった。ベンドルフに、情報が間違っているのではないか、と言った。中止するだって？　やっと、飛ぶことができたばかりなのにか？　20億ドルを使ってしまった後にか？　海兵隊の最優先航空事業を中止するのか？　飛行に関する新たな改革を打ち切るのか？　きっと、誰かがベンドルフをからかっているに違いない。だが、ベンドルフは、まだ公式には発表されていないが確かな情報だ、と言った。チェイニーが決心した、とベンドルフは聞いていた。

電話を切った時、スパイビーの心はかき乱されていた。これを止める方法は、あるのだろうか？　チェイニーは、何を考えているのだろうか？　海兵隊は、オスプレイがいかに重要なものなのか、チェイニーに説明していないのだろうか？　ティィルトローターが民間航空にとっても重要であることを、誰もチェイニーに説明していないのだろうか？　チェイニーは、ティルトローターが国家の財産であることを理解していないのだろうか？　いったい、どこのどいつがチェイニーにティルトローターのことを説明したんだ？

その答えは、国防総省の官僚であるデビッド・チュウであった。PA&E（事業解析・評価部）を運営する、この背が高くて、スマートで、知的な経済学者は、冷徹かつ、金額のみに注目した評価を下して、高額な調達を次から次へと叩き潰していた。チュウが大きな影響力を持っていた理由の1つは、その豊富な経験であった。国防総省の文官指導者たちは1年、政治任用官たちは2年で、その職務を交代するのが通例となっている。ところが、1981年5月に連邦議会予算事務局からPA&Eの部長に就任したチュウは、レーガン政権の間を通じてその職務を継続した後、1988年にPA&E担当の国防次官補に格上げとなり、1989年にブッシュ大統領が就任した際にも、その職に留まるように依頼されていた。チュウは、誰からでも「チュウ先生」と呼ばれる国防総省での勤務が気に入っていた。

中国人移民の父とアメリカ生まれの母を持つチュウは、1964年にエール大学で経済学と数学の学位を取得し、優等で卒業していた。卒業後経済学の博士号を取ろうとしていたが、大学生の時にROTCに参加していたため、2年間の陸軍での兵役義務があった。1968年に陸軍に入隊したチュウは、中尉として、ある場所から別な場所へと補給品や装備品を移動させる技術に関する教官となり、兵站《へいたん》チームの一員としてベトナム戦争にも従軍した。1970年に陸軍を退役し、博士号を取得すると、政府での勤務に興味を抱くようになった。

デビッド・S・C・チュウのミドルネームのイニシャルには、英語の意味がない。彼の両親は、古代中国の哲学者「孔子」が残したある格言に使われている漢字から「SC」を抜き出したのであった。孔子曰く、「君子に九思あり」「視るには明を思い（物を見る時には、はっきり見ること）、聴くには聡を思い（聞く時には、誤りなく聞き取ること）、色には温を思い（表情を穏やかに保つ）、貌《かたち》には恭を思い（態度は上品に）、言には忠を思い（発言は真心を込めて）、事には敬を思い（仕事は慎重に）、疑わしきには問いを思い（疑問が有ったら、聞きなおす）、忿《いかり》には難を思い（見境なく怒らない）、得るを見ては義を思う（道義に反した利得を追わない）」チュウは、両親が「九思」の「九」という漢字から抜き出した「S・C」というミドルネームに応えるように成長した。国防総省でのミーティングにおいては、PA&E（事業解析・評価部）の決定やチュウ自身が強烈に攻撃されることが多かったが、チュウの表情は穏やかであり、その発言には誠意が込められていた。チュウの発言は、常に注意深かった。黒くて短い髪、V字型の顎と堂々とした低い声を持ち、感情を表に現さないチュウは、スター・トレックのキャラクターであるスポックに似ていた。バルカン人と地球人のハーフであり、宇宙船エンタープライズの乗務員の副船長であるスポックは、論理という冷たいプリズムを通してあらゆる状況判断を行うのである。チュウは、論理的に、言わば9回考えて、問題を見ようとしていた。

チェイニーが国防総省を引き継ぐ以前から、チュウはオスプレイについて、少なくとも9回は考えていた。チュウの意見は、1983年から変わっていなかった。それは、海兵隊のCH-46を更新するためには、時間と予算を投じてティルトローターを開発するよりも、シコルスキー社のUH-60ブラック・ホークとCH-53Eスーパー・スタリオンを購入した方が良い、というものであった。しかし、ジョン・レーマンと海兵隊は、チュウの主張を脇に追いやってきた。1986年、オスプレイのFSD（全規模開発）を開始するため、DSARC（国防総省システム取得審問委員会）の承認を得ようとした時、チュウは再びそれを制止しようとしたが、その議論で勝利を獲得したのは、レーマンと海兵隊であった。「レーマンが独断専行に走ったのは、このテクノロジーが革命的なものであると考えたがゆえのことだったのです」チュウは私に語った。「レーマンと我々の視点は、全く異なっていました。我々にはその革命が見えていなかったのです。分析を専門としていた私たちには、この投資がもたらす利益を理解することができませんでした」チュウは、ティルトローターに対して反感を持っていたわけではなかった。単に、海兵隊の血統を考慮すれば、豪華すぎると思っただけなのであった。チュウは、また、ティルトローターは、民間航空に革命を起こすものであるが、そのためにはまず軍用機として開発しなければならないという考え方にも、賛成できなかった。チュウは、自由市場の英知を信じていた。もし、ティルトローターが民間航空にとって望ましいものならば、なぜ民間部門がそれを先に開発しないのか疑問に思っていた。オスプレイの開発に国防総省が予算をつぎ込まなければならないということは、ティルトローターが、経済的にはそれほど魅力的ではないということを意味する。チュウにとって、これは単純な論理であった。

国防総省での勤務を開始したチェイニーは、１００億ドルを予算から絞り取るため、廃止すべき事業の一覧表を提出するようにチュウに指示した。そのリストには、必然的にオスプレイが掲載されていた。それは、チェイニーが削減することを決定した9つの主要調達計画の１つに入っていた。そこには、陸軍のＡＨ-64攻撃ヘリコプター、海軍のＦ-14Ｄトムキャット・ジェット戦闘機、１隻のＳＳＮ-６８８攻撃潜水艦および空軍のＦ-15イーグル戦闘機も掲載されていた。このリストが数多くの不幸な議員を生み出すことは分かっていたが、国防予算の削減は、大統領の指示により、大統領の責任で行われることであった。議会との対立が、正しい道である場合もあるのだ。

下院議員のカート・ウェルダンは、この対立を好ましく思っていた。彼は、ペンシルベニア州の第7地区から選出されており、その地区にあるリドリー・パークには、ボーイング社の広大なヘリコプター工場の一部があった。このことが彼にアドレナリンを分泌させた。ウェルダンは、デビッド・チュウとは反対に、政治闘争において論理は問題ではないと信じていた。重要なのは、選挙なのである。票をとるためには、人々を自分の信念に注目させなければならない。時には、連立を形成しなければならない。チャンスがあるたびに、その問題に注意を引き付けなければならない。繊維工場で働く父親の9人兄弟の末っ子として育ったウェルダンには、対決、連立の構築および注意の喚起が習性になっていた。ウェルダン一家が住んでいたのは、ペンシルベニア州のマーカスフックにある、数十棟の小さなレンガ造りの社宅のうちの1軒であった。

* * *

ウェルダンの選挙区は、フィラデルフィアのすぐ南側にある典型的な工業地帯であった。その地域の中でも最も埃っぽい、ちっぽけな自治区であるマーカスフックは、1つの化学工場と2つの精油所によって支配されていた。そこを流れるデラウェア川の土手には、多くの石油貯蔵施設がひしめき合うように建っていた。そこに住んでいるのは、第7地区の他の部分と同じように、ほとんどが白人の労働者であり、共和党支持者が多く、愛国心の強い者が多かった。ウェルダンの6人の兄弟たちは、皆、高校を卒業すると軍に入隊し、2人の姉妹は軍人と結婚していた。成績が優秀であったカートは、高校3年生の時に米国空軍士官学校入学の指名を受けたが、目の検査で不合格になってしまった。代わりに近くのウェストチェスター州立大学に入学し、１９６９年に人文科学の学位を取得して家に戻り、学校の先生になった。父親や他の兄弟たちと同じように、カートもボランティアの消防士になった。マーカスフックのような製油所の町では、頻繁に火災が発生していた。ウェルダンは、火災との戦いに夢中になった。5人の子供のうちの最初の子供を妻と育て始めた頃、余暇を活用して、デラウェア郡大学で火災科学技術の学位を取得し、全国消防士会議での講演を始めた。そして、政治の世界にも足を踏み入れていった。

カート・ウェルダンは、1977年にマーカスフックの市長に当選した。それは、自治区を恐怖に陥れていたパガンス・モーターサイクル・クラブという暴走族を取り締まることを公約したからであった。マーカスフックには、その暴走族の全米本部があった。ウェルダンの幼馴染であったその族長は、町を所有しているかのようにふるまっていた。ウェルダンの見た目は、決して屈強な男でなかった。長めの茶色の髪を撫でつけ、耳の下に木の根に生えた苔のようなマトンチョップと呼ばれるほお髭を生やし、鼻が壊れるくらいに重そうな黒縁の眼鏡をかけていた。しかし、その内面は、エネルギーに満ちあふれており、戦う気で満々であった。市長となったウェルダンは、町の警察に24時間体制でパガンスを監視させた。まるでギャングを拘束するようにその活動を制限したのである。その後、州および連邦警察が、パガンスのメンバーによる薬物取引や殺人の調査を開始すると、そのクラブはマーカスフックから去っていった。ウェルダンが9万ドルの連邦助成金を取得して町の野球場に常夜灯を設置すると、産業の衰退や一時解雇により意気消沈したこの地域に明るい材料をもたらし、彼の人気はさらに上昇した。ウェルダンは、市長に2回再選され、デルウェア郡議会で1任期を務めた後、連邦議会での議席を得た。

チェイニーがオスプレイ計画を中止しようとしており、何百人、あるいは何千人もの彼の有権者たちの仕事を奪おうとしていると聞いた時、ウェルダンがやるべきことは明らかであった。1989年4月18日、新聞がチェイニーの計画を報じた3日後、ウェルダンは、「うわさされているV-22オスプレイ計画の中止に反対する」という書簡をチェイニー国防長官に送った。ウェルダンは、このような動きを「断固として阻止する」と宣言した。

しかし、どうやってそれを実現するのであろうか？　175名の共和党議員が260名の民主党議員にいつも押し切られている下院において、共和党議員になったばかりのウェルダンには何の力もなかった。しかし、彼には、どうすれば連合を形成できるかが分かっていた。議会での最初の年、ウェルダンは、連邦議会消防隊幹部会という組織を作り上げた。それは、議会において何らかの影響力を得る方法を探っていた時に浮かんだアイデアであった。全国のすべての下院議員選挙区には、ボランティアの消防士たちがいる。消防士たちの関心に注目しつつ、自分自身の関心にも注目させながらその幹部会を率いたウェルダンは、上院および下院のすべての議員たちを結びつける手段を得ただけではなく、そのうちの何人かを感化させることにも成功した。会議で出会ったテキサス出身のボランティア消防士であるメイソン・ランクフォードを通じて、フォートワースの議員であり、下院で最も力を持った議員である下院議長のジム・ライトをその幹部会に参加させることができたのである。下院議長である民主党のライトにとって、ウェルダンのような新人の共和党議員に注意を払わなければならない理由はなかった。しかし、ランクフォードから紹介されたことをきっかけに、ウェルダンの消防幹部会に参加しただけではなく、記者会見でそのキックオフの手助けさえもすることになったのであった。ライトとウェルダンが初めて話をした時、ウェルダンは、ライト議長の選挙区には、ウェルダンの選挙区と同じようにオスプレイを製造している工場が所在していることを指摘した。彼らは、オスプレイが素晴らしい計画であることに合意した。

＊　＊　＊

しかし、その2年後、チェイニーがオスプレイ計画の中止を決定した頃には、ジム・ライトは、もはやそれほど力を持っていなかった。ジョージア州選出の共和党員で右翼の火付け役であるニュート・ギングリッチ下院議員は、野心にあふれ、恐れを知らない男であった。彼は、この民主党の下院議長を何ヵ月間にもわたって倫理問題で追及し続けていた。チェイニーがオスプレイに関し、デビッド・チュウのアドバイスに従うことを決定した２日後の１９８９年４月17日、下院倫理委員会の３名の民主党議員と３名の共和党員は、ライトが個人的な資金管理に関し69件の下院規則違反を犯していたと「信ずべき理由」がある、と満場一致で決定した。ベル・ヘリコプター社の下院議員であり、議会における最も重要なティルトローター支持者の１人であったライト議長は、自分の保身に忙しくなり、オスプレイを救うどころではなくなった。誰か他の者が、それを行わなければならなかった。

４月19日、アラスカ州選出の共和党上院議員テッド・スティーブンスとオハイオ州選出の民主党議員ジョン・グレンは、チェイニーに警告射撃を行った。元宇宙飛行士として有名なグレンは、１９８６年にXV-15ティルトローターの実証飛行を行った元海兵隊のパイロットであった。グレンとスティーブンスは、ある奇抜な方法を用いてブッシュ政権にV-22の完全な資金供給を促す個別決議を上院で提起した。その決議は、ほとんど空席の議場において発声投票で採択されたのであった。

６日後、下院軍事委員会の52名の委員たちの前に初めて立ったチェイニーは、予算の改正と主要な９つの調達計画の削減について説明した。当時、チェイニーは、孤高、厳格かつ邪悪というイメージを大衆から持たれていた。１９９０年代にテキサス州を基盤とする石油サービス大手ハリー・バートン社を経営して富を得た上に、2001年に副大統領に就任したからである。しかし、チェイニーは、そんなことを気にはしていなかった。チェイニーは、党派心が強いが、人気のある下院議員であり、あまり陽気ではないが礼儀正しく、丁寧で社交的であり、皮肉屋の面も持ち合わせていた。4月25日の下院公聴会において、ウィスコンシン州選出のレス・アスピン民主党会長は、チェイニーを温かく迎えた。慣習となっている5分間の質問時間を得た参加者は、チェイニーを賞賛した。その一方で、オスプレイ計画を中止するという決定に対する苦情も浴びせた。その決定についてチェイニーを非難した6名の議員のうちの1人が、ウェルダンであった。

チェイニーには、自分が要求している国防費の削減が、議会で抵抗にあうことが分かっていた。「私の元同僚である議員たちは、実に素晴らしい人ばかりです」チェイニーは冒頭陳述で述べた。「私は、この2週間の間、彼らから多くのことを聞きました。彼らは、私が基地を閉鎖したり、兵器システムを削減したり、国家防衛に不可欠であると信じられている計画を中止したりはしない、ということを確認することに関心を持っていました」また、オスプレイの中止が海兵隊とその支持者たちにとって、非常に不幸なことであることも分かっていた。その特に重要な決定について、多くの意見を聞いたチェイニーは、「私は、今、誰も海兵隊を放置したりしないことを確信していますと」と言った。防勢ではあったが、1歩も引かなかった。「私は、海兵隊に対して何の企みもないと断言します」と誰もそのことに言及していないのに自ら述べはじめた。ティルトローターは、「面白い構想」であり、「おそらくは良い航空機」であろう。しかし、それが製造されるのは、強襲上陸という「非常に限られた任務」のためであり、その任務を行うためには、ヘリコプターという十分かつ安価な手段がある。陸軍がまだオスプレイに興味を持っていたならば、適当な価格になったかもしれないが、陸軍はすでに興味を失っている、と説明した。そして、「私は、できることならば、それを続けたい」しかし、国防費を100億ドル削減するという指示がある以上、「どうやって押し込んだらよいのか分かりません」と付け加えた。

会議が終わった時、チェイニーとその側近たちは、オスプレイに関して受けた質問の数に少し驚いていたが、この問題に関する大きな戦いが始まろうとしているとは思いもしなかった。彼らは、間違っていた。

＊　＊　＊

チェイニーが証言した3日後、ベル・ボーイングの統合事業事務局は、NAVAIR（海軍航空システム・コマンド）に書簡を送り、両社がオスプレイに関する業務を1週間後に停止することについて、「重大な不本意」を表明した。書簡には記載されていなかったが、チェイニーが決定したとおり、国防総省がオスプレイを生産しようとしないならば、両社は、その開発にこれ以上の経費をつぎ込むつもりがなかった。これまでの巨額のコスト超過を取り戻すための唯一の希望は、将来の量産型オスプレイだけであった。もし、量産機が1機も作られなかったら、何の利益も得られないのであった。

1週間後、両社は、その脅迫を撤回した。米国政府の法律事務所が、両社が締結したFSD（全規模開発）契約を検討し、それが完璧なものであると結論付けたからである。ベル社とボーイング社がその契約を無視した場合、政府は両社に対し、FSDのためにすでに支払った経費の返済を求めることができるのであった。加えて、議会におけるオスプレイの支持者たちも、両社に対し、その契約の履行を求めた。チェイニーがいようがいまいが、海兵隊はオスプレイを強く望んでいたし、議会で自分の道を切り開くのが得意であった。このことに関して、海兵隊は、どの軍種よりも優れていた。

海兵隊は、すでにある戦略を練っていた。議会のオスプレイの支持者たちに対し、チャールズ・ウィルソンとCIAがアフガニスタンの反政府勢力に対し行ったことと同じことを行った。今回のケースで言えば、ワシントンでの政策闘争における武器と弾薬、つまり、情報資料と情報を供給したのである。それは、すべての軍種が時々使う戦略であるが、海兵隊は、歴史上、自らを存続させるために、それに頼ることが他の軍種よりも多かった。これが、海兵隊がそれを得意としていた1つの理由であった。もう1つの理由は、海兵隊員が議会に占める割合であった。議員のほとんどが、海兵隊をエリート軍種であると認識しており、海兵隊で勤務した経験を有している議員も少なくなかった。「一度海兵となったものは、常に海兵である」という言葉がある。議会には、1989年の時点で、20名以上の海兵隊退役軍人がいた。議事堂では、海兵隊連絡士官がほぼ毎月、朝食会を開催した。海兵隊総司令官たち主要な将官は、その機会を利用して元海兵隊の議員やその側近たちと会い、海兵隊のニーズについて話し合っていた。チェイニーの決定が下された後は、この非公開の会同においてオスプレイが主要な話題になることが多かった。

一方、海兵隊上層部には、気をつけなければならないことがあった。国防総省の方針を決定するのは国防長官であるチェイニーであり、軍の指揮官たちは公式にはそれに反対することができないということである。国防長官がいったん方針を示したならば、将軍たちは、たとえどんなにそれを気に入らなくても、敬礼を行ってそれに従うことが求められていた。登庁した最初の1週間、チェイニーは、将軍たちにその種の忠誠心を求めていることを暗に示唆していた。チェイニーの最初の記者会見は、国防総省に衝撃を与えた。空軍参謀長のラリー・D・ウェルチが核ミサイルの配置計画に関し議員と取引しようとしたことが、公の場で非難されたのである。記者会見でチェイニーは、ウェルチが「フリーランス（主君を持たない雇い兵）」であり、将軍が行ったことは「不適切」である、と言った。そして、ウェルチの執務室に出向き個人的に不満を表明する、と発表した。空軍全体の責任者である四つ星の将軍にとって、それは大きな屈辱であった。

ウェルチのような扱いを受けるリスクを冒したくなかった海兵隊上層部には、これを回避する方法が分かっていた。上級武官の配置は、上院によって承認されなければならない。そのため、将軍たちは、人事聴聞会においては、その求めに応じ宣誓をした上で、軍事問題に関する自分たちの個人的見解を、たとえその見解が民間人の上司と違ったものであっても、述べることができるのである。１９８９年、上院軍事委員会で証言した海兵隊総司令官アルフレッド・M・グレイ・ジュニア将軍は、オスプレイについて、その見解を述べるように求められた。その時の将軍の立ち位置は、前後に２つの顔を持ち、２つの方向を見ることができる神である古代ローマの守護神ヤヌスを思い起こさせるものであった。

グレイは、最初に、オスプレイを民間での「大きな需要」と海兵隊での「大きな可能性」をもたらす「国家の財産であり、国家の要求である」と評した。それから、彼は言った。「私は、オスプレイを中止するという大統領と国防長官の判断を支持するものです」それから、グレイは、「チェイニー長官は、得られた情報に基づいて、正しい判断を行ったのです」と言った。さらに、彼は言った。「ただし、私は、長官が受けたコストに関するアドバイスには同意できないし、軍事作戦に関するアドバイスにも同意できません」

委員長であるサム・ナンがその発言の意味するところを確認した。「あなたは、チェイニー長官は、誤った情報に基づいて、最善の判断をしたと考えている。それに間違いありませんか？」

グレイは、そこまでは言っていなかった。「いいえ」と彼は言った。「チェイニー長官は、その情報が的確であると信ずるに足りる者たちから与えられた情報に基づいて、判断したのです」

「しかし、あなたは、その情報が正しいとは思わないのですね？」ナンは、尋ねた。

「はい」グレイは最終的に認めた。「法廷では、そのように答えたいと思います」

国防長官の決定を阻止するため、グレイは軍種の長として、上司への不服従と自分自身の願望との間のきわどい線を巧みに突いたのであった。

*　*　*

チェイニーとその側近たちは、グレイが行った証言について海兵隊総司令官に抗議することができなかった。しかし、他の海兵隊将校たちが、あたかもオスプレイが生き残りそうだ、というような話をしていると聞いた時には、それを苦々しく思った。グレイの証言から1週間後、オスプレイ・プログラム・マネージャーであるハロルド・ブロット准将は、ある会議で発言した。クリスタル・シティで行われたその会議は、ローター&ウイング・インターナショナル誌が主催するティルトローターの民間機としての潜在能力に関する会議であった。5月15日、ニューヨーク・タイムズ紙は、その会議に関し、「ティルトローターは、空港混雑解消の決め手」という見出しのついた記事を掲載した。その記事には、NASA（航空宇宙局）とFAA（連邦航空局）の職員たちから聞き取ったティルトローターに対する称賛の声が記述されていた。「軍のティルトローター機開発計画を統括している海兵隊のハロルド・ブロット准将は、『ヘリコプターは、航続距離がティルトローターの4分の1しかないし、その音が4倍遠くから聞こえる』と語った。また、国防長官のディック・チェイニーは、『予算節約のためにV－22オスプレイの開発を中止すると言っているが、６８２機の機体を製造する２８０億ドルの計画は、間違いなく存続するだろう』と述べた」

この記事が発表されたのは、月曜日であった。数日後、ブロットは、チェイニーの側近たちの１人である議会対策担当国防次官補代理の空軍准将バスター・グロッソンと直接対決した。グロッソンは、公式の場でチェイニーに反論したことについて、ブロットを叱りつけた。

「何のために、マスコミを利用して、国防長官との対決姿勢をあからさまにしようとするんだ？」グロッソンは、問いただした。そして、国防長官には、ある程度の忠誠心を示しておいたほうが良い、と助言した。

ブロットは、自分は、忠誠心というものが何であるか理解しているがゆえに「嘘はつけない。嘘をつくつもりもない」と答えた。ブロットは、グロッソンから今後は公の場でオスプレイについてコメントしないほうが身のためだ、と言われたと数年後に私に述べた。グロッソンは、決してそんなことは言ってない、と私に語った。

いずれにせよ、その後、ブロットは、航空担当副参謀長であるチャールズ・チャック・ピットマン中将に電話し、チェイニーの取り巻きたちは口封じをしようとしている、と伝えた。ブロットの記憶によれば、その日の午後、チェイニーのオフィスから電話があった。上院軍事委員会が、ブロットとＰＡ＆Ｅ部長のデビッド・チュウに対し、月曜日の８時にオスプレイに関するブリーフィングを行うように求めているという内容であった。その要求を持ち掛けたのは、海兵隊司令部の誰かであるとブロットが聞いたのは、後になってからであった。戦闘パイロットであり将軍であるブロットにとっては、官僚のコンピューター・マシーンであるチュウと議論を戦わせ、海兵隊のオスプレイに関する見解を委員会に示すための絶好の機会であった。

その日の夕方、家に帰ったブロットは、妻に「さあ、いよいよだ。やったぞ。月曜日の終わりには、俺のキャリアとしての人生が終わる。俺はいつも言ってきたことを言うし、奴らは反対のことを言うだろうからな」

それから20年が過ぎると、チュウには、ブロットと一緒にこのようなブリーフィングを行ったことが思い出せなかった。その後、何年にもわたって、何十回も、議員たちとの似たような委員会に参加してきたからである。しかし、ブロットには、その記憶は鮮やかに残っていた。「そこには、厳しい状況が待ち受けていた」とブロットは私に語った。「その部屋には、他の椅子とは違う、背もたれのついた硬い椅子が置かれていました」1つはブロット、1つはチュウ、もう1つは国防総省の戦術航空機担当者のためのものであった。彼らは、委員会のスタッフから、1時間以上にわたって質問攻めにされた。ブロットは、チュウが言ったことのほとんどすべてのことに反論したことを覚えている。

ブロットは、うんざりした気持ちで執務室に戻った。今日のブリーフィングで言ったことに、大きな代償を払わなければならなくなることは、間違いないであろう。ブロットがオスプレイを擁護したことを聞いたチェイニーは、ウェルチへの仕打ちと似かよったことをするだろう、と考えられた。しかしながら、海兵隊航空を牛耳っている3つ星の将軍であるチャック・ピットマンは、それを回避する計画をすでに練っていた。誰にも知られずに、誰にも気づかれずに。数日後、ブロットは、ノースカロライナ州のチェリー・ポイントにある海兵隊航空基地に出頭し、6週間のハリアー・ジャンプ・ジェット機の技量回復訓練を行うように命ぜられた。さらに、その夏、ワシントンに戻ったブロットは、直ちに、フロリダ州のホワイティングフィールド海軍航空基地で6週間のヘリコプター操縦技量訓練に参加するように命ぜられた。その後、1989年12月、ブロットは、サンディエゴ近郊に本拠を置く第3海兵航空団の副司令官として勤務するため、カリフォルニア州に赴任するように命ぜられた。オスプレイ計画は、新しい管理者を迎えることになった。１９８０年に少佐として、イランのデザート・ワンで事故を起こしたヘリコプターの操縦士であったジェームズ・H・シエーファー大佐である。シエーファーは、その事故以来ずっと、ティルトローターの必要性を訴え続けていたのであった。

＊　＊　＊

ディック・スパイビーは、それまでにも下院の議事堂に来たことがあったが、このような重大なイベントのために来るのは初めてであった。１９８９年5月31日水曜日、スパイビーとその2人の同僚は、ベル社のロビイストであるジョージ・トラウトマンと緊張した面持ちでそこに座っていた。そして、議会における最も重要な協力者であり、トラウトマンの30年来の親友であった下院議長のジム・ライトが敵に降伏するのを目撃することになった。ライトは、次の週に議長を辞任し、34年間にわたって保持してきた下院の椅子を6月の末までに放棄する、と述べた。その部屋の演壇で1時間にわたって発言したライトは、時には開き直っていたが、謝罪の言葉を述べ、反省の色を露わにする場面もあった。泣いてはいなかったが、泣きたそうに見えたとスパイビーは思った。スパイビーとトラウトマンも泣きたい気持ちであった。彼らは、オスプレイを支持してくれたこの友人のことを思った。そして、ライトがいなくなった後のオスプレイの行く末を心配した。自分のキャリアが終焉を迎えようとしているにもかかわらず、テキストロン社とベル社に対し、海兵隊と議会の支持者たちが存続させようとしているオスプレイを諦めることがないように、とライトが言ってくれたのは、わずか数週間前のことであった。

チェイニーがオスプレイを打ち切ろうとしている、と聞いたスパイビーは、それからの6週間のほとんどをワシントンで過ごした。最初は、トラウトマンやテキストロン社のロビイストたちと戦略を練るため、彼らの元を行ったり来たりしていた。その後、彼らのお抱えブリーファーとなったスパイビーは、24時間いつでも電話があればワシントンに向かい、オスプレイに関する説明やティルトローターの民間機としての潜在能力についての説明を議員やその側近たちに行った。スパイビーのブリーフィングには、ヘリコプターの速度は後退側ブレードの失速により制限されるということや、ティルトローターであればデザート・ワンの悲劇を回避できたという説明に加えて、憲法の第1章は「陸軍を編成し、これを維持」し、「海軍を創設し、これを維持」する権限を、行政機関にではなく、議会に与えていることを説明するスライドが追加された。議員たちに、自分たちが憲法上、チェイニーの発言を封じる権利を持っていることを思い出させたかったのである。

チェイニーの決定後から数週間の間、テキストロン社とボーイング社は、オスプレイの放棄にざわめき立っていた。スパイビーは、オスプレイの放棄など、想像することもできなかった。オスプレイがなくなってしまえば、スパイビーの生涯の仕事であるティルトローターの夢も一緒に消えてしまうかもしれなかった。その一方で、スパイビーは楽観主義者でもあった。これは乗り越えるべきもう1つの凸凹《でこぼこ》に過ぎず、海兵隊が奪取すべきもう1つの丘に過ぎないと確信していた。スパイビーは、チェイニーに会えることを願っていた。チェイニーにブリーフィングさえできれば、自分の夢を理解させせられると思ったからである。しかし、ベル社やボーイング社の誰も、国防長官にオスプレイについて説明する時間を取ることができないでいた。

ライトの辞任表明演説から1週間後、スパイビーたちは、ベル社派遣団の要員として1989年のパリ航空ショーに参加するため、いつものようにフランスに渡った。スパイビーは、最初の妻との間の２人の息子を連れて行った。当時20歳のブレットと18歳のエリックである。父親がベル社のシャレーで勤務している間、息子たちは由緒あるル・ブルジェ空港で航空機の地上展示を見て回ったり、毎日行われる世界で最も優秀なパイロットたちによる世界で最も新しい航空機の飛行展示を見物したりして過ごしていた。パリに到着するのが遅かったので、ショーの初日にソ連のＭｉｇ−29ジェット戦闘機が墜落し、パイロットが無事にパラシュートで脱出するところを見ることはできなかったが、その残骸は飛行場の芝生の上に横たわったままであった。ある日、ベル社のシャレーを訪れたスパイビーの息子たちは、自分たちの父親がオスプレイと来るべきティルトローター革命について、メディアに向かってブリーフィングするのを見た。成長するに従って、週末に父親の所を訪れるようになっていた息子たちは、そのブリーフィングのほとんどをすでに聞かされていた。スパイビーは、軍の基地を訪問した時の経験や軍のためにティルトローターができることを語るのが大好きであった。家に模型を持ち帰り、ティルトローターがどれくらい「クール」であるかを見せることもあった。エリックは、成長するにつれ、ティルトローターを売ることは、父親の仕事であるだけではなく、情熱であることが理解できるようになっていた。自分の父親は、この課題に少し夢中になりすぎていると思っていたが、パリで記者たちの質問に答えている父親を見て感動した。自分の父親は、その才能を存分に発揮していた。

その年のパリでは、ベル社社長のホーナーも、記者たちへの説明を行った。その頃、ベル・ボーイングは、３大航空企業のブリティッシュ・エアロスペース社、西ドイツのドルニエ社およびイタリアのアエリタリア社と、各国におけるティルトローターの軍用および民間用マーケットを調査することについて同意したことを発表していた。ホーナーは、国防総省がオスプレイ計画を中止した場合、ベル社は、ティルトローターに関する事業の国外への展開を模索する、と述べた。そして、「我々は、スミソニアン博物館に飾るだけのために航空機を製造するつもりはありません」と断言した。「私は、この事業を続けるための方策を探し続けるつもりです」

*　*　*

下院議員のカート・ウェルダンは、すでに1つの方法を見つけていた。連合の形成である。チェイニーの整理対象計画のリストには、ロングアイランドのグラマン社で生産される海軍の可変翼ジェット戦闘機F-14Dトムキャットも掲載されていた。ニューヨーク州の議会代表団や自分たちの選挙区に海軍基地を持っているその地の州の支持者たちは、トムキャット計画の継続を熱望していた。しかし、オスプレイの支持者と同じように票が不足していた。下院軍事委員会がその年の国防認可法案の採決を準備している間に、オスプレイとトムキャットの支持陣営は、ある取引を行った。お前が俺の計画に票を入れれば、俺はお前に票を入れるという取引である。

軍事委員会が国防法案の審議を開始した6月22日、その委員会の議長であるウィスコンシン州出身の民主党下院議員レス・アスピンは、ウェルダンとその同調者たちによって、愕然とさせられることになった。国防費を抑制しようとしているチェイニー国防長官を信任すべきである、と明言していたアスピンは、国防長官が提出した100億ドルの削減要求に対する共和党の修正案を阻止しようとしていた。議長であるアスピンは、委員会が共和党の修正案を28対15で可決した後であっても、それを阻止することができると確信を持っていた。ウェルダンとトムキャット支持者の1人により提案されたその修正案には、オスプレイのための5億800万ドルと新型のトムキャットを製造するための2億３０００万ドルが含まれていた。アスピンは、にやりと笑っただけであった。法案起案セッションが終了するまで待ち、それから修正前の法案である原案に対する採決を宣言して、共和党やその他の修正案を無効にしようとしていたのである。アスピンがその採決に勝てば、すべての修正案は廃案となる。この戦術は、「お山の大将」として知られるものであった。しかしながら、アスピンが原案を提示した時、26対26の可否同数で否決されてしまった。議長は、悔しがった。

「俺たちは、奴のケツを叩いた、それだけのことさ」ウェルダンは、20年近く後になっても、まだ勝利を味わうように語った。

軍事委員会における採決から2日後、その委員会の主席共和党員は、下院においては、行政府の利益のためにオスプレイやトムキャットの予算を国防法案から削除しようとしても無駄である、と述べた。「後戻りさせることはできないのです」アラバマ州選出の下院議員であるビル・ディキンソンは、そう宣言した。

オスプレイ陣営は、最初の、そして最も重要な戦闘に勝利した。チェイニーと下院軍事委員会議長の双方に反抗し、オスプレイを突然死から救ったのである。しかしながら、２院制は、立法のダンスとも呼ばれている。法案は、上院においても下院と同じプロセスで審議される。両院が採択する法案は別々のものであるため、それらの法案には必然的に相違が生じる。このため、上院議員と下院議員で構成される両院協議会において、その相違事項を調整しなければならないのである。上院の法案には、オスプレイの試作機を製造し試験するための2億５５００万ドルが含まれていた。ただし、上院の法案には、下院では認められていたベル社とボーイング社が量産機の製造を開始するために必要な部品や工具などの「リードタイムの長いアイテム」を賄う資金が含まれていなかった。これは、両社にとって大きな問題であった。両社は、チェイニーが国防長官になる前の1988年に議会が決定した資金により、それぞれの生産ラインの準備をすでに始めていたからである。その年、NAVAIRからは、最初のオスプレイ量産機12機が12億ドルで発注されていた。次期国防予算に量産費用が含まれなかった場合、オスプレイはスケジュールよりも2年遅れる、とスパイビーはアビエーション・ウィーク誌に語った。

実際には、問題はそれよりもはるかに大きかった。量産費用がなければ、オスプレイは、ただの研究プロジェクトになってしまう。量産費用のない固定価格のFSD（全規模開発）では、ベル社とボーイング社は、巨大なコスト超過を回復する望みを失ってしまうのである。この契約に毎日、大金をつぎ込んでいる両社にとって、オスプレイの量産が保証されない状態で計画を継続できる期間には限界があった。ベル・ボーイングがこのような窮地に立たされていることを早い段階から把握していたチェイニーとその側近たちは、それを戦略として利用した。たとえオスプレイを完全に打ち切ることができなくても、量産への移行だけは何が何でも阻止しようとしたのである。

その国防法案に関する上下両院協議会において、チェイニーは、この件に関する初めての勝利を得た。上院のオスプレイに関する法案が採択され、最終的な法案からオスプレイの量産費用が削除されたのである。両院協議会の報告書には、議会は、ティルトローターの費用対効果に関する国防総省の調査が完了するまで、量産に関する決定を留保する、と記載されることになった。

オスプレイ陣営は、失望した。しかし、海兵隊関係者は、議会における最終決定が留保されていたため、楽観的な見方をしていた。ウェルダンたちがオスプレイの量産費用を次年度の国防法案に入れ込むまでの間は、チェイニー事案の前に議会が決定していた予算を使って量産の準備を継続することができたからである。これが、議会がその11月に休会に入った時点でのオスプレイ陣営の目論見であった。

１週間後、チェイニーは、国防長官を辞任してオスプレイの運命を議会にゆだねるつもりはない、と表明した。そして、ベル社とボーイング社が３月に署名した当初の12機の量産機の製造契約をＮＡＶＡＩＲに取り消させた。さらに、議会が１９８８年に承認していた２億ドルの量産資金を引き揚げた。

ウェルダンや他の議員たちは、激怒した。チェイニーは、オスプレイの将来が議会によって決定される前に行政権を行使しようとしていた。この新しい国防長官が戦いを望んでいることは、明らかであった。ウェルダンたちは、それを受けて立つつもりであった。

＊　＊　＊

上院議員の側近として３年の経験を積んだ後、議員に立候補して落選していた37歳のフォートワースの弁護士であるプレストン・Ｍ・ピート・ゲレン・ジュニアは、１９８９年９月13日、ジム・ライト元議長の議席を勝ち取った。ゲレンは、民主党員であった。ウェルダンは、共和党の要請により、ゲレンの対抗馬を支援していた。しかしながら、その秋、ゲレンが当選すると、ウェルダンと協力するようになり、ついには親友となっていた。彼らを結びつけたのは、オスプレイであった。

ベル・ヘリコプター社は、ゲレンの選挙区における最も大きな雇用主の１つであった。彼は、オスプレイのために戦うことを約束して、議員に当選したのである。ゲレンは、オスプレイのことを学び始めたばかりであったが、ウェルダンは、それよりもずっと先に進んでいた。すでにオスプレイ・チームを編成し、自分の執務室で少なくとも2週間に1回はミーティングを開いて、戦略を練っていた。そのミーティングの常連のメンバーには、オスプレイに興味を持つ下院議員やその側近たち、テキストロン社、ベル社およびボーイング社のロビイストたち、ボーイング社とベル社の工場の労働者たちを代表する組織であるUAW（全米自動車労働組合）のロビイストたちなどが名を連ねていた。海兵隊の議会担当連絡士官たちも参加していたが、他の参加者たちは、このことを公にしないように言われていた。

オスプレイに関してチェイニーを阻止しようとする海兵隊の動きは、アフガニスタンの反政府勢力を武装化するチャールズ・ウィルソンの改革と同じくらいに公然の秘密であった。しかし、海兵隊は、どうやってそれを行っているか、ということを広く知らしめたくはなかった。連絡士官たちが議会に情報を提供するのは、ごく普通のことであった。ただし、チェイニーの敵たちと一緒に戦略を練ることは、違法ではなかったが、政治的には背信的な行為であると考えられた。1990年の夏、パーカー・ミラー海兵隊大佐が議会担当連絡士官に就任した。彼は、オスプレイの予算を獲得できるように活動を行っていることについて、他の連絡士官たちと同じように、海兵隊総司令官や他の将軍たちに定期的に報告していた。ただし、どういった活動を行っているかという詳細は報告していなかった。

ミラーが報告しようと思えばできた詳細な事項は、いくらでもあった。1989年の秋、考えられるあらゆる戦術を盛り込んだ「V-22アクション・プラン」がウェルダンにより策定された。ウェルダンと企業のロビイストたちは、議会の代表者たちにブリーフィングを行い、ティルトローターが彼らの州にもたらす雇用と経済的利益について理解させた。テキストロン社のロビイストたちは、オスプレイの予算が要求された場合に賛成する可能性がある議員のリストを作成し、それを毎週更新していた。ベル社とボーイング社は、可能な限りの議員とその側近たちをテキサス州とペンシルベニア州の工場に招き、オスプレイが製造されたり、試作機が飛行したりしている様子を研修させた。そのような研修に参加できない議員たちのためには、ワシントンでオスプレイ昼食会を催した。ロビイストたちと海兵隊連絡士官たちは、公聴会でオスプレイが議題となった時に用いる質問状を起草した。ベル社、ボーイング社、およびエンジン・メーカーであるアリソン社は、ほとんどすべての州に存在する下請け会社に「政治的活動の小包」を送った。その小包には、下請け会社やその労働者たちが地元の新聞社に投稿できるオスプレイに関する論説、議会の議員や州議員に送ることができるオスプレイに関する手紙、そして議員たちにオスプレイの採決に賛成するように促すための電話番号が入っていた。連絡士官たちは、同じような小包を海兵隊予備役協会にも送った。また、オスプレイの予算を獲得するための代替案という武器をウェルダンに授けた。それは、オスプレイ計画が各種目的を達成するために必要とする予算と航空に関して海兵隊が掲げる目標に関する詳細な分析であり、公聴会や国防法案の採決における有利な材料となるはずであった。ウェルダンは、できるだけ多くの上院および下院の委員会でオスプレイやティルトローターの民間機としての可能性に関する公聴会を開催するように努めた。また、オスプレイに賛同し、民間のティルトローターを促進する企業や組合の有名なリーダーや元政府高官および著名な学者たちを集め、民間航空を対象とした「ティルトローター・テクノロジー連合」を組織した。

ディック・チェイニーとデビッド・チュウは、自分たちの方の理屈が通っていると思っていたかもしれないが、カート・ウェルダンにしてみれば、政治の世界では理屈なんかどうでも良かった。重要なのは、選挙なのである。票をとるためには、人々を自分の信念に注目させなければならない。連立を形成しなければならない場合もある。あらゆる機会を通じて、その問題に人々の関心を引き付けなければならないのだ。

＊　＊　＊

ウェルダンは、人々の関心を引く天才であった。ある日、自分の選挙区にある模型店の中を見て回っていたウェルダンは、オスプレイの24分の1スケールのプラモデルを見つけた。その箱を手に取った時、彼の眼が最初に捉えたのは、「韓国製」という文字であった。完璧だ！　そのプラモデルを購入したウェルダンは、オスプレイ戦略グループのミーティングでそれを紹介した。数ヵ月後、ベル社は、ブルーの制服に身を包んだ勇ましい海兵隊員のカラー写真のポスターと一緒に、そのプラモデルをすべての連邦議会事務局に配った。退役海兵隊少佐であり広報顧問であったフレッド・ラッシュの写真の下には、次の説明がついていた。「V-22は、我が部隊に不可欠の武器だ」その下には、ティルトローターの利点が長々と記載されていた。そのプラモデルやポスターに添えられていたのは、ウェルダン、ゲレンおよびオスプレイのエンジンを製造しているインディアナ州選出のある議員が署名した「親愛なる仲間たちへ」と書かれた手紙であった。その手紙には、「今日、あなたが受け取ったV-22のプラモデルは、韓国で作られたものです」と書かれていた。「そのことは、別に問題ではありません。ただし、本物のV-22がそれを開発した米国で作られるならばの話です」また、ある夏の日に日本の通産大臣である松永光《ひかる》がベル社のティルトローター工場を研修した際のコメントが記されていた。「米国がこれを作ったら、日本はそれを買うだろう。もし、米国が作らなければ、日本がそれを作る」

ピート・ゲレンは、ウェルダンの演出に驚嘆した。あたかも、かつて有名な興行師であったP・

T・バーナムのようであった。

＊　＊　＊

その頃の国会議事堂は、サーカスのような雰囲気を漂わせることが多かった。春には、良い天気と、国会議事堂のドームの目を引く背景が、議会よりも先に議題への関心を引こうとするデモや、記者会見や民衆の集会のための混沌《こんとん》とした野外ステージを作り出していた。何年か後に取り壊されてしまったが、国会議事堂のイースト・フロントには、それを横断するようにアスファルトで舗装された駐車場があった。そこは、1981年にロナルド・レーガンがウエスト・フロントで行うまでは、大統領就任式も行われていた場所であった。1980年代から1990年代にかけて、イースト・フロントの駐車場は、議会の前座となる一時的な催し物会場として使われることが多かった。退役軍人クラブの老兵たちの集団や、様々な主張を書き込んだ看板を持ったり、バッジを着けたりしている活動家たちの間に、ガチョウの群れのような旅行者や修学旅行の生徒たちが入り交じっていた。エア・バッグを装備した自家用車やトウモロコシを燃料としたトラクターなど、政府の援助や救済を欲している利益団体が持ち込んだ新製品も展示されていた。階段には、イエスやアブラハム・リンカーンの格好をした、うっとりとした目をした孤独な人々が座っていることが多かった。国会議事堂の外は、どんなものに出合うか分からないような状態であったのである。

1990年4月25日の昼前、ワシントンらしい晴れ間が少し見える穏やかな日、ピート・ゲレンは、何人かの下院議員たちと一緒にイースト・フロントの階段を下っていた。その時、誰かが「あれはなんだ？」と言うのが聞こえた。駐車場に置かれていたのは、翼端にローターを装備した高級ジェット機くらいの大きさの奇妙な航空機であった。

「問題となっている国防事業のようだな」マサチューセッツ州の民主党の下院議員であり、機転が利くことで知られているバーニー・フランクが皮肉を込めて言った。皆が笑った。ゲレンには、フランクが正しいことが分かっていた。

そのXV-15は、その日の明け方からそこに駐機されていた。ベル社のパイロットであるロン・エアハルトとトム・ウォーレンは、バージニア州のマナッサスにある飛行場からこの小型のティルトローター実証機を飛ばして来たのであった。XV-15を国会議事堂に持ち込むというのは、カート・ウェルダンかP・T・バーナムが思い付きそうなアイデアであった。しかし、前年の秋にそれを思い付いたのは、ベル社のロビイストであるジョージ・トラウトマンであった。トラウトマンは、それからずっとこのアイデアの実現に取り組んできたが、裏工作をするのに何ヵ月もかかっていた。FAA（連邦航空局）が尻込みしたのである。国会議事堂の周辺空域には、厳しい飛行制限が設けられており、そこに航空機が着陸することはめったにないことであった。XV-15のようなハイブリッド実証機が着陸することはさらに特別なことであり、途方もない要求であると思われた。許可を得るためにFAAに行ったトラウトマンは、国会議事堂に航空機が着陸できるのは、次の3つの場合だけであると言われた。法の執行のために必要な場合、VIPを空輸する場合、そして「政府の公式業務」の場合である。トラウトマンは、ミネソタ州の民主党員で下院航空小委員会の議長を務めており、ティルトローター信仰者である下院議員ジェームズ・オバースターと友人であった。トラウトマンは、彼を通じて、下院議長のトーマス・フォーリーにXV-15の国会議事堂への着陸を「政府の公式業務」として発表するように依頼した。オバースターは、ティルトローターの民間航空における潜在能力に関する公聴会を計画していた。国会議事堂でXV-15を展示することは、公聴会のメンバーにこの件を理解させるのに役立つと考えられた。ボーイング社の工場があるワシントン州を選挙区とするフォーリーは、これを受け入れた。フォーリーの要求に応じて、ＦＡＡは、ＸＶ-15が国会議事堂に着陸することに同意した。しかし、ＦＡＡの官僚たちは、ティルトローターが住民を危険にさらすことなくワシントンに進入し離脱できることを保証するように求めた。トラウトマンは、そのためにディック・スパイビーとベル社パイロットのエアハルトを送り込んだ。数時間の議論の後、スパイビーたちは、ＦＡＡ、米国公園警察、議事堂建築監、シークレット・サービスなどの多くの職員たちを説得することに成功した。ＸＶ-15は、ヘリコプター・モードでアナコスティア川沿いにコロンビア特別区に進入したならば、まず、国会議事堂の北側にあるユニオン駅に向かう。その上空で旋回して鉄道沿いに南へ引き返し、イースト・フロントの駐車場に着陸するようにすれば重大なリスクはない、と説明したのである。ＦＡＡは、路上にいる人の数ができるだけ少ない時間帯に進入するため、ＸＶ-15の離着陸を暗くなってから行うように求めた。しかしながら、このティルトローター実証機は、そのために必要な灯火を装備しておらず、夜間に飛行することが認められていなかった。このため、妥協案として、ＦＡＡは、ＸＶ-15が夜明け直後に着陸し、翌日の夜明けに離陸することに同意した。１９３０年代には、テスト・パイロットのジェームズ・Ｇ・レイがオートジャイロをイースト・フロントの駐車場に着陸させて、陸軍用に調達することを議会に認めさせようとしたことがあったが、１９９０年には、何事もその頃より複雑になっていたし、そんな出来事があったこともすっかり忘れ去られていた。

ＸＶ-15のコックピットに座ってシートベルトを締めたエアハルトは、この場所に二度と来ることはないということに４ヵ月分の給料を賭けても良い、と思った。白地に赤色の模様が塗装されたその胴体の両側面には、「ＸＶ-15　ＴＩＬＴＲＯＴＯＲ」という青い文字が書かれていた。国会議事堂の階段から、トラウトマンやスパイビーと共に、何百人という議員、側近、記者および旅行者たちが見守る中、エアハルトとウォーレンは、エンジンを始動した。

そのショーは、駐車場の中を地上滑走する間に2～3回ほど旋回して見せることから始まった。次に、エンジン・ナセルを二度後方に傾けて、XV-15が後退もできることを披露した。ローターのダウンウォッシュが埃を巻き上げる中、エアハルトは、XV-15をホバリングさせると、国会議事堂のドームまでの高さのおよそ3分の1にあたる約100フィートまで垂直に上昇させた。エアハルトがXV-15で切れの良い空中ダンスを演じている間、群衆は首を伸ばすようにして、それを見上げていた。少し横に飛行し、後退し、駐車場を周回してから南端でホバリングに移行した。今度は、エンジン・ナセルを前方に20度傾けた。小さなティルトローターが国会議事堂の上院側をかすめると、そのローターが発生するダウンウォッシュは、付近の芝生に生えている葉の生い茂った樫《かし》や楡《にれ》の枝を揺れ動かした。エアハルトは、エンジン・ナセルを素早く最後方に傾け、駐車場の北端を超えないようにしなければならなかった。警備哨所の上空でホバリングし、さらに2回の旋回をしてから、駐車場の真ん中に機体を着陸させた。素晴らしい演技であった。XV-15が駐車場の南端までタクシー・バックすると、階段から見ていた観客から拍手が沸き上がった。

「これは、ジェット機時代の幕開け以来、民間航空の発展に最も貢献できる技術なのです」演技の後、駐車場の隣にある3角形の芝生で行われた記者会見で、オバースターが記者に語った。オバースターやウェルダンたちは、議会がオスプレイに予算を提供し続けることが重要であることを力説した。ウェルダンとゲレンは、観客たちの多くが飛行したXV-15をオスプレイと勘違いしていたことに、後になってやっと気づいた。他のメンバーも同じであった。ロサンゼルス・タイムズ紙は、「赤、白そして青く塗装された派手な軍用機」が国会議事堂に着陸して、「拍手喝采」を勝ち取ったと書き立てた。「披露式典は、その軍用機V‐22オスプレイの開発開始以来、最高の歓迎ムードであふれていた」と、その記事は間違って報道していた。

議会対策担当の国防次官補であるデビッド・グリビンの目と耳は、国会議事堂に向けられていた。彼の仕事は、チェイニーが議会を思いどおりにしようとするのを手伝うことであった。グリビンは、その日、オスプレイ支持者たちがうまくやってのけたことを聞くと、「何て有能なやつらなんだ」と思った。

その効果は、電撃的であった。議会は、マシーンとしてのオスプレイには、特に反対していなかったのだが、国防予算削減の圧力の中、どれだけコストがかかるのかということに強い懸念を持っていた。海兵隊総司令官のグレイ大将でさえも、議会の公聴会において、オスプレイは「高価な飛行機であり、費用のかかる計画を維持するためには、大変な労力を伴う」ものであると認めていた。この点では、ディック・チェイニーやデビッド・チュウの方が、自分たちの側の論理をより確立できていた。しかしながら、カート・ウェルダンは、その論理では政治的論争を勝ち抜くことができない、と反論することができた。重要なのは、選挙なのである。票を得るための１つの方法は、選挙者を自らの理念に結集させることである。しかし、自らの課題に人々の注目を集め、その理念を単純に理解させるという方法もあるのである。その前年の秋に議会の一員となったピート・ゲレンは、忙しい同僚議員たちにティルトローターを説明し、オスプレイ連合に参加させるために多くの時間を費やしていたが、国会議事堂でXV‐15が飛行した後は、「イエス」の回答を得ることが容易になった。XV‐15は、１９８１年のパリ航空ショーでジョン・レーマンの心をつかんだように、国会議事堂でもティルトローターの調達を促したのであった。しかし、これだけではまだ十分ではなかった。

＊　＊　＊

デビッド・チュウは、オスプレイに関する彼の論理を打破しようとする多くの者たちにとって、謎の多い人物であった。チュウに対し不平を抱くオスプレイ陣営は、その動機に思いを巡らせていた。海兵隊のある高級将官は、チュウのことを、そのくそったれのCというイニシャルを重ねて、ひそかに「チャイニーズ・コミュニスト（中国共産党員）」と呼んでいた。オスプレイ陣営には、チュウはシコルスキー社の回し者だ、とほのめかす者もいた。ただし、ベル社の社長であるジャック・ホーナーは、シコルスキー社のことをよく知っているがゆえに、それを信じることはできなかった。ホーナーの父親は、シコルスキー社の親会社であるユナイテッド・テクノロジーズ社を経営していた。ジャック・ホーナー自身も、海兵隊で勤務した後、ベル社に就職する前にシコルスキー社で18年間勤めていた。また、チュウに会ったことがあったし、チュウがチェイニーに対して行ったオスプレイ計画の中止を促すブリーフィングを聞いたこともあった。ホーナーは、もし、自分がチェイニーであったならば、おそらくチュウの主張を聞いてオスプレイを打ち切るだろう、と認めざるを得なかった。もちろん、まだチュウが間違っていると思っていたが、ペンタゴンの駐車場で見たものがチュウの気持ちを変える見込みがないことも分かっていた。「地面にチュウの名前が書かれた駐車スペースには、小さなスポーツカーが置かれていたのです」ホーナーは、20年後になって私に語った。「『奴は、自尊心の塊だ。あんな車をペンタゴンに駐車している奴は、他にいないぞ』と私は言ったのです」ペンタゴンのリバー・エントランスの階段のすぐ近くにいつも止めてある、真っ赤なポルシェ・カレラには、「DC　PA&E」と書かれたバニティ・

プレート（持ち主が文字を自由に選んだナンバープレート）が付けられていた。海兵隊員たちは、そのポルシェが、本当はＰＡ＆Ｅ（事業解析・評価部）分析官のデボラ・クリスティ（Ｄｅｂｏｒａｈ　Ｃｈｒｉｓｔｉｅ）のものであることを知らなかったのである。チュウは、若い士官たちから「あそこにある赤い車は、部長のですか？」と聞かれると、いつも「そうだよ」と答えていた。何年もの間、チュウは、なぜ海兵隊員たちが自分のオールズモビルのセダンにそんなに興味があるのか、不思議に思っていた。

１９９０年7月、チュウが米上院国防歳出小委員会で証言することを聞いた時、スパイビーは、ちょうどペンタゴンに行くことになっていた。スパイビーにとってそれは、オスプレイの最大の敵対者であり、彼の夢を打ち切ろうとしている男に初めて実際に会える機会であった。その前の年、議会は、オスプレイの量産に資金を供給するかどうかを決定するため、ある研究を実施するよう国防総省に命じていた。チュウは、その研究について証言するために議会に呼ばれた。その数日前、チェイニーは、その研究の結果に不同意を表明していた。スパイビーは、チュウがその理由を説明するのを聞きたいと思った。

ワシントンでは、情報は武器であり、研究は重火器であった。保全上、「秘」として扱われていた１２００ページに及ぶその研究は、オスプレイの軍事作戦における費用対効果をブラック・ホークなどのヘリコプターと比較したものであった。この研究は、連邦政府の資金で設立されたＩＤＡ（国防分析研究所）と呼ばれる研究機関により、国防総省から独立して実施された。「イーダ」と女性の名前のように発音されるその研究機関が数ヵ月を費やして行ったその研究は、チェイニーとの量産費用をめぐる戦いにおける潜在的なターニング・ポイントとなっていた。もし、ＩＤＡが、ティルトローターは、それが海兵隊にもたらすものに対して高すぎる、というチュウやＰＡ＆Ｅの主張に同意するようなことになれば、上院を量産のための予算の供給に同意させる機会が失われるのであった。

ＩＤＡのような研究機関による研究は、理論的には、事実を冷静かつ綿密に調べ、偏見のない結論を得るものであるが、分析の世界には、「前提条件が分かれば、研究の結論が分かる」という古いことわざがある。研究を始める時にプロジェクト・リーダーが研究チームに送った覚書を確認したスパイビーたちオスプレイ陣営は、ＩＤＡがどんな前提条件を使うのかが気にかかっていた。ＩＤＡ分析官のＬ・ディーン・シモンズは、その覚書の中に「解決しなければならない問題点を明らかにするため、シコルスキー・エアクラフト社によって提供された」説明資料を添付していた。シコルスキー社の資料は、オスプレイに関する「主要な問題点」を列挙した上で、いくつかの結論を述べていた。その1つは、「Ｖ-22のコストは大幅に改ざんされている」というものであった。もう1つは、「Ｖ-22の生存性は高くない」というものであった。これは、ブラック・ホークよりも敵の火力に対して脆弱であるという主張であった。最後の1つは、オスプレイは、「おそらく価値のあるテクノロジーであろう。しかし、ＦＳＤ（全規模開発）の計画が目先の量産に間に合わせるために多くの問題を抱えていることや、このテクノロジー以外にも利用できる実績のある選択肢があることを考慮すれば、Ｖ-22の価格は決して適当なものとは言えない」というものであった。

シコルスキー社の資料の存在を嗅ぎつけたベル社とボーイング社は、米国エネルギー省のローレンス・リバモア国立研究所に自分たちのための研究を委託した。その研究所は、その結論の如何にかかわらず研究結果を公表するという条件でその実施に同意したのであった。スパイビーは、その研究所が行っている兵棋演習（ウォー・ゲーム）を見学するためにワシントンに飛んだ。そこでは、別々の部屋にいる経験豊富な士官たちがロール・プレイヤーとなり、海兵隊員たちをオスプレイまたはヘリコプターで戦場に送り込んでいた。それは、レバノンのベッカー高原におけるテロリストに対する強襲攻撃を模擬したものであった。コンピューターが判定した結果に、スパイビーは喜んだ。リバモアの研究により、ティルトローターの速度は、その戦闘に決定的な差をもたらすことが見出されたのである。

オスプレイ陣営は、IDAの研究が同じような結論を出した時、有頂天になった。オスプレイの購入には、ヘリコプターよりも多くのコストが必要である。しかし、オスプレイは従来のヘリコプターよりも信頼性が高く整備費も安いと予想されるため、そのコストは12年間で同等になることが分かった。また、対強襲上陸作戦において、その速度と航続距離で優位に立つオスプレイは、ほとんどの軍事作戦においてヘリコプターよりもはるかに効果的である、とIDAは結論付けた。ただし、強襲上陸の遂行においてはわずかに優位なだけに留まった。IDAの研究によれば、オスプレイはヘリコプターよりも撃墜されにくいものの、強襲上陸においてはその速度があまり大きな利点にならなかった。海岸まで砲迫やトラックを運ぶために重輸送ヘリコプターが必要となるためである。それは、部隊全体としては、攻撃目標がヘリコプターの航続距離内となるよう作戦を開始しなければならないことを意味した。

チュウは、小委員会において、IDAの仮定に疑問を持っている、と述べた。オスプレイのコストに関するIDAの見積は、少なすぎると思われた。また、強襲上陸に何機のCH-53E重輸送ヘリコプターが必要かという仮定には、「デュアル・スリング方式（2つの貨物の同時懸吊）」という実行可能「見込」の手法が用いた。チュウは、巨獣のようなCH-53Eヘリコプターが、強襲上陸においてその腹の下にカーゴ・ネットを使って2台のハンヴィー（高機動多用途装輪車両）を吊り下げて運べるとすれば、海兵隊が上陸作戦で必要とするCH-53Eの機数を半分にできてしまう、と言った。それは、海兵隊全体の航空機全体に必要な費用を安くすることになる。デュアル・スリング方式を実施する場合、2台のハンヴィーは、ボルトで一緒に固定されなければならない。それぞれの車体が反対方向に揺れることにより、輸送しているヘリコプターが墜落するのを避けるためである。ペンシルベニア州共和党の上院議員であるアーレン・スペクターは、チュウが前回の下院公聴会において、ハンヴィーをデュアル・スリングするというグレイ海兵隊総司令官のアイデアを「全く馬鹿げている」とあざ笑ったことを思い出した。チュウは、「謹んで」グレイの見解に反対する、と述べたのであった。

スペクターは、チュウにそうさせておいた。国防総省は、「不誠実」とまでは言わないが「誤解させ」ようとしている、とスペクターはチュウに言った。様々な質問に対するチュウの回答は、理解できないものである。チュウが言葉を挟んだ時、スペクターは、「申し訳ないが、私の質問が終わるまで待ってくれ」と叱るように言った。チュウは、スポックのように、礼儀正しく、非感情的で、そして頑固なままであった。スペクターの主張するデュアル・スリング方式は、論理的なものであった。

3時間の公聴会が終わった時、スパイビーたちは生き生きとしていた。スペクターは、まさに石炭をレーキでかき回したようであったと彼らは思った。政府印刷局から何百枚という公聴会の議事録のコピーを入手したベル社とボーイング社は、下請け会社、ティルトローター・テクノロジー連合のメンバー、議会の議員たち、オスプレイ論争を記事にしている記者たちなど、ありとあらゆる人々にそれを送った。

チュウは、公聴会に同行していたチェイニーの側近に自分の出来具合を尋ねた。証言に立った経験がほとんどなかったチュウには、その感触が掴めなかったのである。「あの内容であれば、もう公聴会が開かれることはないでしょう」とその側近は言った。チュウは、オスプレイは単純に高すぎるというチェイニーの立場に立った、すばらしい主張ができたと自分では思っていた。

その年の国防法案が可決されると、６機のオスプレイ試作機の製造を継続するための２億３８００万ドルと、量産準備を開始するための1億６５００万ドルの予算が認められた。チェイニーは、議会との対立を控え始めたが、議事堂の海兵隊員たちやその支持者たちは、何の期待も持っていなかった。チェイニーは、まだ、あきらめていなかったのである。

＊　　＊　　＊

ベル・ボーイングやジェームズ・シエーファー大佐が率いるＮＡＶＡＩＲ（海軍航空システム・コマンド）のＶ-22プログラム・オフィスとって、オスプレイの不確かな未来と削減された予算は、事態を極めて困難なものにしていた。１９９０年の初め、両社は計画されていた6機の試作機のうち4機の製造を完了し、５号機と6号機も製造の初期段階にあった。両社は、試作機の飛行試験も行っていたが、費用が不足していたため、そのスケジュールは遅れていた。シエーファーは、チェイニーのオフィスから、ＦＳＤ（全規模開発）に必要な事項は、計画の一部として実施してよいが、それ以外のことは行ってはならない、という指示を受けていた。量産機を製造するための準備やそのための施設の建設には、経費を使ってはならないということである。チェイニーにとって、それ以外に取るべき道はなかった。

シエーファーは、自分の経験から、チェイニーの意味するところが分かっていた。ある日、チェイニー国防長官は、ワシントンのポトマック川沿いにあるアナコスティア海軍基地という小さな基地を訪問した。その基地を使用している海兵隊のＨＭＸ-１（第１海兵ヘリコプター開発飛行隊）は、大統領が搭乗している間、「マリーン・ワン」と呼ばれる白塗りのヘリコプターを運用する飛行隊であった。飛行隊長は、チェイニーを建設中の新しい格納庫に案内し、それがオスプレイに適合するように設計されていることを誇らしげに説明した。ティルトローターが大統領専用機になったとしても、その特徴であるブレード折りたたみ・主翼収納機構を用いれば格納することができるのであった。海兵隊は、チェイニーが国防総省に着任する前から、非公式にではあるが、ティルトローターの大統領専用機としての利用を考え始めていたのである。

翌朝、チェイニーは、シエーファーを自分の執務室に呼びつけた。シエーファーが部屋に入ると、チェイニーは机の後ろに座っていた。当時の国防総省の予算担当責任者であったショーン・オキーフェも同席していた。部屋に入ったシエーファーは、窓の外にポトマック川が太陽の光できらめいているのを憂鬱な気持ちで見渡した。チェイニーの大きな机の前に立ちながら、ここで噛みつかれるよりも、あそこでゴルフができたらなと思っていた。

「この事業に関しては、軍事建設費を支出しないように指示したはずだ」チェイニーは強い口調で言った。「承認されているのは試験事業だけだ」

ＨＭＸ-１の格納庫には、オスプレイ計画の予算からは費用を支出していない、とシエーファーは断言した。あの格納庫の建設は、「あなたと私がここに来る前から」開始されていたもので、ヘリコプター用に建設中のものであり、オスプレイだけのために建設されているものではありません、とシエーファーは説明した。

チェイニー長官は、分かった、と言ったが、部屋を出ようとするシエーファーに付け加えて言った。「私の指示を理解できたか？」

「イエス、サー」シエーファーは答えた。

＊　＊　＊

シエーファーは、飛行試験が承認されて以来、量産準備のためにできる限りのことをやりたいと思っていた。シエーファーの望みどおり、チェイニーが議会での論争に負けた時のためである。飛行試験の一部は、艦船上で必要となる事項を確認するため、オスプレイを強襲揚陸艦に搭載して行われる予定であった。その試験には、甲板で離着陸できること、艦船が航行中にローター・ブレードの折りたたみや翼の収納格納ができること、航空機用エレベーターまでトーイングできて格納甲板まで問題なく下せること、そして、甲板上や格納甲板で整備員による整備が可能であることが含まれていた。その年の秋は、ほとんどの艦船が兵員や装備をサウジアラビアに送り込むために使われていたため、試験に使える艦船の数が不足していた。米軍は、８月にイラクが侵攻したクウェートから、イラクの独裁者サダム・フセインの軍を排除するための軍事行動を準備中であった。そんな中、シエーファーは、ＬＨＤと呼ばれる新型強襲揚陸艦の1番艦であるＵＳＳワスプが、１９９０年の暮れに海上試運転を行う予定であることを偶然耳にした。ワスプの艦長は、シエーファーが海軍省にいたころからの古い知人であった。

12月４日、４番目に製造されたオスプレイ試作機４号機は、メリーランド州の沿岸にあるパタクセント・リバー海軍航空基地から50マイル（約95キロメートル）離れた海上を航海中のワスプまで飛行し、その甲板にヘリコプターのように着陸した。操縦していたのは、ＮＡＶＡＩＲから派遣された海兵隊テスト・パイロットとボーイング社のパイロットであった。それから３日間、４号機は、ブレード折りたたみ・主翼収納機構を試験したり、ワスプの甲板要員たちによる艦船上での移動を検証したりした。12月7日、パタクセント・リバーから飛び立った別の海兵隊テスト・パイロットとベル社のパイロットが操縦する3番機は、13回に及ぶ離着陸を行い、オスプレイが艦船上の様々な位置で運用できることを確認した。3番機が飛行する間、甲板上に駐車した長さ14メートルの「テレメーター車」の中では、ベル社とボーイング社の技術者たちが機体に搭載されている機器から送信されてくるデータをモニターしていた。寒い雨の日であったが、海は穏やかであった。シエーファーは、ブリッジで友人である船長と一緒にコーヒーをすすりながらそれを見ていた。

試験は、順調に進んでいた。高ディスク・ローディング（回転面荷重）のオスプレイのローターは、強烈なダウンウォッシュを発生したが、甲板要員たちの作業に影響を及ぼすことはなかった。エンジン・ナセルの底に追加された金属製のデフレクターは、オスプレイのエンジンから発せられる高温の排気ガスにより甲板が損傷するのを防止できた。長さ38フィート（約11・6メートル）のローターが翼端に取り付けられているため、一方のローターが甲板の上に位置し、他方が遥か下方の海面の上に位置した場合に重大な問題が生じるのではないかという懸念は、取り越し苦労であったことが証明された。パイロットたちは、左にローリングしないようにするために、ローターをほんのわずかに右に傾けて釣り合いをとる必要があったが、特に問題はなかった。後にパイロットたちが288ページに及ぶ報告書で述べた最大の問題は、甲板上5フィート（約1・5メートル）以下では安定したホバリングを保つのが困難なことであった。この航空機は、左右にロールしやすい傾向があり、着陸スポット上に定点ホバリングさせるためには「大きな補正操作」を必要とした。今後、海上での試験を実施する前に電子式操縦系統を微調整する必要がある、とパイロットたちは指摘した。具体的には、「パイロットによる補正が必要であることは……戦闘強襲パイロットが艦船への着陸を確実かつ安全に行うために許容できないものであり、航空機または艦船上の器材に大きな損害を与え、飛行甲板要員たちに危害を及ぼす可能性がある」とテスト・パイロットの報告書は述べている。

その次の月、ワスプの甲板上およびその上空で運用されているオスプレイのカラー写真が、艦上試験に関する詳細な記事を掲載するアビエーション・ウィーク誌の表紙を飾った。その記事には、「良好な試験結果は、V-22量産計画の中止を阻止しようとしているティルトローター支持者たちを後押しするものと予想される」と述べられていた。

シエーファーは、チェイニーの執務室にまた呼び出された。部屋に入ると、チェイニーは、その雑誌を差し、「これは何だ？」と質問した。

シエーファーには、回答の準備ができていた。グレイ海兵隊総司令官から、前もって「チェイニー様が少し怒っていらっしゃる」と警告されていたのであった。

「良い写真ではありませんか？」シエーファーは、グレイにそう言った。

「全くそのとおりだ」グレイは言った。

シエーファーは、写真や記事のことは何も聞いていなかった、とチェイニーに断言した。アビエーション・ウィーク誌が発表することをどうすることもできなかった。チェイニーの執務室を出たシエーファーは、オスプレイ計画についてはしばらく報道されないようにした方が良い、と考えるようになった。

しかし、その5ヵ月後、報道は常にコントロールできるものではないということを思い知ることになったのである。

飛行を開始して5秒後、空中に10フィート（約3メートル）浮かんだところで、テスト・パイロットのグレイディ・ウィルソンは、自分が困難な状況に陥っていることが分かった。1分半後には、副操縦士と一緒にまさに死のうとしていることを確信した。

＊　＊　＊

1991年6月11日18時すぎ、ボーイング・ヘリコプター社の飛行試験センターがあるデラウェア州のグレーター・ウィルミントン空港で、5番目のオスプレイ試作機である5号機の初飛行が開始された。当時50歳であったウィルソンは、その7ヵ月前にボーイング社で働き始めたばかりであったが、そのくらいの期間でテスト・パイロットになることは、それほど特異なことではなかった。ミシシッピ州出身の無愛想なお人よしのウィルソンは、陸軍で24年間にわたりヘリコプターや飛行機を操縦していた。そのうちの14年間はテスト・パイロットとして勤務し、そのための技術を身に付けていた。また、テスト・パイロットであった期間のうち5年間は、カリフォルニア州のNASAエイムズ研究センターで勤務し、XV-15を操縦していた。その日の副操縦士は、ウィルソンをボーイング・ヘリコプター社に採用した飛行試験部長である54歳のリン・フレイスナーであった。今まさに、彼らは一緒に死ぬかもしれない状況に陥っていた。

彼らが離陸したのは、後方キャビンで技術者たちが2時間もかけて精密な監視機器の調整を行う間、コックピットで飛行服を汗でびっしょりにしながら不快な時間を過ごした後のことであった。オスプレイ試作機は、エアコンの利きが悪かった。外気温は21度しかないのに、ウィンドシールドを通して差し込んでくる太陽の光は、パイロットたちを焼け焦がすようであった。コックピット内の4つのMFD（多機能表示機）が発する大量の熱がさらに状況を悪化させていた。それは、旧式の航空機に用いられていたダイヤルや計器に代わるものとして設計されたブラウン管を用いた表示・操作機器であった。技術者たちが仕事を終えるまでの間、ウィルソンはフレイスナーと一緒に、格納庫に戻る言い訳をいくつか考えていた。しかし、離陸の準備ができると、アスファルトのテスト・パッド（試験用降着地点）まで地上滑走し、飛行を開始したのであった。

海兵隊の迷彩塗装が施された5号機は、まだ飛行したことが一度もなかった。この日の飛行試験では、30分以内のほんの短い時間のホバリングを30フィート（約9メートル）以下の高度で行う予定であった。その間に、いくつかのシステムのチェックを行って、チェックマークを入れるだけの試験であり、5号機をボーイング社から政府に移管してその代金を得るための、1つの手順に過ぎなかった。ボーイング社とベル社がその5番目の試作機の製造を開始したのは、1988年のことであったが、1989年にチェイニーがオスプレイ計画を中止すると発表してから数ヵ月の間、その製造は中断していた。その年の暮れに予算の拡大が議会によって決定されると、両社は、5号機の製造を再開した。そして、ウィルソンとフレイスナーが搭乗する数日前まで、ウィルミントンの格納庫内で最後の仕上げを行っていたのであった。

ウィルミントンの作業員たちは、常にせかされているようであった。その格納庫で勤務していた政府の検査官たちは、工場が乱雑になっていると何ヵ月も前から注意喚起していた。オスプレイ試作機の内外でＦＯＤ（異物）が発見されたことが何度もあった。航空関係者にとって馴染みの深い言葉であるＦＯＤとは、航空機に損傷を及ぼす可能性のあるすべての異物のことをいう。ワイヤーの切れ端、コイン、置き忘れられた工具、金属の削りくずなど、あらゆるものがこれに該当する。特にタービン・エンジンにＦＯＤが入り込んだ場合には、何千ドルもの損害を与え、場合によっては墜落を引き起こす可能性もある。軍事基地や空母の飛行甲板で兵士や船員たちが1列に並んでＦ

ODを拾うのは、このためであった。ウィルミントンの政府の検査官たちは、過去6ヵ月の間に、電気プラグ、はさみ、布切れ、掃除機のアタッチメント、長さ6インチのドリルの刃、懐中電灯、ナット、ワッシャなど、あらゆる種類のFODをオスプレイ試作機の中で見つけていた。その中には5号機も含まれていた。ウィルソンとフレイスナーが飛行する7日前、ウィルミントンの政府責任者は、飛行業務を中断し、ボーイング社が問題の解決を図るまで支払いを停止する処置を行っていた。ボーイング社がFOD対策計画を立案したため、飛行業務の中断は6月11日に解除された。

その日、フレイスナーが副操縦士として搭乗することになったのは、5号機を準備するのに時間がかかりすぎたためであった。予定されていた副操縦士に、先延ばしにできない通院の予約があったため、フレイスナーが代行することになったのである。離陸後数秒の間に、ウィルソンと同じく、フレイスナーにも何か問題があることが分かった。5号機は空中にふらふらしながら浮かび上がり、何ヵ月も寝たきりであった患者が立ち上がるように左右に揺れていた。ウィルソンは、機体を思うように立て直すことができなかった。操縦桿《そうじゅうかん》が応答していないように感じた。30年近い飛行経験の中で、こんなふうにふるまう飛行機は初めてであった。ウィルソンが操縦桿と格闘している間に、フレイスナーは、「おい、すぐに着陸しよう」と言った。

「そうだ、着陸しなきゃだめだ」ウィルソンはつぶやいたが、それを声に出すにはあまりにも忙しすぎた。

飛行試験センターのタワーでは、ジェームズ・シエーファーが他の飛行試験技術者たちと一緒に地上に設置された専用カメラから送られてくる映像を見ていた。「パイロットにちゃんと給料を払っているのか？　それともちゃんと訓練できていないのか？」シエーファーは、オスプレイがよろめいているのを見ながらジョークを飛ばした。

シエーファーがそれを言ったのとほぼ同時に、ウィルソンが着陸を決心したのが分かった。シーソーのように揺れながら、その航空機は約6フィート（約2メートル）まで徐々に高度を下げたが、約15フィート（約4・5メートル）まで再び上昇してしまった。地面から2〜3フィート（約60〜90センチメートル）までもう一度降下したが、また10フィート（約3メートル）くらいまで上昇してしまった。もう一度降下し始め、また戻り、そして今度は、もっとゆっくりと降下した。ついに、後輪が接地した。その瞬間、オスプレイは、ロデオのゲートの中にいる牛のような挙動を示し始めた。最初に左に傾き、続いて右に大きく傾いた。その瞬間、右タイヤがバウンドして激しく左にロールし、左側のエンジン・ナセルの底がアスファルトに強く打ち付けられてビール缶のように底が凹んだ。オスプレイは、今度はハチに刺されたかのように高く舞い上がった。

コックピットの右側に座っていたウィルソンには、何が地面にぶつかったのかは見えなかったが、衝撃を感じた。ウィルソンは、着陸がうまくいかなかった時にヘリコプターのパイロットが行うようにパワーを増加して上昇から、もう一度着陸しようとした。オスプレイが15フィート（4・5メートル）くらいに上昇した時、それはまさに自分自身の意思を持っているかのようであった。ウィルソンが操縦桿を操作して機体を操縦しようとすればするほど、オスプレイは操縦不能になった。タワーでは、シエーファーと技術者たちが、酔っ払いがまっすぐ歩こうともがいているように、5号機がコンクリートの滑走路に向けて専用カメラから離れてゆくのを声も上げられずに見入っていた。コックピットの中では、ウィルソンの脳みそが限界を超えていた。ウィルソンが思う方向と反対にオスプレイを動かそうとする操縦桿と格闘していたのである。ウィルソンが操縦桿を左に倒すと、オスプレイは右にロールした。反対に操縦桿を右に倒すと、左にロールした。しかし、このレスリングの試合は、長くは続かなかった。オスプレイの翼は、激しく左にロールし、次に激しく右に、そして、もう一度左にロールして、左のローターがコンクリートに激突し、複合材の塊をまき散らしながらブレードが粉々になった。右側のローターがまだ無傷で回っていたので、オスプレイは左エンジン・ナセルを中心に激しいつま先旋回を演じ、沈みゆく船のように傾き、機首を滑走路に突っ込み、機体下面から炎と黒煙を吹き出しながら滑走した。

オスプレイは、フレイスナーの座っている左側の副操縦士席が地面に横たわるような形で停止した。フレイスナーがキャビンを振り返ると、コックピットの自分側のすぐ後ろに胴体が割れてできた隙間があった。

「グレイディ、ここに穴があるぞ。ここから出よう！」フレイスナーは、シートベルトとショルダー・ハーネスを外しながら叫んだ。「ついて来い」フレイスナーは、外に這い出ると走りだした。

ウィルソンは、ほぼ逆さまにシートベルトでぶら下がっていた。フレイスナーが「ついて来い」と叫ぶのが聞こえたが、訓練のとおりに体が動いてしまった。フレイスナーの後を追うのではなく、自分の側のコックピット・ウィンドウを放出し、金属製ハンドルを操作して窓ガラスを開放し、横転したオスプレイの機首から這い出した。そして、10フィート（約3メートル）の高さから地面に飛び降りると、フレイスナーが立っている所までよろよろと歩いて残骸から離れた。消防士たちを乗せて直ちに出動した1台の黄色い消防車が、火炎に向けて消火剤を撒き始めた。オスプレイの左側からは、巨大な黒煙が空に向かって立ち上っていた。

ウィルソンの顔には、いくつかの擦り傷があったが、最もひどいケガは墜落したオスプレイから飛び降りた時に負ったかかとの打撲であった。フレイスナーには、かすり傷ひとつなかった。消防士たちはすぐに火を消し止めたが、航空機は完全に大破し、用途廃止しなければならない状態であった。製造されてから、まだ2分間も飛んでいなかった。

次の日、ＮＡＶＡＩＲは、事故調査の結果が得られるまでの間、オスプレイ全機の飛行停止を決定した。事故は、全国のテレビ局や新聞で報道された。オスプレイにとっては、全く望んでいない形での広報活動であった。ウェルダンは、疑惑の火花が反対派を活気づけさせる前にそれを打ち消そうとした。「試作機の狙いは、システムのすべての欠陥や問題点に対し処置を講ずることなのです」とデラウェア郡デイリー・タイムズに語った。「艦上で運用している時に発生しなくて良かった、と私は思っています」

第8章　生存性（サバイバビリティ）

その事故の次の日、ベル・ヘリコプター社のテスト・パイロットであるロン・エアハルトは、事故の発生状況を確認するため、グレイディ・ウィルソンを呼び出した。ウィルソンは、かかとにひどいあざがあることを除けば元気であったが、5号機で死ぬ目にあった原因に悩んでいた。そのオスプレイ試作機の操縦系統には、何か奇妙なことが起こっていた。それが事故を引き起こしたのである。ウィルソンは、「もしブロットルでなかったら、もっとうまく着陸できたかもしれない」とエアハルトに言った。ブロットルとは、オスプレイが装備しているパワー・コントロール・レバーの通称である。「地面に降りようとしているのに、反対に行っちまうんだ」ウィルソンは、友人であるエアハルトに語った。

正式にはＴＣＬ（推力制御レバー）と呼ばれるブロットルは、飛行機のスロットルと同じように働くようになっていた。これは、１９８０年代にＮＡＶＡＩＲ（海軍航空システム・コマンド）でオスプレイ計画を担当していたハリー・ブロット准将が採用を主張した方式であり、前方に押すと出力が増加し、引くと減少するようになっていた。ベル社とボーイング社は、ＴＣＬをＸＶ‐15のパワー・レバーと同じようにヘリコプターのコレクティブ・レバーのように働かせたかった。つまり、後ろに引き上げると出力が増加し、前に押し下げると出力が減少するようにしたかったのである。低高度飛行中の緊急事態のように判断する時間の余裕がない場合、パイロットたちは、訓練してきたことや本能として持っているものに戻ってしまいがちである。ウィルソンが5号機で直面したような状況に陥り、緊急着陸を行う場合、ベテランのヘリコプター・パイロットは、それまでの訓練や本能に従い「コレクティブを下げる」動作、つまりパワー・レバーを最前方までいっぱいに押し出す動作を行いがちなのである。「ヘリコプター・パイロットにとって、完全な反対操作であったのです」ウィルソンは、数年後に私に語った。彼は、エアハルトと話している時も、事故が起こった日のコックピットでの出来事をはっきりとは思い出すことができなかった。一部のオスプレイ・パイロットたちから「コレクティブ学習障害」と呼ばれていた事象に遭遇していたかもしれない、という不安を拭い去ることができなかった。5号機が地面に近づいた場面で、何回かに1回は無意識にコレクティブを下げようとして、前に押していたかもしれないと思っていた。もしそうであれば、目撃者たちが驚いたように、オスプレイが空中に再び飛び上がってしまった理由の説明がつく。「自分の潜在意識の中では、そうならないように戦っていたつもりだけれども、過去に慣れ親しんできた操作を行ってしまったに違いない、と思っているのです」とウィルソンは私に言った。「はっきりと、記憶しているわけではないのですが」

海軍省の調査官たちは、ブロットルの欠点を指摘しなかったし、調査報告書もそれにには触れなかった。調査の結果、5号機の奇妙な挙動は、「フライ・バイ・ワイヤ」方式の操縦系統に組み込まれている「ジャイロ」と呼ばれる機器によって引き起こされたことが判明した。ジャイロとは、ジャイロスコープの役割をする電子センサーであり、航空機のロール・レート（航空機の先端から後端に向かって引かれた想像上のラインである縦軸を中心として、機体が回転する速度）を測定するための部品である。ジャイロからの信号は、操縦制御装置（フライト・コントロール・コンピューター）

に送られる。この装置は、自動車のドライバーがまっすぐに走るように無意識のうちにハンドルを左右に動かし続けるのと同じように、航空機が安定して飛行し続けるように矢継ぎ早に微調整を行うものである。その目的は、パイロットの操縦桿の動きに微修正を加え、オスプレイの安定を維持することにあった。

機体が被弾しても飛行し続けられる「生存性（サバイバビリティ）」を要求していた軍は、オスプレイに3重系統の電子式操縦系統を装備することを求めていた。それぞれの操縦系統には、機体のロール・レートを計測するため、各1個のジャイロが装備されていた。3つのジャイロのうちの1つから送られた信号が他の2つと矛盾する場合は、多数派により制御されることになる。つまり、相互に同意しあった2つのジャイロは、「採決」によりもう1つのジャイロを切り離すのである。調査の結果、3つのロール・レート・ジャイロのうち2つが反対に結線されていたことが判明した。漫画のスーパーマンには、あらゆる法則が地球と反対になっている「ビザール・ワールド」と呼ばれる立方体の形をした惑星が登場する。この不具合は、試作機をそこで生まれた航空機のようにしてしまっていた。ウィルソンが操縦桿を左右に素早く操作すると機体は左右にゆっくりと傾き、ゆっくりと操作すると素早く傾くのであった。5号機のロール・レート（傾き角速度）を反対に、つまり速い時には遅く、遅い時には速く感知していた2つのジャイロが、正常に作動している1つのジャイロを切り離していたのである。その影響は、最初は穏やかであったが、ウィルソンが機体の制御を取り戻そうと必死になって操縦桿をより素早く、かつ、大きく動かし始めると、意図したのとほぼ反対の挙動を示すようになった。最終的には180度の「位相のずれ」と呼ばれる状態となった操縦桿は、全く同期できなくなった。5号機を制御しようとする操作が、実際にはさらに安定性を失わせる結果をもたらしたのであった。

航空機の墜落原因は、様々である。FOD（異物）による負の連鎖の発生のように、日常的な事項が原因となる場合も多い。5号機の墜落は、FODが原因ではなかったが、FODの問題と同じような不注意がボーイング社の飛行試験センターに存在していた。ジャイロは、120本のワイヤーをまとめた苗木の幹ほどの太さのワイヤー・ハーネスで、オスプレイの操縦制御装置（フライト・コントロール・コンピューター）に接続されていた。1988年にワイヤーが製造された後になって、結線の誤りが発見された。このため、ボーイング社は、試作機のコックピットを組み立てる際に、配線のやり直しを行った。しかし、チェイニーによるオスプレイ計画中止の決定に伴い、5号機の製造はジャイロの配線をやり直した直後に中断された。その時、その作業の完了を書類に記入するのが忘れられてしまったのである。議会がオスプレイの存続を決定した後、作業を再開した組み立て作業員たちは、その試作機の2つのロール・レート・ジャイロのワイヤー59とワイヤー60の入れ替え作業が完了になっていないことに気付いた。そして、数ヵ月前にすでに行われていた修正をまた元に戻してしまったのである。

ミスは、それだけではなかったことが事故調査官により確認された。5号機が墜落する5日前、ベル社は最初のオスプレイ試作機である1号機において、ジャイロの1つに結線の誤りがあるのを発見した。墜落の前日、ベル社のある操縦系統技術者が、ボーイング社のある操縦系統技術者にその事実を伝えていた。事故発生日であるその次の日、ベル社の別の技術者が、試作機の全ジャイロの点検が必要であるという電子メールを同僚に送っていた。その電子メールを読んだ3人目のベル社の技術者は、ウィルソンとフレイスナーが離陸する2時間前の16時にボーイング社の技術者に電話をして、ウィルミントンにあるオスプレイ試作機2号機、4号機および5号機についてジャイロの点検が必要であると伝えた。しかし、その電話を受けた技術者は、何もせずに帰宅してしまった。「このやり取りに関与した技術者たちは、『直ちに飛行安全に影響を及ぼすものである』という意識に欠けていた」と事故調査報告書は述べている。「その時点で課業終了の時間となり、それ以上の対応をした者はいなかった」

＊　　＊　　＊

５号機の損失は、議会に対しては、目に見えるような影響を与えなかった。新型機の試験には事故が付き物であるという考え方は理解しがたいものではなかったし、事故がティルトローターに特有の空力的欠陥によって引き起こされたのではないかという疑いは事故調査結果により消し去られていた。加えて、オスプレイに関し、海兵隊はすでに議事堂を奪取してしまっていた。１９９１年、議会は完全に海兵隊側についていたのである。

カート・ウェルダン下院議員が考え出し、軍産複合体の支持者たちが行ったロビー活動は、うまく機能していた。ベル社やボーイング社が企画し、海兵隊の議会担当連絡士官が同伴した工場見学説明会は、多くの議員や関係する側近たちの理解を深めるのに役立っていた。工場に立ち寄り、ブリーフィングを聞く時間を割いたことに対するいわゆる「謝礼」である２０００ドルまでの活動用寄付金に関心を示す者もいた。このような寄付金は、現在は禁止されているが、その頃は合法であった。国会議事堂におけるＸＶ－15の飛行は、多くの議員たちにティルトローターに対する強烈なイメージを与え、その創造力を掻き立てた。国防問題に無関心な議員のメンバーであっても、ティルトローターの民間機としての潜在能力に興味をそそられるようになっていた。さらに、オスプレイは海兵隊にとってさらなる予算を投入する価値のないものであるというデビッド・チュウの主張は、ＩＤＡ（国防分析研究所）の研究結果により、その勢いがそがれていた。オスプレイ陣営は、この問題を次のように整理した。より少ない損害で海兵隊が戦いに勝つことに貢献し、民間航空の最大の問題を解決し、海外輸出により何十億ドルもの経済効果をもたらすと考えられた技術的革命は、その費用だけを見て価値を見ようとしない国防総省の物書きの言うことを聞いたディック・チェイニーによってお流れにされるところだった。

オスプレイ陣営の草の根組織もその体制が整えられ、うまく活用されていた。オスプレイは、通常、下院または上院での表決に付せられることはなかった。しかし、それが委員会の議題となると、国会議事堂の電話は戴冠式の時の教会の鐘のように鳴り響き、その郵便袋は労働組合員、ベル・ボーイングの下請け会社およびティルトローターに投資している退役海兵隊員たちからの嘆願書や要請書であふれかえった。ウェルダンの要請を受けたＵＡＷ（全米自動車労働組合）は、「採点カード」と呼ばれる利益団体が議員たちの評価に用いる業績評価カードに「オスプレイに対する支援」という項目を付け加えた。民主党員であれば誰でも労働組合の採点カードで百点満点を取ろうとするし、共和党員であれば誰でも米国商工会議所の採点カードで百点満点を取ろうとする。下院または上院の議場に表決に向かう議員たちの多くが最初に行うことは、再選を目指す時に必要な支援や選挙献金を与えてくれる利益団体の採点カードにその議題が記載されているかどうかを確認することである。当時、ＵＡＷから百点満点を得たい議員であれば、誰でもオスプレイに票を入れなければならなかった。ウェルダンは賢明な手を打った、とテキサス州の下院議員ピート・ゲレンは思った。元来、国防費の増加に反対する立場にあるリベラルな民主党員でさえも、大手労働組合を喜ばせるためにオスプレイを支持しようとしていた。

これらすべてのことが、オスプレイを助ける方向に働いていた。だが、オスプレイが政治的に生き残ることができた最も大きな要因は、海兵隊のティルトローターに対する熱意と議会における影響力であった。1989年に議会で証言したアルフレッド・グレイ海兵隊総司令官は、オスプレイを打ち切るというチェイニー国防長官の決定を支持するものの、国防長官は適切な助言を得られていなかった、と証言するという素晴らしい役割を演じた。それから2年後、オスプレイが政治的支援を受けられることが確実になり、その夏に予定されている自分の退役が目前となったグレイは、上院軍事委員会において、「これ以上、計画を遅延させることは『犯罪』である」と述べた。海兵隊員たちは、「V－22が、海兵隊の妥当性を維持するための鍵であるように感じていたのです」2007年に当時の陸軍長官のゲレンは、私に語った。ティルトローターは、「海兵隊の通常任務遂行能力を強化し、それをスタンドオフ攻撃の主体として存続させ、いかなる国にも自己展開できる能力を保持させる」ための手段になりつつあった。ゲレンは、グレイがかつて「海兵隊員たちは、オスプレイを『天国に行くよりも』欲している」と言っていたことを思い出した。議会の退役海兵隊員たちは、積極的に支援してくれていた。チェイニーは、毎年、何とかしてオスプレイを予算から外そうとしたが、海兵隊と議会の主要な委員会のオスプレイ支持者たちは、毎年、それを元に戻したのであった。

ディック・チェイニーは、議会をよく理解していた。10年間の議員としての経験を持ち、下院の共和党リーダーの1人であった彼は、オスプレイに関する表決で勝ち目がないことを早くから見抜いていた。1989年以降は、すでに多額の予算が費やされている以上、オスプレイのFSD（全規模開発）を完了させた上でその航空機が役に立つかどうかを見定めるのが理にかなっていると認めるようになった。一方、海兵隊がオスプレイを必要としているということに頑固であったのと同じように、チェイニーは国防総省にそんな余裕がないということに頑固であり、自分の決定を曲げないことを心に決めていた。オスプレイは科学プロジェクトとして継続することとし、試作機の試験は行うけれども、それ以降の計画は棚上げにしようと考えていたのである。チェイニーが軍用オスプレイを製造するための工具や部品の調達に制限を設けたことの背景には、ある戦略があった。オスプレイがFSDから先に進まないようにすれば、固定価格契約を締結しているベル社とボーイング社は、プロジェクトに自己資金をさらに投入することを避けるため、どこかの時点で量産を断念せざるを得なくなる。ある程度の期間、プロジェクトの進展を阻止できれば、オスプレイではなく、ヘリコプターでCH－46シー・ナイトを更新するように海兵隊を追い込める可能性があった。1989年、チェイニーは、自分が国防長官に就任する前に議会から供給されていたオスプレイを量産するための2億ドルの予算について、その執行を拒否した。1990年には、同じく議会が供給した1億6500万ドルの予算の執行も拒否した。チェイニーの戦略は、オスプレイを餓死させせることであった。

1991年まで、海兵隊は予算に飢え続けた。10年前に行われた海軍の研究によれば、この年は、耐用年数への到達やその他の損耗により海兵隊のCH－46の機数が減少し、大規模な強襲上陸作戦を遂行するために必要な機数を満たさなくなる年であった。また、1982年に海兵隊が海軍長官のジョン・レーマンの命令によりこのプロジェクトに着手した時に、オスプレイを調達できると見込んでいた年でもあった。1980年代の半ば、オスプレイは卵からかえってはいたものの、予期していたよりも飛び立つのに時間がかかっていた。CH－46には、その飛行を継続するために多額の費用がつぎ込まれてきたが、1991年には、その機数が234機まで減少してしまっていた。海兵隊が調達した「フロッグ」は、その3分の1をやや超える機数がまだ飛行していたが、安全上の観点からするとそれにも限界があった。戦闘においては、シー・ナイトに18名の兵士を搭乗させ、回避操作を含む激しい機動を行うことが想定されていたが、訓練においては、搭乗員数を９名以下に制限し、過度の機動が禁止されていた。オスプレイ計画を中止するというチェイニーの決定の後、必要に迫られた海兵隊は、ＣＨ－46を更新するための新しい計画を立案し、ティルトローターが調達できずに新型の兵員輸送ヘリコプターを導入する場合にも備えていた。オスプレイの代わりに新しいヘリコプターを調達することは、海兵隊が望んでいたことではなかった。しかし、１９９６年までに何らかの新しい兵員輸送機を調達できなければ、理論上、もはや大規模な強襲上陸作戦を遂行できなくなる可能性があったのである。それは、海兵隊にとって容認できない事態であった。海兵隊の戦士たちは、強襲上陸こそが米国が海兵隊を保持する理由であると考えていた。その任務を遂行する能力を失えば、海兵隊そのものが失われる可能性もあったのである。

１９９１年、海兵隊員たちは、新しいヘリコプターの調達という選択肢をザ・ビルディング（ペンタゴン）の内外に公表しようとしていた。その一方で、議事堂の中の密室ではより積極的になりつつあった。

その秋のある日、下院で海兵隊事業の成り行きをモニターしていた議会担当連絡士官のパーカー・ミラー海兵隊大佐は、テキストロン社のロビイストであったメアリー・ハウエルと一緒にカート・ウェルダンの執務室を尋ねた。これほどまでに典型的な「鉄のトライアングル」は、他に例を見なかった。トライアングルとは、国防調達を支える企業と軍と政治という３つの勢力の自然発生的な同盟のことである。ミラーとハウエルは、チェイニーに観念させることを狙った法律の最終案に関する交渉について、ウェルダンに助言を行っていた。

１９９１年にグレイの後を継いで海兵隊総司令官に就任したカール・Ｅ・マンディ・ジュニア大将は、就任後すぐにオスプレイのプログラム・マネージャーであるジェームズ・シエーファー大佐を呼び、「1996年までにティルトローターの量産および装備化の準備を完了するために必要なことは何か」と尋ねた。「たくさんあります」シエーファーは答えた。オスプレイ陣営は、チェイニーに量産を開始するための経費を支出させようと2年間にわたり努力を続けていた。2月にチェイニーが2年目の経費投入を拒絶した後、ディック・スパイビーは、「両社がオスプレイに投資してきた経費の回収を、テキストロン社とボーイング社の株主たちがどれだけ待てるのかは分かりません」とフォートワースのスター・テレグラム紙に語った。「間違いなく、量産準備は整っているのです」とスパイビーは言った。一方、シエーファーは、その航空機は、量産にはほど遠い状態であることを把握していた。過去8年間、あらゆる手段を尽くしてきたにもかかわらず、設計はまだ完全ではなく、試作機は要求性能を満たすことができないでいた。

ボーイング社の技術者であるケネス・グライナが設計したステンレス製の「ベッド・フレーム」構造を持つ主翼収納機構は、重すぎて、高すぎて、かつ遅すぎた。オスプレイは、ローター・ブレードを折りたたんで翼を胴体に沿って収納し、あるいは、翼を展開してブレードを広げることを、それぞれ90秒以内にできなければならなかった。しかし、前年の12月にUSSワスプ上で試験を行った際には、最短でも107秒の時間がかかっていた。また、このメカニズムは、固着しやすく、収納中に途中で翼が止まることが時々あった。不具合があったのは、主翼収納機能だけではなかった。ベル社は、複合材料のローター・グリップの製造に関し、未だに問題を抱えていた。アリソン社のエンジンは、燃料消費が多すぎた。ボーイング社の胴体は、契約で許容されたよりも空気抵抗が15パーセントも大きかった。オスプレイは、まだ約3000ポンド（約1・5トン）も重量オーバーであり、要求されている有効積載量（ペイロード）を搭載するためには、燃料を減らさなければならなかった。燃料消費が大きなエンジンと抵抗の大きな機体の組み合わせは、2100

マイル（約3890キロメートル）を無給油で飛行するという要求性能を満たせなくしていた。予想される最大航続距離は1750マイル（約3240キロメートル）であり、目標よりも400マイル（約650キロメートル）も短かったのである。重量の増加は、エンジンとトランスミッションの強化が必要なことを意味した。複合材料を胴体に使用する1つの理由は、理論的にはリベットとファスナーをできるだけ減らすためであったが、結果的には複合材料の胴体を結合するために大量のリベットとファスナーが使用されていた。試作機の過大な振動は、パイロットたちを悩ませるだけではなく、リベットの脱落も引き起こしていた。飛行制御ソフトウェアは、多くの改修を必要としていた。エアコンの役割を果たす「ECS（環境制御システム）」は、パイロットを蒸し焼きにすることもあったし、氷の粒を吐きつけることもあった。テスト・パイロットたちは、コンピューター化された飛行計画のソフトウェアに問題があると認識しており、「ホラー映画」のように無茶苦茶だと報告書に記載するパイロットもいたほどであった。整備員たちも、部品が無理矢理《むりやり》詰め込まれたエンジン・ナセル内で油圧配管などを整備することが難しく、点検することさえも困難であると認識していた。オスプレイは、もう一度作り直される必要があったのである。

1996年までにオスプレイの量産準備を整える唯一の方法は、全く新しく改良された試作機を製造して、再試験を行うことである、とシエーファーはマンディに説明した。そのためには、議会に十分な経費を供給させるとともに、チェイニーにその支出を認めさせる必要があった。マンディは、ある計画を実行するようにシエーファーに言った。シエーファーは、それを実行に移し、その計画を連絡士官のミラーに説明した。彼には、海兵隊総司令官が何を望んでいるのが良く分かっていた。ミラーは、シエーファーの計画を具体化した法案を起案し、それをしかるべき人々に配布した。

その年の5月、ウェルダンは、修正されたオスプレイ計画を年次国防認可法案の中に入れ込んだ。そして、下院国防歳出小委員会の委員長であり、海兵隊退役軍人であるペンシルベニア州民主党のジョン・マーサは、それを国防歳出予算法案に盛り込んだ。重要なことは、チェイニーにその計画の実行を義務付けるため、予算法案自体にその詳細を記載したことである。議会は、通常、国防事業の歳出予算を大きな項目でひとかたまりに扱っていた。オスプレイの場合には、「航空機の購入、海軍」としか記載されておらず、国防総省が個々の事業に対していくら支出することを議会が意図しているのかは、予算法案に付随する会議報告書により示されていただけだったのである。その年の初め、チェイニーは、オスプレイに関しては慣習にとらわれないことを明言していた。1990年の議会の国防歳出予算法案には、オスプレイ量産のための1億6500万ドルが含まれていた。しかし、それを支出することを断固として拒絶したチェイニーは、予算法案の会議報告書の指示を単なる提案として扱ったのであった。そのようなことが再び起こることを阻止したかったオスプレイ陣営は、法律自体に新しい計画を明記したのである。

その秋のある日、ミラーとハウエルは、ウェルダンの執務室にいた。ウェルダンは、上院との予算法案協議会に参加している下院の同僚議員たちが、下院の予算法案を骨抜きにすることに反対したかどうかを確認しようとしていた。その法案には、オスプレイに関するチェイニーへの具体的な指示が盛り込まれていた。チェイニー側の中心人物であった国防総省監理官ショーン・オキーフェは、まさにそのことを行うように協議会に圧力をかけていた。オキーフェは、マーサなどの「予算管理人」と呼ばれる下院および上院の歳出委員会のメンバーに対し、電話や対面で交渉を行っていた。その日、予算管理人たちは、オキーフェの提案について議論するため、ウェルダンに電話をかけてきたのであった。ウェルダンは、ミラーとハウエルに、オキーフェの最近の様子をどう思うか、と聞いた。それから、予算管理人たちに電話をかけ直し、対応策を伝えていた。ウェルダンが電話で話している時に、秘書が入ってきて、ミラーに電話が入っていることを伝えた。それは、海兵隊司令部のある士官からであった。

「そこから出ろ」とその士官はミラーに言った。「そこでやっていることを今すぐにやめろ。オキーフェは、お前の名前を知っているぞ」

ミラーがウェルダンの執務室で法案の作成を手助けしていたことを、オキーフェが本当に知っていたかどうかは、結局分からなかった。幸いなことに、ミラーがこの件について問いただされることはなかった。下院は、歳出予算協議会において、１歩も引くことはなかった。予算を定める最終的な法案には、１９９６年の12月31日までに３機のオスプレイ「量産候補機」を製造するために必要な７億９０００万ドルの予算が盛り込まれた。試作機に改良を加えたそのオスプレイは、速度、航続距離、有効搭載量およびその他の要求性能をすべて満足するものになるはずであった。この法案には、新しい試作機は「可能な範囲内で」量産機でも使用できる工作機械を用いて製造されなければならない、と記載されていた。また、国防総省に対し、新しい事業の実施計画を60日以内に議会に送付するように求めていた。オスプレイ陣営のウェルダンや他の者たちは、チェイニーとオキーフェが次に何をするか待ち遠しかった。

それには、それほど時間はかからなかった。その法律が定めた計画提出期限である１９９２年１月26日、オキーフェは、いくつかの理由により、国防総省は新しい事業を開始できなかった、という書簡を下院および上院に送った。１つ目の理由として、海軍省は、固定価格のＦＳＤ（全規模開発）契約に関し、ベル・ボーイングがやり残した業務を確定する必要があった。もう１つの理由として「この航空機が統合運用要求を満たすようにするには、大規模な再設計と再試験が必要であると海軍は考えている」とオキーフェは述べた。そして、最後の理由として「開発の第2フェーズには、25億ドルのコストが必要となる可能性があり、議会はその費用を十分に提供できていない」と付け加えた。

ウェルダンは、怒りに沸騰した。オキーフェの書簡を反則技だと思った。それは、オキーフェとチェイニーが再び議会の意思を無視しようとしていることを覆い隠すための、官僚的言い訳の寄せ集めであった。彼らは真っ向から戦うのではなく、ジャングルのようにもつれあった法令、審査および規則などの「国防調達プロセス」を利用してオスプレイを阻止し、それを死に至らしめようとしていた。「それがやつらの望むやり方ならば、俺もそうするまでだ」とウェルダンは決心した。対立がウェルダンのアドレナリンを分泌させた。

＊　＊　＊

1990年の夏の暑い午後、ディック・スパイビーは、テキサス州にあるベル・ヘリコプター社のアーリントン・プラント6の会議室で、ある特別ゲストに対してオスプレイとティルトローターの有望性についてのブリーフィングを行うように依頼されていた。辛辣な言葉を吐くことで有名であった白髪のアン・リチャーズは、州財務官として2任期を務めた後、知事候補者として民主党からの指名を勝ち取っていた。スパイビーは、彼女に会えることで興奮していた。彼女を有名にしたのは、2年前の1988年民主党全国委員会の討論会で、数十年間はテキサス人であったが、コネチカット州の裕福な家庭に生まれていた共和党大統領候補のジョージ・H・W・ブッシュに、自由主義の立場からウィットの効いた言葉を浴びせたことであった。「過去8年間にわたって副大統領であったジョージ・ブッシュは、私たちの関心事にわずかな興味も示したことがなかったのです」とリチャーズは言った。「そして今、その職務を終えてから、アメリカを発見したコロンブスのように言うのです。『児童福祉を発見した』とか、『教育を発見した』とか。かわいそうなジョージ。それは、彼にとって仕方のないことなのです。裕福な生まれだったものですから」リチャーズは、軍産複合体にも厳しい言葉を浴びせた。「私たち民主党は、強いアメリカを目指しています。そして、率直に言って、大統領たちから『新しい兵器システムが必要だ』と言われれば、『そう、それは正しいことよ』と思うのです。しかし、飛ばない飛行機に何十億、弾を飛ばせない戦車に何十億、役に立たないシステムに何十億ドルを払えと言われれば、『そんなくずも同然のものにお金はつぎ込めない』と言わざるを得ません」

オスプレイという国防事業を売り込んでいる営業担当者にとって、リチャーズは手ごわい聴衆となるかもしれない、とスパイビーは考えていた。しかし、実際に会った彼女は、選挙運動で疲弊《ひへい》したのか、どこか疲れているようであった。スパイビーは、いつもの速さでスライドをめくりながら説明した。ティルトローターは、ヘリコプターよりも速く遠くまで飛べること。ティルトローターが使えればデザート・ワンの惨事は避けられたこと。オスプレイは海兵隊の最優先航空事業であること。ティルトローターは国家の財産であること。そして、テキサス州に何千人もの雇用を生み出し、その経済に何十億ドルもの効果をもたらすことを説明した。最初のうち、リチャーズは、色々と質問をしたが、その後、あまり質問しなくなった。彼女のまぶたが垂れ始めた。居眠りしていると思われることもあった。再び元気になると、時々質問をしたが、２時間のブリーフィングを終えても、彼女がどの程度理解してくれたのか分からなかった。

しかし、その秋の選挙で勝利をおさめたリチャーズが州知事に就任して２～３ヵ月が過ぎると、スパイビーの言ったことの多くを理解していたことが明らかになった。1991年5月、リチャーズは、スパイビーが何回かブリーフィングを行った民主党の州副知事、テキサス州下院議長、共和党の新しい州財務官らのテキサス州の幹部職員たちと共に、オスプレイ製造に関し、ブッシュ大統領に公的な要請を行ったのである。彼らは、ティルトローターは冷戦後の国防費削減の犠牲になるにはあまりにも重要すぎる、と考えていた。「この飛行機を作らなければならないことに、疑いの余地はないと思います」とリチャーズは言った。

数ヵ月後の3月5日、1992年の大統領選挙戦が順調に進む中、ABCテレビは、残っていた4名の民主党候補者たちによる討論会をダラスで主催した。その中の1人であるアイオワ州のトム・ハーキン上院議員がブッシュとチェイニーがオスプレイ計画を中止しようとしたことを非難した時、スパイビーは、もう少しで椅子から飛び上がるところであった。ハーキンは、オスプレイはフォートワースで製造していると指摘した。「東海岸の大都市のうち12ヵ所に垂直離着陸機用の空港を建設すれば、巨大空港を新しく建設する費用の半分で、165機のその飛行機を調達できるのです」とハーキンは言った。「民間機として国内外で販売できる航空機があるのに、ブッシュは、その資金をカットして、余った金をB－2爆撃機につぎ込んだのです。そんなのおかしいでしょう」ちょっと間をおいて、アーカンソー州知事のビル・クリントンが口を挟んだ。「私はV－22を支持する」と彼は言った。スパイビーは、その夜、幸せな気持ちでベッドに入った。このことは、おそらくブッシュの注意を引くであろう。そして、オスプレイを撤回しようとするチェイニーに対し、大統領府から何らかの圧力がかかるかもしれなかった。

スパイビーは、オスプレイを撤回しようとする者たちの企てに不満を持っていた。数ヵ月前、あちこちに電話をかけまくっていたテキストロン社の政府担当主任ロビイストのメアリー・ハウエルは、大統領首席補佐官である元ニューハンプシャー州知事ジョン・スヌヌに対するブリーフィングにスパイビーを招いた。ホワイト・ハウスを初めて訪問するスパイビーは、準備万端でかつ興奮しながら、フォートワースから飛行機で飛び立った。スパイビーには、ハウエルとテキストロン社の顧問であるチャールズ・R・ブラック・ジュニアが同行していた。ブラックは、著名な政府ロビイストであり、共和党の政治工作員でもあった。MIT（マサチューセッツ工科大学）の機械工学博士号を持つスヌヌは、スパイビーがそれまで経験したことのないくらいに傲慢な男であった。イラスト、チャート、グラフなどの資料を大きなファイルにいれて持ち込んでいたスパイビーは、スヌヌの隣に座って、それを見せながら話をしようと思っていた。ホワイト・ハウスの豪華な部屋に通されると、スパイビーはソファーに座るように促されたが、スヌヌはセンター・テーブルを挟んで反対側のダイニング・チェアに座ってしまった。それでもなお、スパイビーは、用意したブリーフィング資料を使って説明しようとしたが、それは困難を極めた。スヌヌは、資料をほとんど見ることがなかった。スパイビーがワシントンの中心街とマンハッタンを結ぶ地域用航空機としてのティルトローターの潜在能力を売り込んでいる最中も、ほとんど関心を示さなかった。「分かっているよ」スヌヌは時々不満そうに言った。「よし」そう言ってから、米国大統領がニューヨークにヘリコプターで着陸することを調整するのがどれだけ難しいか、ということを長々と話した。「どうやってこいつを、１時間ごとにそこに着陸させるつもりなんだ？」スヌヌは一蹴した。スヌヌのような横柄な男は初めてだと思いながら、スパイビーはホワイト・ハウスを後にした。大統領府にチェイニーを封じ込めさせようというのは、不可能なことが明らかであった。

カート・ウェルダンも同じ結論に至っており、同じ共和党員としてそれを憂えていた。ウェルダンは、オスプレイに関してチェイニーと戦ってはいたものの、政権に忠実であり、ブッシュの再選を望んでいた。自分の出身地であり、23人の選挙人を有するペンシルベニア州は、極めて重要な州であった。チェイニーがオスプレイに反対することは、ブッシュにとって逆風になると考えられた。ウェルダンは、かなり前からブッシュにそのメッセージを送ろうとしていたが、大統領は、明らかに本件をチェイニーに任せていたし、チェイニーが態度を変える見込みも薄かった。

1991年4月2日、チェイニーは、1992年度の歳出予算法で要求されている事項ではあるものの、新しいオスプレイ試作機を製造するつもりはない、という書簡を議会に送った。議会が承認したその計画は、「国防費に関し我々が直面している制約を考慮すれば、実行不可能である」と述べたのである。

その時、ウェルダンはチェイニーが強く出すぎていることを確信した。オスプレイに全く興味のない議員であっても、法律の行使を完全に拒絶する国防長官のやり方には怒りを覚えることであろう。

ウェルダンは正しかった。オスプレイ陣営の他の者たちは、直ちにチェイニーを非難し、その行いは「選挙による信任を受けていない政治任用官」による個別条項拒否権の発動である、と指摘するブッシュへの書簡を作成し、下院および上院議員たちに署名させた。チェイニーが書簡、を送ってから2~3週間後、下院軍事委員会が新しい国防認可法案を最終的に仕上げる際には、彼へのメッセージを込めた修正を難なく加えることができた。ウェルダンによる修正は、新しいオスプレイ計画を国防総省が実施しない間、国防総省監理官ショーン・オキーフェの所属する部署の予算を毎月5パーセントずつカットするというものであった。「小切手を切る役所が小切手を切らないならば、」ウェルダンは言った。「小切手を切る役所を切ってやるまでだ」

それは、ストリート・ファイトと化した政治的戦いにおいて、強烈なパンチを一発お見舞いすることを狙ったものであった。ウェルダンは、まさに法律的機動戦を行ったのである。ＧＡＯ（会計検査院）は、後に政府説明責任局と改名される議会の1部局である。そこには、１９７４年に制定された議会予算および執行留保統制法により、行政機関による割り当て予算の執行拒否が違法な「資金のプール」に該当するかどうかを判断する権限が与えられていた。国防総省のような連邦政府機関が資金を違法にプールしたとＧＡＯが判断した場合、当該機関が45日以内に支出を開始しなければ、その問題は自動的に裁判所に送られることになる。ウェルダンは、チェイニーの新しいオスプレイ試作機に対する支出の拒否についての裁定をＧＡＯに依頼した。

１９９２年6月3日、ショーン・オキーフェは、チェイニーの執務室に悪い知らせを伝えに来た。

「ＧＡＯは、我々に不利な裁定を下しました」オキーフェは言った。チェイニーは、「それで、次はどうする？」と聞いた。

「次は、ありません」オキーフェは答えた。「これまでです。もうゲームセットなのです」行政権を行使して、オスプレイを止めようとする戦略は、終わりを告げた。

ＧＡＯが裁定を下してから2日後、チェイニーは、ウェルダンなどオスプレイ陣営の共和党員たちを自分の執務室に招いた。ウェルダンは、あなたは「民主党の術中にはまって」オスプレイに反対し、「大統領やあなた自身を困難に陥らせたのです」と、チェイニーに言った。チェイニーは、何も言わなかった。「彼は、スフィンクスのようでした」ペンシルベニア州共和党の上院議員アーレン・スペクターは、後に記者団に語った。「その心の中を覗くことはできませんでしたが、敗北感に満ちていたことだと思います」

ビル・クリントンが民主党の大統領候補になることが確実になると、オスプレイ陣営の民主党員たちは、この問題をブッシュに対する攻撃材料に使うようにクリントンを促した。6月23日、テキサス州議会代表団の民主党員たちは、クリントンに手紙を送り、ベル・ヘリコプター社を訪問してオスプレイの飛行を視察し、できればXV－15に搭乗することを依頼した。その手紙には、「ベル社は、そういった訪問にいつでも対応できると確約しています」と書かれていた。

オキーフェには、チェイニーが屈服したくないことが分かっていた。しかしながら、GAOの裁定により身動きできない状況では、引き下がるしかなかった。7月2日、チェイニーは、議会に妥協案を提示する書簡を送った。議会が1000万ドルの新しいヘリコプターの研究費を認めることと引き換えに、オスプレイを打ち切らないようにするというものであった。また、修正されたオスプレイ計画を進めるため、前年の国防法案で議会が認可していた残りの15億5000万ドルを「速やかに」支出するとした。ただし、法が要求しているとおり、それは量産のための支出ではない。その費用は、オスプレイの重量問題の解決、飛行試験の追加、新しい試作機の製造などに充てられることになる。試作機の機数は「契約交渉」により決定されることとされた。オスプレイの「量産候補機」に関する記述は、議会の計画から削除され、海兵隊用ティルトローターの製造は「将来のために残す」こととなった。

ウェルダンたち共和党員は、勝利を宣言した。新しいヘリコプターの研究を開始するというチェイニーの要求は、面子を保つためのもの以外の何物でもない、とウェルダンは記者団に語った。ただし、オスプレイ陣営の民主党員たちは、まだ疑念を持っていた。その月の下旬、ダラスの民主党下院議員マーチン・フロストは、議場において、その懸念事項を明らかにした。「現在までのこの過程全体は、現政権が選挙戦を乗り切るための煙幕に過ぎない可能性があるのです」

＊　　＊　　＊

海兵隊の主要な訓練施設であり、重要な機関（コマンド）の所在地でもあるバージニア州クワンティコ海兵隊基地は、海兵隊を研修するのに絶好の場所であった。ワシントンＤＣのわずか53キロメートル南に位置するその基地は、トップクラスの将軍や国防総省の職員、議員やその側近たちが、その忙しいスケジュールの合間に訪問できる距離にあった。議会担当連絡士官たちは、ＶＩＰたちを頻繁にクワンティコに案内し、兵器類を見せたり、野外訓練を視察させたり、新型装備品の初度視察を行わせたり、機関銃の射撃を体験させたりしていた。このような現地研修は、海兵隊の事業について議会での支持を得るための１つの方法であった。１９９２年の春、ジェームズ・シエーファー大佐は、クワンティコをまさにそのように使いたいと思っていた。

チェイニーとオキーフェにより、オスプレイの準備が遅れていることが議会に伝わっている中、シエーファーは、海兵隊上層部にドリーム・マシーンが現実のものとなりつつあることを再認識させなければならないと考えた。その年の初め、４機目の試作機は、デラウェア州にあるボーイング社の飛行試験センターからフロリダ州のエグリン空軍基地へと移動し、２〜３ヵ月にわたる特別な試験を実施していた。シエーファーは、４号機をそこから戻る途中でクワンティコに立ち寄らせ、ＶＩＰたちを招待して見学させようと考えた。海兵隊司令部から許可を得たシエーファーは、直ちに計画の立案を開始した。４号機が着陸した時、海兵隊総司令官などの主要な将官たちがそこに居合わせるようにするのである。その訪問に公式の目的をもたせるため、オスプレイ装備化のための試験を支援するための新しい部隊を海兵隊と空軍のパイロットで編成し、４号機がクワンティコにある２〜３日の間、それを使った訓練を行わせることにした。しかし、その訪問の焦点はそれではなかった、とシエーファーは数年後に私に語った。「表向きは、部隊による慣熟飛行とされていました」とシエーファーは言った。「しかし、実際には、オスプレイの展示だったのです」このクワンティコに立ち寄るというスケジュールは、4号機の運命を大きく変えることになった。

フロリダに送り込まれた4号機は、試作機に課せられる最も過酷な試験の1つを行っていた。メキシコ湾に向かってフライパンの柄のように突き出ているフロリダ州に所在するエグリン空軍基地は、約1870平方キロメートルの敷地を有していた。その中に所在するマッキンリー極限気候研究所は、ジェームズ・ボンドの映画に出てくるような特殊な試験施設であった。この地域の外気温は、冬季の平均気温は摂氏9度まで下がり、夏季は31度まで高くなる。そこには、内部の気候を制御できる7階建てのビルくらいの高さがあり、サッカー場よりも広い面積を有する主試験場があった。その試験場では、強力な蒸気ボイラーや巨大な冷凍コイルにより、気温を摂氏52度まで上げたり、マイナス54度まで下げたりして、砂漠や北極を模擬することができる。また、巨大なポンプやスキー場用の降雪機により、飛行マシーンにとって最悪の環境である激しい雨、みぞれ、雪、濃霧、塩害などを模擬することができる。太陽光ランプにより、サハラ砂漠よりも強烈な輻射熱《ふくしゃねつ》で航空機を焼き焦がすことができる。そして、特殊な送風機により、航空機のエンジンを窒息するほど埃まみれにすることができるのである。マッキンリー研究場の専門家たちは、外の天候にかかわらず、ほとんどいかなる気象でも作り出し、航空機がその中で持ちこたえられるかどうかを確認できるのであった。そこでは、試験機が拷問を受けるように特別にあつらえられた「タイダウン試験装置」に縛り付けられる。飛行中の状態を模擬するため、航空機のエンジンがうなりを上げ、プロペラやローターが回り、コックピットのパイロットが操縦装置を操作している最中でも、試験場の専門家たちは、気象状況を自由に制御できるのである。この試験を行うことは、機内にいるパイロットたちにとって、孫たちに聞かせたくなるような貴重な経験となるのである。

この虐待を行うためには、各セッション終了後に航空機を修理する整備員たちや、試験をモニターし結果を分析する技術者たちの存在が不可欠である。４番機が数ヵ月間エグリンに行く予定だというわさがボーイング社で流れると、それが大変な困難を伴うものであると分かっているにもかかわらず、ほとんどすべての者が参加を熱望した。その小規模の試験チームの要員たちは、別名「レッドネック・リビエラ（労働者たちのリビエラ海岸）」と呼ばれるエメラルド・コーストに面した分譲マンションに宿泊し、自分たちの家族も同伴することができたのである。膨大な残業があると見込まれた。それは、多額の時間外手当が貰えることを意味した。４ヵ月間、割増賃金を貰いながら、会社の経費を貰ってフロリダ・ビーチ・リゾートで暮らすか？　それとも、ノースイーストで侘しい冬を過ごすか？　志願する者は、山ほどいた。

１９８７年から１９８８年にかけて1年のほとんどをテキサスで過ごした整備員のアンソニー・ステシックも、その中の1人であった。当時、ボーイング社は、オスプレイ初号機の胴体を仕上げるため、テキサスに要員を送り込んでいた。ステシックの妻であるミッシェルもテキサスに同行し、一緒に西部での滞在を楽しんでいた。旧式のハーレー・ダビッドソンのレストアと収集が趣味だったアンソニーは、テキサスでもコレクションの数を増やしていた。もう1つの懐かしい思い出は、ミッシェルと一緒にビリー・ボブスというナイトクラブで開かれたテキサス人そっくりさんコンテストで優勝したことであった。ミッシェルもフロリダに一緒に行けることを喜んだ。２人には、彼女がリトル・アンソニーと呼ぶ2歳の息子がいたので、なおさらであった。アンソニーの良き仲間である2人の海兵隊員も、オスプレイ飛行試験チームに派遣されることになっていた。上級曹長ゲイリー・リーダーと1等軍曹ショーン・ジョイスは、オスプレイのクルー・チーフに指名された最初の海兵隊員であった。クルー・チーフとは、後方キャビンに位置し、飛行中の監視を行ってパイロットを支援する整備員のことである。ステシックは、自分が収集したハーレーに興味を持ってくれた海兵隊員のリーダーやジョイスたちをリドリー・パークの近くにある自宅でもてなした。ステシック夫妻は、休日に大きなパーティーを催すのが好きだった。航空会社のケータリング企業で働いた経験のあるミッシェルは、30人とか40人の友人たちのためのバイキング料理をいとも簡単に準備することができた。アンソニーは、メリーランド州のパタクセント・リバー海軍航空基地で短期間の業務を行うことがあった。そこには、リーダーとジョイスが勤務しており、アンソニーがそこにいる間、3人は一緒にハーレーを乗り回したものだった。

40歳のリーダーはジョイスよりも8歳年上であり、兄弟のような関係だったが、実際、彼らは義理の兄弟であった。リーダーは、ジョイスに自分の妹であるイボンヌを紹介し、結婚させていたのであった。リーダーとジョイス、ステシック、そしてボーイング社の2人の整備員と彼らの妻たちは、小さなサークルのような付き合いをしていた。その冬、フロリダ州にいた彼らは、エンクレーブというコンドミニアムで金曜の夜を過ごした。そのコンドミニアムは、ボーイング社の社員たちがフォート・ウォルトンビーチに滞在する時に使っていたもので、98号線を挟んでメキシコ湾に面していた。そこからの眺めは、最高であった。彼らは、子供たちと一緒にエンクレーブのプライベート・ビーチでバレーボールをしたり、ふざけまわったり、裏庭で料理したシーフードの御馳走《ごちそう》を食べたりしたものだった。その冬、彼らがフロリダ州で過ごした時間は、楽しい思い出に満ちあふれていた。

彼らは、また、懸命に働いた。整備員たちによりクレーンで吊り上げられた16トンのオスプレイは、鉄パイプ製の3脚と2脚が組み合わされたタイダウン試験装置に固定されていた。航空機に乗り降するためには、金属製のプラットフォームと階段が用いられた。その試験装置は、オスプレイが直径12メートルのローターを完全に前方に傾けてエアプレーン・モードにしても、床を叩かない高さに設置されていた。エンジン・ナセルの下には、鉄を溶接して作ったカニ爪のような独特な形状のダクトが配置され、ナセルがどの角度であってもエンジンからの排気を吸い込み、建物の外に吐き出せるようになっていた。グレーとグリーンの迷彩塗装が施された４号機は、丸々と太って見えた。試験チームの先任技術者の1人であるボブ・レイバーンは、それに「ブーちゃん」というニックネームを付けた。

２月下旬から5月下旬まで、ブーちゃんはつらい経験を重ねた。それは、試作機にとって予期されていたことではあった。しかし、この試作機には、通常の温度においても機械的不具合が頻発していたのである。最も多く不具合が発生していたのは、ＡＰＵ（補助動力装置）であった。オスプレイの６１５０馬力のタービン・エンジンを始動させるために必要な電力および油圧を作り出すために用いられるそのエンジンは、自動車のエンジンのように機体内に搭載されていた。そのＡＰＵのクラッチが解放してしまうことが多く、試験の進行を阻害していた。問題点は他にもあった。ＥＡＰＳ（エンジン空気・砂塵分離機）と呼ばれるエンジンのインレットに取り付けられたダスト・フィルターは、作動油漏れを起こしやすかった。エンジン・ナセル内部の油圧配管は、頻繁に漏れを発生させていた。整備員たちは、仕事に事欠かなかった。

最も厄介な不具合は、温度環境試験において、ある任務を模擬した「飛行」を行っている時に発生した。それは、垂直「離陸」と「着陸」をエアプレーン・モードでの飛行を挟みながら繰り返す試験であった。試験場は、まず摂氏マイナス40度まで冷やされ、その後マイナス54度まで冷やされた。凍傷を防止するため、パイロット、技術者および整備員たちは、保温下着を２枚重ねに着た上に、防寒着を着てフードをかぶり、防寒靴を履かなければならなかった。テスト・パイロットの1人であるポール・クロワッゼア海兵少佐は、それらの装備を身に着けた状態で階段を這い上がるパイロットたちを見て、ピルズベリー・ドゥボーイと呼ばれるパン生地メーカーのイメージ・キャラクターである白衣を着た太ったコックのように見えると思った。長時間にわたって試験場で作業を行わなければならない整備員たちにとって、低温および高温の環境は、パイロットたちにとってよりも過酷であった。4号機の後方キャビンの隔壁および床面は、特殊なカバーで二重に覆われていたが、試験中は、ローターの冷たいダウンウォッシュが入り込み、試験が終わった後も寒さが引かなかった。作業をするために手袋を外している間にうっかり金属製のものに触ると、皮膚がくっついて剝がれなくなった。主任整備員のマーチン・ルクルーは、低温環境試験の後に翼の上でエンジン・ナセル内部の整備作業を行うのが大嫌いだった。外板に霜が残っている状態でオスプレイのわずかに丸みを帯びた滑りやすい翼の上を歩くのは、至難の業であった。綱渡り芸人がリハーサルをやる時のように整備員たちはお互いをロープで結びつけ合い、誰かが滑り落ちても他の者たちがその体重を支えられるようにしていた。それでも、落ちれば大怪我をする可能性があったので、恐る恐る移動しなければならなかった。主試験場の温度が摂氏52度に達する高温環境での作業は、さらに厳しいものであった。機体は、冷やされるよりも温められやすい傾向にあり、露出した肌が機体やタイダウン試験装置に触れるとやけどをする可能性があった。温度環境の変化は、4号機にとっても厳しい試練であった。作動油が十分に流れなくなり、ローター・ブレードのピッチ角を変化させるスワッシュプレート・アクチュエーターが正常に作動しなくなることが多かった。低温試験においては、金属製の部品に亀裂が入ることもあった。すぐに鎮火したものの、APU（補助動力装置）が火災を起こしたこともあった。

マッキンリー研究場で行われていた試作機の耐久試験に遅れが生じたため、クワンティコへの飛行のスケジュールは延期を繰り返していた。オスプレイの試験を支援するため、その装備化に先立って編成された海兵隊および空軍パイロットたちのチームの指揮官であったケビン・ダッジは、４号機の到着を心待ちにしていた。軍用機の装備化にあたっては、「開発試験」と「実用試験」２つの試験が行われることになっている。マッキンリー研究場で行われていたような開発試験は、航空機が正しく設計どおりに製造され、飛行することを評価するためのものであり、特別な訓練を受けたテスト・パイロットや技術者たちにより実施される。これに対し、実用試験は、航空機に軍が使用する上で問題がないかどうかを確認するためのものであり、軍人であるパイロットたちとクルー・チーフなどで構成される特別な部隊により実施されるのである。ダッジが率いるＭＯＴＴ（多用途実用試験チーム）がクワンティコにおいて編成されたのは、オスプレイの実用試験が実施される２年ほど前のことであった。５号機が失われ、試作機が４機しかない中、ＭＯＴＴのパイロットと整備員たちが試作機に実際に触れられる機会は、ほとんどなかった。このため、４号機を自分たち自身で運用できるこの機会を待ち焦がれていたのであった。ダッジは、たった２〜３日のことであるにもかかわらず、ＭＯＴＴがクワンティコで試作機を使って行う試験を綿密に計画していた。

当初、試作機は５月末に到着する見込みであると聞いていたが、スケジュールは延期を繰り返し、７月20日までずれ込んでいた。５月23日に環境試験場での最終試験を終了した４号機は、ボロボロになっていた。クワンティコまでの７６０マイル（約１４００キロメートル）の飛行を行うためには、数多くの補修作業が必要であった。エンジンを整備のために取り外してから、エンジン・ナセルに再取り付けする必要があり、それに２週間を要した。右側エンジン・ナセル内のプロップローター・ギアボックスのクラッチも交換しなければならず、もう1つの大きな仕事になった。4号機はその後、近くのエグリン空軍基地まで2〜3回飛行し、耐空性を確認する必要があった。

作業が長引き、観光シーズンが始まると、ボーイング社の要員の家族たちは、フォート・ウォルトンビーチからデスティンの近くにある居住地域に移動しなければならなかった。妻たちは、ほとんど毎日、子供たちをビーチに連れ出して過ごした。メキシコ湾上を飛ぶオスプレイが見えることもあった。「お父さんだ」子供たちは、叫んだものであった。「V－22だ」ミッシェル・ステシックは、それを見て心配になった。「神様、子供たちが見ている前で、何かが起こったらどうしたらよいのでしょうか」と彼女は思った。愛する夫であるアンソニーは、オスプレイに乗ることが大好きだったが、メキシコ湾上空をどんな気持ちで飛んでいるのかが心配だった。アンソニーは、ボートや水上スキーが好きだったが、いつも救命具を身に着けていた。泳げない夫は、溺水恐怖症だったのである。

＊　＊　＊

7月12日、オスプレイの開発飛行試験チームの先任海兵隊パイロットであるポール・マーチン中佐は、その部隊に配属されたばかりのブライアン・ジェームズ少佐と一緒にエグリン空軍基地に到着した。技量向上のためにオスプレイでの飛行時間を必要としていた彼らは、クワンティコまでの4号機の副操縦士を交代しながら務める予定であった。機長は、ボーイング社の先任オスプレイ・テスト・パイロットであるパトリック・サリバンが務めることになっていた。ノースカロライナ州のシャーロットに給油のため立ち寄るまでの間は、ジェームズが副操縦士として搭乗する予定であった。マーチンは、オスプレイの後方を飛行する「チェイス機」で移動し、シャーロットでの待ち時間の間にジェームズと副操縦士を交代することになっていた。試験チームの軍人パイロットの先任者であるマーチンは、クワンティコに着陸した４号機から降り立ち、将軍たちに飛行完了を報告できるのを心待ちにしていた。

７月13日、最後の試験飛行が完了したが、出発前に行うべき整備や修理はまだ残っていた。ＡＰＵはまだ調子が悪く、燃料システムはエンジンに十分な燃料を供給できないことがあり、交換が必要な部品も多数残っていた。飛行前日の７月19日になって、燃料ポンプの交換が必要となった。燃料タンクからガスを排出するため、４号機を特別な格納庫に搬入する必要が生じた。整備員たちは、本当はもっと時間をかけて整備したかった。しかし、月曜日にクワンティコに到着する４号機を将軍たちが待っていた。ボーイング社試験チームの管理者たちは、さらに到着を遅れさせて「顧客たち」を失望させたくなかった。ボーイング社の部長たちは、サリバンに何度も電話をかけ、将軍たちが到着する７月20日にクワンティコに向けて離陸できることを確認していたのであった。

日曜日の午後、サリバンは、副操縦士として搭乗する２人の海兵隊員であるマーチンとジェームズ、およびボーイング社テスト・パイロットのトム・マクドナルドとグレイディ・ウィルソンと一緒に、飛行計画の確認を行った。マクドナルドとウィルソンは、双発のキングエア・ターボプロップ機で４号機の後ろを「チェイス（随伴）」することになっていた。これは、オスプレイのような試作機の運用においては通常行われていることであった。元陸軍パイロットであり、海軍テスト・パイロット学校の卒業生でもあった43歳のサリバンは、緊張しているようであった。その理由の１つには、整備員たちがまだ４号機での作業を実施していたこともあった。彼は、２日前の金曜日に、ガールフレンドであるサンディ・ノットに婚約指輪を渡していた。29歳の彼女は、ボーイング社の飛行業務アシスタントとしてリドリー・パークで勤務していたが、その週末はフロリダに来ていた。サリバンが4号機をその本拠地まで飛行させた後、2人は、飛行機でラスベガスまで行き、結婚式を挙げ、ハネムーンに出発する予定であった。日曜日、2人で昼食を食べた後、サンディは自宅に帰るために空港に車で向かい、サリバンは仕事に戻った。翌朝に4号機でクワンティコまで飛行するための準備を完了するには、やるべきことがまだ残っていた。サリバンは、その心の中に様々なことを抱え込んでいたのである。

その夜、サリバンは、ボーイング社の整備員たちと一緒に、9時まで格納庫に残っていた。ウィルソンとマクドナルドは、フォート・ウォルトンビーチのバーに出かけ、翌日、4号機に搭乗する海兵隊備員であるリーダーやジョイスと一緒にビールを飲んでいた。彼らは、テーブルの上に地図を広げ、飛行計画について語り合った。2日前に搭乗員に加えられたばかりのジョイスは、とても喜んでいた。通常、試作機を飛行させる場合、リスクを負う者の数をできるだけ少なくするため、搭乗員の人数を最小限にするものである。技術上、4号機に必要な搭乗員は、パイロットが2名、飛行試験機器を取り扱う技術者が1名、そして後方ランプを操作し飛行間の側方および後方監視を行うクルー・チーフが1名であった。しかしながら、7月の初旬、ボーイング社の試験チーム長は、7名を搭乗させることに決定していた。4号機には、2名のパイロットに加えて、ボブ・レイバーンとジェリー・マヤンの2人の技術者、マーチン・ルクルーとアンソニー・ステシックの2人の整備員が搭乗することになっていた。さらに、クワンティコで待つ将軍たちを喜ばせるため、海兵隊のクルー・チーフであるリーダー上級曹長も搭乗することになっていた。搭乗員から外されていたジョイス1等軍曹は、がっかりしていた。そのジョイスが4号機に搭乗するチャンスを得たのは、搭乗を予定していた44歳の整備員であるルクルーが、クワンティコまで飛行するならば、妻を自宅まで車で送り届けるため、デスティンまで会社に航空機で戻してもらわなければならない、と上司に言ったことがきっかけであった。ボーイング社がそれを受け入れなかったため、ルクルーは、４号機への搭乗を辞退した。このため、ボーイング社は、その座席を海兵隊に譲ったのでる。そのチャンスに飛びついたのがジョイスであった。

技術者のジェリー・マヤンも、誰かに座席を譲れるならば、喜んで譲りたいと思っていた。２年前、上司から４号機の首席器材技術者となることを希望するかどうかを聞かれた時、歓喜の涙を流したマヤンであったが、飛行することは好きではなかった。飛行機酔いが激しく、航空機に乗る時には、耳の後ろに吐き気を止めるための貼り薬を貼らなければならなかった。しかし、搭乗を拒否すれば、別な仕事を探さなければならなくなるかもしれない、とマヤンは妻のキャシーに言っていた。上司たちは、４号機のクワンティコまでの重要な飛行には最高の要員を搭乗させる、と宣言していたのである。

＊　＊　＊

月曜日の朝、ミッシェルとアンソニー・ステシックは、３時に起きて出発の準備を始めた。アンソニーがオスプレイを飛行させている間、ミッシェルは、リトル・アンソニーを後ろに乗せ、ペンシルベニア州まで自分の車で走ることになっていた。フロリダで購入したハーレーでいっぱいのトレーラーを牽引するアンソニーのピックアップ・トラックは、彼女の母親であるドリス・マーラーと家族ぐるみの友人であるバディ・コナーが運転してくれることになっていた。オスプレイの搭乗要員に選ばれたアンソニーは、そのために、ドリスとバディにフロリダまで飛行機で来てもらったのであった。日曜日の夜、バディの誕生日を祝うため、みんなで夕食に出かけた。アンソニーは、そのレストランでリトル・アンソニーに「1週間会えないけれど、次の金曜日には、お母さんと一緒に空港でお父さんに会える」と何度も説明した。

月曜日の5時、すべての準備が整い、ミッシェルはアンソニーをエグリン空軍基地まで車で送った。ゲートで車を降りる時、アンソニーは、お母さんと一緒に18時間も車を運転させることを申し訳なく思っている、と妻に言った。マーチン・ルクルーのように、搭乗できないとボーイング社に言えば良かったのかもしれない、と彼は言った。ミシェルは、それを本気だとは思わなかった。「あなたがずっとやりたかったことじゃないの」彼女は言った。「準備は整っているわ」そして、あなたは誰よりも一生懸命に働いてきた、と言って聞かせた。自分の夫は、クワンティコでオスプレイから降り立って、偉い人たちから称賛されるに値するのである。アンソニーが基地の門を歩いて通り抜けるのを見送ったミッシェルは、ブルー・ウォーター・ベイのホテルに戻ってから、そこをチェックアウトし、自宅までの移動を開始した。

約4時間後、4号機の機内では、サリバンがステシックにインターコムで話しかけていた。「アンソニー、できるだけ早く飛行機を回して、出発準備を整えよう」ステシックは、技術者であるマヤン、クルー・チーフのリーダーおよびジョイスと一緒に後方キャビンにいた。マヤンは、テスト器材を搭載した大きなパレットの近くに後ろ向きに座っていた。技術者のボブ・レイバーンは、コックピットのパイロットのすぐ後ろの中央にある折りたたみ式のジャンプ・シートに座っていた。サリバンは、左側の操縦席、ブライアン・ジェームズ少佐は右側の操縦席に座っていた。9時48分、4号機のローターが回転し始めた。離陸準備が完了したが、予定よりも遅れていた。サリバンが、15時（東部夏時間）までにはクワンティコに到着する、と上司に報告した時は、これよりも

2時間前に離陸する予定であった。エグリン空軍基地は中部夏時間だったので、クワンティコへの到着予定時間までの残り時間は、わずか4時間しかなかった。

整備員たちは、最終飛行前点検を6時30分に開始していた。6時49分、搭乗員たちはデータ・モニタリング器材を飛行試験用にセットアップした。その器材の中には、搭乗員の飛行中の会話を録音するテープ・レコーダーも含まれていた。飛行前点検中、主翼内ギヤボックスのオイル・フィルターのポップアップ・ボタンが突出しているのが発見されたため、離陸を遅らせなければならなくなった。そのボタンの突出は、フィルターが詰まって、交換が必要なことを示すものであった。8時、フィルターを交換し終えたステシックは、これで飛行準備が完了したと思った。しかし、再度点検したところ、同じポップアップ・ボタンが再度突出したので、さらなる作業を行わなければならなくなった。その後、サリバンがエンジンを始動しようとすると、タービンが出力を発生する前に、ＡＰＵの出力が低下し、シャット・ダウンしてしまった。ディスプレイ・スクリーン（表示装置）に表示されたアドバイザリ（勧告表示）は、ＡＰＵがオーバーヒートしたことを示していた。オスプレイ試作機においては、実際に故障が起きているのではなく、センサーの不具合でこのメッセージが表示されることが多かった。パイロットは、「エマージェンシー・スタート」に切り替えて、ＡＰＵがシャット・ダウンしないようにオーバーライドする（完全機能を無効にする）ことができた。この機能は、戦場において、操縦士たちが身に迫った危険を回避するために設けられているものであり、ＡＰＵを損傷する危険性があった。さらに、シャット・ダウンをオーバーライドした場合、シャーロットで給油するためにエンジンを停止した後、ＡＰＵを再始動することができない可能性があった。迫り来る15時までにクワンティコに到着するため、サリバンは賭けに出た。

エンジンがうなりを上げると、ステシックは、チョーク（輪止め）を取り外し、側方ドアと後方ランプを閉じた。サリバンは、ジェームズにエグリン空軍基地のランウェイ（滑走路）01まで移動するように指示した。

＊　＊　＊

9時53分、4号機は、エンジン・ナセルをまっすぐ上方に向け、巨大なローターを回転させながら動き始める。ジェームズは、F-16戦闘機が離陸するまで待機した後、オスプレイの機首を滑走路に向ける。

「問題なければ、もう少し滑走路中央側に寄ります」ジェームズが言う。「急がなきゃ」

9時55分、ジェームズは、サリバンの指導を受けながら、自分にとって5回目のオスプレイの飛行を開始する。エンジン・ナセルを徐々に前方に傾け、滑走離陸を行う。そうした方がヘリコプターのように離陸するよりも燃料を節約できる。後方キャビン内にいる搭乗員たちにとって、その離陸方法は、ドラッグレースカーに乗っているように感じられる。エンジンが最大出力（フル・パワー）を発生し始めると、加速で体が後方に押し付けられる。オスプレイで飛行するチャンスを得た数少ないパイロットやクルー・チーフたちがオスプレイを好きになる理由の1つが、この感覚なのである。古くからのジョークで、「ヘリコプターは飛んでいるんじゃない。空気を叩いて浮かんでいるんだ」というのがある。その意味では、オスプレイはまさしく飛ぶのである。ヘリコプターは、頭上にあるローターの影響により、騒音や振動が大きい。しかし、翼端にローターがあるオスプレイには、ヘリコプターのような振動がなく、乗り心地がスムーズである。4号機は、巨大なプロップローターで空気を噛み込みながら、むさぼるように上昇する。その間に、ジェームズは、ローターを機首方向にセットする。離陸後3分以内で、サリバンはエグリン空軍基地のタワーに「オスプレイ、ナイン、ワン、フォーは、高度1００フィート（約3０メートル）を通過、1万55００フィート（約47００メートル）まで上昇する」と報告する。その高度は、今日のフライト（飛行）の巡行高度である。

上昇中に、サリバンが操縦を代わる。ジェームズは、無線でタワーを呼び出し、チェイス機であるキング・エアに搭乗しているボーイング社のパイロットのグレイディ・ウィルソンとトム・マクドナルドに4号機が目的地への飛行を開始したことを連絡してくれるように依頼する。マーチン中佐を乗せていたキング・エアは、南側数マイルの所を周回しながら、4号機と会合するまで、30分ほどの間、待機していた。チェイス機のパイロットたちは、サリバンが自分たちが追いつくまで待ってくれると思っていたが、彼はあまりにも急いでいた。10時10分、サリバンは、「オスプレイは、高度1万45００フィート（約44００メートル）、速度18０ノット（時速33０キロメートル）でアラバマ州ユーフォーラに向けて飛行中」とウィルソンに無線連絡する。「オーケー」ウィルソンが答える。「よし、追いつこうぜ」

天候は晴れ、飛行には申し分のない気象である。しかしながら、ウィルソンと連絡をとった6分後、サリバンは、搭乗員たちに問題発生を告げる。「RTB、ローター」と彼は発唱する。ディスプレイ・スクリーン（表示装置）に「リターン・トゥ・ベース――ローター（基地に帰投せよ――ローター不具合）」を意味するワーニング（警報表示）が表示されている。4号機の飛行承認プラカードには、やっていいことと、やってはならないことが列挙されている。このようなコーション（注意表示）が表示された場合は、「努めて速やかに着陸」しなければならない。ジェームズに操縦を代わるように指示したサリバンは、技術者であるレイバーンやマヤンと、この問題について議論し始めた。4分後、レイバーンはサリバンに言う。「でも、あー、ローター不具合の原因が分からない以上、降りなければならないでしょう」

「ボブ、いったいどこに降りろって言うんだ？」サリバンは、レイバーンに聞く。

「これは緊急事態なのです」レイバーンは言う。「『基地に帰投せよ』というという表示が出ているのです。飛行継続はできません」

「ああ、それは分かっている」サリバンは言う。「エグリンに戻らなきゃならないんだろう？」

「そのとおりです」レイバーンは同意した。

「他にできるトラブルシューティング（故障探求）はないのか？」サリバンは、期待を込めて聞く。

「今、やっているところです」レイバーンは、それに答える。

「よし。何か分かるかどうかやって見た方がいいだろう」サリバンは言う。「基地に戻るには十分な燃料が残っているしな」サリバンは、基地には戻りたくないと思っている。上司に約束したとおり、今日中にクワンティコに到着したい。

5分後、レイバーンはサリバンに「機体後方にある計器の示度から判断すると、不具合は配線のゆるみだと考えられます」と告げる。「ただし、このまま飛行を継続することは、たぶん許容されないと思います」とレイバーンは付け加える。「どうして、そう思うんだ？」搭乗員たちは、機長に助言することはできるが、船の艦長と同じように、最終的な権限を持っているのは機長なのである。

「原因は、配線なんだろう？」サリバンは、レイバーンに聞く。「違うのか？　配線じゃないのか？」

「配線であることは、ほぼ間違いありません」

「じゃあ、飛行継続だ」サリバンは決心する。そして、副操縦士のジェームズに「何か異論はあるか？」と聞く。

「いいえ」ジェームズが言う。「同意します」

数秒後、サリバンは、残燃料でどれくらい飛べるか計算するようにレイバーンに指示する。「あと５６７マイル（約１０５０キロメートル）飛行しなければならん」サリバンはクワンティコまでの残りの距離を言う。口には出さなかったが、まだ飛行してから30分も経っていないにもかかわらず、シャーロットでの燃料補給を取りやめることを考えている。そこに着陸したならば、２つの理由から、クワンティコに到着できなくなる可能性があった。まず、ＡＰＵがエンジンを再始動できない可能性がある。さらに重要なことは、「基地に帰投せよ」というワーニングが出ている状態で着陸すると、再離陸することは重大な安全規則違反となる。ボーイング社とＮＡＶＡＩＲ（海軍航空システム・コマンド）のオスプレイ・プログラム・オフィスは、今日中に４号機をクワンティコに到着させたいのである。サリバンは、クワンティコまで行くことを決心している。

レイバーンが燃料計算を行っている間に、チェイス機のウィルソンが、サリバンの決心を無線で確認してくる。

「状況に変化がなければ、飛行を継続する」サリバンは答える。「それから、燃料消費量と飛行距離を勘案した上で、可能ならばクワンティコに直接向かう必要があると考える」

ウィルソンは、雑音のため、サリバンが何を言っているのかは確認できないが、飛行を継続する件は確認した、と応答する。

「しょっぱなから、ちょっとエキサイティングですね」ジェームズは、サリバンに言う。

10時32分、レイバーンは、サリバンに残燃料を報告する。「フレーム・アウト（エンジン停止）まで2時間半です」レイバーンは言う。そして、現在、対地速度２４０ノット（時速約４４５キロメートル）で飛行中、と付け加える。2分後、ウィルソンは、チェイス機がオスプレイに追いつけないことを無線連絡する。「これが精一杯だ」ウィルソンが言う。「追いつけない。俺たちには無理だ」

「了解」サリバンは、応答する。

ちょうどその時、レイバーンは、左ローターが正常に機能しているかどうかをモニターできなくなったことをサリバンに報告する。「すべてのセンサーの値が『読み取り不能』になりました」と言う。「すべての値が変動を繰り返しています。スリップ・リングの配線に問題が生じていると思われます」スリップ・リングとは、オスプレイのローター・ヘッドにブラシを通じて電気信号を伝えるための、環状の部品である。それは、ローター・ヘッドとスワッシュプレート・アクチュエーターの振動やその他のストレス（負荷）を測定するセンサーに電力を供給している。それらのセンサーは、振動などが許容値を超えた場合に警報を発するのである。地上でスリップ・リングの不具合が発生した場合は、修理が完了するまでオスプレイは飛行できなくなる。

レイバーンがスリップ・リングの不具合について説明してから8分後、ユーフォーラに近づいたことを示す信号を受信する。「目的地まで約５００マイル（約９３０キロメートル）だ」サリバンは言う。時刻は、10時43分である。

2分後、レイバーンは、新しい燃料計算の結果を報告する。ボーイング社の規定によれば、着陸時に30分間飛行できる燃料を残しておかなければならない。通常は、約１０００ポンド（約５８０リットル）になる。「向かい風が強くならない限り、合計７００ポンド（約４００リットル）の燃料を残して着陸できることになります」レイバーンは言う。

「それは、シャーロットか？　シャーロットまでのことなのか？」サリバンは尋ねる。

「クワンティコです」

「やった」サリバンは言う。

「シャーロットだったら、たんまりと余裕がありますレイバーンは言う。「機長は、クワンティコのことを聞いていたんですよね？」

「そうさ」サリバンは答える。

２分後、サリバンは、ジェームズに「色々と助けてくれてありがとう」と言う。

「何て言ったんですか？」航法を行ってきたジェームズは尋ねる。

「このフライトは、初めから大変だった」サリバンは言う。「色々と助けてくれてありがとう」サリバンは言う。

「いいえ、これが私の仕事ですから」若い少佐は言う。「自分は、こうしているのが一番好きなんです」

数分後、４号機はジョージア州の境界線を超え、東部夏時間の地域へと入っていた。東部夏時間11時53分、サリバンがチェイス機のウィルソンにオスプレイの現在地を無線連絡する。「クワンティコに直接向かうことを考えている」サリバンは言う。「そっちは、直接行けるか？」

「無理だ」ウィルソンは応答する。キング・エアは、４号機に追いつこうとして燃料を使いすぎてしまっていた。

「了解」サリバンが言う。

12時ちょっと過ぎ、サリバンとレイバーンは、もう一度燃料について話し合う。レイバーンは、「現在の飛行速度であれば、２時間分は十分にあります」と報告する。クワンティコまで４７０マイル（８７０キロメートル）である。レイバーンの計算では、あと1時間40分で到着する。残った問題は、必要とされる1000ポンド（約580リットル）の予備燃料を確保できるかどうかだ。

「まあ、それはどうにかなるだろう」サリバンは言う。「よく確認しながら飛行して、シャーロットに近づいてから決心しよう。可能であれば、飛行を継続しよう。そうでなければ……シャーロットから抜け出せなくなるからな」

「そうですね」ジェームズは同意する。「自分としては、問題ありません」しかしながら、副操縦士の交代を行う予定であったシャーロットに着陸しなかった場合、マーチン中佐がどんな反応をするかが心配だ、とジェームズが言う。「機長、クワンティコに行くことを決心したら、ウィルソンにそのことを大佐に連絡するように、少なくとも何か意見を貰うようにできませんか？」

「了解」サリバンは言う。

「機長たちが我々の上司であることは理解していますが、少なくとも私が着陸しようと努力したことにしたいのです」ジェームズは言う。

12時15分、シャーロットから約100マイル（約185キロメートル）南のサウスカロライナ州のグリーンウッドからわずか6マイル（約11キロメートル）の所まで来たことが分かった時、ジェームズは元気になった。「すごいぞ！」少佐は叫ぶ。「ああ、フロッグなんて目じゃない」サリバンがCH－46を引き合いに出しながら言う。

「ハミングしたくなっちゃいますね」1分後にジェームズは付け加える。

その1分後、サリバンがウィルソンとマクドナルドに現在位置を無線連絡する。「現時点で決心したいと考えている。クワンティコに向かいたい」サリバンは言う。

3分後、シャーロットが見えてくる。

「クワンティコまでどれくらいだ」ジェームズが尋ねる。

レイバーンが答える。「クワンティコまで1時間と24分、25分くらいです」ジェームズとサリバンが、シャーロットを通過して飛行を継続した場合、どれだけの燃料が残るかを議論する。レイバーンは、予備燃料の40パーセントを使用する、と見積もる。サリバンは、降下するのでそんなに燃料は使わない、と指摘する。

「よし」12時23分、サリバンは言う。「飛行を継続することに何か問題のある者はいるか」

「到着した後、自分を擁護してくださいよ」ジェームズは言う。

12時24分、サリバンは、オスプレイは直接ワンティコに向かう、とチェイス機に無線連絡する。シャーロットに到着したならば、海兵隊基地にオスプレイが予定よりも早く到着することを連絡してくれるように、ウィルソンとマクドナルドに依頼する。

「マーチン大佐にも伝えてくれるように、頼んでもらえますか？」ジェームズが言う。「たぶん、伝えてくれるでしょうけど、私が望んでいるのは、……」

「ブライアン、大丈夫だよ」サリバンが遮った。「キング・エアには、機内スピーカーが付いているんだ」

「大佐は、自分のことを怒るでしょうね」ジェームズは言う。「ウーン。怒られてもしょうがないけど、近くにはいたくないです」

「そうだな」サリバンは答える。

「大佐は、怒りますよね。そうでしょ」ジェームズは、1分後にサリバンに言う。「おいおい。大佐だって、お前がやろうとしていることを理解してくれるさ」

「シャーロットに向かえば、我々は……我々は、今日中にそこから出られなくなる」サリバンが言う。「それに、俺は……俺は、安全上は何も問題がないと考える」

オスプレイのエンジン・ナセルには、空力特性を向上させるため、エンジンの空気取り入れ口にカウリングと呼ばれるカバーが取り付けられている。飛行を続けている間に、どこからか漏れた液体が右ナセルのその部分に溜まってきていていることをサリバンたち搭乗員の誰もが知る由もなかった。それは、可燃性の液体であった。

＊　＊　＊

2分後、ジェームズは、搭乗員全員が、シャーロットに着陸しないというサリバンの判断に同意したと言わなければならない、と念を押す。「着陸したら必ず聞かれると思いますから。私は、大丈夫です。私は、飛ぶように強いられたわけではありません。信じて下さい。私には、子供が4人もいるんです。やらされたわけではありません」

「ああ、それは分かっているよ」サリバンは言った。「分かっているさ」

いずれにせよ、マーチンは怒るだろう、とジェームズは想像する。「自分が飛行機から降りた時に海兵隊総司令官がいたらどうしよう？」

＊　＊　＊

海兵隊総司令官であるカール・マンディ将軍は、4号機が到着する直前にクワンティコに到着する予定であった。海兵隊司令部には、到着時刻が月曜日の「1430」、つまり午後2時30分であることを表示する垂れ幕が掲げられていた。しかし、マンディは、チェイニーがオスプレイに関する議会との妥協案を提示してからまだ３週間も経っていないこの時期に、クワンティコで４号機を出迎えることを報告して、国防長官を動揺させるリスクを冒したくなかった。このため、オスプレイのプログラム・マネージャーであるジェームズ・シェーファー大佐が、マンディの代わりにクワンティコで行われるイベントのホストを務めることになった。

４号機がノースカロライナ州を横断している頃、シェーファーは、クワンティコに向かって車を走らせていた。彼は、オスプレイが14時30分から15時までの間に到着すると思っていた。その車には、妻と、隣人の1人とその娘が一緒に乗っていた。誰もがティルトローターを初めて見ることを楽しみにしていた。

ＭＯＴＴ（多用途実用試験チーム）のケビン・ダッジ少佐は、すでにクワンティコに到着していた。ＭＯＴＴは、ＨＭＸ－１（第1海兵ヘリコプター開発飛行隊）に配属されていた。その部隊は、大統領などの政府ＶＩＰのヘリコプター空輸および海兵隊用の新型回転翼機の試験を行う80名のパイロットが所属する、特殊飛行隊であった。ダッジは、ＨＭＸ－１本部にある自分の執務室で、４号機の到着に備えながら、オスプレイを運用できることと、親友の1人であるブライアン・ジェームズに会えることを楽しみにしていた。ダッジとジェームズは、航空学校の同期生であり、同じＣＨ－46シー・ナイトの飛行隊に所属し、ベイルートで一緒に勤務したことがあった。また、世界中の港を飲み歩いた仲間でもあった。ジェームズは背の高い、ウェーブのかかった茶髪のいい男であり、メリーランド州ボルチモアに特有のなまりでいつもジョークを飛ばしていた。ダッジは、そんなジェームズと一緒の時間を過ごすのが何よりも楽しかった。日曜日の夜の電話では、ブライアン・ジェームズとケビン・ダッジという、とんまな２人組が海兵隊の最重要航空事業であるオスプレイの飛行試験をどんなふうにやるか、冗談を言い合った。ダッジは、ジェームズに会えることを楽しみにしていた。

＊　＊　＊

13時5分、サリバンは、バージニア州サウス・ボストンの上空を1万500フィートまでゆっくりと降下し始めている。「大佐は、絶対に俺のことを怒るでしょうね」ジェームズが言う。「これをずっと計画し続けていたんですから」

「ああ、それは分かっているよ」サリバンは言った。

「機長、俺は何と言ったらいいのでしょうか？」

「皆が俺の言うことを聞いてくれないものだから……泣きたい気持ちになった、とでも言ったらどうだ」

「『サリバンが却下したんです』と言いますよ」ジェームズが遮るように言う。「男らしくそれを受け入れるしかないでしょう。仕方がないですよね」

「そうだな」

「とにかく、あなたを説得しようがなかったのだから、そうでしょう？」

ジェームズは、思い切って言う。

「そんなことはないだろう」

「だって、……」

「いや、やろうと思えばできたさ」サリバンが遮る。

「そうですね。安全……飛行安全を優先するように言うべきだったのに、言いませんでした」

ジェームズは言う。

「そうだな」サリバンが同意する。

２分後、ジェームズがサリバンにもう一度操縦させてもらえるように頼む。「今は操縦を楽しむことにします」ジェームズは言う。「マーチン大佐に捕まったら、もう操縦させてもらえないかもしれませんから」

13時21分、サリバンは、クワンティコ管制塔に無線連絡する。「オスプレイ・ナイン・ワン・フォー、ランウェイ・ツーに沿ってフライバイ（上空通過）したい」と告げる。

２分後、サリバンがジェームズから操縦を代わる。エアプレーン・モードでのオスプレイの速度を誇示するため、上空通過をどうやってやるかを話し合う。

「フライバイは、上品にやりましょう」レイバーンが言う。

「分かった。そうしよう」サリバンが答える。「俺は、いつも上品にやっているぞ」

「分かってますよ」レイバーンが言う。「特別に上品にやりましょう。上品すぎるくらいに」

「特別に上品にだな。分かった」サリバンが約束する。「やって見せるさ」

15分後、サリバンは、クワンティコ海兵隊基地とポトマック川を見ながら、１５００フィート（約４６０メートル）まで降下している。

「さてと、大佐は怒っているかな」ジェームズが言う。

「私は、少佐は少しも議論しなかった、と大佐に言いますよ」とジョイス１等軍曹が後方キャビンから、からかうように言う。

「軍曹、それを言ったら俺の将来はないぞ」ジェームズが大げさに怯《おび》えるふりをしながら答える。

「滑走路を確認」サリバンに言う。

サリバンがオスプレイを高度500フィート（約150メートル）で上空通過させるために、1000フィート（約300メートル）まで降下させた時、ジェームズは自分の気持ちを抑えることができなくなる。「将軍は、飛行場にいるんだろうな」と海兵隊総司令官のことを指して言う。

「もし、もういるとしたら」技術者であるレイバーンが口を挟む。「予定されていたスケジュールよりも、1時間近く早く到着したことになりますよ」

1分後、クワンティコの滑走路が見えてくる。「皆、座って見ています。クロス・ランウェイ（横風用滑走路）の所です。見えますか？」ジェームズが言う。

「ああ」サリバンが言う。

「もし、将軍たちがいるとすれば、滑走路と格納庫の間のちょうど半分くらいの所のスタンドに座っているはずです」

「ああ」サリバンが言う。「そんなに多くはいないようだ」

「よし、いいぞ」ジェームズが言う。「私にとっては、いいという意味です。お願いですから、大佐にちゃんと言って下さいよ」

サリバンが高度500フィート（約150メートル）で上空通過をしてから、速度238ノット（時速約441キロメートル）で飛行場から急上昇させると、ジェームズに言う。「ほら見ろ、誰もいないだろ」

「良かった」ジェームズが言う。

「いや、いましたよ」レイバーンが口を挟む。「何人かはいました」時刻は、13時40分である。

＊　＊　＊

レイバーンが見たのは、ダッジ少佐、ＭＯＴＴの他のメンバーたち、５～６人のＨＭＸ－１の海兵隊員たち、２～３人のボーイング社とベル社の技術者と重役たちであった。無線で４号機が早めに到着するとの連絡を受け、オスプレイが上空通過を行ってから着陸するのを見るため、エプロンに集まっていたのだ。上空通過を終えたサリバンは、約１３００フィート（約４００メートル）まで再び上昇し、大きく左旋回しながらポトマック川を横断する。次に、川の東岸の上空を北方向に、千切れ雲の下を飛行する。ダッジの隣に立っているボーイング社の社員は、４号機が進入する様子を撮影している。サリバンは、オスプレイのエンジン・ナセルを上方に傾け始め、ローターをエアプレーン・モードから変換すると、クワンティコの滑走路にヘリコプターのように垂直に着陸する準備を始めている。ジェームズは、サリバンの指示により、オスプレイの降着装置を下げ始めている。

地上からそれ見上げていたダッジは、エンジン・ナセルを44度上方に傾けたオスプレイが遠くに見える雲を通り過ぎた時、右側エンジン・ナセルの前方部分から黒い煙が出てい入るのを見て驚く。１～2秒後、「ポン」という曇った音が川に響き渡る。

「おお」コックビットで声を上げたジェームズは、その４秒後に言う。「何だ。変な音がしたぞ」

その時、地面にいたダッジには、オスプレイが白い煙を吐き出すのが見え、もう1回「ポン」という音が聞こえる。数秒後、もう一度白い煙が出て、３回目の「ポン」という音が聞こえる。そして、４号機の右エンジン・ナセルから炎が出ているのが見える。

コックピットでは、ジェームズがサリバンに降着装置を下げるように言っている。

「ＯＫ」サリバンは言い、５秒後に続けて言う。「エンジンが故障したようだ」

「右エンジンがだめです」ジェームズが確認する。

地上にいるダッジからは、4号機がわずかに左に傾きながら左旋回し、こちらに機首を向けて川を渡ってくるのが見える。エンジン・ナセルは、まだエアプレーン・モードとヘリコプター・モードの中間である。それから、右ローターの回転が左側よりも遅くなり始めるのが見える。それは、スローモーションの映像のように非現実的に思えた。4号機が空から墜落している。「神様」ダッジは思った。「墜落する」

13時42分、コックピットでは、ジェームズが無線で叫んでいる。「緊急事態発生。緊急事態発生。墜落する。墜落する」

地上にいる者たちが信じられない思いで見つめる中、それから5秒の間に、4号機は、カーブを滑りながら走る車のように、わずかに右に傾きながら機首を左に振る。その球根状の機首を下に向けた巨大なティルトローターは、疲れ果てているように見える。突然、その名前の由来であるミサゴという鳥のように、オスプレイは、川に向かってものすごいスピードで突入する。そして、水面に強烈に腹を打ち付けながら飛び込む。間欠泉のように水が空中に吹き上がる。水しぶきが治まると、4号機は見えなくなっていた。

＊　＊　＊

約30分後、燃料補給のためシャーロットに立ち寄っていたチェイス機のキング・エアは、クワンティコ海兵隊基地に近づいた。グレイディ・ウィルソンが操縦しているその機体では、トム・マクドナルドがクワンティコの管制塔に無線連絡し、着陸指示を受けようとしていた。管制塔は、キング・エアに、本日は着陸できない、と返答した。マクドナルドは、この機体はオスプレイ試験チームの一員である、と説明した。「しばらく待て」タワーから返信があった。「確認するので、旋回して待機せよ」待っている間、マクドナルドとウィルソンには、管制塔が捜索救難ヘリコプターに何かと指示しているのが聞こえた。その後、管制官は、マクドナルドとウィルソンに、ボーイング社のパイロットが着ている飛行服の色を知っているか、と聞いてきた。

「ああ、何ということだ。もちろん知っている」ウィルソンは言った。

飛行場で事故が発生したことを確認してから約10分後、ウィルソンとマクドナルドに管制塔から着陸許可が与えられた。

「何が起きたかわかっているな」ウィルソンは、進入開始時に言った。「大変なことになった。一緒に操縦桿を握ってくれ、膝が震えているんだ。こいつをうまく降ろせるかどうか分からない」

ポトマック川の上空を降下している時、水面にボートが浮かび、ヘリコプターが川の上空でホバリングしているのが見えた。地上滑走を終えた後、マクドナルドに航空機をシャット・ダウンするように頼んだウィルソンは、後方へと走り、キング・エアのランプを開いた。ボーイング社のオスプレイ飛行試験責任者であるケン・ランがそこにやってきた。ランは、何が起きたか知っているか、と尋ねた。

「お前があいつらを殺したんだろう！」ウィルソンは怒鳴りつけた。そして、飛行場のフェンスまで歩くと、地面に座り込み、嗚咽《おえつ》を漏らした。

マクドナルドがキング・エアを降りると、ランが彼にも話しかけてきた。「ひどい知らせだ」ランは言った。「4号機はポトマック川に墜落した。生存者を捜索中だ」

＊　＊　＊

ミッシェル・ステシックは、その日の午後、カセット・テープで音楽を聴きながら、サウルカロライナ州グリーンビル付近の州間高速道路85号線を走っていた。後席のチャイルド・シートには、息子のリトル・アンソニーが眠っていた。彼女の前を走っているアンソニー・ステシックのピックアップ・トラックには、彼女の母親と友達のバディが乗り、ハーレーでいっぱいのトレーラーを牽引していた。ミッシェルは、その日の朝、エグリン空軍基地でアンソニーを降ろした1時間くらい後から、その道を走り続けていた。すると、3〜4キロメートル手前で燃料を入れたばかりなのに、ピックアップがウィンカーを出して州間高速道路を降りた。ミッシェルは驚いた。いったい何のために止まるのだろうか？　ピックアップがガソリンスタンド近くの道端に止まると、ミッシェルは、車を降り、うだるような熱気の中、母親の車に向かって歩き始めた。運転席側から降りてきた母親は、ミッシェルに歩み寄ると、その腕を抱きしめた。ミッシェルは、母親の目が涙を浮かべているのを見て驚いた。

「ミッシェル」母は言った。「私たちは、ラジオを聴いていたのよ」「V－22がポトマック川に墜落したんだって。生存者はいないそうよ」

ミッシェルは、がっくりと膝を落とした。

＊　＊　＊

ジェームズ・シエーファー大佐の車には、自動車電話が備わっていた。その日の午後、オスプレイの見学に招待した2人の民間人や妻と一緒にクワンティコのゲートを通っている時、その電話が鳴った。NAVAIR（海軍航空システム・コマンド）のシエーファー・チームの1人からであった。

「落ちました。落ちたんです」彼は、言った。

「まだ、到着まで1時間半もあるぞ」シエーファーは答えた。

「ちゃんと聞いてください。落ちたんです」

シエーファーは、オスプレイがシャーロットで何かトラブルがあって、飛べないでいる、という意味だと思った。「分かった。分かった」シエーファーはそう言って、電話を切った。

電話が再び鳴った。

「ちゃんと聞いてください」そのNAVAIRの職員は、もう一度言った。「川に落ちたんです」

「どこの川だ？」

「ポトマック川です」

「まだ2時間かそこら、到着しないはずだぞ」

「早く、到着したんです」

「くそ」

クワンティコ空軍基地のゲートで車から降りたシエーファーは、妻にゲストを家まで送るように言った。それから、HMX－1（第1海兵ヘリコプター開発飛行隊）の指揮官に、暫定的に事故調査を引き受けてくれるように頼んだ。ダッジ少佐は、4号機が墜落すると直ちに、救難・救助活動を開始していた。最初にとった行動は、ボーイング社の社員が撮影した墜落する4号機を撮影したビデオテープを証拠として確保することであった。指揮所に集まった士官たちは、様々な調整を始めた。すぐに、色々な放送局から集まってきた報道陣と報道車が、基地の周りの網目状のフェンスに群がり始めた。警備要員を呼集したシエーファーは、メディアを中に入れないように命じた。「軍の身分証明書を持っていない者は、誰もゲートを通すな。たとえジャーナリストのサム・ドナルドソンであっても、絶対に通すな」

クワンティコの漁師たちは、川でオスプレイの搭乗員を捜索していた。ダッジは、海軍のダイバーに連絡を取ったり、4号機を水中から引き上げるサルベージ会社を探したりなど、様々な調整を行っていた。MOTT（多用途実用試験チーム）が、4号機で実施する予定であった試験について記載していた緑色の業務日誌に、それらの調整事項を記録したが、その筆跡は震えていた。

＊　＊　＊

次の日、国防総省のスポークスマンであるピート・ウィリアムズは、記者団に対し、この事故は「V－22事業に深刻な問題」を投げかけた、と言った。「何が起こったのかもっと詳細が分かるまでは」、数週間前にチェイニーが議会に提示した妥協案に沿って「計画を進めることは極めて困難」になりつつある、とウィリアムズは言った。

その日の夕方、米国下院の議場に出向いたカート・ウェルダンとピート・ゲレンは、この悲劇について演説を行った。まずは、亡くなった者の家族たちに対し哀悼の意を表明した。そして、議会の議員たちに対し、ゲレンの言葉を借りれば「判断を急がない」ように促した。海兵隊は、まだ「是が非でも、オスプレイを必要としています」とゲレンは言った。「しかし、この航空機の必要性を評価するにあたっては、さらにその先を見越したビジョンが必要なのです。ティルトローターの民間航空への適用は、それを新たに始めることと同じくらいに奥の深いものなのです」ウェルダンは、「海兵隊の中型輸送機には、過去3年間だけでも、9件の事故が発生しています。今年3月の事故では、14名の若き海兵隊員たちが、搭乗していたCH－46ヘリコプターの墜落により命を落としているのです」と指摘した。

その演説の前にゲレンがワシントン・ポスト紙に語ったとおり、4号機の墜落は、政治的に困難な時期に発生した。チェイニーの「妥協案を受け入れようと努力している最中であり、この先どうなるのかまだ分からない状態なのです」とゲレンは語った。

テキサス州民主党下院議員であるチャールズ・ウィルソンは、後にゲレンに慰めの言葉を述べた。ウィルソンは、航空の世界、特に軍用機において、墜落は初めてのことではない、と言った。「もし、墜落するたびに事業を中止していたら、サダム・フセインは今日もリヤドでシャンパンを飲んでいることになっていた」

*　*　*

墜落の翌日、海軍のスキューバダイバーが水深8メートルの厚さ1メートルの泥の中に横たわって沈んでいる4号機を発見した。パトリック・サリバンは、座席に座ってシートベルトをしたままの状態であった。シートベルトが外され、遺体が水上に引き揚げられた。他の6人の搭乗員たちは、その日は発見されなかった。

墜落から2日経った水曜日の6時30分、ポトマック川の4号機が墜落した所から3キロメートル離れた所で、ボートに乗った2人のカニ漁師が水面に浮かんでいるゲイリー・リーダー上級曹長の遺体を発見した。その1時間半後、漁師たちは、近くに浮いていた飛行試験技術者のボブ・レイバーンの遺体を発見した。数時間後、そこから2キロメートル上流で、ショーン・ジョイス1等軍曹の遺体が発見された。その日の午後、ブライアン・ジェームズ少佐の遺体が、ダイバーたちにより川底から発見された。少佐は、座席にシートベルトで固定されたまま、4号機の残骸から5メートル前方に投げ出されていた。1時間後、アンソニー・ステシックの遺体が墜落現場の2キロメートル南の川の中に浮いているのを、捜索救難ヘリコプターの搭乗員が発見した。木曜日、サルベージ作業員が4号機の翼の一部を川からホイストで引き揚げたところ、ジェリー・マヤンの遺体が水面に浮かび上がった。

海軍調査委員会は、4号機は、分速6300フィート（時速約115キロメートル）の速度で水面に衝突した、と結論付けた。これは、重力の79倍の衝撃である。委員会は、その衝撃は「胴体や人体が構造上耐えられる値をはるかに超えている」と述べた。ジェームズ・シエーファーには、4号機の搭乗員たちのポケットから発見された硬貨が目に焼き付いていた。それらは、ぐにゃりと曲がっていた。

＊　＊　＊

7月31日、ボーイング・ヘリコプター社は、リドリー・パーク工場のエプロンで4号機の搭乗員たちの追悼式を挙行した。何百人ものボーイング・ヘリコプター社の従業員、ボーイング社、ベル社、NAVAIRおよび海兵隊の関係者たちが出席したその式は、メディアに非公開で行われた。

7名の搭乗員は、すでに埋葬されていた。後に残されたのは、6人の未亡人と13人の子供たちであった。イヴォンヌ・ジョイスは、自分の夫であるショーン・ジョイスと兄であるゲイリー・リーダーを同時に失った。ボーイング社の秘書であるサンディ・ノットは、最後のフライトの2日前にサリバンからのプロポーズを受け入れ、事故の起きた週の金曜日の夜にハネムーンに出発する予定であった。

技術者であるジェリー・マヤンの妻のキャシー・マヤンは、このボーイング社の追悼式に参加することを望んでいなかった。彼女は、苦しんでいた。ジェリーがその飛行に搭乗したくないが、上司たちから圧力を掛けられている、と言ったことが忘れられなかった。親戚たちから勧められて追悼式に参加したが、放心状態だった彼女は、追悼の言葉が読まれたことにも、ボーイング社の社員たちが「アメイジング・グレイス」を歌ったことにも、海兵隊のラッパ手が飛行場の端で葬送ラッパを吹奏したことにも、ほとんど気づかなかった。４号機の搭乗員たちの残された子供たちには、ボーイング社の社員たちの拠出による1万ドルの貯蓄債権が贈られた。

ミッシェル・ステシックは、夫のアンソニーをデラウェア郡にあるエッジウッド・メモリアル・パークに埋葬した。青銅製の墓碑には、２つの銅版画が埋め込まれていた。１つはハーレー・ダビッドソンのロゴマークで、もう1つはエンジン・ナセルを上に向けたV‐22オスプレイであった。墜落から約2年もの間、リトル・アンソニーは、母親に今日が金曜日かどうかを度々尋ねた。そして、「パパは、金曜日に迎えに来てくれ、って言ってたよ」と言うのであった。

＊　　＊　　＊

１９９2年の大統領選を11日後に控えた１９９2年の10月23日、ボーイング社は、リドリー・パークのエプロンで、もう1つの式典を催した。さわやかな秋の金曜日の昼前、ペンシルベニア州の291号線に面した工場のゲートをある車列が通過した。工場の外側では、抗議者たちが反共和党のプラカードを振りながら国道沿いに並んでいた。ダン・クエール副大統領が、この共和党員の訪問を手配した地元の下院議員であるカート・ウェルダンと一緒に、その車列のうちの1台に乗っているのが分かっていた。フェンスの内側では、何千人ものボーイング社の労働者たちが待っていた。そのほとんどがUAW（全米自動車労働組合）のメンバーであった。その多くは、外にいる反共和党の抗議者たちと同じくらいに憤慨していることがウェルダンには分かっていた。4年間にわたってオスプレイを打ち切ろうとし続けてきた行政府に不満をもっていたのである。オスプレイはリドリー・パークに多くの雇用をもたらすはずであった。地元のUAWの指導者たちは、クエールがスピーチをする際に一緒にステージに座ることをしぶしぶ承諾していた。ウェルダンはオスプレイの支持者であり、クエールは良い知らせを持ってきたからである。

クエール副大統領がリドリー・パークに立ち寄ることは、「公務」とされていたが、極めて政治的なものとならざるを得なかった。民主党の大統領候補ビル・クリントンは、7月以来、世論調査でブッシュ大統領をリードしていた。ブッシュ大統領が再選されるためには、ペンシルベニア州で勝たなければならない。オスプレイの支持を表明すれば、ボーイング社の労働者やその親族から1万票を獲得できる、とウェルダンは大統領府に言い続けていた。クエールは、それを行うためにリドリー・パークに来たのであった。ただし、チェイニーのオスプレイに対する姿勢は変わっていなかった。

国防総省がヘリコプターの代替案を検討している間、チェイニーは、数機の新しいオスプレイ試作機に資金を供給しただけであった。彼の計画では、オスプレイの空軍仕様はなくなり、その後、海兵隊用のティルトローターを製造するかどうかが国防総省により決定されることになっていた。

その計画の実行は、ショーン・オキーフェに任された。過去４年間にわたって、オスプレイを打ち切ろうとし続けてきた国防総省の監理官であるオキーフェは、前任者の辞任に伴い、チェイニーから海軍長官に指名されていた。オスプレイ陣営のウェルダンたちは、オキーフェに疑念をもっていた。８月の下院軍事委員会での公聴会において、無給油で２１００マイル（約３８９０キロメートル）を飛行し、２５０ノット（時速約４６３キロメートル）で巡行できる航空機を海兵隊が本当に必要としているかどうかは断言できない、と発言したからである。オキーフェは、海軍省は、未だにベル社やボーイング社と新しいオスプレイ試作機を製造する契約を「できる限り早急に」結ぼうとしている、と言った。そのような行為は、４号機の墜落に関する調査結果を待たなければならないはずであった。

＊　＊　＊

９月末、４号機が墜落した原因は「機械的不具合」である、とする事故調査速報が海軍省から発表された。ポトマック川から引き揚げられた残骸の分析、および当該機の飛行試験器材から得られたデータによれば、この惨事の発端は、サリバンとジェームズが４号機をエグリンからクワンティコまで４時間47分にわたって飛行させたことにあると考えられた。海軍調査委員会は、４号機が飛行している間に何らかの可燃性液体が右側エンジン・ナセル内部で漏れ出したと結論付けた。その液体が具体的に何であるかは、後に論争となった。調査官たちは、その液体はおそらく右プロップローター・ギアボックスから漏れたオイルであろう、と述べた。それは、４号機をエグリンから出発させようと急いで準備していた整備員たちが反対方向に取り付けてしまったシールから漏れ出し、飛行中にエンジン・カウリングの底に溜《たま》った、と調査官たちは結論付けた。オスプレイが飛行機のように飛んでいる限り、エンジン・ナセルは水平であり、漏れたオイルはカウリングの底に溜まっているだけであった。しかしながら、クワンティコにヘリコプターのように着陸するため、エンジン・ナセルが上方に傾けられると、その液体は高熱のエンジン内に注ぎ込まれ、エンジンへの空気の流入を阻害するとともに、発火して前方に炎を噴き出した。その炎は、ローター・コンポーネントを保持しているエンジン・ナセル上部とエンジンとの間の隔壁を焼け落とした。エンジンに飲み込まれたその液体は、余分な燃料と同じ働きをしてエンジンにサージング（失速）を発生させ、地上にいた目撃者たちが見た最初の黒い煙を生じさせた。

ほとんどすべての航空事故がそうであるように、この最初の不具合は、致命的な連鎖反応を引き起こした。サージングは、エンジンのオーバー・スピードを防止するように設計されているオスプレイのガバナーを作動させた。このため、エンジンが一瞬切り離された状態となり、パイロットのコックピット・ディスプレイ（操縦席表示器）に操縦系統のコーション（注意表示）を表示させた。「リセットしよう」サリバンは、その表示を確認した時に言った。そして、サリバンかジェームズのどちらかが、コンピューター化された操縦系統をリセットした。この操作は、問題が実際に起きており、コンピューター・エラーによる誤った表示でないことを確認するための標準的な操作である。しかし、それは、左右両方のエンジンのパワーを急激に増加させ、オーバー・スピード状態をもたらした。ほんの数秒間で、すでに損傷していた右側エンジンは停止した。

理論的には、4号機は、その状態でも飛行を継続できるはずであった。単発状態でも飛行可能であることは、オスプレイの生存性に関する主要な要求性能の1つであった。翼の両端に14メートル近く離れて置かれた2発のエンジンで2つのローターを駆動するマシーンにとって、この要求は、極めて厳しいものであった。それを満足させるため、オスプレイのローターは、ベル・ヘリコプター社のXV－15と同じように相互に連結され、1つのエンジンで2つのローターを回すことができるようになっていた。そのことは、翼の中に「インターコネクティング・ドライブシャフト」を通すことによって実現されていた。そのドライブシャフトは、ローターに接続するため、エンジン・ナセルの内部でその方向を変える必要があった。そのため、長さの短い「パイロン・ドライブシャフト」が、それぞれのエンジンの上部にエンジンと並行になるように配置されていた。パイロン・ドライブシャフトは、重量を軽減するため複合材で作られていた。ガラス繊維とエポキシ樹脂でできた皮膜で巻かれたカーボンのチューブは、摂氏116度で溶け始める。4号機の右側エンジン・ナセルで発生した摂氏480度に達したと考えられる火炎によりパイロン・ドライブシャフトが溶け、その後、トルク（ねじり力）によって変形し、機能を喪失したと考えられる。このため、問題なく作動していた左側エンジンからの右側ローターへの接続が切断され、4号機の右側ローターの速度が低下し始めた。一方、変形したパイロンシャフトにより、油圧配管および電気ハーネスが切断され、オスプレイの操縦制御装置（フライト・コントロール・コンピューター）の機能が停止し、エンジン・ナセルは最後の状態である58度の角度で固着した。4号機とその7名の搭乗員の運命は決まった。

事故を調査した者の多くは、もし4号機が計画どおりシャーロットに着陸していれば事故が発生しなかった可能性がある、と述べた。その時点では、右ナセルのカウリングにエンジンに流れ込んで火災を起こすほどの量の液体は溜まっていなかった可能性があった。また、将軍たちに見せるために4号機をクワンティコに推進させなければならないという圧力が無ければ、パトリック・サリバンは、シャーロットに着陸していたであろう、と言う者も多かった。海軍調査委員会は、「サリバン氏には、7月20日月曜日の適当な時期までに当該機をクワンティコに着陸させせなければならない、という強い圧力がかかっていた」と結論付けた。

ボーイング社は、管理上の圧力が要因であったことを否定した。1993年11月14日、暫定的な調査結果が公開された。フィラデルフィア・インクワイアラー紙のネイサン・ゴレンシュタイン記者は、それに対する反証として「社内試験飛行業務に関するボーイング社内部の再調査」という文書を入手し、記事の中で引用した。ゴレンシュタインは、その文書は、「V－22やその他のボーイング・ヘリコプターの試験飛行計画においては、『予算およびスケジュールのプレッシャーが安全に影響を与えていた可能性が極めて高い』と結論付けている」と報じた。

調査委員会は、「リターン・トゥ・ベース――ローター」の警告が表示された時点で、サリバンはシャーロットまたはそれより近い場所に着陸すべきであった、としている。しかし、そうすれば4号機の搭乗員たちが死なずに済んだかどうかは、絶対に誰にも分からないであろう。また、サリバンが安全上のリスクがあったにもかかわらず飛行を継続したことに、上司たちからの圧力が影響を与えたのかどうかも、誰にも分からないであろう。海軍調査委員会は、「ボーイング社には、4号機は飛行安全確保に必要な基準を満たしていないと判断した者が数人存在する」ことを確認した。しかし、マッキンリー研究場で行われた過酷な試験の後、当日のオスプレイの飛行準備が全くできていなかった、ということを証明することは誰にもできないであろう。また、4号機の飛行中にエンジン・カウリングに溜まった液体が、不適切な状態で装着されたシールから漏れたオイルである、ということを少なくとも陪審員を満足させる程度まで証明できる者はいないであろう。パトリック・サリバンの最初の結婚で生まれた2人の子供たちと3人の未亡人たち（ミッシェル・ステシック、キャシー・マヤンとボブ・レイバーンの妻であるドロシー）は、ベル社とオスプレイのエンジン、オイル・シールおよび関連部品を製造した各企業を訴えた。その裁判は、10年近くにわたって続いた。弁護士たちは、反対方向にも取り付けできるオイル・シールを設計したことについて、これらの企業には過失があると主張した。公判前の煩雑な手続きに疲れ果てたミッシェル・ステシックとサリバンの子供たちは、企業との和解を受け入れた。裁判を継続したキャシー・マヤンとドロシー・レイバーンは、６週間に及ぶ陪審裁判の後、敗訴した。企業側の鑑定人として法定に立ったＭＩＴ（マサチューセッツ工科大学）の材料工学教授は、「自分の見解としては、漏れた作動油が火災を起こしたと考えられる」と証言した。予審判事は、それらの企業が、墜落事故の後、反対方向には取り付けられない新型のオイル・シールを設計したという事実を証拠から除外した。その事実を考慮するように裁判所に訴えたのは、ある連邦捜査官であった。

＊　＊　＊

その夏から秋にかけて、調査委員会が証言を集めている間、民主党のビル・クリントンとその大統領選挙の伴走者である副大統領候補のテネシー州上院議員アル・ゴアは、ブッシュとクエールに対抗するための争点としてオスプレイを持ち出した。クリントンとゴアは、当選したならばオスプレイを製造すると宣言した。ティルトローターは、軍事用に開発されるものの民間用にも利用できる「軍民両用技術」の手本であったからである。８月、サンアントニオにおけるスピーチで、クリントンは、オスプレイに対する賛意を表明した。９月、ベル・ヘリコプター社のプラント６を訪問したゴアは、ティルトローターは「この国の航空輸送インフラに革命をもたらす」と述べた。10月11日、ブッシュとのテレビ討論会に臨んだクリントンは、オスプレイについて再び賛意を表明した。

その討論会から11日後、NAVAIRは、ベル社とボーイング社に「書状契約」を送付した。詳細な条件は別途定めるとされたものの、4機の新しいオスプレイ試作機の製造と、従前のFSD（全規模開発）契約に基づいて製造された試作機の改修が認められた。新しいオスプレイ計画は、EMD（設計、製造および開発）と呼ばれることになった。それまでのFSDに代わるものとして、新しく採用された国防総省の専門用語であった。

ゴルフで、最初のティーショットに失敗した後に、2打目もティーを使って打つことを「マリガン」と呼ぶ。要するに、国防総省は、オスプレイに関し、ベル社とボーイング社にマリガンを与えることになった。オスプレイ計画のEMDという新たな段階を迎えたベル社とボーイング社は、オスプレイを再設計し、重量を始めとするFSD仕様機の諸問題を解決するチャンスを得た。元海軍長官のジョン・レーマンに強要された固定価格のFSD契約がEMD契約に取って代わられることは、両社にとって喜ばしいことであった。FSD契約では、見方によっては政府が担うべきである3億ドル以上の支出をベル社とボーイング社が負担しなければならなかったからである。会社の重役たちは有頂天になった。

EMD契約が締結された次の日、リドリー・パークを訪問したクエールは、ブッシュ政権が4年前から打ち切ろうとしていた計画を存続できたのは、自分の功績であると主張した。ボーイング社の重役たちとのレセプションにおいて広報室の社員たちが考え抜いたプレゼントをクエールに渡した時、笑い声が起こった。それは、左胸に「ダン・クエール」と赤い糸で刺繍され、背中には大きな赤い文字で「V－22オスプレイ」と書かれた真っ白なスタジアム・ジャンパーであった。広報担当者たちは、このアイデアがお気に入りだった。何年間もオスプレイ計画を中止しようとしていた政権のナンバー2である男が、オスプレイを宣伝するジャンパーを着るのである。クエールは、笑みを浮かべながら、ジャンパーを羽織って、ウェルダンや重役たちと一緒に外に出てエプロンに向かった。「アメリカの飛行機　V‐22」と書かれた巨大な垂れ幕の下をくぐり、演台とオスプレイの模型が準備されたステージに昇った。ボーイング社の従業員たちは、ウェルダンが話し始めるとアメリカ国旗を振って歓声をあげた。「私はこの日が来ると、かねてより言い続けてきました。そして、その日はやってきました！」丁寧な拍手を受けた後、クエールが続けた。「私は、14億ドルのV‐22の開発契約が締結されたことを誇りに思います。アメリカの飛行機です」クエールは熱っぽく宣言した。初年度の予算である5億5000万ドルの小切手を模した大きなレプリカが、近くのイーゼルに立てかけられた。

クエールが帰った後、ボーイング・ヘリコプター社の部長であるエド・ルヌアールは、ジェームズ・シエーファー大佐に電話をかけ、その訪問について伝えた。「信じられないかもしれないが」とルヌアールは言った。「贈られたジャンパーを着て、ロッキーのスタローンみたいに『ヤー』とやったんだぞ」

ルヌアールと話した後、シエーファーは、NAVAIRのオスプレイ計画の主要メンバーたちを電話会議に招集した。「みんな」シエーファーは言った。「俺たちは戻ってきた」

その日、フォートワースにいたディック・スパイビーは、まだ確信を持てないでいた。チェイニーとの闘争が終わりを告げ、自分が支援し続けた4年間の苦々しい政治闘争の末、オスプレイが政治的に確かなものとなったと信じたいとは思った。しかしながら、クエールがV‐22オスプレイのジャンパーを着て「すごい名案が浮かんだぞ」と言わんばかりの仕草をしている写真を見た時、スパイビーは、首を横に振ることしかできなかった。政治家たちは、スムーズにUターンできるのだろうか？　それがそんなに簡単なものだったら、ブッシュとクエールが再選された時に、またUターンしないとも限らない。

スパイビーは、共和党の方が国防費に予算を使うという理由もあって、それまでずっと共和党に票を投じてきた。それは、ベル・ヘリコプター社にとって、望ましいことでもあった。しかし、その年のスパイビーには選択の余地がなかった。オスプレイを製造すると言っている民主党のクリントンに票を投じた。クリントンが勝った時、スパイビーは祝福の時を迎えたように感じた。夢はまだ生き残っていた。

第9章　もう1つの暗闇の時間（アナザー・ピリオド・オブ・ダークネス）

1999年9月8日水曜日、ワシントンの晴れ渡った空には、太陽が輝いていた。夢が現実になるのを目の当たりにするには、絶好の日和であった。その日の朝、ディック・スパイビーは、ペンタゴンのリバー・エントランスにある石作りのテラスから、芝生が生い茂った閲兵場とその向こうのポトマック川を見渡していた。あと3ヵ月も経たないうちに、スパイビーは59歳になろうとしていた。かつて赤毛だった髪は、灰色に変わり、量もかなり少なくなっていた。しかし、その日のスパイビーは、クリスマスの朝を迎える子供のような気分であった。そのテラスにいる数百人の人々は、そのほとんどが米軍の将校や士官と国防総省の官僚たちであったが、制服姿の外国軍人たちも交じっていた。ボーイング・ヘリコプター社、ベル・ヘリコプター社およびベル社の親会社であるテキストロン社の重役たちが海兵隊員たちと一緒にいた。企業の広報担当者たちが記者やテレビカメラマンの間を行き来していた。スパイビーは、ショーが始まった時の記者たちの表情を見るのが待ち遠しかった。

マーケティングを始めてから4半世紀以上、海兵隊がその情熱を受け入れてから18年近く、元国防長官のディック・チェイニーがそれを打ち切ろうとし始めてから10年、クワンティコでの大事故から7年の年月が流れていた。ディック・スパイビーは、その人生を捧げてきた夢がついに現実のものとなりつつあることを確信していた。その日、人々は、スパイビーが40年近くにわたって信じ続けてきた完全な飛行の自由をもたらすマシーンが実現したこと、つまり、ティルトローターという航空界の聖杯伝説が発見されたことを認識するのである。何年もの間、待ち続け、戦い続けてきた海兵隊員たちは、やっと、自分たちのドリーム・マシーン、V－22オスプレイを手にできることを確信していた。海兵隊総司令官のジェームズ・L・ジョーンズ、ジュニア大将が、その日のイベントであるティルトローター・テクノロジーの日をペンタゴンで開催することを決定したのは、そのためであった。その催し物は、ちょっとした航空ショーで始まった。

自らもそのショーを楽しみたかったスパイビーではあったが、彼の仕事は、ベル社の最新型ティルトローターを説明することであった。閲兵場に設置されたテントやブースには、関連企業がティルトローター関連の製品やその他の海兵隊用装備品を展示していた。スパイビーは、ベル社の展示スペースでQTR（クワッド・ティルトローター）と呼ばれるアイデアについて、1日中、説明することになっていた。彼と3人のベル社の技術者たちは、この構想についての特許を出願中であった。それは、2つの翼と4つのローターを持つ、オスプレイの2倍以上の大きさのティルトローターであった。ベル社はそれをQTR（クワッド・ティルトローター）と呼んでいた。オスプレイの公称有効搭載量（ペイロード）の4倍にあたる90名の兵士または4万ポンド（18トン）の貨物を積載することができ、2000マイル（3700キロメートル）を飛行し、かつ、ほんのちょっとした地積があれば世界中のどこにでも着陸できるこの機体は、軍隊の指揮官であれば、誰もが欲しがるドリーム・マシーンになるはずであった。2ヵ月前には、スパイビーが、そのQTRについて海兵隊総司令官のジョーンズ大将にブリーフィングを行い、そのアイデアに理解を得ていた。それは、難しいことではなかった。ジョーンズは、1997年にフォートワースを訪問し、XV－15に搭乗していたからである。それは、ベル社が1970年代にNASAのために製造し、1981年のパリ航空ショー以来、強力な販促ツールとして活用してきた小型のティルトローター実証機であった。ジョーンズは、すっかりそれを気に入っていたのである。彼はパイロットではなかったが、オスプレイやQTRを同行援護するXV－15くらいの大きさの武装ティルトローターの製造についても語っていた。そして、海兵隊のすべてのヘリコプターを3つの異なる大きさのティルトローター・ファミリーで更新することを考えていた。ジョーンズがその日のイベントを開催したのは、そのためでもあった。

9時15分、そのショーは、おごそかに始まった。テラス上の軍楽隊が愛国的な曲を演奏する中、国防長官のウィリアム・コーエンがペンタゴンから現れて、群衆の一員となった。その後すぐに、海兵隊が長年にわたりオスプレイへの更新を望んでいたタンデムローター・ヘリコプターのCH－46シー・ナイトが旋回しながら現れ、閲兵場に着陸した。次に、XV－15が現れた。そして、ショーの主役が到着した。

ワシントン記念塔の近くを飛行した後にローターをヘリコプターのように上に向けた、オスプレイの量産初号機が視界に入った。操縦していたのは、キース・M・スウェーニー海兵隊中佐とMOTT（多用途実用試験チーム）の指揮官であるジェームズ・シャッファー空軍中佐であった。MOTTは、オスプレイの試験のために1990年に編成された特殊部隊であった。後方キャビンには、ジョーンズ海兵隊総司令官、そして、オスプレイを生き残らせようと海兵隊を支援したペンシルベニア州のカート・ウェルダン下院議員などの5～6人の議員たちが搭乗していた。これらの議員たちは、その支援に対する報酬として、オスプレイに初めて搭乗する機会を得たのであった。

その新品のオスプレイが川と閲兵場の間の小さな林を飛び超える時、その葉や枝がダウンウォッシュでわずかに落ちた。それを見たシャッファーとスウェーニーは、親指を立てて笑顔を交わした。実は、その林の木は、8時20分に彼らが議員たちを搭乗させるために進入した時よりも1本少なくなっていた。シャッファーとスウェーニーがその林を飛び越えた時、オスプレイの巨大なプロップローターのハリケーンのようなダウンウォッシュが、前夜の豪雨で根元が緩んでいたと思われる小さな樫《かし》の木をなぎ倒してしまったのだ。シャッファーは、その木が倒れるのを見ながら、これは困ったことになったと思った。批評家たちは、ダウンウォッシュが強いオスプレイは、海上での救難機に適さないし、ホバリングしているオスプレイの下で貨物の吊り下げを行う地上要員にとっても危険である、と常々指摘していた。シャッファーには、自分とスウェーニーがオスプレイで樫の木を倒したことを批評家たちが聞けば、何と言って非難するかが想像できた。だが、助かったことに、ペンタゴンから集まってきた閲兵場の管理員たちが、あっという間にその木を切り刻み、どこからともなく現れた小型トラックにその切りくずを積み込んでくれた。海兵隊総司令官や議員たちが閲兵場をわたってオスプレイに乗り込む時には、何の証拠も残っていなかった。その樫の木が地面に残した穴も、新しい腐葉土で覆い隠されていた。ただし、記者や来賓たちは、その時には集まっていなかったし、そもそも、木立の閲兵場の反対側にあったその木は、彼らからは見えなかったであろう。その時にそこにいたスパイビーでさえも、その木が倒れたことに気づかなかった。

ジョーンズや来賓たちに知られることはなかったが、オスプレイの飛行自体も、見た目ほどにはスムーズではなかった。議員たちを後ろに乗せてヘリコプターのように離陸すると間もなく、残念なことに、2発のエンジンのうちの1発が最大出力に達していないことが確認された。計画では、政府から承認されたヘリコプター飛行経路に沿って制限速度を超えないようにしつつも、エンジン・ナセルを60度に傾けてローターをできるだけ前方に倒し、搭乗している議員たちがオスプレイのパワーを体感できるように飛行する予定であった。この不具合が発生した場合は、努めて速やかに着陸なければならないのだが、出力低下状態で閲兵場に戻り、垂直着陸を行うにはリスクがあった。湾岸戦争での実戦経験がある41歳のスウェーニーと39歳のシャッファーは、もっと厳しい状況も経験したことがあった。最善の対応案は、エンジン・ナセルを0度まで完全に傾けてエアプレーン・モードにし、翼の揚力が十分に得られる速度で近くのアンドリュー空軍基地まで飛行することである、と直ちに決心した。その後は、エンジン・ナセルを60度に戻し、滑走路に安全にロール・オン・ランディング（滑走着陸）を行うことができる。シャッファーがエンジン・ナセルを傾け、オスプレイを急加速させると、VIPたちのために準備していた水のペットボトルが後方キャビンの中を転がった。アンドリュー空軍基地に向かう途中、シャッファーとスウェーニーは、エンジンの故障診断を行った。多くの近代的な航空機用エンジンがそうであるように、オスプレイのエンジンも、FADEC（全デジタル電子式エンジン制御装置、フェイデックと発音される）と呼ばれる装置により、最も効率的な運転ができるようにコンピューター制御されている。問題の発生したエンジンをバックアップFADECに切り替えると、最大出力（フル・パワー）を発生できるようになり、元々計画していたとおりの飛行を実施できるようになった。搭乗しているVIPたちの中に、この事態に気づいた者はいなかった。シャッファーがペンタゴンの閲兵場にオスプレイを着陸させると、満面の笑みを浮かべて後方ランプから地面に降り立ったジョーンズとその来賓たちは、芝生の上に設けられた演台上でコーエン長官に迎えられた。

「国家安全保障に真の革命をもたらす軍用機の登場を目の当たりにすることは、今世紀において も、そう頻繁にあることではありません」ジョーンズと議員たちに両脇を固められたコーエンが演説を始めた。「このテクノロジーは、軍事におけるレボリューション（革命）なのです」コーエンは、当時の人気フレーズを使った。「この航空機は」彼は付け加えた。「予定どおりのスケジュールと予算内で開発され、そして今、量産が進められています。議員たちが今日語ってくれるとおり、それは決して小さな成果ではありません」

コーエンは、明らかに試作機の最新バージョンのことだけを話していた。計画全体のスケジュールは元のスケジュールから8年間も遅れていたし、その開発コストは予想を30億ドルも超過していた。しかし、コーエンが記者たちから質問を受けた時、そのことを問いただす者はいなかった。

「インドネシアについてお聞きしたいのですが」コーエンが招いていたジャーナリストが言った。国防総省の記者団は、ティルトローターよりも、米国が東ティモール危機に介入し、部隊を送り込むかどうかの方に興味があった。

「V－22について、質問がある方はいませんか？」コーエンは、残念そうに尋ねた。

「いないですね」別の記者が答えた。

コーエンは、東ティモールに関する質問を受け始めた。

オスプレイは、もはや大きなニュースではなかった。すべての新米記者が学ぶことだが、「人が犬に噛みついた」のであればニュースになるが、「犬が人に噛みついた」のは大したネタでなく、1面の記事とはなり得ないのである。１９９９年、オスプレイは、「犬が人に噛みついた」程度のネタになっていた。

＊　＊　＊

メディアはオスプレイへの関心を全く失っていたが、海兵隊はかつてないほどにそれを欲していた。過去7年間、海兵隊は、ベトナム戦争時代に採用したＣＨ－46ヘリコプターのエンジンやその他の部品をアップグレードし、その耐用命数を1万時間から1万５０００時間へと延長して飛行可能状態を維持してきた。そのために、約5億ドルの予算が費やされた。その間、7機の海兵隊の「フロッグ」が事故で失われ、17名の海兵隊員などが命を落とした。１９９８年、海兵隊総司令官としての最後の仕事の1つとして上院議院軍事委員会での証言に立ったチャールズ・クルーラック将軍は、オスプレイの調達を加速するための方策を考えている、と述べた。「Ｖ－22ティルトローター機をできるだけ早急に調達することにより、最大の投資効果が得られると申し上げたい」クルーラックは言った。「今日、国防総省が整備しようとしている新しい装備の中で、Ｖ－22オスプレイほどに我々の戦争遂行能力に重要かつ革命的な変化をもたらすものはありません」クルーラックは、オスプレイに対する熱意のあまり、さらに輪を掛けた証言を行った。「固定翼機でなければ実現できない速度で飛行し、空中給油も可能なオスプレイであれば、自己展開することも可能なのです」と彼はその委員会で語った。「戦闘準備を完了した海兵隊員を米国本土で搭乗させ、文字どおり世界中のどこの紛争発生地域にでも派遣することができるようになるのです」実際には、搭乗員のみで自己展開することしか考えられておらず、兵員を輸送しつつそれを行うことは想定されていなかったが、海兵隊総司令官に反論する者は誰もいなかった。彼の言ったことは、ポイントをついていた。オスプレイは、これまでなかった能力を海兵隊にもたらすはずであった。クルーラックの証言から1年が過ぎると、オスプレイを装備化するために実施すべき事項は、残り少なくなっていた。海兵隊にとっては、実任務の遂行に関する試験の最終ラウンドをパスすることであり、国防総省にとっては、ＦＲＰ（全規模生産）を承認することであった。その後、十分な数の航空機が製造され、十分な数の操縦士と搭乗員の訓練が完了したならば、海兵隊のＣＨ－46飛行隊をオスプレイ飛行隊へと改編することが可能となる。改編の開始時期は、２００１年を目標としていた。

海兵隊とベル・ボーイングのパートナーシップは、ビル・クリントン大統領が１９９２年に当選し、オスプレイに反対する２人の強敵を国防総省から排除して以来、ゴールに向けてひたすら突き進んできた。ブッシュ政権において国防長官であったディック・チェイニーに続いて、オスプレイ懐疑論者であるデビッド・チュウも離任していた。チュウは、強大な権力を持つＰＡ＆Ｅ（事業解析・評価部）を10年以上にわたって運営してきたのであった。彼らが離任してからというもの、オスプレイは、毎年、国防予算を獲得していたが、それを継続するためには、海兵隊と国会議事堂の支持者の大変な努力が必要であった。１９９０年代に冷戦が終結してからというもの、国防費をカットすべきだという気運が高まっていたからである。クリントンは、すべての軍隊の規模を縮小した。１９９７年には、海兵隊の縮小に合わせて、オスプレイの機数を削減することが決定された。長きにわたって５５２機を調達しようとしていた海兵隊であったが、その予定整備機数は、わずか３６０機に削減されてしまった。一方、チェイニーの時代には計画から除外されていた空軍は、特殊作戦コマンド用として50機を調達することになった。海軍も、１９８０年代以降初めて、48機のオスプレイを捜索救難機として要求するようになった。ただし、部内関係者によれば、海軍の将官たちは、本当のところは興味がなかった。調達されるオスプレイの総数は４５８機となったが、１９８３年に計画が始まった時にベル社とボーイング社が４つの各軍種に販売したいと願っていた９１３機のほぼ半数に留まっていた。

当時のほとんどの主要な国防調達と同様に、オスプレイの調達も予算削減のために多年度に分散していた。調達規模の縮小、量産スケジュールの長期化、設計変更のコストに加え、インフレの影響により、オスプレイの製造費用は、元々公表されていたよりも高額になりつつあった。量産が始まるまでは、オスプレイ1機の価格は、平均５５００万ドルになると予想されていたが、生産性が向上すれば、店頭表示価格を引き下げることができる、とベル社とボーイング社は主張していた。

両社は、それを実現するため、製造費をより安価にするための設計変更を完了している、と発表した。１９９２年、副大統領であったダン・クエールがリドリー・パークで公表したＥＭＤ（設計、製造および開発）契約に基づき、ベル社と・ボーイング社は、大幅な機体改修を行っていた。設計図の80パーセントが新しく書き換えられ、それまでと全く違った航空機になった新型オスプレイには、「Ｂ」の型式が与えられ、海兵隊仕様はＭＶ－22Ｂ、空軍仕様はＣＶ－22Ｂと呼ばれることになった。

最も大きな違いの1つは、胴体の主要部品に重量を軽減できるという理論に基づいて用いていた複合材料、カーボン・エポキシおよびその他の非金属材料に代わって、アルミニウムを使用したことであった。その理論は、誤っていたことが証明されたのである。胴体の骨組みであるフレームとフォーマーに複合材料を用いることは、予想していたよりもはるかに困難であり、費用がかかることが分かった。ボーイング社は、特殊な繊維でできた柔軟な細長い紐を何層にも重ね合わせ、高圧釜で固くなるまで焼き上げるという製造方法が、時間と手間がかかり、正確さに欠けることを学んだのであった。1つのフレームを作るのに、２～３人の作業員で３～４週間を必要とし、高圧釜から出てきたフレームは、どれも厚さや強度が完全に同じではなかった。１９８０年代、ボーイング社は、30～40パーセントの複合材料フレームを破棄せざるを得ず、膨大な時間と経費の無駄を生じていた。一方、１９９1年までに新型の高速機械加工技術が確立され、従来よりもはるかに精度が高く、強度が大きい胴体フレームをアルミニウムで作ることが可能になっていた。アルミニウム製のフレームは、従来の複合材製フレームよりも6ポンド（2・7キログラム）ほど軽くなった。また、フレームやバルクヘッド（隔壁）をアルミニウムで製造することにより、複合材料製の構造物を固定するために必要であった1万8500本の金属製ファスナーが不要になった。こうして43パーセントしか複合材料を使わなくなった新型のオスプレイは、もはや複合材料を主体とした航空機ではなくなった。

ベル社も、複合材料製の翼の再設計を行った。実際に弾丸を打ち込む「実弾試験」により、従来の設計で用いられていた17本の複合材料製スパーの強度は、オスプレイの生存性（サバイバビリティ）に関する要求性能を満たしていないことが判明したためであった。EMD（設計、製造および開発）試作機においては、翼の形状を保つ骨組みであるスパーのうち、6本がチタニウム製のものに変更された。

その他にも、大きな変化があった。両社は、オスプレイのエンジン・カウリングにドレンを追加するとともに、複合材料製のパイロン・ドライブシャフトを火災から保護するため、エンジン・ナセル内のチタニウム製の防火壁（ファイアー・ウォール）を延長した。これにより、1992年のクワンティコでの4号機の事故で露呈した設計上の不備が是正された。アリソン社製のエンジンは、より少ない燃料でより大きな出力を発生するようにアップグレードされ、その出力の増加に耐えられるように、トランスミッションとギヤボックスも強化された。「ベッド・フレーム」式主翼収納機構は、ボーイング社の技術者であるウィリアム・ランバーガーが考案した、より軽量で安価な「フレックス・リング」に変更された。リドリー・パークでは、彼に「ロード・オブ・ザ・リング」という称号が与えられた。

コックピットに関しては、電子式ディスプレイの再設計により、B型オスプレイをさらに800

ポンド（約３６０キログラム）軽量化することに成功した。このディスプレイは、旧式の航空機に見られるダイヤル式の計器に代わって搭載されていたものであったが、液晶ディスプレイの出現により、重量や容積が大きく、期待どおりに作動しないブラウン管をコックピットから排除することが可能となった。オーバーヒートしたり、故障したりすることが多かったブラウン管は、テスト・パイロットたちのイライラの元になっていたのである。ＣＡＤ（コンピューター支援設計）用ソフトウエアの急速な進化、新型の複合材料製造機械の登場に加えて、ベル社とボーイング社の技術者および製造作業員が試作機の開発から得た経験により、オスプレイの設計は他の面でも改善された。

長きにわたる研究の結果、両社はブロットルも換装することにした。新型のＴＣＬ（推力制御レバー）は、円弧状の動きをしないものに改められ、より人間工学的になり、ヘリコプターのコレクティブのように感じられるものになった。ＴＣＬの先端は、子供用自転車のサドルのような形になり、野球バットのような握り方ではなく、パイロットが左手をその上面に置けるようにして、腕の疲労や手首の負担を軽減するように工夫された。ＴＣＬは、改善前と同じように出力を上げるためには前へ、下げる場合は後ろに動かすが、出力を上げる時に、下方向に動くことはなくなった。これにより、「コレクティブ学習障害」のリスクが軽減できると考えられた。そのリスクとは、ヘリコプターで飛行訓練を積んだパイロットが、緊急時に反対方向にＴＣＬを動かしてしまう可能性があるというものである。１９９１年の5号機の事故の際、ボーイング社のテスト・パイロットであるグレイディ・ウィルソンは、これに陥っていた可能性があった。

１９９４年12月、ＮＡＶＡＩＲ（海軍航空システム・コマンド）は、これらの設計変更を承認した。３年後、国防総省の最高レベルの委員会であるＤＡＢ（国防調達委員会）は、飛行試験がまだ初期段階にあるものの、オスプレイの量産を一部に限って開始することを承認した。ＥＭＤ（設計、製造および開発）契約に基づいて製造される４機の新しい「量産候補機」の試作機は、まだ１機しか初飛行に至っていなかったし、１９８６年のＦＳＤ（全規模開発）契約に基づく５機の試作機のうち飛行を継続している機体は、２機しかなかった。パイロットや技術者たちが「飛行エンベロープ」と呼ぶオスプレイの性能限界の確認も、まだほとんど完了していなかった。にもかかわらず、国防総省がＮＡＶＡＩＲと両社に量産用の部品や工具を購入する許可を与えたことは、調達の世界では、「並行開発」として知られる一般的な慣行であった。ただし、批評家たちは、それを「先物取引」と批判し、リスクがあることを警告していた。

この慣行が一般的なものとなったのは、複雑な軍事装備品が製造されるようになった第２次世界大戦後のことであった。それ以前は、航空機のような主要装備品であっても、時には数ヵ月足らずの間に目もくらむようなスピードで開発し、試験を行い、工場で大量生産することが可能であった。ところが、１９６０年代に入ると、テクノロジーの発達により、そのような装備品の開発には数年を要するようになった。特に軍用機については、調達に係わる官僚組織が必要とする時間を考慮すれば、量産態勢に入る前に時代遅れになってしまうリスクがあった。そのリスクを軽減するため、国防総省は、航空機、戦車などについては、それらが完全に試験を完了する前から生産ラインを準備し、少数の量産機の製造を開始するために必要な経費を請負業者に支払うようになったのである。このアイデアにより、製造業者は、量産が始まる前に生産ラインの不備を是正することができ、量産初号機を試験に使用することもできるようになった。収益を上げられるだけでなく、早期に生産ラインを準備することで雇用を創出できるため、請負業者たちは、この方式が採用されることを望んだ。議員たちに、１つの計画でより多くの利益を与えたかったのである。この初期段階での調達は、ＬＲＩＰ（低率初期生産、エルリップと発音される）と呼ばれた。１９９９年9月のティルトローター・テクノロジーの日、海兵隊総司令官と来賓議員たちが搭乗したのは、そのＬＲＩＰ初号機のオスプレイであった。

１９９０年代、オスプレイ計画を加速しようとしていた海兵隊は、ＪＲＯＣ（統合要求監査評議会）と呼ばれる国防総省の委員会に対し、オスプレイに関する数多くの要求性能の一部緩和を働きかけていた。１９８３年に案出された「必成」能力のいくつかは、すでに変更または削除されていた。その能力は、４つの軍種あわせて10種類の任務を遂行できるティルトローターの製造を目指していた時に考え出されたものであった。オスプレイが海兵隊および空軍のためだけに製造されることになった今では、遂行しなければならない任務も減少していた。従来、燃料タンクにある燃料だけで全行程を飛行できなければならなかった「自己展開能力」に関する要求性能は、１９９５年の時点では、１回の空中給油で２１００マイル（約３８９０キロメートル）を飛行できれば良いことに改められていた。同様に７００マイル（約１３００キロメートル）であった空軍特殊作戦任務のための航続距離に関する要求性能は、５００マイル（約９３０キロメートル）に改められていた。

国防総省の規則によれば、ＬＲＩＰの段階から、請負業者に最大の利益をもたらすＦＲＰ（全規模生産）の段階に移行するためには、特別なテスト・パイロットおよび技術者たちによって行われる開発試験と、軍人のパイロットおよび搭乗員たちによって行われる実用試験の両方に合格しなければならなかった。ティルトローター・テクノロジーの日の時点で、オスプレイは、その両方を終了するまであと2～3ヵ月しか残っていなかった。海兵隊は、スケジュールを圧縮し、２００１年までにティルトローターを装備化しようと考えていた。そして、7年間にわたって、ベル・ボーイングとＮＡＶＡＩＲに、そのスケジュールを守るように執拗《しつよう》に圧力をかけていた、と多数の関係者が私に語った。「海兵隊総司令官をはじめとする、プログラム・オフィス全体から圧力を受けていたのです」当時、ベル・ヘリコプター社の社長であったウエッブ・ジョイナーは私に語った。「やつらは、とにかく急ぐのが好きでした」

1992年、ベル社とボーイング社がそれぞれEMD（設計、製造および開発）契約を締結すると、オスプレイ自体と同じように、その飛行試験計画にも根本的な修正が加えられた。両社は消極的であったが、NAVAIRは、テスト・パイロットたちによる開発試験をメリーランド州のパタクセント・リバー海軍航空基地において官民合同で行うことを要求した。NAVAIRは、また、6機の新しい試作機を製造するというベル・ボーイングの提案を、コストがかかりすぎることを理由に却下した。EMD契約による資金調達が行われたのは、4機の新しい試作機の製造と2機の旧型試作機の改修だけであった。

そのような扱いをうけていたのは、オスプレイ計画だけではなかった。「計画スケジュールを短縮させようとする行政組織および資金供給源の監督者の強い圧力により、飛行時間が縮小され、危険を伴う試験が回避されるようになった」と1995年6月12日のアビエーション・ウィーク誌は述べている。「飛行試験関係者たちは、開発試験に手を抜くことは長い目で見ると高くつく、と強く主張している。戦闘機、ヘリコプターや輸送機が、ある飛行環境にさらされる可能性があるのであれば、遅かれ早かれ、その環境に遭遇することが誰の目にも明らかである。ある環境における試験を評価項目から外すということは、飛行部隊のパイロットをテスト・パイロットにすることを意味する」オスプレイに関しては、この警告的予言が的中するのであった。

バージニア州クワンティコでの4号機の事故から1年後の1993年の夏、オスプレイの開発試験は再開された。そのプロジェクトを実施するため、ベル社とボーイング社のテスト・パイロットたちがメリーランド州のパタクセント・リバー海軍航空基地に集められた。彼らは、３５０名からなる「統合試験チーム」の一員となった。企業とＮＡＶＡＩＲの技術者たち、企業と軍のテスト・パイロットと整備員たち、およびその他の専門家たちが一緒になって勤務したのである。それから４年間、パイロットたちが操縦できたのは、２機のオリジナルのオスプレイ試作機だけであった。それらの機体には、４号機の墜落により明らかになった設計上の欠陥を改善するため、技術者やパイロットたちが「かさぶた」と呼ぶ改良が行われていた。１９９７年２月、新しいＥＭＤ試作機が投入されると、試験飛行はそのペースをつかみ始めた。それでも、開発試験に必要なすべてのフライト（飛行）をたった６機の航空機で行うことは困難を極めた。

問題の１つは、ワシントンＤＣの南東約１００キロメートルのチェサピーク湾に位置するパタクセント・リバーの天候であった。夏には、湿気で空がどんよりと曇り、「ミルクの中を飛んでいるよう」であった、とオスプレイのある元開発テスト・パイロットは私に語った。冬には、曇り空、雨、時には雪のため、飛行が延期されることが多かった。たとえ飛行できたとしても、雲を回避するために時間が費やされることが多かった。オスプレイ試作機のローター・ブレードには、応力を測定するため、細いワイヤー・フィラメントでできたひずみゲージが取り付けられていたからである。高速で回っているローター・ブレードにとって雨滴は小さな飛翔体として作用し、ひずみゲージを剝がしてしまうため、雨雲を避けて飛ぶ必要があったのである。一方、天気の良い日には、パタクセント・リバー周辺の空域は、他の航空機で混雑していた。また、緊急着陸点も不足していた。その基地は、米国海軍テスト・パイロット学校の本拠地であったが、多くのパイロットはそれを疑問に思っていた。パタクセント・リバーの唯一の利点はワシントンに近いことだ、と多くの者が考えていた。そのため、大物たちが訪問するのには便利であった。

開発テスト・パイロットたちは、1998年に4機すべてのEMD試作機が納入された後も、そのうちの2機をMOTT（多用途実用試験チーム）と共有しなければならなかった。2001年に海兵隊がオスプレイを装備化できるように実用試験を完了するため、MOTTの軍人パイロットたちは、過密なスケジュールをこなさなければならなかったのである。NAVAIRと海兵隊は、国防総省のOT&E（実用試験・評価部）の部長であるフィリップ・コイルの承認を受けた上で、開発試験および実用試験を努めて同時並行的に行って、試作機の不足を補おうとしていた。

理論的には、両方の試験を事実上同時に行うことがあっても問題はなかった。ただし、開発テスト・パイロットたちにとっては技術的に問題のない航空機であっても、それを運用する軍のパイロットたちにとっては十分な状態ではない可能性がある。設計の変更が必要かどうかは、できるだけ早く確認することが望ましいのであった。しかし、「少ない試作機をもって、短期間に開発試験と実用試験を一緒にやろうとすることは、現実的ではありませんでした」とオスプレイの元テスト・パイロットは私に語った。さらに悪いことには、開発試験のパイロットたちは、4機のEMD試作機をMOTTと共有しなければならないだけでなく、MOTTに初めて配属されたパイロットたちが、それを操縦できるようにするための訓練も行わなければならなかった。それは、「開発試験の実施に大きく影響したのです」あるベテランのテスト・パイロットは私に言った。

パイロットたちの最大の不満は、オスプレイの装備化スケジュールが、すべてに優先されていることであった。開発テスト・パイロットたちは、NAVAIRやベル・ボーイングの部長たちから、仕事を早く終わらせるように常に圧力をかけられていた。開発試験が十分に行われるまでは実用試験を完了できず、実用試験が完了するまでは国防総省がFRP（全規模生産）を承認できず、FRPが承認されるまでは海兵隊がオスプレイを装備化できないからである。飛行試験チームは、週に６日、時には７日働いた。しかしながら、スケジュールが過密であったため、問題を発見し、修正し、再試験するという開発試験の目的が達成できないこともあった。ティルトローターの試験が目的を達成するために必要な時間を予測することは、困難を極めた。ヘリコプターとしての試験や、飛行機としての試験だけではなく、ローターが０度から90度の間で傾く「コンバージョン・モード」の別々な３つの角度での試験も行わなければならなかったからである。理論的には、オスプレイをその限界領域の隅々まで試験するためには、追加の時間と経費が必要であったが、ＮＡＶＡＩＲや海兵隊にそんなものがあるはずがなかった。国防総省と議会は、オスプレイにさらなる費用を支出する前に試験がどれだけ進んでいるかを知りたがり、それを常に監視していた。解決策としてとられたのは、オスプレイの飛行エンベロープの大まかなアウトラインを把握し、ＪＯＲＤ（統合運用要求書）に必ず達成すべきものとして記載されている事項を確認できる範囲で開発試験の「データ・ポイント」をできるだけ少なく抑えることであった。

「とにかく、いつも急いでいる感じでした」と当時、統合試験チームの一員であった軍人は私に語った。「50点を取れるように試験を計画しても、遅れのために30点しか取れないこともありました。でも、『よし、それで十分だ』と言われてしまうのです。当時の意思決定者たちは、そんなことさえも、許容されるリスクだと判断していたのだと思います」例えば、当初、１０３回の実施が計画されていた操縦系統および飛行性試験は、49回に削減された。そのうち、実際にフライトが行われたのは、33回に過ぎなかった。

ペンタゴンでティルトローター・テクノロジーの日が行われる1ヵ月前の１９９９年8月、オスプレイの開発試験は、その最終段階をすでに終了していた。実用試験についても、最初の４つの段階を終了していた。将来、オスプレイ量産機の組み立てを行うため、テキサス州のアマリロに建設されていたベル社の新工場は、その完成を数週間後に控えていた。国防総省によるＦＲＰ（全規模生産）決定に必要な最終ステップは、オスプレイ試験の最終フェーズとしてＭＯＴＴが実施するＯＰＥＶＡＬ（実用性評価）であった。

ＯＰＥＶＡＬは、オスプレイにとっても、ＭＯＴＴの約２１０名の要員たちにとっても、過酷なものになろうとしていた。ＭＯＴＴの40名のパイロットたちは、戦場における適合性を証明するため、想定上の任務を設定し、最初の４機のＬＲＩＰのオスプレイを６ヵ月にわたって連続運用することになるのであった。そのシナリオは、海兵隊と空軍特殊作戦コマンドが使用するオスプレイ運用教程に記載された任務をすべて網羅していた。その任務には、強風が吹き荒れる中、艦船の甲板から強襲上陸を開始して地面すれすれの低空飛行で特殊部隊を敵地に潜入させることや、闇に紛れて大使館から人質を救出することなどが含まれていた。ＭＯＴＴは、パタクセント・リバーやノースカロライナ州、フロリダ州、アリゾナ州およびカリフォルニア州の海兵隊および空軍基地、ならびに東岸および西岸を航行する艦船において、各種気象環境下で、昼夜のあらゆる時間帯にそれらの任務を行わなければならないのであった。

ＭＯＴＴに所属する海兵隊員たちにとって、ＯＰＥＶＡＬの焦点となる最も重要な部分は、アリゾナ州ユマにある海兵隊航空基地で行われる一連の演習であった。ユマは、海兵隊で最も厳しくかつ権威のある航空教育機関であるＭＡＷＴＳ－１（第１海兵航空兵器訓練飛行隊）の所在地であった。その部隊の精鋭ぞろいの教官たちは、精神的にも肉体的にも過酷な課程教育を行っていた。ＭＡＷＴＳ－１を卒業して、兵器・戦技教官の資格を取得することは、海兵隊パイロットたちにとって、長年にわたって自慢できる偉業であった。ＷＴＩ（兵器・戦技教官）の卒業証書を得ることは、所属する飛行隊の他のパイロットたちに戦技を教育できる資格を持つことを意味した。ＭＡＷＴ

S－1は、輸送ヘリコプターから攻撃ヘリコプター、そして空中給油機からジェット戦闘機まで、海兵隊のあらゆる機種を保有する飛行部隊が参加できる特別コースを、年2回、設定していた。これに参加する飛行部隊は、海兵隊歩兵部隊と一緒に一連の任務を行い、MAWTS－1の教官たちにより、空地任務部隊としての作戦遂行能力を評価されるのである。その任務を成功させるためには、飛行部隊の整備員たちが部隊の航空機を「MC（任務可能状態）」に維持し、その能力を最大限に発揮できるようにすることが必要であった。そして、パイロットたちは、他の飛行部隊や地上部隊と調整しつつ戦場機動を行い、複雑な任務を遂行しなければならなかった。このコースの参加者は、他の飛行部隊に所属する仲間ではなく、MAWTS－1の教官のみによって評価された。海兵隊パイロットたちにとって、MAWTSの課程で修業することは、スーパー・ボウルでプレイするようなものであり、戦争に行くことを除けば、彼らが直面する試練の中で最も困難なものなのであった。

OPEVALの計画を書き上げたのは、MOTTの指揮官である海兵隊中佐キース・スウェーニーと空軍中佐ジェームズ・シャッファーであった。しかしながら、オスプレイが合格をしたかどうかの判定は、国防総省のOT&E（実用試験・評価部）部長である国防次官補のフィリップ・コイルが行うことになっていたため、その計画は、事前にコイルの承認を受けなければならなかった。さらに、海兵隊と空軍のMOTTの指揮系統からも承認を得る必要があった。このように、OPEVALは、非常に大がかりな仕事なのであった。OPEVALが完了し、コイルがオスプレイの合格を決定すれば、国防総省がFRP（全規模生産）を承認するという期待が、海兵隊にもたらされる。その時、海兵隊は、ついに自分自身のドリーム・マシーンを手にするのであった。

チェイニーがオスプレイ計画を中止しようとした時、ベル社は、民間への関心を失ってしまっていた。しかし、スパイビーは、ベル社がその関心を再燃させた場合には、いつでもそれに貢献できるように準備していた。当時、カート・ウェルダンやその他のオスプレイ陣営の者たちは、もし米国が作らなければ、日本など他の国がドリーム・マシーンを作るだろう、と警告していた。しかし、どこの国も作らなかった。そればかりか、米軍がオスプレイを断念するかもしれないことが明らかになると、民間航空会社、医療サービス機関、海上掘削プラットフォームを保有する石油会社などの民間の潜在的顧客たちは、姿を消してしまっていた。１９８９年のパリ航空ショーでベル社のジャック・ホーナー社長が発表した、ブリティッシュ・エアロスペース社、ドイツのドルニエ社、イタリアのアエリタリア社との契約は、何も生み出してはいなかった。その契約は、ヨーロッパにおけるティルトローター・マーケットについて調査を行うものであった。日本で使用する民間用ティルトローターを開発する合弁事業のため、日本の２つの会社がベル社とボーイング社に２億５０００万ドルの「先行投資」を提示していたが、１９９０年に撤回されていた。３番目の日本企業は、民間用ティルトウイング機を製造するため、フォートワースの近くの工業空港に建物を購入し、ベル社のティルトローター技術者を雇ったが、数年後に計画を断念した。ベル社自身も、チェイニーが国防長官であった間はオスプレイを救うことに没頭し、民間マーケット向けの小型ティルトローターを開発する計画を棚上げしてしまっていた。しかし、スパイビーたち２〜３人のベル社の販売担当者たちは、そのアイデアに関して「狂気じみていた」と１９９１年にホーナーからベル社の社長の座を引き継いだウエッブ・ジョイナーは、私に語った。彼らは、そのプロジェクトを立ち上げることを、常にうるさくせがんでいた。オスプレイが危機にさらされている間、ジョイナーは、それを拒絶し続けていた。「我々がやらなければならないことは、Ｖ－22でティルトローターの能力を実証することだ」とジョイナーは言って聞かせたのであった。

1993年にクリントンが大統領に就任すると、ベル社の営業部は、再び民間への売り込みに取りかかった。スパイビーは、進んでそれに協力した。1995年のある日、スパイビーは、カリフォルニア州の海兵隊人材採用担当者から電話をもらった。あるハリウッド映画のプロデューサーが、新しい映画の撮影でティルトローターを使いたがっていた。「ベル社から協力は得られませんか？」そのプロデューサーの構想を聞いたスパイビーは、ジョイナーにXV－15を使ってそのプロジェクトに協力するように促した。その映画のオープニングシーンでは、何十年も前に沈没する船から脱出した年老いた女性が、その船から引き揚げられた遺品を確認するため、ニューファンドランド島の沖合を航行する調査船に飛行機で乗り込む場面が映し出される予定であった。プロデューサーは、その場面にティルトローターがピッタリだと考えていた。ヘリコプターよりもさらに未来的な飛行機を使うことで、その船が沈んでから長い年月が過ぎたことを聴衆に伝えることができるからである。

ベル社がその要求を断った時、スパイビーは大きく落胆した。重役たちは、会社の費用負担が大きすぎると判断したのである。その映画製作会社は、XV－15をカナダのノバスコシア州の沖合で飛ばすことを要望していた。その頃、XV－15の所有権は、まだNASAが持っていた。ベル社は、ティルトローター構想のマーケティングのため、それを使用させてもらっていたが、建前上は、すべてのフライトを試験として行っていた。多湿で、時には極寒の北大西洋でXV－15を飛行させることは、雨や氷に遭遇し、ローター上に張り巡らされているひずみゲージが損傷するリスクがあった。さらに、その映画がこれらの問題や費用に見合うだけの観客を動員できるかどうかは、誰にも分らなかった。

1997年にその映画が封切られると、スパイビーは、ベル社は何というチャンスを逃してしまったのだろうと首を振るしかなかった。その映画は、11個のアカデミー賞を受賞し、ハリウッドの歴史の中で過去最高の興行収入を得た映画の1つとなった。その映画のタイトルは、「タイタニック」であった。

ベル社は、自社のプロモーション映像にXV－15を多く使用した。スパイビーは、それを作るのが楽しみであった。1995年、スパイビーは、ベル社の民間営業部のカウンターパートと一緒に脚本を書いたミニドラマに特別出演した。ベル社は、XV－15を高級ジェット機のようにメタリック・シルバーとブラックに再塗装するのに3万5000ドルを投入した。その撮影は、ダラス市が建設した新しいヘリポートから離陸し、フォートワース近郊のベル社のオフィス・ビルのヘリパッドに着陸して行われた。ブリーフケースを携えたスパイビーたちマーケティング担当者が、その小型ティルトローターに乗り込んだり、降りたりする時に、航空会社のパイロットの制服を着た男が挨拶をするところがビデオに収められた。それは、ティルトローターの運航が、すでに現実のものとなっているかのような印象を与えるものであった。「本当は、あの機体に私たちの乗れるスペースはなかったのです」スパイビーは、数年後に笑いながら私に語った。XV－15のキャビンには、試験器材がぎっしりと詰め込まれ、1人分の座席すらなかった。「でも、ビデオでは、実にうまくごまかしていました」と私に説明した。ベル社は、そのビデオを世界中の展示会で上映した。それは、営業という仕事を称賛しているかのようであった。

オスプレイが見た目には再び軌道に乗り始めると、ベル社は、ティルトローターの民間機としての可能性に人々を注目させようと躍起になった。1995年、ベル社は、1981年以来14年ぶりにXV－15をパリ航空ショーに持ち込んだ。一方、NAVAIRと海兵隊は、数少ないオスプレイ試作機のうちの1機をパリに送り込んだ。オスプレイとXV－15は、アビエーション・ウィーク誌が言うところの「デイリー・パ・ド・ドゥ（毎日繰り広げられる2人組の踊り）を一緒に披露したのである。米国の国防予算が厳しい状況にある中、ベル・ボーイングと海兵隊は、同盟国の軍隊がオスプレイを必要だと考えてくれるかもしれないと期待していた。オスプレイの海外輸出が実現すれば、生産機数が増加し、価格を低減できるはずであった。

スパイビーの古くからのブリーフィング・パートナーであったロバート・マグナスは、この時、准将に昇任していた。スパイビーとマグナスは、再びパリに向かい、フランスの軍隊にオスプレイへの興味を持たせようとした。1981年から1983年にかけて海兵隊航空部署の若き担当士官であったマグナスは、オスプレイ計画をスタートさせる原動力としての役割を果たした男であった。1984年からは、オスプレイとは無関係の部署で勤務していたが、すでにティルトローターに取りつかれてしまっていた。スパイビーと同じように、マグナスも熱狂的信者のままであったのである。1989年から1993年にかけて、国防総省の統合参謀本部に勤務していたマグナスは、チェイニーとの戦いを第3者的な立場から見ていた。その間に、ワシントンのストレイヤー大学で経営管理学の修士号を取得した。その時の卒論のテーマは、「民間ティルトローター市場の可能性に関する評価」であった。マグナスの卒論には、テキサス大学とNASAの研究成果が引用されていた。それらの研究によれば、民間用ティルトローターの製造には、同じ大きさのターボプロップ機よりも平均50パーセント高い費用が必要であり、その運賃は、32パーセント高いものでなければならないと見積もられていた。それでも、マグナスは、商用ティルトローターに明るい未来を感じていた。「2000年には、米国の短距離航空輸送市場の3分の1から3分の2をティルトローターが占める可能性がある」と彼は記した。マグナスは、米国、ヨーロッパおよび日本におけるその市場の規模を1200機から5000機と見積もっていた。

1996年、ベル社とボーイング社は、その潜在的市場の開拓を目指すことを決定した。その年の11月18日、ワシントンの国立航空宇宙博物館で開かれた記者会見で、ベル・ボーイングは、民間用の9名乗りティルトローターを生産する合弁事業を発表した。スパイビーは、ベル社の社長であるジョイナーに、そのようなプロジェクトを立ち上げることを何年にもわたって提案していた。軍用マーケティングを離れて、小型の民間用ティルトローターの販売を担当したいと申し出たほどであった。ジョイナーがそのアイデアを無視したため、軍事マーケティング担当者に留まったが、ワシントンで行われる民間用ティルトローターの発表会には、常に参加していた。汎用性の高いこの航空機を日常的な輸送手段として大衆にもたらすというアイデアは、スパイビーの創造力に火をつけた。オスプレイに引き付けられ、それに夢中になってきたスパイビーであったが、彼にとって本当のドリーム・マシーンは、民間用ティルトローターであった。それに心を揺り動かされた者は、スパイビーだけではなかった。アビエーション・ウィーク誌は、その年の3月18日号で「民間用ティルトローターにとっては、良いタイミングだと思われる」と報じていた。

記者会見に臨んだジョイナーは、「ベル社とボーイング社は、今後20年間で1000機のベル・ボーイング609民間用ティルトローターを、1機あたり約1000万ドルで販売したいと考えています」と述べた。609の価格は、同じ大きさのヘリコプターの約2倍であったが、500マイル（約930キロメートル）を無給油で飛行でき、275ノット（時速約510キロメートル）で巡行できるのであった。それは、ヘリコプターに比べて、航続距離が350マイル（約650キロメートル）増加し、速度が2倍になることを意味する。「沖合に掘削プラットフォームを持つ石油会社、医療やレスキュー任務を行う米国沿岸警備隊などにとって、理想的な航空機となるでしょう」とジョイナーは言った。「オスプレイが成功したならば」彼は付け加えた。「両社は、『次の論理的ステップ』に踏みだし、40〜70人の乗客を乗せられる民間用ティルトローターを設計することになります」50対50のパートナーシップに固有の問題を避けるため、両社は、609プロジェクトおよび両社が設計するその他のティルトローターのうち乗客数19名以下のものについてはベル社が51パーセントを、乗客数20名以上のティルトローターを設計する将来のプロジェクトについてはボーイング社が51パーセントを取ることで合意していた。「609は、1999年に初飛行し、2001年にFAA（連邦航空局）の安全性に関わる承認を得て、2002年には最初の顧客に納入されることになるでしょう」とジョイナーは予言した。

しかしながら、1999年になっても609はまだ飛行できなかった。ボーイング・ヘリコプター社は、そのプロジェクトから離脱した。シアトルにあるボーイング社は、民間用ティルトローターのアイデアに熱心に取り組んでいなかった。ボーイング・ヘリコプター社は、民間用プロジェクトで成功したことがなかったのである。ベル社は、609に関して、イタリアのアグスタSpA社と新しくパートナーを組んだ。この合弁事業のために創設されたベルアグスタ・エアロスペース社は、BA609と名前を変えたその航空機の先行注文を受け始めた。米国だけではなく、オーストラリア、ブラジル、英国、カナダ、ドバイ、ドイツ、日本、ノルウェー、ポーランドおよび韓国の顧客たちが、そのティルトローターを心待ちにしていた。プロゴルファーのグレグ・ノーマンや有名な億万長者の息子であるロス・ペロー・ジュニアなどの自家用機パイロットたちも、609を発注していた。

その夢は、ただ存在していただけではなかった。スパイビーには、それが実現するのが見えていたのである。

＊　＊　＊

２０００年4月8日の夜、アリゾナ州南東のマラーナという町に近い、埃っぽい砂漠地帯の飛行場で、そのドリームは悪夢に変わった。ＭＯＴＴに所蔵する海兵隊と空軍のパイロットや整備員たちは、オスプレイの試験において、最も重要な段階であるＯＰＥＶＡＬ（実用性評価）を5ヵ月前から開始していた。ＯＰＥＶＡＬの結果は、オスプレイがＦＲＰ（全規模生産）を開始できるかどうかを決定づけるものであり、海兵隊司令部の航空部署からも最大限に注目されていた。１９９９年11月3日、海兵隊の航空副司令官であるフレッド・マッコークル中将がパタクセント・リバーを訪問し、その試験の開始を宣言した。その試験の進捗状況は、形式的には、ＭＯＴＴから海軍のＯＰＴＥＶＦＯＲ（実用試験実施機関）と国防総省の試験部長であるフィリップ・コイルに報告されていた。しかしながら、海兵隊航空職種の長であるマッコークルも、その状況に強い関心を持っていた。このため、ＭＯＴＴの海兵隊員たちは、マッコークルにも報告を行っていた。「何をやっていて、何をできないでいるのか、しっかりと報告せよ」マッコークルはパイロットたちに言った。

ＭＯＴＴによるその試験は、そんな状態の中で始まった。ＯＰＥＶＡＬの実施には、6ヵ月を要するはずであった。その試験が終わると、ＭＯＴＴの海兵隊パイロットや整備員たちは、ニュー・リバーの海兵隊航空基地に創設される新しいオスプレイ訓練飛行隊に転属する予定であった。このため、パタクセント・リバーやクワンティコの家を売って、前もって家族をノースカロライナ州に引っ越しさせた者が多かった。彼らは、ＯＰＥＶＡＬが完了するまでは、妻や子供たちにあまり会えなくなることを覚悟していた。時間を無駄にはできなかった。２００１年に海兵隊がオスプレイを装備化するためには、2000年の終わりまでに国防総省によるFRP（全規模生産）の承認を得ることが必要であり、そのためには、OPEVALを予定の期間内で完了させなければならなかった。オスプレイがFRPに入らなければ、オスプレイを装備化しても意味がなかった。法律によれば、主要な軍事装備品は、その10パーセントまでであればLRIPで調達することが可能である。しかし、FRPの承認の遅れは、オスプレイに問題があると知らせるようなものであった。問題のある事業については、資金調達が滞ることが多かった。国防総省や国会議事堂の飢えたライオンたちが国防予算を襲う時には、ケガをしたものは殺されるというジャングルの掟《おきて》が適用されるのである。

11月、パタクセント・リバーでOPEVALを開始したMOTTは、12月、2機のオスプレイを大西洋沖の強襲揚陸艦USSサイパンまで飛行させた。そこで、早くもスケジュールが破綻した。サイパンに到着した数日後、部品が不足し始めたのである。スワッシュプレート・アクチュエーターと呼ばれる、ローター・ブレードのピッチ角を変える油圧装置は、予期した以上の頻度で故障した。新しいブレード折りたたみ・主翼収納機構は、正常に作動しなかった。電子航法システムのバッテリーのような些細な問題により、試験飛行が延期を余儀なくされることもあった。オスプレイで想定上の任務を行うためにその船に送り込まれていた海兵隊の1個中隊は、無駄な時間を過ごしていた。9日後、MOTTはすべての試験を延期し、パタクセント・リバーに戻って、ベル社とボーイング社から必要な部品が供給されるのを待つことにした。1月は、ずっとパタクセント・リバーに留まっていた。

2月に飛行を再開したMOTTは、それから3ヵ月の間で膨大な飛行時間をこなした。4機のLRIPオスプレイを西海岸まで飛行させ、太平洋上のUSSエセックスで艦上試験を行った。キャビンに何も搭載しない状態や、兵員を乗せた状態での飛行を行った。敵艦船への突入を模擬した試験として、艦船上にホバリングし、後方ランプから12名以上の海兵隊員をファストロープで甲板に降下させた。キャビンに24名の完全武装の海兵隊員を搭乗させ、南カリフォルニアの沿岸にあるカタリナ島で強襲上陸を想定した試験を行った。MOTTの200名近い機体整備、電気整備、その他の下士官兵の整備員たちは、慌ただしく働き続けた。どんな航空機でも、一定飛行時間を飛行するごとに格納庫での整備が必要となる。しかし、オスプレイの「可動率」は、期待外れのものであった。何千もの部品で構成された新型機であるオスプレイは、それらの部品が予想外に早く故障したり摩耗したりすることが多かった。それでも、14名のパイロットたちは、3月の初旬にMOTTがアリゾナ州のユマにある海兵隊航空基地に戻るまでのOPEVALで、合計400時間以上の飛行を記録した。試験は順調に進み始めた。

他の軍人パイロットと同じように、MOTTのパイロットも、せっかちで、負けず嫌いで、目的志向が強い「Aタイプ」の性格を持つ者が多かった。全員がまだ30代の若者であったが、中には1991年の湾岸戦争に参加した者もいた。全員が操縦に自信を持っていたが、中には自信過剰な者もいた。パイロットのほとんどは、志願してMOTTに配属されていた。この部隊で勤務したパイロットや整備員は、海兵隊や空軍にオスプレイが装備化されれば、それを操縦したり、整備したりする隊員たちを教育し、指揮する立場になれるからであった。1997年にMOTTに配属されるまでの10数年間、CH－46を操縦してきたマイク・ウェストマン海兵隊少佐は、自分が、軍人パイロットの中のエリート・グループの一員になったと感じていた。ジョン・A・ブロー（コードネーム「ブート」）を除く全員が、海兵隊が巨額を投じて飛行を継続させていたCH－53スーパー・スタリオンやCH－46シー・ナイトで、何百・何千時間の飛行時間を有するパイロットであった。

その部隊の古参パイロットの1人である39歳のブローは、唯一の経験豊富な固定翼機パイロットであった。KC－130空中給油機の操縦士であり、3400時間の飛行経験を有し、MAWTS－1（第1海兵航空兵器訓練飛行隊）の教官操縦士でもあった。オスプレイを操縦するための準備としてヘリコプターの操縦訓練を受けたブローは、3機種のヘリコプターで約60時間を飛行していた。

ほとんどのパイロットたちが一緒に3年以上を過ごし、同じように成長していた。元々はクワンティコに駐屯していたMOTTは、オスプレイの飛行がより頻繁に行われるようになった1998年に、その本部をパタクセント・リバーに移転した。ほとんどのパイロットは、自分たちの家族も引っ越しさせたが、クワンティコに家族を残して、週末になると140キロメートル離れた自宅まで通う者もいた。ジェームズ・B・シェーファー（コードネーム「トリガー」）も、そのうちの1人であった。その名前が良く似ていることから、部外者の中には、MOTTの空軍指揮官であるジェームズ・シャッファーやデザート・ワンでのパイロットでありオスプレイ・プログラム・マネージャーであり、7年前に海兵隊を退役していたジェームズ・シエーファーと間違う者もいた。元々はCH－46の機体整備員であったシェーファーは、パタクセント川とチェサピーク湾の合流点にある水辺の村であるソロモン島に長さ12メートルのボートを停泊させ、平日は、そこで宿泊していた。ニューヨーク生まれの元CH－53パイロットであり、誰とでも友達になれるタイプの男であったマイケル・L・マーフィー（コードネーム「マーフ」）少佐は、シェーファーのボートに同居していた。2つ離れた停泊所に置かれたボートには、平日の夜は、MOTTの指揮官であるスウェーニーが宿泊していた。クワンティコでは、彼らの妻たちは友人であり、彼らの子供たちは一緒に遊んでいた。シェーファーの息子にアイス・ホッケーを教えたのは、マサチューセッツ州出身のブルックス・S・グルーバー少佐であった。元CH－53のパイロットであり、邪悪な笑みを浮かべた人形が主人公のホラー映画であるチャイルド・プレイから取った「チャッキー」というコードネームを持つグルーバーは、誰からも好かれる男であった。いたずらっぽいユーモア感覚の持ち主であるグルーバーは、悪ふざけをすることが多かった。彼は、ロナルド・S・カルプ（コードネーム「カーリー」）のトラッカーというポリネシアン・グリーンの4輪駆動車に「バービー・ジープ」というあだ名をつけた。カルプには、バービー人形で遊ぶ2人の小さな娘がいたからである。ある日、カルプが他のパイロットたちと昼食に車で出かけた時、そのレストランの駐車場に忍び込んだグルーバーやマーフィーたちは、バービー・ジープの前後を車ではさみ、カルプが出られないようにした。グルーバーは、その名前の由来となっている映画と同じような笑い声をあげた。スウェーニー少佐により、MOTTの公の顔に使われようとしていた赤毛のロックは、グルーバーを親友の1人だと考えていた。1997年にロックとグルーバーがMOTTに配属された時、2人は、MOTTで最も若い士官であった。その頃、彼らを結びつけた理由の1つは、MOTTとNAVAIRの開発テスト・パイロットたちが、使用可能な数機のオスプレイを分け合いながら、飛行時間を確保しなければならなかったことであった。ロックとグルーバーは、OPEVALの最中であるにもかかわらず、2000年1月に取得できた休暇の間、パタクセント・リバーの下士官兵用外来兵舎でルームメイトとして過ごし、その友情を深めたのであった。

OPEVALのための転地試験の実施は、部隊の結束を固めた。ユマの海兵隊航空基地に到着したロックは、ランプ（駐機地域）にF－5戦闘機があるのを見つけた。先のとがった機首を持つそのジェット機は、海兵隊パイロットたちに敵の戦術を展示することを任務とする「アグレッサー（仮想敵）飛行隊」が運用していた。その部隊の隊長と知り合いだったMAWTS－1（第1海兵航空兵器訓練飛行隊）の教官操縦士であり、元KC－130パイロットのブローは、ロックにF－5

の飛行を体験させてくれたのである。ロックは、本当にすごいことだと思った。6歳年上のブローは、そのごま塩頭が物語るとおり、古参パイロットの1人であった。地上勤務においては、ブローはMOTTの安全部長であり、安全士官であるロックの直属の上司であった。バディー（お互いに助け合って任務を遂行する2人組）になるには、年や年功序列が離れすぎていたが、ロックは、自分の面倒を良く見てくれるブローに親しみを感じていた。

ジェームズ・シャッファー中佐から見て、MOTTの空軍派遣隊は、軍が異なるがゆえのライバル意識はあるものの、海兵隊員たちと一緒に勤務するのを楽しんでいるようであった。ユマでは、管理上の理由から、空軍と海兵隊の隊員たちは、それぞれ別々のモーテルに宿泊していたが、毎日、その間の道路を渡って、朝食や夕食を一緒に食べていた。MOTTの士官たちと、下士官兵の整備員たちの関係もうまくいっていた。軍の法規では、将校と下士官が「親しく交わる」ことは、規律や指揮系統を乱すものとして禁止されていた。しかし、オスプレイはあまりにも新しいことばかりであった。これまで誰も直面したことのない諸問題を解決するため、パイロットと整備員が額を突き合わせて取り組む必要があった。彼らは、共に成長していた。夕方には、私服に着替えた士官と下士官兵たちが、海兵隊員が滞在していたベスト・ウェスタンというモーテルの中庭にあるグリルで、一緒にハンバーガーを焼くことも珍しくなかった。ふっくらとしたほっぺと、レスラーのような体をしたサウスカロライナ州出身のクルー・チーフであるケリー・キース伍長は、素晴らしい声の持ち主であった。誰かがギターを取り出すと、22歳のキース伍長は、同い年のクルー・チーフであり、フィラデルフィア郊外の出身のマイケル・モフィット軍曹と一緒に歌うこともあった。キースとモフィットは、パタクセント・リバーのカラオケ・バーに一緒に行くことも多かった。キースの歌うフーティー・アンド・ザ・ブロウフィッシュの「レット・ハー・クライ」は、CDで聴くのと変わらない、とモフィットは思った。

パイロットたちにとってOPEVALの一番良い所は、オスプレイを頻繁に操縦できることであった。彼らは、長年にわたってこれを待ち続けてきたのである。LRIPのオスプレイが納入され、OPEVALが開始されるまでは、MOTTでの飛行時間は極めて限定されていた。お腹に肉が付くほど乗り心地が良くなったように感じる、というティルトローターのユニークな特性も、それまでは主にフライト・シミュレーターで経験されてきた。ユマに到着した時、カーリー・カルプ少佐は、かつてないほど順調に事が進み始めた、と思った。ほぼ、すべての任務が完遂されていた。誰もがうまく操縦し、オスプレイのペースをつかみ始めていた。

オスプレイの取扱書はまだ作成中であったため、パイロットたちは、NAVAIRが作成した、高度、速度および操作の限界を示した分厚い書類である「飛行承認プラカード」に従って操縦していた。NAVAIRは、開発テスト・パイロットたちが行った飛行の結果に基づき、飛行エンベロープを作り上げていたが、過密な試験スケジュールであったため、完全なものとはなっていなかった。きちんとした絵ではなくて、点を線でつないだような状態であり、まだ試験が行われていない飛行要領や、まだ誰も試したことはないが戦場では行いたいと思うような操作が多く存在していた。MOTTのパイロットたちは、オスプレイでの経験を積むに従って、それを試し始めるようになっていた。

「飛行承認の範囲内であれば、実験することが奨励されていたのです」とシャッファーは私に言い、一例を示してくれた。シャッファーは、特殊作戦パイロットであった。真っ暗な中で特殊部隊を敵地に投入したり、回収したりというような危険な任務を経験していた。そのため、オスプレイがヘリコプターよりも音を立てずに降着地域に進入できるかどうかを知りたかった。オスプレイのローターは、ヘリコプターと同じように飛ぶ時には、同じくらいの大きさの音を立てる。しかし、飛行機のように飛ぶ時には、敵の直上に達するまで音が聞こえにくかった。オスプレイならば、エアプレーン・モードで隠密に降着地域に進入してからローターをヘリコプター・モードに変換し、急旋回して到着地域に降りられるのではないか、とシャッファーは考えた。MOTTがユマに到着してから数週間後、シャッファーはそれを実際に試してみた。オスプレイのエンジン・ナセルをヘリコプター・モードに変換しながら、スティックを右に倒して、ロールさせようとしたが、機体がすぐには応答しなかった。気になる瞬間が生じた。シャッファーは、オスプレイの飛行制御ソフトウェアに、改修が必要な問題点を発見したのである。

MOTTの海兵隊員たちは、他にもいろいろな操作を試していた。F－5アグレッサー（仮想敵）飛行隊の編隊に向かって上昇し、高速で飛行しながら通常任務を実施している戦闘機のそばで急上昇すると、エアプレーン・モードでフェイントをかけてからチャフとフレアを発射して、ミサイルを欺騙《ぎへん》しながら地面に向かって急降下した者もいた。若いパイロットにとって、これよりも刺激的な飛行はなかった。スウェーニーとシャッファーは、飛行承認の範囲を超える飛行をする者はいないと思っていたが、あの熱意の中では、その範囲のぎりぎりを飛ぶ者が存在していたことも事実であった。積極的な若い男たちにとって、オスプレイを限界まで操縦したいと思うのは自然なことであった。その性能を絞り出し、何ができるかを見極めようとしていたのである。

ユマに向けて出発するまでの間に、MOTTは海兵隊歩兵部隊および空軍特殊作戦部隊をオスプレイの後方キャビンに乗せ、何十通りもの想定上の任務をこなした。オスプレイを戦場と同じように飛行させることを目的とするOPEVALにおいて、兵員輸送は、最も重要な試験課目であった。その試験においては、搭乗した者たちが、どのように感じたかを把握することが必要であった。その機体が実際の任務において有効かどうかを判断するための唯一の方法として、MOTTは、搭乗者たちに対するアンケート調査を行った。その内容は、基本的なものであった。後席に搭乗してどのように感じましたか？　窮屈でしたか？　息苦しくありませんでしたか？　搭乗間、降着後の即応体制が取れていましたか？　OPEVALの最終報告書を書き上げるため、そのアンケートの回答を整理することもMOTTのパイロットたちの仕事の1つであった。

マラーナを目的地とした4月8日の任務も兵員輸送であった。それは、「非戦闘員救出作戦」と呼ばれる、大使館からの民間人救出を模擬した任務であった。ツーソンの北西40キロメートルにあるマラーナ・リージョナル空港を大使館の代わりに使い、海兵隊員たちが被救助者の役割を演じた。MOTTは、以前にも、同じような任務を実施したことがあったが、夜間に実施される今回の任務は、それよりも難しいものになりそうであった。

問題は、他にもあった。マラーナを目的地とするこの任務は、MAWTS－1（第1海兵航空兵器訓練飛行隊）の強襲支援戦術に関する課程教育の一部を兼ねていた。このため、他の海兵飛行隊の26機のヘリコプターやジェット機がオスプレイと一緒に飛行することになった。それらには、大型のCH－46やCH－53、小型のヒューイ輸送機やコブラ戦闘ヘリコプター、高速のF－18ホーネット・ジェット戦闘機、KC－130空中給油機が含まれていた。様々な航空機の搭乗員たちは、実施要領に示された役割を果たしながら万華鏡の中の破片のように集まり、完全な絵柄を作り上げなければならなかった。ただし、それを考慮したとしても、オスプレイにとって実施困難な任務ではなかった。

19時10分頃、MOTTの4機のオスプレイに乗り込んだ8名の海兵隊パイロットたちは、ユマを離陸すると、ローターをエアプレーン・モードに傾け、アリゾナ州の標高においては対地7500

フィート（約２３００メートル）となる海面上９５００フィート（約２９００メートル）まで上昇し、マラーナの方角である東に向けて２個分隊、各分隊２機の編隊で飛行を開始した。時速約３９０キロメートルで巡行し、３４０キロメートルの行程を約50分間で飛行する予定であった。２機のオスプレイで構成される第1分隊には、親しみを込めて「ガンツ（歩兵）」と呼ばれている海兵隊の兵士たちと、下士官のクルー・チーフたちが乗ることになっていた。１番機のオスプレイには、18名のガンツと3名のクルー・チーフが搭乗した。その中の1人にＭＡＷＴＳ－１の教官クルー・チーフであるジェームズ・シャープ1等軍曹がいた。彼は、その機体に搭乗しているＭＯＴＴの２名のクルー・チーフを評価することになっていた。２番機のオスプレイには、15名の兵員と２名のクルー・チーフが乗ることになっていた。第２分隊の２機のオスプレイには、それぞれ２名のクルー・チーフだけが乗り、兵員は乗っていなかった。マラーナに到着したならば、最初の２機のオスプレイが着陸して兵員を卸下している間、他の２機のオスプレイは、南西に5マイル（約9キロメートル）離れた所を高度約１０００フィートで周回することになっていた。オスプレイから降り立った歩兵が空港にいる被救助者役の海兵隊員たちに「避難」できる態勢を取らせている間に、彼らを空輸したオスプレイは離陸し、ホールディング・パターンで飛行している他の２機と合流する。地上から、「被救助者」の準備が完了したという連絡があったならば、マラーナまで何も乗せずに飛んできた2機のオスプレイが着陸し、海兵隊員をピック・アップ（回収）する。その後、４機のオスプレイはユマに戻ることになっていた。

このオスプレイの任務は、一見、ごく日常的なものであった。舗装された滑走路から別の舗装された滑走路まで飛んで行って戻ってくるだけで、土埃が舞い上がる降着地域に着陸するわけでも、暗闇の中で艦船の甲板に着陸するわけでもなかった。これより簡単な夜間任務はなかった。加えて、搭乗員たちは、裸眼では見えない自然の光を増幅する最新型のNVG（暗視眼鏡）を装備していた。NVGは、1980年以降に著しく発達した装置である。ただし、第1世代のNVGは、目への負担が大きく、イランでそれを使用して不運な人質救出作戦を実施したパイロットたちは、空間識失調に悩まされたものであった。新型のゴーグルであるAN／VIS－9は、軽量かつコンパクトで小型の双眼鏡のような形状をしており、投影部が装着者の目から18～22ミリメートル離れるように搭乗員用ヘルメットの前部に装着されていた。この装置により、コックピットの外側の世界は、テレビ・ゲームのような濃緑と白の画像に変換され、暗闇でも見えるようになる。ただし、ゴーグルは、見かけ上、夜を昼に変えてくれるが、通常188度あるパイロットの視野を40度に狭めてしまうため、昼間とは違う飛び方をしなければならないのであった。また、深視力が制限され、距離と速度を判断することが困難になり、どのくらいの距離をどのくらいの速度で飛行しているのかを感覚ではなく計器で判断しなければならない。このため、「コックピット内」に目を向ける時間を長くする必要があった。オスプレイのコックピットには、そのために必要な装備が施されていた。計器の示度は、各パイロット前方のゴーグルを通して確認可能なガラス製のヘッド・アップ・ディスプレイにも投影されるようになっていた。ボタンを押せば、自分のディスプレイにデジタル・マップを表示させることもできた。コックピット内の他のものを見るには、ゴーグルの下側か横側から直接見るようにしなければならなかったが、過去に何回もNVGを使った経験があったMOTTの8名のパイロットたちは、それに慣れていた。その飛行では、経路に沿って設定されたチェックポイントまで、いつものように計器航法を行い、指定した時間に指定した場所の上空を指定した高度で飛行することになっていた。

各チェックポイントは、デジタル・マップ上で容易に判別できるはずであった。マラーナに近づくまでは９５００フィート（約２９００メートル）上空を巡航し、あるチェックポイントまでの間に５０００フィート（約１５００フィート）に降下し、その次のチェックポイントまでに海面上３０００フィート（約９００メートル）、対地１０００フィート（約３００メートル）に降下することになっていた。オスプレイの第２分隊が周回飛行を開始したならば、先頭の分隊は、その次のチェックポイントまでの間に対地５００フィート（約１５０メートル）に降下し、さらに次のチェックポイントまでに３００フィート（約90メートル）に降下する。そして、飛行場まで２マイル（約４キロメートル）の所でその高度のままローターをヘリコプター・モードに変換し、着陸することになっていた。それぞれのチェックポイントを通過するだけで、安全に着陸できるはずであった。飛行というものは、単純であるべきなのである。

しかしながら、その夜のパイロットたちは、他にも多くのことを気にかけなければならなかった。特に、33歳の元CH－53Eヘリコプター・パイロットであり、MOTTでは比較的新参者であったアンソニー・J・ビアンカ（コードネーム「バディー」）少佐は、考えなければならないことが誰よりも多かった。オスプレイ１番機の副操縦士であるビアンカは、他にも２つの役割を担っていたからである。その１つは、４機のオスプレイを指揮する強襲飛行編隊の長であった。ヘリコプターや戦闘機部隊のカウンターパートたちと一緒にこの作戦を計画したビアンカは、すべての訓練参加機がどこにいるのかを常に把握していなければならなかった。もう１つの役割は、MAWTS－1（第1海兵航空兵器訓練飛行隊）兵器・戦技教官という、誰もが欲している指定を受けようとしている学生であった。この飛行の間に、ビアンカが搭乗するオスプレイの機長であり、WTI（兵器・戦技教官）をCH－53Eパイロットとして卒業したジェームズ・M・ライト（コードネーム「レフティ」）から評価を受けることになっていた。ライトは、OPEVALが終了したならば、オスプレイの専門家としてMAWTS－1に配属される予定であった。先頭分隊の「ダッシュ・ツー」（海兵隊は、各分隊の2番機をこう呼ぶ）の副操縦士も、その夜は学生であった。チャッキー・グルーバー少佐は、MAWTS－1でKC－130空中給油機の教官操縦士であった機長のブート・ブロー少佐により、WTI（兵器・戦技教官）に指定されるための評価を受けることになっていた。さらに、8名のパイロットたち全員が、オスプレイがマシーンとしてその夜にどのような性能を発揮したかという評価を記録するように要求されていた。

ビアンカは、ユマのMAWTS－1本部庁舎の教場で、これらのオスプレイのパイロットたちに飛行前ブリーフィングを行った。それが終わると、事故発生時の対応を確認した。彼らの中の先任士官が「現地指揮官」となり、航空機による緊急対応を調整する責任を負うのである。その日の夜は、第2分隊の1番機を操縦するマイク・ウェストマン（コードネーム「ピグミー」）少佐がその任にあたる、とビアンカは指示した。その時、ウェストマンは、友人であり、MOTTで最も最年長であるブローの方を見た。39歳のブローは、それまでの任務において先任士官であることが多かったが、彼がウイング・バッジを得たのは1986年のことであり、ウェストマンよりも2年遅かった。ブローは、ウェストマンに向かって、まるで「今日は、お前だぞ」というように軽く笑みを浮かべた。その笑みは、ウェストマンにとって忘れられないものとなった。

パイロットたちがそれぞれのコックピットに乗り込み、ローターが回り始めると、最初の2機のオスプレイのクルー・チーフたちは、海兵隊の歩兵隊員を搭乗させるため、格納庫に向かって手で合図した。背のうを背負い武器を持った33名の海兵隊員たちは、強烈なダウンウォッシュを避けるため、オスプレイの後方ランプに向かって45度の角度で進入した。「銃口を下向きに保持！」1番機のクルー・チーフの1人であるジュリアス・バンクス2等軍曹は、搭乗する海兵隊員の1人ひとりの耳に向かって叫んだ。1番機には、18名の海兵隊員が搭乗した。通路が彼らの背のうでいっぱいとなり、クルー・チーフがキャビン内を前後に移動できない状態になった。後方ランプのクラムシェル・ドアのすぐわきに位置したバンクスは、上方ドアを開けたままにしておいた。1番機の他の2名のクルー・チーフであるマイケル・モフィット軍曹とMAWTS－1教官クルー・チーフのシャープは、機体の右側面にあるクルー・キャビン・ドアからキャビンの前側に搭乗した。NVG（暗視眼鏡）を装着した3名のクルー・チーフ全員が、ほぼ常時、機体の外を監視して他の航空機の状況を把握し、航空機どうしが近づかないようにパイロットたちを補助することになっていた。

オスプレイが滑走路を数メートル滑走してから空中に浮かび上がり、急上昇を始めた時、すでに太陽は沈もうとしており、夕暮れの空はピンク色に染まっていた。オスプレイのパワーを感じた海兵隊の搭乗者たちは、モフィットに親指を立てて合図した。キャビン内はすぐに暗くなり、ほとんどの歩兵は居眠りを始めた。離陸から15分後、搭乗員全員がNVG（暗視眼鏡）を装着した。空は晴れわたっており、雲は何千フィートも上空にしかなかったが、機体の周辺や下方は真っ暗であった。眼下の不毛の砂漠を照らしているのは、銀色の三日月と時折通る車や小さな町、トレーラー・ハウスが止まっているトレーラー・パークなどの明かりだけであった。

19時50分、2つのオスプレイ分隊は、マラーナに向けて徐々に降下を始めていた。その頃、F－18戦闘機のパイロットから、空港を意味するLZ（降着地域）スワンが「ウインター」であるという無線連絡が入った。「ウインター」とは、「コールド」つまり「敵を確認できない」ということを意味する秘匿略号であった。それは、じ後の飛行に関し、想定上の対空火器部隊などの「敵部隊」からの「攻撃」を考慮する必要がないということを意味した。第1分隊は、いくつかのチェックポイントを定時に通過して、空港に着陸するだけで良いのである。F－18から無線連絡を受けた時には、すでに海面上5000フィート（約1500メートル）、対地高度3000フィート（約900メートル）まで降下していた。次のチェックポイントは、対地高度1000フィート（約300メートル）であり、その次は、500フィート（約150メートル）に降下する予定であった。対地300フィート（約90メートル）になる最終チェックポイントは、飛行場から5マイル（約9キロメートル）手前になるはずであった。「IPダッジ」と命名されたこの「イニシャル・ポイント」は、先頭分隊のオスプレイを着陸させるため、ライトとブローがローターをヘリコプター・モードに傾け始める地点であった。そのタイミングが正しければ、進入は単純に終わるはずであった。

だが、そうはならなかった。

*

*

*

「あいつらは、何をやっているんだ」オスプレイの第2分隊長機の機長であるウェストマンは、ホールディング・パターン（待機経路）に入ろうとしている時、副操縦士のジェームズ・シェーファー少佐に尋ねる。ウェストマンとシェーファーは、その後方を追従しているマーフィーやロックと共に、ユマを出発してからずっと、第1分隊の2マイル（約4キロメートル）後方を飛行している。その時、ウェストマンの分隊は、海面上3000フィート（約900メートル）、対地高度1000フィート（約300メートル）で周回飛行に入ろうとしている。もっと早い時期に同じ高度まで降下すべきであったライトやブローは、同じ距離が離れた状態で、何千フィートも高い高度を維持している。ウェストマンは、これに戸惑いを感じている。ウェストマンや同じ分隊の他のパイロットたちは、ライトとビアンカに、なぜそんなに高い高度のままなのかを聞くこともできる。しかし、何か理由があるのだろうと考え、誰もそれを聞かないでいる。この任務の指揮官は、ライトとビアンカなのだ。

ライトとビアンカは、他のことに気を取られている。飛行中、２台のミッション・コンピューター（任務統制コンピューター）のうちの1台が故障し、彼らの分隊の他のパイロットであるブローやグルーバーとの間で、再起動すべきかどうかを連絡しあっている。再起動を行えば、２台のミッション・コンピューターがデータの同調を行うため、コックピット・ディスプレイ（操縦席表示器）が10秒間程度ブランク状態になる。この間、ライトとビアンカは、「ブラック・コックピット」で飛行しなければならなくなる。速度、高度、燃料、エンジン性能などの主要な計器が表示しなくなり、デジタル・マップも見えなくなるのである。彼らは、着陸してからコンピューターを再起動することに決定する。

その後すぐ、Ｆ－18からLZスワンがコールドであるという無線連絡を受ける。それから1分も経たないうちに、さらなる問題が発生する。ビアンカと後方に搭乗している地上部隊長は、マラーナでオスプレイがどれくらい地上で待機しなければならないかを調整している。その時、ビアンカが暗いコックピットの中で何かを落とす。

「モフィット軍曹、すまないが、俺の椅子の下に落ちた紙を探してくれないか？」ビアンカは、コックピットのすぐ後ろに位置しているクルー・チーフに依頼する。

「了解」モフィットが答える。モフィットがコックピットの方にかがんでその紙を探し始めると、ライトがビアンカに尋ねる。「あー、３０００フィート（約９００メートル）に降下するのはいつだっけ？」

「えーっと、まだ、いや、もう３０００まで降ろさなきゃダメです」ビアンカは言う。「すいません、言うのを忘れていました」

ビアンカがF－18のパイロットと無線で通話したり、地上部隊長とインターコムで話したりしている間に、ライトは、３０００フィート（約９００メートル）のチェックポイントを通り過ぎてしまっていた。こうなってしまったからには、計画よりも速い速度で降下しなければ、着陸のためローターをヘリコプター・モードに変換するIPダッジに高度３００フィート（約90メートル）で進入できない。そうでなければ、彼らは飛行場をオーバーシュートし、「ウェーブ・オフ（着陸復行）」を行って、再進入を行わなければならなくなる。それは、任務のタイミングを狂わせることになる。ライトは、オスプレイを急降下させる。すぐに毎分１８６０フィート（約５７０メートル）で降下し始めた。エアプレーン・モードなので、乗り心地はスムーズである。前触れのない急降下は、後方のオスプレイに乗っているブローとグルーバーを驚かせたようであるが、無線では何も連絡してこない。僚機が行うべき当然の反応として、ブローは、それに追従するためライトよりも速く降下する。間もなくブローのオスプレイ、ダッシュ・ツーは、毎分１９６５フィート（約６００メートル）で降下し始める。

降下開始から12秒後、モフィットはビアンカの落とした紙を、まだ探している。「ありません」軍曹は言う。

「くそ」ビアンカがつぶやく。

「そこに懐中電灯はありませんか？」モフィットが尋ねる。

「ない」ビアンカが答える。太ももの上の地図のあたりを探っていたビアンカは、紙を見つける。

「ちょっと待って。あった」彼は、モフィットに言う。

「よかった」モフィットは言う。

「ありがとう。下まで落ちていなかったんだ」ビアンカは彼に言う。

ビアンカは、マラーナへの進入に注意を戻す。「１９５７《ひときゅーごーなな》（19時57分）にIPダッジを通過したいのですが、もう少しです」ビアンカは、ライトに言う。「問題ないと思います」ビアンカは、グルーバーと無線交信し、共通管制無線周波数でマラーナ飛行場とコンタクトするように促す。

「今やるところだ」グルーバーが返答する。

数秒後、ビアンカは、ライトに注意を促す。「IPの通過予定は、あー、１９５７」ビアンカは言う。「まだ30秒あるのにIPにもう到着していますので、少し速度を落とせます。１７０ノット（時速約３１５キロメートル）。旋回して下さい、あー、減速ポイントの方向に」

17秒後、ビアンカがライトにもう一度話しかける。「減速ポイントの通過予定は……」彼が話し始める。

「どこだって？」ライトが聞き直す。

「なんでもありません」ビアンカは答え、付け加える。「大丈夫ですか？」

「ああ」ライトが答える。

「もう少しです。もう少しです。ヘディング（機首方位）は、ＯＫです。もう少し減速してください」

ライトがオスプレイを急降下させながら飛行場に向けて旋回させている間、ジュリアス・バンクス2等軍曹は、後方ランプのクラムシェル・ドアの上半分を開けて機外を監視している。バンクスは、いつもと変わらない乗り心地だと感じている。もう1人のクルー・チーフであるモフィットにとっても、ユマでF－５ジェット戦闘機を回避した時に経験した低空での急旋回や急降下に比べれば、特に驚くようなものではない。パイロットの後方で風防の外をじっと見ていたモフィットには、パイロットたちが彼らの呼ぶところの「ハイ・アンド・ホット（興奮状態）」になってきているのが分かる。

降下を開始してから1分後、マラーナの滑走路から2マイル（約4キロメートル）手前のIPダッジを通過する。そこは、着陸のためにヘリコプター・モードに変換する予定の場所である。飛行計画では、その時の高度は、300フィート（約90メートル）であるべきであった。しかし、実際には、1900フィート（約580メートル）であり、6倍以上も高い高度を飛行している。ライトは、ローターを上向きに傾け始める。11秒後、2番機のブローも、それに従う。「ダッシュ・ツーは、右側を追従中」クルー・チーフのバンクスが報告する。

ブローは、ライトを追い越さないように操縦している。ブローがローターを上方に向けた時、彼のオスプレイは、「バルーン」状態となり、スキー・ジャンプで踏み切りを行う時のように突き上げられ、1350フィート（約410メートル）まで上昇してしまう。ブローは、さらに高度を下げなければならなくなる。ローターを上方に向けた2機のオスプレイは、対気速度を失ってゆく。プロペラよりもローターに近い状態となったプロップローターは、水平方向には推力を発生せず、上方に揚力を発生する状態となる。オスプレイの翼は、揚力を失い始める。数秒後、ブローのオスプレイは、500フィート（約150メートル）以上降下する。ブローは、地上から820フィート（約250メートル）の高さにおいて、毎分3945フィート（約1200メートル）の降下率で降下し始める。前進速度は、101ノット（時速約187キロメートル）であるが、急速に低下してゆく。2機のオスプレイのクルー・チーフたちは、右側方のキャビン・ドアを開放し、着陸に備えている。

ビアンカは、ライトに地面が見えているかどうかを聞く。

「ああ」ライトは、返事をする。

「OK。サーチライトをONにしますか？」ビアンカが尋ねる。

ライトは、返答しない。

「建物を確認。降着地域を確認。ギア・ダウン」ビアンカは、そう言いながら降着装置を下げる。

「ギア・カミング。速度を落としてください。あー。左側に建物確認、機首右側下方に降着地域を確認」

完全なヘリコプター・モードに変換している2機のオスプレイは、飛行場をオーバーシュートしそうになっている。速度を減らそうと思っても、8ノット（毎秒4メートル）以上の背風により、飛行場の方に押されている。「ちょっと高すぎます。高度400フィート（約120メートル）」ビアンカがライトに警告する。

「もうこれ以上、下げられない」ライトが言う。ライトのオスプレイは、17秒間で速度を60ノットまで落とし、高度を600フィート（約180メートル）下げたが、背風のため、まだ所望の地点に着陸できる高度に達していない。

「OK。ちょうど良い場所に降りられなかったら、必要なだけ前に出しましょう。ウェーブオフ（着陸復行）したっていいんです」ビアンカがライトに言う。「機長がコール（宣言）して下さい」

オスプレイのエンジン・ナセルをほぼ最大の95度まで傾けたライトは、エアブレーキをかけるように推力を前方に向けている。高度は、まだ300フィート（約90メートル）残っている。その後方では、ブローが、対地高度566フィート（約175メートル）で、エンジン・ナセルを90度に向けた完全なヘリコプター・モードの状態で、ライトを追い越さないようにしている。出力を増加して再度バルーン状態にし、オスプレイの急速な降下を一瞬止める。続いて、ブローもローターを最後方まで傾ける。ライトのオスプレイの後方から外を監視していたクルー・チーフのバンクスは、ブローのオスプレイが200フィート（約60メートル）後方で左から右に移動し、ほぼ右横に並ぶまで前に出てくるのを確認する。

「ダッシュ・ツーが前に出すぎています」とビアンカがライトに警告する。

クルー・チーフ教官のシャープがオスプレイの右側面のドアから飛行場の方を見ていたモフィットの肩を叩き、上を指さす。モフィットは、ブローのオスプレイがライトのオスプレイから100フィート（約30メートル）以上高い上空を同じくらいの位置まで前に出ていることを確認する。

「ダッシュ・ツーは、2時の方向上空」モフィットがパイロットに報告する。

「了解」ビアンカが答える。

「元の位置に戻ろうとしている模様」モフィットが付け加える。

2機のオスプレイは、急減速しながら高度を下げている。高度250フィート（約75メートル）で、ライトの前進速度は30ノット（時速約56キロメートル）である。降下率は、毎分1050フィート（約320メートル）からさらに増加している。90フィート（約27メートル）高い所を、ライトよりも速い48ノット（時速約89キロメートル）で飛行しているブローは、ライトの2倍の降下速度である毎分2247フィート（約685メートル）で高度を下げている。

今となっては、ブローに理由を聞くことは誰にもできないが、数秒後、彼はTCL（推力制御レバー）を前方に2・5インチ（約6センチメートル）動かしてパワーを増加し、操縦桿を右に1・5インチ（約4センチメートル）動かし、右ラダー・ペダルを少し踏み込んでオスプレイの機首を右に振る。その時の前進速度は40ノット（時速約74キロメートル）以下で、地面に向かって毎分

２０５０フィート（約６２５メートル）の降下率で降下している。ローターは、最大限に後方まで傾けられたままである。おそらく、ブローは、降下速度を落とし、ライトを追い越さないように機体を元の位置に戻そうとして出力を増加したと思われる。あるいは、ウェーブ・オフ（着陸復行）をしようとしたのかもしれない。ブローも副操縦士のグルーバーも、その時、無線では何も言わない。ブローの意図が何であれ、彼のオスプレイは、強烈な右ロールに入る。ブローは、ＴＣＬを最大出力（フル・パワー）まで押し出し、操縦桿を左に傾け、必死でロールを抑えようとする。彼のオスプレイは、さらに右に急激に傾く。

ライトが操縦するオスプレイの側方ドアからそれを見ていたクルー・チーフのモフィットは、最初、ブローが急激な右旋回を行ったのだと思う。コンマ何秒か後、モフィットは、ＮＶＧ（暗視眼鏡）の下側の隙間から、ブローのオスプレイが機首を上げ、腹を上空に向け、滑走路の脇の砂地に落下してゆくのを見て、呆然《ぼうぜん》となる。それが地面に激突した時、大きなバリバリという音と、ガラスが飛散する音がモフィットに聞こえる。オスプレイが爆発するのが見える。熱波が顔に当たるのを感じる。黒い煙と火のキノコ雲が夜空に立ち上る。モフィットは、その衝撃でキャビン・ドアから吹き飛ばされる。

開放していた後方ランプ・ドアから外を見ていたバンクスは、ＮＶＧ（暗視眼鏡）がブラック・アウトしたことに驚く。光センサーからの信号が、爆発の閃光によって消し去られたのである。ＮＶＧの側方から、オレンジ色の爆発が見える。

ビアンカは、右目の隅にオレンジ色の光を感じる。右の窓から外を見た彼は、最初、そちら側のエンジン・ナセルが火災を起こしたと思う。次に、後方に火の玉を確認する。

「大変だ。落ちた。墜落した」インターコムから聞こえるモフィットの声は、恐怖に満ちている。

「大変だ。左にウェーブ・オフ（着陸復行）」自分の搭乗しているオスプレイが墜落し始めたように錯覚したモフィットが、突然、叫び始める。「パワー！　ウェーブ・オフ！　ウェーブ・オフ！　パワーだ！」モフィットが叫ぶ。

クルー・チーフのバンクスも、モフィットと一緒に叫び始める。「ウェーブ・オフ、ウェーブ・オフ、ウェーブ・オフ」バンクスは繰り返し、その声は次第に大きくなる。

「ウェーブ・オフ」モフィットは再度要求する。

「ウェーブ・オフ、ウェーブ・オフだ、ウェーブ・オフだ」バンクスは、反復する

ビアンカは、うるせえ！　飛んでるわ！　と思いながら、操縦桿を握り直す。ビアンカとライトは、ＴＣＬ（推力制御レバー）を最大出力まで前方に押し出し、オスプレイのエンジン・ナセルを65度まで傾け、速度を増加して着陸復行しようとする。機体は、その操作に反応しない。10ノット（時速約19キロメートル）未満に減速しているオスプレイの翼は、飛行を保つために必要な揚力を発生できない。２秒後、オスプレイは滑走路にタッチダウンし、数十フィートの高さまで空中にバウンドしてから、もう一度着陸する。

航空機が墜落したと感じたバンクスは、座っていた座席から飛び出す。モフィットは、膝を打ち付ける。オスプレイのタイヤが悲鳴を上げるのが聞こえる。

「待て、戻れ、座れ、レフティ！」ビアンカはオスプレイを停止させようとしながら叫ぶ。ビアンカとライトは、ローターに供給されるすべての動力を遮断する。アスファルトの着陸帯を滑ってゆく間、まだ膝をついたままのモフィットは、ドアの外に頭を突き出している。ゴムが焼ける臭いが鼻をつく。モフィットは、前方に排水溝を見つける。

「ぶつかるぞ！」ビアンカは、飛び交う叫び声の中で警告を発する。ビアンカもその排水溝を確認

する。オスプレイの前輪がその１メートルほどの溝で破壊されるに違いないと思う。

「シャット・ダウン！」オスプレイが排水溝に向かってゆく間に、モフィットは、パイロットたちに向かって叫ぶ。

「オフにした。オフにした」ビアンカが応える。

「シャット・ダウン！」モフィットが繰り返す。

「オフにした！」ビアンカは、オスプレイが滑走を続ける中、叫びかえした。

モフィットは、頭を中に引っ込め、背中を機体に当てて床に座り、間違いなく来るであろう衝撃に備える。オスプレイは、排水溝をバウンドしながら横切り、反対側のタクシーウェイ（誘導路）上にキーッという音を立てながら停止する。

「ガンツ（歩兵）を飛行機から降ろせ！」オスプレイが停止したのを確認したビアンカが叫ぶ。「皆を降ろせ」

バンクスは、後方ランプの下方ドアを下げる。黒煙が流れ込んでくる。火災が起こった、とバンクスは思う。バンクスは振り返ると、海兵隊員たちを１人ずつ、椅子から剝ぎ取るようにつかみ出し、ランプ方向に投げ飛ばす。「こんちくしょう。出ろ」「こんちくしょう。出ろ」バンクスは、金切り声を上げる。地上部隊は、オスプレイから脱出を開始する。その中には、想定上の任務の一部として、爆発が計画されていたと思った者もいる。

「皆を降ろせ！」ビアンカは、ガンツが後方ランプから飛び出している間も叫び続ける。

「降ろせ！」機長のライトも加わる。

「皆を降ろせ！」ビアンカは、再び叫び声を上げる。

無線では、上空で旋回中の２機のオスプレイのパイロットたちが、地上での騒ぎを聞いている。

「おい、ピグミー聞いたか？」マイケル・マーフィー少佐がマイク・ウェストマン少佐に聞く。

ビアンカが、無線に出る。「墜落。墜落。墜落。墜落した」ビアンカは、叫ぶ。

「これってアクチュアル（本当）なのか？」上空のどこかで、1人のパイロットが質問する。

「墜落。墜落。墜落。これはアクチュアルだ。地上に飛行機が墜落している」ビアンカが甲高い声で叫び、次にライトに向かって叫んだ。「出ましょう。レフティ。俺たちも出ましょう」

コックピットから飛び出したライトは、オスプレイ後方の滑走路上にいた地上部隊と合流する。飛行場のもう一方の端では、炎が明るく燃え盛っている。そこから流れてきた黒煙により、クルー・チーフのバンクスは、自分のオスプレイが火災を起こしたと勘違いしたのであった。最後の歩兵を安全に避難させた後、後方ランプから出て立ち止まる。炎の方に向かって歩き始めると、後ろから肩に手がかけられたのを感じる。「おい」クルー・チーフ教官のシャープが厳粛に言う。「終わったな」

ライトがコックピットから出た後、ビアンカは、深呼吸をしてから、無線機で冷静に報告する。「こちらナイトホーク・セブン・ワン。地上に無事着陸し、シャット・ダウンした。ダッシュ・ツーは墜落した」オスプレイをシャット・ダウンし、コックピットを出たビアンカは、後方の他の者たちに加わる。

ライトは、バンクスの携帯電話を借りて、ユマに電話をする。ビアンカは、歩兵の中から無線手を捕まえる。「今から俺の無線手として勤務しろ」ビアンカは、彼に言う。海兵隊員に膝をつかせたビアンカは、その隊員が背中に背負っている無線機をセットする。顔に炎の熱が感じられる。現場にはすでに消防車が到着していたが、墜落したオスプレイの酸素ボトル、対ミサイル用フレア、その他の揮発性の機器がクックオフ（昇温発火）し、時々、「ポン」という音を立てて爆発しているため、近づけないでいる。ショック状態で滑走路上に立ち尽くしているクルー・チーフたちは、いったいどうやったらこんなに早く事態が悪化するのだろうと考えている。

ブローの機体が、遅れて降下し始めた時から地面に衝突するまでの時間は、わずか2分26秒であった。

＊　＊　＊

第2分隊の長機の機長であるウェストマンと、その後方のオスプレイで副操縦士を勤めていたロックは、バックミラー越しに爆発を目撃した。ＮＶＧ（暗視眼鏡）を装着した彼らの目には、オレンジ色の光が残像を残した。彼らは、空港から5マイル（約9キロメートル）離れたホールディング・パターン（待機経路）で、２回目の周回を始めたところであった。数秒の間、無線機には、不気味な沈黙状態が続いた。２機のオスプレイに乗り込んでいる4名のパイロットたちは、自分が知ったことが真実であることを最初に認める者とはなりたくなかった。ウェストマンは、もう一度ミラーを見た。マラーナ飛行場からは、オレンジ色と赤色の炎が夜空に立ち上っていた。数秒の間、その光景に魅了された。その後、マーフィーが無線連絡を行った。数秒後、パイロットたちは、墜落事故が発生したとビアンカが叫ぶのを聞いた。

「なんてことだ。ピグミー、お前が現地指揮官だぞ」ウェストマンの副操縦士であるシェーファーは、呆然としているウェストマンに刺激を与えた。「あそこに行かなければ」ウェストマンが無線機で航空管制に指示を与えるのに忙しくしている間に、シェーファーは、操縦桿を取ると、空港に向かって編隊を離れ、１５００フィート（約４５０メートル）で旋回し始めた。

シェーファーには、まだ、信じることができなかった。

5分ほど後になって、ロックは、ウェストマンに無線を送信した。「自分たちは、戻った方がいいんじゃないでしょうか」ロックは、自分自身とマーフィーのことを指して言った。飛行隊内のパイロットは、それぞれが地上における役割を持っている。ウェストマンは、ロックがMOTTの安全担当士官であり、マーフィーが整備担当士官であることを思い出した。「自分たちは、部隊に帰投し、事故調査の準備を開始しなければなりません」ウェストマンは、彼らに行くように指示した。

マーフィーは、急旋回すると、ユマに急いで戻り始めた。帰路の間、彼とロックは、ほとんど話さなかった。爆発の大きさから、生存者はいないことがほぼ確実であった。彼らは、何人もの良き友人たちを失った。

これからは、いやというほど嘆かなければならない。ブローとグルーバーのために、2人が残した妻と小さな子供たちのために、そして一緒に乗っていた17名の海兵隊員たちのためにである。17名の海兵隊員のうち、15名は海兵隊の基幹職種である歩兵であり、そのうちの1名を除く隊員は、カリフォルニア州のキャンプ・ペンドルトンの第5海兵隊第3大隊に所属していた。最年長の者は29歳であり、最年少の者は18歳であった。平均して、彼らは22年しか生きていなかった。後方キャビンには、彼らと一緒に2人のクルー・チーフが搭乗していた。1人は、ブライアン・ネルソン2等軍曹、30歳、バージニア出身で穏やかな性格のすばらしい能力のあるスポーツマンであった。もう1人は、ケリー・キース伍長、22歳、フーティー・アンド・ザ・ブロウフィッシュの「レット・ハー・クライ」を良く歌っていた。MOTTの整備員たちの中には、ネルソンとキースを追悼するため、彼らの名前や誕生日と死亡日が刻まれたドック・タグ（認識票）の入れ墨を前腕部に入れる者もいるだろう。整備員の中には、背中にオスプレイと一緒にキッド・ロックの曲のタイトルの入れ墨を入れている者もいた。整備員たちは、墜落事故の後、その曲を何度も聞くことになる。その曲のタイトルは、「オンリー・ゴッド・ノゥズ・ホワィ（神だけがなぜかを知っている）」であった。

＊　＊　＊

ロックとマーフィーがユマに戻るまでの間、格納庫にいたMOTT指揮官であるスウェーニーとシャッファーは、実施しなければならない多くの処置事項を整理していた。22時、ウェストマンとシェーファーは、ヘリコプターで到着したMAWTS－1（第1海兵航空兵器訓練飛行隊）指揮官にマラーナの航空管制を申し送った後、部隊まで戻った。その後すぐに、ウェストマンの執務室にやってきたスウェーニーが驚いた声で言った。「もうCNN（ケーブル・ニュース・ネットワーク）で流れているぞ」

「CNNに流れているなら、家族に知らせた方がいいですね」ウェストマンは言った。妻や他の親族たちは、何が起こったのかを知るため、お互いに、あるいは誰にでも電話をかけまくっているだろう。電話をもらっていない者たちは、最悪の事態を想定しているかもしれない。妻たちに、直接、事実を伝える必要があった。

スウェーニーは、気が進まなかった。妻たちがいる東海岸は、すでに夜中だった。ウェストマンには、スウェーニーが自暴自棄になっているのが分かった。スウェーニーには、以前にも同じような経験があった。1992年にオスプレイのプロトタイプがクワンティコのポトマック川に墜落した時である。当時、大尉であったスウェーニーは、川から遺体を引き揚げるのを手伝っていた。中佐となった彼は、今、MOTT（多用途実用試験チーム）の指揮官であった。彼の肩幅は広かったが、そこには計り知れないほどの重荷がのしかかっていた。

＊　　＊　　＊

すでに月曜の朝だったロンドンのシスル・ビクトリア・ホテルのベッドでディック・スパイビーを驚かせ、生涯忘れることのできない衝撃を与えたのは、そのCNNのニュースであった。その日、スパイビーは、QTR（クワッド・ティルトローター）に関する航空関係の会議において、ブリーフィングを行う予定であった。その航空機は、彼が販売に全力を傾けている、より巨大なドリーム・マシーンであった。オスプレイが墜落し、19名の海兵隊員が死亡したというニュースは、腹にパンチをくらったように彼を打ちのめし、胃袋を粉々にしてしまいそうであった。海兵隊員たちとその家族の苦悩を感じた。オスプレイの将来に不安を感じた。ベッドに這《は》い戻ってもう一度眠り、この悪夢を自分がティルトローターに抱き続けてきた夢に戻したかった。「何でこんなことになるんだ？」スパイビーは、疑問に思った。1991年にウィルミントンで5号機を墜落させたワイヤーの交差のような不具合であろうか？　1992年にクワンティコで4号機を墜落させた設計上の問題であろうか？　それとも、操縦ミスであろうか？　何か分かるかもしれないと思ったスパイビーは、フォートワースに電話をかけようとした。しかし、テキサスが今何時なのかを思い出した。電話をかけるには早すぎた。今のところ彼にできることは、過去に航空業界で起こってきた悪い出来事を思い出すことだけであった。ほとんどすべての種類のヘリコプターや飛行機は、何度かは何らかの理由で墜落している。「航空の歴史は、血で書かれている」という古いことわざは本当だった。

＊　＊　＊

ロックとマイケル・マーフィーは、ユマに帰投した。MOTTの安全担当士官であるロックが最初に行わなければならないことは、MAWTS－1と一緒に各種の報告書を提出することであった。それが終わると、ロックとマーフィーは、墜落事故用の「事故調査器材」を準備した。マラーナでブローのオスプレイの残骸を調査するためには、タイベックス・スーツ（防護服）、手袋および呼吸用保護具を装着し、複合材料や燃料の燃焼により生じた有毒ガスから身を守る必要があった。ロックとマーフィーは、海兵隊の下士官たちのチームに命令を下達し、MOTTがユマまでの輸送用にレンタルした数台のピックアップ・トラックでマラーナに派遣した。その後、2名のパイロットは、レンタルしたダッジ・ラムという大型ピックアップの荷台に事故調査器材を載せ、マラーナまでの350キロメートルの道のりを走り始めた。州間高速道路8号線に乗ってユマに向かう前に、コンビニエンス・ストアに寄った彼らは、墜落現場にいる海兵隊員たちのために「パワーバー」という栄養機能食品を5箱と水を買った。長い夜になりそうであった。

到着した時には、真夜中を過ぎていた。滑走路の脇にあるオスプレイの残骸は、火は消えていたが、まだくすぶっていた。地元の消防署が現場に到着したのは、墜落の12分後であったが、まだ熱すぎて残骸には近づけなかった。搭乗していた19名の海兵隊員たちのためにしてやれることは、何もなかった。後に調査官が推定したところによると、オスプレイは、重力の25倍の力で地面に激突していた。その衝撃は、搭乗していた若者たちの命を文字どおり打ち砕いていた。

*　*　*

次の朝、スウェーニーの執務室に集まった数人のMOTTのパイロットたちは、航空副司令官のフレッド・マッコークル中将の訓話をスピーカーフォンで聞いた。マッコークルは、「アサシン（暗殺者）」というコードネームを持っていた。海兵隊航空の多くの者たちにとって、3つ星の将軍は鏡であり、強襲支援パイロットたちのあるべき姿を示す生きた象徴であった。1944年にサンフランシスコで生まれ、テネシー州のハリマンにあるスモーキー・マウンテンの町で育ったマッコークルは、1966年にテネシー州大学を卒業した後も、山育ちのゆっくりとした話し方と祖先から受け継いだ特有の文法を失うことがなかった。大学を卒業後、海兵隊に入隊し、2年後にはベトナムに派遣された。痩せているが筋骨たくましい小柄の中尉であった彼は、CH-46ヘリコプターを操縦し、「クレージー・フレッド」というコードネームを与えられるほどに暴れまわった。ベトナムで1500回の戦闘任務をこなし、何回も敵の射撃に遭遇した。2回のディスティングィッシュ・フライング・クロス（殊勲飛行十字章）、4回のリジョン・オブ・メリット（功勲章）、1回のパープル・ハート勲章を含む多くの勲章を授与されていた。ベトナムでの勤務を終了する前に、飛行隊の友人がコードネームを「アサシン」に変更した。

マッコークルは、その後の20年間で海兵隊の正規学校をすべて卒業し、すべての指揮官職を経験した。その中には、MAWTS-1の飛行隊長としての2年間の勤務も含まれていた。階級が上がるにつれて、弟子たち、つまり何らかの理由で彼の目を引いた若い士官たちを選び出し、彼らのことを「息子たち」と呼んでいた。MAWTS-1やニュー・リバーの第29海兵航空群、後にはカリフォルニア州エルトロの第３海兵航空団の指揮官となったマッコークルは、金曜の夜には頻繁に士官クラブに出没し、息子たちと一緒に酒を飲んだものであった。息子たちは、マッコークルの航空機や戦術、戦争の話、庶民的だが皮肉っぽいコメントに耳を傾けた。息子たちは、マッコークルを敬愛していた。息子たちに何か問題が起きた時には、マッコークルが助けに来てくれた。彼らは、マッコークルは、キース・スウェーニーを長い間知らないでいたが、ＯＰＥＶＡＬ（実用性評価）が始まると、将軍はこの中佐を自分の息子の１人として見るようになっていた。今、スウェーニーには、寄りかかる肩が必要であった。

マッコークルは、墜落があった日にも、指導者としてスウェーニーを支えるため、電話をしていた。そして、海兵隊航空の長として、この墜落がオスプレイに及ぼす影響を見積もった。達成すべき目標は、ＯＰＥＶＡＬを完了させ、２０００年の終わりまでにオスプレイをその「マイルストーンⅢ」の評価に合格させて、ＦＲＰ（全規模生産）の開始を決定することであった。１９８０年代、若き少佐であったマッコークルは、海兵隊がＣＨ－46の後継機としてティルトローターを導入することに反対であった。新しいヘリコプターの方が理にかなっている、と思っていたのである。しかしながら、オスプレイの開発が決定すると、良き海兵隊を支持するのと同じようにそれを支持し始めた。そして、階級が上がるに従って、オスプレイの装備化を性急に進めるようになった。海兵隊のＣＨ－46は、故障の発生頻度が高くなってきていた。ほとんど毎年のように海兵隊員がＣＨ－46で死亡していたが、未だにオスプレイの装備化を実現できていなかった。マッコークルの見解によれば、その主な理由は、政治であった。１９９６年、２つ星の将軍になったマッコークルは、フォートワースでＸＶ－15を操縦してからというもの、オスプレイの装備化に向けて、よりせっかちになっていた。彼は、この小型のティルトローター実証機が、非常に安定した飛行をするのに驚いた。その後、オスプレイを操縦した彼は、ティルトローター教に改宗したのであった。それ以来、オスプレイとそれが海兵隊にもたらす潜在能力の熱狂的信者であり続け、その進捗が遅すぎると常に思っていた。できるだけ早くオスプレイを装備化したかった。それは、つまり、FRPに入ることであり、そのためには、OPEVALを完了することが必要であった。

ウェストマンは、戸口に寄りかかりながら、スウェーニーとマッコークルがスピーカーフォンで話し合うのを聞いていた。「キース、大変なことは分かっている。ただちに全機を飛行停止にしなければならない」マッコークルは言った。「事故の原因は我々が明らかにするが、お前たちがやらなければならないことは、飛行準備が完了したことを報告することだ。そうしたら、必ずまた飛べるようにしてやる」

「どこのどいつがオスプレイを飛ばすって言うんだ」ウェストマンは、マッコークルに聞こえるかもしれないくらいの大きな声で口走った。ウェストマンは、そんなことは気にしていなかった。「私は、その時確信していたのです。我々は、飛行を再開して、それまでやってきたことを再開する前に、なぜ飛行機が墜落したのかを知らなければならなかったのです」ウェストマンは私に語った。

* * *

墜落の3日後、マッコークルは、国防総省の記者会見室において、メディアに「最初に約束することは、マラーナで起こったことに関する調査の進展に応じて、定期的に情報を提供するということです」と述べた。海兵隊司令部の広報室には、事故発生から3日間で、千件以上の電話が記者たちから寄せられていた。「今のところは、事故の原因について、いかなる兆候もつかめていません」マッコークルは、言った。「多くのニュースが、我々が操縦ミスであると見ている、と報道しています。そんなことはありません。我々は、事故の原因が何なのか調査中です。それは材料からも知れないし、機械的なものかもしれないし、人為的なもの、あるいはそれに関することであるかもしれません。現時点では、何も情報がないのです」ある記者は、死亡した兵士の両親たちが、海兵隊は自分たちの息子を「息子たちが危険だと言っていた」試験機の「モルモット」に使っていたのではないか、と言っているのを知っているかと質問した。それを聞いたマッコークルは、少し硬直した。マラーナにあったオスプレイは、「全くもって試験機ではありません」とマッコークルは、言った。それは、海兵隊が数年後に通常の飛行隊での運用を予定していた量産機であった。自分自身でそれを操縦したことがある彼のオスプレイに対する自信は揺るがなかった。「私は、この航空機が、私がかつて操縦したものの中で最高のものであると思っています。私にとって、この事故は、MV－22事業に何ら影響を与えるものではありません」マッコークルは言った。パタクセント・リバーで開発テスト・パイロットたちが使用している試作機を含め、すべてのオスプレイが飛行停止になっていたが、マッコークルはすぐに飛行を再開できると確信していた。「FRPの決定は、マイルストーンⅢでなされるし、それが必ず行われることに、私は何の疑問も持っていません」

＊　　＊　　＊

オスプレイが新聞の1面記事になったのは、1992年以来のことであった。その内容は、ひどいものばかりであった。ほとんどの新聞は、事故について現時点で判明していることを簡潔に報道していたが、海兵隊が、風変わりな外見をした実験用航空機の後ろに兵員を乗せることを無理強いした、と述べる記事や論評もあった。マッコークルが記者会見を行った3日後、ニューヨーク・タイムズ紙の社説は、コーエン国防長官に対し、「オスプレイがその支持者たちが主張するほど技術的に妥当であり、軍事的に有効であるかどうかを調査するため、独立した専門委員会を立ち上げる」ことを求めた。他の新聞は、オスプレイに終止符を打つことを求めた。ミルウォーキー・ジャーナル・センチネル紙の社説は、「V－22オスプレイは、自分自身を破壊する出来損ないの航空機である」と断言した。「それは、無駄で悲惨な作品を作りあげる、ねじ曲がった意思決定過程がもたらした結果である」その社説は、オスプレイを「利益誘導型の見込みのない凶暴装備」と批判しつつ、「それがまた人を殺す前に、V－22事業を抹殺するべきである」と締めくくった。

海兵隊やベル・ボーイング、議会のオスプレイ支持者たちは、この危機を正しく処理しなければ、直ちに手に負えなくなる可能性があると考えた。何十億ドルもの支出を、お気に入りの国防プロジェクトや国内向けの事業の方に回したい、と言う者から、ティルトローターは、貪欲な軍需企業が海兵隊に押し付けた、複雑怪奇な気狂いじみたアイデアにすぎない、と考える者まで、多くの者がオスプレイの打ち切りを望んでいた。ここ数年間、比較的静かであったオスプレイのロビー活動においては、早急に守備固めが開始された。カート・ウェルダン下院議員は、独自の記者会見を開いた。ペンシルベニア州出身の下院議員である彼は、10年前にディック・チェイニーがオスプレイ計画を中止しようとした際に、それに立ち向かった議員であった。「今回の事故は、海兵隊の兵士たちおよびその家族にとって悲惨な出来事でした。しかし、前回の事故から7年間は無事故だったのです」ウェルダンは記者たちに語った。「私は、総じて、この計画に自信を持っています」

マッコークルは、最初に記者たちに事故について語ってから9日後、国防総省の記者会見室に再び立った。前回の記者会見の後、マッコークルは、ブローとグルーバーという2人の「息子たち」の葬儀に参加していた。また、ユマを視察して、機体の残骸を調査している技術者たちと話し合い、MOTTを叱咤《しった》激励していた。マッコークルは、MAWTS－1本部庁舎内にあるトード・ホールという講堂で、部隊に訓示を述べた。その講堂の名前は、元海軍長官で17年前に海兵隊をオスプレイの探求に導いたジョン・レーマンにちなんだものであった。「トード（ヒキガエル）」は、海軍予備役ヘリコプター・パイロットであったレーマンのコードネームであった。当時、海軍長官であったレーマンは、MAWTS－1のために、その建物の建設資金を調達したのであった。

トード・ホールのステージに立ったマッコークルは、MOTTのパイロットや整備員たちに、事故後の将来を見据え、事態を収拾し、前に進む必要がある、と語った。そして、ベトナムでCH－46を操縦中に撃墜された自分の経験と、長い年月の間に墜落事故で失った多くの仲間たちについて話した。彼らは危険な職務に従事していたのだ、とマッコークルは言った。これからも飛行機が墜落することがあるだろうし、友人や海兵隊の兄弟たちが命を失うこともあるであろう。部隊を見渡したマッコークルには、数人の顔に生気がなく、落ち込んでいるのが分かった。マッコークルは、彼らをそこから救おうと思った。「もし、諸官たちがこの飛行機に明日搭乗する準備ができていないというならば、この職務に従事することが間違っていることになる」と彼は言った。

この発言は、多くのパイロットと整備員たちを苦しめることになった。彼らは、まだ死亡した友人たちの喪に服していたし、まだ墜落の原因も、友人たちが死んだ理由も解っていなかった。マッコークルは、士気を上げようとしているだけだと分かっている者もいたが、その虚勢は、多くの者の口の中に酸っぱい感覚を残した。「ＯＫ。じゃあ、俺たちは間違った職種にいるっていうことだ」ジュリアス・バンクス2等軍曹は、その訓示が終わった後に、何人かの友人に語った。パイロットであるジョン・T・トレス少佐も、同じように感じた。「よし、俺はこの計画に参加すべきではなかったと思う。なぜなら、俺はあの飛行機に戻って、やるべきことをやる準備ができていないからな」トレスは、MOTTの仲間たちに語った。

マッコークルがユマを去った後、スウェーニーはMOTTの会議を招集した。将軍が言ったことにかかわらず「必要だと思う時間をとれ」スウェーニーは部下たちに言った。「もし、あの飛行機に戻りたくないならば、それは諸官たちの自由だ」

4月20日の国防総省での記者会見で、マッコークルは、前回の記者会見からの数日間で、海兵隊総司令官のジョーンズ将軍が、キャンプ・ペンドルトンでのマラーナで死亡した兵士たちの追悼式に参列し、その後ユマにおいて事故原因究明の手掛かりである残骸を調査している技術者たちとの会同に参加した、と記者たちに述べた。回収されたオスプレイのフライト・データ・レコーダーから取り出されたデータは、フライト・シミュレーターに取り込まれた。事故の原因は、それほど時間がかからずに判明するはずであった。「我々は、まだ整備の状況や器材上の不具合について確認中であり、また人的要因についても検討しているところです」事故原因が特定されたならば、パタクセント・リバーのテスト・パイロットたちはオスプレイ試作機の飛行を再開する、とマッコークルは言った。ジョーンズ大将が安全性について同意したならば、海兵隊が保有するオスプレイについても、当初は兵員を搭乗させない状態で飛行を再開する。ジョーンズ海兵隊総司令官は、兵員を搭乗させる最初の飛行に同乗したいと考えていた。マッコークルも同じことを考えていた。その一方で、MOTTは、再設計されたブレード折りたたみ・主翼収納機構の試験など、地上において実施できるものからOPEVAL試験項目を行うのであった。「大きな遅れがなければ、OPEV

ALは、概ねスケジュールどおりに進められるでしょう」マッコークルは言った。「ご承知のとおり、我々はOPEVALを6月30日までに完了しなければならないのです」

＊　＊　＊

5月9日、国防総省の記者会見室に再び現れたマッコークルは、演壇に立つ時に、知り合いの記者と冗談を交わすほどに上機嫌であった。マッコークル航空担当副参謀長が陽気だったのには、理由があった。CNNが5日前に報道したとおり、事故調査官がオスプレイに何も問題を発見できなかったことを正式に発表していたのである。「ジョーンズ海兵隊総司令官は、我々のMV－22オスプレイが完全な耐空性を有していることを確信しています」マッコークルは言った。翌日には、パタクセント・リバーでのテスト・パイロットたちによる飛行が再開される。MOTTも近いうちに飛行を再開する。OPEVALは期間内に終了し、FRP（全規模生産）の決定は秋に行われるのであった。

マッコークルは、イーゼルに載せられたチャートを使用しながら、事故がどのようにして起こったのかを説明した。その際、パイロットの名前は伏せられた。ライトとビアンカは、3000フィート（約900メートル）のチェックポイントを通り過ぎてしまった。ブローとグルーバーは、急降下する長機に追従することを余儀なくされた。マッコークルが示した3番目のチャートには、その飛行の最後の数秒間におけるブローの速度と高度が示されていた。それは、速度、高度などのデータを記録している耐衝撃メモリー・ユニットから取り出されたデータを再構築したものであった。マッコークルは、次のように説明した。衝突の6秒前、オスプレイは高度350フィート（約

100メートル）、速度41ノット（時速約75キロメートル）で飛行していた。地面に衝突する1秒前には、高度210フィート（約64メートル）、速度30ノット（時速約56キロメートル）であった。「要約すると、墜落した航空機は、高い降下率で、比較的低い前進速度で飛行していたことが、このデータから分かります」マッコークルは言った。「これらは、パワー・セットリングやボルテックス・リング・ステートと呼ばれる状態を引き起こす条件を満たすものです」

ここで、マッコークルは、多くの人々にとっては聞いたことがない新しい用語をオスプレイに関する議論に持ち出した。「ボルテックス・リング・ステート」は、世間一般だけではなく、航空界においても難解な言葉であった。マッコークル自身も、マラーナでの事故に関する報告書を見るまでは、その言葉を聞いたことがなかった。それは、流体力学用語の1つであったが、経験を積んだ航空技術者であっても、それほど頻繁に聞くことのないものであった。ボルテックス・リング・ステートとは、海軍や海兵隊パイロットたちが「パワー・セットリング」、陸軍や空軍パイロットたちが「セットリング・ウイズ・パワー」と呼ぶ事象を発生させるローターの状態を意味した。とどのつまり、ローターが自分自身のダウンウォッシュの中を急速に降下しすぎたために、もはや本来の推力や揚力を発生できない状態を説明するための用語であった。

ローターは、空気を下に押し下げることと、空気を「ローター・ディスク」を通して引き込むことの双方の作用により推力を発生する。「ローター・ディスク」とは、ローター・ブレードが回転することによって描かれる円のことである。そのブレードの先端では、ダウンウォッシュの一部がローター・ディスクの上面に回り込んで、ローター・ディスクを通して再び引き込まれている。ローターが自分自身のダウンウォッシュの中をそれと同じ速度で降下しない限り、この乱れた空気は、ローターの推力発生をわずかに阻害するだけである。しかし、ローターがダウンウォッシュと同じ速度で降下する場合には、ダウンウォッシュのほとんどまたは全部が、ローターよりも速い速度で下側に噴き出して推力を発生するのではなく、ローター・ディスクを通過して再循環してしまう。この時、ダウンウォッシュは、「ボルテックス・リング」というリング状になった煙に見られる空気流パターンにより攪拌《かくはん》された状態となる。ローターが陥っているこの状態を「ボルテックス・リング・ステート」と呼ぶのである。「ボルテックス・リング・ステート」に入ったローターは、もはや必要な推力を発生することができなくなり、航空機はパイロットが意図しているよりも高い速度で降下し始める。

　機体が急激に降下すると、パイロットは、反射的にパワーを増加し、その降下を止めようとする。しかし、ボルテックス・リング・ステートにおいては、パワーを増加することはパイロットの意図と反対に作用する。回転翼機においてパワーを加えることは、ローター・ブレードのピッチを増加することになり、ブレードが空気に当たる角度が増加することになる。ボルテックス・リング・ステートにあるローターのパワーとピッチを増加すると、空気の乱れが増大し、それがローター・ディスクを通して戻る速度も増加する。すると、空気は、推力を発生するために必要な流れを形成するのではなく、ローター・ディスクの中やその周りを無秩序状態で跳ね回り始め、推力の喪失をさらに早めることになる。ヘリコプター・パイロットたちは、そこから抜け出す最善の方法は、パワーを減少させてローター負荷を軽減しつつヘリコプターの機首を下方に傾けて「清浄な空気」の中を飛行することである、と教えられる。そのためには、ローターを前方に傾け、前進速度を増加させなければならない。しかしながら、高度が十分でない場合には、これを行う時間的余裕がない可能性がある。このため、パイロットたちは、低速で急降下を行わないようにして、ボルテックス・リング・ステートから完全に離隔した状態で飛行するように教育されるのである。回転翼機の世界において、ボルテックス・リング・ステートとは、古代の地図製作者が地図上に「ドラゴン生息地（危険地帯）」と書き込んだ地域に相当する。そのルールを学んだヘリコプター・パイロットたちは、その地域に近づかないように飛行することを習慣化する。単に、そこに入り込まないようにするのである。

回転翼機がボルテックス・リング・ステートに陥る降下率と速度の組み合わせは、そのローターの大きさと形状、機体の飛行重量、風の状況など、各種の要因によって異なったものとなる。しかしながら、経験上、ほとんどのヘリコプターにおいて、40ノット（時速約75キロメートル）以下の前進速度で毎分８００フィート（約２４５メートル）以上の速度で降下しないようにすべきであると言われている。オスプレイ計画の開発テスト・パイロットたちは、オスプレイの実際の境界線がどこに存在するのかを確定できていなかった。オスプレイの限界領域を探索するために必要な何百回もの試験飛行は、まだ計画されていなかったのである。当時のオスプレイ・プログラム・マネージャーであり海兵隊大佐であったノーラン・シュミットは、時間と費用を節約するためにそれらの試験を行わないことは、１９９８年の時点ですでに決定されていた、と数年後に私に語っている。その頃、海軍省は、次年度のオスプレイ計画の予算を1億ドル削減しようとしていた、とシュミットは言った。飛行試験を担当しているボーイング社の技術者であったフィリップ・ダンフォードと相談した上で、計画されていたオスプレイの高降下率試験をやめれば約５０００万ドルの経費と膨大な時間を節減できる、と判断していたのである。すでに行われていた数件の試験により、オスプレイは40ノット（時速約75キロメートル）以下の速度であっても毎分１２００フィート（約３６５メートル）で安全に降下できることが確認されていた。このため、ＮＡＶＡＩＲ（海軍航空システム・コマンド）と企業の部長たちは、ヘリコプターの標準的な基準をオスプレイにも適用することを決定したのであった。40ノット（時速約75キロメートル）以下で毎分８００フィート（約２４５メートル）の降下率を超える所には、ドラゴンが潜んでいることを知っているだけで十分なのだ。なぜ試験が必要なのか？「我々の知っているいかなる回転翼機においても、どうしてもその限界を超えなければならないという実際上の必要性はなかったのです」当時のオスプレイ開発テスト・パイロットの１人は、私に語った。ＭＯＴＴによるオスプレイの飛行に関する制限を定めていた飛行承認プラカードには、単純に、ヘリコプターの取扱書と同じ基準が採用された。「40ＫＣＡＳ（時速約75キロメートル）未満で毎分８００フィート（約２４５メートル）以上の降下率を避けること」とそれには書かれていた。「ＫＣＡＳ」とは、「規正対気速度（単位はノット）」を意味する。ＭＯＴＴの飛行承認プラカードには、パイロットがその限界領域を超えた場合に何が起こるかについて、詳しくは述べられていなかった。ただし、その詳細を記載する必要はなかった。その規定には、「警告」と標題がついており、遵守しなければ航空機の損失および死亡事故のリスクがあることが明示されていた。パイロットにとって、取扱書における「警告」とは、ドクロマークに相当するものだからである。

５月９日の記者会見において、マッコークルは、墜落したオスプレイは「飛行エンベロープ内で降下していたのですか？」という質問を受けた。

「パイロットは、毎分１０００フィート（約３０５メートル）以上で降下していました」とマッコークルは言った。しかし、勧告されていた制限は、40ノット（時速約75キロメートル）以下で毎分８００フィート（約２４５メートル）を超えないことであった点には言及しなかった。なぜパイロットが、そんなに急速に降下したのかは、まだ調査中である、とマッコークルは言った。オスプレイの右ローターは、墜落の４秒前、パイロットが操縦桿を右に動かした時にボルテックス・リング・

ステートに入った可能性がある、と彼は付け加えた。「それが原因だと思われます」マッコークルは言った。

「操縦ミスがこの事故の原因と見ていいですか？」ある記者が質問した。

「いいえ、それは正しくありません」マッコークルは言った。「事故調査委員会が報告書を提出するまでは、その件について推測しないで頂きたいと思います。原因が器材上のものではないということについては、十分な情報を持っていると考えています。委員会は、まだ、多くのことを調査しています。パイロットは、なぜその降下率で降下したのか？　なぜその時点で、この位置にいたのか？　現時点で、それが操縦ミスだと判断することは、極めて不適切です」

マッコークルが理解して欲しかったのは、この事故は、オスプレイに特有の欠陥によって発生したのではない、ということであった。パタクセント・リバーの開発テスト・パイロットたちは、オスプレイのボルテックス・リング・ステートの限界領域の境界がどこにあるのかを把握するため、全面的な試験を開始する予定である、とマッコークルは言った。併せて、ＯＰＥＶＡＬも継続されるのであった。「我々は、本当に長い間、この航空機の飛行再開を待ちわびていたのです」マッコークルは言った。

＊　＊　＊

２０００年7月27日、国防総省の記者会見室に再び立ったマッコークルは、マラーナにおける事故の最終調査結果を発表した。今回は、撮影が禁止された。ＣＮＮ国防総省特派員のジェイミー・マッキンタイヤーは、新聞記者にはマッコークルを名指しで記事にすることが許されているのに、テレビ記者がその話の内容を画像で放送できないということには納得できない、と抗議した。しかし、マッコークルは、マッキンタイヤーに、撮影の禁止は「私の権限で決定した事項である」と述べた。そして、調査が終了したという事実以上に、事故について言うべき新しい事実は持ち合わせていない、と言った。「実際、私はこの会見を行うことを望んでいなかったのです」マッコークルは、名前は挙げなかったが、最終結果について何もコメントしないのは海兵隊が何かを隠そうとしているという憶測を呼ぶという者たちがいたので、記者たちとの『円卓会議』を行うことに同意した、と述べた。「どの新聞も、調査が終了したこと以外に一言も書かないならば、私が心を痛めることはないのですが」とマッコークルは言った。

それから、マッコークルは、カメラを許可することに非常に消極的になった理由を説明した。その日の朝、墜落したオスプレイの機長の未亡人と2時間以上話しをした。その前の晩は、副操縦士の未亡人と電話で1時間話した。「個人的には、もう事故に一段落をつけるべき時だと思っています。そのため、この円卓会議を非公開でやりたいのです」マッコークルは言った。

トリッシュ・ブローとコニー・グルーバーは、何週間もの間、夫を失って取り乱す以上に、事故を取り上げるニュースによって苦しめられてきた。そのニュースの多くは、墜落の原因が「操縦ミス」であったことを暗示し、あるいは、明示していた。未亡人たちは、夫が事故の原因だという考えに憤慨した。マッコークルは、事故調査委員会がその調査を終えるまでは、原因を明言することは違法であるとし、操縦ミスという用語を使うことを常に拒否していた。ただし、海兵隊の広報担当士官は、墜落は「人的要因」によるものだという報道発表を記者たちに行っていた。

マッコークルは、ある声明を読み上げることから会見を始めた。その声明は「予期せぬ背風と、パイロットによる降着地域への過大な降下率での進入が事故が発生する環境をもたらした。報告書は、原因を操縦ミスとは特定していない。しかし、今回、不幸に見舞われた航空機のパイロットが飛行安全規則に基づき設定された降下率を明らかに超過していたと指摘している」この声明は、パイロットの名前を伏せつつ、マッコークルが以前の会見で発表したよりもはるかに詳細にわたって、何が問題であったのかを明らかにした。ライトとビアンカが操縦していた長機が、高すぎる高度からマラーナへの降下を開始したこと。ブローとグルーバーが、彼らに追従したこと。パイロットたちの誰もが、危険な速度で降下していることに気づいていなかったと考えられること。ブローが着陸前にオスプレイを右に滑らせようとしたことにより、右側のローターがボルテックス・リング・ステートに入り、それにより機体が操縦不能なロール状態に陥ったことである。

質問が始まった時、マッコークルは、名前は明かさなかったが、ライトとビアンカの「ティルトローター機の機長」としての資格を6ヵ月間停止したことも明らかにした。それぞれのパイロットがその資格を回復するためには、筆記試験と実技試験による再評価を受けなければならない。マッコークルは、本事故に関してパイロットたちを非難するつもりはなかった。長機の機長であったライトは、ウェーブ・オフ（着陸復行）して着陸をやり直すべきであった。少なくとも、副操縦士のビアンカが「少し高い」と言って、着陸するかウェーブ・オフするかはライトのコール（宣言）による、と言った時にはそうすべきであった。「では、それが原因でダッシュ・ツー（2番機）が墜落したのでしょうか？」マッコークルは言った。「そうではありません。ダッシュ・ツーは、『そちらが復行するかどうかにかかわらず、こちらは復行する』と言うことができたのです。事故に至る連鎖には『複数の結節』があったのです」マッコークルは付け加えた。「そして、そのどれもが意図的に断ち切られることがなかったのです」関係した4名のパイロットたちの振る舞いは、プロとして恥ずかしくないものであった。これは、「カウボーイ（無謀な怖いもの知らず）により起こされた」事故ではない。しかし、間違いもあった、と彼は言った。

ある記者が、事故報告書には、オスプレイのＦＲＰ（全規模生産）を妨げるようなことが書かれているのか、と質問した時、マッコークルは顔を明るくした。「その質問を大変うれしく思います」彼は言った。ＭＯＴＴは、すでに5月末からＯＰＥＶＡＬの任務を再スタートし、7月の中旬に終了している。その際には、オスプレイのナセルが80度以上上方にチルトされている場合には、毎分８００フィート（約２４５メートル）以上の降下を禁止するように改訂した飛行承認が用いられた。オスプレイは、すでに「すべての主要な性能パラメータに達するか、それを超えています」マッコークルは言った。「ＦＲＤ（全規模開発）に必要なマイルストーンⅢの通過を10月中に承認できるものと考えています」

第10章　弱り目に祟り目

人生最後の日となる2000年12月11日、夜明け前に目を覚ましたキース・スウェーニーは、妻のキャロルとコーヒーを飲んでから、5時30分に職場へと出発した。MOTT（多用途実用試験チーム）の長であるスウェーニーは、バージニア州スタッフォードにある自宅から、クワンティコ海兵隊基地にある執務室まで、20キロメートルほどの距離を車で毎日通っていた。その基地には、OPEVAL（実用性評価）が終了した7月に、MOTTの本部が移設されていた。しかしながら、その日、真新しい銀色の三菱製スポーツ・クーペ「エクリプス」に乗ったスウェーニーは、南に490キロメートル離れたノースカロライナ・コースト沿いにあるニュー・リバー海兵隊航空基地に向かい、州間高速道路95号を5時間半かけて走った。

スウェーニーがニュー・リバーに向かっていた理由は、そこで1週間、次の転属の準備をするように命ぜられていたからであった。スウェーニーは、数ヵ月後に、MOTTから転出し、ニュー・リバーに創設される海兵隊初のオスプレイ運用飛行隊に指揮官として赴任する予定であった。FRP（全規模生産）は、国防総省からまだ承認されていなかったが、近いうちにそのそれが得られると予想していた海兵隊は、オスプレイの装備化に向けて道筋を付けようとしていた。「それが承認されると確信しているし、そうならないと考える理由も見つからないのです」その数日前、海兵隊総司令官であるジム・ジョーンズ大将は、AP通信に語っていた。その新しい飛行隊の指揮官に、海兵隊で最も経験を積んだオスプレイ・パイロットであるスウェーニーが就任することは、理にかなっていた。ただし、そのためには、技量回復訓練の実施が必要であった。OPEVALをやり遂げたスウェーニーは、過去5ヵ月間にわたり、MOTTの報告書を書くためにほとんどの時間を費やしてきた。10月にペンタゴンのOT&E（実用試験・評価部）部長のフィリップ・コイルに対し、その試験に関するブリーフィングを行った時点では、まだ報告書が完成していなかったのである。MOTTのオスプレイは、すでにニュー・リバーに送り込まれていたため、スウェーニーには、操縦する機会がほとんどなかった。このため、その週は、ニュー・リバーのティルトローター訓練飛行隊が保有しているオスプレイを使って5回の飛行を行い、技量の回復を図る予定になっていた。

コックピットに戻ることを切望していたスウェーニーは、OPEVALを行っているMOTTを率いるというプレッシャーの多い仕事や、マラーナでの事故のトラウマから距離を置けることを楽しみにしていた。MOTTのパイロットや整備員が、アリゾナでの墜落事故のショックから立ち直るためには、本当はもっと時間が必要であった。しかし、彼らの上司たちがそれを与えることはなかった。事故によりスケジュールに遅れが生じてからというもの、FRP（全規模生産）を国防総省に決定させるために必要なOPEVALを完了すべき期限は、これまでなかったほどに厳しいものとなっていた。

MOTTにとって最も困難だった時期は、事故の後、誰もオスプレイを操縦できなかった1ヵ月間であった。まず葬儀、それから事故調査が行われた。6月、MOTTは、カリフォルニア州のモハーベ砂漠にあるチャイナ・レイクで飛行を再開した。そこには、4450平方キロメートルの敷地を有する海軍エア・ウエポン・ステーション（航空兵器廠）があった。マラーナでの事故の原因がボルテックス・リング・ステートであることが明らかになると、ほとんどのパイロットやクルー・チーフたちは飛行することをためらわなかったが、中にはそれを決断できない者もいた。クルー・チーフたちの中には、ジュリアス・バンクス2等軍曹がもう一度飛ぶと言った後になって、やっと搭乗に同意する者もいたのである。マラーナでの事故の際に長機の後方ランプに位置していた36歳のバンクスは、MOTTの列線勤務（フライト・ライン）を担当する下士官であり、若手のクルー・チーフたちの多くから尊敬されていた。

ジョーンズ大将には、海兵隊地上部隊の多くの者たちが、マラーナの事故の後、オスプレイに不安を持っていることが分かっていた。ベトナムで多くの経験を積んだ歩兵士官であるジョーンズは、パイロットではなかった。このため、ガンツ（歩兵）が感じていることを良く理解できたのである。6月17日、ジョーンズは、チャイナ・レイクに向かい、マラーナの事故以来、初めて兵員を輸送するオスプレイに搭乗した。歩兵たちを安心させ、自分がティルトローターをまだ信頼していることを世界に示すためであった。その際には、自分の妻も一緒に搭乗させた。ベル・ヘリコプター社とボーイング社の重役たちも同乗した。「少しでも不安があったならば、ほんの少しでもあれば、今日、こんなことはしなかったでしょう」搭乗後、ジョーンズは記者たちに語った。

ＯＰＥＶＡＬが終了すると、ＭＯＴＴ（多用途実用試験チーム）の規模が縮小された。ＭＯＴＴの空軍派遣隊は、カリフォルニア州のエドワーズ空軍基地に移動し、空軍仕様のオスプレイの試験を引き続き実施した。ベル社とボーイング社は、ＬＲＩＰ（低率初期生産）のオスプレイ7機を追加供給した。夏の間、ＭＯＴＴに残っていた海兵隊パイロット9名の内の6名と数人の整備員たちが、ニュー・リバーのオスプレイ訓練飛行隊であるＶＭＭＴ－２０４（第２０４海兵中型ティルトローター訓練飛行隊）に転属した。２００１年に海兵隊がオスプレイ装備化に必要な機体を保有するためには、より多くの整備員、パイロットおよびクルー・チーフの訓練を行う必要があった。

大統領選挙運動が行われている中、マラーナの事故から数週間にわたってオスプレイを脅かしてきたメディアや国会議事堂での嵐は、オスプレイが燃え尽きたのと同じくらいの早さで消え去った。しかしながら、ティルトローターは本当に安全なのかという疑惑の声は、まだ残っていた。航空技術者たちの中には、ボルテックス・リング・ステートに関し、オスプレイのローターがサイド・バイ・サイドに配置されていることがヘリコプターにはない何らかの弱点をもたらすかのどうか、研究を始める者もいた。その年の暮れ、パタクセント・リバーの開発テスト・パイロットたちは、ボルテックス・リング・ステートに関する試験の計画を作成していた。一方、海兵隊とその支持者たちは、オスプレイの政治的支援を強化するための手順を踏んでいた。カート・ウェルダン下院議員の要請を受けた国防長官ウィリアム・コーエンは、7月31日から8月3日までの間、1機のオスプレイを共和党大会に送り込み、他の軍用装備品と一緒に旧フィラデルフィア海軍工廠で展示した。ウェルダンは、その大会の間、その基地に100人以上の議員たちが訪れるように手配していた。国防総省による政治への介入を記事にした記者も数人いたが、ウェルダンには、これが議員たちにオスプレイに再び興味を持たせるための有効な手立てであることが分かっていた。

その夏のオスプレイに関するニュースには、あまり良いものがなかった。8月、国防総省の監察官事務局は、オスプレイのFRP（全規模生産）準備状況について疑問を呈する報告書を発簡した。その報告書は、海軍省がオスプレイの装備化までに実施される22項目からなる要求性能の確認を一時的に免除し、まだ、準備が整っていない状態であるにもかかわらず、OPEVAL（実用性評価）を開始した、と述べていた。その免除された要求性能の中には、オスプレイの飛行エンベロープの限界に関する事項が含まれていた。このため、OPEVALにおいては、「空戦機動」が禁止されることとなった。また、その報告書は、OPEVALの部内関係者たちが「イリティーズ」と呼ぶ事項についても、多くのページを割いていた。「イリティーズ」とは、リライアビリティ（信頼性）、アベイラビリティ（可用性）、メインテナビリティ（整備性）を指すもので、オスプレイの戦場における可動状態維持の容易性を判断するための基準となるものであった。OPEVAL間のオスプレイの信頼性は、その目標を大きく下回っていた。要求性能の一時的な免除の影響や、1999年12月中旬から2000年2月22日までMOTT（多用途実用試験チーム）に飛行中断をもたらした整備および補給上の問題点を考慮したとしても、試験間のオスプレイの可動率は目標に全く届いていなかった。MOTTが使用したLRIP（低率初期生産）型オスプレイ全4機の日々のMC（任務可能状態）可動率の目標は、平均82パーセントであった。「MC」とは、何らかのシステムに不具合があったとしても、飛行が可能な状態を意味する。OPEVAL間の実際のMC可動率は、57パーセントであった。全4機のオスプレイのFMC（完全任務可能状態）可動率に関する目標は、75パーセントであった。「FMC」とはすべてのシステムが機能している状態を意味する。OPEVAL間の実際のFMC可動率は、わずか11パーセントであった。MOTTの最終報告書には、オスプレイの可動率は、「満足できるものではない」と記載された。

NAVAIR（海軍航空システム・コマンド）のオスプレイ・プログラム・オフィスでさえも、FRP（全規模生産）が承認されてから、航空機が「イリティーズ」に関して最低限の基準を満たすようになるまでには、少なくとも1年以上が必要なことを認めていた。補給用部品の不足やオスプレイのコンピューター化された整備システムのバグなどの諸問題が、OPEVALの完了を拒んでいた。監察官の報告書には、オスプレイが準備できるまでその試験は延期されるべきであった、と述べられていた。「マイルストーンに間に合わせようとする願望が、計画を遅らせて資金調達を失うリスクを冒すよりも、実用試験を速やかに完了させようとする数々の要求をもたらした」とその報告書は結論付けた。

その報告書が公表された頃、運用中の11機すべてのオスプレイは、その1週間前から飛行停止になっていた。ニュー・リバーのＶＭＭＴ－２０４が飛行させていたオスプレイが、キャンプ・ルジューンの近くに予防着陸したためであった。ドライブシャフトのカップリングに緩みが発見されたため、オスプレイ全機がドライブシャフトの検査を受けていた。ただし、この飛行停止がオスプレイの政治的な勢いに影響を及ぼすことはなかった。9月7日、副大統領候補のディック・チェイニーは、リドリー・パークのボーイング・ヘリコプター社から29キロメートル離れたペンシルベニア州のウェーンで遊説を行った。元国防長官の彼は、共和党の大統領候補であったジョージ・Ｗ・ブッシュと一緒に選挙を戦っていた。「オスプレイについて、どう思いますか？」と誰かがチェイニーに質問した。「我々は、現在、この計画に懸命に取り組んでいるところであり、すでに貴重な先行投資を行ってきたところでありますが、もし、我々のニーズと計画の将来を現時点で決定しなければならないのであれば、たぶんこのまま前に進むことでしょう」とチェイニーは答えた。国防総省は、オスプレイの設計、再設計および調達のため、過去18年間で１００億ドルを支出してきた。ＮＡＶＡＩＲの最新の見積によれば、計画されている４５８機すべての調達を完了するためには、さらに２８０億ドルの追加予算が必要であった。

数週間後、ＭＯＴＴの報告書が不本意な内容であったにもかかわらず、海軍のＯＰＴＥＶＦＯＲ（実用試験実施機関）は、オスプレイのＯＰＥＶＡＬ（実用性評価）合格を承認した。これは、新規の軍用主要装備品が具備しなければならない2つの法的基準である「運用に有効」と「運用に適合」の基準を満たしていると認めたことを意味する。海兵隊に必要なことは、国防総省ＯＴ＆Ｅ（実用試験・評価部）部長であるコイルの同意だけとなった。それが得られたならば、オスプレイのＦＲＰ（全規模生産）準備完了の最終決定限を持つ研究・開発・調達担当の海軍次官補が、マイルストーンⅢを承認できる環境が整うのであった。

しかし、コイルは、その報告書の内容に同意しなかった。11月17日、彼は、ＯＰＥＶＡＬに関する自らの報告書を発簡した。オスプレイは「運用に有効」ではあるものの、「運用に不適合」であると判断したのである。「運用に有効」であると認められるためには、当該軍用装備品がその設計上想定された任務を遂行できなければならない。「運用に適合」であるためには、信頼性が高く、最低限の可動率を維持することが容易でなければならない。コイルは、ＯＰＥＶＡＬの間にオスプレイに発生した整備上の問題を踏まえ、「この航空機はまだ信頼性が不十分で、その運用に必要な整備員数が多すぎる」と述べたのである。報告書には書かれていないが、海軍のＯＰＴＥＶＦＯＲがオスプレイが運用に適合していると宣言した理由がコイルには理解できなかった。ＯＰＥＶＡＬの間に、ＭＯＴＴが行ったオスプレイの飛行においては、スワッシュプレート・アクチュエーターの不具合が27回発生した、と報告書には記載されていた。アクチュエーターとは、ローター・ブレードのピッチ角を増やしたり、減らしたりする機械装置である。「油圧系統に関連する不具合は、特に重要である」とコイルは報告書で述べた。設計者たちは、オスプレイの体積と重量を軽減するため、通常のヘリコプターで用いられる３０００ｐｓｉ（ポンド毎平方インチ）（約21メガパスカル）の油圧配管ではなく、より薄くて軽い５０００ｐｓｉ（約34メガパスカル）のチタニウム製の油圧配管を使用することを余儀なくされていた。コイルの報告書によれば、その高い圧力は、「油圧シールに大きなストレスを与え」ていた。ＯＰＥＶＡＬにおいてＭＯＴＴが飛ばした４機のオスプレイには、油圧系統の不具合が１７０回も発生していたのである。

コイルの報告書は、海兵隊にある問題を引き起こした。スウェーニーがニュー・リバーに向かう6日前の12月5日、海軍省は、マイルストーンⅢを承認し、オスプレイをFRPに移行させるかどうかを決定するためのミーティングを開催した。そのミーティングに参加したNAVAIRの当局者たちは、その決定権を有する海軍次官補のH・リー・ブキャナン3世がオスプレイに青信号を与えるものと予想していた。しかし、ブキャナンは、そうしなかった。現状に関するブリーフィングを聞いた後、整備記録を見せられたブキャナンは、オスプレイが準備を完了しているという説明に納得できなかった。彼は、2週間後に再度ブリーフィングを行うように指示した。決定は先送りにされたのである。2001年の海兵隊のオスプレイ装備化に間に合うようにマイルストーンⅢを通過できるかどうかが、にわかに不確実になった。

＊　＊　＊

12月11日にキース・スウェーニーがニュー・リバーで初めて行う飛行に使用する予定だったオスプレイには、整備上の問題が発見され、二度目のスケジュールの遅れを生じさせていた。スウェーニーのスケジュールは、呼ばれていたもう1人のパイロットが病気になったため、すでに一度変更されていた。それは珍しいことではなかったが、その日のもう1つの出来事は、普通のことではなかった。

15時頃、スウェーニーが飛行前ブリーフィングを終えるとすぐに、15歳の娘であるカトリーナが携帯電話に電話をかけてきた。カトリーナが父親の飛行前にそのようなことをしたのは、初めてのことであった。その日、カトリーナは嫌な予感がした。はっきりしないが、何か虫の知らせがあった。前の晩に何か悪い夢を見たわけではなかったが、自分の父親に何か悪いことが起こりそうな気がした。

「おう。どうしたんだ」父親は言った。

「今、学校から帰ったところなの。ちゃんと職場に着いたかなと思って」カトリーナは言った。

「ちゃんと着いたよ」

カトリーナは、父親に自分の悪い予感について伝えたかったたし、今日は飛ばないで、と頼みたかった。しかし、父親の声を聴くと、そうすることができなかった。ちょっと気にかかっただけなの、と彼女は思った。何を言ってよいかわからなかったので、気まずい沈黙の後、1歳のチョコレート・ラブラドール・レトリーバーであるココに、新しい芸を教えたことを父親に伝えた。

「そりゃ、良かった」スウェーニーは言った。カトリーナには、父親が忙しいのが分かっていた。

「お母さんが帰ってきたら、電話をかけてもらおうか？」彼女は聞いた。

「いや」父親は言った。「飛び終わったら電話をするって言ってくれ。愛してるよ。またな」

命がけで仕事をしている者を愛する者は、その仕事をしている者と同じように、虫の知らせを感じることがあるのだ。カトリーナが、父親にそのことを話したとしても、彼は間違いなく飛んだだろう。海兵隊のオスプレイ・パイロットに、そうしない者はいない。オスプレイで271時間の飛行経験があるスウェーニーは、海兵隊のどのパイロットよりもオスプレイでの飛行時間が長かった。しかし、最後に飛んだのは、40日前のことであり、夜間飛行は7月12日以来のことであった。

このため、まずは、昼間の技量回復訓練を行うようにスケジュールされていた。機長には、かつて部下であった元少佐のマイケル・L・マーフィー（コードネーム「マーフ」）が予定されていた。体が大きくて、にこやかなアイルランド系アメリカ人であり、ニューヨーク市の警官の息子である社交的な彼のことを、MOTTの仲間たちは「市長」と呼んでいた。当時、38歳であったマーフィーは、VMMT－204（第204海兵中型ティルトローター訓練飛行隊）の教官操縦士であった。当初の計画では、スウェーニーは、昼間飛行を行った後、自分の席を別の少佐に譲る予定であった。その少佐は、暗くなってから、NVG（暗視眼鏡）を使った狭隘地《きょうあいち》への着陸を行って、マーフィーの指導を受ける予定であった。ところが、その少佐が病気になったため、1月にVMMT－204の部隊長に就任予定のリチャード・ダニバン大佐が、スケジュールに加えられた。シミュレーター以外でオスプレイを操縦したことがなかったダニバンは、操縦したくてうずうずしていた。マーフィーは、ダニバンがスウェーニーの代わりに昼間飛行を行い、スウェーニーが夜間飛行を行うように勧めた。規則によれば、夜間飛行を行うパイロットは、15日間以内に昼間飛行を実施していなければならなかったが、スウェーニーの経験を考慮すれば、その規則を曲げても良いと判断された。ダニバンとマーフィーが着陸した後、スウェーニーは、ダニバンが「温めてくれた座席」に座ることになった。

マーフィーとダニバンの離陸予定時刻は、15時30分であった。しかし、列線に向かい、自分たちの飛行機に乗ろうとした時、ジュリアス・バンクス2等軍曹から、別のオスプレイを使わなければならない、と聞かされた。当初使う予定であった機体の飛行前点検において、主翼にファスナー（リベット）の脱落が発見されたのであった。脱落したファスナーが機内を転げまわると、FOD（異物）による損傷が発生する恐れがあった。バンクスは、その日マーフィーと一緒に飛行する予定のクルー・チーフであるアベリー・ランネルズ2等軍曹とジェイソン・バイク3等軍曹に、その次の飛行に使用する予定であった航空機を確認するように指示した。そのオスプレイは、すでに列線上に駐機されており、訓練飛行を終了して給油を完了したばかりであった。しかし、マーフィーがその機体のエンジンを始動した時、コックピット・ディスプレイ（操縦席表示器）に前輪ステアリング機構の不具合が表示された。マーフィーは、その機体を「非可動」と判断した。その間に、元々使用する予定であったオスプレイが、行方不明だったファスナーに関する検査を終了し、飛行可能状態となった。マーフィーとダニバンは、その機体に乗り込んだ。8番目に製造されたLRIP（低率初期生産）オスプレイである、ほぼ新品のその機体の側面には、「08」の番号が標示されていた。その機体の無線コールサインは、「クロスボウ08」であった。

マーフィーとダニバンが搭乗するクロスボウ08が離陸したのは、16時41分であった。晩秋の短い日照時間のため、ダニバンは、比較的短い時間で昼間の慣熟訓練を終えなければならないはずであった。スウェーニーは、自分の番が来るまでVMMT－204の待機室で待っていた。30分ちょっと経った頃、スウェーニーは、エプロンに着陸したマーフィーとダニバンを出迎えた。オスプレイの右席から這い出たダニバンは、大喜びで後方キャビンに入ってきた。マーフィーは、彼にオスプレイのすべてを体験させていた。滑走路に進入し、滑走離陸を行い、エンジン・ナセルの変換を数回実施してから、飛行場に戻って着陸した。オスプレイを始めて操縦することは、実にスリリングな体験であった。機体に搭乗したスウェーニーが右席に座ろうとした時、ダニバンは、満面の笑みを浮かべていた。ダニバンは、スウェーニーがショルダー・ハーネス（肩ベルト）をまっすぐに整えるのをかがみこんで助け、無線とNVG（暗視眼鏡）のプラグを差し込み、地図とメモを挟んだニー・ボードを渡してから、スウェーニーのヘルメットを軽く叩いて合図した。「じゃ、また後で！」ダニバンは言った。左席のマーフィーは、NVG（暗視眼鏡）を頭上に跳ね上げ、コックピットを夜間飛行用にセットアップしていた。

バンクスと同じく、マラーナでの事故の際、長機のクルー・チーフであったマイケル・モフィット3等軍曹は、ＶＭＭＴ－２０４の格納庫から数百メートル離れた所で、たばこを吸っていた。その時、クルー・チーフのランネルズとバイクが、離陸準備中のクロスボウ08の開いた後方ランプの周辺を走り回っているのが見えた。ランネルズとバイクは、親友同士であった。モフィットは、彼らをＶＭＭＴ－２０４で最高のバディーだと思っていた。25歳のジョージア州出身の若者であったランネルズは、笑いのためなら何でもする、誰からも好かれる男であった。ニューヨーク州のソーダスというオンタリオ湖近くの町の出身で24歳のバイクは、背の高い、恥ずかしがり屋の若者であった。飛行隊の他の者たちは、恥ずかしがり屋に見えるというだけの理由で、バイクをからかったものだった。

クロスボウ08が移動し始めると、ランネルズとバイクは後方ランプに飛び乗り、モフィットの方を見た。モフィットは、彼らに指を立てて合図した。彼らも、同じ合図を返した。その日の午後、モフィットは忙しかった。マラーナでの事故の後、数ヵ月の間は、オスプレイで飛ぶことを断っていたが、ＶＭＭＴ－２０４に転属してからは、搭乗を再開していた。モフィットは、クロスボウ08がこのフライト（飛行）から戻った後、マラーナでの事故の際に長機の副操縦士であったバディー・ビアンカ少佐と一緒にその機体に搭乗する予定であった。ビアンカとモフィットが一緒に飛行するのは、アリゾナでのあの恐ろしい夜以来のことになるはずであった。

＊　＊　＊

17時39分、マーフィーとスウェーニーは、その生涯で最後となる飛行に向けて離陸した。1時間弱後、ローターをエアプレーン・モードにして飛行していた彼らは、飛行場から11マイル（約18キロメートル）離れた所でニュー・リバー航空管制官にコンタクトし、レーダーを用いた着陸進入訓練の許可を要求する。その技法は、進入中にローターを徐々に上方に傾け、着陸の準備を行い、次にローターを前方に再び傾けて、旋回しながら離脱するというものである。スウェーニーが進入訓練を2回繰り返す。マーフィーが操縦して、3回目を行う。19時18分、クロスボウ08のローターを前方に傾けてエアプレーン・モードにしたマーフィーは、160ノット（時速約300キロメートル）まで加速し、高度1400フィート（約430メートル）まで上昇して北に進路を向け、ニュー・リバーのランウェイ（滑走路）19に向かい風で進入する。1分後、高度1600フィート（約490メートル）、速度180ノット（約335キロメートル）において、管制塔は、数回の左旋回を指示し、進入経路に乗るように誘導し始める。管制塔に、今回は着陸する、と連絡する。管制塔がホフマン・フォーレストの南端を通り過ぎる彼らをレーダーで監視しながら、無線で誘導し始めてから4分が経過する。ホフマン・フォーレストは、ニュー・リバーの10キロメートル北のノースカロライナ州ジャクソンビル市の近くから320平方キロメートルの範囲に広がる、松林と沼地で覆われた森である。マーフィーは、わずかに左にバンクし、南西230度の方向に旋回した後、出力を減じる。クロスボウ08のAFCS（自動操縦系統）がナセルを上向きに動かし始めた時、「HYD　1　FAIL（ナンバー1油圧系統故障）」というコーション（注意表示）がコックピット・ディスプレイに表示される。オスプレイの左エンジン・ナセルの中では、5000psi（ポンド毎平方インチ）（約34メガパスカル）の圧力で作動油を流している鉛筆のように細いチタニウム製の油圧配管から、作動油漏れが発生している。2秒後、3系統ある油圧系統のうちの1つである、ナンバー1油圧系統がシャット・ダウンする。

スティービー・ジャーマンとその妻のスーは、ホフマン・フォーレストの南西端に接する2万平方メートルの土地に住んでいた。スーは、午後から夕方にかけて、モジュールハウスのベランダに置かれた大きな2人掛けのソファーに座り、警察と消防の無線をCBラジオで聞きながら編み物をするのが日課であった。そのベランダは、隣人のロバート・スミスがトウモロコシを育てている1万平方メートルの美しい畑に面していた。ジャクソンビルの副消防署長であるスティービー・ジャーマンは、退職を間近に控え、ホフマン・フォーレストで過ごすことが多かった。そこには、友人たちがある製紙会社から借りていた10平方キロメートルの敷地があり、シカ、ウズラ、ハト、野生の七面鳥など、季節に応じた動物や鳥の狩りができた。冷たい霧雨が降っていたその夜、すでに暗くなっている森には誰もいない。スティービーは、いつもの月曜日のとおり、畑の向こう側の隣人の家に男たちだけで集まり、バプテスト教の夕食会を開いている。奇妙な音が聞こえたスーは、編み物を下に置く。それは、羽根の壊れた扇風機が不規則に唸《うな》っているような音だが、その10倍は大きい。その音は、ますます大きくなり、ベランダの窓ガラスをガタガタ言わせ始める。すぐに、モジュールハウス全体が揺れ始める。「墜落しそうな音だわ」スーは声に出して言う。ちょうど1週間前の夜に見た夢を思い出して身震いがする。それは、ロバート・スミスの畑に飛行機が落ちる夢であった。

＊　　＊　　＊

スー・ジャーマンが奇妙な音を聞いた時、キース・スウェーニーとマイケル・マーフィーは、もはやクロスボウ08を操縦しているというよりも、それを空中に浮かべるために格闘しているような状態である。操縦系統が、無茶苦茶になってしまっている。「HYD　I　FAIL」コーションがコックピット内に表示されてから3秒後、ニュー・リバーの管制官は、無線でクロスボウ08に連絡を取ろうとしたが、何の返答もない。その1秒後、ナセルが9度まで上に向けられた時、もう1つのコーションが点灯する。「HYD　1／3　FAIL（ナンバー1および3油圧系統故障）」である。

生存性に関する要求性能を満たす冗長性を確保するため、オスプレイは、3重の油圧系統を装備しており、1つのシステムに障害が発生しても、他の2つで飛行が継続できるようになっている。並列して作動するようになっているナンバー1油圧系統とナンバー2油圧系統は、自動車のショックアブソーバーのような形状をした油圧アクチュエーターに動力を供給する。アクチュエーターは、ローター・ブレードのピッチを増したり、減じたりする機能部品を作動させ、テール・ラダー（方向舵）などの操縦翼面を動かす。ナンバー3油圧系統は、それらとは別の独立した機能を担っている。降着装置、後方ランプ、ブレード折りたたみ・主翼収納機構など、飛行には直接関連しない装置に動力を供給するのである。しかしながら、ナンバー3油圧系統は、ナンバー1およびナンバー2のバックアップも担っており、センサーがどちらかの系統に不具合を検知したならば、それを引き継ぐようになっている。3つの油圧系統は、ほとんどの部分で独立した経路を通っている。ただし、ナンバー1および2をバックアップするため、ナンバー3はどこかでそれらに結合されていなければならない。そのようなポイントの1つは、ナセルの中にあるスワッシュプレートを動かすためのアクチュエーターに接続されている油圧配管の途中にある。スワッシュプレートとは、ローター・ブレードの角度を変えるための機能部品である。クロスボウ08においては、ナンバー1

油圧系統とナンバー3油圧系統が結合する場所から約5センチメートル過ぎた所で作動油漏れが発生している。わずか数秒で、ナンバー1の作動油がすべて失われる。ナンバー3のフェイルセーフ機構が働き、漏れの発生している場所の前で作動油の流れが遮断される。コックピット・ディスプレイに「HYD 1／3 FAIL」が点灯したのは、このためである。この時、左ナセル内部では、ナンバー2油圧系統のみがスワッシュプレート・アクチュエーターに動力を供給している。そして、スワッシュプレートに重大な不具合が生じたことを示すコーションである「CRITICAL SWPL FAULT（スワッシュプレート重大不具合）」が新たに点灯する。この場合、エンジン・ナセルを自動的に傾けるシステムが遮断され、ローターは11度の傾きで停止する。これらすべてのことが、6秒間で起こる。

ニュー・リバーの管制官は、再度無線連絡を試みた。「聞こえるか？」と言う。パイロットは、忙しすぎて返答できない。彼らの航空機は、操縦系統が故障したことを告げたばかりであり、対地高度は1600フィート（約490メートル）しかない。彼らは、生死に関わる判断をしなければならない。直ちに。暗いコックピットの中で。NVG（暗視眼鏡）を装着しているヘルメットの中には、甲高い警報音が鳴り響いている。パイロットの前にある車のダッシュボードのような形をしたグレア・シールドに取り付けられた「PFCS FAIL／RESET（主操縦系統不具合・リセット）」と表記された2センチメートル四方のボタンが赤色に点滅する。「HYD 1／3 FAIL」のコーション（注意表示）が点灯する。スウェーニーとマーフィーは、オスプレイのディスプレイ・スクリーン（表示装置）が、単なるコンピューターの誤作動でコーションやアドバイザリ（勧告表示）を誤表示することが多いことを知っている。「重大」と判断される故障が表示された場合、それが解消されるか、あるいは再表示されるかを確認するため、PFCSをリセットするのが通常のリセット・ボタンを押す。

操作手順である。重大な故障が再表示された場合は、パイロットは努めて速やかに着陸することになっている。最初の油圧系統の不具合が表示されてから８秒後、どちらかのパイロットがＰＦＣＳリセット・ボタンを押す。

結果は、悲惨である。コーションが、また点灯する。さらに悪いことに、ボタンを押すことは、ディスプレイをリセットするだけではない。すべての設定を無視して、ローター・ブレードのピッチをフラットにする。すると、ブレードからほとんどの推力が奪われ、ブレーキを踏んだように航空機の速度が遅くなる。それと同時に、機首上げ姿勢になる。慣性力で前方に投げ出されたマーフィーは、おそらく意図しないままに、操縦桿とＴＣＬ（推力制御レバー）を前方に押してしまう。ローター・ブレードがフラット・ピッチ状態であるため、エンジンはオーバー・スピードする。ローター・スピード信号によって作動するガバナーは、ブレードを元の角度に戻すようにスワッシュプレート・アクチュエーターに信号を送る。しかしながら、左側のエンジン・ナセルでは１つの油圧系統しか作動していない。左側ナセルのスワッシュプレート・アクチュエーターは、一方の腕を背中に縛られた状態でバーベルを持ち上げようとするようなものである。右側ローターのブレードは、左側のブレードよりもはるかに速く、そのピッチを取り戻す。ピッチが大きくなった右側ロータのブレードは、より多くの推力を発生する。すると、オスプレイは、機首を左に振り、機体を左側にロールさせる。マーフィーは、機体を水平に戻し、機首を右に振るように、スティックを操作する。その間、コックピット・ディスプレイには、コーションやアドバイザリが花火のように表示される。大きな、白いブロック体の文字が、スウェーニーとマーフィーに向かって、次から次へと叫ぶように表示されるのである。「Ｌ＆Ｒ　ＴＯＲＱＵＥ　ＳＥＮＳＯＲ　ＦＬＴ（左右トルクセンサー故障）」、「ＬＯＡＤ　ＬＩＭＩＴ　ＦＬＴ（荷重リミッター故障）」、「ＭＵＬＴＩ　ＳＷＰＬ　Ｆ

AULT（多重スワッシュプレート故障）」、「R&L　FADEC　B　TURBIN　OVERSPEED（左右エンジン制御器Bタービン過回転）」このような状況に対応する訓練は、行われていない。どちらかのパイロットが、PFCSリセット・ボタンを再度押す。ローター・ブレードはピッチを減じ、異なる速度で増加する。オスプレイは、減速し、増速し、左に機首を向ける。どちらかのパイロットが、PFCSリセット・ボタンを再度押す。最後の3つの注意がまた表示される。どちらかのパイロットが、PFCSリセット・ボタンを再度押す。ローター・ブレードはピッチを減じ、異なる速度で増加する。オスプレイは、減速し、増速し、左に機首を向ける。クロスボウ08は、パイロットたちを前後左右に徐々に強く、最大で重力の2倍の加速度で揺さぶり続ける。オスプレイが揺さぶられるたびに、高度と速度が減少する。希望的観測のためか、祈るような気持ちのためか、何らかの理由でパイロットはPFCSリセット・ボタンを何回も押す。22秒間に少なくとも9回である。マーフィーは、おそらく前後左右に揺さぶられているためであろう、TCLを0から最大出力（フル・パワー）まで押したり引いたりし、操縦桿を端から端まで急激に動かしてオスプレイをコントロールしようとする。クロスボウ08は、彼とスウェーニーをぬいぐるみ人形のように振り回している。シート・ベルトとショルダー・ハーネスだけが、彼らを座席に保持している。

「聞こえますか？」管制官がもう一度聞く。

「ああ、ちょっと待て」緊張した声でマーフィーは言う。

その時、オスプレイは高度1375フィート（約420メートル）で左に機首を向けていた。マーフィーは、操縦桿を右後方いっぱいに引き、そこで保持する。エンジン・ナセルを0度まで下げる。何の役にも立たない。ニュー・リバーの管制官が「滑走路まで7マイル（約13キロメートル）」と言った時、マーフィーはクロスボウ08の最後の送信を叫ぶ。「緊急事態を宣言する。墜落する！

墜落する！」
最初の不具合の兆候から30秒後、クロスボウ08は、鋭い音を立てながらホフマン・フォーレストの闇の中へと落下し、林のなかに突入してゆく。

＊　＊　＊

スー・ジャーマンに爆発音が聞こえた。ロバート・スミスの畑の反対側で集会に参加していた男たちにもそれが聞こえた。外に出ると、約1キロメート先の林の中から炎が立ち上っているのが見えた。スティービー・ジャーマンは、自宅に向けて走った。自宅に着いた時、スーは、警察無線が墜落の可能性について通話しているのを聞いていた。「可能性じゃないわ」スーは言った。「墜落したのよ。音が聞こえたわ」スティービーたち何人かの男は、スティービーの4輪駆動のピックアップに乗り込み、森へと向かった。炎の見え方からすると墜落現場は近かったが、そこに到達するのは困難を極めた。木がうっそうと茂る沼地の森の中を通る道は1～2本しかなかった。現場に到着するのには、時間がかかりそうであった。

スーは、電力会社に勤めている26歳の一番下の息子のクリスに電話をかけた。その息子は、3キロメートル離れた所に住んでいた。「違うわよ。嘘じゃないわ」彼女は言った。「ハンティング・クラブのあたりに墜落したのよ」クリスは、自分のトラックに飛び乗ると、森に向かって飛ばした。

＊　＊　＊

19時30分頃、その夜のビアンカ少佐との飛行を楽しみにしていたマイケル・モフィット3等軍曹は、ニュー・リバーのエプロンに出て、クロスボウ08が戻ってくるのを待っていた。外で待ち始めてからしばらく経つと、何か奇妙な気持ちに襲われた。モフィットには、ローター音が全く聞こえなかった。こんなに静かなエプロンは、経験したことがなかった。クロスボウ08はいったいどこにいるのだろうと思った。何か分かるかもしれないと思った彼は、VMMT－204（第204海兵中型ティルトローター訓練飛行隊）の格納庫にある指揮所に向かった。モフィットが格納庫の端にある階段を上り切った時、ポール・ロック中佐が廊下を反対方向に走って、その建物の反対側にある階段に向かって行くのが見えた。モフィットが慌てて来た経路を格納庫まで戻ると、ロックが整備事務室に走り込むところであった。ロックの顔は、青ざめていた。モフィットは、彼に続いて中に入った。モフィットが整備事務室に入った時、ロックはクロスボウ08の整備記録を脇に抱えていた。墜落事故が発生した時、飛行隊が最初にすべきことの1つは、その機体の整備記録を保全し、誰もそれを改ざんできないようにすることである。

「何かが起こった」ロックは、早口でモフィットに言った。「飛行機が墜落したみたいだ。別のヘリコプターが炎を見たと言っている」ロックは、走り去った。

ロックは、2階にある自分の事務室から、妻のマリアに電話をかけた。「俺は、大丈夫だ」と彼は言った。「長い夜になりそうなんだ。また後で話す」ロックは、電話を切った。墜落現場に急いで向かおうとしていた。その夜、勤務している士官の中で、事故処理について訓練を受けているのは自分だけであった。ロックには、やるべきことが分かっていた。前にも同じ経験をしていた。マラーナで。

＊　＊　＊

19時35分、電話技師のクリス・ジャーマンは、墜落現場を発見した。炎が見える所までは近づけたが、その現場は、そこから90メートルくらい離れた林の中にあった。ジャーマンは、ホフマン・フォーレストを横断するスワンプ・ロードという轍《わだち》のある泥道で一旦停止し、CB無線機で父親のスティービーを呼んだ。スティービーとその友人たちは、すぐに到着した。その後ろには、CB無線機で事態を聞いた市民たちが運転する5台のトラックが続いていた。次に到着したのは、ジャクソンビル自衛消防団の2人の救急救命士であった。彼らは、泥や下草をかき分けながら、生存者を探すために火に向かって歩いた。数分後、約50キロメートル北東のチェリー・ポイントにある海兵隊航空基地の捜索救難ヘリコプターが上空に到着し、ホバリングし始めた。救急救命士たちを生存者だと思ったヘリコプターの搭乗員は、海軍の衛生兵とレスキュー要員を地上にホイストで降下させた。

キャンプ・ルジューン消防隊、ニュー・リバー航空基地の消防部隊、オンスロー郡保安官、ノースカロライナ州ハイウエイ・パトロールなど、あたり一帯の消防署とレスキュー部隊が行動を開始した。20時頃、ロックは、オンスロー郡緊急対策本部に電話をかけ、民間の救急隊員がオスプレイの残骸に近づく場合には、呼吸用保護具を装着するように警告した。燃焼する複合材料から発生する煙は、毒性を有していた。ロックが現場に到着した時、オスプレイの残骸はまだ燃えていた。21時過ぎに森林管理者のブルドーザーがスワンプ・ロードからクロスボウ08が墜落した場所までの道を構築するまでは、現場に車両で近寄ることができなかった。海兵隊員たちは、生存者を発見できることを期待しながら、林ややぶの中を探し回っていた。タイベックス・スーツ（防護服）や呼吸用保護具を装備している者もいた。ロックも、地元の消防士から呼吸用保護具を借りて、捜索に加わった。まだ希望はある、と彼は思った。マラーナでは、墜落したオスプレイが炎に焼き尽くされてしまっていたが、クロスボウ08はそれほどには燃えていなかった。バラバラになってはいたが、胴体が横たわっている場所から離れた木に尾部が引っかかっているのが見えた。その尾部の大部分は無傷であった。どのくらいの衝撃で墜落したのだろうか？　搭乗員の中には、機体から投げ出され、負傷はしているものの、まだ生きて森の中で横たわっている者がいるかもしれない。真っ暗な煙の中、呼吸用保護具のマスクで視界を遮られながらも、ロックはあきらめたくなかった。ロックは、優秀な海兵隊員であるランネルズとバイクを良く知っていた。スウェーニーは、ＭＯＴＴ（多用途実用試験チーム）におけるロックの指揮官であり指導者であった。マーフィーは、親友であった。マラーナでの、あの恐ろしい夜に一緒に飛行していたマーフィーとロックは、ユマから車を飛ばして現場に戻り、事故現場で何日間も働いたのであった。他のＶＭＭＴ－２０４（第２０４海兵中型ティルトローター訓練飛行隊）のパイロットとその妻たちと一緒に、マリーン・コー・ボール（海兵隊記念日ダンスパーティー）が終わった後、ニュー・リバーからの道沿いにあるアトランティック・ビーチ・シェラトンの1室で2次会を行ったのは、たった1ヵ月と1日前のことであった。ロックが、ビールを飲んだ後にいつもやるように、ヘビメタの曲をかけて、エア・ギターを弾き始めた時、マーフィーと他の者たちは気が狂ったように笑った。ロックは、何とか友人たちを探し出したかった。彼らが生きていることを確認したかった。

数時間後、それがもうあり得ないことが明らかになった。

＊　　＊　　＊

翌日の朝11時頃、フレッド・マッコークル中将が国防総省の記者会見室に現れた。その前夜に、事故の発生と誰がパイロットであったかを電話で聞かされた彼は、精神的にショックを受けていた。マッコークルは、スウェーニーとマーフィーのどちらのことも自分の息子だと思っていた、特にマーフィーのことは、若き少尉であった頃から知っていた。マーフィーが国防総省に用事があったおりに、マッコークルの執務室を尋ねて来てくれたのは、たった2週間前のことであった。マーフィーとその妻のトリシアには、マイケル・ジュニアという12歳の息子と、グレースという7歳の娘がいた。マッコークルは、死亡した4名の海兵隊員全員の家族に対して哀悼の意を表明した後、事故原因が特定されるまでオスプレイ全機の飛行を停止すると発表した。FRP（全規模生産）に関する決定も保留する、と彼は付け加えた。「私は、今朝、海兵隊総司令官と話した後、海軍次官補のブキャナン博士と会い、追加情報が得られるまでマイルストーンⅢに関する承認を延期するように要請しました」とマッコークルは言った。

マッコークルが墜落についてその時点におけるいくつかの基本的な情報を提供した後、ある記者が重要な質問をした。「将軍、この事故は、オスプレイ計画にとって痛手となりますか？」

マッコークルには、それを認める準備ができていなかった。国防総省のある主席文官が、17年間交通事故を起こしていなかったが、その後、立て続けに2つの事故を起こしたことをその日の朝に話してくれた、とマッコークルは言った。言い換えると、事故は連続して起こるものなのだ。「この事故の原因は、まだ分かりません」マッコークルは明言した。「それが何なのか、どうやって改善するのかを探求する予定です」調査は、まだ、ほとんど始まっていなかったが、マッコークルはその原因が、ボルテックス・リング・ステートや操縦ミスではなく、何か機械的なものである、と確信を持っているようであった。「私が後ろに座って、海兵隊の中の誰かと一緒に飛ぶならば、私はスウェーニー中佐と一緒に飛びたいと思っていました」マッコークルは言った。

質問は、海兵隊が長きにわたって望んできたＦＲＰ（全規模生産）の決定を得ることができるのか、ということに移った。マッコークルは、その決定を受けることを誰よりも強く推し進めていた。その時、彼は、無関心を装った。「元々、今年の初めの時点では、マイルストーンⅢの通過には、２００1年の3月か4月までかかると考えていたのです」と彼は言った。「ですので、まだ時間はありません」

ある記者は、オスプレイが「運用に不適合」であるという国防総省試験部長フィリップ・コイルの見解と併せて考えると、マラーナでの事故からわずか8ヵ月後に起きたこの墜落は、「致命的」なのではないか、と質問した。

「私は、これが致命的だとは思いません」マッコークルは言った。コイルが述べているのは、4機の初期型の量産機で行った試験についてのことです。その頃は、部品の取得などが難しかったのです。問題だったのは、信頼性と整備性です。この航空機の安全性を疑問視した者はいません」

別の記者は、マイルストーンⅢの通過が長期にわたって遅れた場合、海兵隊はどうするのかを知りたがった。海兵隊は、ＣＨ－46ヘリコプターにさらに多くの予算を費やさなければならないのか？ マッコークルは、そのアイデアを検討していることを否定した。「私たちは、まだマイルストーンⅢの通過を承認しようとしているのであって、それは、その後の話しです」彼は言った。

「ただ、海兵隊が任務を行うための予算を他の航空機に投入することはないと思います」

「だから、それができなければ、」ある記者が言い始めた。

マッコークルが口を挟んだ。「それなしで行うという計画はありません」彼は言った。

＊　　＊　　＊

マッコークルが記者会見で見せた自信とは裏腹に、彼と海兵隊司令部の誰もが、もはや問題はマイルストーンⅢをいつ通過できるかではなく、そこに到達できるかどうかになろうとしていることが分かっていた。海兵隊総司令官であり、ティルトローターの熱狂的信者であるジョーンズ大将までもが、8ヵ月の間に2回の事故が発生したことは、何か本質的な技術的問題があるのではないかと疑い始めていた。しかし、たとえそうであろうとも、オスプレイに致命的な欠陥がないことを世界に示さなければならないことが分かっていた。政治の世界、特に米国政府においては、認識したことが現実なのである。もし、オスプレイは安全ではないと認識されたならば、議会での支持が損なわれ、最悪の場合には崩壊する可能性もあった。また、ジョーンズには、海兵隊が迅速に行動しなければならないことも分かっていた。数週間前に行われた大統領選挙の後、議会の政治的陣容には、変化が生じていた。コーエンがメイン州選出の共和党上院議員であった時、ジョーンズは、議会担当連絡士官として国会議事堂で5年間勤務していたのである。彼らは、それ以来20年間、友人であり続けた。1997年、国防長官になったコーエンは、先任軍事補佐官にジョーンズを指名した。2年後、コーエンは、ビル・クリントン大統領に働きかけ、ジョーンズを海兵隊総司令官に仕立て上げた。ジョーンズは、自分とコーエンが、オスプレイについては目と目で語り合える関係であることが分かっていた。両者とも、ティルトローターは軍と民間航空に革命をもたらす可能性があることを長きにわたって信じ続けてきた。しかし、この2～3週間の間に、大統領はジョージ・W・ブッシュになり、副大統領はかつてオスプレイの宿敵であったディック・チェイニーに代わるのである。ニュー・リバーでの事故の翌日の12月12日に下された最高裁の判決により、フロリダ州の選挙人の票をめぐる紛争が最終的に解決し、ブッシュとチェイニーの勝利が確定していた。間もなく新しい文官の指導者たちが国防総省を引き継ぎ、新しい議員たちが国会議事堂に現れるであろう。彼らがオスプレイについて知っていることは、新聞で読んだり、テレビで見たりしたことだけなのである。オスプレイに関して、どのような認識を持っているか分からなかった。それ以上に問題なのは、チェイニーが、政権に復帰するということである。選挙運動期間中、チェイニーは、今度はオスプレイに関し「おそらく前に進むだろう」と述べていたが、それはニュー・リバーでの事故よりも前のことであった。

事故の後、24時間もしないうちにコーエンに電話したジョーンズ司令官は、専門家たちの委員会を立ち上げ、オスプレイに関する判断を委ねるように依頼した。その委員会は、「ブルーリボン委員会（政府任命の学識経験者による会議）」と呼ばれるものであった。コーエンは、すぐに同意した。その委員会は、米国政府が厄介な問題に対処するための、昔ながらの方法であった。そのアイデアをジョーンズに示唆したのは、国防副長官のルディ・デレオンであった。デレオンは、スミソニアン国立航空宇宙博物館長のジョン・デイリーにその委員長を務めてくれるように依頼すべきだ、と言った。このような仕事にその博物館の館長を指名した前例がある、と指摘した。１９９６年、クリントン政権は、デイリーの前任者であったドナルド・エンゲンを大統領専用機の航空事故発生状況を調査する委員会の長に据えたことがあった。ジョーンズは、すぐにデレオンのアイデアに同意した。元海兵隊の大将であったデイリーは、海兵隊副司令官として、ディック・チェイニーによるオスプレイ計画打ち切りを阻止した経験があった。

委員会にオスプレイを調査させたい、ということをジョーンズ司令官から聞いたマッコークルは、最初、心配になった。まず、だれが委員会に入るのかが分からなかった。それによっては、結論が全く違ったものになることが分かっていた。オスプレイにマイルストーンⅢを通過させることは、１９９８年に海兵隊航空を引き継いで以来の目標の1つであった。元々は、オスプレイ懐疑論者であったマッコークルであったが、ここ数年の間にティルトローター信仰者の1人となり、それが海兵隊にとってのドリーム・マシーンであることを誰よりも確信していた。マッコークルは、自分の在任中にオスプレイの装備化を始めたかった。委員会がその検討を行うためには、数ヵ月を必要とするであろうし、何が決定されるかは誰にも分からなかった。マッコークルは、次の夏に引退する予定であった。そして、マイルストーンⅢは、当初の予定よりもはるかに遅れてしまっていた。

次の日、マッコークルにもう1つの心配事が起こり、彼とジョーンズを立腹させた。ＣＢＳテレビ「シックスティー・ミニッツ」のスター事件記者であるマイク・ウォレスがキース・スウェーニーの家に電話をかけ、未亡人であるキャロルから話を聞こうとしたのである。電話に出たキースの友人は、キャロルを電話に出すのを断ったが、ウォレスは執拗《しつよう》に頼み続けた。報道番組の「シックスティー・ミニッツ」がオスプレイについて取材しているのです、と説明した。キャロルは話したがっているかもしれない、と思っていた。その友人は、このような時に電話することは非常識である、と言って電話を切った。

次の日、ウォレスは、キャロル・スウェーニーに手書きの謝罪文を送った。「昨日お電話をかけたことで不快な思いをさせてしまったとしたら、大変申し訳ありませんでした。考えなおしてみると、あなた様とその御友人にご迷惑をお掛けしたことがよく分かりました」１９６２年にハイキング中の事故で自分の息子が死亡した経験を持つウォレスは、さらに続けた。「確かに、息子を失った時、同じように不快な思いをしました。あなた様に対しても、もっと慎重になるべきでした。あなた様のご主人は、海兵隊の同僚たちから高く評価されていたし、今もされています。そのことが記者としての本能を呼び覚ましてしまったのかもしれません。真心を込めて、マイク・ウォレス」

マッコークルは、ウォレスに手紙を送りつけ、その「略奪的戦術」を非難した。海兵隊総司令官のジョーンズ大将も、同じような手紙をCBSニュースの社長に送った。まだ、航空機の残骸からスウェーニーの遺体が回収されていない時点で、その未亡人に電話をするなど、「常識外れも甚だしい」とジョーンズは書いた。ジョーンズの手紙のコピーは、ワシントン・ポスト紙の記者であるハワード・カーツの元にも届いた。カーツは、1月3日付の新聞に「海兵隊がマイク・ウォレスを『無神経』と非難」という見出しの記事を書いた。

将軍たちは、ウォレスがその電話をしたことに激怒しただけではない。ウォレスがオスプレイに関する報道に取り組んでいることが暴露することを恐れたのだ。「シックスティー・ミニッツ」の中で、出演レポーターのうちの1人が行う解説は、肯定的なものになる可能性もあるし、オスプレイを支持するものになる可能性もあるのだ、とその記事は述べていた。しかし、ウォレスが、何かを支持することはめったになかった。暴露話のような調査報告をするのが普通であった。そして、新聞や他のテレビ局も、それと似た内容の記事や番組を報道し、ウォレスの調査結果に沿った社会通念を作り上げるのが常であった。

海兵隊上層部は、メディアへの対応に高い優先順位を置いていた。「メディア報道が世論を形成する」ということや、「議員たちが注意を払うものがあれば、それが世論になる」ということを、長きにわたって理解してきた。海兵隊が今まで世論の中で高い地位を維持してきた要因の1つは、好意的なメディア報道であり、そこでの高い地位は、海兵隊が議会で強力な支援を受けてきた理由の1つであった。そして、その支援は、海兵隊の解散、縮小や陸軍への編入が議論になり始めるたびに、海兵隊を救ってきたのであった。オスプレイに関して既得権益を有する多くの議員たちは、たとえ何があろうともその計画を守ってくれる、頼りになる存在であった。しかしながら、世論がそれに反対すれば、すべては白紙に戻る。海兵隊、ベル・ボーイングそして国会議事堂のオスプレイ支持者たちは、大きな問題を抱えていることをすでに理解していた。「シックスティー・ミニッツ」がオスプレイに関するテーマを準備していることは、その問題がさらに悪化しようとしている兆候であった。

それがどれくらい悪いものになるか、見当がつかなかった。

＊　＊　＊

ニュー・リバーのＶＭＭＴ－２０４（第２０４海兵中型ティルトローター訓練飛行隊）の下士官兵整備員たちは、最後の事故が起こる前から、「シックスティー・ミニッツ」のプロデューサーであるポール・ギャラガーから手紙、電話や電子メールを受け取っていた。10月中旬、マイク・ウォレスに代わってオスプレイの解説を準備し始めたギャラガーは、ＶＭＭＴ－２０４の隊員たちの自宅の住所や電話番号が記載された名簿を入手していた。電話をもらった者の中には援助を申し出る者もいたし、そのことを上司に報告する者もいた。飛行隊の指導者たちは、「シックスティー・ミニッツ」への協力に関して、下士官兵の整備員たちに注意を喚起した。話をすることは誰にも止められないが、制服でテレビに出演した場合は問題となる、と彼らは教育された。

飛行隊に所属する22歳の列線整備員であるクリフォード・カールソン伍長は、自分自身が「シックスティー・ミニッツ」から手紙を受け取ったことはなかった。しかし、その番組が、オスプレイをテーマとして取り上げようとしていると聞いた時、興味をそそられた。MOTT（多用途実用試験チーム）の一員であったカールソンは、OPEVAL（実用性評価）の間のオスプレイの整備データの扱いに不満を持っていた。ベル社やボーイング社に部品を請求している間に生じた整備の遅延は、オスプレイの試験結果から除外され、オスプレイ装備化への準備には無関係のものとして扱われた、とカールソンは私に語った。オスプレイに関しては、まだ通常の補給系統が整備されていないので、そのような問題をOPEVALの試験結果に反映させる必要はない、というのがその理由であった。カールソンは、それは間違っていると思った。そして、VMMT－204に配属になった後も、同じようなことが行われていると認識していた。

飛行隊は、指揮系統を通じて「可動率」を向上させるように強い圧力を受けていた。可動率とは、毎日何機のオスプレイが飛行可能かを示す補給整備に関する指標である。11月に国防総省の試験部長であるコイルのOPEVAL（実用性評価）に関する報告書により、オスプレイは信頼性が低いため「運用に不適合」であるとされてからというもの、海兵隊航空部署は、整備記録が急送に改善していることを示したいと思うようになった。海軍次官補のH・リー・ブキャナンがマイルストーンⅢを承認し、オスプレイのFRP（全規模生産）の開始を決定する際に、それを証明できることが必要であった。コイルが報告書を発簡した4日後の11月21日、マッコークルの参謀の1人であるジェームス・アモス准将は、この件に関する電子メールをマッコークルに送った。整備性および信頼性に関し、より良い数値を示すことは難しくなりつつある、とアモスは警告した。その電子メールには、VMM－204から送られてくる数値が「問題」であると書かれていた。その理由として、その飛行隊が、新型のコンピューター化された整備報告システムを用いている3つの海兵隊部隊の1つであることを挙げていた。

その新しいシステムにおいては、航空機が機械的不具合により「非可動」となった場合の扱いが、古いシステムよりも厳しかった。旧式のシステムにおいては、あらゆる飛行隊が自分たちの可動率を向上させるため、何年にもわたってそのデータを操作してきたことを海兵隊航空部隊の誰もが知っていた。航空機が整備または修理のため「非可動」であっても、「可動」として記録する方法があったのである。例えば、「非可動」状態の航空機は、整備に必要な部品が入手できたならば、その航空機が実際に再び飛行できる状態になるまで待たなくとも、直ちに「可動」状態に変更することができた。しかし、新型のシステムは、特定の航空機に関し、どのような作業と部品が必要かという正確なデータがコンピューターに入力されない限り、ごまかすことができないのである。コンピューターは、これらの入力に基づいて、自動的に航空機の状態を決定するようになっていた。しかし、その決定は、整備員や整備担当士官にとって、意味のないものになる場合も多かった。新型のシステムを用いているVMMT－204の「MC（任務可能状態）」や「FMC（完全任務可能状態）」に関する数値は、来る日も来る日もひどいものになっていた。

「これは、大変な問題である」アモスはマッコークルに書いた。新型の報告システムの下では、「ごまかしが利かない」とアモスは指摘した。VMMT－204の11月のMC（任務可能状態）は、平均26・7パーセントで、公表されているオスプレイの目標値である75パーセントをはるかに下回っていた。「FMC（完全任務可能状態）」は、わずか7・9パーセントであった。「12月にマイルストーンⅢとFRP（全規模生産）の決定を促進するため、来月、海軍次官補のブキャナン博士と会う際に最新の数値を使用したいと思っても、この数値では何の役にも立たない」とアモスは述べていた。

海兵隊司令部のＶＭＭＴ－２０４の可動率に対する要求は、下の階級に伝わるに従って、絶対的なものとなっていった。ノースカロライナ州の第2海兵航空団司令官であるデニス・クルップ少将は、ニュー・リバーの隷下部隊とベル・ボーイングの部長たちに、ＶＭＭＴ－２０４の低可動率に関する苦情を書き連ねた電子メールを何ヵ月にもわたって発信し続けていた。アモスがマッコークルに宛てた1月21日の電子メールを見たクルップは、部下のジェームズ・シレイニングに「ワシントンでのＦＲＰ決定に関し重要な事項であるので、10月および11月について、前向きに評価できるかどうか」を確認するように電子メールで指示した。２時間後、シレイニングはオーディン・リーバーマン中佐（コードネーム「フレッド」）に、クルップが「オスプレイの可動率を「前向きに評価できるかどうか」を検討するように要求している、という電子メールを送った。シレイニングは、マッコークルが「ＦＲＰ決定に関し、支援を必要としている」と説明した。

ＦＲＰ（全規模生産）の決定は、ワシントンにおける高度に政治的な問題であった。しかし、ＶＭＭ－２０４においては、伍長以下の兵士たちでさえも、オスプレイがマイルストーンⅢを通過できるように可動率を上げることの重要性について話し合うようになっていた。「ＦＲＰを開始できるように計画を推し進めることに関し、上級司令部からの圧力を明らかに感じていました」と当時ＶＭＭＴ－２０４の先任下士官であったジュリアス・バンクス元2等軍曹は、私に語った。「その時点では、誰もがその航空機に多くの不備があることが分かっていたと思います。しかし、私たちは、まずは航空機をＦＲＰに移行させて議会に承認させるのであって、この航空機を改善するのはその後のことであると考えていました」

12月11日の事故の後、オスプレイ全機が飛行停止になった。しかしながら、搭乗員たちは、ＶＭ

ＭＴ－２０４が保有している航空機を機械的に良好な状態に保つため、エンジンを始動し、地上滑走を行っていた。飛行隊のオスプレイには、依然として整備や修理が必要であり、高い可動率に対する圧力もなくなることがなかった。列線整備員のクリフォード・カールソン伍長は、事故が発生する前よりも、つらい気持ちになっていた。事故で亡くなったアベリー・ランネルズ2等軍曹とジェイソン・バイク3等軍曹の2人のクルー・チーフとは、友人であった。ランネルズの葬儀に参加するため休暇中であったカールソンは、ＶＭＭ－２０４の友人の1人から「副整備担当士官のクリストファー・ラムジー大尉が何人かの整備員を呼んで、オスプレイの可動率が良く見えるようにする必要がある、と言った」と電話で告げられた。ラムジーは、後にこれを否定しているが、カールソンの友人は、ラムジーが整備員たちに、新型システムを使用する際に「もっと賢く」なる必要があると指導した、とも言った。何か意見を求められたので、1つの提案をした、とカールソンの友人は言った。もし、ある航空機が金曜日に「スコーク（必要な整備）」が発生し、非可動状態になったならば、その情報を報告システムに入力するのを月曜日まで待つようにすれば良い。どのみち、週末の間は、整備作業を行わない。航空機が2日間余分にリストアップされていれば、可動率はかなり良く見える。そのミーティングに参加した者たちは、また、「整備が必要で非可動状態にある航空機を、可動状態としてコンピューターに記録する際には、報告フォームの備考欄に実際は非可動であることを表す「Ｄ」の記号を追加することを決めた。「士官たちは、整備員に対し、ＦＲＰ（全規模生産）が認められるまでの間、航空機が飛行不能の状態でも、飛行可能と記録せよ、と言ったのです」バンクスは私に語った。「ひどいものでした」

ラムジーの会議の内容を聞いたカールソンは激怒した。オスプレイが飛行していない現状においては、不正確な整備報告をしたからといって事故が発生することはない。しかし、カールソンには、士官たちが整備員たちに数字をごまかすことを奨励しているように思えた。不正がばれた時、誰が責任を取るんだ？　ＯＰＥＶＡＬの間にマイクロカセット・テープ・レコーダーを購入したカールソンは、整備データに関するミーティングをこっそり録音していた。それは、誰かからデータの改ざんを指摘された時に、自分自身を守るためであった。ランネルズの葬式から戻ったカールソンは、そのテープ・レコーダーを再び使い始めた。

数日後、年末年始休暇の前の金曜日であった12月29日、ＶＭＭＴ－２０４の指揮官であるリーバーマン中佐は、整備員たちをミーティングに招集した。カールソンは、ポケットにテープ・レコーダーを滑り込ませたフライト・ジャケットを着てミーティングに臨んだ。リーバーマンが話し始めると、カールソンは録音を始めた。

「飛行隊は、可動率を向上する必要がある。そのためには、新型の報告システムが問題だ、とリーバーマンは言った。旧型のシステムでは、「データを少々操作する」ことが可能であったが、新型のシステムは「嘘をつくことができない。問題は、我々はそのシステムを使用しなければならず、かつ、嘘をつかなければならないということだ。我々が嘘をつかなければならない理由、データを操作しなければならない理由と呼びたければそれでもいいが、それはマイルストーンⅢの通過が承認されるまで、そしてそれによりＦＲＰ（全規模生産）の決定がもたらされるまで、オスプレイ計画が非常に危うい状態にあるからである」

それからの12日間、ＶＭＭＴ－２０４は、上級司令部に毎日、オスプレイの可動率は１００パーセントである、と報告した。

カールソンは、リーバーマンのミーティングの録音のコピーを５つ作った。そのうちの２つは、ランネルズとバイクの未亡人たちのために取っておいた。他の３つのテープは、自分がＶＭＭＴ－

204の整備員であるという説明を加えた匿名の手紙と一緒に茶封筒に入れた。「私たちがやっていることは、非可動状態の飛べない航空機をFMC（完全任務可能状態）であると報告することです」とカールソンは述べた。「この種の改ざんは、2年以上にわたって行われてきましたが、安全に影響を及ぼすようになったのは初めてのことです。試験期間中の整備記録は正確でした。試験報告を記載する者が、気に入らないデータを除外するだけだったのです。しかし、今では、数字を良く見せるため、整備員たちが整備記録に嘘をつくように指導されています。今年起きた2件の事故の原因は、これではありません。しかし、この状態が続けば、もっと多くの事故が起きるでしょう」カールソンは、12月29日から1月2日までのVMM－204の航空機日々状態報告のコピーと飛行隊の整備統制部がオスプレイ各機の実際の状態を記載したホワイトボードの写真を同封した。

日々状態報告では、すべてのオスプレイが可動状態であることになっている、と彼は述べた。「しかし、写真は別の状態を示しています。赤で書かれた航空機は、非可動状態であり、その航空機が飛行できないことを意味しています。これが我々の行っている整備業務の実態です。非可動状態の航空機を報告せず、ボードに記載しているだけなのです。これは違法なことです」カールソンは1つ目の封筒をNAVAIR（海軍航空システム・コマンド）に、もう1つを海軍長官に送った。そして、3つ目の封筒を「シックスティー・ミニッツ」に送ったのであった。

＊　　＊　　＊

キャロル・スウェーニーに接触しようとしたCBSレポーターのマイク・ウォレスは、マラーナで死亡した副操縦士のブルックス・グルーバー（コードネーム「チャッキー」）少佐の妻であるコニー・グルーバーにも電話をかけた。元海兵隊上級曹長である養父に育てられ、小柄で、こげ茶色の髪をしたコニーは、1990年の感謝祭の翌日に夫と出会った。当時、ブルックスは、ニュー・リバーの飛行隊でCH－53ヘリコプターを操縦する少尉であった。コニーは、キャンプ・ルジューンにある隊員家族のための学校で1年生の教師をしていた。共通の友人の紹介でブルックスと会ったコニーは、彼を一目見た瞬間に恋に落ちた。そのにこやかな優しい笑顔は、すぐに彼女を安心させた。ブルックスは、コニーの目が好きだった、と後に語っていた。1年後、湾岸戦争への派遣から戻ったブルックスは、輪になった2つのハートの真ん中に小さなダイヤモンドが埋め込まれた素敵なネックレスをコニーにプレゼントした。1992年のバレンタイン・デーには、ドレスアップして、ノースカロライナ州の州都であるローリーまでドライブし、ディナーを楽しむことにした。レストランに着くと、ブルックスは、どこからか12本のバラを取り出し、片膝をついてコニーに結婚を申し込んだ。「はい！」彼女は大きな声で応えた。その日の夜、コニーは、婚約指輪とブルックスを見つめてばかりいた。ついに、自分の夢が実現したのだ。その年の12月12日、ブルックスが地中海への6ヵ月間の派遣から戻った後、2人は、ノースカロライナ州のジャクソンビルにあるファースト・バプテスト教会で結婚式を挙げ、ニューメキシコ州に引っ越した。その後、ブルックスが空軍第20特殊作戦飛行隊で海兵隊唯一の交換パイロットとして勤務することになると、フロリダへと引っ越した。さらに、MOTT（多用途実用試験チーム）のオスプレイ・パイロットに選ばれると、メリーランド州のパタクセント・リバー海軍航空基地の近くに引っ越した。そして、1999年7月25日、コニーは娘を出産した。その子は、父親の名前を取ってブルークと名付けられた。その年の秋、オスプレイのOPEVAL（実用性評価）が始まる直前に、ブルックスは、コニーと赤ちゃんをノースカロライナ州のジャクソンビルに移動させた。OPEVAL（実用性評価）の後、ブルックスはニュー・リバーの近くのVMMT－204（第204海兵中型ティルトローター訓練飛行隊）に配置される予定であった。コニーが最後に夫と会ったのは、婚約18周年の記念日である2000年のバレンタイン・デーのことであった。その日は、ブルックスがMOTT（多用途実用試験チーム）と一緒に西海岸へと出発する日であった。コニーは、さようならを言いたくなかった。その週末、彼女が子供部屋に入ると、ブルックスが6ヵ月の娘を愛おしそうに見ていた。

「分かっているかい」ブルックスはコニーを見ながら言った。「この子は、君と俺の分身だよ」

「分かっているわ」コニーは言った。「この子は、君が俺にくれた最高の贈り物だし、神様が俺たちにくれた最高の贈り物だ」

コニー・グルーバーは、その大切な瞬間を決して忘れられない。そうでなければ、ブルックスを失ったことを乗り越えることができなかったであろう。月を見るたびに、オスプレイがマラーナで地面に墜落する直前に彼が見たのはこれだったのではないか、と思わずにはいられなかった。そして、夜中の3時に驚いて目を覚ますことが多かった。その時間は、2000年4月9日に海兵隊の死傷者支援士官が玄関にやってきて、ブルックスが死亡したことを伝えた時間であった。夫のオスプレイが「操縦ミス」で墜落したということをニュースが報道したり、暗示したりすることに耐えられなかった。夫とジョン・ブローが、海兵隊で最高のパイロットであったことを知っていた。墜落の責任は、パイロットではなく航空機にあるに違いなかった。コニー・グルーバーは、マイク・ウォレスから電話で「シックスティー・ミニッツ」への出演を依頼された時、躊躇《ちゅうちょ》しなかった。それは、記録を正すチャンスであった。

＊　＊　＊

２００１年1月5日、「シックスティー・ミニッツ」のプロデューサーであるポール・ギャラガーは、クリフォード・カールソン伍長からの匿名の封筒を受け取ると、スロットマシンで大当たりしたように驚いた。その報道テーマのため、すでに多くのインタビューを行っていたウォレスは、送られてきたものについてギャラガーから聞いた時、「ワォ」と声を上げた。彼らは、できるだけ早くそれを放送したかった。他の報道機関や海兵隊が匿名の整備員の主張を公表する前にである。ウォレス、ギャラガー、および番組のエグゼクティブ・プロデューサーのドン・ヒューイットは、海兵隊に電話でコメントを求めるタイミングについて、長い時間をかけて議論した。もし、電話を掛けるのが早すぎた場合、海兵隊は、彼らのスクープを潰しにかかる可能性があったからである。彼らは、1月21日の日曜日の夜に放送予定の「シックスティー・ミニッツ」に間に合わせるため、1月17日の水曜日に電話をすることに決定した。その日の夕方、ウォレスは、リーバーマンに電話をかけ、テープについて話した。リーバーマンは、コメントを控えた。次に、ウォレスは、海兵隊広報担当の将軍に電話をし、「シックスティー・ミニッツ」が入手したものについて話した。将軍は、海兵隊はノーコメントだ、と言った。

翌朝、海兵隊監察官のティモシー・ゴームレー少将は、7名の調査官のチームを引き連れてニュー・リバーに到着した。調査官たちは、ＶＭＭＴ－２０４（第２０４海兵中型ティルトローター訓練飛行隊）からコンピューターのハード・ディスクや書類を押収するとともに、その飛行隊に所属する２４１名の隊員からの事情聴取を開始した。リーバーマンは、その日の遅い時間に飛行隊長を解任された。国防総省は、ジョーンズ大将がある申し立てに関する調査を指示した、という報道発表資料を公表した。ＶＭＭＴ－２０４の指揮官が当該飛行隊のＭＶ－22オスプレイに関する整備記録を改ざんするように指示した、という申し立てである。その発表資料には、次のように記載されていた。「海兵隊当局は、１月12日に海軍長官事務局宛の匿名の手紙と録音テープのコピーを受領した時点で、この申し立てを把握した」調査は始まったばかりだが、「現時点では、４月８日のマラーナでの事故、12月11日のノースカロライナでの事故のいずれの原因にも、この申し立てとの因果関係は認められない」

その夜、ウォレスは、ＣＢＳイブニング・ニュースに出演した。キャスターのダン・ラザーが口火を切った。「軍に過去最大の論争と問題を引き起こしてきた兵器に、新たな衝撃の事実が発覚しました。その兵器とは、ヘリコプターのように離陸し、飛行機のように飛ぶ、急進的かつ革新的な航空機であるＶ－22オスプレイです。追い詰められた海兵隊は、オスプレイの訓練飛行隊の指揮官を解任し、彼が飛行隊の隊員に対し航空機の整備記録を改ざんするように指示したという告発について、調査を開始しました。この問題に関わってきたＣＢＳニュース番組『シックスティー・ミニッツ』の特派員、マイク・ウォレスが、今夜、独占取材の詳細をお伝えします。よろしく」

「ありがとう」ウォレスは、話し始めた。「海兵隊は、何ヵ月にもわたって、オスプレイに関する真実を国民に隠し続けてきたのです」ウォレスは、続けた。「全部で15機のオスプレイのうち、４機がこれまでに墜落しています」リーバーマンは、「自分の部下たちに、彼の言葉によれば『嘘』をつくことを指示しました。この航空機の整備上の問題についてです」と説明した。ウォレスは、海兵隊はオスプレイについて説明することを拒んできた、と言った。「海兵隊は、オスプレイのテクノロジーに関する不具合のもみ消し工作に、強く当惑しているものと思われます。国防総省が海兵隊用の３６０機のオスプレイを購入するために、３００億ドルを要求しているからです。すべての問題を調査するという今日の午後の発表は、次の日曜日の夜に予定されている「シックスティー・ミニッツ」による報道に備え、国民の反応を和らげるための先制攻撃であることが明らかです」

次の朝、フレッド・マッコークル中将が国防総省の記者会見室に現れた。将軍は、会見室からあふれんばかりの記者たちに向かって、ニュー・リバーでの事故の調査について新しい情報を提供しようと考えていたが、VMM－204での整備記録が改ざんされていたという「最近の申し立てに関する海兵隊の懸念についても情報を提供」したいと思っている、と語った。「MV－22は海兵隊の将来にとって非常に重要ですが、海兵隊員の安全性と部隊の健全性は何よりも重要です」マッコークルは言った。「現在までに得られている、すべての情報に基づけば、」通報された整備記録の改ざんとマラーナおよびニュー・リバーでの事故との因果関係を示す証拠は何もない、と彼は言った。「実際、お手元に配った匿名の手紙には、これは過去の2つの事故の原因ではない、と明確に述べられています」この時点でのニュー・リバーにおける事故調査結果によれば、クロスボウ08は、「操縦系統のソフトウェアの不具合による、油圧系統の故障」が原因で墜落したと考えられていた。マッコークルは、墜落した地域の地図の上に描かれたクロスボウ08の最終飛行経路を示しながら、最後の30秒間の飛行の大まかな概要を説明した。ナンバー1油圧系統の不具合発生から、クロスボウ08の最後の無線送信までの状況である。そして、記者からの質問を受け始めた。

最初の質問は、そのクロスボウ08の油圧の不具合は整備に起因するものなのか、というものであった。

「おそらく整備に起因するものではありません。摩擦により油圧配管に穴が開いたことが原因である可能性が高いと考えられています。この不具合は、海兵隊や他の軍種において、ほとんど毎日のように起こっている類のものです」マッコークルは言った。

次の記者は、気にかかる質問をした。オスプレイの批評家たちは、「この計画には問題があることがすでに明らかだ、と言い始めています。費用の問題や、整備性や信頼性に疑問を呈するコイル氏の報告から考えて、この計画は中止されるべきだ、というものです。将軍も、この計画は、政治的に中止の方向に向かうとお考えですか？」

「そうは思いません」マッコークルは言った。「油圧系統の不具合が原因であったということから明らかなのは、それがティルトローターやＭＶ－22の技術に何ら関係のないことだということです」

ある記者がＶＭＭＴ－２０４の調査が政治的ダメージとなるかどうかを聞いた時、マッコークルは明確にそれを認めた。「何でも良くないことがあれば、政治的ダメージとなります。事故もそれ自体は政治的ダメージとなるでしょう」と彼は言った。

過去５週間の出来事がどのくらいの政治的ダメージを与えるかは、すぐに明らかになった。

マッコークルの記者会見の翌日の金曜日、ＡＰ通信の国防総省特派員であるロバート・バーンズは、「政府高官」からの情報に基づき、部下たちに整備記録を改ざんすることを指示したことをリーバーマンが認めた、と報道した。ＣＬＷ（カウンシル・フォー・ライバブル・ワールド、生きられる世界のための協議会）は、「開発停止――不具合多発のオスプレイは、中止されるべき」と題する声明を発表した。この米国政府の研究機関は、これまでも主要な国防計画に対し、頻繁に反対を表明していた。そのグループの代表であるジョン・アイザックスは、整備報告に関わる不正があったことは、「オスプレイの多くの技術的問題の重大性と国防総省の調達プロセスの欠陥を示しています」と述べた。アイザックスは、「オスプレイがこの状態からよみがえることは難しい」だろうと予測した。「オスプレイ計画は、何度となくその軍事的価値が疑問視されてきましたが、強力な議会の後ろ盾により、どんな批判も接着できないテフロン製の武器になっていました。しかし、今では、その政治的掩護《えんご》も得られなくなっています」

土曜日、ジョージ・W・ブッシュが米国の大統領に就任した。次の朝、ニューヨーク・タイムズ紙の社説は、ブッシュ政権の国防長官ドナルド・ラムズフェルドは、飛行隊長であるリーバーマンが自分自身の判断で行動したのか、それとも「上官の承認」を受けて行動したのかを調査すべきである、と述べた。また、オスプレイ自体についても「国防長官であったディック・チェイニーが、当時、オスプレイ計画を中止しようとしていたのは適切であった」と述べた。「オスプレイのように量産に入ってから計画が中止されることはまれである」とタイムズ紙は指摘した。しかし、「今が計画全体を停止すべき時である。膨大な予算を投入して21世紀の武器を製造するブッシュ政権のプロジェクトに、安全性に乏しく、整備データの信頼性に疑問がある20年前のアイデアの入り込む余地はない」

その夜、CBSは、ウォレスの「シックスティー・ミニッツ」でオスプレイに関する報道テーマを放送した。番組が始まると、オスプレイの大きな写真の前に座ったウォレスが語り始めた。「今週は、米国海兵隊にとって最悪の週でした。後ろに写っているV－22オスプレイという航空機の欠陥に関するデータの改ざんについて、ある申し立てがあったのです。海兵隊は、21世紀の戦いにおいては、この見た目の悪い飛行機が必要だと主張しています」ウォレスは、説明を続けた。「今日は、過去9ヵ月の間に起こった2件のオスプレイの事故で亡くなった海兵隊員の家族たちから話を聞こうと思います。家族たちは、海兵隊による夫や息子たちの冷酷な使い方が分かったことに幻滅しています。彼らは事実上、欠陥のある航空機のテスト・パイロットとして使われたのです」次に流れたのは、1992年のクワンティコでの事故の5ヵ月後にボーイング社から退職していた、オスプレイの元テスト・パイロットのグレイディ・ウィルソンとのインタビューであった。ウィルソンは、その1年前に、デラウエア州のウィルミントンで墜落した5番目のオスプレイ試作機から幸運にも生還していた。その機体は、ロール・レート・ジャイロの配線ミスにより操縦不能となったのであった。ウォレスは、誤配線については言及しなかったが、その墜落のビデオを流して見せた。5号機が滑走路のすぐ上で酔っ払いのようによろよろし、それからひっくり返って、エンジンが回ったまま、その機首と左ローターを滑走路に接触させる様子が映し出された。その映像にかぶせて、ウォレスは、「この1991年の飛行のように、オスプレイは、初期の試験飛行からずっとトラブルに見舞われてきたのですね」と言った。ウィルソンは、オスプレイは「非常に複雑で「ハイブリッドな航空機です」とウォレスに語った。「言わば、雑種なのです。一部はヘリコプターですが、一部は固定翼機なのです。そのため、優れたヘリコプターや優れた固定翼機とは、なり得ないのです」次のテーマは、国防長官であったチェイニーが、オスプレイは「必要とされない計画なのです」と議会で語っている資料映像であった。次に流れたのは、ウォレスと下院議員のカート・ウェルダンとの対立インタビューの映像であった。オスプレイを擁護するウェルダンに対し、ウォレスは、最初の15機のうち4機が墜落したのだ、と述べた。「それは、費用に換算するとすべてのオスプレイの25パーセントです。120億ドルにも上るのです」ウォレスは言った。そのテーマでは、国防総省の監察官がその前の夏に行った報告も引き合いに出された。それは、オスプレイのFRP（全規模生産）の準備状況について疑問を呈するとともに、海軍省が22件の要求性能を一時免除しながらOPEVAL（実用性評価）を開始したことを指摘するものであった。ウォレスは、また、オスプレイは、その多くの整備上の問題のため「運用に不適合」である、とする国防総省試験部長のコイルが出した結論について述べた。次に映し出されたのは、オスプレイの事故の犠牲者である家族へのインタビューであった。そのうちの1つは、コニー・グルーバーとのものであった。コニーは、夫は「飛行する予定だったのに、早く家に帰ってきて『今日も飛べなかった。故障が起きて修理しなければならない。部品を入手しなければならないんだ』と言ったものでした。飛行を開始したものの、何かのコーション（注意表示）やワーニング（警報表示）が表示されたりして、すぐに着陸しなければならなかったことも時にはありました。それは、かなり日常的なことだったと思います」と語った。

「ご主人は、やるようになっていなかった仕事をしていた、とおっしゃっていましたよね」ウォレスは言った。

「この航空機の欠陥を取り除くのは、主人の仕事ではありませんでした」と彼女は言った。「夫はテスト・パイロットではなかったです。他のパイロットたちも、テスト・パイロットではなかったのです。私たちは、あの航空機は、飛ぶための準備がまだできていなかったのではないかと感じています。信頼性が低く、予測が不可能で、非常に整備効率が悪かったからです。そのことがもたらした結果は悲惨でした」

その放送の中で、ウォレスは、スウェーニーとマーフィーが事故にあった時期は、12月に予定されているFRP（全規模生産）承認の直前であったことを指摘した。「海兵隊は、オスプレイの整備記録を改善しなければならないというプレッシャーから、その航空機の信頼性について、米国民を欺いたことが明らかなのです」ウォレスは言った。「この報道テーマを報じようとしている時、我々は、ノースカロライナ州ニュー・リバーにあるオスプレイ部隊の海兵隊整備員からの手紙を入手しました。彼は、部隊内で起こっていたことを教えてくれました」そして、クリフォード・カールソン伍長の匿名の手紙とテープが続いた。それは、VMMT－204（第204海兵中型ティルトローター訓練飛行隊）飛行隊長のリーバーマンが整備員たちに、飛行隊の可動率を向上させるため、「嘘」をつくことを要求しているものであった。ウォレスは、その報道の終わりに、放送前夜にリーバーマンが出演しようとして自分の弁護士と一緒にニューヨークまで飛行機で飛んできたが、ウォレスや他の「シックスティー・ミニッツ」の者たちとの「長い議論」の末、決心を変えたことを説明した。ウォレスは、リーバーマンの声明を読み上げた。テープにある言葉は、自分の発言の一部を抽出したものであり、「決して、海兵隊員の安全性やオスプレイ計画の健全性を損なうものではない」

オスプレイ計画にとって、ベル社とボーイング社にとって、そして何より海兵隊にとって、この放送は壊滅的なものであった。ウォレスは、オスプレイを無駄な仕事として描きだした。さらに悪いことに、海兵隊が嘘をつき続けた無駄な仕事、としてそれを描き出したのである。

その放送があった日の夜、海兵隊の防御に着手した海兵隊総司令官のジョーンズ大将は、ジム・レラーと一緒にPBSの「ニュース・アワー」に出演した。ジョーンズが登場したのは、弁護士のジェームズ・ファーマンの後であった。彼は、元国防総省試験部長であったコイルとコニー・グルーバーから、ベル社とボーイング社を訴えるために雇われていた。ファーマンは、オスプレイの安全性について疑問を呈していた。一方、コイルは、その信頼性に疑問を投げかけた。

整備報告の改ざんに関する申し立ては、「健全であり、誠実であることに誇りを持つ米国海兵隊のような組織にとって、極めて重大な問題です」ジョーンズは、司会者のレイ・スアレズに語った。「計画の準備に関し、虚偽の陳述をする者を正当化するようなことは、許されることではありません」そして、オスプレイの歴史について語った。それは「大きな可能性によって、批判を乗り越えてきたのです。その可能性とは、軍隊内だけではなく、私の考えでは、民間の分野にも広がるものなのです。この種のテクノロジーを実用化することによって得られる潜在的利益を考慮するならば、この計画は続行されるべきだと考えます。空港上空での航路の混雑などを軽減する、大きな付加価値が得られるのです。一方、軍事への適用については、疑問の余地はありません。同クラスのヘリコプターの2倍の速さ、3倍の有効搭載量、そして5倍の航続距離が実現できるのです」そのような航空機の取得は、「まさしく我々が行わなければならないことなのです。単に我々が恋に落ちた計画だから、というような理由からではありません」ジョーンズは言った。その一方で、12月にコーエンによって任命されたブルーリボン委員会（政府任命の学識経験者による会議）がその研究を終えたならば、海兵隊は、オスプレイについて「厳しい目で判断」するであろう、とジョーンズは約束した。

レーガン政権下で国防総省職員として勤務し、長きにわたってティルトローターを支持してきたフランク・ガフニーは、彼が呼ぶところの「新たに産まれた社会通念」を食い止めようとしていた。その頃、米国政府の保守的な研究機関である「安全保障政策センター」の所長であったガフニーは、ジョーンズがPBSに出演した翌日、ワシントン・タイムズ紙にコメントを発表した。たとえ「シックスティー・ミニッツの強烈な攻撃」を受けようとも、海兵隊がオスプレイを欲したことに間違いはなかった、と彼は述べた。「数々の研究は、V‐22の優れた航続性能とその速度性能は、戦場における勝利に大きく寄与することを示しているのです」とガフニーは主張した。ティルトローターは、米国の空港の混雑を緩和するとともに、輸出製品としても大きな可能性を有している。オスプレイは、「別の創造物にちなんで命名されるべきかもしれません。それは、フェニックス（不死鳥）です。その神話上の鳥のように、V‐22は、再び飛び上がれるし、飛び上がることを許されなければならないのです」とガフニーは結論付けた。

しかし、オスプレイが再び飛び上がれるかどうかは、疑わしかった。「シックスティー・ミニッツ」の放送テーマは、数日間で全国の主要な新聞に取り上げられた。ニューヨーク・タイムズ紙の社説がオスプレイ計画の中止を求めたのに続いて、シカゴ・トリビューン紙は「再び飛ぶべきではない」と述べた。ワシントン・ポスト紙など、特に海兵隊基地の近くにある新聞社は、オスプレイを調査するために専任の記者を割り当てた。2件の事故、キャロル・スウェーニーに電話をかけたウォレスの騒動、海兵隊総司令官ジョーンズ大将と航空副司令官マッコークル中将のそれに対する反応、ＶＭＭＴ－２０４の調査、そして「シックスティー・ミニッツ」の報道テーマによる混乱は、メディアに嵐を巻き起こしていた。

やがて、その嵐は、オスプレイを沈没させようと脅かし始めた。ジョーンズがＰＢＳに出演した2日後、上院軍事委員会の共和党および民主党の指導者たちは、国防長官ドナルド・ラムズフェルドに1通の手紙を送った。その内容は、ＶＭＭＴ－２０４で整備記録が改ざんされていたという申し立ては、海兵隊が議会に提供してきた情報の「健全性」に疑問を投げかけている、というものであった。彼らは、ラムズフェルドに対し、独立した機関による調査を行うことを求めた。「国防総省がＶ－22計画とそれを管理する人々の健全性について信頼を回復しない限り、この計画を前に進めることはできない」とその手紙には書かれていた。上院委員会がその手紙を公表する直前に、ジョーンズ司令官は、ニュー・リバーでの調査を国防総省の監察官に引き継がせることをラムズフェルド国防長官に対し進言した、という声明を発表した。ジョーンズは、6日前に調査を開始していた海兵隊監察官を「完全に信頼」しているが、「申し立ての特質や重要性に鑑み、指揮系統の影響や制度的な偏見による不適切な判断を招く恐れがあるからです」と述べた。

その4日後、ＡＢＣテレビの日曜日のトークショー「ジス・ウィーク」に出演した副大統領のディック・チェイニーは、オスプレイに関する意見を求められた。チェイニーは、自分は10年前にその計画を打ち切ろうとしたが、現時点において、それを継続するかどうかの決定は、ラムズフェルド国防長官と議会によって行われるべきものである、と言った。同時に、「これまでの実績と人命の損失を考えると、オスプレイには非常に深刻な問題が数多く存在しているように私には思われます。それらの問題は、提起されることができるし、そうされるべきであるし、私はそうあることを願っています」と付け加えた。

チェイニーの不支持表明に続いて、アビエーション・ウィーク誌のある記事は、空軍特殊作戦コマンドがオスプレイへの「関与を見なおしている」と報じた。同じ週、フィラデルフィア・インクワィアラー紙などの重要な新聞社を所有している巨大企業のナイト・リッダー・ニュースペーパー紙のワシントン支局は、オスプレイに対する支持が低迷している、と述べた記事を掲載した。1990年代にカート・ウェルダン下院議員とベル・ボーイングが設立したティルトローター・テクノロジー連合のメンバーの1人であったドナルド・トランプも、意見を変えてしまった。「パイロットは、ヘリコプターか飛行機かどちらかを操縦すべきであって、両方を同時に操縦すべきではないのだ」とトランプはナイト・リッダー紙に語った。「オスプレイは、安全な飛行機となるにしては、作動部品があまりにも多すぎる」数日の間に、USAトゥデイ紙やその他の米国中の新聞にも、オスプレイの他の批判に関する記事が掲載された。メディアの嵐は、荒れ狂っていた。そんな中、オスプレイには、ある社会通念が確立されてしまった。オスプレイは、単に、同じようにスケジュールが遅れコストが超過した他の巨大な国防計画や、自分たちのお気に入りのプロジェクトにその資金を使おうとする批評家たちの標的であるだけではなかった。それは、単に、度重なる事故のために疑問符が付けられた奇妙な航空機であるだけではなかった。国家的スキャンダルだったのである。

第11章　暗黒の時代（ダーク・エイジ）

ディック・スパイビーは、その時、オスプレイに起こっていることに恐怖を感じていた。ニュー・リバーでの事故が起こるまで、スパイビーは、ベル・ヘリコプター社の新しい提案であるＱＴＲ（クワッド・ティルトローター）構想の営業担当者として働いていた。それは、オスプレイの流れをくむ巨大な航空機であり、その年の初めにスパイビーの助けを借りながら構想を練り上げ、ジョーンズ海兵隊総司令官に興味を抱かせたものであった。スパイビーは、もはや、オスプレイを担当してはいなかった。しかし、それがティルトローター革命という夢の鍵であると信じていた。オスプレイを自分の赤ん坊だと思っていたスパイビーは、その海兵隊への売り込みに大きな役割を果たしてきた。それがディック・チェイニーの手にかかり、死にそうになった時には、懸命に看病した。恐ろしい事故があったものの、正しく整備され操縦されていれば安全な航空機である、と完全に確信していた。それにも増して、将来、軍隊の戦闘における勝利に貢献し、どんなヘリコプターよりも速く負傷者を医療施設に運び、多くの人の命を救うことになるだろうと信じていた。そして今、航空のあり方に変革をもたらすドリーム・マシーンとして、ティルトローターを30年間にわたって販売してきた彼のその夢が襲撃を受けていた。スパイビーは、それを守りたいと必死の思いであった。

しかしながら、２００1年の初め、スパイビーたちベル社とボーイング社の者は、成り行きを見守るしかなかった。23名の海兵隊員がその前の年のオスプレイの事故で亡くなったことや、ＶＭＭＴ－２０４（第２０４海兵中型ティルトローター訓練飛行隊）での内部告発がスキャンダルになると、海兵隊は、オスプレイだけではなく、自分自身の健全性を守ることも強いられていた。ニュー・リバーでの事故調査が終了し、その事故の原因が正確に判明するまで、オスプレイを擁護しすぎることは得策でなかった。国防総省監察官がマラーナやニュー・リバーでの事故とＶＭＭＴでの整備記録の改ざんに関する申し立てとの間の関連性の有無を判断するまでは、オスプレイを擁護しすぎることは得策でなかった。元国防長官ウィリアム・コーエンによって招集されたブルーリボン委員会（政府任命の学識経験者による会議）がその計画について評決を下すまでは、オスプレイを擁護しすぎることは、全くもって、本当に、得策でなかった。唯一の救いは、ブッシュ大統領とチェイニー副大統領が、オスプレイの運命を国防総省にゆだねることで満足しているように見えたことであった。

スパイビーは、海兵隊などのオスプレイ陣営の他の者たちと同じく、正式には「Ｖ－22計画検討委員会」と呼ばれるその委員会の評決に希望を託していた。スパイビーは、その委員会の委員長である元大将であり元海兵隊副司令官のジョン・デイリーを１９８０年代の初頭から良く知っていた。その頃、ＸＶ－15を視察するためにフォートワースを訪れていたある将軍の副官がデイリーであった。その後、ＸＶ－15を自分自身で操縦したデイリーは、スパイビーと友人になっていた。スパイビーは、また、もう1人の委員会のメンバーであり、軍需企業の有名人であるノーマン・Ｒ・オーガスティーンとも知り合いであった。プリンストン大学卒業の航空技術者であり、その時65歳であったオーガスティーンは、１９７０年代に陸軍省の先任文官として陸軍次官を含む役職に就任していた。その後、マーチン・マリエッタ社とロッキード・マーチン社という2つの巨大軍需企業の経営に参加しながら、ある有名なビジネス書籍を出版した。それは「オーガスティーンの法則」という書籍であり、「粗悪な製品の製造には多額の費用を要する」というような、簡潔な格言が述べられた本であった。その本は、現在の航空機の製造コストが増大し続ける状況が継続すれば、「2054年には、国防予算で購入できる航空機は1機だけとなり」、空軍、海軍および海兵隊は、その1機を共有しなければならなくなる、と予言したことで有名である。スパイビーは、残りの2人の委員会メンバーである退役空軍大将のジェームズ・B・デイビスとMIT（マサチューセッツ工科大学）航空工学教授のユージン・コバートのことは知らなかったが、いたずらに物議を醸しだすタイプの人物ではないことは確かであった。スパイビーは、この委員会がオスプレイについて公正な審判を下すことを確信していたが、批評家たちがその調査結果を軍産複合体の産物だと考え、それを受け入れようとしないことも同じくらいに確信していた。

委員長であるデイリーは、国防副長官のルディ・デレオンからの電話でその小委員会の委員長への就任を依頼された時から、そのことを心配し続けていた。「私が委員長では、客観的ではないと思われるのでは？」デイリーは尋ねた。デイリーは、元海兵隊副司令官であっただけではなく、フォートワースでディック・スパイビーと出会い、XV-15を見てからというもの、長年にわたっティルトローターとオスプレイの信仰者であり続けていたのであった。「海兵隊総司令官が、あなたにやって欲しいと言っているのです」とデレオンから聞かされたデイリーは、ジョーンズ司令官に会いに行った。デイリーが後年、その時の会話の内容を語ったことによると、彼は、ジョーンズに次のように言った。「オスプレイに有利な結論を欲しているならば、私を選ぶことは適切ではありません。私は、どういう結論であろうとも、真実をあなたに言うつもりです」

「ぜひ、そうして下さい」ジョーンズは言った。「だからこそ、あなたにお願いしたいのです。もし、海兵隊がこいつに潰されようとしているならば、私はそれを買いたくはないのです」

その委員会が仕事をやり遂げるのには、監察官や事故調査官と同じように、数ヵ月を要すると思われた。調査が完了するまでは、オスプレイ全機が飛行を自粛しており、オスプレイに賛成する主張も自粛されていた。計画全体が、どっちつかずの状態にあった。一方、オスプレイは、世論という法廷で非難を浴び続けていた。メディアは、オスプレイを常に「問題のオスプレイ」と呼び、「問題の」という言葉がその航空機の名前の一部であるかのように扱っていた。2001年には、世論という法廷での判決が新しい場所で下されるようになってきた。インターネットである。スパイビーは、それが厄介なものであることを学んだ。

2001年2月のある日、ベル・ヘリコプター社の誰かが、スパイビーに「G2mil．com」というウェブサイトを見るように言った。そこには、「V－22という大失策」と題された、オスプレイに関する長い記事が掲載されていた。その内容は、その題名以上に、スパイビーの血を沸騰させた。それは、「G2mil．com」を開設したカールトン・W・マイヤーが書いた記事であった。マイヤーは、軍事作家になることを決心する前に、海兵隊の戦闘工兵職種で3年間勤務した経験があった。その時39歳の彼は、カリフォルニア州エルサリート市で、妻の歯科医院を経営しながら「G2mil．com」を立ち上げた。その記事は、次のように明言していた。オスプレイは、「改修が行われなければ、海兵隊の歴史において最大の失敗になるだろう。V－22は、長距離輸送機としての役割は果たせるが、強襲ヘリコプターとしての役割は果たせない。その根拠は、以下のとおりである。V－22は、戦闘強襲に使うには価格が高すぎ、信頼性が低すぎて、非戦闘任務に使うにしても、少なくとも2年以上かけて改修を行う必要がある。V－22は、降着地域の上空でゆっくりとホバリングに移行し、慎重に着陸している限りは、安全に飛行できる航空機である。しかし、戦闘地域においてこのような飛行を行うことは、特にV－22のような大型の航空機にとって、戦術上明らかに不利なのである。V－22は、強襲ヘリコプターと同じように急降下することもできるが、その操作には危険を伴う。パイロットが完璧に操縦しなければ、揚力を失い、ひっくり返って、全員が死んでしまうのだ」これは、ボルテックス・リング・ステートについて言及したものであった。この現象は、マラーナでの事故の原因とされているものであり、ローターが自分自身のダウンウォッシュの中をあまりにも速く降下したために、必要な推力を発生できなくなる状態をいう。

マイヤーの記事は、海兵隊は「V－22が1機あたり4000万ドルのコストがかかると主張することにより、不道徳な行為の欠如（原文ママ）」を実証してきたと言わんとしていた。オスプレイは、1機あたり7600万ドルのコストがかかるだろう、とマイヤーは主張した。そして、整備上の問題から「運用に不適合」であるという国防総省試験部長のフィリップ・コイルの見解を引用した上で、オスプレイのことを「格納庫の女王」と呼んだ。さらに、シコルスキー社のUH－60Lブラック・ホークの方が「強襲航空機として適当」だと述べた。それから、彼は暴言を吐いた。「海兵隊の担当者たちは、現在のV－22は安全な航空機ではないとすでに認識しているが、今後もさらに事故が続いて計画の中止が決定的になるまでは、量産を続けるつもりのようだ」と述べた。

この記事を読んだ時、スパイビーは怒りで気が狂いそうだった。特にシコルスキー社のブラック・ホークの方が、海兵隊の兵員輸送機にふさわしいだろう、というマイヤーの主張は、受け入れ難いものであった。それは、10年前に、国防総省予算アナリストのデビッド・チュウが言い出した主張であった。そして、1982年にオスプレイ計画が始まった時から、シコルスキー社のロビイストたちが作り上げてきた主張でもあった。シコルスキー社とベル社は、1930年代にイゴール・シコルスキーとアーサー・ヤングがそれぞれの会社で最初のヘリコプターを開発して以来のライバルであった。オスプレイ陣営は、シコルスキー社の金銭的支援を受けた批評家たちの存在を疑っていたが、誰もそれを証明することができないでいた。恐ろしいことに、腸《はらわた》が煮えくり返ったスパイビーは、マイヤーを非難する言葉を返信した。それは、次のような内容であった。

あなたのV－22に関する記事は、クズだ。

あなたは、シコルスキー社の社員かユナイテッド・テクノロジーズ社の株主に違いない。このゴミのような記事は、オスプレイ計画と共に26年間を過ごしてきた私から見れば、間違いや誤解だらけだ。あなたは、自分が何を言っているのか分かっていない。ダーウィン賞（愚かな行為により死亡するなどにより人類の進化に貢献した人に贈られる賞）の候補だ。

ディック・スパイビー

スパイビーは、自分が「送信」ボタンを押した直後からすでに馬鹿らしく感じ始めていた。自分の電子メールが、スパイビーが間違っていると指摘する記事の箇所を分かりやすく示しながらマイヤーのウェブサイトに掲載されているのを見た時、さらに気分を害した。スパイビーは、暴言を吐いた自分が愚か者だと分かっていたが、あの時は激怒していたのだ。今度は、マイヤーの挑発に乗って返信することで事態をさらに悪化させるつもりはなかった。マイヤーの考えは、もう固まっているのが明らかであった。加えて、すでにベル社の重役たちの中にこのやり取りを見た者がいるかもしれないと思うと、そのことも同じくらいに恥ずかしかった。スパイビーは、このような愚かなことをもう二度と行わないと誓うのであった。

＊　＊　＊

ベル社やボーイング社の誰もが心配していたのは、「シックスティー・ミニッツ」の放送や、波のように押し寄せる伝統的報道機関の「オスプレイ問題」に関する記事のことであった。しかし、スパイビーが最も心配していたのは、整備スキャンダルによって海兵隊の健全性が疑われていることであった。ベル社やボーイング社は、オスプレイを守るために何でもするだろうし、そのための恐るべき資産を有していることが、スパイビーには分かっていた。熟練したロビイストたちを雇い、全国にある何千というオスプレイの下請け会社を介して多くの議員たちに出資していた。政治活動委員会などの寄付活動を通じて、毎年数十万ドルを選挙献金に投入し、議員たちが彼らの主張に耳を傾けるようにしていた。これらことは、すべて、これまで役に立ってきたし、これからも役立つだろうと思われた。しかしながら、鍵となるのは、オスプレイを装備化するという海兵隊の決定と、国民や議会の目から見た海兵隊の地位であった。チェイニーによるオスプレイの打ち切りを回避してきた海兵隊は、ペンタゴンや国会議事堂における戦闘で予算を守り抜いてきた。しかし、その海兵隊に暗雲が立ちこみ始めていた。オスプレイ・チームのベストプレイヤーたちは、「故障者リスト」入りしていたのである。

一方、海兵隊総司令官のジョーンズ大将や議会におけるオスプレイ支持者たちの中には、ベル社やボーイング社が、見かけ倒しの欠陥機を納入したのではないかという疑念を抱く者もいた。20年間にわたりオスプレイを生み出し、守り続けてきた企業、軍および政治の自然発生的な連合である

「鉄のトライアングル」は、混乱を極めていた。オスプレイの議会における最大の支持者であったカート・ウェルダン下院議員でさえも、両社から自分の身を遠ざけようとしていた。2月1日、記者たちを招いた協議委員会において、ウェルダンは、自分はまだオスプレイを信じており、海兵隊がそれを必要としていることも信じている、と言った。その一方で、作動油漏れがニュー・リバーでの事故を引き起こしたという報告には怒りを覚えた、と彼は言った。「ボーイング社とベル・ヘリコプター・テキストロン社は、力を合わせて品質管理の徹底を図らなければならない」とウェルダンは力説した。「彼らには、責任を取らせる。製造工程の見直しにより、この種の事故が二度と起きないようにさせる」

＊　＊　＊

ニュー・リバーの事故調査結果は、改善すべき点が数多くあることを明らかにした。

海軍および海兵隊の主要な航空機事故においては、2つの調査グループが各々独立した調査を実施する。1つは航空事故調査委員会であり、もう1つはJAGMAN（法務総監）チームである。どちらも現役の軍の士官たちで構成されていた。航空事故調査委員会の報告は、編集を加えた上で公表される。証人や関係企業が秘匿されるため、法的責任を恐れることなく、安全性の向上に役立つ情報を提供することができる。これに対し、JAGMANによる報告は、事故の詳細とその責任を明らかにして、勧告を行うものである。ニュー・リバーでの事故に関するJAGMAN報告は、2001年2月に完成し、4月に公表された。これら2つの報告書は、ボーイング社、ベル社およびそれらを監督するNAVAIR（海軍航空システム・コマンド）がオスプレイに関し重大なミスを犯していたことを指摘していた。

これらの調査により、この種の事故には付きものなのであるが、事象の複雑な連鎖によりキース・スウェーニー中佐とマイケル・マーフィー少佐がオスプレイを制御できなくなっていたことが判明した。その一方で、事故の根本的な原因は、痛々しいほど単純であった。ベル社は、部品がぎっしりと詰まったエンジン・ナセルの内部を蛇行するように走っている損傷しやすいチタニウム製油圧配管と太いワイヤー・ハーネスを適切に配置できていなかった。また、ボーイング社は、飛行制御ソフトウェアを十分に試験できていなかった。そして、NAVAIRは、これらの問題を把握できていなかったのである。

もう1つの見解は、さらに深刻なものであった。スウェーニーとマーフィーが、主操縦系統のリセット・ボタンを8回も9回も押すのではなく、1回か2回押しただけであったならば、作動油漏れやソフトウェアのエラーがあってもオスプレイを安全に着陸させることができた可能性があった。パイロットたちは、コックピット・ディスプレイ（操縦席表示器）に今回の事故のようなコーション（注意表示）が表示された場合、リセット・ボタンを押すように訓練されていた。しかし、パイロットがそれを繰り返し押すことは、想定されていなかった。事故調査委員会は、そのボタンを両方のパイロットが押したのか、それともどちらか一方のパイロットが押したのかは判断できなかった。また、パイロットたちがそれを意図的に何度も押したのか、それとも、クロスボウ08が空中で大きく揺れ動いている状態の中、体を支えようとして意図せずに押してしまったのかについても分からなかった。いずれにしても、オスプレイが操縦不能に陥った原因は、そのボタンを何回も押したことにあった。作動油漏れにより左右のローター・ブレードのピッチ角が復元する速度に差異がある状態で、それを何回も行うことになってしまったからである。

調査の結果、クロスボウ08のそれぞれのエンジン・ナセル内にある10本のチタニウム製油圧配管のうちの1本がワイヤー・ハーネスとの摩擦により摩耗し、破裂したため、作動油の漏れが発生したことが判明した。そのワイヤー・ハーネスは、エンジン・ナセルが上下に回転する際に曲がるように余裕を持たせて取り付けられるようになっていたが、このハーネスを取り付けた作業員は、設計図に示されたよりも過大な余裕を持たせてしまっていた。VMMT－204（第204海兵中型ティルトローター訓練飛行隊）の整備員たちは、通常の点検において、その摩耗に気づくことはできなかった。その配管は、エンジン・ナセルの外板をすべて取り外さなければ、見えない部分にあった。

この摩耗が発生していたのは、クロスボウ08だけではなかった。整備員たちは、油圧配管のワイヤー・ハーネスによる摩耗を何回も発見していた。NAVAIRも、この問題を何年も前から認識していた。このため、NAVAIRは、オスプレイ初号機が部隊に納入される前から、摩耗を防止するため、油圧ラインをクランプで支持している31箇所の部分にテフロン・テープを巻く技術指令を出していた。ニュー・リバーでの事故の1ヵ月前に国防総省試験部長のコイルが示した、オスプレイは「運用に不適合」であるという見解にも、油圧系統の不具合は「特記すべき」事項であると指摘されていた。このような状態であったにもかかわらず、NAVAIRは、この問題に対する抜本的な対策を行っていなかった。事故発生後、VMMT－204のオスプレイを点検したところ、7機の航空機から8箇所の油圧配管の摩耗が発見されたのである。

しかしながら、調査委員会は、この事故の究極の原因は、スウェーニーとマーフィーが主操縦系統のリセット・ボタンを押した時に、クロスボウ08のローター・ブレードのピッチを減少させ、じ後回復するようになっていた飛行制御ソフトウェアにあった、と結論付けた。リセット・ボタンを押すことは、「HYD 1 FAIL」などの不具合がオスプレイのコックピット・ディスプレイに表示された際の標準的な操作手順であった。それは、その不具合が本当の故障なのか、それとも単なるコンピューター・エラーなのかを見極めるためのものである。通常の場合は、注意の表示が消え、コンピューターの誤作動であることが判明する。そうでない場合は、再び注意が表示され、本当の故障が生じていることが分かる。そのどちらかなのである。しかしながら、マーフィーとスウェーニーがボタンを押した時、飛行制御ソフトウェアは、ローター・ブレードのピッチを一旦減少させ、再び回復させるという一連の指示を行った。ソフトウェアがそんなことを行うように作られていることを誰も知らなかったのである。

ボーイング社は、その飛行制御ソフトウェアを何年も前に設計し、リドリー・パークの「操縦系統統合リグ」と名付けられた特別な工場で試験を行っていた。その工場は、非公式には「トリプル・ラボ」と呼ばれており、透明アクリル樹脂で覆われたハンドボール・コートくらいの大きさの試験場を備えていた。その内部には、オスプレイの操縦系統の各構成部品（スワッシュ・プレート、ラダー〈方向舵〉、エルロン〈補助翼〉などの機構を動かす油圧アクチュエーター）が、それぞれの透明アクリル樹脂製の箱の中に収められて設置されていた。それらの箱の間には、オスプレイの内部と概ね同じ太さのワイヤー・ハーネスとチタニウム製の油圧配管が、機体と同じように走っていた。試験場のすぐ外側には、飛行制御ソフトウェアがインストールされた1組のコンピューターがあり、オスプレイの操縦装置を装備した模擬のコックピットに接続されていた。このように「仲間うちの」部品が連携して作動する試験場で、ソフトウェアと機器が一体となって適切に作動することが確認されたのであった。

１９９６年秋と冬に、ボーイング社の技術者たちは、「トリプル・ラボ」で15回のテストを行った。油圧ポンプを停止させることによって作動油漏れを模擬し、その時にオスプレイがどのように反応するかも確認された。しかし、試験場内のアクチュエーターが故障していたため、クロスボウ08で発生したような、システム1およびシステム3が同時に作動油漏れを起こした場合を想定した試験は行われていなかった。また、飛行中に作動油漏れが発生した場合に、PFCS（主操縦系統）リセット・ボタンを押すと何が起きるのかについても試験できていなかったのであった。

＊　＊　＊

ブルーリボン委員会（政府任命の学識経験者による会議）は、JAGMAN（法務総監）からの報告に先立って、独自の見解を発表した。4名の委員で構成されるその委員会は、1名の海兵隊大佐、1名の空軍大佐、そして1名のかつてテスト・パイロットであり宇宙飛行士でもあった元海兵隊士官の3名からなる専門スタッフのサポートを受けながら、オスプレイ計画の隅から隅までを検証した。4名の委員は、海兵隊航空部署やNAVAIRの高官を始めとし、海兵隊や企業のオスプレイ・パイロットに至るまで、幅広い関係者から説明を聞いたり、証言を取ったりした。フライト・シミュレーターを使ってオスプレイの操縦も体験した。ベル社とボーイング社の工場を視察し、航空機の主要部品の製造工程を検証し、重役、部長、技術者、および工場管理者たちとの面接を行った。さらにニュー・リバーのVMMT－204（第204海兵中型ティルトローター訓練飛行隊）に出向き、オスプレイのエンジン・ナセルで検査や整備を行うこと、およびオスプレイの間違いだらけの電子整備マニュアルを使うことが、いかに困難であるかを整備員たちに展示させた。ワシントンに戻ると、国防総省の試験部長コイルから、整備上の問題に関するブリーフィングを受けた。その問題は、オスプレイは「運用に不適合」である、という判断を彼にもたらしていた。また、オスプレイ計画へのＧＡＯ（会計検査院）の関与を確認するため、そこに所属する調査員との面接も行った。

３月には、ポトマック川を挟んでワシントンの反対側にあるクリスタル・シティのホテルで、公聴会を開催した。証人には、オスプレイの支持者や批評家だけではなく、マラーナでの事故で亡くなった操縦士の妻であるコニー・グルーバーとトリッシュ・ブローも呼ばれていた。事故で死亡した他の隊員たちの親戚や、彼らがベル社とボーイング社を相手取って起こした訴訟の弁護士たちも証言を行った。未亡人やその弁護士たちが要求したのは、オスプレイ計画の中止ではなかった。これ以上、オスプレイで海兵隊員たちの命が失われないように、オスプレイを安全なものにすることであった。「ベル・ボーイングが海兵隊に安全な航空機を渡してさえいれば、避けられた事故だったはずです」コニー・グルーバーは委員会で述べた。

４月18日、委員会がクリスタル・シティの同じホテルで、その調査結果について評議を行う公開審議を開いた時、未亡人たちは、１５０人以上で埋まった聴衆席の最前列に座っていた。中には、亡くなった海兵隊員の写真を抱いている者もいた。委員会は、オスプレイに数多くの問題点を発見していた。エンジン・ナセルの「設計は、極めて不適切でした」委員会のメンバーの１人であったノーマン・オーガスティーンは、数年後に私に語った。「エンジン・ナセル内部の油圧配管と燃料配管は、非常に複雑な経路を通っていました。また、交換が必要となる可能性が高い部品が、外部からの点検が非常に困難な状態で無理やり詰め込まれていました。設計に関することだけでも、１０１箇所もの問題があったのです」さらに、海兵隊員を後ろに搭乗させることが承認されるまでに行われていた飛行試験は、十分なものではなかった。何十億ドルもの予算があてがわれていたにもかかわらず、完全に資金が不足していた。そのことが部品の不足をもたらし、整備性および信頼性の記録を悪化させる原因となった、とオーガスティーンは言った。オーガスティーンがそのように認識した時、委員会にとって最も容易な処置は、オスプレイをスクラップにするように勧告することであった。「うわさによれば、国防総省の指導者たちは、その計画に強く反対し、それを中止したいと思っているようでした」とオーガスティーンは私に語った。しかし、委員会は、国防総省はオスプレイ計画を立て直すべきである、という結論を出した。

「V−22構想に根本的な欠陥があるという証拠はない」し、海兵隊や空軍特殊作戦コマンドにとって、ティルトローターが可能なことを実現できる航空機は他にないであろう、とその報告書の中で委員会は述べた。「一例として、砂漠に2日間隠れていなければならなかったデザート・ワン作戦を挙げることができる。V−22のような航空機であれば、1つの暗闇の時間で完了できた任務であった」と報告書は述べた。ただし、18年間の開発と120億ドル近い支出をもってしても、オスプレイは完成までほど遠い状態にある、と委員会は述べた。委員会が行った勧告は、71項目に上った。オスプレイのエンジン・ナセルについては、油圧配管が摩耗することを防止するとともに、アクセス・パネル（点検口）を追加して、整備員がより容易にナセル内部での点検や作業を行えるように再設計されるべきである。また、飛行制御ソフトウェアを改修した上で、徹底的に再試験されるべきである。さらに、マラーナの事故の後に開始されていた、オスプレイがボルテックス・リング・ステートにどれくらい入りやすいのかを判断するための一連の飛行試験を速やかに完了すべきである、と委員会は述べた。その試験は、ニュー・リバーでの事故の後、オスプレイ全機が飛行停止になったため、中断されていた。また、国防総省は、オスプレイがヘリコプターのように「オートローテーション」と呼ばれる手法を用いて緊急着陸できることが必要かどうかを再検討すべきであり、ＮＡＶＡＩＲは、ベル社やボーイング社と協力し合える態勢を整えることが必要である、と委員会は強調した。

設計変更などが行われている間、政府は毎年数機のオスプレイの調達を継続し、生産ラインを維持すべきである。すでに納入されているオスプレイについては、じ後、所定の設計変更をもって改修されることになる。改修が行われないままオスプレイの装備化を推し進めることは、「ティルトローターの基本構想に対する信頼をさらに失う」とともに、さらなる事故を発生させるリスクがある、と委員会は警告した。

デイリー委員長は、その4月に行われた公開審議において委員会の勧告を発表する際、「この航空機は、役に立つ航空機であるし、その役割を果たせる航空機になれるでしょう」と語った。

この委員会の結論を聞いたオスプレイ陣営は、有頂天になることはないにしても、安堵《あんど》した。その勧告は、刑を赦免するのではなく猶予するだけのものであったが、委員会は、ティルトローターに根本的な欠陥を見出すことはできなかったのである。国防総省と議会がうまくやっていけば、オスプレイは生き残り、ベル・ボーイングはもう1回チャンスを得られると思われた。ゴルフで最初のティーショットに失敗した後に、２打目もティーを使って打つことを「マリガン」というが、それに似たようなものである。

オスプレイ批評家たちは、その結論に何の感銘も受けなかった。米国政府の研究機関であるＣＬＷ（生きられる世界のための協議会）は、「オスプレイは、打ち切られるべきである」とする声明を再び発表した。カールトン・マイヤーは、自分のウェブサイトに、オスプレイに関する新たな記事を書き始めた。その中で、マイヤーは、委員会のことを「偽りの諮問委員会」と呼んだ。

*　*　*

ブルーリボン委員会の結論を聞いたハリー・P・ダンは、愕然とした。マーチン・マリエッタ社の議会対策部長を14年間務めた、元キャリア組の空軍ヘリコプター・パイロットであった70歳のダンは、彼の旧友であるディック・スパイビーがティルトローターをドリーム・マシーンであると確信するのと同じくらいにオスプレイが死の罠であると確信していた。２００１年の春までの何ヵ月にもわたって、この問題の鍵を握る政府関係者に対し、自分と同じような目でオスプレイを見るように働きかけていた。最近では、ブルーリボン委員会のメンバーであるオーガスティーンに宛てて、オスプレイに反対する電子メールを送り続けていた。ダンがマーチン・マリエッタ社に勤め始めた頃の上司であったオーガスティーンは、ダンからの電子メールをすべて読み、委員会のスタッフにもそれを回覧した。ダンのオスプレイに対する批判には、正当なものもあると思われた。例えば、オスプレイの強力なローター・ダウンウォッシュは、埃や土を巻き上げ、砂漠の降着地域でパイロットの視界を遮る「ブラウンアウト」と呼ばれる問題を引き起こすだろう、というようなものである。ただし、ティルトローターは本質的に欠陥を有し、危険であるというダンの見解は受け入れなかった。委員会は、ダンの助言を完全に却下したのである。ダンは、自分自身でも言うほどの「頑固なアイルランド人」であった。一方、ブルーリボン委員会も、ダンのオスプレイを打ち切るという結論を変えることはなかった。

ダンは、オスプレイに対する自分自身の情熱を持ち続けるに足りる資質を有していた。１９５４年に米国海軍兵学校を卒業したアイオワ州出身のダンは、海軍ではなく、空軍に入隊した。その頃は、空軍に入った方が海軍や海兵隊に入るよりも早くパイロットになることができたからである。

23年間の空軍での勤務の間に固定翼機およびヘリコプターの全機種を操縦したダンは、コロラド大学で航空工学の修士号を取得した。１９６０年代の初頭、彼は、ＨＨ－３というシコルスキー社製ヘリコプターの飛行試験部長を務めた。その航空機は、ベトナム戦争において撃墜されたパイロットを救出するために用いられたヘリコプターの改良型であり、食品会社のマスコットの名前である「ジョリー・グリーン・ジャイアント」というニックネームで呼ばれていた。空軍での勤務の最後の6年間をワシントンで議会担当連絡士官として過ごしたダンは、ペンタゴンや国会議事堂での政治的駆け引きのやり方を学んだ。１９７７年に空軍を退役すると、あまり駆け引きが好きな方ではなかったが、マーチン・マリエッタ社に最高クラスのロビイストとして採用された。１９９１年にマーチン・マリエッタ社を退職すると、フロリダに移り住み、自分のアイルランド人としてのルーツを調査しながら9年間を過ごしていた。ただし、その間も引き続き航空界の動向を把握し続けた。２０００年4月にオスプレイがマラーナで墜落し、19名の海兵隊員が死亡した時には、自分自身を予言者のように感じた。議会担当連絡将校であったダンは、１９８１年のパリ航空ショーでバリー・ゴールドウォーター上院議員をエスコートし、ＸＶ－15が飛ぶのを見ていた。その後、ゴールドウォーターと、その親友であるベル・ヘリコプター社のロビイストのジョージ・トラウトマンに、ティルトローターは「事故が起きるのを待っている」ような飛行機だ、と言った。トラウトマンは、大いに憤慨していた、とダンは私に言った。しかし、その後、ＸＶ－15を操縦したゴールドウォーターは、オスプレイの強力な支持者となってしまった。

翼端にローターを配置した、ティルトローターのサイド・バイ・サイド方式のローターは、安定性に欠き、一方のローターの推力が他方とのバランスを失った場合に、制御不能なロールに陥りやすいとダンは確信していた。彼は、オスプレイに何十件もの欠陥を見つけたが、最も重大なものは、そのローターの大きさと形状であった。オスプレイのローターは、強襲揚陸艦に適合させるために、その大きさに制約を受けていた。ダンは、それは、ヘリコプターとして飛行する際に問題なく機能するためには小さすぎると確信していた。また、それは、飛行機として飛行する際にプロペラとして機能させるため、ヘリコプターのローターよりもはるかに強くねじられてもいた。ベトナム戦争でヘリコプター・パイロットたちが行った「急速旋回上昇」をするように操作した場合、オスプレイのローター・ブレードは、少なくともその長さの一部分が失速する、つまり、必要な推力を発生しなくなる、とダンは確信していた。ローターが小型であるということは、ディスク・ローディング（回転面荷重）が大きくなるということである。ディスク・ローディングとは、通常飛行時の機体重量において機体を浮かせるために必要な単位面積あたりの推力の大きさを表す数値であり、その単位には、ポンド毎平方フィートが用いられる。オスプレイのディスク・ローディングは、通常の軍用ヘリコプターの２〜４倍に相当する20ポンド毎平方フィート（98キログラム毎平方メートル）以上である。オスプレイのローター・ダウンウォッシュが非常に強いのはこのためであった。オスプレイのローターの大きなねじれとその軽い重量、そして高いディスク・ローディングは、両方のエンジンが停止した場合に、ヘリコプターにおいては常に可能であるものとして期待されている「オートローテーション」が、決してできないことを意味する、とダンは確信していた。オートローテーション中のヘリコプターは、動力がなくなっても、楓《かえで》の種が落ちる時のように、ローターの大きさや形状により自分自身を十分に速い速度で回転させ、機体を制御しながら地上に降下するために必要な揚力を発生できるのである。

１９８０年代の当初、マーチン・マリエッタ社にいたダンは、オスプレイに対する彼の主張を１枚の書類にまとめると、それを主要な議員の側近たちに渡し、ティルトローターの製造は誤りであることを議員たちに説得しようとしたが、失敗に終わっていた。それから数年間は、オスプレイにあまり注目していなかった。しかし、2000年11月、オスプレイは「運用に不適合」であるという国防総省試験部長フィリップ・コイルの宣言を読んだダンは、この件に関する長い電子メールをコイルに送った。ダンは、価格が手頃で安全な航空機になることがあり得ないオスプレイは、「アルバトロス（アホウドリ）」と呼ばれるべきである、とコイルに語った。「何かお手伝いできることがあれば、ご遠慮なくお知らせください」と申し出た。コイルは、ダンの好意に感謝を表するとともに、2000年11月17日付のオスプレイのOPEVAL（実用性評価）に関する文書のコピーを送った。

マーチン・マリエッタ社で勤務していたダンは、ペンシルベニア州の民主党員であるジョン・マーサ下院議員と知り合いであった。海兵隊の退役軍人である彼は、下院歳出委員会の国防小委員会の議長として大きな権限を持っていた。ニュー・リバーでの事故が発生した2000年12月11日の次の日、ダンは、マーサにオスプレイ計画の中断を促す電子メールを送った。返信はなかった。

翌年の春、ブルーリボン委員会（政府任命の学識経験者による会議）が報告書を提出した後、ダンは、委員会のメンバーであるオーガスティーンに、自分の事務所や自宅から電話で連絡を取ろうとしたがつながらなかった。このため、新たな主張をまとめた文書を電子メールで送付した。「あなたは、自分自身の健全性を維持するため、V－22構想をことさらに支持する者たちとの関係を断ちたいと思っていることでしょう」とダンは書いた。最初は、ダンのオスプレイへの反対意見に関心を持っていたオーガスティーンであったが、数週間後には、その意見を誤っていると判断し、その旨を電子メールで返信した。オーガスティーンは、委員会はもう存在していないことと、ある国防総省職員の名前と電話番号を知らせ、「さらなる情報があれば」そこに連絡するようにダンに伝えた。

ダンは、友人の元HH－3ヘリコプターのパイロットたちで構成される団体である「ジョリー・グリーン協会」のメンバーたちに電子メールを送って、オスプレイ計画を中断するための援助を依頼した。その中には、この問題に関心を示し、情報や意見の交換を始めた者も数人いた。ダンは、それに励まされた。その後、新しいブッシュ政権の兵器調達部署の長である調達担当国防次官に、エドワード・C・オルドリッジ（コードネーム「ピート」）が指名される予定であることを知った。ダンは、オルドリッジのことを何年も前から知っていた。

テキサス生まれの航空工学技術者であるオルドリッジは、1960年代以降、国防総省や軍需企業で、空軍長官やその他の強大な影響力を持つ職務を経験していた。ダンとオルドリッジは、ダンがマーチン・マリエッタ社であるミサイル計画の営業を担当しており、オルドリッジが空軍省次官としてその宇宙計画を担当していた1980年代からの知り合いであった。オルドリッジが2001年5月に国防次官としての新しい仕事に取り掛かる前から、ダンはオスプレイに反対する自分の主張の一部をオルドリッジに送っていた。オルドリッジが就任宣誓を行ったその日、ダンは、オスプレイ計画を中止すべき「確かな根拠」を持っている、という電子メールを送った。ダンは、オルドリッジに電話をくれるように頼んだが、オルドリッジは、取り合わなかった。3日後、ダンは、オスプレイについて書いた意見書をオルドリッジに電子メールで送った。その意見書には、オスプレイのローターは、「重大な設計上の欠陥と安全上の問題を有している」と記載されていた。ダンは、その意見を他の国防総省関係者や、議会の会計検査機関であるGAO（会計検査院）にも送った。その際、その意見書は、退役した戦闘経験のあるヘリコプター・パイロットやテスト・パイロット、そして技術者たちで構成されたグループによって書かれたものである、と書き添えた。

ドナルド・ラムズフェルド国防長官から、オスプレイに関する対処は任せる、と言われていたオルドリッジは、最初の頃は、オスプレイ計画を中止する方向に気持ちが傾いていた。ヘリコプターと比較した場合のオスプレイの速度は、明らかな利点を有していたが、オルドリッジには、それが予算の増加に見合ったものであるという確信が持てなかった。ボルテックス・リング・ステートに関し、サイド・バイ・サイド方式のローターを持つオスプレイがヘリコプターよりも脆弱なのではないかという疑問、強力なダウンウォッシュによって生じる潜在的な問題点、「極めて良くない」整備実績、戦闘において十分な機動性を有しているかどうかという疑問、加えて、そのすべての問題点を修復するために必要なコストを考慮すると、オスプレイの価値は「限界収益点」にあると思われた、とオルドリッジは数年後に私に語った。「私はまさに、それを中止しようとしていました」しかし、海兵隊は、「その飛行機を手に入れようと、必死でした」海兵隊がオスプレイを手に入れるための正当かつ論理的な唯一の方法は、オスプレイを改修し、本来であれば当初の段階において行われるべきであった厳しい飛行試験を行って、それに合格させることであった。

オルドリッジは、ハリー・ダンのオスプレイに関する主張には妥当なものもあると思ったが、それについてダンと話し合いたいとは思わなかった。オルドリッジがダンに関して最も鮮明に覚えていることは、1980年代にノーマン・オーガスティーンとの会談をアレンジした男であったということであった。その時、オルドリッジは空軍省次官であり、オーガスティーンはマーチン・マリエッタ社の重役であった。2001年6月、ダンからのメッセージをすべて読んだオルドリッジは、これ以上メールを送ってもらう必要はないことを匂わせる電子メールを送った。「私は、この計画を続行するかどうかを決定しようとしている最中です。しかし、それは私自身の方法で行う必要があります」とオルドリッジは書いた。オスプレイに関し、海軍長官のゴードン・イングランドと話し合ったことも書いた。「彼は、状況を完全に把握できています。我々は、共に意思決定を行います。尊敬を込めて、ピート」

その数日前、オルドリッジは、海軍省に対し、ブルーリボン委員会（政府任命の学識経験者による会議）が行った勧告の実施計画を立案するように伝えていた。差し当たり、ベル・ボーイング社の生産ラインを維持するために最低限必要な製造予算の供給を議会に要求することを認める、とオルドリッジは海軍に述べた。その上で、前任者が行ったオスプレイのＦＲＰ（全規模生産）移行を決定する権限の海軍省への委譲を取り消した。その決定は、オルドリッジが自ら下すことになるのであった。

＊　＊　＊

その春、国中の新聞や雑誌が、オスプレイに関する数多くの論文を発表した。それらの論文は、オスプレイの事故、その長期にわたる高額な経費、そして、それを生きながらえさせてきた数々の政策を検証するものであった。その中には、海兵隊が、このような高価な航空機を必要としていることを疑問視するものもあった。オスプレイの安全性について、問題点を指摘するものも多かった。カート・ウェルダン下院議員は、ブルーリボン委員会の報告が公表されると、直ちにオスプレイの汚れたイメージの払拭に取り掛かった。

５月９日、共和党員のウェルダンは、ミネソタ州の民主党下院議員のジェームズ・オバースターと共に、ティルトローター・テクノロジー連合を復活させることを発表した。下院航空小委員会の委員長であったオバースターは、１９９０年にＸＶ－15の国会議事堂への着陸をお膳立てしたことがあった。議会と企業の支持者たちで構成されるその連合は、10年前に、ディック・チェイニーのオスプレイを打ち切ろうとする企てを阻止するための議会への陳情を支援した組織であったが、その後は、何年にもわたって休眠状態となっていた。また、下院軍事委員会の調達小委員会の議長であるウェルダンは、5月21日にフィラデルフィア海軍工廠においてオスプレイに関する公聴会を開催することを発表した。「問題の元凶は、否定的な宣伝なのです」彼は、フィラデルフィア・インクワィアラー紙に語った。オスプレイは、「全米のメディア各社」により政治的に叩かれてきた、と彼は述べた。議員たちの大多数は、「国防問題に興味がないのです。だから、事故の見出しを見て、この計画は深刻な問題を有していると思い込んでしまうのです」

メディア報道は、オスプレイに関わっている多くの人々の士気を低下させていた。このプロジェクトに関わっていたＮＡＶＡＩＲ（海軍航空システム・コマンド）の技術者やテスト・パイロットたちは、ブルーリボン委員会が、オスプレイにもう一度チャンスを与えるように国防総省や議会を促したとしても、再びプラグが引き抜かれるのは時間の問題ではないか、とまだ疑っていた。オスプレイが生き残ったとしても、それが飛行を再開するには長い時間が必要であった。ＮＡＶＡＩＲや企業では、新しい職場や役職を探す者も少なくなかった。その年も、オスプレイから離れてゆく者が後を絶たなかった。

ブルーリボン委員会がその報告書を公開すると、スパイビーやベル社とボーイング社の部長や重役たちは、メディア報道のことをあまり心配しなくなった。それよりも、オルドリッジが委員会の勧告に従うかどうかが心配であった。ある情報源から、ハリー・ダンがオスプレイを酷評する電子メールを政府高官たちに送っている、と聞いたスパイビーは、危機感を抱いた。スパイビーは、政府高官たちがダンのような者から話を聞くことを恐れた。その電子メールは、パイロットや技術者たちが「レッド・リボン委員会」と呼ぶグループの立場で書かれていたからである。

スパイビーがベル・ヘリコプター社の若き営業担当者であった頃、ダンは空軍で勤務していた。スパイビーとダンは、その頃からの知り合いであった。ダンがマーチン・マリエッタ社に就職してからも、航空展示会で出会うことが多く、1年に一度くらいは一緒に食事や飲みに行くこともあった。スパイビーは、ダンにティルトローターについて多くのことを語った。ダンは、空軍特殊作戦に活用できるオスプレイの潜在能力に興味をそそられているように見えた。スパイビーは、ダンが誰に何を言っているのかが知りたかった。6月7日、スパイビーは、古くからの友人であるダンに、次のような電子メールを送った。


ハリー、過去からの声です。

あなたは、昔の自分の立場を捨ててしまったようですね。

最近、V－22について、いろいろなことを書いていると聞きました。それを私にも送って頂けませんか？　よろしくお願いいたします。

ディック

ダンは、用心深い返信を送った。「よう！」彼の返信は、軽いあいさつで始まった。「いつか君が出てくるだろうと思っていたよ」ダンは、ある友人から「我々のやっていることは、全部筒抜けだぞ」と警告されていた、と言った。ダンとパイロットや技術者たちで構成される「40～50名の小さな集団」は、オスプレイに関する膨大な情報を掘り起こし、分析してきた。「しかしながら、その中には、君にとって新しいことは何もないだろう。君が俺たちの成果を欲する本当の目的が分からない」一方、ダンは、スパイビーに、前年にオスプレイがカリフォルニアからメリーランドまで空中給油しながら行ったノンストップ飛行の詳細について資料を送ってくれないか、と依頼した。「君と話ができてうれしい。今後も連絡を取り合おう」彼は、そう結んだ。

2週間後、スパイビーは、ダンに他の情報を送るつもりがあるか、と質問する電子メールを送った。お返しに、ダンは、スパイビーにジョージ・トラウトマンと知り合いか、と質問する電子メールを送った。2人の古くからの友人は、またしても、レスラーのようにお互いの周りを回り始めた。

スパイビーは、挨拶なしで、次のように返信した。

ジョージのことは、よく知っています。
ご希望に沿いたいのですが、まだそちらの成果を見せて頂いていません。
それが存在する、ということしか知らないのですが……

ディック

4日後、ダンは、「G2mil．com」のウェブサイトで、カートン・マイヤーの記事に対するスパイビーの怒りの返信を発見した。それをコピーしたダンは、スパイビーに次の言葉で始まるメッセージと一緒に送った。「おや、おや、親愛なるディック・スパイビーがこんな癇癪《かんしゃく》を起こしたのかい。ひどいことを言うね」ダンは、スパイビーに「正直な回転翼技術者と一緒に、レッド・リボンのメンバーが発見したことを検証する」べきだと言った。

スパイビーは、返信しなかった。しかし、ダンがオスプレイについて何を言っているのか、オスプレイの将来を決定する者たちにそれを聞かせているのかどうか、本当に知りたかった。「G2mil．com」の記事に反応しなければ良かった、と思った。

＊　＊　＊

オスプレイ陣営にとって、明らかなことが1つあった。今度こそ、オスプレイを正しいものにしなければならないということである。海兵隊、NAVAIR、ベル・ボーイング、およびそれらの支持者たちは、すでに2つのボールにバットを振ったが、2回とも空振りだったことを全員が理解していた。ピート・オルドリッジは、3回目のチャンスを与えようとしていた。それを無駄にしたくなかった。

長年にわたって、物事がうまくいかなかったことには、多くの原因があった。元々のJVX（統合次期先進垂直離着陸機）計画の過度に野心的な要求性能、ベル社とボーイング社のスケジュールに関する軽率な保証や故意に安く見積もった価格設定、新しいテクノロジーの過剰な詰め込み、ベル社とボーイング社の50対50のパートナーシップと文化的衝突、強襲揚陸艦から飛び立つ必要性によりもたらされた設計上の妥協、元海軍長官ジョン・レーマンによる固定価格契約の強要、チェイニーのオスプレイ計画を中止しようという企ての間の資金不足、その後のオスプレイをできるだけ早く装備化しようとする海兵隊の圧力。誰もが自分自身の原因リストをもっており、そのために数多くの非難が巻き起こっていた。しかしながら、最大の過ちは、計画を実行するために与えられた時間、つまりスケジュールであった。海兵隊やNAVAIRの指導者たち、ベル社およびボーイング社の重役たち、および関係した他の者たち全員が同意するのは、政治的に困難なことではあったが、オスプレイ計画は「スケジュール駆動型」ではなく、「イベント駆動型」でなければならなかった、ということであった。「イベント駆動型」は、すぐにオスプレイ計画の非公式な方針となり、ほとんどすべてのミーティング、すべての議会での公聴会、すべての記者会見で繰り返し語られるようになった。今度こそは、急ぐことなく、正しく行わなければならなかった。

ＮＡＶＡＩＲの最初のステップは、カリフォルニア州マウンテンビューのＮＡＳＡエイムズ研究センターに、オスプレイに関する2つの疑問についての研究を依頼することであった。そこは、30年以上前に、ティルトローターに関する研究が開始された場所でもあった。その2つの疑問とは、ブルーリボン委員会（政府任命の学識経験者による会議）がさらなる研究が必要だと指摘したボルテックス・リング・ステートとオートローテーションであった。その調査を行うＮＡＳＡ委員会を立ち上げ、その委員長を自ら務めることにしたエイムズ研究センター所長のヘンリー・マクドナルド博士は、11名の専門家を集めた。その中には、博士号を持ち回転翼航空機の研究を続けてきた「賢人」たちだけではなく、数名のテスト・パイロットも含まれていた。そのうちの1名は、ＮＡＶＡＩＲのオスプレイ飛行試験チームを率いた経験を有していた。マクドナルドは、さらに27名の専門家をアドバイザーに指定し、その助言を受けられるようにした。そのうちの12名は、ＮＡＳＡ（航空宇宙局）のエイムズ研究センターから選ばれたが、それ以外は、5名のテスト・パイロットなど、ほとんどがオスプレイに関わる仕事をしてきた者たちであった。マクドナルドから最高のティルトローター専門家を差し出すように依頼されたベル社は、2名の上級技術者とディック・スパイビーを送り込んだ。

ＮＡＳＡ委員会でアドバイザーを務めることになったスパイビーは、オスプレイに欠陥があると考える者が、ハリー・ダンだけではないことを学んだ。その発見は、スパイビーの中の親としての保護本能に似た何かに火をつけた。

2001年6月、その委員会が開催され、招集された専門家たちによるブリーフィングが行われた。その専門家たちの中の1人が、IDA（国防分析研究所）のアーサー・リボロ（コードネーム「レックス」）であった。連邦政府が資金を供給している何百という研究機関の内の1つであり、政府との長期契約を締結したIDAは、国防総省OT&E（実用試験・評価部）の依頼を受け、オスプレイのモニターを行っていた。リボロは、1990年代の初頭からIDAで研究に関わっていたが、その若さでこの研究機関の仕事に加わることは、異例のことであった。

リボロの黒い髪とオリーブ色の肌は、彼がイタリア人の血を引いていることを示していたが、言葉のアクセントは、完全にニューヨークのものであった。1955年、リボロが11歳の時、彼の両親は、イタリアのジェノバからニューヨークのクイーンズに移り住んだ。子供の頃から飛行機にあこがれていたリボロは、ブルックリン・ポリテクニック大学で航空宇宙工学の学位を取得し、その後、空軍の戦闘機パイロットになり、F－4ファントム戦闘機の操縦士としてベトナム戦争に参加した。帰国したリボロは、ロングアイランドのニューヨーク州立大学ストーニーブルック校で物理学の博士号を取得した。操縦を続けるためにロングアイランドにある空軍州兵に入隊したリボロは、ヘリコプターへの機種転換訓練を受けた。ジェット機の部隊は家から遠く離れていて、通勤に時間がかかりすぎたからであった。リボロは、ペンシルベニア大学で宇宙物理学を6年間教えた後、航空関係のベンチャー・ビジネスを始めたが、失敗してしまった。そんな彼がIDAに入所したのは、1992年のことであった。

1990年代の後半、リボロは、MOTT（多用途実用試験チーム）と長期間にわたり行動を共にした。MOTT指揮官のキース・スウェーニー中佐たちと一緒に、オスプレイの操縦も行った。

そして、1人のパイロットとして、オスプレイを愛するようになった。ヘリコプターのように離着陸でき、飛行機のように飛べるオスプレイの能力を「セクシー」だと思ったのである。ティルトローターは、民間の航空輸送にも最適であると信じていた。一方、時間が経つにつれて、オスプレイは、敵火の下で降着地域に部隊を送り込む航空機としては適当でない、と考えるようにもなった。

リボロは、オスプレイには、戦闘用航空機として、主に2つの欠陥があると考えていた。第1に、ハリー・ダンと同じく、オスプレイは、両方のエンジンが被弾したり故障したりした場合に、オートローテーションで安全に着陸することができないと考えていた。第2に、２０００年4月のマラーナでの事故の後、サイド・バイ・サイド方式のローターは、ボルテックス・リング・ステートに対して許容できないほどに脆弱であると考えるようになった。ボルテックス・リング・ステートとは、ローターが自分自身のダウンウォッシュの中に高い速度で入りすぎ、必要な推力を生み出すことができなくなる危険な状態をいう。２００1年、ＮＡＳＡ委員会で証言を行ったリボロは、オスプレイの飛行試験の進捗状況について、ＮＡＶＡＩＲの職員たちが彼のことを欺いてきたと感じるようになった。その後、部内で最も断固としたオスプレイ批評家の1人になった。

リボロは、多くのヘリコプター・パイロットたちと同じように、戦場に向かう回転翼機にとって、オートローテーション能力は必要不可欠な安全機能であると考えていた。米軍は、ベトナム戦争中に何千機ものヘリコプターを失ったが、オートローテーションで助かった者も多かったと確信していた。オートローテーション能力は、ヘリコプターにおいては常に期待されている能力であった。しかし、ヘリコプターと飛行機のハイブリッド機であるオスプレイについては、それがまだＪＶＸ（統合次期先進垂直離着陸機）と呼ばれていた頃から、その要求性能にオートローテーションで着陸できることが含まれているのかどうかについて、様々な解釈が存在していた。ＪＶＸの要求性能の原文には、次のように記載されている。「飛行中にすべてのエンジン・パワーが失われた場合、本機は、生存可能な緊急着陸を行うため、パワー・オフ状態での滑空またはオートローテーションを実施できなければならない」ヘリコプターとは異なり、翼を持っているティルトローターは、飛行機のように飛ぶことができる。このため、理論的には、オスプレイの両方のエンジンが失われた場合、ローターを上方に向けてオートローテーションをしなくとも、ローターを前方に向けたまま安全に滑空することができるはずである。飛行機のように着陸すると、オスプレイの長いローターが地面に衝突してしまうため、ローターは、何かに衝突すると、機体の中まで飛び込んで来るような大きな塊ではなく「竹ぼうき」のような小さな断片に砕かれるように設計されていた。１９９５年、ＮＡＶＡＩＲと海兵隊が、国防総省の高官レベルの委員会でＬＲＩＰ（低率初期生産）の承認を得ようとした時、オスプレイのオートローテーション能力に関する暗黙の要求事項は、さらに骨抜きにされた。その要求性能は次の事項のみを記載するように改められた。「パワー・オフ状態での滑空またはオートローテーション。オスプレイは、緊急着陸においても生存性（サバイバビリティ）を有していなければならない」

リボロは、公式の要求性能がどうであれ、オスプレイには、ヘリコプターのようにオートローテーションで着陸できることが必要であると考えた。そして、１９９０年代の後半、飛行試験においてオートローテーション着陸が行われることをＮＡＶＡＩＲに確認した。「『試験は、進行中です。予定よりも遅れていますが、確実に進捗しており、何も問題はありません』と聞かされていたのです」とリボロは私に語った。「それは、真っ赤なウソでした」

その頃、開発テスト・パイロットたちは、オスプレイのオートローテーションに関する飛行試験を行っていた。高高度でエンジンをアイドルにしてローターと切り離し、降下を行ったのである。ローターはオートローテーションに入ったが、パイロットたちは、そのままオスプレイを着陸させることは危険すぎる、と結論付けた。オートローテーションで着陸することは、ヘリコプターにとっても離れ業である。それを成功させるためには、パイロットは、地上近くまでヘリコプターの揚力を維持し、その後、一瞬上昇させ、フレアー（減速）をかけてから着陸する必要がある。そのためには、エンジン・パワーが無い状態で慣性力だけで回り続けているローターから、最後のひと絞りの揚力を絞り出す必要がある。パイロットたちは、オスプレイのプロップローターは直径が比較的小さくかつ強くねじられているため、オートローテーション時の降下速度が大きく、着陸の末期において必要な揚力を発生するには慣性力が小さすぎる、と判断したのであった。それにもかかわらず、１９９０年代の後半、「ベル社とボーイング社には、オスプレイは安全にオートローテーション着陸ができる、と主張する者が数多くいたのです」と、あるオスプレイの元開発テスト・パイロットは、私に語った。「私たちテスト・パイロットは、『いいや、できない。それは、シミュレーターでしかできないスタント（曲芸）だ』と言ったのです。シミュレーターで安全なオートローテーション着陸を1回行うためには、９回失敗することでしょう」その操作はあまりにも難しすぎた。テスト・パイロットたちは、オスプレイのシミュレーターで墜落せずにオートローテーション着陸ができるかどうか、ビールを掛けたものであった。

ただし、オスプレイがヘリコプターと同じようにオートローテーションで着陸できないことは、1つの欠点ではあるものの決定的なものではない、ということに関しては、テスト・パイロットたちも、オスプレイ計画の管理者たちに同意していた。現代のタービン・エンジンの信頼性を考えると、通常の飛行中に両方のエンジンの出力を失う確率は、天文学的な数字であると計算されていた。確かに、「ホット（交戦中）」の降着地域に進入において、エンジンが被弾する可能性はあった。しかしながら、２つのエンジン・ナセルは、約14メートル離れており、一度に両方のエンジンが被弾する可能性は極めて低いと彼らは結論付けた。しかも、インターコネクティング・ドライブシャフトがエンジンのパワーを両方のローターに伝えるので、片方のエンジンが停止してもヘリコプター・モードで安全に着陸できると考えられていた。

リボロは、そのような考えに賛成できなかった。オスプレイのＯＰＥＶＡＬ（実用性評価）が始まる直前の１９９９年に、ＮＡＶＡＩＲがオートローテーション着陸を行うというアイデアをかなり以前から捨ててしまっていたことを知った時、「本当に頭にきたのです」と彼は私に語った。

リボロは、２０００年4月のマラーナでの事故の後、ボルテックス・リング・ステートも、海兵隊がオスプレイで戦場において兵員を輸送すべきでない理由の1つであると考え始めた。多くのパイロットや航空技術者でさえもそうであったが、その時、リボロはボルテックス・リング・ステートのことをあまり知らなかった。その現象は、何十年も前から認識されてはいたが、いくつかの理由により、それに関する研究はほとんど行われていなかった。第1に、低速度で飛行中に高すぎる降下率で降下しないようにすることによって、ボルテックス・リング・ステートは回避できる、と一般的に考えられていた。その標準的限界は、40ノット（時速約75キロメートル）以下の前進速度においては、毎分８００フィート（約２４５メートル）以上で降下しない、というものであった。第2に、ヘリコプターがボルテックス・リング・ステートに入ってしまった場合、機体が小刻みに揺れるので、パイロットは、通常、直ちにそれを認識できるし、航空機が地上ギリギリを飛んでいない限り、比較的簡単にその状態から抜け出せるはずであった。単にヘリコプターの機首を前下方に傾け、「清浄な空気」の中に飛び込むことで、ローターが自分自身のダウンウォッシュを攪拌している状態から脱出できるのである。しかしながら、マラーナでオスプレイがボルテックス・リング・ステートに入った時には、急激な右ロールに陥ってしまった。リボロは、サイド・バイ・サイド方式のローターを持つティルトローターにとって、この現象はヘリコプターよりも危険なのではないか、という疑念を持った。

マラーナでの事故の後、リボロは、ボルテックス・リング・ステートの理解を助けてくれる専門家を探し回った。彼が見つけ出したのは、メリーランド大学の航空宇宙工学教授で42歳のJ・ゴードン・リーシュマンであった。彼は、ヘリコプターのローターと、それに影響を及ぼす空気流の性質について研究していた。リーシュマンは、この問題に関する何十もの学術論文の著者または共著者であった。２０００年5月には、「ヘリコプター空気力学の原理」という本を書き、ケンブリッジ大学出版局から出版していた。ＩＤＡ（国防分析研究所）と契約を結んだリーシュマンは、教え子である大学院生たちと一緒に考案したコンピューター・モデルを使用して、オスプレイのローターの挙動に関する計算を行った。その計算の目的は、ローターにより生成される空気流が、オスプレイがボルテックス・リング・ステートに陥る危険性に及ぼす影響を確認することであった。リーシュマンは、オスプレイのローターの周りのダウンウォッシュなどの空気流は、ヘリコプターのローターとは異なる様相で相互に衝突し、降下中の空力的挙動を予測困難なものにしている、と結論付けた。

リボロは、リーシュマンの調査結果を武器に、国防総省試験部長のフィリップ・コイルを説得し、２０００年11月のオスプレイのＯＰＥＶＡＬ（実用性評価）に関する報告で、整備上の問題だけではなく、戦闘用航空機としての欠陥のため、オスプレイは「運用に不適合」である、と宣言させようとしたが失敗した。もし、それが宣言されたならば、海兵隊は、オスプレイ計画のマイルストーンⅢ通過を諦める可能性があった。コイルは、リボロの見解をブルーリボン委員会に提出することを拒絶した。しかし、その数ヵ月後、オスプレイに関するNASA委員会がリボロとリーシュマンを召致し、専門家としてプレゼンテーションを行わせたのであった。スパイビーは、この２人のどちらが言うことも気に入らなかった。

その時点では、リボロは、ボルテックス・リング・ステートに関して、自分自身の理論を見出していた。それは、リーシュマンの結論をはるかに超えたものとなっていた。戦場におけるパイロットは、それを禁止する規則があるにもかかわらず、遅い対気速度における急激な降下を行いがちである。リボロは、自分自身の経験からそう考えていた。また、回転翼機がボルテックス・リング・ステートに入り込むのには、別な場合もある、とリボロはNASA委員会で述べた。山腹の上空でホバリング中に、下方からのガスト（突風）がローターに当たった場合にもそれは起こりうる。オートローテーションのフレアー（減速）の最中に、パイロットがタイミングを外した場合にも起こりうる。ローターの下方からの空気流がそのダウンウォッシュと等しくなった場合には、いつでも起こりうるのである。そして、そのような状況は、地面に近いところで起こる可能性が最も高い、と彼は主張した。ローターが胴体の上にあるヘリコプターは、そのような状況に陥っても、十中八九、回復が可能であるが、オスプレイは必ず墜落する、とリボロは断言した。オスプレイのようにサイド・バイ・サイドにローターを配置した航空機は、片方のローターがボルテックス・リング・ステートに入ると、急激なロールを引き起こすからである。ヘリコプターは、ボルテックス・リング・ステートから、比較的容易に抜け出すことができる。それでも、自分の研究によれば、ヘリコプター事故の３件のうち１件の本当の原因はこの現象なのである、と彼は付け加えた。

リボロは、オスプレイは死の罠だ、とまで言った。スパイビーは、仰天した。ヘリコプター事故の3件に1件はボルテックス・リング・ステートが原因で発生している、という彼の理論は、どう控えめに見ても奇抜な理論であった。「レックス、今言ったことについて、どんな根拠があるんですか？」スパイビーは、NASA（航空宇宙局）でのミーティングで彼に尋ねた。「私は、米国内で発生したすべてのヘリコプター事故を把握しています。毎日、私の机に届くのです。私は、事故報告書も読み、それを理解しているつもりですが、そんなことは書かれていません。何の根拠があって、そんなことを言うのですか？」

リボロは、主要なヘリコプター事故の内、ボルテックス・リング・ステートに起因するものは、FAA（連邦航空局）の統計では8パーセントだけであるが、実際には、オートローテーションに失敗したものなど、ハード・ランディングに起因するものを含めるべきである、と答えた。「私は、自分がこの世界でボルテックス・リング・ステートを理解している数少ない者の1人だ、と思っています」とリボロは私に語った。「ヘリコプターのハード・ランディングがどうして起こるか、ご存知ですか？　ハード・ランディングとは、パイロットが高度を維持するために必要なパワーを失ったために起こるのです。それは、つまり、ボルテックス・リング・ステートなのです。よって、FAAがハード・ランディングに分類した個々の事故は、すべてボルテックス・リング・ステートなのです。また、オートローテーションが失敗するのは、その最終段階でボルテックス・リング・ステートに入ったからなのです。私が説明したのは、そのメカニズムがどのようにして起こるのかということなのです」

リボロの理論は彼の日頃の行いと同じくらいに型破りなものである、とNASA委員会のメンバーやアドバイザーたちが判断してくれたのが分かると、スパイビーは安心した。スパイビーがリボロに質問してくれたことに感謝する者もいた。しかし、スパイビーは、まだ不安を感じていた。

国防総省OT&E（実用試験・評価部）の依頼を受けて研究を行っているIDA（国防分析研究所）の専門家としての地位が与えられているリボロは、国防総省に対し相当な影響力を持っていると考えられた。これは好ましいことではない、とスパイビーは思った。

航空宇宙工学教授のリーシュマンがオスプレイのローター・ウォッシュに関する研究成果をNASA委員会で披露した時、その場に居合わせなかったスパイビーは、後からそのプレゼンテーションの内容を聞いた。リーシュマンの計算は複雑であったが、原則論として、サイド・バイ・サイド方式のローターを持つオスプレイは、降下時、必然的に各ローターが反対側のローターにより乱された空気の中を飛行することになる、と結論付けた。それが及ぼす影響については、まだ、十分に研究が進んでいないが、遅い前進速度における速い降下速度以外の状態においても、オスプレイはボルテックス・リング・ステートに入る可能性があるのである。例えば、戦闘地域への着陸時に敵火を避けるため回避操作を行った場合などである、とリーシュマンは言った。

スパイビーは、リーシュマンが言ったことを聞いた時、リボロのプレゼンテーションを聞いた時と同じくらいの不安を感じた。スパイビーは、リーシュマンが、ローターによって生成される渦の強さや持続時間を著しく誇張していると確信した。「彼が話していたのは、それらすべての渦の中で運用することが危険だ、ということなのです」とスパイビーは私に語った。「しかし、ヘリコプターは、常にそれをやっているんですよ」スパイビーは、また、ティルトローターがヘリコプターよりもボルテックス・リング・ステートに脆弱である、というようなことはないという自信があった。２０００年の秋にテスト・パイロットたちが行った、オスプレイをボルテックス・リング・ステートに入れようとする数件の試験は、すでにそのことを示唆していた。

リーシュマンのブリーフィングの内容にイライラしていたスパイビーは、ある日、リーシュマンが教授として勤務しているメリーランド大学に行き、彼の同僚の元に駆け込んで苦情を言った。リーシュマンの見解は「非科学的である」とスパイビーはその男に言った。スパイビーが来たことを聞いたリーシュマンは憤慨した。リーシュマンがＩＤＡにおける研究で得ていた報酬はわずかなものであったが、彼のオスプレイに対する思いは、科学的なものであった。ベル社は、自分の研究が厄介なものだと思うならば、なぜ、自分を陰で中傷したりせずに、フォートワースに自分を招待して、それをについて話を聞こうとしないのか、と疑問に思った。その会社にとっては、数十億ドルの金がかかっているからではないか、と彼は考えた。

しかし、スパイビーが考えていたのは、金のことではなかった。彼が考えていたのは、もっと崇高なものであった。彼のオスプレイへの信仰は、一度も揺らいだことがなかったのである。スパイビーは、オスプレイの事故は回避できたものだったし、適切な訓練を行えば今後は回避できる、と確信していた。オスプレイは安全な航空機になれるし、それが装備化されれば多くの命を救えると信じていた。その速度は、海兵隊や特殊作戦部隊による奇襲作戦の遂行を可能とし、より少ない死傷者で敵を撃破することに貢献することであろう。その速度は、より迅速に負傷者たちを医療機関に後送し、その命を救うことに役立つであろう。「道の半ばにして多くの命を失ったという事実は、耐えがたいものでした。しかし、それがために、この先にもっと多くの命を救うことが約束されていると信じるものを諦めることはできないのです」スパイビーは、その理由を私に説明した。「残念ながら、そこに至るまでには、失敗を避けて通ることができないのです。すべての航空機開発には、何らかの夢があるのです。そして、その夢は、受け持ち区域にあるのです」

スパイビーがリーシュマンの同僚と会って、彼のことを非難したのは、自分の人生を捧げてきた夢が、危険にさらされていたからであった。それを守るために必要なことならば、少々嚙みついたり、蹴とばしたりするくらいのことは何とも思わなかったのである。

＊　　＊　　＊

NASA委員会は、「V－22の安全かつ秩序ある開発や装備化を妨げる、いかなる既知の空力的現象も存在しない」と結論付けた。その一方で、国防総省に対し、飛行試験、特にボルテックス・リング・ステートに対するオスプレイの脆弱性を検証する試験を「遅滞なく」再開するように勧告した。委員会は、ニュー・リバーでの事故によりオスプレイ全機が飛行停止となる前に行われた試験に基づき、オスプレイは、ヘリコプターに比べてボルテックス・リング・ステートに陥りやすいことを示唆する証拠が存在する、と述べた。さらに、委員会は、プロップローターを翼端に装備する「ティルトローター機は、ボルテックス・リング・ステート領域に深く入り込むと、意図しないロール挙動に陥る可能性がある」ことを認めた。しかし、その一方で、その試験結果は、オスプレイがその状態から容易に抜け出せることを示している、とも述べた。パイロットは、単にオスプレイのローターを前方に傾け、「清浄な空気」の中に飛び込むだけで良いのである。

また、NASA委員会は、オートローテーションに関し、オスプレイがヘリコプター・モードで飛行している場合に「完全なパワー・オフ状態で着陸することは、現実的ではない可能性がある」ことを認めた。そして、オスプレイがエンジン停止状態で着陸する際に推奨される方法は、ローターを前方に傾け、飛行機のように滑空状態で着陸することであろう、と述べた。また、オスプレイにオートローテーションができることを要求する必要はない、と付け加えた。

NASA委員会は、また、国防総省に対し、試験を実施するため、より多くの予算、人員および機体をＮＡＶＡＩＲに供給するように勧告した。「当委員会は、Ｖ－22が装備化されたならば、国防における輸送機の役割に、真の革命をもたらすものと確信する」と報告書は述べた。

８月14日、委員長のヘンリー・マクドナルドは、国防次官のピート・オルドリッジに、委員会の調査結果についてブリーフィングを行った。次の日、オルドリッジは、国防総省で記者会見を開いた。オスプレイに関する質問に対し、彼は、「私は、判断を留保するつもりです」と言った。「このまま計画を続けると仮定すれば、来年早々に飛行を再開することになります」オスプレイは「非常に複雑な飛行機」なのです、とオルドリッジは言った。「その飛行性能には、明らかになっていない部分が多くあります。信頼性の向上に関しても、まだ、明らかになっていないことが一部残っています。量産を再開するまでにどのくらいの実飛行試験を行うのか、ということに関しては、確実なことは言えません。それは、決定することが非常に難しい問題であり、直ちに決定するつもりもありません」

＊　＊　＊

ＮＡＳＡ委員会がその役割を終えてから1ヵ月も経たない２００1年9月11日、4機の民間ジェット旅客機がアルカーイダのテロリストたち乗っ取られ、そのうちの2機がニューヨークのワールド・トレード・センターに、1機がペンタゴンに激突した。4機目の旅客機は、乗客によりコックピットが襲撃された後、ペンシルベニア州の田園に墜落した。10月7日、アルカーイダの指導者であるオサマ・ビン・ラディンをかくまっている、アフガニスタンのイスラム教原理主義者たちの組織であるタリバンに対し、米国の艦船および航空機によるミサイルおよび航空攻撃が開始された。すでにアフガニスタンに侵入していた米国の特殊作戦部隊は、タリバンの敵を支援し始めていた。世界中の人々が米国による本格的な侵略の開始を予想していた。米国によるアフガニスタンへの航空攻撃が開始されてから4日後、カート・ウェルダン下院議員は、フォートワースのスター・テレグラム紙に、オスプレイのための追加予算の承認を議会に要求するつもりである、と述べた。高い高速性能と垂直離着陸能力を有するオスプレイは、アフガニスタンの広大で険しい地形において、米軍の部隊を輸送するのに理想的な手段である。「すでに準備が整っているあの飛行機を飛ばすべきなのです」ウェルダンは言った。昨年発生したオスプレイ事故の原因は、すでにほぼ確定している。オスプレイは、1ヵ月か2ヵ月で戦場に向かう準備を整えられるだろう。

オスプレイにとって、苦悩の日々がまだ続いている中、ウェルダンのこの主張は、人々をあきれさせた。ウェルダンは、最もやってはならないことをやってしまったのである。NAVAIR、ベル・ボーイング、および海兵隊は、ブルーリボン委員会（政府任命の学識経験者による会議）とNASA委員会からの勧告に従い、オスプレイをリハビリする方法を整理し始めたばかりであった。ブルーリボン委員会のメンバーであるノーマン・オーガスティーンは、それには少なくとも2年が必要だろう、とスター・テレグラム紙に語っていた。

ウェルダンがオスプレイの状態に関し楽観的な説明を行ったのには、ポーズの部分もあった。年次国防法案が議会を通過しようとしている中、ウェルダンは、オスプレイを製造し続ける理由をできるだけ多く同僚議員たちに提供したかったのである。一方、その発言内容は、9月11日を境に、ワシントンの国防をめぐる議論がいかに変わったかを映し出すものでもあった。その年の初め、議会における主要な国防上の問題は、国防費をどうやって抑制するかということであった。しかし、米国が戦時となったその時、議会は、米国の部隊の勝利に役立つ兵器であれば、何でも持てるようにしようとしていた。その12月に国防法案が成立した時、議会は、次年度に11機のオスプレイを製造し、オルドリッジが要望した再設計および再試験に必要な資金を供給するため、13億ドルの予算をＮＡＶＡＩＲに与えた。一方、その法案は、オスプレイが飛行を再開する30日前までに、油圧系統および飛行制御ソフトウェアに関する欠陥を是正し、ブルーリボン委員会からの勧告に基づいて行った処置について議会に報告することをオルドリッジに要求していた。

12月13日、その国防法案は、議会を通過し、ブッシュの署名を受けるため、政府へと送達された。４日後、ハリー・ダンは、　海軍に関する情報誌であるインサイド・ザ・ネービー誌が、オルドリッジはオスプレイを再設計および再試験するＮＡＶＡＩＲの計画を数日以内に承認すると考えられる、と報じているのを読んだ。オルドリッジの心の中では、その決定が近づいていた。「ずさんな設計」であるとオルドリッジが指摘したワイヤー・ハーネスと油圧配管がこすれ合っているベル社のエンジン・ナセルを作り直すには、　多額の費用が必要となりそうであった。ボルテックス・リング・ステートに対して、オスプレイが過度に脆弱なのかどうか、および戦場において必要とされる機敏性に欠けているのかどうかを確認するためにも、多額の費用が必要となりそうであった。オルドリッジは、その金が本当に必要なのかどうか、確信が持てないでいた。一方、海兵隊総司令官のジム・ジョーンズ大将は、数ヵ月前にオルドリッジの執務室を訪れ、オスプレイ事業の継続を要請していた。海兵隊はオスプレイを必要としている、とジョーンズは言った。

その夏から秋にかけて、ハリー・ダンはオルドリッジに定期的に、場合によっては毎日、電子メールを送って、ダンが言うところの「レッド・リボン委員会」の「調査結果」を支持する根拠を伝えていた。オスプレイのローターは本質的な欠陥を有している、とダンはオルドリッジに言い続けた。オスプレイは、戦闘中に必要となる機動飛行を行うことができないだろう。もしそれを行えば、ローターが失速したり、G荷重により損傷したりする可能性があるとダンは予測した。土埃の舞い上がりやすい環境では、オスプレイの強力なローター・ダウンウォッシュが巻き上げる砂塵の雲がパイロットの視界を遮り、着陸を困難にするであろう。ブルーリボン委員会やNASAが勧告した改修は、時間と予算の無駄になるだろう。ダンの電子メールは、酷評を伴うことが多かった。ベル・ボーイングとNAVAIRが国防総省の監督官たちに設計情報を隠ぺいしていたことも非難した。彼は、国防総省の監察官にそれらを調査させるようにオルドリッジを促した。

最初はダンの主張に説得力のあるものもあると思っていたオルドリッジであったが、すぐにダンの絶え間ないメール攻撃にうんざりするようになり、それを読まなくなった。そこで、ダンはオルドリッジにもう1通の電子メールを送った。そのメールには、オルドリッジが新しい試験飛行計画を承認したことを報じているインサイド・ザ・ネービー誌のクリストファー・カステリのスクープが添付されていた。「(多くの自分の仕事を他の者に任せっきりで行ってきた) 私の個人的努力のすべてが、完全に無駄になったことは、辛く悲しいことです」とダンは書いた。もし、インサイド・ザ・ネービー誌の報道が本当であるならば、一緒に働いてきた「140人以上」の軍のパイロットおよびテスト・パイロットたちと共に、「我々の調査結果と報告書と事実と図表をひとまとめにし、メディアにばらまく」とダンは言った。ダンは、オルドリッジが「正確な事実に基づいて決定する能力を欠いている」と書かれることになるかもしれない、と警告した。

12月21日、オルドリッジは、国防総省での記者会見において、オスプレイ計画の推進を決定したことを正式に発表した。その一方で、今後、オスプレイ計画を中止する可能性も残した。ブルーリボン委員会とNASA委員会は、ティルトローターに根本的欠陥はないと判断したが、「個人的には、まだいくつかの疑問を持っています」と彼は言った。承認される予定の飛行試験計画は、2年間に及ぶものであり、NAVAIRが元々計画していたものよりも、さらに包括的なものになるのであった。ボルテックス・リング・ステートは、試験項目の1つに過ぎなかった。戦場機動、編隊飛行、空中給油に関するオスプレイの能力に加えて、風の強い艦船の甲板上、ホバリング間、砂塵の中での着陸におけるオスプレイの特性も試験される予定であった。「飛行試験の進め方は、スケジュール駆動型ではなく、イベント駆動型で行われます」とオルドリッジは言った。「ある期間内で何かを完遂しようとはしません。海軍長官と私は、飛行試験の進捗状況を定期的に確認し、それを評価します」その一方で、11機のオスプレイの量産は、1年持ち越された。ローターが翼端についている航空機がどれくらい安定しているのかということと、比較的直径の小さなオスプレイのプロップローターが戦場における飛行間に必要な推力を発生し、それによって生じるストレスに耐えられるのかということに懸念がある、とオルドリッジは言った。その試験にオスプレイが合格できるかどうかは分からない、と彼は付け加えた。

＊　＊　＊

その頃、ポール・ロック少佐は、毎朝、ニュー・リバーにあるオスプレイ訓練部隊であるVMMT－204（第204海兵中型ティルトローター訓練飛行隊）に向かうため、意を決してから、やっとベットから起き上がるような日々を過ごしていた。ロックは、海兵隊が好きだったし、飛行するのが好きだったたし、オスプレイを操縦するのが好きだった。しかし、その時、VMMT－204は、すべてのオスプレイが飛行停止状態にあるという悲惨な状況に置かれていた。2000年の2件の事故は、全くもって壊滅的な影響を及ぼしていた。その上、VMMT－204の当時の指揮官であったフレッド・リーバーマンが部下の海兵隊員たちに「嘘」を言うように指示したテープが「シックスティー・ミニッツ」という番組により放送されたのである。ロックは、リーバーマンがその指示を行ったミーティングには参加していなかったが、テレビでそれを聞いて愕然とした。海兵隊士官の口からそのような言葉を聞くことになろうとは、想像したこともなかった。飛行隊の仲間たちと同じく、ロックもそれに続いて起こった事態によって、意気消沈していった。

リーバーマンが飛行隊長を退任した1月18日、海兵隊の監察官たちが、VMMT－204をSWAT（特別機動隊）のように急襲した。コンピューターを押収し、250名近い飛行隊の海兵隊員たち全員からの事情聴取を始めた。同じ日、リチャード・ダニバン大佐が飛行隊の指揮を執ることになった。彼は、墜落事故を起こす直前のクロスボウ08でキース・スウェーニー中佐のために「座席を温め」ていたパイロットであった。それからわずか1週間後、VMMT－204の調査は、国防総省の監察官に引き継がれた。ニュー・リバーに何週間も滞在した監察官たちは、その後も何ヵ月間にもわたって調査を続け、飛行隊を混乱に陥れた。毎朝、その日に面接する20～30人の下士官兵のリストが、監察官たちから渡された。士官たちは、監察官たちから個別に呼び出された。呼出を受けなかったパイロットや整備員たちは、オスプレイ計画が中止されるのかどうかを繰り返し問いかける以外にやることもなく、時間を持て余していた。部隊の士気は大きく低下していた。

監察官の報告では、当該飛行隊は数件の虚偽の整備報告を提出していたが、それはリーバーマンが整備員とのミーティングを行った12月29日以降の2週間だけであったと結論付けられた。その2週間、VMMT－204は、毎日、可動率を100パーセントと報告していた。可動率が突然、改善したことは、明らかに合理性を欠いていた。一方、調査の結果、虚偽の整備報告とオスプレイの事故との間には、何の因果関係も見いだせなかった。また、クリフォード・カールソン伍長による「改ざんは2年以上にわたって行われてきた」という申し立てを裏付ける証拠も発見されなかった。カールソン伍長は、リーバーマンの指示を録音した数ヵ月後に海兵隊から依願退職した。任意で軍法会議に代えて行われた行政手続法第15条に基づく公聴会の後、リーバーマンは、職務怠慢と士官としてふさわしくない行為により有罪となった。また、リーバーマンに可動率の改善を指示したジェームズ・E・シレイニング大佐も、職務怠慢で有罪となった。彼らは戒告に処せられ、昇任のチャンスを損なわれ、または失った。副整備担当士官のクリストファー・ラムジー大尉は、「非可動」の航空機を「可動」として報告に記載するように整備員たちに指示したことを否定した。しかし、虚偽の整備報告について知っていたことから、職務怠慢で有罪とされた。しかしながら、偽証および士官としてふさわしくない行為に関しては、無罪となった。このため、処罰を受けることがなかった。

第2海兵航空団や海兵隊司令部の高級士官たちには、オスプレイがいつ飛行を再開できるのか分からなかったし、ＮＡＶＡＩＲが計画している試験を完了できるかどうかも分からなかった。このため、ＶＭＭＴ－２０４のパイロットや整備員たちを他の飛行隊に転属させようとした。海兵隊司令部には、将来のオスプレイ飛行隊において他のパイロットや整備員たちを訓練できるように、いっそのことＶＭＭＴ－２０４を解散してしまおうと考える者もいたが、それは運用状態で維持されることになった。夏の初め、その部隊のオスプレイは、長期にわたって飛行停止になることが明らかになった。7月の中旬、8名の士官と33名の下士官兵が転出した。秋には、さらに32名の下士官兵の整備員たちがパタクセント・リバーに異動し、ＮＡＶＡＩＲが計画中のオスプレイの再設計と試験の業務を行うことになった。ほどなくして、ＶＭＭＴ－２０４の人員数は、70名程度まで減少し、士官はほとんどいなくなった。航空団と海兵隊司令部の高級士官たちは、パイロットたちに異動してもっと良い仕事に就くようにアドバイスした。かつて、オスプレイ飛行隊に配置されることは、名誉であり、誇りであった。それが、経歴を傷つける、と言われるようになってしまった。自らも異動予定者のリストに載せられたロックは、心を揺り動かされた。自分は、この飛行機を操縦しようとしている最後の男になったと思った。ここの明かりを、最後に消す男になるかもしれない。ロックを除けば、その飛行部隊でオスプレイを操縦したことのある者は、クロスボウ08が墜落した日に1時間の飛行を行ったダニバン大佐だけになってしまった。

ロックが海軍兵学校を卒業した1988年5月25日は、ベル社とボーイング社がフォートワースでオスプレイ初号機をロールアウトさせた日の2日後であった。ロックは、その日から始まった海兵隊員としての自分の経歴が心配になり始めた。メリーランド州のボルチモアで生まれたロックは、軍人の子供として育った。彼の父親は、高校卒業後に入隊し、ベトナムで勤務した後、中佐で退役していた。ロックが海兵隊士官を志望することを決心したのは、アナポリス（海軍兵学校）で2年生から3年生に進級する際にクワンティコ海兵隊基地で1週間を過ごした時のことであった。そして、パイロットになろうと決心したのは、3年生から4年生に進級する時の夏、オアフ島のカネオヘ湾にあるハワイ海兵隊基地に配置された時のことであった。その時、F－4ファントム・ジェット戦闘機とCH－46ヘリコプターに乗ったことが、彼にそれを決心させたのであった。飛ぶことは最高だった。巨大なマシーンに体を縛り付け、空に舞い上がり、万有引力の法則を無視するのだ。これほどいかしたことが、他にあるだろうか？　1990年12月にフロリダ州ペンサコラにある航空学校を卒業し、ウイング・バッジを授与されたロックは、ヘリコプターのパイロットになった。彼は、東海岸のCH－46飛行隊に配属されることを希望した。その願いが叶《かな》い、次の年の初めに、HMM－263（第263海兵中型ヘリコプター飛行隊）に配属された。その時、その部隊は、１９９１年の湾岸戦争から戻ったばかりであった。６年後、ＣＨ－46の教官操縦士になっていたロックは、オスプレイへの機種転換を希望した。海兵隊に配属されてからずっと、オスプレイが海兵隊航空の将来を担う航空機であると聞かされてきた彼は、自分もその将来の一端を担いたいと思ったのである。１９９７年、ロックは、何十人もの候補者の中から選ばれた６名のパイロットのうちの１人として、ＭＯＴＴ（多用途実用試験チーム）の一員に抜擢された。しかし、彼が初めてオスプレイを操縦できたのは、それから2年後のことであった。１９９９年6月11日、オスプレイを初めて操縦した彼は、恋に落ちた。ところが今では、そのオスプレイが困難に見舞われ、自分の経歴のことも心配になり始めていた。そのことを考える時、自分自身のことだけではなく、妻であるマリアや3人の小さな子供たちにとって、それが何を意味するのかということも考えなければならなかった。

彼は、ダニバンに相談した後、ＶＭＭＴ－２０４（第２０４海兵中型ティルトローター訓練飛行隊）にオスプレイと一緒に残ることを決心した。「おい、俺たちは、今までここで、いい戦いをしてきたんだぞ」ダニバンは言った。その頃、ＮＡＶＡＩＲは、オスプレイの再設計を開始するとともに、オルドリッジが承認した飛行試験を始める準備をしていた。ロックは、ＶＭＭＴ－２０４の整備担当士官であった。ロックと数人の整備員たちは、エンジン・ナセルの改修要領について、ＮＡＶＡＩＲとベル社に助言していた。オスプレイの間違いだらけの電子整備マニュアルを使えるものにしようと決心したダニバンは、何千ものタスクを1つひとつ実施し、それを検証または修正することにした。ダニバンは、ロックにその退屈な仕事を監督してもらいたかったのである。

「この飛行機の行く先を決めなければならないこの状況において、他に信頼できる奴がいないんだよ」ダニバンはロックに語った。「無理強いをするつもりはないが、ここに残ってもらえないか」

その一方で、ダニバンは、ここに残留することが自分の経歴に及ぼす影響についても考えるべきだ、とも言った。上級司令部の士官たちは、ロックに異動を勧めていた。ダニバンには、彼らが間違っているとは言えなかった。

ロックは、悩み続けた。どうしても残りたいとは思わなかったが、彼のために働いてくれている海兵隊下士官兵たちには、敬意を払いたかった。もし、自分の経歴のために、これからもずっと続く退屈な仕事を背負い込んでいる下士官兵たちを置き去りにすれば、罪悪感が残ると思った。さらに、オスプレイをまだ信じていた。ロックは、異動することはできないと決めた。

それから2年間、自分のあの決定は正しかったのか、と疑問に思ったことが何回かあった。彼は、後にこの頃のことを暗黒の時代（ダーク・エイジ）であったと思うようになった。

第12章　不死鳥（フェニックス）

２００1年12月、ピート・オルドリッジ国防次官が、オスプレイを打ち切るべきだというハリー・ダンのアドバイスを初めて無視した時、ハリー・ダンにとってオスプレイは白鯨になっていたし、オスプレイにとってハリー・ダンはエイハブ船長になっていた。どうやってオスプレイを仕留めるか、ダンは、白鯨のエイハブ船長のように昼も夜も脳みそを絞り出すようにして策略を練った。ダンの自宅は、フロリダ州のケープ・カナベラルのすぐ南側のメリット島にあった。そこでコンピューターと電話回線を使ってインターネットを検索しまくった彼は、オスプレイに関する政府の報告書について情報公開法に基づく開示請求を行った。オスプレイの事故で亡くなった者たちの遺族に代わって、ベル社とボーイング社に対する訴訟を提起していた弁護士たちに電子メールを送り、書類を送付してくれるように依頼するとともに、調査を支援することを申し出た。オスプレイのサイド・バイ・サイド方式のローターには致命的な欠陥がある、という主張を裏付けるため、回転翼機に関する技術的研究書などをむさぼるように読んだ。そして、支援してくれる学識経験者たちを探し求めた。

ダンは、オスプレイについて記事を書いた新聞記者たちにも連絡をとり、自分の「レッド・リボン委員会」が出した「調査結果」について語った。その際、その「組織」は、１００人以上のメンバーで構成されている、と大きく誇張して説明した。「実態としては、メンバーのうちの8名ほどで、すべての仕事を行っていたのです」ダンは、数年後に私と会った時にそう認めている。

「ハリー・ダンという人物がレッド・リボン委員会そのものだった、という印象を受けるのですが」私は言った。

「そのとおりです」ダンは笑って答えた。

ポール・ロックが「暗黒の時代（ダーク・エイジ）」と呼んだ時期には、全国の新聞や雑誌がオスプレイについて書いていた。批判的だったのは、ハリー・ダンだけではなかった。この件に意見を持ち、それを表明したがっている者は他にもいた。特にヘリコプター・パイロットたちには、オスプレイの支持者たちがティルトローターがいつの日かすべてのヘリコプターに取って代わるだろうと語ることについて、言いたいことがたくさんあった。しかしながら、NAVAIR、ベル・ボーイングおよび海兵隊を最も悩ませた部外の批評家は、ダンであった。なぜならば、彼の主張は、オスプレイに関する毎朝のミーティングやNAVAIRが実施する定期ブリーフィングにおいて、オルドリッジ国防次官が質問した内容を反映していたからである。

オスプレイに関連した業務を行っている者には、2001年にメディアで報道されたダンや他の批評家たちの意見に反論したいと思う者が多かった。しかしながら、ベル社とボーイング社は、事故で死亡した者の遺族たちとの訴訟や、反論することで生じる政治的リスクを考慮し、鳴りを潜めていた。海兵隊上層部は、オスプレイ自身による証明がなされない限り、それを過剰に擁護することに慎重であった。それまでに、23名の海兵隊員がオスプレイで死亡していた。そんな中、2001年の後半、海兵隊総司令官は、VMMT－204（第204海兵中型ティルトローター訓練飛行隊）の指揮官であるディック・ダニバン大佐とそのパイロットたちに、反撃を行うことを許可した。その年の11月、ダンがフォート・ワース・スター・テレグラム紙に、オスプレイは「アフガニスタンでも大失敗を犯すだろう」という記事を掲載した時、ポール・ロック少佐は、「V－22を見くびるな」という見出しの反論を書き、スター・テレグラム社に送った。その記事に署名したのは、ダニバン、ロックおよび彼らと一緒にOPEVAL（実用性評価）でオスプレイを操縦していたロナルド・S・カルプ（コードネーム「カーリー」）中佐であった。

「我々は、この分野で多少なりとも経験を積んできたと考えており、ダン氏が繰り返す主張に反論する資格があると認識している」とパイロットたちは述べた。オスプレイの装備化には、「いくらか」の時間が必要であるということについて、ダン氏は正しい。しかしながら、オスプレイの航続距離は公表されているよりもはるかに短いとか、そのキャビンは24名の海兵隊員を輸送するには小さすぎるとか、その強力なダウンウォッシュがブラウンアウトを起こしてパイロットの視界を妨げるので砂埃の上には着陸できないなどと述べているのは誤りである。オスプレイは、「朝、カリフォルニアから離陸して8時間後には大西洋が見える所に着陸できる（ちなみに、この無着陸横断は、この記事の著者が操縦するMV－22によって行われた）」し、後ろに24名の兵士を搭乗させて、砂漠に着陸したことが何度もあるパイロットもたくさんいる、と彼らは述べた。

ロックは、その反論が効果的なものだとは確信できなかったが、反撃するのは気持ちが良かった。しかし、ロックの共著者であるカルプは、そんな気持ちにはなれなかった。カルプは、ダンに電話をすると、ニュー・リバーに来るように勧めた。オスプレイの機内を見て、フライト・シミュレーターを操縦し、どんな質問でもできる、とカルプは約束した。ダンは、それを断った。

それから7年が経っても、ダンは、まだ、オスプレイを直接見たことがなかった。「そんな必要はないのです」彼は私に言った。

＊　＊　＊

海兵隊大佐ダニエル・シュルツは、オスプレイを見たことが何回もあった。しかし、２００２年５月29日にそれを見たい気持ちには、特別なものがあった。その日の朝、パタクセント・リバー海軍航空基地のタクシーウェイ（誘導路）の片隅に立ったシュルツは、ＮＡＶＡＩＲのプログラム・マネージャーとしてオスプレイ計画を引き継いでからの11ヵ月間で最も重要なイベントが始まるのを待っていた。滑走路では、１９９０年代の半ばに製造された試作機のうちの1機であるオスプレイ10号機が、エンジン・ナセルを空に向け、ローターを回転させながら離陸を準備していた。ニュー・リバーでの事故から17ヵ月後のこの日、オスプレイは、初めて空を飛ぼうとしていた。

シュルツは、オスプレイが飛行に成功したことを確認せよ、という海軍長官ゴードン・イングランドの命令でそこに来ていた。これがオスプレイにとって、最後のチャンスになることは、誰の目にも明らかであった。軍需企業で40年間働いた技術者であるイングランドは、海軍長官に就任した2週間後の２００1年6月、オスプレイを確認するため、ニュー・リバーを視察していた。彼には、そのエンジン・ナセルの設計が「全くもってひどい」ことが分かった。しかしながら、オスプレイの最大の問題点は管理上の不備であった、とイングランドは後に結論付けている。ベル・ボーイングの50対50のパートナーシップは、どちらの会社にも責任がない状態を作り出し、議論が決着しない場合の判断の誤りや遅れをもたらしていた。イングランドは、両社に対して、両社に代わって決定を行う権限を統合事務局に与えるように指導した上で、事態を収拾するための予算を与えた。イングランドの承認を得たシュルツは、ベル社とボーイング社に対し、それぞれのオスプレイの部署をパタクセント・リバーに移設するように命じた。これ以降、両社とNAVAIRの技術者たちは、「統合プロダクト・チーム」として、1ヵ所にまとまって働くことになるのであった。

オスプレイをブルーリボン委員会（政府任命の学識経験者による会議）から勧告されたとおりに作り直すための最初の課題は、エンジン・ナセルを改造し、飛行制御ソフトウェアを再試験し、問題のある部品を交換することであった。そのチームがエンジン・ナセルの再設計を始めるにあたって、シュルツは、現場での実経験を反映させるため、技術者とVMMT－204（第204海兵中型ティルトローター訓練飛行隊）の下士官兵の整備員たちが一緒に作業を行うようにした。VMMT－204の整備担当士官であったロックは、2001年の春に海兵隊整備員たちと一緒にテキサスに向かい、この問題に関する最初の大きなミーティングに参加した。そこには、約150名のベル・ボーイングとNAVAIRの技術者たちが参加していた。ロックは、これほど多くの賢い人間たちが1つの部屋にいるのを見たことがなかった。ここにいる技術者たちは、みんな修士または博士号を持っているだろうと考えられた。良くても高卒の下士官兵の整備員たちは、最初のうち怖気づいていた、と参加していた整備員の1人は私に語った。しかし、整備員たちは、すぐに活発に意見を言うようになり、オスプレイの元々のエンジン・ナセルの設計はなっていない、と技術者たちに単刀直入に言うようになった。「技術者たちは、とても賢い人たちばかりですが、彼らにレンチを持たせ、飛行機の上に上らせてから言うのです。『あなたが話していた穴の中にそのスクリューを入れてみてください』、そうすれば彼らも理解し始め、それを感謝するようになるのです。『分かるでしょ？　部品の隙間から腕を伸ばして、スクリューを取り付けようとしても、そうは簡単にいかないのです。ドライバーとスクリューを落とさないように同時に持つことができないからです』」とその整備員は私に語った。

技術者や整備員たちは、ワイヤー・ハーネスを特別な囲いの中に収めるなど、オスプレイの油圧配管を保護するための様々な方法を考え出した。また、新しいアクセス・パネルを設計し、整備員がエンジン・ナセルの内部の点検・整備をより容易に行えるようにした。シュルツとそのスタッフたちは、既存および将来のオスプレイ量産機にそれらの変更を適用する計画を立案した。一方、NAVAIRは、1990年代に製造された試作機のうちの残っていた4機を用いて飛行試験を行おうとしていた。その中で、オスプレイのボルテックス・リング・ステートに対する脆弱性、強風で揺れる艦船の甲板上に着陸する際の操作性、低速度域における機動性などを確認するのである。そのためには、まず、オスプレイの飛行を再開しなければならなかった。

2002年5月、オスプレイの飛行再開にシュルツが立ち会った時、オスプレイの操縦桿を握っていたのは、オスプレイ計画の主任テスト・パイロットであるボーイング社のトム・マクドナルドとベル・ヘリコプター社のテスト・パイロットであるビル・レオナルドであった。オスプレイで1000時間以上の飛行経験を有していたマクドナルドとレオナルドは、その日は、決して危険を冒さず、新造機の初飛行に関する規則に従って、細心の注意を払いながら操縦を行うのであった。まず、滑走路上において高度20フィート（約6メートル）で3分間ホバリングしてから、静かにオスプレイを接地させた。それから、もう一度垂直に離陸し、飛行場内をヘリコプター・モードで1時間30分飛行してから着陸した。少し時間をおいてから滑走離陸を行い、ローターを前方に傾けてエアプレーン・モードにし、高度2000フィート（約600メートル）まで上昇した。オスプレイを時速約460キロメートルまで加速し、20分間飛行してから着陸し、その日の飛行を終えた。

その飛行は、ごく一般的な内容のものであった。しかし、シュルツは、これ以上ないほどに興奮していた。マクドナルドとレオナルドが最初に離陸した時には、思わず叫び声を上げた。パイロットたちが最終的に着陸した後、シュルツは、マクドナルドに近づいてその手を握った。そして、抱き合った。

＊　＊　＊

２００２年の夏、ハリー・ダンは、ＩＤＡ（国防分析研究所）の専門家であり、国防総省のＯＴ＆Ｅ（実用試験・評価部）からオスプレイのモニターに指名されていたレックス・リボロに初めて出会った。ダンとリボロは、オスプレイの設計を詳細に確認した。２人とも、サイド・バイ・サイド方式のローターおよびその大きさとねじり角は、オスプレイを戦闘用回転翼機に不向きな航空機にしていると考えていた。しかし、リボロは、ダンとは違って、オスプレイを打ち切ろうとはしていなかった。自分が把握した欠陥をオスプレイの運命を決定する者たちに理解させることが自分の仕事だ、と思っていただけであった。リボロは、ダンとは目標が異なっていたが、自分と同じ考えを持つ者がいることをうれしく思った。リボロは、自分のふがいなさにイライラし続けていた。過去２年間にわたって、オスプレイに関する自分の意見を政府に理解してもらうことができずにいた。その努力は、オスプレイ・プログラム・オフィスから評価されることが全くなかったのである。しかし、それでも、国防総省のためにオスプレイを見守り続けていた。そしてついに、リボロは、オスプレイのボルテックス・リング・ステートの限界を把握するための飛行試験に参加することになった。それは、国防総省がＮＡＶＡＩＲに命じたことであった。当時のベル・ボーイング飛行試験部長であったドナルド・バーンは、リボロがミーティングにおいて「本当に、本当に」うるさかった、と私に語った。「ミーティングに参加して、彼は言うのです『お前らはみんな間違っている。お前らのやっていることは正しくない。あれをやらなければならない。これもやらなければならない。ボルテックス・リング・ステートに入って、少なくとも90度のロール状態になってから回復できることを実証する必要がある。』」テスト・パイロットと技術者たちは、リボロの懸念事項に取り組むように命ぜられていたが、リボロの提案の多くについて、それが不要であり、危険すぎるという理由で拒絶した。リボロの存在は、「迷惑だった」とバーンは私に漏らした。

ハリー・ダンにとって、リボロは情報と助言の供給源であった。2002年7月2日、ダンは、リボロに1通の電子メールを送った。ダンが支援しようとしている弁護士によって提訴されたオスプレイに関するある訴訟において、鑑定人として証言してくれるように依頼したのである。リボロは、考えてみる、と返信した。その際、オルドリッジ国防次官からIDA（国防分析研究所）でオスプレイの試験に関するブリーフィングを行うように頼まれており、自分がそれを行う予定だ、と告げた。「私は、機動性の問題を堂々と発表するつもりだ」とリボロは宣言した。

ブリーフィングを行った時、オルドリッジ国防次官は、リボロの結論に強い関心を持ったようであった、とリボロは私に語った。その結論とは、オスプレイは、ヘリコプターが戦場で行う急速旋回上昇のような急激な機動飛行はできないというものであった。そのブリーフィングのすぐ後の2002年8月8日、オルドリッジは、ワシントンにおける軍事記者の朝食会である「国防著作者グループ」で、自分はオスプレイに関して「おそらく国防総省で最も懐疑的な人物でしょう」と言った。「私には、その飛行機の本質的な問題点が理解できています」「オスプレイは、大きな（ローター）ブレードを必要とするヘリコプターと比較的小さいブレードを必要とする飛行機の妥協の産物なのです」そして、ボルテックス・リング・ステートは、オスプレイに重大な危険をもたらす問題である、と言った。「この飛行機にそれが起こると、制御不能になるのです」「一旦ロールし始めると、修正することができないのです」これらは、レックス・リボロの見解そのものであった。ボルテックス・リング・ステートを回避するように操縦することも可能であるが、「それで、いざという時に役に立つと言えるでしょうか？　飛行試験計画は、そのことを確認できるものでなければなりません」オルドリッジは、9月6日にパタクセント・リバーを訪問し、事態が改善されているかどうかを確認する、と記者団に語った。その一方で、国防総省は、オスプレイが飛行試験に失敗した場合の代替機を検討し始めていた。

＊　＊　＊

9月6日の正午頃、パタクセント・リバーに到着したオルドリッジは、サッカー場ほどの大きさの芝地の向こう側にあるオスプレイを滑走路の遠く離れた端から見つめていた。その傍らには、プログラム・マネージャーのダニエル・シュルツ大佐が、3ヵ月前にオスプレイが飛行を再開した日よりも不安な気持ちで立っていた。いつもは陽気なオルドリッジであったが、オスプレイが離陸準備をするのを見ている間は表情を変えることがなかった。その両脇には、主任テスト・パイロットのマクドナルドともう1人のテスト・パイロットがいた。2人は、これから視察する飛行が何を実証しようとしているのかを国防次官に説明していた。話好きのマクドナルドではあったが、オルドリッジへの説明は難しいことが分かっていた。そのことが、マクドナルドを不安にしていた。

オルドリッジの訪問に緊張しているのは、マクドナルドやシュルツだけではなかった。パタクセント・リバーのオスプレイ関係者たちは、この視察のための準備に数週間を費やしていた。特にそれがうまくいかなかった場合、この日がオスプレイのターニング・ポイントとなることが分かっていたからである。オスプレイの運命は、政治的脅威にさらされていた。オルドリッジは、国防著作者グループでの最近の発言でも、その見解を明らかにしていた。今日の視察の目標は、ＮＡＶＡＩＲの飛行試験計画がオルドリッジ国防次官のすべての関心事項を網羅していることを彼自身に納得させることであった。

エプロンに出る前に、２時間のブリーフィングが行われた。オルドリッジは、オスプレイについて自分が知っていると思っていたことを、改めて確認した。

ベル社の技術者であるロナルド・カイザーは、現時点までに収集できたデータをオルドリッジに説明した。それは、オスプレイが実際にはヘリコプターよりもボルテックス・リング・ステートに対して脆弱ではない、ということを示すものであった。その理由は、この航空機のローターの高いディスク・ローディング（回転面荷重）にあった。オスプレイの批評家たちが弱点と指摘していたとおり、オスプレイのダウンウォッシュは、文字どおりハリケーン並みであった。ボルテックス・リング・ステートが発生するためには、ローターの下方からの空気流とローターが生成する空気流とが同じ速さにならなければならない。このため、低速前進飛行時においてオスプレイにボルテックス・リング・ステートを発生させるためには、ヘリコプターよりもはるかに速く降下しなければならなかった。ただし、オスプレイは、一方のローターがボルテックス・リング・ステートに入ったならば、急激なロールに入る、という批評家たちの主張は正しかった。しかし、パイロットは、オスプレイのエンジン・ナセルを前方に数度傾けて、清浄な空気の中に入るようにするだけで、直ちにコントロールを回復できる、とカイザーは結論付けた。その日、オルドリッジのための展示飛行を行ったボーイング社のスティーブ・グロスメイヤーは、２年前、マラーナでの事故の原因としてボルテックス・リング・ステートが指摘された時、回復要領を実証するための飛行に副操縦士として搭乗したことがあった。その試験の手法は、上空1万フィート（3000メートル）程度まで上昇し、回復に必要な高度を十分に確保した後、オスプレイの速度を危険領域の速度まで減じ、急降下するというものであった。このＨＲＯＤ（高降下率）試験は、2000年12月以降、オスプレイの飛行停止に伴い中止されていたが、オルドリッジの承認が得られれば、直ちに再開されることになっていた。

オルドリッジは、何も意見を言わなかったが、カイザーの説明に良い印象を持ったようにマクドナルドには思えた。マクドナルドは、次のブリーフィングがさらに良かったと思った。

ベル社の主任空力技術者であるトム・ウッドは、オスプレイの低速度域での操縦性に関する説明を担当していた。ウッドは、同じく技術者であるオルドリッジにアピールできるような、簡潔な説明方法を用いていた。オスプレイが降着地域において敵火を回避するには適さないという考えに反証するデータをウッドが示した時、オルドリッジが質問を始めた。やがて2人は、誰も他に部屋にいないかのように議論を始めた。それが一段落すると、オルドリッジは、また何も言わなくなったが、マクドナルドは、ウッドが予想以上の成果を上げたことを確信していた。

マクドナルドは、オルドリッジのための15分間の実証飛行のパイロットに、グロスメイヤーとポール・ライアン海兵隊少佐を割り当てていた。達成すべき目標は、オスプレイの戦場における機動性は不十分であると言う者たちが間違っているということをオルドリッジに示すことである、とマクドナルドは彼らに言った。

正午過ぎ、グロスメイヤーたちが操縦するオスプレイは、エンジン・ナセルを60度に傾けて滑走路を滑走し、離陸した。数秒間で150フィート（46メートル）まで上昇し、ローターを最前方まで傾けながら上昇を続け、エアプレーン・モードで滑走路に沿ってまっすぐに飛行させた。オスプレイが向かってくる時、オルドリッジは、おや、この飛行機は静かだな、と思った。グロスメイヤーは機体を傾けて、格納庫の周りを回って戻ってくると、ローターを85度上方に向けて、オルドリッジの目の前の芝地に向かって進入した。オスプレイは、60ノット（時速110キロメートル）まで減速すると、ヘリコプターのように着陸の態勢をとった。その瞬間、グロスメイヤーは、地上からの攻撃を回避するかのように、突然ローターを前方に傾け、急速に上昇しながら加速した。その後、元の位置に戻り、オルドリッジから約100ヤード（90メートル）離れた芝地に着陸し、それから再び垂直に離陸し、芝地の上でホバリングし、360度の方向転換をして、左右に横進し、次に前後進してみせた。最後に、ローターを70度から80度に傾けて、芝地の上空100フィート（約30メートル）を40ノット（時速約75キロメートル）から80ノット（時速約150キロメートル）で急旋回しながら8の字に飛行した。それから着陸した。

マクドナルドは、オルドリッジに感想を尋ねた。

「低速度域での機動性については、何とも言えないな」オルドリッジは言った。

オルドリッジは、他のオスプレイを視察し、再設計されたエンジン・ナセルの内部を確認した。ワイヤー・ハーネスと油圧配管の通り道が、以前よりもはるかに整然となったことに感銘を受けた。ブリーフィングや飛行にも感銘を受けていた。もはやオスプレイのサイド・バイ・サイド方式のローターやその機動性について、あまり心配ではなくなっていた。オスプレイがその価格に値するものになるかどうかは確信を持てないものの、技術者たちが言ったことが飛行試験で証明されるかどうかを確認したいと思ったし、その計画を中止すると決めてかかってはいなかった。オルドリッジは、シュルツに対し飛行試験を続行するように言った。

世界で初めて音速を超えたことで有名なチャック・イェーガーのような、かつてのテスト・パイロットたちは、機体の限界領域を明らかにするため、ヘルメットと飛行服に身を包み、試験機にシートベルトで体を固定して、地面に激突する危険を冒しながら命懸けで試験を行ったものであった。それから長い年月が経った今日においても、テスト・パイロットたちがそういった限界領域を飛行しなければならないことに変わりはなかった。彼らには、未だに「ライト・スタッフ（己にしかない正しい資質）」、安定した精神状態、迅速な反射神経、そして、ちょっと威張った歩き方が必要であり、新型のもしくは改造された航空機に乗り込んで、まだ誰もやったことのないことを試さなければならなかった。ただし、今日のテスト・パイロットが未知の世界を飛ぶことは、かつてのように頻繁ではなくなっていた。飛行するよりも、地上で勤務することの方が多くなったのである。今日のテスト・パイロットは、スティックとスロットルよりも、キーボードとマウスを操作している時間の方が長くなっていた。今日においても、テスト・パイロットのほとんどは男性であるが、彼らは、コックピットに座っていることよりも、技術者たちとのミーティングに参加をしたり、机の上でデータを分析したり飛行試験を詳細に計画したりすることの方が多いのである。

試験飛行の各ステップは、「試験実施手順」をもって示される。パイロットは、それを飛行中に確認しやすいように、太ももに装着したニー・パッド（紙ばさみ）に挟んでいる。飛行を終えたパイロットは、詳細な報告書を書き上げ、次のミーティングで技術者たちと一緒にその内容を確認する。その報告書は、飛行中にパイロットがマイクに向かって録音した内容で補完される場合もある。また、飛行中に搭載機器が継続的に収集したデータは、必ずその報告書に反映される。そのデータには、機体の高度、速度、ピッチ、ヨー、ロールなどの挙動だけではなく、すべての不具合や異常警報が含まれている。その機器は、そのデータを「リアル・タイム」で地上の技術者たちに送信する。彼らは、受信したデータを評価し、危険の兆候がないか監視し、トラブルが起こりそうな場合には、それに対応するようにパイロットに警告する。フライト・シミュレーターの出現により、パイロットの命や高価な航空機を失うリスクを冒す時代は終わりを告げた。今日のパイロットたちは、驚異的な忠実度で飛行を模擬するSUV（スポーツ用多目的車）くらいの大きさのマシーンを使って航空機を模擬的に「操縦」することにより、危険な試験を行うことができる。実際に飛ぶ航空機と同じようなコックピットを装備した最も高いレベルのフライト・シミュレーターでは、風防の向こう側にあるスクリーンに、ほぼいかなる高度および場所のバーチャル・リアリティー映像でも投影できるようになっている。滑走路や建物、山、川、森などが、飛行機が姿勢を変えた時に実際に見えるような色や形で忠実に描かれるのである。あまりにも忠実に飛行を再現するため、空間識失調や飛行機酔いを起こすほどのシミュレーターもある。プログラムに基づいて計算するコンピューターの働きにより、シミュレーターは、ほとんどいかなる環境においても、ある特定の航空機が示すべき挙動を正確に模擬することができる。計算が正しかったことを証明する唯一の方法は、航空機を実際に操縦することであるが、今日のテスト・パイロットたちは、基本的には実飛行において命をかけることがないのである。

しかし、オスプレイのHROD（高降下率）試験は、その例外であった。パイロットたちは、地図上に「ドラゴン生息地（危険地帯）」と書かれた領域を飛ぶ冒険をしなければならなかった。死ぬかもしれなかった。

ボルテックス・リング・ステートは、そのほとんどが謎であったため、HROD試験は、危険を伴うものにならざるを得なかった。説明することすら困難なその現象を予測することは、さらに困難であった。その理由の1つは、60年間のヘリコプターの歴史において、その現象に関する研究がほとんど行われてこなかったからであった。しかし、それ以前の問題として、ローターによって生成されるすべての空気の流れを予測する完全に信頼できる方法も考案できていなかった。航空機の形状、風の方向と速度、機体の姿勢、ローターの迎え角など、その空気の流れに影響を及ぼす要素の数は、気象と同じくらいにほとんど無限であった。常に清浄な空気の中を進む飛行機であれば、翼の周りの空気の流れは、高い精度で予測することが可能である。しかし、ヘリコプターの場合、ローターの周りの空気の流れは、円弧を描いて回るだけではなく、回りながら静止したり、前方、後方あるいは側方に移動したりするため、恐ろしく複雑なのである。このため、回転翼機の設計は、科学的なだけではなく、芸術的なものとならざるを得ない。オスプレイ計画に携わっているパイロットや技術者たちは、この航空機は、ディスク・ローディング（回転面荷重）が大きいため、批評家たちが思い込んでいるよりも、はるかにボルテックス・リング・ステートに入りにくいということを確信していた。それを証明する唯一の方法は、オスプレイを実際に飛行させ、それがボルテックス・リング・ステートに入る限界を探ることだけであった。技術者やパイロットたちは、2000年に行われた計算と試験に基づき、オスプレイは、ローターを清浄な空気の中に傾けるだけで、ボルテックス・リング・ステートから脱することができると考えていた。しかし、もしもそれが間違っていたらならば、誰かが試験中に死ぬ可能性があった。

オスプレイ計画の主任テスト・パイロットであるトム・マクドナルドは、HROD試験の第2段階で計画されていた数十回の飛行のすべてに機長として搭乗することを決心した。副操縦士には、通常、ボーイング社のスティーブ・グロスメイヤーかベル社のビル・レオナルドが割り当てられたが、操縦桿を握るのは、常にマクドナルドであった。航空機に搭乗するのは、２人のパイロットだけであった。技術者やクルー・チーフを後方に乗せ、その生命を危険にさらす必要がなかったからである。

ボストンの近くに生まれ育ったマクドナルドは、海軍でヘリコプターやジェット機を21年間にわたって操縦し、その間にテスト・パイロットの資格を得ていた。海軍を退役した１９９１年以降は、ボーイング社でオスプレイを操縦し続けてきた。１９９１年の最初のオスプレイの事故で生き残ったグレイディ・ウィルソンと共に、１９９２年７月の２回目のオスプレイの事故の時、チェイス機を操縦していたパイロットでもあった。クワンティコで起こったその事故では、４名のボーイング社員と３名の海兵隊員が亡くなっていた。マクドナルドは、７名の犠牲者全員を知っていたし、その中には親しい友人もいた。それ以外にも海兵隊のパイロットやクルー・チーフの友人たちを他のオスプレイの事故で失っていた。マクドナルドには、オスプレイで死ぬかもしれないことが分かっていた。どんな飛行機でも、死ぬことはあるのだ。しかし、オスプレイが危険でないことも、同じように分かっていた。それが厳しい批評家たちが呼ぶような「死の罠」ではないことを確信していた。しかし、２００２年11月25日にＨＲＯＤ試験が始まった時、マクドナルドは、間違いなく命を懸けていた。

その試験が始まったのは、オスプレイが飛行を再開してから6ヵ月後のことであった。40ノット以下でもオスプレイの前進速度を正確に計測できる器材を準備しなければならなかったからである。２００２年11月から２００３年７月にかけて、マクドナルドと副操縦士たちは、62回のＨＲＯＤ試験を実施した。メリーランド州の東部海岸にあるケンブリッジとソールズベリーの間にある飛行制限区域の上空で行われたその試験の飛行時間は、合計１０４時間に達した。マクドナルドは、高度1万フィート（3000メートル）まで上昇し、ローターをヘリコプター・モードに傾け、目標速度まで減速する。マクドナルドがそのままの状態を維持している間、副操縦士は、自分の操縦桿に手を添え、その挑戦的な飛行間に不測の事態が発生した場合に備える。マクドナルドは、マラーナで墜落したオスプレイが飛行していた状況を再現するため、降着装置を下げ、エンジン・ナセルを95度まで後方に傾けてから、出力を下げ始める。オスプレイは、降下を始める。目標降下速度に達するまで降下を続け、出力を調整してオスプレイを一定の降下速度に保持する。降下している最中に、マクドナルドと副操縦士は、オスプレイの安定性・操縦士、振動・異音の発生について、マイクに向かって発唱する。ボルテックス・リング・ステートに入る前に、その兆候を感知する方法を探ろうとしていたのである。この飛行プロファイルを何回も繰り返し、過去に経験したことのない低速度域において、降下速度を毎分500フィート（約150メートル）ずつ増しながら測定を行った。

予想どおり、オスプレイをボルテックス・リング・ステートに入らせるのは、困難であることが分かった。ヘリコプターにおける限界は、40ノット（時速約75メートル）以下の前進速度において毎分800フィート（約240メートル）前後であった。しかし、オスプレイがボルテックス・リング・ステートを引き起こすためには、40ノットにおいて、少なくとも毎分2500〜2600フィート（約760〜790メートル）の速度で降下させなければならなかった。さらに遅い前進速度においても、その限界となる降下率は、毎分1700フィート（約515メートル）前後であった。マクドナルドと副操縦士は、実際にオスプレイを制御不能な状態にしようとはしていなかった。彼らは、ボルテックス・リング・ステートが起こりそうだと感じるポイントの、境界を確認しようとしただけであったが、そのポイントに何回も無事に到達することができた。「推力が変動し始めるのです」マクドナルドは私に言った。「機体に、操縦とは無関係の、小さな上下方向の挙動が生じるのです」機体が少し揺れる場合もあった。最も遅い前進速度での試験では、前進速度10ノット（時速約20キロメートル）で地面に向かって降下している時、「不気味な遠吠えのような、空気の乱れる音」が聞こえた、とマクドナルドは私に言った。「我々は、沈黙の中で、その音を聞き分けようとしていました」マクドナルドによる試験の間に、一方のローターがボルテックス・リング・ステートに入り、意図しないロール状態に陥ったことが11回あった。そのうち7回は右に、4回は左にロールした。いずれの場合にも、サムホィール・スイッチを押して両方のエンジン・ナセルを前方に傾け、ローターを乱れのない空気の中に入れることで機体のコントロールを回復することができた。それに必要な時間は、通常、2秒程度であった。しかしながら、この時間は、マクドナルドと副操縦士に逆毛立つような感覚をもたらした。

最も危険な状況は、2003年7月17日に発生した。ボルテックス・リング・ステートの領域を明確にするという必ず達成しなければならない目標は、数カ月前にすでに達成されていた。その試験結果に基づき、オスプレイがボルテックス・リング・ステートに陥りそうな状態になった時に、パイロットに警告する装置が開発されていた。1つは、視覚的なものであり、オスプレイが安全降下率を超過した場合に、それぞれのパイロットの前にあるコントロール・パネル上の赤いライトが点滅するものであった。もう1つは、パイロットたちが「不機嫌なベティ」と呼ぶ女性の声を発する装置であり、降下速度が制限を超えた場合に、パイロットのヘッドセットに「シンク・レート、シンク・レート（降下速度）」という抑揚のない声が聞こえるのであった。しかし、NAVAIRは、HROD試験を継続した。IDA（国防分析研究所）の専門家であるレックス・リボロに、その試験が十分に行われたことを納得させようとしていたからである。7月17日、マクドナルドとグロスメイヤーは、7～10ノット（時速約13～19キロメートル）で飛行しながら毎分2300フィート（約700メートル）以上で降下した。それは、すでに確立されていたボルテックス・リング・ステートの限界領域をはるかに超える飛行諸元であった。彼らが石のように落下する間に特殊な試験装置がそれぞれのローターを横方向に傾け、それがボルテックス・リング・ステートを防止できるかどうかを確認していた。マクドナルドが地上にいる技術者たちと無線交信をしていた時、オスプレイは突然、マクドナルドがそれまで経験したことのないほどの急激な右ロールに入った。ロールが始まった時、彼は本能的にスティックを左に押したが、オスプレイは反応しなかった。マクドナルドが事態を把握するよりも先に、オスプレイは、左翼を上げ、右翼を下げて機体の側面を下に向け、かつて経験したことのない速度で地面に向かってきりもみ降下を始めた。マクドナルドは、サムホィールを押して、エンジン・ナセルを可能な限りの速さで、エアプレーン・モードに達するまで前方に傾けた。彼には、数秒間の時間が、数分間にも思えた。やっとのことでコントロールを回復すると、オスプレイをまっすぐに立て直した。しばらくの間、コックピット内と無線交信には沈黙が続いた。マクドナルドやグロスメイヤーと地上の技術者たちには、パイロットたちがまさに危機一発であったことが分かっていた。もしもオスプレイがヘリコプター・モードのままで完全に裏返ったならば、機体にどんなダメージがあったか分からなかったし、コントロールを完全に回復できなかった可能性もあった。

マクドナルドとグロスメイヤーが着陸した後、NAVAIRのプログラム・オフィスとパイロットたちは、オスプレイのHROD試験を十分すぎるほどに行ったと判断した。オスプレイのボルテックス・リング・ステートの限界は、世界中のどの回転翼機よりも十分に研究され、何の疑いもないレベルで確立されたのである。

3ヵ月後、実験機テスト・パイロット協会は、ロサンゼルスで行われた夕食会において、マクドナルドの「卓越した偉業」を称え、その最高の栄誉であるアイヴン・C・キンチェロー賞を授与した。その表彰状には、マクドナルドは、「テスト・パイロットとして、かつて行われたことのない飛行試験で常に操縦桿を握った」と書かれていた。その夜の聴衆の中には、かつての有名なテスト・パイロットであるチャック・イェーガーもいた。彼は、マクドナルドの手を握りしめた。

＊　＊　＊

国防次官であるピート・オルドリッジは、オスプレイの飛行試験に感銘を受けた。しかし、ハリー・ダンの気持ちは、変わることがなかった。それまでの2年間、ダンは、常にオスプレイを撃ち落とそうとし続けてきた。2001年に、オスプレイ計画はこれ以上試験を行うことなく中止されるべきであるという自分のアドバイスが無視されても、その後送った電子メールが非難を浴びても、オルドリッジを説得することを諦めようとはしなかった。2002年には、オルドリッジが記者発表でオスプレイについて疑問を呈したことに自信を得たかのように、一方的なメールの送信を再開した。その時、ダンは、オルドリッジと共有したい情報を多く持っていた。オスプレイがアルバトロス（アホウドリ）であることを証明できるデータを探索していた彼は、大鉱脈を発見したのである。NAVAIR内に上級士官のコンピューターにアクセスできる「モグラ（スパイ）」を見つけ、内部文書という餌を継続的に提供させ始めたのであった。探知されるリスクの少ない特別な電子メール・アカウントを設定したモグラは、大量の情報を際限なく送り続けた。

飛行試験の計画や、技術審査においてNAVAIRとベル・ボーイングの技術者たちが使ったパワーポイントのスライド、オスプレイ新造機をベル・ボーイングから受領した際の検査結果を報告するNAVAIRの通達、飛行時間を含めたパタクセント・リバーのオスプレイ全機の隔週の状況報告などが、すべてダンの受信トレイに送り込まれた。パタクセント・リバーのオスプレイの風防に亀裂が入った時や、オイル・ポンプが故障した時、キャビン内の消火器が誤って放出された時などにおいても、ダンは、プログラム・マネージャーのダニエル・シュルツ大佐とほとんど同時にそれを知ることができた。ダンは、収集したそれらの部内情報を、主にオルドリッジに渡す「レッド・リボン委員会」の報告書を書くために使ったが、いくつかの情報をお気に入りの記者にも渡していた。ダンは、オルドリッジ国防次官の考えを変えるためにはどうしたらよいか、ということを四六時中考えていたようである。ある日の7時13分、彼はオルドリッジに、「貴殿に警告し、いくつかの提案をする最も良い方法を模索するために」4時から起きている、という電子メールを送ったほどであった。

しかし、オルドリッジは、かなり前からダンの電子メールを読まないようしてした。2003年5月20日、ダンは、国防次官を揺り動かそうとする努力が無駄に終わったことを知った。オルドリッジは、その日のDAB（国防調達委員会）でのミーティングで、オスプレイの飛行試験の結果を了承し、国防総省にオスプレイの年間調達機数を現在の11機よりも増加することを勧告する覚書に署名すると述べた。かつては自分自身を国防総省最強のオスプレイ懐疑論者と表現していたオルドリッジが、ついにその覚書に承認スタンプを押そうとしていた。この2年間、ダンは、白鯨に数本のもりを命中させ、いくつかの傷跡を残した。しかし、もしオスプレイを打ち切るチャンスがあったとしても、それはすでに過ぎ去ってしまっていた。

次の朝、ダンは、オルドリッジに抗議の電子メールを送った。「私の貴殿のキャリアに対する30

年間に及ぶ貢献」は、「致命的なミス」でした。

オルドリッジは、そのメールには返信しなかったが、2日後に行われた国防総省での記者会見で自らの決定について説明した。その会見は、64歳になった彼が退任するその日に行われたものであった。オスプレイは、かつては、自分自身の安全性を証明できていなかった。しかし、まだ完了してはいないものの、パタクセント・リバーでの飛行試験は、オスプレイのボルテックス・リング・ステートに対する脆弱性に関する認識を変え、降着地域上空における機動性についての疑いを払拭するものであった、とオルドリッジは記者たちに述べた。「遅い前進速度において、非常に高い降下率での飛行を実際に行いました」オルドリッジは言った。「ボルテックス・リング・ステートが発生する限界領域が明らかになったのです」NAVAIRは、ボルテックス・リング・ステートの境界に達した時にパイロットに警告するための視覚的および聴覚的警報装置をコックピットに取り付けた、と彼は説明した。オスプレイの取扱書には、降下率を前進速度40ノット(時速約75キロメートル)以下において毎分800フィート(約240メートル)未満に制限するという記述が引き続き残される予定であるが、「我々は、この飛行機がその2倍の諸元、つまり、2倍の降下率で、さらに遅い速度においても、ボルテックス・リング・ステートに入らないことを確認しました」オルドリッジは、降着地域において敵火を受けた場合のオスプレイの機動性についても、同じように丁寧に説明した。ローターを傾けることにより、オスプレイは「他のどんなヘリコプターよりも速く加速して、降着地域から離脱できます」この飛行試験により、オスプレイは機敏な機動飛行もできることが証明された、と彼は言った。「飛行試験計画が開始された当初においては、この飛行機の運用適合性が適切に認識されていませんでした。しかし、今回の試験結果は、私にとって、相当なレベルの運用適合性があることを実証するものでした」とオルドリッジは語った。

国防総省の記者会見室にいた記者たちは、オルドリッジの変わりように啞然《あぜん》とした。アビエーション・ウィーク誌は、彼の決定に関する記事の中で、次のように報じた。「1年間の厳格に監視された飛行試験は、V‐22の将来に逆転劇をもたらした」「470飛行時間以上に及んだ試験は、この件に関する批評家たちを納得させるに足るものであった」この記事の見出しは、「オスプレイ、フェニックス（不死鳥）のように蘇《よみがえ》る」であった。

＊　　＊　　＊

信心深いカトリック教徒であるポール・ロック少佐は、2003年5月までの2年半の間、煉獄《れんごく》にいるような苦しみを味わった。2002年5月にパタクセント・リバーのテスト・パイロットたちがオスプレイの飛行を再開した後も、ニュー・リバーのVMMT‐204（第204海兵中型ティルトローター訓練飛行隊）のオスプレイは、まだ飛行停止状態であった。その飛行隊に残されていたロックたちは、人員が減少しながらも、飛行停止中の8機のオスプレイを良好な状態に維持するように努めていた。格納庫近くのエプロンにオスプレイを引っ張り出し、コックピットに座ってエンジンを始動するのは、通常の飛行前に行う手順に近かったが、ロックが担当していた業務は、さらに刺激の少ないものであった。それは、ベル・ボーイングがオスプレイと一緒に納入した電子整備マニュアルから、3万件以上に及ぶ誤記、不正確な数値などの欠陥を見つけ出し、修正している整備員たちを指導することであった。性格的には、ロックは、この仕事に向いていた。すべてのことを注意深く実施し、記録をつけることが先天的に好きだった。自分の詳細な飛行記録と同じように日記をつけ、味わった新しいビールをすべて記録していた。しかし、整備マニュアルの欠陥を修正するという仕事は、操縦に比べれば退屈であった。ロックは、ほとんどの仲間たちがVMM－204を離れて他の部署に転属してゆく中、オスプレイと運命を共にすることを決め、自分自身をそこに追い込んだのであったが、その結果を受け入れるのには困難が伴った。目覚まし時計が鳴り終わっても起きるのが恐ろしい朝もあった。新聞でオスプレイに関する記事を読むのも恐ろしかった。ほとんどすべての記事は、オスプレイが高慢で、無神経で、そして何十億ドルもの愚かな無駄遣いである、と書き立てているように思えた。ロックは、それに腹を立てていた。2000年の2件の事故と、2001年のVMMT－204における整備スキャンダルの調査の時期が最悪であった。しかし、2002年の中ごろに、航空副司令官がやってきた時も最悪であった。

57歳のマイケル・A・ハウ中将が、ジム・ジョーンズ大将から海兵隊航空を引き継ぐように依頼されたのは、退役する直前のことであった。ハウには、オスプレイを軌道に戻すことを確実にし、海軍航空の再構築に関する海軍との交渉において海兵隊を守り抜ける資質がある、とジョーンズは考えたのである。ハウは、典型的な海兵隊の将軍とは違っていた。彼は、「マスタング（半野生馬）」（下士官の経験を持つ叩き上げの士官）であった。ウィスコンシン州の配管工の息子であったハウが大学1年生の時、父親がガンと診断された。家族を養うためにウィスコンシン大学を中退した彼は、海軍に入隊した。入隊試験において高得点を得た彼は、海軍の原子力発電に関わる組織に配置されたが、ハウは、海軍兵としての人生は「進まない船」のようだとすぐに結論付けた。彼は、海軍兵をアナポリス（海軍兵学校）に入校させるプログラムに志願し、1969年に卒業した。

パイロットを目指して海兵隊士官に任官したハウは、F－4ファントム戦闘機のパイロットになった。パイロットとしての十数年間の勤務の後、NAVAIR、海兵隊司令部および国防総省の他の部署において、予算および調達に関する仕事に就いた。2002年には将軍に昇進したが、兵器の調達に関して、ハウほどの知識を持つ者はほとんどいなかった。副司令官になる前の2年間、ハウは、ＪＳＦ（統合打撃戦闘機）開発計画を取り仕切っていた。その航空機は、３つの形態の機体を製造する新しいジェット機であり、その中には、垂直離着陸ができる形態も含まれていた。その仕事は、技術的知識と政治的知見を必要としていた。海兵隊、海軍、空軍、そしておそらく何十ヵ国もの同盟国がＪＳＦを調達しようとしており、そのプロジェクトの総額は、３０００億ドルに達するものと考えられていた。ハウは、その経験と知識および政治的賢さのおかげで、巨大国防産業であるボーイング社とロッキード・マーチン社の間の航空機の製造権をめぐる熾烈《しれつ》な競争を操ることに成功した。彼の人格も、それを助けていた。

マイク・ハウは、誰からも好かれる男であった。明るくて、快活で、面白くて、型にはまらなかった。赤い頬でちょっとずる賢そうな目をして、気取らない振る舞いをする彼に、部下の士官や文官たちは、親しみを持って接していた。しかし、ハウは、軍需企業に対しては厳しかった。略語だらけの契約用語を使いこなして、技術者や官僚たちと意見を交わすことができた。方言を使うことが多く、その話の内容は、まるで花火のように次から次へと飛び上がる隠喩《いんゆ》と直喩《ちょくゆ》にあふれていた。２０００年にオスプレイの2件の事故が発生した後、私とのインタビューでハウは、国防総省の者たちや驚くことに海兵隊の者たちさえも「鼻をほじっているだけ」であった、と語った。そして、自分の元部下の立法府に対する見方を賛美しながらささやいた。「あいつは、ソーセージがどうやって作られるのかが分かっている」

ハウは、オスプレイを社会復帰させることは、技術や管理の問題だけではなく、政治や広報の問題でもあると思っていた。ハウが副司令官となった２００２年7月、パタクセント・リバーのテスト・パイロットたちがオスプレイの飛行を再開した。しかし、オルドリッジ国防次官、議員たちおよびマスコミの大部分は、それが失敗するのを待っているかのようであった。ハウは、事故が再び起こって、批評家たちに新たな弾薬を提供することを避けたかった。海兵隊が保有するオスプレイはすでに飛行停止状態であったが、ハウはそれをさらに強化した。VMMT－204のパイロットたちが、オスプレイを地上滑走することも、あるいはエンジンを始動することさえも禁止したのである。

ハウの命令は、ディック・ダニバン大佐とその飛行隊にとって、受け入れがたいものであった。それは、オスプレイに対する偏執病《へんしつびょう》的な不信感を表すものであると思われた。また、電子整備マニュアルの修正を行っていたロックには、実務的な問題も生じた。多くの整備作業を検証するための最善の方法は、オスプレイを「地上試運転」することであったが、VMMT－204ではそれができなくなった。ロックは、自分の部下である下士官兵たちの士気をオスプレイが飛行していた時のようには維持できないことが分かっていた。しかし、もし、オスプレイが見るだけの存在となり、それに関わる仕事ができなくなったら、問題はさらに大きくなるだろう。ダニバンは、ハウに考え直してくれるように嘆願したが、拒絶されてしまった。ニュー・リバーのオスプレイのエンジン・ナセルは、油圧配管とワイヤー・ハーネスの配置がまだ新しいものに改修されていなかった。ワイヤー・ハーネスは、油圧配管と擦れ合っており、作動油漏れによる火災が発生する可能性があった。すでにそのような不安全が、実際に起こっていた。「私は、この計画の将来のことを考えているのだ」ハウはダニバンに言った。「我々にとって最も重要なことは、新たな問題を起こさないことなのだ」

ほどなくして、ハウはニュー・リバーのVMMT－204を視察した。ダニバンとその部下であるパイロットたちと待機室で数時間の面談を行ったハウは、彼らの顔色がその日の基地上空の曇り空のように悲観的であることに気づいた。ハウは、自分がなぜ地上試運転を禁止したのかを説明した。オスプレイの将来についても話した。パイロットたちには、再び空を飛べるようになるには相当な時間がかかる、と言った。ロックは、それがどのくらいなのかをハウに尋ねた。

「君たちはゴルフを？」ハウは、皮肉を言った。「好きなだけゴルフができるぞ。時間がたっぷりあるだろうからな」

ロックの髪の毛が逆立った。「閣下、恐れながら、あなたの部下である海兵隊員たちは、ここで懸命に働いています」と彼は言った。そばにいるダニバンが、手を喉もとで横に振って「エンジン・カット（停止）」のサインを送っているのが分かったが、自分自身を止めることができなかった。「俺たちは、ゴルフなんかしていない」彼は一言だけ付け加えた。

「おい、悪気があって言ったわけじゃないんだ」ハウは言ったが、明らかに若い少佐のかんしゃくを軽くあしらっていた。後になって、ロックは、あれはハウの戦術だったと考えるようになった。横柄だったのは、むしろ自分の方であったことをやっと理解したのは、ペンタゴンにいる友人たちから、電話や電子メールを貰った後であった。「お前は、ハウ大将に向かっていったい何をしたんだ？」友人たちは、盛んに知りたがった。

1年後、ハウは、ロックの態度を変えさせるさらなる決定をした。その時すでに、オルドリッジ国防次官は、オスプレイに祝福を与えていた。しかし、海兵隊がオスプレイを装備化するためには、実用試験をもう一度やり直さなければならなかった。軍の搭乗員たちが、想定上の任務を行いながら実施するその試験は、「ＯＰＥＶＡＬ（実用性評価）」と呼ばれていた。２００１年、議会は、その試験が必要なことを明記した法律をすでに制定していた。ハウは、「海兵隊が『疑惑』を払拭する」ことが必要だと判断した。そのためには、試験を特別に編成した飛行隊に行わせ、海軍のOPTEVFOR（実用試験実施機関）のみに報告させることが必要であった。そうすることによって、海兵隊の指揮系統を通じた報告も必要な部隊よりも、信頼性を高めることができるだろうと彼は考えたのであった。海兵隊、空軍および海軍のパイロットをVMX－22（第22海兵実用試験飛行隊）と名付けられた新しい飛行隊に配置する指示が発出された。それに志願したロックは、直ちに受け入れられた。

8月28日、ニュー・リバー海兵隊航空基地にVMX－22が創設された。ハウは、その記念式典への参加に併せて、そこを視察した。ロックに会った時、ハウは笑いながら言った「おう、元気か？まだ、ゴルフはやってないのか？」ロックは、ハウが自分に対して悪い感情を持っていなかったことに安心して微笑んだ。その秋、オスプレイの操縦を再開したロックは歓喜した。煉獄から脱出できたのである。「暗黒の時代（ダーク・エイジ）」は終わりを告げた。

＊　＊　＊

VMX－22が設立された時、ロックは、飛行部隊での勤務経験のある数少ないオスプレイ・パイロットの1人であった。その試験飛行隊の指揮官であるグレン・ウォルターズでさえも、オスプレイを実際に操縦したことがなかった。米国海軍テスト・パイロット学校の卒業生であるウォルターズが最初に操縦したのは、AH－1コブラ攻撃ヘリコプターであった。1995年からオスプレイの開発テスト・パイロットであったクリストファー・シーモア中佐は、もう1人のテスト・パイロット学校の卒業生であった。VMX－22の試験部長である彼は、OPEVALの計画を担任していた。ロック、シーモア、および元MOTT（多用途実用試験チーム）のメンバーであったアンソニー・ビアンカ少佐は、最初の1年間の大半をＶＭＸ－22の他のパイロットたちの訓練時間に充てた。２００４年の春の時点では、まだ訓練を完全に完了していない者もいたが、ＯＰＥＶＡＬの準備を整えるための当初の試験である「実用性査定」を行うのに十分な練度には達していた。ウォルターズが「特攻大作戦チーム」と呼んだその飛行隊の基幹要員たちは、その年の5月18日から7月9日までの間、ラスベガスの近くにあるネリス空軍基地で6機のオスプレイを運用した。その試験は、着陸時のダウンウォッシュで砂塵の嵐が巻き起こる「厳しい降着地域」で行われた。

ニュー・リバーに戻ってから数ヵ月後のある日、ロックを自分のオフィスに呼んだウォルターズは、ドアを閉めるように言った。

「え？　ドアを閉めるんですか？」ロックは言った。「何か良くない知らせなんでしょうね」

ウォルターズの執務室から出た時、ロックは、ボーッとしていた。飛行隊の友人たちには、ウォルターズから告げられたことをあえて言わなかった。それはまだ、正式なものではなかったからである。しかし、自分の妻であるマリアには、そのニュースを電話で伝えた。ウォルターズは、今、海兵隊司令部から通達を受け取ったばかりだ、と言った。来年の春にオスプレイがＯＰＥＶＡＬを終えたならば、国防総省は、待望のマイルストーンⅢの通過、つまりＦＲＰ（全規模生産）の承認を行うものと見積もられている。海兵隊は、ティルトローターを装備し、それを実任務で運用する初めてのオスプレイ飛行隊を創設する予定である。その飛行隊は、ロックが１９９０年代に所属していたＣＨ－46飛行隊であるＨＭＭ－２６３（第２６３海兵中型ヘリコプター飛行隊）を改編して設立されることになっていた。その新しい飛行隊は、ＶＭＭ－２６３（第２６３海兵中型ティルトローター飛行隊）と命名される。人事評議会は、その部隊の指揮官にロックを選定したのであった。その部隊が２００６年の初頭に「創設」された時、彼が指揮を執ることになるのである。そのため、ロックは、当面の間、イラクにある第2海兵航空団の前方司令部の幕僚として、イラクのアル・アサド空軍基地に配置になるだろう、とウォルターズは言った。イラクにおけるアル・アサド周辺の地勢と、そこで実施されている複雑な海兵隊航空作戦について学ぶ必要があったからである。海兵隊は、その国の西方にあるアンバール県という広大な地域で武装勢力と戦っていた。まだ最終的には決定されていなかったが、VMM－263の最初の展開先はイラクとなる公算が高い、とウォルターズは付け加えた。

ウォルターズの執務室から出たロックは、完全に舞い上がっていた。飛行隊を指揮することは、海軍兵学校を卒業した日以来の彼の夢であった。飛行隊を戦場で指揮することは、士官にとって究極の試験なのである。

ロックがイラクに幕僚として赴任した1ヵ月後の2005年3月、VMX－22は、OPEVAL IIとも呼ばれるオスプレイの2回目のOPEVAL（実用性評価）を開始した。海軍のOPTEVFOR（実用試験実施機関）と国防総省のOT&E（実用試験・評価部）は、この試験をもってオスプレイの合否を判定しようとしていた。ウォルターズと海兵隊司令部は、新たな事故を発生させるリスクを避け、かつ、その試験に合格させるために全力を尽くすことを決心していた。2005年には、国防総省からオスプレイを打ち切ろうとする機運は消え去り、国会議事堂におけるオスプレイをスクラップにしようとする動きもなくなっていた。一方、オスプレイの大衆イメージは、2001年1月の「シックスティー・ミニッツ」の放送からほとんど変わっていなかった。オスプレイは、あまりにも多額の予算を費やし、多くの者の命を事故で奪った奇妙な実験機であると引き続き思われていた。「アメリカ国民は、まだオスプレイを受け入れていませんでした」ハウは私とのインタビューで語った。「誰もが、まだ、それを怖がっていたのです」オスプレイ関係者たちには、この試験間に新たな事故が発生すれば、この計画が生き残るチャンスは永遠に消え去ることが分かっていた。もし、そんなことが起こったら、国防総省や議会は一夜にして反対に回ることであろう。ＯＰＥＶＡＬの性質上、試験の一部においては、オスプレイの後ろに海兵隊員を乗せなければならない場合があったが、ウォルターズは、そのような飛行を最小限にして、リスクを軽減するように着意した。

その春、ウォルターズとパイロットたちは、10週間にわたって、８機のオスプレイで２０４回の試験を実施したが、そのうち89回が想定上の任務を行う試験であった。これらの試験は、ニュー・リバーの湿気の多い海岸線、ネリス空軍基地の砂漠地帯、カリフォルニア州ブリッジポートの近くにある海兵隊マウンテン戦闘訓練センターの高標高の積雪地、強襲揚陸艦ＵＳＳバターンの艦船上などで行われた。その中には、１９８０年に失敗したイラン人質救出作戦「イーグル・クロー作戦」を再現した2回の試験が含まれていた。ただし、空中給油でのトラブルにより、全機のオスプレイが「1つの暗闇の時間（ワン・ピリオド・オブ・ダークネス）」で任務を遂行することはできなかった。レックス・リボロなどの批評家たちは、その試験を失敗したものと見なした。しかし、ウォルターズなどの試験実施者たちは、いくつかの理由から、オスプレイは、必要になれば、そのような任務を一晩で遂行できると結論付けた。

飛行中に空中空輸機とつながり合って行われる空中給油は、非常に難しい離れ業であるが、ヘリコプターを含む米国の軍用機は、日常的にこれを行って航続距離と有効搭載量の拡大を図っている。オスプレイの元からあった要求性能の1つであった空中給油は、１９９８年からすでに行われていた。ロックとその共著者たちが、ハリー・ダンへの返信として２００1年のフォートワースのスター・テレグラム紙に誇らしげに掲載したとおり、ＭＯＴＴのパイロットたちは、1回目のＯＰ

ＥＶＡＬにおいて、オスプレイによる空中給油を用いた米国無着陸横断を行っていた。オスプレイの空中給油装置は、空軍がその固定翼機への空中給油に使用する「ブーム・アンド・リセプタクル」方式ではなく、「プローブ・アンド・ドローグ」方式を採用している。「プローブ・アンド・ドローグ」方式は、給油を受ける航空機から前に伸ばした「プローブ」と呼ばれるチューブを空中にある「ドローグ」に接続することにより行われる。「ドローグ」とは、空中給油機のリールから送り出される燃料ホースの先端に取り付けられた、バトミントンのシャトルコックに似た装置をいう。パイロットたちが「バスケット」と呼ぶ「ドローグ」は、飛行中にホースを安定させ、パイロットがその標的に給油プローブを命中させるのを容易にする役割を持っている。プローブとドローグが結合すると、双方のバルブが開き、燃料給油機から給油を受ける航空機に燃料が流れ始める。ＶＭＸ－22がイーグル・クロー作戦を再現しようとした時のうち1回目においては、ＦＡＡ（連邦航空局）による高度制限のため、オスプレイは７０００フィート（約２１００メートル）から９０００フィート（約２７００メートル）の間を飛行しなければならなかった。その日、その高度には乱気流が発生しており、空中給油機のバスケットが暴れ回ってしまい、４機中1機しかプローブをドローグに導くことができなかった。２回目の再現においては、空中給油機が不足していたため、適切な時期に空中給油ができなかった。試験実施者たちは、実際の任務であれば、ＦＡＡの高度制限は適用されないので乱気流のない高度を選ぶことができたし、海兵隊総司令官は十分な空中給油機を投入することができるであろう、と推定したのである。

ＯＰＥＶＡＬⅡにおける他の試験では、ＶＭＸ－22に所属する2機のオスプレイにそれぞれ24名の海兵隊員とその荷物や兵器を後ろに乗せ、大西洋岸の50マイル（93キロメートル）沖合を航行する強襲揚陸バターンの甲板から海岸にある生地の降着地域まで、２往復の飛行を行った。海兵隊員たちは、窮屈ではあったが、全員がキャビン内に収まった。2機のオスプレイは、また、それぞれ24名の海兵隊員を、カリフォルニアから200マイル（320キロメートル）以上離れたネバダ州の演習場外に設けられた降着地域まで空輸した。ただし、VMX－22がオスプレイで夜間任務を行う場合には、兵員の代わりにその重さを模擬する砂袋が後方に搭載された。マラーナのような事故が起こるリスクを回避したのである。

飛行隊長のウォルターズは、ノースカロライナ沿岸を暴風雨が襲った2005年7月13日、ニュー・リバーで行われた「メディアの日」の行事において、記者団に対しOPEVALⅡの結果を説明した。VMX－22の待機室で行われたその説明の中で、ウォルターズは、各種試験を撮影したビデオクリップを流した。それには、オスプレイがKC－130空中給油機から給油を受けている映像、オスプレイがホバリングしている間に海兵隊員がその後方ランプから地上に「ファストロープ」で降下する映像、オスプレイが砂煙を巻き上げながら砂漠に着陸する映像などが含まれていた。ウォルターズは、オスプレイは、すべての「主要な性能パラメータ」をクリアした、と述べた。それは、要求性能に示されたとおり、遠くまで早く飛べた。それは、24名の海兵隊員を輸送できた。それは、「イリティーズ」、つまり、リライアビリティ（信頼性）、アベイラビリティ（可用性）、メインテナビリティ（整備性）のうち、1つを除くすべての目標を達成した。

海兵隊は、オスプレイに対する自信のほどを示すかのように、それまでにニュー・リバーでオスプレイの説明を受けたことのある20名以上の記者を乗せて、体験搭乗を行った。1回目のフライト（飛行）のパイロットは、身長195センチメートルのシーモア中佐であった。彼のコードネームは、コメディ映画「ブレージングサドル」に出てくるフットボールのアレックス・カラス選手のようなキャラクターである「モンゴ」であった。ベトナムで飛んだヒューイ・パイロットを父親に持ち、ガルフ海岸で石油会社のヘリコプター・パイロットであったこともあるシーモアは、オスプレイを10年以上にわたって操縦していた。オスプレイ批評家たちのことを、漫画のキャラクターである邪悪な完璧主義者の「ドクター・ドゥーム」と呼んでいたシーモアは、オスプレイは激しい飛行ができないと言う者は単に自分が言っていることが分かっていないだけなのだ、ということを記者たちに分からせたいと思っていた。

クルー・チーフが記者たちを胴体の両側にある乗客席に座らせ、シートベルトを締めさせるやいなや、シーモアはオスプレイの機体を大きく傾けながら、滑走路を地上滑走し始めた。数秒後、オスプレイは、地上から5～6フィート（約2メートル）浮かび上がり、低高度ホバリングに入った。突然、エンジンがうなりを上げ、エンジン・ナセルが上に向けられると、オスプレイは上昇を始めた。その速度は、記者たちを後方ランプに向けて吊り下げ、その体をシートベルトで締め付けるほどであった。シーモアは、オスプレイのエンジン・ナセルと最前方にむけてエアプレーン・モードに転換し、高度５００フィート（約１５０メートル）まで上昇し、機体を傾けながら飛行場を離れ、ニュー川に沿って20マイル（約37キロメートル）離れたノースカロライナの海岸に向けて飛び始めた。開けっ放しの後方ランプから記者たちが外を見ると、船や橋が下を通り過ぎ、別な記者たちのグループを乗せた2番機のオスプレイが数百フィート下を飛んでいるのが見えた。海岸線に到達すると、シーモアは、オスプレイを左に傾け、水平に戻し、キャンプ・ルジューンの海兵隊員が着上陸作戦を訓練しているオンスロー・ビーチ上空を通過した。数分後、左翼を下げ、オスプレイを急旋回させて、右側の記者たちを機体に、左側の記者たちをシートベルトに重力の2倍の力で押し付けた。オスプレイは、南に少しの間飛ぶと、湿地帯の上空で内陸に向かって旋回した。松林シーモアがエンジン・ナセルを上に向けると、ブレーキを踏んだように急激に速度を下げた。

の近くの草地の上にホバリングし、オスプレイを接地させてから、再び垂直に離陸し、ホバリング状態にした。オスプレイを旋回させ、次に機体を水平に保ったまま左右に移動した。今度は、機体を上方に傾け、エンジンに負荷をかけると、オスプレイを再び急上昇させた。オスプレイが上昇すると、記者たちは耳閉感を感じた。お互いに顔を見合わせて、笑っている者もいた。シーモアは、オスプレイのエンジン・ナセルを約60度上方に向け、飛行基地に「滑走着陸（ロール・オン・ランディング）」で着陸させて飛行を終えた。

その後も、他の記者たちを乗せて何回かのフライトを実施した。その効果は、まさに海兵隊が望んでいたとおりのものとなった。数年ぶりに、オスプレイに関する肯定的なメディア報道がなされた。オスプレイ陣営は、オスプレイに関するブリーフィングをトップ記事で扱ったコプリー・ニュース・サービス紙の見出しに歓喜の声を上げた。「数十年間の悲劇の後、オスプレイは戦闘準備を整えつつある」

２００１年以来のオスプレイに関するメディア報道は、ボルテックス・リング・ステートの問題が飛行試験により完全に一掃された後でさえも、この航空機の問題点に焦点を当てることが多かった。パタクセント・リバーでオスプレイのエンジンからオイル漏れが発生した時にも、大見出しで記事が掲載された。ＮＡＶＡＩＲは、その原因の調査が終わるまで飛行を停止せざるを得なかった。オスプレイ用の油圧配管が検査に不合格になったため、ＮＡＶＡＩＲがある会社との契約を解除した時にも、大見出しの記事が掲載された。オスプレイ新造機をパタクセント・リバーに空輸している最中に、エンジン・ナセルのアクセス・パネル（点検口）が脱落して尾部を損傷した時にも、大見出しの記事が掲載された。この種の不安全に終わりはないように思えた。オスプレイ批評家たちは、これらの不安全は、オスプレイがまだ準備を完了しておらず、準備を完了できることがない証左である、と言った。これに対し、オスプレイ支持者たちは、何千もの部品で構成される機械に不具合は付き物であって、軍用機に機械的不具合は珍しいことではない、と反論した。オスプレイがこのような異常な監視下に置かれていなければ、これらの問題は世間の注目を引くことはないだろう、と彼らは主張した。その主張は、正しかった。オスプレイの歴史が違ったものであったならば、これらの問題には報道する価値がなかったであろう。このような問題に関する詳細な報道は、オスプレイが再設計され、再試験される何年も前に「シックスティー・ミニッツ」の報道により確立されていた社会通念を補強し、堅固にしてきたのである。世間の認識では、オスプレイは悪名高き航空機のままであった。

しかしながら、HROD（高降下率）試験が実施され、ピート・オルドリッジ国防次官が態度を変え、OPEVAL（実用性評価）IIが完了してからというもの、国防総省および国会議事堂のオスプレイ陣営の機運は、さらに高まった。かつてと同じようにオスプレイを欲していた海兵隊は、ついにそれを手に入れようとしていた。

2005年9月27日、国防総省のOT&E（実用試験・評価部）は、オスプレイが「低・中強度脅威」地域において「運用に有効」である、とする報告を発簡した。「低・中強度脅威」地域とは、小火器、大口径火器および旧型の肩打ち式ミサイルにより、散発的な射撃を受ける可能性のある戦闘地域を意味する。その報告書は、また、OPEVALIIの間、整備性に関する1つの項目を除き、すべての項目についてその目標基準を達成したオスプレイを「運用に適合」すると判断した。次の日、DAB（国防調達委員会）は、FRP（全規模生産）、つまりマイルストーンIIIを承認した。国防総省は、2012年までの間、毎年48機のオスプレイを調達することになった。海兵隊は360機、空軍特殊作戦コマンドは50機を調達し、海軍は、長期的に48機を調達する計画であった。ただし、オスプレイの価格は、高額になりそうであった。ＮＡＶＡＩＲとベル・ボーイングが宣言したとおりの価格低減を実現できるまでの間は、1機あたりの価格が海兵隊仕様で７１００万ドル、空軍仕様では８９００万ドルに達すると考えられた。オスプレイの開発に投入された２００億ドルを加えると、1機あたりのコストは、1億ドルを超えることになる。その価格は、現有のジェット戦闘機と同じくらいであり、ブラック・ホーク・ヘリコプターよりもはるかに高額であった。しかし、海兵隊は、それを喜んで支払うつもりでいた。マイルストーンⅢの通過により、オスプレイの装備化へとつながるドアが、ついに開けられた。それは、海兵隊の指導者やパイロットたちが、23年間にわたり、その取得のために執拗な戦いを続けてきたマシーンであった。それを得るためには、そのプロジェクトが始まった時の認識をはるかに上回る、気が遠くなるような時間、金、そして命が費やされてきた。そして、今、海兵隊は、その闘争が、それだけの価値のあるものであったことを証明しようとしていた。

＊　　＊　　＊

自分の経歴をオスプレイに捧げる、と決めてから6年後、ポール・ロックの生活は、大きく変化していた。２００７年、中佐に昇任したロックは、飛行隊の指揮官となっていた。彼の経歴は、上向きに戻っていた。オスプレイも同じであった。

その年の10月4日の朝、ロックと彼の部隊であるＶＭＭ－２６３（第２６３海兵中型ティルトローター飛行隊）に所属する24名のパイロットのうち19名は、ＵＳＳワスプの飛行甲板に並んだ10機のＭＶ－22Ｂオスプレイに乗り込んだ。強襲揚陸艦であるＵＳＳワスプは、大西洋を渡り、地中海を通り、スエズ運河を通過し、アカバ湾に入って、ヨルダン沖に停泊するまでの17日間の航海の間、パイロットたちと他の60名の隊員たちの住居となった。ワスプの甲板に1列縦隊で並んだ4機のオスプレイが、エンジン・ナセルを垂直に向け、ＡＰＵ（補助動力装置）で翼端の巨大なタービン・エンジンを始動させた。ローターが最初はゆっくりと、そして見えなくなるくらいの速さで回転を始めた。後方キャビンに海兵隊員と荷物を満載した4機のオスプレイは、ローターを数度前方に傾け、灰色のゆっくりと揺れる甲板上を次々と移動し始めた。そして、数十フィート滑走した後、空中に跳ね上がると、大空に向けて上昇した。その後2時間の間に、ＶＭＭ－２６３の全隊員が残りのオスプレイに次々と乗り込み、航海前から繰り返し訓練してきた離陸を行って後に続いた。空中に浮かんだオスプレイは、ローターをエアプレーン・モードに傾け、８０００フィート（約２４００メートル）上空まで上昇し、米軍が4年以上にわたって戦闘を繰り広げているイラクに向かった。２２０億ドルの費用と30人の人命を費やし、4半世紀にわたる闘争と悲劇を経験してきた海兵隊は、自分たちの将来を賭けた型破りな飛行マシーンを初めて戦闘地域に送り込もうとしていた。

オスプレイの後ろの搭乗しているのは、航空機と一緒にワスプに乗り込んだＶＭＭ－２６３の整備員たちであった。この飛行は、形式的にはオスプレイの主たる任務とされている強襲上陸ではなかった。オスプレイとその操縦や整備を行う海兵隊員をイラクに送り込むため、海上から海岸へと部隊を移動させるための展開に過ぎなかった。海兵隊がオスプレイを運行する際には、いつものことであるが、後方キャビンにはクルー・チーフが乗り込んでいた。いたずらっぽいユーモアのセンスがある1人の機体整備員は、航海中に撮った写真をメモリーカードに保存したデジタルカメラを携行していた。飛行隊がそれから7ヵ月間の飛行拠点としたのは、バグダッドの北西１６０キロメートルにあるアル・アサドと呼ばれる広大な航空基地であった。そこに到着した飛行隊がコンピューター・ネットワークをセットアップすると、そのクルー・チーフは、自分の撮った写真を士気向上アイテム用に確保された共有ドライブにアップロードした。そのうちの1枚が隊員たち気に入られ、拡大印刷されて、VMM－263の待機室の掲示板に貼りだされた。その写真には、紺碧《こんぺき》の空を背景にローターを上に向け、ワスプの飛行甲板に着陸しようとしている銀色のオスプレイが写っていた。その前には、緑色のバイザーの付いたカーキ色のヘルメットで顔を隠した1人の搭乗員がカメラに向かって立っており、大きな長方形の段ボールを両手で体の前に掲げていた。それには、折り目が残っており、段ボール箱から切り取って、手書きのサイン・ボードに作り替えたもののようであった。そこには、大きなブロック体の文字が、マジックで丁寧に書かれていた。

「マーク・トンプソンのクソッタレ！」

このメッセージの背景には、ある物語があった。

＊　＊　＊

VMM－263がイラクに飛び立つ2ヵ月前の2007年8月9日19時ちょっと前、何十人かの若い男と女がニュー・リバー海兵隊航空基地の映画館にためらいがちに入っていった。彼らの多くはポップコーンの箱とカップ入りの飲み物を手にしており、赤ん坊を抱えたり、ベビーカーを押したりしている者もいた。ショートパンツを穿き、Tシャツを着ている者が多かった。ほとんどの男たちがハイト・アンド・タイトにきっちりと刈りあげた髪型をしていることが、彼らが海兵隊員であることを示していた。ステージの近くに座る者もいたが、大半の者たちは、後ろの方の離れた席に遠慮がちに座った。独身男性の小さな集団がカップルの中に点々としていた。明るい雰囲気ではあったが、不安も漂っていた。数週間後には、約180名のVMM－263の海兵隊員が、MV－22Bオスプレイをイラクに持っていくことになっていた。そこでは、米国の兵士たちが、戦闘や武装勢力の爆弾で毎日のように死亡したり重傷を負ったりしていた。その夜、飛行隊の大部分の隊員とその妻たちは、この「家族準備ミーティング」のために集められ、海兵隊員たちが不在となる7ヵ月間に予想されることについて、妻たちへの説明が行われた。家に残される者たちのほとんどにとって、VMM－263の派遣は、初めての恐ろしい経験となるのであった。

ポール・ロック中佐が観客席とステージの間に立つと、小さな歓声が上がった。飛行隊長の後ろのスクリーンに映し出されたのは、両足に雷を持ち、筋肉質で怖い顔をした雄鶏の風刺漫画であった。とさかの上に掲げられた字幕には、VMM－263のニックネームが掲げられていた。「サンダー・チキン」

「これから、非常に重大なイベントが開始されるあたって、とても大事なことを説明します。そのイベントとは、VMM－263が初めて実施する海外派遣です」ロックは、響き渡る声で話し始めた。「戦争が起こっています。誰もがそのことを知っていると思います。飛行隊は、そこに行って、戦闘に参加するのです」VMM－263は、アル・アサドに向かい、強襲支援ヘリコプター飛行隊と交代することになる、とロックは言った。「飛行隊が行うのは、強襲支援です」彼は言った。「我々は、必要な所であればどこにでも、戦闘部隊、補給品および装備品の強襲輸送を行います」それは、「海兵隊で最も重要な装備」である小銃を持った兵士たちを、「悪い奴ら」との戦いの場に輸送することになるかもしれない、とロックは言った。ただし、VMM－263の主要な業務は、単に海兵隊の地上部隊を基地から基地に運ぶことになるのであった。「それが何のためになるのか？　それは、地上部隊が道路を走らなくて済むようになるのです」彼は言った。イラクでは、道路に仕掛けられた「ＩＥＤ（即席爆発装置）」と呼ばれる悪名高い自家製爆弾によって、過去４年間に３００人以上のアメリカ人の命が奪われていた。

「思えば、長い15ヵ月間でした」とロックは、ＶＭＭ‐２６３が派遣準備をしてきた期間を指して言った。２００６年3月3日、ロックおよび一握りの士官と下士官兵たちにより、ヘリコプター飛行隊からオスプレイ飛行隊への改編が行われた。数ヵ月後、オスプレイとそれを操縦するパイロットたちが着隊し、訓練を開始した。飛行隊は、ニュー・リバー上空でオスプレイを飛行させるだけではなく、空中給油をしながら米国を横断して戻ったり、アリゾナ州ユマの海兵隊航空基地にある兵器・戦技学校ＭＡＷＴＳ‐１（第1海兵航空兵器訓練飛行隊）で戦闘訓練を行ったりした。イラクへの派遣に備え、モハーベ砂漠で砂塵の多い降着地域を選定し、オスプレイをブラウンアウト状態で着陸させる訓練も行った。イラクまでの航海に備え、強襲揚陸艦まで飛行し、アカバ湾で行う離陸も訓練した。

飛行隊は、単なる組織体ではなかった。ある目的のために集まった、正しく育てれば成長し、成熟し、花を咲かせる1つの有機体であり、1つの個性を持った集団であった。２００7年まで、ＶＭＭ‐２６３は、経験と熱意の不均一な混合物に過ぎなかった。その部隊の人員構成には、偏りがあった。30代後半から40代前半の年季の入った士官や下士官兵の整備員たちが多く、その中には10年以上のオスプレイの飛行経験や整備経験を有する者もいた。ロックと数人の下士官は、かつてＶＭＭＴ‐２０４（第２０４海兵中型ティルトローター訓練飛行隊）およびＶＭＸ‐22（第22海兵実用試験飛行隊）のＭＯＴＴ（多用途実用試験チーム）に所属していたのである。しかしながら、ＶＭＭ‐２６３のパイロットたちの半分にとっては、オスプレイを操縦するのが初めてであった。ＶＭ

MT－204のオスプレイが数年間にわたって飛行停止状態であったことは、訓練管理に問題を生じさせていた。VMM－263が設立された時、オスプレイを操縦したことのある大尉はいなかった。VMM－263のパイロットに所属する大尉のうち6名は、20代前半であった。彼らは、少尉でその飛行隊に配属された者たちであり、他部隊で他の機種を操縦した経験がなかった。他の6名の年長の大尉たちは、CH－46ヘリコプターの操縦経験を積んでから、飛行隊に転属してきていた。これら6名のCH－46の飛行経験を有する者たちは、数名の少佐たちと同じように、戦争の初期において、イラクでの勤務経験を有していた。その中には、武装勢力からの射撃を受けたり、負傷した海兵隊員を戦場から医療施設まで空輸したり、大切な友人を失った経験を持つ者もいた。

ニュー・リバーで家族ミーティングが行われる4ヵ月前の2007年1月、海兵隊総司令官であったジェームズ・コンウェイ大将は、オスプレイをイラクに派遣し、アル・アサド空軍基地を拠点として活動させる予定である、と発表した。イラク西方に位置するアル・アサドは、ノースカロライナ州とほぼ同じ約14万平方キロメートルの広さがあるアンバール県において、航空運用の中枢としての役割を果たしていた。イラクのその他の地域での戦闘作戦は、陸軍が担任していた。海兵隊が担任していたアンバール県は、その戦争において最も激しい戦闘が何回も発生した場所であった。2007年の初期、スンニ派の中心地であったアンバール県は、まだ間違いなくイラクで最も危険な場所であった。サダム・フセインの支配下で力を増したスンニ派は、何十年もイラクの主流派であったシーア派を抑圧してきた。アンバール県は、2003年の米国主導の侵攻を受けて蜂起したスンニ派武装勢力の温床となっていた。また、オサマ・ビン・ラディンのテロ組織から分派したアルカーイダのイラクにおける活動の拠点でもあった。オサマ・ビン・ラディンは、その戦争の初期の段階において、何百人というイスラム原理主義者の外人兵士たちをこの地域に潜り込ませていた。悪名高いヨルダンのテロリストであるアブー・ムスアブ・アッ・ザルカーウィーに率いられたイラクのアルカーイダは、誘拐や断頭といった手段を用いて、アンバール県最大の都市であるファルージャを支配していた。そして、数ヵ月にわたって、その町の住民に無慈悲なイスラムの行いを強要し、イラクの他の地域において米軍部隊やシーア派に対する自爆攻撃を何百回も行わせた。海兵隊は、153名のアメリカ人と何千人ものイラク人の犠牲を払いながら、ベトナム戦争以来、最も困難であったと言われる掃討作戦を遂行し、2004年の後半にファルージャを解放した。2006年7月、米軍の空爆によりザルカーウィーは死亡した。しかし、コンウェイ司令官がオスプレイの派遣を発表した時、イラクのアルカーイダとスンニ派武装勢力は、まだアンバール県で活動を続けていた。

海兵隊総司令官がその発表を行う2ヵ月前の2月7日、海兵隊は、その戦争で7機目のヘリコプターを失っていた。ジェニファー・ハリス大尉が操縦するCH－46が、スンニ派武装勢力の地対空ミサイルにより撃墜され、彼女と他の4名の海兵隊員と2名の海軍衛生兵が死亡した。VMM－263のパイロットたちの中で、2人だけの女性のうちの1人であり、唯一のアフリカ系アメリカ人女性であるエリザベス・オコリーバー大尉は、2000年にハリスと一緒に海軍兵学校を卒業していた。彼女たちは、友人同士であった。オコリーバーは、ファルージャなどのイラクの激戦地の近くをCH－46で飛行したことがあった。そして、オスプレイを操縦できることを喜んでいた。他方、VMM－263に配属された以上、ハリスやオコリーバーの同僚たちがすでにそうであったように、2回目または3回目のイラク派遣に参加することが義務だと考えていた。VMM－263のパイロットたちは、戦場にオスプレイを持ち込むことを誇りに思っていたが、その主眼は、あくまでも任務の遂行であった。

ロックは、それで良いと思っていた。その年の8月の夕刻に行われた家族準備ミーティングでの30分以上の説明の中でも、オスプレイのことには言及しなかった。ただし、海兵隊司令部の将軍たち、そしてメディアや数多くのオスプレイ批評家たちは、VMM－263の派遣をオスプレイの試験であると思っていた。ロックは、そういった考えを飛行隊から払拭するために、数ヵ月を費やしていた。ロックや先任パイロットたちは、自分たちが任務を遂行することにより、オスプレイが速度と航続距離に劇的な変化をもたらすことを示し、オスプレイを他の海兵隊員たちに「売り込む」ことを熱望していた。その一方で、ロックは自分の部下たちに、自分たちがイラクに行く目的はオスプレイの有効性を証明することではない、と強調した。自分たちの目的は、地上で任務を遂行する仲間の海兵隊員たちを支援することなのだ。

家族に対する説明の中で、ロックは、海兵隊員たちとの連絡はインターネットのおかげで以前に比べて容易である、と述べた。ただし、電子メールや、ブログ、ウェブサイトに派遣の詳細を掲載しないように、と注意を促した。ロックは、電子メールを使って、隊員家族たちとできる限り定期的に連絡を取り合うつもりであった。ただし、VMM－263に死傷者が発生した場合、その知らせは、人を介して自宅に残っている関係者に伝えられることになる。

死傷者の話が出ると、聴衆の中の若い女性の中には、心配そうな視線を交わす者もいた。目に涙をためている者もいた。最前列に座っていたロックの妻であるマリアは、話を続けるように夫を促した。「ありがとう」ロックは優しくささやいた。他の妻たちは、クスクスと笑った。「おやおや」とため息をつく者もいた。ロックは、配偶者たちに、海兵隊員たちの出発をあまり感情的なものにしないように依頼した。ロックは言った。「ここにいる多くの海兵隊員たちは、大きなことを成し遂げようとしているのです。それは崇高な使命です。それは行う価値があることなのです」

* * *

その頃のイラクからのニュースは、家族を心配させるほどではなかったが、オスプレイの派遣には悲運が予想された。1月、国防総省との関りが深い米国政府の研究機関である国防情報センターは、「V－22オスプレイは、有効な武器か？　それとも未亡人製造機か？　誰もが警告を無視」と題する記事を発表した。元海兵隊予備役でフリーの記者であるリー・ガヤールドによって書かれたその記事は、オスプレイが「戦場に行くことが許されたならば、自らの死傷者リストを増加させる」だろう、と述べていた。ガヤールドの47ページに及ぶ記事には、ハリー・ダンの記事が多く引用されていた。また、レックス・リボロが4年前に国防総省のOT&E（実用試験・評価部）宛に送付した覚書も引用されていた。その覚書には、オスプレイの「オートローテーション能力の欠如」、ボルテックス・リング・ステート発生時のヘリコプターと「大きく異なる反応」、およびプロップローターの戦闘機動に対する懸念が述べられていた。ダンは、IDA（国防分析研究所）の専門家がその覚書を作成すると、すぐにそれを入手した。それとほぼ同時に、オスプレイ批評家であるカールトン・マイヤーのウェブサイトである「G2mil.com」にも掲載された。

その覚書には、2003年にリボロがそれを発簡した後、すぐに撤回した主張も含まれていた。その年、ダンと主任オスプレイ・テスト・パイロットのトム・マクドナルドは、カリフォルニア州の共和党員で海兵隊に息子がいる下院軍事委員会議長のダンカン・ハンター下院議員の前で、オートローテーションの問題について激しく言い争った。リボロの「長引く安全問題」に関する覚書を読んだハンターは、NAVAIRとベル・ボーイングの職員たちを自分の執務室に呼んだ。そのうちの1人がマクドナルドであった。その覚書には、オートローテーションで安全に着陸できないオスプレイを戦場に送ることは、「非良心的」である、と述べられていた。ハンターによれば、リボロは、後になって、自分の考えを当時の海兵隊総司令官であるマイケル・ハギー大将に説明した。その説明は、マクドナルドたちオスプレイ計画関係者および5~6名の海兵隊将軍たちが参加する国防総省でのミーティングで行われた。「私の人生で、これほど無意味だったことは、ありませんでした」リボロは、私とのインタビューで語った。「彼らは明らかにこのミーティングが開かれることを知っていたのに、それを欲していなかったのです。基本的に何も質問しなかったし、何も反論しませんでした。私の形式的な説明が終わると、『ありがとう』とだけ言って、私を送り出したのです」

リボロは、ハリー・ダンと同じように、オスプレイについて議論する意欲を失ってしまった。

4年後、VMM-263のパイロットやオスプレイ陣営の他の者たちは、ガヤールドの記事を昔の問題の焼き直しだと一笑に付した。一方、オスプレイ支持者たちの中には、当時の海兵隊総司令官であるコンウェイ大将の言葉に面食らった者もいた。2007年3月、国防著作者グループの朝食会に参加していたコンウェイ大将は、オスプレイがイラクに派遣され、良い働きをすることだろう、と言った後、次のように付け加えた。「事故が起きることでしょう。航空機とは、常にそういうものなのです。それが起きた時には、受け入れなければなりません」

コンウェイは、当たり前のことを言っていた。実際、すべての航空機はいつか事故を起こすものなのである。オスプレイがイラクで事故を起こした場合の世論からの攻撃に備えなければならないことは、当たり前のことであった。しかしながら、彼のコメントの背景には、それとは別の事情もあるように思えた。オスプレイに関し、ここ数年の間に何回もの衝撃的な出来事を経験してきた海兵隊上層部は、イラクでオスプレイを操縦するパイロットたち以上にオスプレイの派遣に気が立っていたのである。

「私たちは、この航空機の初めての派遣、初めての実戦運用に対し、非常に慎重だったのです」当時の海兵隊副司令官であったロバート・マグナス大将は、私に語った。海兵隊の中で、マグナスほどオスプレイに長く関わってきた者はいなかった。若き少佐であった1980年代の初め、オスプレイ計画の開始におそらく最も大きな責任を担っていた担当士官であったマグナスは、ティルトローターが海兵隊の進むべき正しい道であるとまだ信じていた。その速く、遠くまで飛べる能力は、海兵隊の戦術を書き換えようとしていた。マグナスたち海兵隊上層部は、オスプレイの暗い過去をイラク派遣のプロローグにしたくなかった。「私たちのアイデアは、まずは這って、そして歩いて、最後に走るということでした」と彼は私に説明した。海兵隊上層部は、批評家たちからオスプレイを戦闘で使用することを怖がっていると思われたくない一方で、ロックの飛行隊に偉業を成し遂げなければならないと感じさせたくもなかった。「なぜならば、メディアに注目されている彼らは、マラーナの時のように不可能かもしれないことを実行しなければならないと思ってしまう可能性があったからなのです」とマグナスは私に語った。これが、イラクに出発する前に航海中のVMM－263に同行したり、アル・アサドの飛行隊を訪問したりしたいという数十のメディアからの取材要求を海兵隊が断った理由の1つであった。「アルカーイダも見ているウェブサイトに、この飛行機に関することを掲載させたくなかったのです。奴らは、この飛行機を撃ち落としたいと思っているに違いないからです」とマグナスは付け加えた。

その慎重な態度は、ニュー・リバーからイラクまで、VMM－263のオスプレイを自ら飛行させるのではなく船で輸送する、という決定にも表れている。長年にわたりオスプレイの「自己展開」能力を宣伝してきた海兵隊であったが、イラクへの派遣は、VMM－263を直ちに送り込まなければならないような緊急事態ではなかった。オスプレイを船で輸送することには、実行上の理由もあった。オスプレイをイラクまで飛行させる場合に必要となる6機から8機のKC－130空中給油機を準備することが困難であった。また、展開中に生じる飛行時間は、アル・アサドに到着後、整備員たちに余分な整備を要求することになり、飛行任務の開始を遅らせてしまうのであった。さらに、一部のオスプレイが途中で故障し、予防着陸を余儀なくされる可能性もあった。VMM－263が訓練のため、米国内で2回の大陸横断展開を行った際にも、毎回、そういったことが発生していた。2006年7月にニュー・リバーからイギリスのファーンボローまで、そこで行われる大きな国際航空ショーに参加するために飛行した際にも、2機のオスプレイのうちの1機にそういった事態が起こっていた。

2007年9月17日、ロックとVMM－263のパイロットたちのほとんどは、10機のオスプレイに荷物、工具、補給用部品、および約60名の整備員たちを乗せ、ノースカロライナ州の沿岸を航行していたUSSワスプまで飛行した。海軍長官のジョン・レーマンが、海兵隊がCH－46シー・ナイトの後継機としてヘリコプターではなくティルトローターを調達する、と発表してから26年が過ぎていた。そして、遂にオスプレイは、初めての戦場へと向かい始めた。

＊　＊　＊

ワスプがアカバ湾までの航海の中ほどに達した時、乗船中の誰かが、腸が煮えくり返るようなものをロックに見せた。それは、10月8日付のタイム誌の最新号であったが、その日付よりも早く発行されたものであった。その表紙には、オスプレイに関する「特別調査報告」、「空飛ぶ恥」という見出しが自慢げに掲げられていた。表紙のイラストには、エンジン・ナセルをヘリコプター・モードにし、地面に十字架の形の影を落としながら飛行するオスプレイが描かれていた。その絵には、次の文字が添えられていた。「危険であり、まっすぐに飛ぶこともできず、すでに30人の生命と200億ドルのコストを失っているにもかかわらずイラクに向かっている、V－22オスプレイの長くて悲しい物語。マーク・トンプソン」

トンプソンは、タイム誌のベテラン国防総省特派員であり、ワシントン支局の副局長でもあった。トンプソンの記事は、オスプレイのハイブリッド飛行方式の概要と、ディック・チェイニー副大統領が、国防長官時代に経費削減のためにその開発を打ち切ろうとして失敗した時から、恐ろしい事故が続いた時までの痛々しい歴史を説明していた。その記事が最大の焦点を当てていたのは、オスプレイのオートローテーション能力の欠如は「非良心的」である、というレックス・リボロの主張であった。リボロは、トンプソンのインタビューには応じていなかった。しかし、その記事は、リボロが4年前に書いた後にハリー・ダンに漏れてしまった「長引く安全問題」という覚書を引用していた。その一方で、トンプソンは、VMM－263のパイロットであるジャスティン・マッキニー大尉（コードネーム「ムーン」）の言葉も引用していた。オスプレイを操縦する自分たちパイロットは、両方のエンジンが止まった時には「プレーン・モードにして、グライダーのように降りる」。「国内やイラクでオスプレイを操縦することに、安全上の心配は全くない」とマッキニーはタイム誌に語っていた。

その記事は、前方への射撃が可能な自己防護用武装の欠如という、それまでほとんど無視されてきた問題も提起していた。それは、元々は要求性能にあったが、費用と重量の節減のため、何年もの間、留保されてきた能力であった。元海兵隊総司令官のジェームズ・ジョーンズ退役大将の、オスプレイはその種の兵器を必要としていたし、それを欠いていることに失望している、という言葉が引用されていた。イラクに向かっているＶＭＭ－２６３のオスプレイが装備しているのは、後方ランプに搭載された７・６２ミリ機関銃だけであった。その記事の終わりに、トンプソンは、現在の海兵隊総司令官は、オスプレイが墜落するだろうと予測している、と指摘した。オスプレイは、「将来にわたって戦術に変革をもたらす、妥協を伴った急進的な航空機」であるが、「戦場において注目に値する成果を出さないうちに、多くの海兵隊員の命を奪うかもしれない」とその記事は結論付けた。

ロックは、その記事の内容は気にならなかった。何も新しい情報がなかったからである。ロックと部下のパイロットたちを激怒させたのは、地面に十字架の影を落とす表紙の絵と、その雑誌の発行日であった。その表紙は、不謹慎であった。また、その発行のタイミングは、雑誌をより多く売るために計算されたものであった。オスプレイがすでにイラクに向かった後にそれが海兵隊員の命を奪うと予測することに、それ以外の目的は考えられなかった。「この記事は、説明したり、紹介したり、支援しようとするものではなく、刺激しようとしているのが明らかでした」ロックは、私とのインタビューで語った。「そのタイミングは、実に悪意に満ちたものでした。記事の内容自体は、私や私の部下である海兵隊員たちの信念を揺るがすようなものではありませんでした。では、その記事の何が悪いのかというと、その記事が我々の家族に与える影響に、怒りを覚えたのです。私たちの家族が、この記事を全部読んでいるのです」実際、その記事は、多くの家族を恐怖に陥れたのであった。

マグナスは、その記事は、「オスプレイ計画に対する一方的かつ扇動的な見解であり、その不正確な内容は、タイム誌の読者を惑わせる」ものであると指摘する書簡をタイム誌に送った。その手紙は、その雑誌の2007年11月5日号に掲載された。それから何ヵ月も経った後も、マグナスは、その特集記事のことをまだ怒っていた。「その雑誌は、今でも、私のトイレに置いてあります」彼は私に言った。「紙が硬いので、あのためには、使っていませんけどね」

家族たちを安心させようとしたロックは、電子メールを送った。皆さんの家族である海兵隊員たちを信じて欲しい、彼らは自分たちが何をやっているかを理解している、と彼は家族たちに向けて書いた。後日、「マーク・トンプソン、クソッタレ!」と書いた手作りの看板の写真が待機室の掲示板に張られた時、ロックはそのままにしておいた。それは、大いに士気を盛り上げた。

＊　＊　＊

「この任務を再度実施すべきだと思います。まだ、この航空機の良さを地上部隊に売り込むことができます」34歳のティモシー・ミラー少佐は、飛行隊長のロックと36歳のウェズリー・スペイド少佐、26歳のサラ・フェイビスオフに話しかけていた。派遣から2ヵ月が経過した2007年12月の土曜日の午後、VMM－263に所属する4名のパイロットたちは、アル・アサドにある飛行隊の待機室の片隅で、キャスター付きのオフィス・チェアーに座っていた。議論していたのは、その日の朝に実施が予定されていたが、中断しなければならなかった任務のことであった。ロックとフェイビスオフが搭乗していたオスプレイの、4台のジェネレーターのうちの1台が故障したのであった。その任務は、砂漠で武装勢力を捜索する海兵隊兵士たちの航空輸送であった。何時間もかかる任務の間、ジェネレーターに不具合のある状態で飛行を継続するべきではない、とロックは判断した。基地に戻ったロックは、別のオスプレイに乗り換えて、任務を継続しようとした。しかし、歩兵部隊の指揮官は、その任務を中止してしまった。ロックは深く失望していた。それは、地上部隊指揮官がオスプレイを「空中偵察」と呼ばれる任務に使用することに同意した初めての飛行であった。その任務においては、コブラ攻撃ヘリコプターやヒューイ輸送ヘリコプターなどで構成された航空機の「パッケージ（詰め合わせ）」により、その任務を遂行する地上部隊の士官を空輸し、武装偵察斥候を行うことになっていた。地上部隊指揮官たちは、これまで、空中偵察を行う際の兵員や他のヘリコプターのための予備燃料の空輸に頑丈なＣＨ－53Ｅスーパー・スタリオンを用いてきた。ＶＭＭ－２６３は、オスプレイでも予備燃料を空輸できるようにする装備が到着するのを待っていた。オスプレイを地上部隊指揮官に普及させたかったロックたちは、この戦闘任務に是非ともオスプレイを参加させたいと思っていたのであった。

イラクでの７ヵ月間に戦闘任務以外の空中偵察任務を次から次へと成功させてきたＶＭＭ－２６３のパイロットたちにとって、この初めての挑戦における任務の中断は、苛立たしいものであった。オスプレイを使用した任務を中断したのは、それが初めてのことではなかった。10月４日、ワスプからイラクに向けて飛び立ったオスプレイ編隊のうち、２名の大尉が操縦する６番機が、コックピット・ディスプレイ（操縦席表示器）に操縦系統と油圧系統の不具合が表示されたため、ヨルダンのアカバにあるキング・フセイン国際空港に予防着陸した。この時、ＶＭＭ－２６３の整備員６名が、船からアカバまでヘリコプターで向かった。他のオスプレイは、アル・アサドまでの１時間半の飛行を無事に完了した。不具合の原因は、電気配線の損傷であったが、最初はそれが分からず、原因の解明および不具合の修理に、ほとんど３日間を要してしまった。

それ以外の機械的不具合としては、オスプレイのローター・ハブにある「スリップ・リング」と呼ばれる電気的部品に問題が発生し、アル・アサドにおける最初の2ヵ月間の飛行隊の可動率、つまり日々の飛行可能機数を低下させた。ヘリコプターと同様にオスプレイのスリップ・リングも、隊員たちが「ムーン・ダスト」と呼ぶベビー・パウダーのようなイラクの砂に対して脆弱であることを露呈した。VMM－263の整備員たちが考案した効率的な故障探求方法により、スリップ・リングの修理時間は短縮されたが、当初の段階における非可動時間の増大により、飛行隊の全7ヵ月間の平均可動率は68パーセントとなり、目標を大きく下回ることとなった。しかし、機械的不具合により飛行できなかったのは、7ヵ月間に割り当てられた500件の任務のうち5件だけであり、その5件の「中断」は、いずれも最初の2ヵ月間に発生したものであった。

オスプレイの歴史の多くがそうであったように、戦場におけるティルトローターの初めての運用は、多くの人々が期待したとおりにはならなかった。その一方で、事故が発生するという批評家たちの予想も当たらなかった。危機一髪であったのは、ある整備員が誤って一片の吸着パッドを整備中の燃料タンク内に置き忘れ、一方のエンジンへの燃料の流れが妨げられた時であった。その機体のパイロットは、元々の設計上予測されていたとおり、一方のエンジンで両方のローターを駆動して緊急着陸した。VMM－263のオスプレイが墜落したり、戦闘地域への着陸中に被弾したりしたことはなかった。パイロットたちの認識によれば、射撃を受けたオスプレイは2機だけであった。ある夜、ラマディ近郊の住宅地の上空で低空飛行を行っていた2機のオスプレイの間を、数発の曳光弾《えいこう》が通り抜けたのである。別の夜、ラマディとバグダッドの間で、ロケット弾を発射されたこともあったが、何千フィートも上空を高速で通過するオスプレイには全く届かなかった。

数ヵ月前まで、アンバール県を非常に危険な状態にしていた戦闘やテロ攻撃は、VMM－263がアル・アサドに到着するまでに、ほとんどの地域において休止状態となっていた。その1つの要因は、2007年の夏にジョージ・ブッシュ大統領がイラクに派遣した3000名の追加部隊による「増援」であった。さらに重要であったのは、アンバール県のスンニ派の指導者たちが米軍の指揮官たちと協力してイラクのアルカーイダを攻撃し始めたため、テロリストたちが他の地域に逃げ出したことであった。10月には、アンバール県の海兵隊は、戦闘状態に遭遇することが少なくなってきていた。兵士たちを送り込む戦闘地域がなかったので、オスプレイに前方射撃が可能な兵器が必要となることはなかった。また、クリスマス・イブに虫垂破裂になった1人の海兵隊員の他には、VMM－263が後送した負傷者もなかった。その患者は、フェイビスオフ大尉ともう1人のパイロットが、離隔した基地でピック・アップ（回収）し、アル・アサドまで緊急空輸を行った。

12月に入ると、戦闘地域で操縦することに興奮していたフェイビスオフたちパイロットは、本当に時間を持て余すようになっていた。「それが別の戦争を起こすかと思ったわ」アル・アサドのVMM－263指揮所の外で偶然会った彼女は、不満そうに私に言った。髪をショートカットにしたうら若き女性であるフェイビスオフは、もの静かな、皮肉っぽい笑いを浮かべていた。彼女は、2003年に、22名のVMM－263のパイロットたちの中の2名と一緒に海軍兵学校を卒業していた。海兵隊を選んだ彼女がパイロットになったのは、何か刺激的なことを求めていたからであった。しかし、その戦争は、彼女の期待に沿うものではなかった。

＊　＊　＊

私は、当時、イラクのVMM－263を訪問することを海兵隊から許可されていた10人にも満たないジャーナリストのうちの1人であった。海兵隊司令部が私の申請を許可してくれたのは、私がこの本を書いていたからであり、私がそれまでオスプレイについて公平な立場で記事を書いてきたと何人かの現役および退役将軍から認められていたからであった。ダラス・モーニング・ニュース紙のワシントン特派員である私は、22年間にわたり、オスプレイを断続的に取り上げてきた。1990年代にディック・チェイニーがオスプレイ計画を中止しようとするのを阻止するため、海兵隊が繰り広げた戦いについても記事を書いていた。オスプレイの事故、そしてその再設計と再試験についても記事を書いていた。2005年7月13日、ニュー・リバーでオスプレイに初めて搭乗した記者団の一員として、熱狂的な体験談も書いていた。私は、それまでにも様々な米軍輸送ヘリコプターに搭乗してきたが、オスプレイは、それとは全く違っていた。パワーとスピードを持つ斬新なオスプレイに搭乗することは、極めて爽快な経験であった。

アル・アサドに行くまでの間に、私はVMM－263のほとんどのパイロットたちや、多くの整備員たちと顔見知りになっていた。その部隊に関する記事を書き始めたのは、2007年2月、飛行隊長のロックや他の隊員たちにインタビューするため、ニュー・リバーに2回の訪問を行った時のことであった。その年の春には、彼らが訓練を行っていたアリゾナ州ユマの海兵隊航空基地も訪問したし、8月には、ニュー・リバーで彼らと一緒に1週間を過ごしていた。

2月に初めて私と会ったロックは、誠意をもって接してくれたが、最初は警戒していたようであった。8月には、私が行っていることに、以前より安心しているのが明らかであった。12月にアル・アサドで会った時には、仕事一筋で任務に専念していた。私は、広報担当士官によってエスコートされていたものの、飛行隊の無骨な指揮所をほとんど自由に歩き回ることができた。その土嚢に囲まれた砂色の1階建ての建物は、アル・アサドがイラク空軍基地であった頃に建てられたものであり、その水道設備は、かなり前から破損したまま放置されていた。整備担当士官たちがいる近くの別の建物や、エプロン沿いにある飛行隊の格納庫へも歩いて行くことができたし、忙しくて手を離せない時でなければ、誰にでもインタビューをして、何でも聞くことができた。整備員たちは、オスプレイを飛行可能状態に保つため、休日なしの24時間体制で働いていた。「やつらは家に帰ると、くたくたなのです」整備資材管理士官のカルロス・リオス上級准尉は私に言った。

その「家」というは、リノリウム材の床の上に2段ベッドが並んだ、白い鉄板で覆われている空調の効いた移動式シェルターのことであった。そこには、イラクにおける米軍の主要な補給拠点であるアル・アサドの海兵隊員や他の軍人たち、そして、軍属たちも居住していた。そのシェルターを「キャンプ・カップケーキ」と呼ぶ者もいた。基地内のほとんどすべての建物がコンクリートやその土地の基本的な成分である砂や岩でできているのに、この建物だけが違っていたからである。アル・アサドには、イラクで最大かつ最も評判の良い食堂があった。他には、バーガー・キングなどのいくつかのファストフード店やコーヒーショップ、そして、チューイング・ガムから大画面のテレビまで何でも売っているＰＸ（売店）もあった。しかしながら、それらの便利な施設は、ＶＭＭ－２６３から遠く離れていた。飛行隊の多くの隊員は、そこまで行き来するために自転車を買っていたが、それを面倒に思うパイロットたちも多かった。彼らは、自分たちの格納庫の近くにある、粗末な小屋を改築した食堂で食事をとっていた。その食堂は、料金の安さから「スキニーズ（痩せっぽち）」と呼ばれていた。非番の時にパイロットたちができることは、自分たちの「ねぐら」に帰って横になったり、眠ったりするのがせいぜいであった。

戦闘は少なかったものの、オスプレイの飛行自体は少なくなかった。補給品や海兵隊員などの乗客をアル・アサドから、遠く離れた「ＦＯＢ（前方運用基地）」やバクダッド、そしてイラクのその他の地域へと空輸した。オスプレイは、すぐに将軍などのＶＩＰたちにとってお気に入りの移動手段になった。多くの乗客と同じように、将軍たちは、その速いスピードと快適な乗り心地を好んだ。ヘリコプターは、オスプレイに比べると遅い上に、不快な振動が大きかったのである。最終的に、ＶＭＭ－２６３は、イラクでの7ヵ月間に1万８０００名の乗客と１４０万ポンド（約６３５トン）の物資を空輸した。しかしながら、ほとんどのパイロットたちは、彼らが呼ぶところの「どうでもいいものの運搬」に失望していた。彼らは、戦場での飛行を予期してイラクに来ていた。すでにそれを経験していた者たちは、その経験を繰り返さなくて良いことを嬉しく思っていた。しかし、その経験のない者たちは、それをやり遂げることを楽しみにしていたのである。

　パイロットたちの多くにとって最悪であったのは、12月であった。その頃、ＶＭＭ－２６３は、負傷者が発生した場合に備え、それを後送する3機のオスプレイの常時待機を命ぜられていた。「患者後送」に割り当てられたパイロットたちは、学校の教室ほどの大きさの待機室に設けられた正方形の区画またはその近傍で、12時間の待機時間を過ごさなければならなかった。その部屋の白い壁のうち3つの面には、地形の特性や飛行経路を書き込んだイラクの地図と並んで、ダーツ用のボードが掛けられていた。ドアの近くにあるテーブルの上には、地元の市民たちから絶え間なく送り続けられてきたクッキーやキャンディーであふれたバスケットとコーヒーポットが置かれていた。ペットボトルに入った水やノンアルコールビールが詰め込まれた冷蔵庫もあった。部屋の一角は、合板で囲まれたブースになっていた。一段高くなった床に黒いカウンターがしつらえられ、映画「あるクリスマスストーリー」に出てくるような女性の足の形をしたミニチュア・ランプが置かれていた。そのブースに座っている運航士官は、飛行隊のオスプレイの位置を把握し、無線をモニターし、パイロットたちの求めに応じて情報を提供していた。壁のホワイトボードには、飛行中または飛行予定のパイロットが、どのオスプレイで、どの任務を、いつ行うのかが記載されていた。ブースの片隅の運航士官の頭上にある小さな棚には、飛行隊のマスコットである「レディ・アペ」が置かれていた。それは、高さ45センチメートルほどのコミカルなダーク・ウッドのゴリラの像であり、その時々に応じて、様々な海兵隊の制服を身に着けていた。マーク・トンプソンに対するVMM－263のメッセージが写った写真が貼られた掲示板は、近くの別な壁に取り付けられていた。

部屋の中央に敷かれた東洋風の敷物の上には、2つの革張りのソファーがV字形に置かれ、それぞれのソファーの前にはセンター・テーブルがあった。その反対側には、パイロットやクルー・チーフたちが飛行前ブリーフィングなどの際に座る15脚の黒いオフィス・チェアーが並べられていた。ブリーフィングのスライドは、前方の角に据え付けられた台座の上の大きなスクリーンに映し出されるようになっていた。砂漠仕様の黄褐色の飛行服を着用し、肩から下がるストラップに付けられた茶色の革製ホルスターに個人火器を装備したパイロットたちは、患者後送の待機の間、そのスクリーンを使ってDVDの映画を見ながら時間をつぶすこともあった。お気に入りは、「スーパーバッド」という、10代の少年たちが卒業パーティーで酒を飲んでから初体験をしようと奮闘するコメディであった。ただし、通常は、オスプレイの取扱書を読んだり、飛行中にオスプレイのコックピット・ディスプレイにコーション（注意表示）やワーニング（警報表示）が表示された場合に行うべき手順について、お互いに問題を出し合ったりすることの方が多かった。

12月に、私がアル・アサドを訪問した時、自分の機体が敵の火器に照準されたことを確認したパイロットは誰もいなかった。その要因を確かめる方法はなかったが、ロックは、彼らの飛行要領がその1つであった可能性があると考えていた。ヘリコプターは、戦闘地域において一般的に低高度を飛行する。このため、飛行音が大きくても、攻撃しようとする敵から発見される前に、飛び抜けられる可能性が高かった。一方、VMM－263のパイロットたちは、短距離または垂直離陸を行い、速やかにオスプレイのローターを前方に傾けて、飛行機のように飛ぶようにしていた。彼らは、８０００フィート（約２４００メートル）以上まで急上昇し、時速４４０キロメートルで巡航する。それは、通常の軍用ヘリコプターの2倍の速度であり、小火器の射程外でもあった。着陸する時は、エアプレーン・モードで螺旋《らせん》状に降下し、進入末期にローターを上に傾けて、ヘリコプターのように着陸するのであった。

ある日曜の朝、ニューウェル・バートレット大尉が操縦し、左側の副操縦士席にロック、彼らの中間のすぐ後方にあるジャンプ・シートに私が座って、「コーリャン・ビレッジ」と呼ばれる海兵隊ＦＯＢ（前方運用基地）まで飛行した際の飛行要領も、これと同じであった。そのＦＯＢは、アル・アサドから遠く離れた、シリア国境に近い埃っぽい地域にあった。午前10時、ＶＭＭ－２６３の格納庫の前のエプロンから垂直に離陸したバートレットは、もう1機のオスプレイに続行しながら、砂漠の中にある射場の上空をヘリコプター・モードで旋回し始めた。ＴＣＬ（推力制御レバー）に付いているボタンを押して、数発のフレア（熱源弾）を発射し、搭載されている対ミサイル防護装置の機能確認を行った。フレアは、機体の後方でパチパチと音を立てた。クルー・チーフが、後方ランプに据え付けられた機関銃から、数発の弾丸を試射した。旋回して飛行場に戻ると、第2海兵航空団司令部の「ＬＺリッパー」と呼ばれる降着地域に着陸した。長機のオスプレイは、コーリャン・ビレッジを視察する将軍などの乗客たちを搭乗させた。待機している間、ロックは、バートレットに武装勢力と推定される敵との交戦規定に関する質問をしていた。

数分後、バートレットは、短距離の滑走離陸を行うと、ローターを前方に傾けて上昇を開始した。加速度により背中が座席に押し付けられた。高度８２００フィート（約２５００メートル）で水平飛行に移行した。コックピット・ディスプレイは、２４３ノット（時速約４５０キロメートル）

で飛行していることを示していた。ロックは、再びバートレットに質問を始めた。今度は、戦術、「トルク・スプリット（エンジン出力の分配）」、オスプレイのジェネレーターおよびギヤボックスに関する質問であった。それは、バートレットがティルトローター機の編隊長として資格を得るための最終試験なのであった。その資格があれば、オスプレイ編隊を指揮する権限が与えられるのである。その試験は、海兵隊で最も高価な航空機を戦闘地域で操縦しながら行われた。

離陸後30分で、アル・アサドから１３５マイル（２１７キロメートル）、目的地まで10分の所に到着した。オスプレイは、ＦＯＢに向けて、大きく螺旋状に降下し始めた。耳がポンと音をたてた。下方に広がっているのは、コーリャン・ビレッジと呼ばれる一連のコンクリート・バリアとテントの集まりを除けば、すべてオレンジ色の砂であった。バートレットは、将軍を空輸しているオスプレイが着陸した場所から数百フィート離れた所にある、ＦＯＢの境界線の内側に敷かれた鉄板の上に砂埃を巻き上げながら静かに着陸した。バートレットとロックは、エンジンを回したままで待機した。

15分後、アル・アサドまで移動する荷物を持った何人かの民間請負業者たちと2〜3人の海兵隊員が、我々のオスプレイの後ろに乗り込んできた。バートレットは、機内通話装置でクルー・チーフに「オッケー、高い高度まで一気にホバリングするぞ」と言った。「ドア閉鎖完了。」宣言されたとおりにオスプレイがホバリングしながら急上昇を始めると、ロックは言った。「高速飛行、準備完了」その時、私の前のコックピット・ディスプレイ・パネルに、白いブロック体の文字が表示された。「Ｒ ＥＡＰＳ ＦＡＩＬ（右ＥＡＰＳ故障）」と表示されているのが見えた。右側エンジン・ナセルのＥＡＰＳ（エンジン空気・砂塵分離機）に不具合が発生したのである。それは、エンジンに吸い込まれる空気から砂塵を取り除くため、オスプレイのエンジンの入り口に取り付けられている装置であり、「イープス」と発音されていた。

「こいつは、前にも起こったことがある」ロックは、バートレットに言った。「ＦＯＢに向かう前から、ＥＡＰＳが故障を表示する限界値に近づいていたんだろう。離陸の時に高い出力を出したので点灯したんだ。電源スイッチを一旦切ってから入れ直しても、リセットできないと思うぞ。サーキット・ブレーカーを入れ直せばリセットできるけどな」オスプレイは、どの機体も、油圧で作動するＥＡＰＳにトラブルを抱えている、とロックは私に説明してくれた。ＶＭＭ－２６３がイラクに出発する前、ニュー・リバーで発生した2件のエンジン火災は、この装置からの作動油漏れが原因であった。ベル・ボーイングは、専門家たちを派遣し、この部隊のオスプレイのＥＡＰＳの改修を行った。ＥＡＰＳから漏れた作動油がエンジンに流れ込まないようにしたのである。また、内部センサーが作動油漏れの可能性を検知した際に、より短時間でＥＡＰＳが自動的にシャット・ダウンするようにした。オスプレイが急激に上昇したことによって、作動油圧に急激な変化が生じ、ＥＡＰＳがシャット・ダウンした、とロックは推定した。そして、アル・アサドに戻るまで、ＥＡＰＳの再起動を試みないことにした。サーキット・ブレーカーをリセットすることは、別の問題を発生させる可能性があった。それでも、安全上は問題がなかった。ＥＡＰＳの目的は、長期レンジでのエンジンの寿命を延ばすことだからである。

このような問題が生じることがあったものの、ＶＭＭ－２６３のオスプレイは、イラクにおいて、まさしく99パーセントの任務を完遂した。7ヵ月のイラク派遣の間に、２機のオスプレイが飛行隊に追加された。合計12機のオスプレイは、２００８年4月に2番目の派遣飛行隊であるＶＭＭ－１６２（第１６２海兵隊中型ティルトローター飛行隊）に任務を引き継ぐまでの間、十分に持ちこたえたのであった。

イラクから帰国したロック、フェイビスオフおよびクルー・チーフのダニー・ハーマン軍曹は、国防総省での記者会見において、航空副司令官のジョージ・トラウトマン中将と一緒に記者の質問に答えた。オスプレイ批評家たちは、海兵隊がそれを貨物と乗客を運ぶ「トラック」としてしか使わなかったとか、それがまだ戦闘の本当の試練を経験していないとか言って、この航空機を標的にしていた。トラウトマンは、この飛行隊がイラクで達成したことを誇りに思うとともに、オスプレイに満足している、と述べた。アル・アサドでの感謝祭でロックが、オスプレイの初めての派遣は試験のようなものであったが、卒業試験では決してなかった、と言ったことをトラウトマンは忘れていなかった。トラウトマンは言った。「我々は、新しい、革新的なテクノロジーを活用する旅の途中にあるのです。我々は、教訓を学び続け、この飛行機がもたらす能力を活かせるように改善し続け、努力し続けてゆきます」VMM－263は、「7ヵ月の派遣を乗り切り、無事に帰還し、要求されたすべての任務を遂行したのです」と彼は付け加えた。

自分の任務を完遂し、部下の海兵隊員を安全に家に帰すことが、飛行隊をイラクに連れてゆく時のロックの目標であった。また、オスプレイが安全で便利な輸送機であり、ティルトローター機が海兵隊の作戦効果を増大させ、生命を守り、勝利に貢献することを実証したかった。一方、人生のうちの11年間をオスプレイに捧げてきたロックのこの航空機に対する思いは、派遣間の経験によって、より強固なものになっていた。「初めの頃、その飛行機は、全くのドリーム・マシーンでした」とロックは私に言った。「自分でも良く分かってはいなかったのですが、この道に入ったことは、紛れもなく、途方もない飛行機を操縦できる、途方もない機会でした。コストのことは分かりませんが、オスプレイが積み重ねてきた試練は、ここまで到達するために必要なことだったのかもしれません。いつか、そして私が経験したように間違いなく、ゆっくりと少しずつ、オスプレイは『成功させるために手に入れたい』航空機ではなくて、『偉大な海兵隊員たちが命がけで取り組んできた、それに関わることを誇りに思える、途方もない能力を持つ』航空機になるのです」ロックは、まだオスプレイの信仰者であったが、もはやそれを単なるドリーム・マシーンとは思っていなかった。それは、驚くべき能力を有していたが、それはまた、ロックが言うように「あばた」も持っていた。「飛行機は、ただの飛行機なのです」彼は私に言った。「単なるマシーンなのです」そのマシーンを成功させたかったのは、自分自身のためではなかった。それを操縦しようとした海兵隊員のために、そして死んでいった者たちのために成功させたかったのである。「こんなことは、他の人に説明しても分かってもらえないので、話したことがなかったのです」と彼は私に言った。それは、イラクのアル・アサドで、自分の「ねぐら」に1人でいる時に考え続けたことであった。ロックがそこに行くのは眠りに付く時だけであったが、その時、彼はいつも神に祈っていた。自分の家族や友人たちを守ってくれるように祈った。任務を完遂できる英知と技量を自分に与えてくれるように祈った、そして部下である海兵隊員全員がその愛する者たちの元に戻れることを祈った。7年前にマラーナとニュー・リバーで失った、兄弟のような海兵隊員たち全員のためにも祈った。

「私は、いつも、ここに到達しようとして、死んでいった友人たちのことを思っていました」ロックは、私に言った。「彼らは、偉大な海兵隊員であり、良き友人たちでした。彼らが人生を捧げた目的を実現できたこと、その地点に到達できたことを名誉に思っています」ロックは、友人たちの死を無駄にしたくなかったのである。

＊

＊

＊

２００８年6月、オスプレイと共に派遣された初めての飛行隊長としての功績を称え、ブロンズスターメダルがロックに授与された。ロックは、海兵隊のパイロットたちとこの航空機を作り上げた請負業者たちの代表が参加する会議でスピーチを行うため、フォートワースに派遣された。ロックとディック・スパイビーは、そこで初めて顔を合わせた。夢を持ったセールスマンと、その夢が作り上げたマシーンのパイロットとの初めての出会いであった。67歳のスパイビーは、２００２年8月にベル・ヘリコプター社から早期退職をしたが、すぐに顧問として再雇用されていた。それから4年間、それまでとほとんど同じ仕事を続けていた。

スパイビーが早期退職をした時、彼がベル社を永遠に去ってしまうと思った１５０人ほどの同僚たちが、それを惜しんで集まった。ある金曜日の夜に行われたそのイベントの様子は、息子のブレットによりビデオ撮影されていた。豪華なバイキング形式のディナーがふるまわれ、仮設のバーが設けられた。スパイビーの勝利と苦難に関する哀愁に満ちたスピーチが行われた。「すべての顧客に、自分に話しかけているように感じさせる」彼の能力に対する賞賛があった。彼の元上司の1人は、スパイビーの創造力と5種類のブリーフィングのどれでもできる前代未聞の能力を絶賛した。2時間のブリーフィング、1時間のブリーフィング、20分のブリーフィング、書類でのブリーフィング、そして「エレベーター」でのブリーフィングであった。「エレベーター1階分の時間で全部を話してしまうのです」もう1人のベル社の営業担当者は、肘を脇に付け、人差し指を天井に向けて立ち上がり、スパイビーは「こう言ってその経歴を作り上げたんです。間違っていたら教えてください」と言い、「ヘリコプターのように離陸し」と言ってから、前腕部を下げて人差し指を前方に向けながら「飛行機のように飛ぶ」と言って大喝采を受けた。当時の海兵隊総司令官ジム・ジョーンズ大将からの祝福の電子メールが紹介された。当時のベル社の社長で、当日出席できなかったジョン・マーフィーからの手紙が読まれた。マーフィーは、スパイビーがいなければ、「V－22オスプレイは存在しなかったであろう」と言った。元XV－15のテスト・パイロットであったドルマン・キャノンは、ティルトローターを販売するための、古き時代のベル社の苦労を語った。「どっちを見ても、ディック・スパイビーがそこにいた」とキャノンは言った。ティルトローターを販売することは、スパイビーにとって単なる仕事ではなかった。それは彼の情熱そのものであった。

２００２年、その退職パーティーから3週間後、ティルトローターのマーケティング担当者に復帰したスパイビーは、オスプレイを救うためボルテックス・リング・ステートに関するブリーフィングを行うとともに、ベル社が国防総省に売り込んでいた巨大なオスプレイ派生機であるQTR（クワッド・ティルトローター）の販売の促進を図った。その次の年、国防次官のピート・オルドリッジが考えを改め、オスプレイに健康証明書を与えてから2ヵ月後、ベル社は、XV－15ティルトローター実証機をスミソニアン協会の国立航空宇宙博物館に寄贈した。その寄贈に関する報道の中で、ダラス・モーニング・ニュース紙のケイティ・フェアバンクは、ティルトローターへの信仰を失ったことはなかった、というスパイビーの言葉を引用した。「私たちは、何も疑問には思いませんでした。V－22は汚名を着せられ、侮辱されていたのです」スパイビーは言った。「しかし、その未来はとても明るいのです」

スパイビーは、ロックがVMM－263の指揮を執る2ヵ月前の2006年2月、永遠にベル社を去ったが、その後もその飛行隊の状況を熱心に追い続けた。VMM－263がイラクに向かう直前に、それに関心を持つ人々に宛てた電子メールの中でスパイビーは次のように呼びかけた。「皆、成功を祈ろう。我々全員の努力が報われるかどうか分かる時が近づいている」

2008年6月、フォートワースのワージントン・ホテルでの講話を終えたロックにスパイビーが近づき、自己紹介をした上で、もう少し話ができるように頼んだ。2人は、折りたたみ椅子に座った。スパイビーは、イラクでオスプレイがどうだったのか、ロックに質問した。後に、ロックは、スパイビーの質問の全部を思い出すことはできなかったが、彼が非常に熱心であったことに強く感動したことを忘れることはなかった。話し合っている間、スパイビーは、かなり感情的になっているように見えた。

スパイビーは、実際、感情的になっていた。海兵隊にティルトローターをドリーム・マシーンとして販売したが、オスプレイはそれを悪夢にしてしまった。オスプレイにかかった費用と失われた命、そしてその長く曲がりくねった歴史は、ティルトローターの信用をほとんど失墜させ、その夢を永遠に遠のかせたかのように思われた。しかし、ロックの話を聞いたスパイビーは、悪夢が終わりを告げ、海兵隊と空軍がオスプレイに大きく依存するようになることを確信した。陸軍も再び興味を持つようになるかもしれないとさえ思った。スパイビーは、オスプレイの問題に関しては、機体というマシーンそのものよりも、国防総省の調達機構というマシーンを非難した。国防総省は、最終的にはオスプレイに対する義務を履行した。しかし、おそらくケネス・ウェルニッケは間違っていなかった、と心底から思っていた。1983年、理想的なティルトローター技術者であったウェルニッケは、あまりにも野心的すぎると思われた軍の要求性能に基づいてティルトローターを設計するよりも、ベル社からほとんど退職させられることを選んでいた。「私には、たぶん、それがどれだけ難しいことなのかを認識できていませんでした」スパイビーは、思い起こすように私に語った。「夢は、現実よりも単純なものです。しかし、政府の調達機構はあまりにも複雑です。誰もが問題があると分かっているのです」

オスプレイが装備化されると、そのドリームが生き残ったことをスパイビーは確信した。ティルトローターが安全なものであると軍が証明すれば、民間もそれを使いたくなると彼は予測していた。「それをもっと安価に製造する方法を考え出さなければなりません」彼は私に認めた。「民間機は、軍用機のように複雑なものである必要がないのです」もし、ティルトローターが民間でも使われるようになれば、それは、ジェット・エンジンと同じように世界を変えるだろうとスパイビーは信じて疑わなかった。それを見るまで生きていられるかどうかは分からないが、「誰が何と言おうとも、それをまだ信じています」と彼は私に言った。ティルトローターは、まだ彼のドリーム・マシーンであったし、これからも、ずっとそうであり続けることであろう。

エピローグ

マラーナでの事故から10年後、「暗黒の時代（ダーク・エイジ）」以来、初めての悲劇がオスプレイに起こった。真っ暗な夜にアフガニスタン南部の武装勢力に対する襲撃を行おうとしていた米陸軍レンジャー部隊を乗せた空軍特殊作戦コマンド所属の３機のＣＶ－22Ｂオスプレイのうちの１機が、予定されていた降着地域よりも１４５キロメートル以上手前にあるカラート村から5キロメートル東にある荒地に落着した。降着装置を下げ、エンジン・ナセルを完全なヘリコプター・モードである90度には満たないものの80度以上も上方に向けた状態で、高速でその砂地の平原に滑り込んだのである。搭乗していたレンジャー隊員たちの中には、ロール・オン・ランディング（滑走着陸）をしたと思った者もいた。接地後、前輪が、一度跳ね上げられてから、地面に叩きつけられて損傷した。オスプレイの球根状の機首が柔らかい土の中にめり込み、60センチメートルの深さの谷川に激突した。機体後部が上方に跳ね上げられ、機体は機首を下にして逆さまになった。コックピットが押しつぶされ、胴体が背中から地面に叩きつけられた。この事故で、空軍の第8特殊作戦飛行隊のパイロットと下士官兵のＦＥ（機上整備員）が死亡した。死亡したＦＥは、２つのパイロット席の中央後方にあるジャンプ・シートに座っていた。また、キャビンの中央付近に乗っていた陸軍第75レンジャー連隊第３大隊の伍長とアフガニスタン人の女性通訳も亡くなった。副操縦士は、自分の座席にシートベルトで固定されたまま航空機から投げ出されたが、奇跡的に生き残った。キャビンにひざまずき、セーフティー・ハーネスを着用して床面に固定していたもう1名のFEと13名のレンジャー、1名のアフガニスタン人通訳も生き残った。ただし、その多くは重傷を負った。

8ヵ月後、空軍から事故調査の結果が公表されたが、その結論があいまいなものであったため、一部に議論が巻き起こった。8人で構成される航空事故調査委員会の長であるテキサス空軍州兵のドナルド・ハーベル准将は、敵の攻撃、ボルテックス・リング・ステート、およびローターが舞い上げた砂塵によってパイロットが平衡感覚を失うブラウンアウトについては、いずれも今回の事故の原因ではないとした。その上で、この事故に関係する要因は10個も存在し、そのいずれも単独では主因になり得ないと結論付けた。その中には、17ノットの追い風や、時間どおりに目的地に到着しなければならないという状況下での搭乗員の注意散漫などがあった。さらに、エンジンの出力低下も、関連する要因の1つに含まれていた。空軍特殊作戦コマンドの副司令官であるカート・シチョースキー少将は、この結論に同意しなかった。そして、エンジン・メーカーやNAVAIR（海軍航空システム・コマンド）による技術的検討の結果を引用しながら、出力低下を裏付ける証拠は何もない、と正式に宣言した。ある1つの機器が残ってさえいれば、このような意見の不一致は起こらなかった。被害者を救出し、残骸を処理するために現場に到着した部隊は、そのCV－22から秘に該当する多数の機器を回収したが、エンジンの運転状況や計器の示度を記録するフライト・インシデント・レコーダー（事故記録装置）は回収できなかった。事故発生から4時間後、陸軍司令官の勧告に従い、武装勢力などが何か有益なものを入手するのを防ぐため、2機の空軍A－10「ワースホッグ」が4発の500ポンド爆弾を残骸の上に投下した。ハーベルは、空軍が事故報告書を公表する3ヵ月前の2010年9月15日、フライト・インシデント・レコーダーの回収失敗に悩まされながら、予定に従い空軍から退役した。その機器は、CV－22がその夜、双方のエンジンの出力が少なくともある程度低下したことを示したはずだ、と彼は思っていた。その原因は、背風によるコンプレッサー・ストールだったかもしれないし、事故が発生した海面上5226フィート（1600メートル）の低い空気密度だったかもしれなかったが、おそらくは機械的不具合であると思われた。亡くなった43歳の機長のランデル・ボアス少佐は、空軍におけるオスプレイ第1人者の中の1人であった。その夜、降着地域に高速で進入しすぎてしまったボアスは、単に高度を誤って地面に接近したのではなく、おそらく、水平飛行を維持できず、ヘリコプターのように着陸するのに必要なエンジン出力も得られなかったため、緊急滑走着陸（ロール・オン・ランディング）を行おうとしていた、とハーベルは確信していた。

ただし、ほとんどのマスコミは、この事故にあまり注目しなかった。2010年には、1990年代後半と同じように、オスプレイの事故は、再び「犬が人を噛む」ようなありふれた話になっていた。メディアが興味を失った理由の1つは、イラクやアフガニスタンでの戦争でヘリコプターの損失や人員の死亡が頻繁に発生していたためであろう。2001年9月11日のテロ攻撃以来、CV－22Bが墜落するまでの間にアフガニスタンやイラクなどにおいては、403機の米軍のヘリコプターが墜落し、546名が死亡していた。それらの死者のうち20名は、5件のCH－46シー・ナイトの事故によるものであった。この海兵隊のヘリコプターは、オスプレイに換装されることが予定されていた。概ね同じ期間に、海兵隊のMV－22Bオスプレイは、イラクとアフガニスタンにおける1万1500時間を含む7万時間以上の飛行を行っていたが、死亡事故は0件であった。VMM－263と他の2つの海兵隊の飛行隊が2007年にイラクに派遣された12機のオスプレイを戦闘地域において飛行させた時間は、総計9054時間に達していた。一方、オスプレイの信頼性には、引き続き問題が残っていた。イラクに派遣された海兵隊とベル・ボーイングの整備員たちには、オスプレイについて平均70パーセントの「MC（任務可能状態）」を維持することが強く求められていたが、部品の消耗は、技術者たちが予測していたよりも大幅に早かった。それでも、12機のオスプレイは、イラクにおける19ヵ月におよぶ派遣間に、4万4000人以上の乗客と280万ポンド（約1270トン）以上の貨物を安全に輸送した。イラクでのオスプレイの実績に満足した海兵隊は、2009年11月、アフガニスタンにも12機のMV－22Bを送り込んだ。その頃、海兵隊は、ヘルマンド州のアルカーイダとイスラム原理主義者テログループのタリバン支持者たちに対する戦闘行動を準備していた。ほどなくして、空軍特殊作戦コマンドは、CV－22Bのアフガニスタンへの投入を開始したのであった。

このCV－22Bの事故を考慮したとしても、過去10年間の航空事故発生状況を踏まえれば、オスプレイが「死の罠」や「未亡人製造機」だというオスプレイ批評家たちの主張は、過去からの感情的な残響であるとしか思えない。アフガニスタンでは、MV－22Bの信頼性が大きな問題として残った。しかし、「敵火」が存在する降着地域において、ティルトローターは敵の目標になりやすい、という批評家たちの予想は完全に覆された。ベトナムで飛行したヘリコプターは、ジャングルの中に隠れ潜んでいる敵兵から砲火の雨を浴びることが少なくなかった。しかし、アフガニスタンで飛行したオスプレイは、そういった敵兵が隠れ潜む場所に飛び込むようなことをしなかった。1960年代以降、大きな発達を遂げた戦争のテクノロジーは、戦術にも変化をもたらしていた。不毛の地であるアフガニスタンにおいては、敵が集結することが少なかった。現代戦においては、無人偵察機などの空中センサーにより集結する敵を発見し、スマート爆弾を搭載した航空機でピンポイント攻撃を行うことができるためである。このような戦争ツールは、ベトナムの頃には存在しなかった。アフガニスタンでは、ヘリコプターと同様に、オスプレイも短射程のAK－47突撃銃やRPG（携行式ロケット弾）を装備した武装勢力の標的となったが、1年が過ぎると、オスプレイは、その脅威に対しヘリコプターと同等の強靭性を持つことが証明された。その年に戦闘行動を参加した海兵隊のオスプレイは、確認されているだけでも5回はAK－47の標準弾薬である7・62ミリ弾に被弾しているが、これらにより死亡したり、負傷したりした者はいない。いずれの場合も、パイロットたちは、キャンプ・バスティオンにある自分たちの基地まで帰投することができたし、整備員たちは、そこで損傷箇所を修理し、航空機を運用に復帰させることができたのである。

にもかかわらず、オスプレイに対する大衆イメージはほとんど変わらなかったし、オスプレイをめぐる議論が終わりを告げることもなかった。2001年以降、オスプレイが灰の中から蘇ったことを認識できていない者たちの中には、オスプレイがまだ存在していたことを知って驚く者さえいた。ブロガー、研究機関の専門家、および多くのジャーナリストたちは、航空事故発生状況を無視し、低い信頼性や高いコストに焦点を当て、オスプレイを「問題のオスプレイ」と未だに呼んでいた。オスプレイ批評家たちは、イラクにおいて、「トラック」や「バス」のように、あるいは戦闘地域でのVIP空輸にオスプレイを使う海兵隊を馬鹿にした。オートローテーションで安全に着陸できないオスプレイは、大きなリスクを抱えていると主張する者も未だにいた。V－22は、ローターをエアプレーン・モードに切り替えて翼で滑空しても安全に着陸することができない、低高度や低速度において飛行している際に両方のエンジンが停止したり、不具合を発生させたりした場合には救いようがない、と彼らは言った。より攻撃的な批評家たちは、サイド・バイ・サイド方式のオスプレイのローターは、低高度で一方のローターがボルテックス・リング・ステートに入った場合に、意図しない制御不能のロールに陥る可能性がある、と未だに言い張っていた。

一方、海兵隊と空軍のオスプレイ・パイロットたちは、このようなリスクに自分たちの能力で対処することについて、楽観的な見方をしていた。アフガニスタンでは、どんなヘリコプターよりもはるかに速く、遠くまで、高く飛べるオスプレイは小火器の脅威にさらされることがなかったし、批評家たちが想像するよりもはるかに撃墜されにくかったオスプレイは多くの命を救った、と彼らは確信していた。しかし、オスプレイがその高額な価格に見合うものであると認めさせるためには、まだ証明しなければならないことがあるのも事実である。ポール・ロック中佐がVMM－263（第263海兵中型ティルトローター飛行隊）をイラクから帰還させる2週間前の2008年3月28日、国防総省は、ベル・ボーイングのパートナーシップと今後5年間でさらに167機のオスプレイを製造する104億ドルの契約を締結した。そのうち141機が海兵隊用であり、26機が空軍用であった。海兵隊、空軍、および海軍は、合計458機のオスプレイを調達することになる。1983年の最初の契約からの総費用は、インフレを考慮した場合、530億ドルに相当する。それは、現在の計画の約3倍の製造機数が予期されていた1982年当時の見積を120億ドルも超過している。ベル・ボーイング社との複数年契約は、軍需企業にとって望ましい契約方式となっている。バラク・オバマ大統領政府や議会のいずれもが、2012年までは、オスプレイ計画を中止できないことをほぼ保証するものだからである。その契約が事業を中断する場合に多額の費用を要求できる取消料を定めていることは、計画の中止を政治的に困難なものにしている。NAVAIR（海軍航空システム・コマンド）とベル・ボーイングは、2013年から始まる2回目の複数年契約について、交渉を行っている最中である。一方、連邦政府の財政赤字が1兆ドルに達する中、国防費に関する批評家など連邦予算を削減する方法を模索している人々にとって、オスプレイは絶好の標的であり続けている。２０１０年11月、財政赤字を終息させるためにオバマ政権が創設した、財政再建のための超党派委員会の副議長は、オスプレイの調達を２８８機で停止することを勧告した。しかしながら、その提案が採用される可能性はほとんどなかった。国防長官のロバート・ゲーツは、オスプレイそのものについては言及することなく、その委員会の要求した軍事支出の削減を「戦略ではなく、算数だ」として拒否したのであった。同じくらいに重要なことは、議会におけるオスプレイの支持は強力に保たれており、海兵隊や空軍の指導者たちは、どちらも計画どおりすべてのＶ－22を必要としていると主張していることである。

２０１０年末現在、海兵隊は、オスプレイの機数が増加するに従って、それを運用する新しい飛行隊を創設し続けている。これまでに、６個のオスプレイ飛行隊がニュー・リバー海兵隊航空基地に創設され、さらに2個飛行隊がカリフォルニア州のミラマー海兵隊航空基地に創設された。その中で、最も忙しい飛行隊の1つは、ニュー・リバーの訓練飛行隊であるＶＭＭＴ－２０４（第２０４海兵中型ティルトローター訓練飛行隊）である。オスプレイの「暗黒の時代（ダーク・エイジ）」をその飛行隊で過ごしたポール・ロックは、その部隊の指揮官になった。２００９年7月、イラクへのオスプレイの最初の派遣を終えたロックは、大佐に昇任し、海兵隊と空軍で勤務する新しいオスプレイ・パイロットと整備員の育成を担当するようになったのである。

一方、オスプレイが生き残り、イラクで成功を収めたことにより、民間での関心は、再び盛り上がりを見せ始めてていた。熱狂的信者たちが予言していたような航空界の改革は、まだ実現の見通しが立っていないが、その夢は消え去ってはいなかった。「私は、ティルトローター機が我々の日常に多くの革命をもたらすと本当に信じているのです」２０１０年9月、元海兵隊大将であり航空宇宙飛行士であった航空宇宙局（ＮＡＳＡ）長官のチャールズ・ボールデンは、カリフォルニア州にあるエイムズ研究センターで技術者たちに語った。その研究センターに併設されている陸軍の回転翼機に関する研究機関である陸軍航空飛行力学研究所の所長は、ティルトローターの熱狂的信者であるディック・スパイビーであった。スパイビーが率いるその機関は、軍用ヘリコプターに取って代わる新しい回転翼機のアイデアに取り組んでおり、その中には、ティルトローターも含まれていた。100人乗りの民間用ティルトローターのフライト・シミュレーターを作り上げたNASA（航空宇宙局）は、そのような航空機と従来型の民間機が空域を共有するための方法を研究していた。一方、ベル・ヘリコプター社とそのイタリアのパートナーであるアグスタウェストランドSpA社は、9名の乗客を乗せられる民間用ティルトローターの試作機を製造し、その飛行試験を行っていた。XV－15と概ね同じ大きさのその航空機は、BA609と呼ばれていた。ベル社の重役たちは、もはやティルトローターに無限のマーケットがあるとは思っていなかった。そのスピードが大きな利点となる緊急医療や、緊急時の沖合石油プラットフォームからの避難などの、ニッチ（隙間）市場を狙うことだけを考えるようになっていた。一方、アグスタウェストランド社は、それまでと同じく、その開発に全力を傾け続けた。最高経営責任者のジュゼッペ・オルシは、2013年から2014年にBA609の量産を開始すると述べた。また、ヨーロッパのパートナーたちと、エリカと呼ばれる別のティルトローターの開発にも取り組んでいた。「我々の将来は、ティルトローターにかかっていると信じています」とオルシは言った。

他にも同じような熱意をもって、ティルトローターを模索している者がいた。その分野の多くの者から天才と称賛されているカリフォルニア州の航空設計者であるエイブラハム・カレムは、2018年までに自分のエアロ・トレインを各エアラインに導入させたいと思っていた。その航空機は、120名の乗客を乗せ、200～1000マイル（約370～1852キロメートル）の航路で用いられるように設計されたティルトローターであった。「効率の良い輸送用ティルトローターを実用化するために障害となるのは、技術的なことよりも、むしろ政治的なことなのです」とカレムは私に語った。「個人的には、今日の航空学において、固定翼輸送機に匹敵する効率性を発揮する唯一の方法は、民間輸送用ティルトローターであると信じています」一方、オスプレイやBA609で用いられているプロップローターを改善するため、可変長ローター・ブレードのようなテクノロジーを研究している者もいる。ティルトローターをより単純にそして安価にするための、何らかの画期的な技術的進歩が、すぐそこまで来ていることを否定できる者がいるだろうか？

1936年、オービル・ライトは、ヘリコプターは実現困難であると完全に言い切っていた。その3年後、イゴール・シコルスキーは、ライトが間違っていたことを証明した。ヘリコプターが日常的に使われるようになるまでには、20年間を要したが、それはやり遂げられた。おそらくティルトローターが世界を変えるのには、もっと時間が必要とされているだけなのだ。

ティルトローターの熱狂的信者たちは、夢を見ていただけだったのであろうか。確かにそうだったかもしれない。しかし、進歩というものは、常に夢を見る者（ドリーマー）たちによりもたらされるものなのである。特に航空の世界においては、これまでずっとそうであった。夢を持つものでなければ、空の征服を企てることはできない。その夢は、受け持ち区域にあるのだ。

2011年1月

謝　辞

この本は、それ自体が、２００６年の夏に私が不安を抱えながら始めたプロジェクトに時間、知識、見識、個人的記録、研究能力、助言あるいは激励を提供してくれた多くの人々に対する唯一の恩返しです。ダラス・モーニング・ニュース紙のワシントン特派員として、22年近くにわたりオスプレイについて断続的に記事を書いてきた私は、この問題が中絶をめぐる議論と似ていることに気づきました。たとえ私が何を書こうとも、誰かに非難されることが予測されました。それは、オスプレイが宗教的な問題に行きつく国防問題だからです。オスプレイに関しては、信仰者と非信仰者がいて、そのどちらもが相手のことをいくらかでも理解しようとすることが、ほとんどなかったのです。オスプレイを称賛することも葬ることも目標としていないこの本に、どれだけの人が協力してくれるか分かりませんでしたが、いつものとおり、良いことと悪いことの双方を取り上げ、それらの事実に自分自身を語らせるように努めました。蓋を開ければ、非常に多くの人々が私にドアを開け、ファイルを開け、そして心を開いてくれました。本当に、感謝してもしきれないほどです。

特に、オスプレイで亡くなった男たちの親族が、何年もかかって忘れようとしていた痛みを思い出すことになるにもかかわらず、古傷を開き、私と思い出を共有してくれたことに感謝しています。コニー・グルーバー、バディー・マーフィー、キャロルとカトリーナ・スウェーニー、キャシー・マヤンとミッシェル・ステシック・コブトヌクが、この物語に無くてはならない部分を書けるように私を手伝ってくれたことに心から感謝します。また、ジェームズ・シェーファー中佐（退役）にも、オスプレイの英雄たちの最も悲しい出来事について語ってくれた彼の助言と援助に感謝します。彼の亡くなった戦友たちや生存者たちに対する献身的な態度は、感動的なものでした。

この本は、米国海兵隊の協力なしでは、書くことが不可能でした。海兵隊は、見たままの真実を述べるという私の約束だけに基づいて、ＶＭＭ－２６３（第２６３海兵中型ティルトローター飛行隊）の取材を認めるなどの援助をしてくれました。ご支援を頂いたすべての現役および退役の海兵隊員に感謝します。特に航空副司令官として私のプロジェクトを支援してくれたジョン・キャストロー中将（退役）と、その支援を文書で指示してくれた海兵隊広報部長代理のデビット・ラパン大佐に感謝します。スコット・ファゼカシュ中佐（退役）と後任のエリック・デント少佐は、広報室の調整窓口という誰もやりたくない仕事を引き受けてくれました。２人には、私の数多くの性急な要求でご迷惑をおかけしたことをお詫びするとともに、そのプロ意識に感謝します。海兵隊副司令官としての忙しいスケジュールの中、長時間に及ぶ、洞察に満ちた、そして気持ちいいくらいに率直なインタビューを行う機会を３回も設けてくれたロバート・マグナス大将（退役）にも感謝します。

いずれも元航空副司令官であるフレッド・マッコークル中将（退役）およびマイケル・ハウ中将（退役）は、それぞれ数回のインタビューを受けてくれたことに加えて、海兵隊、特にその航空部門の業務に関する家庭教師という貴重な役割を果たしてくれました。２人は、また、私のＶＭＭ－２６３を訪問するためのイラクへの渡航に関し、その要望が実現するように援助してくれました。当時、航空副司令官であったジョージ・トラウトマン中将には、私の申請を承認してくれたことに感謝します。また、ノースカロライナ州のチェリー・ポイントからアル・アサドまでの３日間のC－130での思い出深い飛行に、幕僚たちと一緒に私も同行させてくれたケニス・グリュック・ジュニア少佐にも感謝します。滞在中は、ニック・マンバイラー少尉が有能かつ誠意あふれるエスコートをしてくれました。また、ポール・ロック・ジュニア中佐以下のVMM－263の海兵隊員たちに心から感謝しています。彼らは、ニュー・リバーで、ユマで、そしてアル・アサドで、私を仲間として受け入れてくれ、多くの質問に率直に答えてくれました。彼らと共に行動できたことは、常に喜ばしく、名誉なことでありました。自分自身の個人的な感情や思い出を語ってくれたロックには、特に感謝します。

また、ベル・ヘリコプター・テキストロン社とボーイング社には特別な協力を頂きました。両社は、私の工場への立ち入りを許可し、現職および退職した重役、技術者、その他の従業員たちとのインタビューの時間を設けてくれました。ベル・ヘリコプター社のスポークスマンであるボブ・レーダーとボーイング社ロータークラフト部門のスポークスマンであるジャック・サターフィールドは、どちらも2008年に退職されましたが、私の訪問やインタビューを企画・実施するとともに、他にも計り知れない援助をしてくれました。NAVAIR（海軍航空システム・コマンド）のV－22担当スポークスマンであるジェームズ・ダーシーもまた、誠実に支援してくれました。

この本の内容を補強するための事実が記載された多くの書類を提供したり、探すのを手伝ったりしてくれた多くの人々にも感謝しなければなりません。マサチューセッツ工科大学航空宇宙図書館のアイリーン・ドーシナー、テキサス大学ダラス校マクダーモット図書館のトム・コッホ、国立航空宇宙博物館アーカイブのデビッド・シュワルツは、ジェラルド・ヘリックやコンバーチプレーンに関する物語が記載された文書の存在を教えてくれました。統合参謀本部の主任歴史専門官であるデイブ・アームストロング陸軍准将（退役）からも、貴重な助言を頂きました。国防長官府歴史専門官室のダイアン・パットニー博士は、所在不明だった国防総省の文書を捜索してくれました。ゾーイ・デイビスは、電子メールでのやり取りの他、数回の米上院図書館の訪問の際に、積極的かつ効果的な援助をしてくれました。米国議会図書館科学技術文献部長のコンスタンス・カーターは、「航空設計者たちの悩み（ワン・オブ・アワ・シンプル・プロブレム）」という詩に関し、まるで刑事のようにその由来を粘り強く調査してくれました。すべての人々に感謝します。

古くからの友人で、大切な同僚であるコプリー・ニュース・サービス紙国防総省特派員のオットー・クレイシャーは、私がこの本を書こうとしていることを伝えると、オスプレイについて書くため、10年以上にわたってかき集めてきた多くの切り抜きや書類をすぐに提供してくれました。オットー、あなたの寛大さに感謝します。多くの記者たちに、複合産業に対する鋭いコメントを提供している航空顧問のリチャード・アブーラフィアは、オスプレイ関連の文書を自由にコピーさせてくれました。リチャードもありがとう。オスプレイの開発初期において、士官として軍で勤務し、退役後、ベル社やボーイング社に再就職してからオスプレイに携わるようになったダーウィン・ランドバーグ、ロバート・ボールチ、およびジム・マギーは、他では見つからない貴重な文書が記録された個人的なデータを提供してくれました。ジョン・ザグシュウェルトと同じく、ピート・ゲレン下院議員の側近としてディック・チェイニーとのオスプレイをめぐる戦いにおいて重要な役割を果たしたテキストロン社の元政府マーケティング担当副社長のピート・ローズは、オースチンのテキサス大学図書館で何百という文書や新聞記事を検索してくれました。ピートの名前は、インタビューのリストと注釈の中にしか出てきませんが、そこまでやらなくてもいいのではと思うくらいに私を助けてくれた人のうちの1人でした。私を助けてくれた人々に関する記述が、本文から省かれている場合があるのは、私が失念したわけではなく、この物語における必要性に基づく判断によるものであることを理解してくれるように願っています。

物語の中で何回も名前が出てくるオスプレイの宿敵であるハリー・ダンが、桁違いに膨大な文書の提供源となってくれたことは、思いもしなかったことでした。私が初めてハリーにインタビューした時、私の目的がオスプレイの物語を語ることであり、それを打ち切ろうとすることではないことを知ると、彼は明らかに残念そうでした。しかし、ハリーは、オスプレイに関するデータを私に提供することを、自ら提案してくれました。それは、6個の収納ボックス、何十枚ものCD、何百もの文書に加えて、この問題に関する電子メールの大量のデータが含まれたものでした。この電子メールは、私の知らなかった物語を数多く語ってくれました。これらの電子メールを使うことを許可してくれたハリーに感謝したいと思います。

ディック・スパイビーには、特に謝意を表します。オスプレイ関係者の中には、物語の中で彼が重要な役割を演じていることに疑問に抱く人もいるかもしれません。ディックは、長年にわたって、様々な形でオスプレイに携わってきた何千人もの人々の中で、決して最も重要な人物ではありません。1人の営業担当者に過ぎなかった彼は、重大なビジネス上の意思決定を行ったわけでもないし、技術的事項を監督したわけでもないし、決定票を投じたわけでもありません。皮肉なことに、この物語を執筆した時点では、スパイビーは、オスプレイに乗ったこともなかったのです。しかしながら、彼ほどティルトローターやオスプレイが持つ夢の虜になり、それを生き残らせるために身を粉にして働いた者は、他にいませんでした。2006年の秋に、このプロジェクトを始めるまで、ディックと私は、多くの記者たちと同じように電話でインタビューしたことが一度あるだけで、実際に会ったことはありませんでした。ところが、初めて顔を合わせて話した時、私は、彼自身の物語が、私が語りたかった大きな物語を映し出す完璧なプリズムであることに打ちのめされたのです。ベル・ヘリコプター社で47年間の勤務経験を持ち、長きにわたりティルトローターに熱狂してきたディックは、彼と一緒に夢を共有した多くの者たちの代表者として理想的な存在でした。私の物語における彼の演じる役割については、元ベル・ヘリコプター社のテスト・パイロットであるロン・エアハルトとも意見が合致しました。「ディック・スパイビーは、その功績に対して十分な評価がされてきたとは思えません。彼は、自分自身が評価をされるようなことはそれほど行っていないかもしれませんが、他の人の心の中にそれを行うためのアイデアを送り込んできたのです」この本に取り組んでいた3年近くの間、私はディックの元を何度となく訪問しました。すると、彼が、オスプレイだけではなく自分自身の歴史についても、偏見のない証人であることが分かりました。また、ティルトローターのあらゆる技術的側面について、歩く百科事典でもありました。さらに良いことに、その答えは常に確認が取れました。20回以上の正式なインタビューと何十回もの電話や電子メールでのインタビューにおけるスパイビーの終始明確な受け答えに感謝します。また、ディックとその妻のテリーのフォートワース滞在間のおもてなしに感謝いたします。

私に航空工学の概念について家庭教師を務めてくれ、時には私が理解したところを書いたものの正確性を確認してくれた多くの専門家の皆様に感謝しています。トロイ・ギャフィー、トム・マクドナルド、ドン・バーン、アル・スコーエン、ジョン・アービン、マイケル・ヒルシュベルグ、ケネス・カッツ、J・ゴードン・リーシュマン、アラン・ユーイング、およびウィリアム・ランバーガーの忍耐あふれる協力に感謝します。この物語に描かれた歴史、政治、および海兵隊に関連する事項について、その正確性を確認するため、それぞれの分野の3名の専門家に原稿の確認をお願いしました。国立航空宇宙博物館の垂直飛行学芸員であり、米国ヘリコプター協会歴史委員会の委員長であるロジャー・コナー、議会季刊誌に国会議事堂での毎年の国防論議を数十年間にわたって取り上げ、現在は議会調査部でその正確な調査・分析能力を発揮しているパット・タオル、米国海軍兵学校を卒業し、海兵隊での勤務の後、ザ・ボルチモア・サン紙の大統領府特派員としての輝かしい経歴を有し、『ナイチンゲールの歌』（1995年、サイモン・アンド・シュスター社刊）の原作者であり、米国海軍協会の雑誌「プロシーディング」の編集者であるボブ・ティンバーグの3人です。ロジャー、パットおよびボブの論評と修正に感謝しています。ただし、万が一、まだ何か間違いが残っていたならば、もちろん、それは私の責任です。

ボブ・ティンバーグは、また、私が出版業界という不案内な海を航海し、本の書き方を学ぶにあたって指導者になってくれた2人の著者のうちの1人でもあります。もう1人は、15冊もの素晴らしい本の著者であり、私が知る中で最も慎み深い人物の1人であるジェームズ・レストン・ジュニアです。ボブ・ディンバーグの熱意と助言のおかげで、私はこの本を書き始め、そして書き続けることができました。この物語の構成に関する重要なアイデアなど、ジェームズ・レストンの賢明な助言がなければ、私は、この仕事を終えることができませんでした。両人の励ましとご指導に関し、敬意を表するとともに感謝申し上げます。

この本の試案を読んで論評するとともに、励ましてくれたもう1人の助言者は、私の古くからの友人であるピーター・シェターでした。彼のウェブサイト（www.peterschechter.com）を見れば、彼が政治評論家であり、農家であり、ワイナリー所有者であり、そして2冊の推理小説の著者でもあるルネッサンス的教養人であることが分かります。

私が書きたい物語が持つ可能性を直ちに把握し、この本の構想を完成させるのを手伝ってくれた、私の著作権代理人であるリチャード・アベイトに特に感謝します。彼以上に賢明かつ巧妙な顧問や支持者を得ることのできた著者はいません。

この本はまた、南部の魅力を携えた男であり、たぐいまれな編集者であるシモン・アンド・シュスター社の編集者であるコリン・フォックスの目には見えないが消すことのできない印象を残しています。コリンのこの物語に対する情熱と援助は、文字どおり、私に力を与えてくれました。彼の巧みなタッチは、私の原稿を流線型に整え、空気力学用語を取り入れ、その揚力対抗力比を目覚ましく向上させてくれました。また、コリンの有能なアシスタントで北部出身者らしい効率的な仕事のできる女性であり、このような本が完成するために通過しなければならない未経験の雑用について私を手助けしくれたミッシェル・ボベにも感謝します。同じように、それが天職であるとしか思えない、鋭い眼力を持って校正をしてくれたジプシー・ダ・シルバとトム・ピトニアックにも感謝します。

そして、最も感謝をしなければならないのは、私のお気に入りの写真家であり、愛する妻であるフェイ・ロスです。多くの著者の配偶者たちがそうであるように、フェイは、このプロジェクトが私たちの家族に及ぼす経済的不安を受け入れてくれました。また、多くの著者の妻たちがそうであるように、彼女は、作家にとって本というものは、夢から強迫観念へと急速に変化するものであることを耐え忍んでくれました。私の場合はまさにそうでしたが、それは、奇抜なふるまいや、迷惑な言動を引き起こすことが多いのです。私が「本」以外のことをほとんど話したり、考えたりできなくなってゆくことを我慢しただけではなく、それが自分にとって、どれだけ気の滅入ることかということを私に言いたいという誘惑を、通常は、飲み込んでくれました。私が困難に直面した時に慰め、賢明なアドバイスを与え、その多くを解決するのを助けてくれました。ユマまで私に同行し、オスプレイやＶＭＭ－２６３のメンバーたちの写真を撮ってくれました。最も重要なことは、私の最初の、そして最も厳しい読者を務めてくれたことです。私が１つの章ごとの物語の展開を考え抜くのを助けてくれました。私が書いて、彼女が読んで、私が書き直して、彼女が読み直すということを繰り返しました。彼女は、記者を本業とする私が詳細な記述にこだわりすぎて「木」に集中してしまった場合に、何回も私の視点を「森」に戻し、この物語の形を整えることに大きく貢献してくれました。そして、何にも増して、私が自分の夢を追うことを許してくれました。永遠の感謝と愛を彼女に捧げます。

２００９年５月
メリーランド州チェビーチェイスにて

リチャード・ウィッテル

情報源

私がこの本を書いた目的は、単にV－22オスプレイの歴史を詳述するだけではなく、無味乾燥な日々や、お金や国防総省の決定の背後にある夢と経緯を記述することでした。このため、「ドリーム・マシーン」は、物語としての側面もありますが、あくまでも歴史書として書き上げられたものです。そこに書かれた歴史的事実は、多くの書籍、何百という新聞・雑誌記事、何十件もの行政・企業文書を情報源としています。そのうちの主要な情報源は、文献目録の中に記載しています。その中には、情報公開法に基づき私が入手した行政文書もあります。それには、これまで報道されてこなかった、2000年8月8日の夜、アリゾナ州マラーナでの墜落事故において長機として飛行していたオスプレイのコックピット内のビデオ映像や搭乗員間の会話の記録などが含まれています。私はまた、匿名を条件とする情報源から非公式に入手した試験飛行報告書のように、法的には公表されていない行政文書からも多くの情報を得ました。ベル・ヘリコプター・テキストロン社やボーイング社の元社員たちからも、秘密には指定されてはいないものの、これまで公表されたことがなかった行政文書や企業内文書のコピーを入手しました。ディック・スパイビーは、1971年から1996年までの間、「MIT（マサチューセッツ工科大学）のノート」に断続的につけていた業務日誌を貸してくれました。また、ベル・ヘリコプター社から提供を受けたこの物語に関連する48枚のDVDも参考にしました。その中には、1991年6月11日にデラウェア州ウィルミントンでのオスプレイ試作5号機の事故や1992年7月20日にバージニア州クワンティコでの試作4号機の事故のビデオ映像も含まれていました。

この本に記述した各種の出来事には、その場に私がいたものもありますが、この本は、私自身の回顧録ではありません。しかしながら、この本は、オスプレイの物語と共に生きた人々の記憶に基づいているという意味での回顧録であるだけではなく、歴史書でもあるのです。私は、2006年の夏に研究を始めた時から、2009年の初めに原稿を改訂し終わるまでに、200人以上の関係者に対し、400回以上のインタビューを行いました。この数字から分かるように、私がインタビューした関係者の多くは、親切にも2回、いくつかのケースでは何回も私に話をしてくれたのです。私は、正確を期するため、常に相手の同意を得た上で、いくつかの例外を除きこれらのインタビューをテープに録音しました。私がインタビューした関係者のリストは、以下のとおりです。

これらのインタビューは、その一部を除き、この本の中のそれぞれの逸話や場面における多くの会話の主要な情報源です。第8章に記述した1992年7月20日のオスプレイ試作機4号機のエグリン空軍基地からクワンティコまでの飛行間の搭乗員間の会話は、49ページに及ぶコックピット・ボイス・レコーダーから聞き取られた資料を引用したものです。それは、海軍調査委員会の当該事故に関する報告書にも証拠として添付されています。第9章に記述したマラーナにおけるオスプレイ長機内でのパイロットの会話は、私が情報公開法に基づき入手したコックピットのビデオ映像から聞き取ったものです。10章に記述した2000年12月11日のクロスボウ08号機の不運な飛行間のパイロットの会話は、その事故に関するＪＡＧＭＡＮ（法務総監）の調査報告書に記載されているものを引用しました。その他の会話には、議会での公聴会、国防総省でのブリーフィング、テレビ放送の記録など公の情報源から得られたものもありますが、その多くは、その場にいた関係者たちの、通常数年後の記憶に基づくものです。その場面や出来事の描写にあたっては、可能な限り、関連する文書や、当時の説明や、その場にいた他の関係者とのインタビューによる裏付けを行いました。関係者たちの間で、会話した事実については同意したものの、その内容の細部について意見が食い違った場合は、より明確に記憶していると思われる人の記憶に基づく会話を採用しました。ある場面にいた他の関係者がそれを思い出せない場合には、最も強く記憶している関係者の記憶に基づいて記述するものの、記憶があいまいになっていることを物語の中、若しくは以下に示す注釈に示しました。以上述べたとおり、本書における事実は文書に基づくものであり、その物語はその場にいた関係者により語られたものです。

インタビュー

エドワード・C・オルドリッジ（コードネーム「ピート」）調達、技術および兵站担当国防次官　2001―2003
ブライアン・アレクサンダー、事故被害者遺族弁護士
ジェームズ・アンブローズ、陸軍国防次官（1981―1988）（電子メールによるインタビュー）
ウィリアム・A・アンダーズ、テキストロン社元取締役副社長
チャールズ・アーノルド大尉、米海兵隊VMM‐263（第263海兵隊中型ティルトローター飛行隊）パイロット
ジョン・アービン、ゼネラル・モーターズ社アリソン・ガス・タービン部門V‐22エンジン・プログラム・マネージャー（1985―1988）
ジェームズ・F・アトキンス、ベル・ヘリコプター社元社長
ノーマン・R・オーガスティーン、V‐22計画検討委員会構成員
アイシャ・バッカー少佐、米海兵隊
ロバート・ボールチ退役大佐、米海兵隊
ウィリアム・L・ボール3世、海軍長官（1988―1989）
ジュリアス・バンクス退役2等軍曹、米海兵隊、元MOTT（多用途実用試験チーム）構成員

アンソニー・R・バティスタ、元下院軍事委員会補佐官
ハリー・ベンドルフ准将、米空軍、元ワシントン営業所長、ボーイング・ヘリコプター社
アンソニー・ビアンカ中佐、米海兵隊、元MOTT（多用途実用試験チーム）パイロット
ダニエル・R・ビリッキ、元軍事マーケティング担当者、テキストロン社
クリス・ビセット大尉、米海兵隊、VMM－263（第263海兵中型ティルトローター飛行隊）パイロット
ハリー・W・ブロット退役中将、米海兵隊
ランス・ボーディン退役中佐、米空軍、ベル・ボーイングCV－22プログラム・マネージャー
ジョナサン・ブラント大尉、米海兵隊、VMM－263（第263海兵中型ティルトローター飛行隊）パイロット
ロバート・C・ブロードハースト、元契約部長、ボーイング社
アンドリュー・ブライアント2等軍曹、米海兵隊、VMM－263（第263海兵中型ティルトローター飛行隊）整備員
ロイ・バックナー退役中佐、米陸軍、元ベル・ヘリコプター社およびテキストロン社ロビイスト
ドナルド・バーン、ボーイング社V－22飛行試験部長
ジェラルド・キャン、研究・開発担当海軍次官補（1978－1985）
ドルマン・キャノン、元ベル・ヘリコプター社ティルトローター・テスト・パイロット
クリフォード・カールソン退役伍長、米海兵隊、元MOTT（多用途実用試験チーム）構成員
ウォード・キャロル、元V－22スポークスマン、NAVAIR（海軍航空システム・コマンド）
トム・カーター退役中佐、米海兵隊、V－22担当士官、国防総省OT&E（実用試験・評価部）

ジョン・クリスティ、元デビッド・チュウ側近デボラ・クリスティーの夫
トーマス・クリスティ、元部長、国防総省OT&E（実用試験・評価部）
デビッド・チュウ、元部長、国防総省PA&E（事業解析・評価部）
ロス・クラーク、元V－22副プログラム・マネージャー、ボーイング・ヘリコプター社
ダニー・コールメイヤー大尉、米海兵隊、VMM－263（第263海兵中型ティルトローター飛行隊）パイロット
ライオネル・コリンズ、テキサス州民主党下院議員ピート・ゲレン元側近
バージニア・コープランド、元ディック・スパイビー個人秘書
マシュー・コードナー、ベル・ヘリコプター社Xワークス部門部長
ジョセフ・コスグローブ、元ボーイング・ヘリコプター社営業担当者
マイク・コステロ上級准尉1、米海兵隊、元V－22整備員
ジョセフ・コトル1等軍曹、米海兵隊、元MOTT（多用途実用試験チーム）構成員、VMM－263（第263海兵中型ティルトローター飛行隊）整備員
ユージン・コバート、V－22計画検討委員会構成員
フィリップ・コイル、元国防総省OT&E（実用試験・評価部）部長
チャールズ・クロフォード、元米陸軍航空システムズ・コマンド技術部長
ジェームズ・クリーチ退役大佐、米海兵隊、初代JVX（統合次期先進垂直離着陸機）プログラム・マネージャー
ポール・クロワッゼア退役大佐、元V－22開発テスト・パイロット
ロナルド・カルプ退役中佐（コードネーム「カーリー」）、米海兵隊、元MOTT（多用途実用試験

チーム）構成員
ジム・カレン、V－22運用、統合、および機能試験担当部長、ボーイング社ロータークラフト部門
ジョン・R・デイリー退役大将、米海兵隊、元海兵隊副司令官、V－22計画検討委員会委員長
アンドリュー・デイビス退役准将、元海兵隊広報部長
モーリス・ディフィーノ曹長、米海兵隊、VMM－263（第263海兵中型ティルトローター飛行隊）整備員
ルディ・デレオン、国防副長官（2000―2001）
ケビン・ダッジ退役大佐、米海兵隊、元MOTT（多用途実用試験チーム）構成員
ビバリー・F・ドーラン、元テキストロン社会長
マイク・J・デュバリー、元NAVAIR（海軍航空システム・コマンド）構造部部長
フィリップ・ダンフォード、V－22プログラム・マネージャー、ボーイング社統合国防システム
ハリー・P・ダン
リチャード・ダニバン退役大佐、VMMT－204（第204海兵中型ティルトローター訓練飛行隊）指揮官（2001―2003）
トーマス・イーガー、MIT（マサチューセッツ工科大学）教授、4号機の事故訴訟における鑑定人
ゴードン・イングランド、海軍長官（2001―2003）
ロン・エアハルト、元ベル・ヘリコプター社ティルトローター・テスト・パイロット
アラン・ユーイング、ベル・ヘリコプター社先進構想開発部長

サラ・フェイビスオフ大尉、米海兵隊、VMM－263（第263海兵中型ティルトローター飛行隊）パイロット
ウィリアム・フィッチ退役中将、米海兵隊
ドン・フレデリックソン、元戦術的戦争モデル計画担当国防副次官
リン・フレイスナー、元飛行試験部長、ボーイング・ヘリコプター社
トロイ・ギャフィー、元技術副社長、ベル・ヘリコプター社
リー・ガヤールド、フリーランスの軍事記者、V－22批評家
ポール・ギャラガー、CBSテレビの番組「シックスティー・ミニッツ」の元プロデューサー
エリック・ガルシア少佐、米海兵隊、VMM－263（第263海兵中型ティルトローター飛行隊）パイロット
ジェラルド・ガード、元ベル・ヘリコプター社ワシントン担当販売員
ピート・ゲレン、元テキサス州民主党下院議員
パット・ギボンズ退役少佐、米海兵隊
マーク・ギブソン退役中佐、米海兵隊、元ベル・ヘリコプター社先進構想開発担当副社長
ジョン・ギルバート大尉、米海兵隊、VMM－263（第263海兵中型ティルトローター飛行隊）パイロット
バスター・C・グロッソン退役中将、米空軍
ケネス・グリュック少将、米海兵隊
アート・グレーブリー、V－22主任技術者、ベル・ヘリコプター社
デビッド・グリビン、議会対策担当国防次官補（1989－1993）

ケネス・グライナ、元ボーイング・バートル社技術担当副社長
スティーブ・グロスメイヤー退役中佐、米海兵隊、V-22開発テスト・パイロット
グルーバー、コニー
ジョン・ハムレ、国防副長官（1997−2000）
カール・ハリス、元ベル・ヘリコプター社スポークスマン
デレック・ハート、元構造技術者、ボーイング・ヘリコプター社
マイケル・ヒルシュベルグ、VSTOL（垂直／短距離離着陸）機歴史家、バーチフライト紙編集長
ボブ・ホーディス退役中佐、米陸軍、陸軍国防次官
ジェームズ・アンブローズ、軍事補佐官（1983）
アモレッタ、ホーバー、元陸軍副次官
ロイ・ホプキンズ、ベル・ヘリコプター社ティルトローター・テスト・パイロット
レオナルド・M・ホーナー（コードネーム「ジャック」）、元ベル・ヘリコプター社社長
マイケル・ハウ退役中将、米海兵隊
メアリー・ハウエル、テキストロン社取締役副社長
トム・ハッケルベリー退役大佐、米海兵隊
スティービー・ジャーマン
スー・ジャーマン
クリストファー・ジェン、元米海軍分析センター調査員、要員・人事担当国防次官補（1989−1993）

ウエッブ・ジョイナー、元ベル・ヘリコプター社社長
ジェームズ・L・ジョーンズ退役大将、米海兵隊
ドウェイン・ホセ、元ベル・ヘリコプター社営業担当副社長
マシュー・カンブロット退役大佐、元研究・開発・調達担当陸軍次官補事務局航空代理
ケン・カリカ少佐、米海兵隊、VMM－263（第263海兵中型ティルトローター飛行隊）パイロット
P・X・ケリー退役大将、米海兵隊
フランク・ケンドール、元国防次官調達事務局戦術的戦争モデル計画部長
ロバート・ケニー退役大佐、米海兵隊R、ベル・ボーイングV－22プログラム・マネージャー
ブレット・ニッカーボッカー大尉、米海兵隊、VMM－263（第263海兵中型ティルトローター飛行隊）パイロット
スチュワート・コティンスキー大尉、米海兵隊、VMM－263（第263海兵中型ティルトローター飛行隊）パイロット
デビッド・レーン少佐、米海兵隊、VMM－263（第263海兵中型ティルトローター飛行隊）パイロット
ロバート・ランゲ退役大佐、米海兵隊、元ボーイング社ロビイスト
フレッド・ラッシュ退役少佐、米海兵隊
トーマス・ラークス、NAVAIR（海軍航空システム・コマンド）プログラム・エクゼクティブ・オフィサー
ウィリアム・S・ローレンス退役大佐、米海兵隊、元NAVAIR（海軍航空システム・コマン

ド）V－22副プログラム・マネージャー
エヴァン・ルブラン中佐、米海兵隊、VMM－263（第263海兵中型ティルトローター飛行隊）パイロット
マーチン・ルクルー、元ボーイング社V－22整備員
ボブ・レーダー、元ベル・ボーイングV－22スポークスマン
J・ゴードン・リーシュマン、メリーランド大学航空宇宙工学教授
ビル・レオナルド、元ベル・ヘリコプター社V－22開発テスト・パイロット
ナンシー・リフセット、元ペンシルベニア州共和党下院議員カート・ウェルダン側近
リチャード・リンハルト退役大佐、米海兵隊、ベル・ヘリコプター社営業担当者
ダーウィン・ランドバーグ退役大佐、米海兵隊、元ボーイング・ヘリコプター社営業担当者
ロバート・リン、元ベル・ヘリコプター社技術副社長
トム・マクドナルド、ボーイング社テスト・パイロット
ジム・マギー退役大尉、米海軍、元ベル・ヘリコプター社営業担当者
ロバート・マグナス退役大将、米海兵隊
ロン・マグナソン、元ベル・ヘリコプター社技術者
ジョセフ・マレン、元ボーイング・ヘリコプター社社長
ヴェン・マンテーニャ、ボーイング社ロータークラフト部門「トリプル・ラボ」技術者
ハンス・マーク博士
ジョン・O・マーシュ・ジュニア、陸軍長官（1981－1989）
グレッグ・マーシャル、ベル・ヘリコプター社複合材料技術者

スタンレー・マーチン・ジュニア、元ベル・ヘリコプター社技術担当副社長、キャシー・マヤン
グレゴリー・マクアダムス退役中佐、米海兵隊、元ボーイング・ヘリコプター社事業開発マネージャー
フレッド・マッコークル退役中将、米海兵隊
ダン・マクロー、元ベル・ヘリコプター社契約担当副社長
トーマス・C・マッキオン（コードネーム「キット」）、元シコルスキー・エアクラフト社営業担当者、元ベル・ヘリコプター社顧問
ジャスティン・マッキニー大尉、米海兵隊、VMM－263（第263海兵中型ティルトローター飛行隊）パイロット
カール・マクネア退役少将、米陸軍
トニー・マクベイ、元ボーイング・バートル社技術者
カールトン・マイヤー
パーカー・ミラー退役大佐、米海兵隊
トーマス・H・ミラー・ジュニア退役中将、米海兵隊
ティモシー・ミラー少佐、米海兵隊、VMM－263（第263海兵中型ティルトローター飛行隊）パイロット
マイケル・モフィット退役軍曹、米海兵隊、元MOTT（多用途実用試験チーム）構成員
マイク・モーガン退役中佐、米海兵隊、元V－22運用試験部長
トーマス・モーガン退役大将、米海兵隊
ダグラス・ネセサリー、元下院軍事委員会補佐官

アンドリュー・ノリス大尉、米海兵隊、ＶＭＭ－２６３（第２６３海兵中型ティルトローター飛行隊）パイロット
フィリップ・ノーワイン、元ベル・ヘリコプター社営業担当者
ボブ・エルテル、ベル・ヘリコプター社軍事マーケティング担当者
ショーン・オキーフェ、海軍長官（１９９２―１９９３）
エリザベス・オコリーバー大尉、米海兵隊、ＶＭＭ－２６３（第２６３海兵中型ティルトローター飛行隊）パイロット
ラリー・アウトロー退役大佐、米海兵隊、テキストロン社政府業務担当専務取締役
マイク・パロット大尉、米海兵隊、ＶＭＭ－２６３（第２６３海兵中型ティルトローター飛行隊）パイロット
ウィリアム・ペック、元ボーイング・ヘリコプター社Ｖ－22技術部長
チャック・ピットマン退役中将、米海兵隊
マービン・ピクストン退役大佐、米海兵隊、元トーマス・ミラー中将副官
ジェフリー・ポーリング２等軍曹、米海兵隊、ＶＭＭ２６３（第２６３海兵中型ティルトローター飛行隊）整備員
アーノルド・プナロ退役少将、米海兵隊Ｒ、元上院軍事委員会事務局長
カルロス・リオス上級准尉２、米海兵隊、ＶＭＭ－２６３（第２６３海兵中型ティルトローター飛行隊）整備班長
アーサー・リボロ（コードネーム「レックス」）
ポール・ロック・ジュニア中佐、米海兵隊

ピート・ローズ、元テキサス州民主党下院議員ピート・ゲレン側近
ハル・ローゼンスタイン、ボーイング社ロータークラフト部門先進回転翼機担当主任技術者
チャールズ・ランドニング、元ベル・ヘリコプター社部長
ウィリアム・ランバーガー、ボーイング社ロータークラフト部門技術者
マイク・ライアン退役少将、米海兵隊
ポール・ライアン中佐、米海兵隊、VMM－263（第263海兵中型ティルトローター飛行隊）副隊長
ジャック・サターフィールド、元ボーイング社ロータークラフト部門スポークスマン
ジェームズ・シエーファー退役大佐、米海兵隊、元V－22プログラム・マネージャー
ジェームズ・シェーファー退役中佐、米海兵隊、元MOTT（多用途実用試験チーム）パイロット
ウィリアム・シュレン退役大佐、米海兵隊、国防次官官房（研究・技術）回転翼プログラム・コーディネーター（1980－1982）
トッド・シロ少佐、米海兵隊、VMM－263（第263海兵中型ティルトローター飛行隊）パイロット
ノーラン・シュミット退役大佐、米海兵隊、元V－22プログラム・マネージャー
ポール・シュエルハマー、元下院運輸委員会補佐官
アレン・シェーン、元ボーイング・ヘリコプター社V－22技術部長
ダニエル・シュルツ退役大佐、米海兵隊、元V－22プログラム・マネージャー
クリストファー・シーモア中佐、米海兵隊、元V－22開発および実用性試験テスト・パイロッ

ト、オスプレイ飛行隊指揮官
ジェームズ・シャッファー退役大佐、米空軍、元ＭＯＴＴ（多用途実用試験チーム）パイロット
セルゲイ・シコルスキー、元シコルスキー・エアクラフト社重役
クライヴ・スローン、元ベル・ヘリコプター社Ｖ－22プログラム・マネージャー
バーバラ・スミス、元ＮＡＶＡＩＲ（海軍航空システム・コマンド）Ｖ－22副プログラム・マネージャー
ラリー・スミス、元ウィスコンシン州民主党下院議員レス・アスピン側近
ウェズリー・スペイド少佐、米海兵隊、ＶＭＭ－２６３（第２６３海兵中型ティルトローター飛行隊）パイロット
ディック・スパイビー
エリック・スパイビー
テリー・スパイビー
ミシェル・ステシック・コブトヌク
ストーリー・Ｃ・スティーブンス退役少将、米陸軍
キャロル・スウェーニー
カトリーナ・スウェーニー
トミー・トマソン、元ベル・ヘリコプター社ＸＶ－15プログラム・マネージャー
ボブ・トーガーソン、ボーイング社ロータークラフト部門営業担当者、元同社スポークスマン
Ｊ・Ｔ・トレス大佐、米海兵隊、元ＭＯＴＴ（多用途実用試験チーム）パイロット
デビッド・トレイナム、下院運輸委員会補佐官

グラント・バヌオストム上級曹長、米海兵隊、VMM－263（第263海兵中型ティルトローター飛行隊）
グレン・ウォルターズ准将、米海兵隊、元VMX－22（第22海兵実用試験飛行隊）指揮官
カート・ウェルダン、元ペンシルベニア州共和党下院議員
ケネス・G・ウェルニッケ、元ベル・ヘリコプター社ティルトローター主任技術者
ロドニー・ウェルニッケ、元ベル・ヘリコプター社技術者
ランディ・ウェスト退役少将、米海兵隊
マイク・ウェストマン退役中佐、米海兵隊、元MOTT（多用途実用試験チーム）パイロット
ロバート・ウィクサー、元ボーイング・ヘリコプター社重役
ジョン・A・ウィッカム・ジュニア退役大将、米陸軍
ジョセフ・ウィルキンソン退役中将、米海軍
ピート・ウィリアムズ、広報担当国防次官補（1989－1993）
グレイディ・ウィルソン、元ボーイング社テスト・パイロット
デビッド・ウッドリー、元ボーイング・バートル社技術者
ジム・ライト、元下院議長、フォートワース民主党
ジョン・ザグシュウェルト、元米国ヘリコプター協会専務取締役、元テキストロン社副社長

注　釈

（行頭の数字はページ番号）

プロローグ

10　「事故機」（"mishap aircraft"）：Judge Advocate General Manual Report 5830 B 0525 of 21 July 2000, Investigation into the circumstances surrounding the Class "A" aircraft mishap involving an MV-22B Osprey BUNO 165436 that occurred on 8 April 2000 at Marana Northwest Regional Airport near Tucson, Arizona (hereafter Marana JAGMAN Report).

第1章　夢（ドリーム）

18　アレキサンダー・クレミン博士（Dr. Alexander Klemin）Hearings before the Committee on Military Affairs, House of Representatives, Seventy-fifth Congress, Third Session, on H.R. 8143, to authorize the appropriation of funds for the development of the Autogiro, April 26, 27, 1938, U.S. Government Printing Office, Washington, D.C., 1938 (hereafter 1938 House hearings), p. 9.

19　そのわずか2年前のことであった（Only two years earlier）：Orville Wright, Jr., letter to J. Franklin Wilkinson, Sept. 25, 1936. Copy provided to the author by Canadian Mountain Holidays CMH Heli-Hiking, Banff, Canada.

19 「移動できる乗り物」（"A vehicle that can take you"）：Proceedings of the Rotating Wing Aircraft Meeting, Philadelphia Chapter, Institute of the Aeronautical Sciences, 1938 (hereafter Rotating Wing Aircraft Meeting Proceedings), p. 63.

19 同じようなビジョンを持ったもう1人のドリーマー（One dreamer who shared that vision）："G. P. Herrick Dies; Aircraft Expert," New York Times, Sept. 10, 1955.

19 １９４３年の記事（In a 1943 article）：Gerard Herrick, "Half Helicopter, Half Airplane," Mechanix Illustrated, June 1943.

20 大尉として勤務している間（While serving as a captain）：Gerard P. Herrick, A Request In The Form Of A Proposal With Regard To Obtaining Certain Data Concerning The Performance Of The Herrick Convertible Airplane Which For Convenience Is Styled "Vertoplane," Gerard Post Herrick Collection, National Air and Space Museum Archives (hereafter Herrick Proposal), preamble.

21 スペインの技術者であり発明家であるファン・デ・ラ・シエルバ（Spanish engineer and inventor Juan de la Cierva）：Bruce H. Charnov, From Autogiro to Gyroplane: The Amazing Survival of an Aviation Technology (Westport, Conn.: Praeger, 2003), p. 19. For details of the Autogiro's history also see Jay P. Spenser, Whirlybirds: A History of the U.S. Helicopter Pioneers (Seattle: University of Washington Press, 1998).

22 ジェラルド・ヘリックの最初のアイデア（Gerard Herrick's initial idea）：Herrick Proposal, p. 2.

23 上側の翼を複葉機位置に固定し（With the upper wing locked）：Herrick Proposal, p. 5, and Gerard P. Herrick, "The Herrick Vertoplane," Aviation Engineering, January 1932.

26 米軍の現役兵士は（America's armed forces numbered）：Allan R. Millett and Peter Maslowski, For the

Common Defense: A Military History of the United States of America (New York: Free Press, 1984), p. 655.

26 記録に残っている……販売（The first recorded sale）：Donald M. Pattillo, Pushing the Envelope: The American Aircraft Industry (Ann Arbor: University of Michigan Press, 1998), p. 6.

27 末息子（The youngest son）：Charnov, Autogiro to Gyroplane, pp. 51-75.

29 ドーシーを説得することは、それほど困難ではなかった（Dorsey didn't need much persuading）：1938 House hearings, pp. 13-14, and Sergei Sikorsky, "Rotary-wing revolution," Professional Pilot Magazine, November 2003.

31 純金がごっそりと（Suddenly a pot of real gold）：Rotating Wing Aircraft Meeting Proceedings.

33 ナチスは、その機体を政治的宣伝に利用した（The Nazis were using it for propaganda）：Hanna Reitsch, The Sky My Kingdom: Memoirs of the Famous German World War II Test Pilot, translated by Lawrence Wilson, (Drexel Hill, Pa.: Casemate, 2009). Originally published as Fliegen-Mein Leben (Stuttgart: Deutsches Verlags-Anstalt, 1951).

35 聴衆の中で彼と同じ思いを持った男の1人（One man in the audience who probably agreed）：Arthur M. Young, The Bell Notes: A Journey from Physics to Metaphysics (New York: Delacorte, 1979), pp. 9-15; also Spenser, Whirlybirds, and David A. Brown, The Bell Helicopter Textron Story: Changing the Way the World Flies (Arlington, Texas: Aerofax, 1995).

36 イゴール・イワノビッチ・シコルスキーは、単なるドリーマーではなく（Igor Ivanovich Sikorsky was no starry-eyed dreamer）：Spenser, Whirlybirds, and Sikorsky, "Rotary-wing revolution."

38 もう1人の父親は……ローレンス・D・ベルであった（Another was Lawrence D. Bell）：Brown, Bell

Helicopter Textron Story, and Young, Bell Notes.

39　ヘリコプターは、徐々に理解され始めた（The helicopter caught on slowly）：The AAF Helicopter Program, Study No. 222, compiled by Historical Division, Intelligence, T-2, Air Materiel Command, Wright Field, October 1946. Declassified 1950. U.S. Army Air Forces.

41　「技術者たちは……大いなる興味を持ち始めた」（"Engineers are devoting increasing attention"）："Convertaplane: Key to Speed Range," Aviation Week, April 12, 1948.

41　75歳のヘリックは（Herrick, now seventy-five years old）：Gerard P. Herrick, "Record of Invention," May 8, 1949, Gerard Post Herrick Collection, National Air and Space Museum Archives.

41　ジャイロプレーン開発者であるバーク・ウィルフォード（Burke Wilford, the gyroplane developer）：First Convertible Aircraft Congress Proceedings, Institute of the Aeronautical Sciences, New York, 1949, p. 4.

第2章　営業担当者（セールスマン）

45　ブルーとホワイトの塗装が施された特別仕様の（A specially modified blue and white）：Brown, Bell Helicopter Textron Story, pp. 95, 107.

46　背が高く、ガリガリに痩せていたが、知的な顔つきをした（Tall, rail-thin, and cerebral）：Dick Spivey, Troy Gaffey, Kenneth G. Wernicke, James F. Atkins interviews; Young, Bell Notes; Brown, Bell Helicopter Textron Story, p. 29; Joe Simnacher, "Pioneer helicopter designer Bartram Kelley dies at age 89," Dallas Morning News, Dec. 24, 1998.

48　フィラデルフィア生まれのリヒテンのことを（Unlike Kelley, the Philadelphia-born Lichten）：Atkins,

Gaffey, Spivey, Kenneth G. Wernicke interviews; "Robert Lichten Rites Scheduled for Tuesday," Dallas Morning News, Sept. 20, 1971.

50 映像フィルムをドイツから持ち帰ったルパージュは（LePage came back from Germany with a film）：Rotating Wing Aircraft Meeting Proceedings, p. 124.

50 その後間もなくして、ルパージュとハビランド・Ｈ・プラットは（Shortly afterward, LePage and Haviland H. Platt）：http://www.globalsecurity.org/military/systems/aircraft/tiltrotor.htm www.globalsecurity.org/military/systems/aircraft/tiltrotor.htm.

52 彼らの様子を描いた風刺絵（Their frame of mind was illustrated by a cartoon）：American Helicopter, July 1948, p. 25.

53 そのような背景の中、米軍は（Against that backdrop, the U.S. military）：John P. Campbell, Vertical Takeoff & Landing Aircraft (New York: Macmillan, 1962).

55 航空宇宙工学技術者でありＶＴＯＬ（垂直離着陸）歴史学者でもある（In the 1990s, aerospace engineer and VTOL）：Michael Hirschberg, interview; also http://www.vstol.org/wheel/wheel.htmwww.vstol.org/wheel/wheel.htm.

59 一機目のＸＶ－３は……大破していた（The first had been destroyed）：Martin D. Maisel, Demo J. Giulianetti, and Daniel C. Dugan, The History of the XV-15 Tilt Rotor Research Aircraft From Concept to Flight, Monographs in Aerospace History No. 17, NASA History Series, National Aeronautics and Space Administration, Washington, D.C., 2000; Robert R. Lynn, "The Rebirth of The Tiltrotor-The 1992 Alexander A. Nikolsky Lecture," Journal of the American Helicopter Society 38, no. 1 (January 1993).

66　１９６２年、軍および民間の専門家たちで構成されたある委員会が（In 1962, a board of officers and civilian experts）：Lt. Gen. (ret.) Harold G. Moore and Joseph L. Galloway, We Were Soldiers Once . . . And Young (New York: Random House, 1992).

67　ベル社は……出荷していた（Bell was pumping them out）：Brown, Bell Helicopter Textron Story, p. 117; Dorman Cannon, Spivey, Atkins interviews.

78　ロバート・リヒテンは……亡くなっていた（Bob Lichten had been killed）："Robert Lichten Rites Scheduled for Tuesday," Dallas Morning News, Sept. 20, 1971.

78　ＮＡＳＡ（航空宇宙局）の関心が急激に高まった（NASA's interest had actually increased）：Maisel, History of the XV-15.

80　ＮＡＳＡおよび陸軍と……契約が締結されると（Shortly after NASA and the Army）：Spivey interview; also, Spivey's work diaries.

第3章　顧客（カスタマー）

84　ケーキの授与は……を象徴する（The passing of the cake symbolizes）：http://www.marines.mil/usmc/Documents/CAKE_CUTTING_SCRIPT.pdfwww.marines.mil/usmc/Documents/CAKE_CUTTING_SCRIPT.pdf.

84　「海兵隊の神秘は、個人を凌駕する」（"The mystique of the Corps transcends"）：Victor H. Krulak, First to Fight: An Inside View of the U.S. Marine Corps (Annapolis, Md.: U.S. Naval Institute, 1984), p. xvi.

86　わずか18ヵ月後（Barely eighteen months later）：J. Robert Moskin, The U.S. Marine Corps Story, 3rd revised edition (Old Saybrook, Conn.: Konecky & Konecky, 1992), p. 430.

86 ガイガーには……自殺行為であることが分かったはずであった（Geiger could see it would be suicide）：LTC Robert M. Flanagan, "The V-22 Is Slipping Away," Proceedings, August 1990.

87 この新しい局面は……発生していた（This revelation came at an awkward）：Krulak, First to Fight; Moskin, Marine Corps Story.

88 後に……海兵隊の勝利を確実にしたのは、トルーマンであった（Truman later cemented the Marines' victory）："When I Make a Mistake," Time, Sept. 18, 1950, accessed at http://www.time.com/time/magazine/article/0,9171,813230,00.htmlwww.time.com/time/magazine/article/0,9171,813230,00.html.

89 ヘリコプターは、まだ十分に発達しておらず（The helicopter wasn't advanced enough）：Lynn Montross, "U.S. Marine Combat Helicopter Applications," Journal of the American Helicopter Society 1, no.1 (January 1956).

91 ＣＨ－46は……タンデムローター機である（The CH-46 was a tandem-rotor）：http://www.globalsecurity.org/military/systems/aircraft/ch-46.htmwww.globalsecurity.org/military/systems/aircraft/ch-46.htm.

94 軍用ヘリコプターは、比較的低速で（A military helicopter is a relatively slow）：The account of the Desert One incident is based on author interviews with Col. (ret.) Jim Schaefer, USMC; also Col. (ret.) Charlie A. Beckwith and Donald Knox, Delta Force (New York: Avon, 1983), and Mark Bowden, "The Desert One Debacle," Atlantic Monthly, May 2006.

107 １９８０年６月30日の特集記事（The June 30, 1980, cover story）：David C. Martin, "New Light on

the Rescue Mission," Newsweek, June 30, 1980, pp. 18-20.

115 XV－15の試験飛行を継続できるようにすることに一役買ったのも、ボールチであった（Balch also helped Bell keep the XV-15 flying）：Col. (ret.) Bob Balch, Lt. Gen. (ret.) Thomas H. Miller, Jr., USMC, interviews.

116 海軍がXV－15への投資を開始すると（After the Navy started investing in the XV-15）：Col. (ret.) William S. Lawrence, USMC. Lawrence provided the author his written report and cockpit audiotapes of his XV-15 flights.

第４章　販売（セール）

121 ジェームズ・F・アトキンスには……分かっていた（James F. Atkins learned that）：Atkins, interview.

122 イランとの取引は……ベル社を黒字に維持することに貢献した（The Iran contracts helped Bell remain profitable）：Atkins, Leonard M. "Jack" Horner, interviews.

123 ジェームズ・アトキンスは……終末を迎えたことを悟った（Jim Atkins saw the end coming）：Atkins, interview.

124 ある日、ベル社のテスト・パイロットであるドルマン・キャノンが（One day Bell test pilot Dorman Cannon）：Atkins, Cannon, Ron Erhart, interviews.

124 ほどなくして……一〇〇人ほどのベル社の主要メンバーが（Not long afterward, a hundred or so Bell）：Atkins, Cannon, Gaffey, Spivey, interviews.

125 スパイビーは……、その前の夏以来……なっていた（Spivey had proved the previous summer）：スパイビー、キャノン、エアハルト、トミー、トマソンとのインタビュー。XV－15のローターが樹木に衝突した件の説明は、マイゼルなどの「XV－15ティルトローター検証機の歴史」に基づく。その飛行で副操縦士を務めたエアハルトは、その樹木への衝突は、揚力の獲得の遅れによる高度の低下によるものであるとしたその本やキャノンの見解に同意していない。キャノンとエアハルトの記憶は、キャノンが最終的にXV－15の機首を引き上げたかどうかについても食い違っている。「速度は、十分にあった」とエアハルトは私に言った。「会社の者たちは、忌々しい動画を撮影していたし、スチール写真も撮影していた。ほんの少し無茶な飛行をしていなければ、機体をもう少し引き上げただろう。我々は、単に考えていなかっただけだった。誰でもそんなことがあるように、ローターが機体のどれくらい下を回っているのかを考えていなかったのである。機首を少しだけ引き上げさえすれば、樹木を避けることができたであろう。我々は、単に機首をまっすぐに保ち、高度を維持してしまっただけである。速度が不十分であったために、高度低下したわけではない」スパイビーの記憶は、その本やキャノンの記憶と一致している。技術者たちに対するキャノンの言葉は、キャノンの記憶によるものである。

128　親会社である……ロードアイランド複合企業（Bell's parent corporation, a Rhode Island）：Atkins, Horner, interviews.

129　キャノンとエアハルトは……入念に演出された……アトラクションをXV－15で行った（Cannon and Erhart flew a carefully）：Cannon, Erhart, interviews.

130　観衆たちは、ただ感嘆の声を漏らすのみであった（Audiences just adored it）：Susan Heller Anderson, "The Paris Airshow: Wining Dining and Dealing for Military Might," New York Times, June 14, 1981.

130　その日、海軍長官軍事補佐官の（That same day, the secretary's military）：Lehman, Spivey, Cannon,

Erhart, interviews.

133 レーマンの在任期間中に国防副長官であった（Once during his tenure, the deputy）：Hedrick Smith, The Power Game: How Washington Works (New York: Ballantine, 1989), p. 193; Lehman, Gen. (ret.) P. X. Kelley, USMC, interviews.

135 航空ショーが終了する前の晩（One night toward the end of the air show）：Spivey, Atkins, Horner, interviews.

136 海軍省は、ある検討を終えたばかりであった（The Navy Department had just done a study）：Magnus, Spivey et al., interviews.

136 海兵隊は、10年以上前から……し続けていた（The Marines had been trying for more than a decade）：Balch, Lundberg, Magnus, Spivey, Kelley, interviews.

137 モデル３６０の導入を考えているようであった（seemed to be leaning toward the Model 360）：Lundberg, Magnus, Kelley, interviews.

137 ９月24日、ケリーは……予定であった（On September 24, Kelley was scheduled）：Kelley, Lehman, interviews. The dialogue was recalled by Kelley.

139 レーガン政権が議会に初めて要求した……国防予算（his administration's first defense budget）：1981 Congressional Quarterly Almanac, Washington, D.C. (hereafter CQ Almanac), p. 192.

140 レーガン政権下の……国防次官（Reagan's new undersecretary）：Scheuren, interview.

141 統合事業は、……流行りであった（Joint programs had been in vogue）：Smith, Power Game, p. 199.

141 文字どおり怒鳴り合いになった（literally turned into shouting matches）：Ingemar D?rfer, Arms Deal: The Selling of the F-16 (New York: Praeger, 1983), p. 22.

142　8月にシュレンとマグナスは……覚書を作成した（In August, Scheuren and Magnus wrote a memo）：Scheuren, Magnus, interviews. The quotation from the memo comes from LTC Robert M. Flanagan, "The V-22 Is Slipping Away," U.S. Naval Institute Proceedings, August 1990.

142　覚書をレーマンに送付した（who in turn sent a memo to Lehman）：Gen. P. X. Kelley, Memorandum for the Secretary of the Navy A/WJW/jpc 10 Sep 1981, Subj: Rotary Wing Aircraft Development, Ref: USDRE Memo of 27 Aug 81, Department of the Navy, Headquarters United States Marine Corps.

143　ケリーは……ティルトローターに言及しなかった（Kelley didn't even mention the tiltrotor）：Gen. P. X. Kelley, Memorandum for the Record ACMC/CS:swb 28 September 1981, Subj: HXM Conversation with the SecNav, 24 September 1981, Department of the Navy, Headquarters United States Marine Corps.

145　２０００年にガンで亡くなったトラウトマンは（Troutman, who died of cancer in 2000, was smooth）："Defense: How the weapons lobby works in Washington," Business Week, Feb. 12, 1979: Atkins, Horner, Norwine, Spivey, former House Speaker Jim Wright, D-Fort Worth, interviews.

147　この……自然発生的な同盟を……と呼んでいた（called this natural alliance）：Smith, Power Game, p. 736.

149　ＮＡＳＡにとって、パリ航空ショーで……初めての経験であった（The Paris Air Show was a first for NASA）：Maisel, History of the XV-15.

149　ベル社は、時を無駄にすることなく、すぐにＸＶ－15を利用し始めた（Bell wasted no time putting its XV-15 to use）：Cannon, Erhart, Roy Hopkins, Spivey, interviews. Goldwater's comments in flight were recollected by Cannon. Goldwater's comment in the hangar was recalled by Hopkins.

151 搭乗を終えたボールチ、ランドバーグおよびクリーチは（When Balch, Lundberg, and Creech finished their flights）：Atkins, Balch, Creech, Lundberg, interviews. The quotes were recollected by Balch.

152 アトキンスが海兵隊の大佐たちと話し合ってから2週間後（Two weeks after Atkins and the Marine colonels talked）：Creech, Col. (ret.) Jim, USMC. "The Tilt-Rotor MV-22 Osprey, Transport Vehicle of the Future," Amphibious Warfare Review, Fall/Winter 1986.

153 業界紙は、……と報道していた（Reports in the trade press）："Washington Roundup," Aviation Week & Space Technology, Dec. 20, 1982. The $41 billion figure was used by Sen. Ted Stevens, R-Alaska, in a July 28, 1983, Senate Defense Appropriations Subcommittee hearing.

154 またＪＶＸプログラム・オフィスは、……を編成し（The JVX program office also assembled）：Charles Crawford, Magnus, Lt. Col. (ret.) Gregory McAdams, USMC, interviews. Crawford provided the author a copy of the report, titled NASA Technology Assessment of Capability for Advanced Joint Vertical Lift Aircraft (JVX), Summary Report, Analysis and Preparation Chaired by AVRADCOM, May 1983.

154 その頃のスパイビーには、知る由のないことではあったが（Spivey didn't know it at the time）：Boeing-Vertol Company Inter-Office Memorandum by R. F. Wischer, Dec. 21, 1981, Subject: Advanced Technology Program. Copy provided to the author by Wischer.

155 やろうとしていることに不安を感じていた（who were antsy about the course）：Barrow testified that year at a Senate Armed Services Committee hearing: "My concern is that we may not be able to retain our capability [for amphibious assault] until the arrival of the new aircraft that has been proposed." Hearing on Department of Defense Authorization of Appropriations for Fiscal Year 1983,

Senate Commmittee on Armed Services, Ninety-eighth Congress, First Session, Feb. 25, 1982, p. 1095. White told the House Armed Services Committee a couple of weeks later that the Marines were "planning to procure an off-the-shelf helicopter" as insurance "until this new program, the JVX, becomes a reality." Hearing on Department of Defense Authorizations of Appropriations for Fiscal Year 1983, House Committee on Armed Services, Procurement and Military Nuclear Systems Subcommittee, March 9, 1982, p. 402.

156 マグナスの勤務評定を行うため、ボールチが（For a fitness report, Balch once）：Magnus provided the author copies of his fitness reports from the period.

158 ＪＶＸ計画が公表された後（After the program was announced）：Atkins, Lehman, interviews. Atkins recalled the dialogue.

160 ＪＶＸプログラム・オフィスは、25の企業の代表者を招集し（JVX program office invited representatives from twenty-five companies）："Services Favor Tilt Rotor For Vertical Lift Aircraft," Aviation Week & Space Technology, July 5, 1982.

160 ついに3つの軍種の長官が……同意書に署名した（The three service secretaries had finally signed an agreement）：4 June 1982 Memorandum of Understanding on the Joint Service Advanced Vertical Lift Aircraft Development Program (JVX).

160 フィッチは……上院委員会における……述べようとしていた（Fitch would tell a Senate committee）：Senate Defense Appropriations Subcommittee hearings on Department of Defense Appropriations for Fiscal Year 1984, Ninety-eighth Congress, First Session, July 28, 1983, p. 283.

160 要求しようとしていた陸軍は（The Army, though, which had started out）：Lt. Col (ret.) Bob Hodes,

USA, Amoretta Hoeber, Col. (ret.) Matthew Kambrod, USA, James Ambrose (by e-mail), interviews.

164 XV－15の機体重量は、約1万ポンド（約4・5トン）であった（The XV-15 weighed about 10,000 pounds）：Maisel et al., History of the XV-15, p. 131, as well as Cannon, Erhart, interviews.

165 ティルトローターは……求められていた（The tiltrotor the services wanted）：Joint Advanced Vertical Lift Aircraft (JVX) Joint Services Operational Requirement (JSOR), Dec. 14, 1982 (hereafter 1982 JSOR).

第5章　機体（マシーン）

167 紹介された彼は、それに応えて話し始めた（he quickly lived up to his introduction）：Rotating Wing Aircraft Meeting Proceedings, p. 11.

173 JVX（統合次期先進垂直離着陸機）が現実のものになる2年前（A couple of years before the JVX came along）：Spivey, Rodney, Wernicke, interviews.

174 アトキンスも、大きなマシーンを好んでいた（Atkins had favored the bigger machine）：Atkins, interview.

174 心を奪われていたウェルニッケは（He was utterly absorbed）：Kenneth G. Wernicke, Gaffey, interviews.

174 それを見たウェルニッケは、激怒した（When he saw them, he hit the ceiling）：Kenneth G. Wernicke, interview.

176 それに最も接近するローターの先端との間に（the tip of the closest rotor would have to clear）：1982 JSOR, p. 6.

176 空虚重量が……2万ポンド（約9トン）から2万５０００ポンド（約11トン）になると予測していた（envisioned a tiltrotor weighing about 20,000-25,000 pounds empty）：Magee, interview.

177 はるかに超える「生存性（サバイバビリティ）」（requirements for "survivability" that far outstripped）：1982 JSOR, Magnus, Magee, interviews.

177 ＮＡＶＡＩＲは……制限を最大３万１８８６ポンド（約14・５トン）に設定（Navair set an upper limit of 31,886 pounds）：Ross Clark, interview. V-22 Osprey Specification Change Notice No. 280, provided to the author by Clark, cites the 31,866 pounds figure as a requirement in Naval Air Systems Command document SD-572-1, the engineering specifications for the Osprey.

179 ほとんどのヘリコプターのディスク・ローディングは（Most helicopters have disk loading）："Outlook/Specification: Rotary-Wing Aircraft," Aviation Week & Space Technology, Jan. 16, 2006, p 89.

179 小さなローター直径で重い重量を（Thanks to its small rotor diameter and heavy weight）：Descriptions of the design process and analysis of the relative advantages and disadvantages of the JVX design come from author interviews with Kenneth G. Wernicke, Bill Peck, Allen Schoen, Stanley Martin, Jr., Derek Hart, David Woodley, Robert Lynn, Troy Gaffey, and other engineers who took part in the project.

198 １９８９年に……海軍の修士課程……論文には（observed a 1989 master's thesis）：Danny Roy Smith, "The Influence of Contract Type in Program Execution/V-22 Osprey: A Case Study," Naval Postgraduate School, Monterey, Calif., December 1989, p. 34.

201 グライナは、「俺の飛行機にガラクタはいらない」と考えていた（Grina didn't want "that junk on my

airplane"）：William Rumberger, interview.

202 フレックス・リングは、３００ポンド（約１３５キログラム）軽量化と……経費節減（The flex ring was 300 pounds lighter and cost）：Osprey Fax, A Bell-Boeing Team Publication, vol. 2, no. 10, Sept. 23, 1991.

203 ＮＡＶＡＩＲとの間での……辛辣な論争の1つ（One of the most stinging arguments with Navair）：Schoen, Mike J. Dubberly, Martin, Hart, interviews. The quote from Grina was recollected by Hart.

204 「ハニカムは、お前らにとって、カビのようなものだな」（"Honeycomb with you guys is like a fungus"）：Dubberly, interview.

205 話したりすることを拒絶するようになってしまった（refused to meet or talk with him anymore）：Hart, interview.

205 ある日、デュバリーの所に彼の上司がやってきて（One day Dubberly's boss came to him）：Dubberly, interview.

206 「すぐにここに来い」（"Get your ass down here"）：Hart, Dubberly, interviews. Hart recollected the quote. Dubberly didn't dispute it.

207 機体構造1ポンド（約０・45キログラム）あたり約１０００ドル（structure cost about $1,000 a pound）：Ben R. Rich and Leo Janos, Skunk Works (Boston: Little, Brown, 1994), p. 64.

207 複合材料を使用すれば、ＪＶＸの重量を……できると考えられていた（Composites were supposed to make the JVX）：Schoen, Hart, Clark, Kenneth G. Wernicke, interviews.

208 フレームやフォーマーを作りあげても、10個のうち３個から４個が（Three or four out of every ten frames and formers）：Hart, interview.

210　『あいつらにねじ込まないとだめだ（'Screw those guys'）：Kenneth G. Wernicke, interview.

第6章　若き海軍長官のオスプレイ

215　ベル社が提案したのは（Bell's suggestions were）：Spivey work diaries.

216　陸軍がこの事業から撤退した時（Ambrose announced he was pulling the Army out）：James R. Ambrose, Memorandum for Director of the Army Staff, Subject: Army Withdrawal from JVX Program, 13 May 1983, Department of the Army, Office of the Under Secretary.

219　7月の公聴会は（The July hearing was held）：Senate Defense Appropriations Subcommittee hearings on Department of Defense Appropriations for Fiscal Year 1984, Ninety-eighth Congress, First Session, July 28, 1983, p. 283.

220　それは、誰にでもできるような計算であった（Chu's staff had done some back-of-the-envelope）：David S. C. Chu, interview.

220　マグナスが、強力な答えを準備していた（Magnus had armed the general）：Magnus, interview.

222　マーシュは、政策……を担当（Marsh preferred to deal with policy）：John O. Marsh, Jr., interview.

222　DRBは、……会合を開いた（The DRB met）：Defense Resources Board attendance record Sept. 19, 1983, and JVX briefing slides prepared by Magnus, provided to the author by the Office of the Secretary of Defense Historian's Office.

223　討議の口火を切ったウィッカムは（Wickham began the discussion）：ケリー、ウィッカムとのインタビュー。ケリーが思い出した言葉を引用。ウィッカムは、ケリーの皮肉を覚えていないが、2人は親友であり、ケリーは皮肉屋であった、と言った。（Kelley, Wickham, interviews. The quotes were recalled by Kelley. Wickham didn't recall Kelley's wisecrack but said he and Kelley were good friends and the quip would have been in character for Kelley.)

228 ジョー・シムナーシャからインタビューを受けたスパイビーは、……断言した（Spivey assured reporter Joe Simnacher）：Joe Simnacher, "Tilt-rotor aircraft utilizes copter, plane technologies," Dallas Morning News, May 16, 1983.

228 マークの目に最初に留まったプロジェクト（One of the first projects that caught Mark's eye）：Hans Mark, interview.

230 レーマンは、オスプレイ計画を……しようとしていた（One of Lehman's big ideas for the Osprey）：Lehman, interview.

231 ベル・ボーイングの共同開発同意書（Bell-Boeing's teaming agreement）：Bell Helicopter Textron Inc.-Boeing Vertol Company JVX Teaming Agreement, May 28, 1982, p. 2. Copy provided to the author by a former Boeing official.

232 ベル社およびボーイング・バートル社は、……交渉を開始していた（Bell and Boeing Vertol started negotiating）：Dan McCrary, interviews; also, Smith, "Influence of Contract Type," p. 8.

234 レーマンを説得できることを期待しながら（hoping to reason with Lehman）：Horner, Mallen, Beverly Dolan, Lehman, Brig. Gen. (ret.) Harry Bendorf, USAF, interviews.

235 最低でも1億ドルは超過するだろう（it would probably cost at least $100 million more）：McCrary, Horner, interviews.

236 新しい取り決めでは……目標価格……が設定された（The new deal set a target price）：Dean G. Sedivy, Bureaucracies at War: The V-22 Osprey Program. Executive Research Project, Industrial

College of the Armed Forces, National Defense University, Fort McNair, Washington, D.C., 1992, p. 47.

237　レーマンは、すぐに次の変化球を両社に向かって投げ込んだ（Lehman soon threw the companies another curve）：John Arvin, Lehman, Martin, Schaefer, Barbara Smith, Thomason, Woodley, interviews.

241　研究を終えたネセサリーは（Necessary finished his study）：Douglas Necessary, interview; "Unusual Rebuttal by Bell-Boeing Challenges House Panel's V-22 Osprey Report," Defense News, April 14, 1986, and "Programming a Revolutionary Aircraft: An Interview with Col. Harold W. Blot, USMC, Program Manager for the V-22 Osprey," Amphibious Warfare Review, Fall/Winter 1986, p. 50.

244　その春、海兵隊は海軍分析センターに……依頼した（That spring, the Corps asked the Center）：The paper was among eighty studies on the V-22 Osprey done by the Center for Naval Analyses between 1983 and 2006, according to a list provided to the author by a CNA official. A more senior CNA official declined by e-mail to release this and other studies to the author, explaining that they were "informal documents" and thus "not available for further dissemination outside of CNA."

249　ブロットが……意味することが明らかになった（Blot showed them what he meant）：Blot, Cannon, Erhart, interviews.

251　ある日、リドリー・パークに来たブロットは、（Blot went to Ridley Park one day）：Blot, Philip Dunford, interviews.

252　１９８６年６月、レーマンは……発表した（In June 1986, Lehman announced）：Navy Secretary John Lehman, letter to Senator Barry Goldwater, chairman of the Senate Armed Services Committee, June

17, 1986.

252 11月、ベル社とボーイング社は、……選定を完了した（By November, Bell and Boeing had selected）："V-22 Review Will Focus on Coast, ASW Mission," Aviation Week & Space Technology, Nov. 17, 1986, p. 23.

252 ベル社は、ＦＡＡ……に依頼した（Bell got the Federal Aviation Administration）："Civil Tiltrotor Missions and Applications: A Research Study," Summary Final Report, (NASA CR 177452), Contract NAS2-12393, July 1987.

253 ＦＡＡおよび運輸省（The FAA and the U.S. Department of Transportation）："VTOL Intercity Feasibility Study, June 1987, for The Port Authority of NY & NJ," by Hoyle, Tanner & Associates, Inc., in association with J.A Nammack Associates, Inc., William E. Broadwater. John Zugschwert provided the author a copy of the executive summary of the report.

253 11月18日、議会の2つの小委員会で（On November 18, two House subcommittees）：Joint Hearing before the Subcommittee on Transportation, Aviation and Materials of the Committee on Science, Space and Technology, and the Subcommittee on Aviation of the Committee on Public Works and Transportation, U.S. House of Representatives, One Hundredth Congress, First Session, Nov. 18, 1987.

253 リドリー・パークのオスプレイ製造部門（the Osprey section of the shop floor at Ridley Park）：Jim Curren, interview.

254 数ヵ月後、陸軍は（A few months later, the Army）：Naval Air Systems Command Chronology of V-22 Airframe Program (hereafter Navair Chronology).

255 実際には、オスプレイの胴体は完成しておらず（The fuselage wasn't really complete）：Curren, Hart et al., interviews.

257 ハリウッドのプロデューサー……が雇われた（They hired Hollywood producers）：Bob Torgerson, Spivey, interviews; Bell Helicopter video of the event.

260 １９８８年９月……インタビューに（In a September 1988 interview）："U.S. Pursues Sales of V-22 to Foreign Military Services," Aviation Week & Space Technology, Sept. 12, 1988.

260 ＦＳＤ（全規模開発）の契約金額である18億ドルを大幅に超過（overrun their $1.8 billion FSD contract badly）：McCrary, Horner, Spivey, Webb Joiner, William Anders, interviews.

262 その機体重量は、合計３万９４５０ポンド（The aircraft's total weight was 39,450 pounds）：The weight was cited in the "Mondo Cucina Accords." Other details of the first flight come from author interviews with Cannon, Dunford, Spivey, and others who were present.

第7章　1つの暗闇の時間（ワン・ピリオド・オブ・ダークネス）

267 1ヵ月あたり1万ドルの報酬を得ていた（he had been a $10,000-a-month consultant）：The figure comes from Tower's Jan. 19, 1989, Financial Disclosure Report to the Office of Government Ethics. A summary of his consulting work included in the record of his confirmation hearings listed, among other things he did for Textron, "Briefed senior management on defense and commercial future for V-22. Attended V-22 roll-out."

267 ウェイリッチ自身も、タワーが……を目撃した（Weyrich himself had seen Tower）：1989 CQ Almanac, p. 404.

268 4日後、ブッシュ大統領が（Four days later, President Bush）：1989 CQ Almanac, p. 410.

269 チェイニーは……パワー・バランスは……と考えていた（Cheney thought the balance of power）：Christopher Jehn, interview. Other former Cheney aides agreed with Jehn's assessment.

269 ブッシュ大統領は……１００億ドルを削減することに同意した（Bush agreed to take an additional $10 billion）：1989 CQ Almanac, p. 427.

270 予算折衝が……開始された時（When the budget deal was announced）：Spivey, interview. Bendorf was unable to recall the conversation.

271 彼の両親は……漢字から「ＳＣ」を抜き出したのであった（His parents had derived "S.C." from Chinese characters）：Chu, interview. The quotation from the Analects of Confucius can be found on the website of Brooklyn College at http://academic.brooklyn.cuny.edu/core9/phalsall/texts/analects.htmlhttp://academic.brooklyn.cuny.edu/core9/phalsall/texts/analects.html

278 チェイニーには、……抵抗にあうことが分かっていた（Cheney had known he would face resistance）：Hearings on National Defense Authorization Act for Fiscal Year 1990-H.R. 2461, Committee on Armed Services, House of Representatives, One Hundred First Congress, First Session, April 25, 1989, p. 1.

279 チェイニーが証言した3日後（Three days after Cheney testified）：Letter to Commander, Naval Air Systems Command, from R.C. Broadhurst, Senior Manager, V-22 Contracts Bell-Boeing Team, April 28, 1989. Copy provided to the author by Curt Weldon.

279 両社は……つぎ込むつもりがなかった（the companies didn't want to pour）：McCrary, Robert C. Broadhurst, interviews.

280　登庁した最初の1週間、チェイニーは……暗に示唆していた（Cheney signaled his first week in office）：Lee Ewing and Charlie Schill, "Cheney Criticizes Gen. Welch for contacts with Hill," Air Force Times, April 3, 1989.

281　グレイは、最初に、オスプレイを……と評した（First Gray called the Osprey）：Hearings on Amended Defense Authorization Request for Fiscal Years 1990 and 1991, Committee on Armed Services, United States Senate, One Hundred First Congress, First Session, May 4, 1989, p. 173.

282　グレイの証言から1週間後（A week after Gray's testimony）："The Civil Tiltrotor: Is It Economically Viable?," Rotor & Wing International, August 1989, p. 34; Carl H. Lavin, "Copter-Plane Called a Cure for Crowded Airports," New York Times, May 15, 1989, p. A12.

283　数日後、ブロットは……直接対決した（A few days later, Blot was confronted）：Blot, Glosson, interviews.

284　数日後、ブロットは……命ぜられた（Within days, Blot got orders）：Blot, Lt. Gen. (ret.) Chuck Pitman, interviews.

288　「我々は……航空機を製造するつもりはありません」（"We are not going to build an airplane"）："European Firms Agree to Joint Bell-Boeing in Marketing V-22," Aviation Week & Space Technology, June 19, 1989, p. 37.

288　軍事委員会が国防法案の審議を開始した（When the Armed Services Committee took up）：Weldon, Pete Rose, Parker Miller, Larry Smith, interviews; 1989 CQ Almanac, p. 433.

290　次期国防予算に量産費用が含まれなかった場合（If the next defense budget included）："Bell, Boeing Push V-22 Flight Test Program," Aviation Week & Space Technology, Oct. 16, 1989, p. 38.

290 チェイニーとその側近たちは……利用した（Cheney and his aides recognized）：Sean O'Keefe, interview.

291 1週間後、チェイニーは……と表明した（A week later, Cheney showed them）：Kathryn Jones, "V-22 backers seek to restore funding," Dallas Morning News, Dec. 6, 1989.

291 すでにオスプレイ・チームを編成し（Weldon already had organized an Osprey team）：Weldon, Rose, Parker Miller, Nancy Lifset, interviews. Weldon provided the author a copy of his "V-22 Action Plan," which outlined the tasks assigned to members of his strategy group.

294 数ヵ月後、ベル社は……配った（A few months later, Bell delivered one）：Weldon, Maj. (ret.) Fred Lash, interviews. Weldon provided the author a copy of the "Dear Colleague" letter. Lash showed the author the poster.

296 そのＸＶ－15は……駐機されていた（The XV-15 had been sitting on the parking lot）：Erhart, Spivey, Horner, Weldon, Lionel Collins, David Traynham, interviews. Erhart described the XV-15's flight.

298 「これは……最も貢献できる」（"This is the most significant contribution"）：Bell Helicopter Textron video.

298 ロサンゼルス・タイムズ紙は……と書き立てた（The Los Angeles Times described how）：Healy, Melissa. "Warplane Survives Attacks," The Los Angeles Times, Nov. 29, 1990.

299 海兵隊総司令官のグレイ大将でさえも（Even General Gray, the commandant）："Washington Roundup," Aviation Week & Space Technology, May 8, 1989, p. 15.

302 ＩＤＡ分析官のＬ・ディーン・シモンズは、その覚書の中に（In his memo, IDA analyst L. Dean Simmons）：IDA System Evaluation Division, Interoffice Memorandum, 20 August 1989, from Dr. L.

Dean Simmons to members of the V-22 study group. Curt Weldon provided the author a copy of the Simmons memo, including the Sikorsky white paper.

303 オスプレイ陣営は……有頂天になった（The Osprey camp was ecstatic）：IDA Report R-371, Assessment of Alternatives for the V-22 Assault Aircraft Program (U), Executive Overview, June 1990. Curt Weldon provided a declassified copy to the author.

303 チュウは小委員会において、……と述べた（Chu told the subcommittee）：Hearing Before a Subcommittee of the Committee on Appropriations, United States Senate, One Hundred First Congress, Second Session, Special Hearing, July 19, 1990, p. 41.

304 グレイ海兵隊総司令官のアイデアを……あざ笑った（Commandant Gray had derided the idea）：Nicole Weisensee, States News Service, Subject: Osprey, Feb. 21, 1990.

305 シエーファーは、チェイニーのオフィスから……指示を受けていた（Schaefer had instructions from Cheney's office）：Schaefer, interview.

307 12月4日……海兵隊テスト・パイロットと（On December 4, a Marine Corps test pilot）："Shipboard Tests Confirm V-22's Operating Capability," Aviation Week & Space Technology, Jan. 14, 1991, p. 36; Schaefer, interview.

309 シエーファーには……準備ができていた（Schaefer was ready）：Schaefer, interview.

310 飛行を開始して5秒後（Five seconds into the flight）：Grady Wilson, Lynn Freisner, Schaefer, interviews; Bell Helicopter video; 2 March 1992 Judge Advocate General Manual Report, Aircraft Mishap Involving V-22 Osprey Aircraft Number Five That Occurred on 11 Jun 91 at Boeing Helicopter Flight Test Facility, Greater Wilmington DE Airport, (hereafter Aircraft Five Crash

Report).

315 「試作機の狙いは、」("The point of the prototypes")：Kelvyn Anderson and Lyn A. E. McCafferty, "V-22 just off grounding: Osprey tests were in 'safety stand down' last week due to problems," Delaware County Daily Times, June 12, 1991.

第8章　生存性（サバイバビリティ）

317 ベル・ヘリコプター社のテスト・パイロットであるロン・エアハルト（Bell Helicopter test pilot Ron Erhart）：Erhart, Wilson, interviews.

318 海軍省の調査官たちは……指摘しなかった（The Navy Department's investigators didn't blame）：Aircraft Five Crash Report; Wilson, Freisner, Clark, Tom Macdonald, Donald Byrne, interviews.

322 ウェルダンの要請を受けたＵＡＷ（全米自動車労働組合）は、（At Weldon's urging, the United Auto Workers）：Weldon, Geren, interviews.

323 ２年後……が確実になり（Two years later, now sure）："Outgoing Marine Commandant Makes Strong Pitch for V-22," Aerospace Daily, May 20, 1991.

324 その機数が２３４機まで減少して（pared the fleet to a mere 234）："U.S. Marines Press for Decision on V-22 Tiltrotor," Defense News, Sept. 9, 1991.

325 その秋のある日（One day that autumn）：Col. (ret.) Parker Miller, Weldon, interviews.

325 カール・E・マンディ・ジュニア大将は……就任後すぐに（Shortly after General Carl E. Mundy, Jr., succeeded）：Schaefer, interview.

326 ２月にチェイニーが（In February, after Cheney）：Michael D. Towle, "The Osprey's fate is still up in

the air," Fort Worth Star-Telegram, Feb. 17, 1991.

326 主翼収納機構は（The wing stow mechanism）：The description of the Osprey's shortcomings as of 1992 come from interviews with engineers and program officials at the time as well as the following documents: Naval Air Test Center Technical Report No. RW-21R-91, MV-22 Aircraft Navy Development Test DT-IIB, 16 July 1991; Memorandum for the Under Secretary of Defense (Acquisition), From: Gerald Cann, Assistant Secretary of the Navy (Research, Development and Acquisition), Subject: V-22 Osprey; "Review of the V-22 Aircraft Program," Feb. 28, 1992; and Audit Report, Office of the Inspector General, Department of Defense, June 14, 1994.

327 オスプレイの量産準備を整える唯一の方法は（The only way to get the Osprey ready）：Schaefer, interview.

327 ミラーは……法案を起案し（Miller drafted legislation）：Parker Miller, interview.

328 ミラーとハウエルは……にいた（As Miller and Howell sat）：Parker Miller, Weldon, interviews.

329 最終的な法案には……7億9000万ドルが盛り込まれた（The final bill included $790 million）：Letter from Defense Secretary Dick Cheney to Bob Michel, Republican Leader, House of Representatives, July 2, 1992.

329 オキーフェは……書簡を下院および上院に送った（O'Keefe sent a letter to the House and Senate）：Letter from Sean O'Keefe, Comptroller, Department of Defense, to Thomas S. Foley, Speaker of the House of Representatives, Jan. 26, 1992.

332 1991年5月リチャーズは、……幹部職員たちと共に（In May 1991, Richards and several）："Richards joins effort to attract funding for new tiltrotor airplane," United Press International, May 13,

1991.

332 3月5日……ABCテレビは……討論会をダラスで主催した（on March 5, ABC-TV hosted a debate）：ABC News Transcript, March 5, 1992, Super Tuesday Debate.

332 数ヵ月前（A few months earlier）：Spivey, Mary Howell, interviews.

334 1991年4月2日、チェイニーは……という書簡を議会に送った（On April 2, 1992, Cheney sent Congress）：Letter from Defense Secretary Dick Cheney to Thomas S. Foley, Speaker of the House of Representatives, April 2, 1992.

334 オスプレイ陣営の他の者たちは、直ちに（Soon others in the Osprey camp）：Rep. H. Martin Lancaster, D-N.C., At-Large Majority Whip, "Dear Colleague" letter to members of the House of Representatives, May 8, 1992.

334 「小切手を切る役所が」（"When the check cutting office"）："Tongue Twister," Inside the Pentagon, May 21, 1992.

335 1992年6月3日、ショーン・オキーフェは……伝えにきた（On June 3, 1992, Sean O'Keefe came）：O'Keefe, interviews; letter from the Comptroller General of the United States to the President of the Senate and the Speaker of the House of Representatives, GAO/OGC-92-11, June 3, 1992.

335 GAOが裁定を下してから2日後（Two days after the GAO ruled）：Tom Belden, "Backers of Osprey growing optimistic," Philadelphia Inquirer, June 14, 1992.

336 クリントンに手紙を送り……依頼した（wrote Clinton a letter inviting him）：Letter from Sen. Lloyd Bentsen, D-Texas, and Rep. Jack Brooks, D-Texas, to Gov. Bill Clinton, June 23, 1992.

336 チェイニーは、議会に……提示する書簡を送った（Cheney sent Congress a letter offering）：Letter

from Defense Secretary Dick Cheney to Thomas S. Foley, Speaker of the House of Representatives, July 2, 1992.

336 面子を保つためのもの以外の何物でもない（nothing more than a face-saving move）：1992 CQ Almanac, p. 505.

336 議場において（On the House floor later）：Congressional Record, July 29, 1992, p. E2294.

337 シエーファーは……再認識させなければならないと考えた（Schaefer decided it would be a good time）：Schaefer, interview.

341 機械的不具合が頻発していた（There were mechanical problems）：Martin LeCloux, Tom Macdonald, Col. (ret.) Paul Croisetiere, interviews.

343 ダッジが率いるＭＯＴＴ（多目的実用試験チーム）（Dodge's Multiservice Operational Test Team）：Col. (ret.) Kevin Dodge, interview.

344 妻たちは……過ごした（The wives passed the time）：Michelle Stecyk Kovtonuk, interview; Nathan Gorenstein, "Mission to Display Military Aircraft Was Fatally Flawed," Philadelphia Inquirer, Nov. 14, 1993.

344 7月12日……ポール・マーチン中佐は（On July 12, Lieutenant Colonel Paul Martin）：V-22 Court of Inquiry Report, Investigation of the Circumstances Surrounding the Loss of V-22 UNO 163914 on 20 July 1992 Near Quantico, Va. (hereafter Court of Inquiry Report).

345 日曜日の午後、サリバンは……確認を行った（Sunday afternoon, Sullivan went over）：Macdonald, Wilson, interviews.

345 彼は……婚約指輪を渡していた(On Friday, he had given an engagement ring)：Joe Hart, "Crash took her

love: Osprey tragedy claimed pilot who was to wed today," Delaware County Daily Times, July 30, 1992.

346 サリバンは……格納庫に残っていた（Sullivan stayed at the hangar）：Court of Inquiry Report.

346 ウィルソンとマクドナルドは……バーに出かけ（Wilson and Macdonald went to the bar）：Macdonald, Wilson, interviews.

346 ジョイスが……搭乗するチャンスを得た（Joyce got his chance to fly）：LeCloux, Macdonald, Wilson, interviews.

347 マヤンも、誰かに座席を譲れるならば、喜んで譲りたいと思っていた（Mayan gladly would have given Joyce his seat）：Kathi Mayan, interview.

347 月曜日の朝、ミッシェルと……は（That Monday morning, Michelle）：Kovtonuk, interview.

348 約4時間後（About four hours later）：Court of Inquiry Report: Cockpit Voice Transcript, V-22 BUNO 163914 Mishap 20 July 20, 1992. The account of the flight is based on the Cockpit Voice Transcript and interviews with Macdonald and Wilson.

358 海兵隊総司令官であるカール・マンディ将軍は（The commandant, General Carl Mundy）：Schaefer, interview; Gorenstein, "Mission to Display."

363 無線で……連絡を受け（Alerted by radio）：Dodge, interviews. The description of the crash is based on a video of the mishap provided to the author by Bell Helicopter.

364 約30分後（A half hour or so later）：Macdonald, Wilson, interviews. Wilson recalled the dialogue.

367 その日の午後……電話が鳴った（It rang that afternoon）：Schaefer, interview.

367 最初にとった行動は……確保することであった（His first act was to seize）：Dodge, interview.

368 次の日、国防総省のスポークスマンである（The next day, Pentagon spokesman）：U.S. Defense

Department Regular Briefing, Briefer: Pete Williams, July 21, 1992.

368 その日の夕方……カート・ウェルダンと（That evening, Curt Weldon）：Congressional Record-House, July 21, 1992, p. H 6336.

368 ゲレンの言葉を借りれば（As Geren had told）：Barton Gellman, "Accident Is Latest Twist For Troubled Program," Washington Post, July 21, 1992.

369 航空の世界……において、墜落は初めてのことではない（Crashes were nothing new in aviation）：Geren, interview.

369 海軍のスキューバダイバーが……4号機を発見した（Navy scuba divers found Aircraft 4）：Court of Inquiry Report.

371 ミッシェル・ステシックは、夫のアンソニーを……埋葬した（Michelle Stecyk buried her husband）：Kovtonuk, interview.

371 11日後に控えた（Eleven days before）：Bob Torgerson, Weldon, interviews.

373 海兵隊が本当に必要としているのかどうかは断言できない（he wasn't sure the Marines really needed）：The Status of the V-22 Tiltrotor Aircraft Program, Hearing Before the Procurement and Military Nuclear Systems Subcommittee and the Research and Development Subcommittee of the Committee on Armed Services, House of Representatives, One Hundred Second Congress, Second Session, Aug. 5, 1992, p. 9.

373 海軍省から発表された（The Navy Department announced）：Memorandum for Correspondents No. 279-M, Navy Office of Information, Sept. 29, 1992.

373 残骸の分析（Analyses of wreckage）：Court of Inquiry Report.

377 その裁判は、10年近くにわたって続いた（In a case that lasted nearly a decade）：United States District Court for the Eastern District of Pennsylvania, Civil Action Nos. 94-cv-01818/04343/04343; United States Court of Appeals for the Third Circuit, Nos. 99-2030/99-2051.

377 クリントンは、オスプレイに対する賛意を表明した（Clinton endorsed the Osprey）："CLINTON: WHAT? NO TRIP TO THE ALAMO?," Hotline, Aug. 28, 1992.

377 9月……訪問したゴアは（In September, Gore visited）：Transcript provided to the author by Bell Helicopter.

378 その討論会から11日後（Eleven days after that debate）：U.S. General Accounting Office, Report to the Chairman, Committee on Armed Services, House of Representatives, Navy Aviation: V-22 Development-Schedule Extended, Performance Reduced, and Costs Increased, January 1994, p. 3.

378 ベル社とボーイング社が負担しなければならなかった（which had cost Bell and Boeing）：Tony Capaccio and Eric Rosenberg, "DCAA Audits Say Osprey Costs are Soaring As Technical Questions Persist," Defense Week, Dec. 9, 1991.

379 クエールが帰った後（After Quayle left）：Schaefer, interview.

第9章　もう一つの暗闇の時間（アナザー・ピリオド・オブ・ダークネス）

382 彼と3人のベル社の技術者たちは（He and three Bell engineers）：United States Design Patent US D453,317 S, filed Dec. 1, 2000, by John A. DeTore, Richard F. Spivey, Malcolm P. Foster, and Tom L. Wood. The Quad TiltRotor patent was assigned to Bell Helicopter Textron Inc. and granted Feb. 5, 2002.

382　スパイビーが……ジョーンズ大将にブリーフィングを行い（Spivey had briefed General Jones）：Spivey, Gen. (ret.) James L. Jones, interviews.

384　シャッファーとスウェーニーは……笑顔を交わした（Shaffer and Sweaney exchanged grins）Col (ret.) Jim Shaffer, interview.

385　「今世紀においても、そう頻繁にあることではありません」（"Every few decades"）：U.S. Department of Defense News Transcript, Tiltrotor Technology Presentation, Remarks As Delivered by Secretary of Defense William S. Cohen, The Pentagon, Washington, D.C., Wednesday, Sept. 8, 1999.

386　そのことを問いただす者はいなかった（No one asked Cohen to clarify）：U.S. Department of Defense News Transcript, Media Availability at Tilt-rotor Day with Secretary of Defense William S. Cohen, Sept. 8, 1999.

387　過去7年間（Over the past seven years）：Statistics on CH-46E Class A mishaps in fiscal years 1993-1999 provided to the author by the Public Affairs Office of the Naval Safety Center, Norfolk, Va.

387　１９９８年……チャールズ・クルーラック将軍は（In 1998, General Charles Krulak）：Hearings before the Committee on Armed Services, United States Senate, One Hundred Fifth Congress, Second Session, Feb. 5, 1998. Quoted in "Clippings: CMC Reports to Congress," Osprey Fax, Bell-Boeing Tiltrotor Team, vol. 9, no. 1, March 26, 1998.

389　オスプレイ1機の価格は、（the cost of each Osprey）：Inspector General Department of Defense Audit Report No. D-2000-174, V-22 Osprey Joint Advanced Vertical Aircraft, Aug. 15, 2000, (hereafter August 2000 IG Audit).

389　設計図の80パーセントが新しく書き換えられ（80 percent of the engineering drawings were new）：

Stanley W. Kandebo, "V-22 Team Lowering Osprey Production Costs," Aviation Week & Space Technology, Nov. 15, 1993, p. 58.

390 389 最も大きな違いの1つは（One of the biggest differences）：Hart, Byrne, interviews.

アルミニウム製のフレームは（Aluminum frames for the Osprey）：Stanley W. Kandebo, "V-22 Modifications Focus on Cost, Producibility," Aviation Week & Space Technology, May 22, 1995, p. 35.

390 43パーセントしか複合材料を使わなくなった新型のオスプレイは、もはや複合材料を主体とした航空機ではなくなった（no longer mostly composite, just 43 percent）：Bill Norton, Bell Boeing V-22 Osprey Tiltrotor Tactical Transport (Hinckley, U.K.: Midland, 2004), p. 52.

391 液晶ディスプレイの出現により（The advent of liquid crystal displays）："Situational Awareness Prompts Cockpit Redesign," Aviation Week & Space Technology, May 22, 1995, p. 38.

391 NAVAIR（海軍航空システム・コマンド）は……これらの設計変更を承認した（Navair approved the revamped design）：John Boatman, "Osprey final design is frozen in latest review," Jane's Defence Weekly, Jan. 21, 1995, p. 6.

392 391 3年後（Three years later）：Navair Chronology.

批評家たちは、それを……と批判し（Critics derided it）：Franklin C. Spinney and John J. Shanahan, "Great Idea! Buy First, Then Find Out If It Flies," Washington Post, Feb. 11, 2001, p. B1.

393 「自己展開能力」に関する要求性能は、1995年の時点では（As of 1995, the "self-deployment" requirement）：Operational Requirements Document (ORD) for the Joint Multi-Mission Vertical Lift Aircraft (JMVX), March 4, 1995, Serial Numbers: 384-88-94 (USN), AAS 48 (USMC), 02192I (SOC),

p. 5.

394　オスプレイ計画だけではなかった（The Osprey wasn't the only program）：William B. Scott, "New Global Pressures Reshape Flight Testing," Aviation Week & Space Technology, June 12, 1995, p. 62.

399　OPEVALの計画を書き上げた（wrote the OPEVAL plan）：Shaffer, interview.

400　MOTTの指揮官であるスウェーニーは……話していた（MOTT leader Sweaney talked）：Carol Sweaney, interview.

400　スウェーニーは……ロックを……使いたいと思っていた（Sweaney liked to use Rock）：Shaffer, interview.

402　日本の2つの会社が（In 1990, two Japanese companies）："Costs of Developing Civil Tilt-Rotor Reduce Chances of Japanese Role," Aviation Week & Space Technology, May 7, 1990, p. 57; "Lack of partners forces Ishida to abandon TW-68 tiltwing aircraft," Aerospace Daily, June 25, 1993.

404　NAVAIRと海兵隊は……1機を……送り込んだ（Navair and the Marines sent one）："'Realites' From Le Bourget," Aviation Week & Space Technology, June 19, 1995, p. 86.

405　マグナスの卒論には（In his thesis, Magnus）：Robert Magnus, "An Assessment of Civil Tiltrotor Market Potential," MBA thesis, Graduate School of Business, Strayer College, Washington, D.C., August 1992, p. 44.

407　米国だけではなく（Besides those in the United States）：Bell Helicopter Textron Inc. press handout, April 2000.

408　「何をやっていて……報告せよ」（"Tell us what it does"）：Shaffer, Lt. Gen. (ret.) Fred McCorkle, interviews.

409 11月、パタクセント・リバーでＯＰＥＶＡＬを開始したＭＯＴＴは（The MOTT started OPEVAL in November）：Combined Operational Test & Evaluation and Live Fire Test & Evaluation Report on the V-22 Osprey, Director, Operational Test & Evaluation, Department of Defense, Nov. 17, 2000, and author interviews with MOTT members.

416 その内容は、基本的なものであった（They asked fundamental questions）：Shaffer, interview.

416 マラーナを目的地とした４月８日の任務（The mission to Marana on April 8）：The account of the mission and crash at Marana is based on Judge Advocate General Manual Report of 21 July 2000, Investigation into the circumstances surrounding the Class "A" aircraft mishap involving an MV-22B Osprey BUNO 165436 that occurred on 8 April 2000 at Marana Northwest Regional Airport near Tucson, Arizona (hereafter Marana JAGMAN Report); "Nighthawk 71 Cockpit Video" and Transcript of Cockpit Voice Recording A/C 165433 8 April 00; and author interviews with Staff Sgt. (ret.) Julius Banks, Lt. Col. Anthony Bianca, Sgt. (ret.) Michael Moffitt, Rock, Lt. Col. (ret.) Jim Schafer, Shaffer, and Lt. Col. (ret.) Mike Westman.

435 スウェーニーには……経験があった（Sweaney had been through）：Paul Richter, "Osprey's Hopes and Heartbreak," Los Angeles Times, Feb. 19, 2001; Carol Sweaney, interview.

440 ウェストマンは、戸口に寄りかかりながら（Westman was leaning in the doorway）：Westman, interview. McCorkle confirmed the phone call and what he said to Sweaney but didn't recall hearing Westman's remark.

440 墜落の３日後（Three days after the crash）：U.S. Department of Defense News Transcript, DOD News Briefing, April 11, 2000.

442　マッコークルが記者会見を行った3日後（Three days after McCorkle briefed the press）："Doubts About the High-Risk Osprey," New York Times, April 14, 2000.

442　他の新聞は……終止符を打つことを求めた（Others called for an end）："Aircraft a lemon with wings," Milwaukee Journal Sentinel, April 10, 2000.

442　「悲惨な出来事でした」（"It's a terrible tragedy"）：Dan Hardy, "Osprey craft has seen some other troubles," Philadelphia Inquirer, April 10, 2000.

443　国防総省の記者会見室に再び立った（McCorkle was back in the Pentagon briefing room）：U.S. Department of Defense News Transcript, DOD News Briefing, April 20, 2000.

443　マッコークルは……部隊に訓示を述べた（McCorkle addressed the unit）：McCorkle, Banks, Col. J. T. Torres, interviews.

444　スウェーニーは……会議を招集した（Sweaney called a meeting）：Banks, Shaffer, Westman, interviews.

445　マッコークルは、上機嫌であった（McCorkle was in a good mood）：U.S. Department of Defense News Transcript, DOD News Briefing, May 9, 2000; McCorkle, interview.

450　7月27日、国防総省の記者会見室に再び立ったマッコークルは（McCorkle was back in the Pentagon press briefing room on July 27）：U.S. Department of Defense News Transcript, DOD News Briefing, July 27, 2000.

451　取り乱す以上に（Beyond being distraught）：McCorkle, Connie Gruber, interviews.

455 人生最後の日となる（On the last day）：Judge Advocate General Manual Report of 23 Feb 2001, Command Investigation into the Circumstances Surrounding the Class "A" Aircraft Mishap Involving a MV-22B Osprey, BUNO 165440, That Occurred on 11 December 2000 Near Jacksonville, North Carolina (hereafter New River JAGMAN Report); Carol Sweaney, interview.

455 「それが承認されると確信している……」（"I'm confident it should be approved"）：Robert Burns, "Marines Expecting New Aircraft OK," Associated Press, Nov. 30, 2000.

456 過去5ヵ月間にわたり（Over the past five months）：Shaffer, interview.

457 海兵隊地上部隊の多くの者たち（Many Marine Corps ground troops）Jones, interview.

457 「少しでも不安があったならば、……」（"If there was the slightest doubt"）：Ben Fox, "Marine Corps commandant takes first Osprey passenger flight since deadly crash," Associated Press, June 17, 2000.

458 その報告書は、海軍省は……と述べていた（The report said the Navy Department）：Inspector General Department of Defense Audit Report No. D-2000-174, V-22 Osprey Joint Advanced Vertical Aircraft, Aug. 15, 2000, (hereafter August 2000 IG Audit).

459 目標に全く届いていなかった（fallen well short of its targets）：OT&E OPEVAL Report. The statistics on the Osprey's mission-capable rates during the 1999-2000 OPEVAL and the characterization of its availability as "unsatisfactory" are taken from MV-22 OPEVAL (OT-IIE) Final Report Brief, Maj. A. J. Bianca, USMC, HMX-1 V-22 Operational Test Director, As given 11 Oct 2000 by Lt. Col. Keith Sweaney. The briefing was among documents provided to the author by Harry Dunn.

460 運用中の11機すべてのオスプレイは……飛行停止になっていた（all eleven Ospreys in use were

grounded)："Osprey aircraft to fly; CH-53 helicopters remain grounded," Associated Press, Sept. 5, 2000.

460 誰かがチェイニーに質問した（Someone asked Cheney）：Dan Hardy and Ralph Vigoda, "Hybrid craft under heavy scrutiny, Osprey under fire for crash history, other testing issues," Philadelphia Inquirer, Dec. 24, 2000.

460 ＮＡＶＡＩＲの最新の見積（Navair's latest estimate）：August 2000 IG Audit.

460 海軍のＯＰＴＥＶＦＯＲ（実用試験実施機関）が……承認した（the Navy's Operational Test and Evaluation Force declared）：U.S. Department of Defense News Release, MV-22 Declared Effective, Suitable for Land-Based Ops, Oct. 13, 2000.

461 11月17日、……自らの報告書を発簡した。（On November 17, he issued his own report）：OT&E OPEVAL Report.

462 現状に関するブリーフィングを聞いた後（After listening to a briefing）：Navair Chronology.

462 キース・スウェーニーが……オスプレイには、（The Osprey that Keith Sweaney）New River JAGMAN Report.

462 15時頃……を終えるとすぐに（About 3 P.M., not long after）：Katrina Sweaney, interview.

463 ２７１時間の飛行経験があるスウェーニーは（Sweaney had 271 flight hours）：New River JAGMAN Report.

464 ジュリアス・バンクス２等軍曹から……聞かされた（Staff Sergeant Julius Banks told them）Banks, interview.

465 這い出たダニバンは（Dunnivan climbed out）：Col. (ret.) Richard Dunnivan, interview.

466 17時39分、マーフィーとスウェーニーは（At 5:39 P.M., Murphy and Sweaney）：The account of the New River crash is based on the New River JAGMAN Report and author interviews with Banks, Dunnivan, Stevie Jarman, Sue Jarman, Moffitt, Rock, and Westman.

477 翌日の朝11時頃（The next morning at about eleven o'clock）：U.S. Department of Defense News Transcript, Lt. Gen. McCorkle Briefing on the Recent MV-22 Osprey Crash, Dec. 12, 2000.

481 電話に出た……友人は（A friend who answered the phone）：Carol Sweaney, interview.

481 ウォレスは、キャロル・スウェーニーに手書きの謝罪文を送った（Wallace sent Carol Sweaney a handwritten apology）：Photocopy provided to the author by Carol Sweaney.

482 マッコークルは……手紙を送りつけ（McCorkle fired off his own letter）：Howard Kurtz, "Marines Blast Mike Wallace for 'Insensitivity,'" Washington Post, Jan. 3, 2001.

483 最後の事故が起こる前から（Even before this latest crash）：Paul Gallagher, Cpl. (ret.) Clifford Carlson, interviews.

484 コイルが……4日後の11月21日（On November 21, four days after Coyle）：Report on the Investigation Concerning the Falsification of MV-22 Osprey Maintenance and Readiness Records, Inspector General Department of Defense, Dec. 11, 2000 (hereafter DOD IG Records Falsification Report).

485 海兵隊航空部隊の誰もが……知っていた（Everybody in Marine Corps aviation knew）：Dunnivan, Gen. (ret.) John R. Dailey, interviews. Others disputed the assertion that units had been "gaming" their reports, a description offered by Dunnivan. Dailey agreed with Dunnivan.

486 ＶＭＭＴ－２０４の可動率に対する要求（The disappointment with VMMT-204's readiness rate）：DOD IG Records Falsification Report.

488　カールソンは……録音のコピーを5つ作った（Carlson made five copies of his recording）：Carlson, interview.

492　彼らは、できるだけ早くそれを放送したかった（Now they wanted to get it on the air）：Gallagher, interview.

492　国防総省は……公表した（Afterward, the Pentagon issued）：U.S. Department of Defense News Release, "Marine Corps to Investigate Osprey Squadron," Jan. 18, 2001.

493　ウォレスは……出演した（Wallace appeared on the）：CBS News Transcript, CBS Evening News, Jan. 18, 2001.

494　将軍は、会見室からあふれんばかりの記者たちに向かって……と語った（He told the roomful of reporters）：U.S. Department of Defense News Transcript, Lt. Gen. Fred McCorkle Briefs on MV-22 Maintenance Allegation, Jan. 19, 2001.

495　翌日の金曜日（On Friday, the day after）：Robert Burns, "Officer admitted asking Marines to falsify Osprey records," Associated Press, Jan. 19, 2001.

496　次の朝……社説は（The next morning, an editorial）："Dangerous Deceptions on the Osprey," New York Times, Jan. 21, 2001.

496　その夜、ＣＢＳは……放送した（That evening, CBS broadcast）：CBS News Transcripts, 60 Minutes, Jan. 21, 2001.

499　その放送があった日の夜（The night after the broadcast）：NewsHour with Jim Lehrer Transcript, "Commandant James Jones," Jan. 22, 2001.

500　レーガン政権下で……フランク・ガフニーは（Frank Gaffney, a former Reagan）：Frank Gaffney,

"Osprey as Phoenix," The Washington Times, Jan. 23, 2001.

501 シカゴ・トリビューン紙の社説も……述べた（one in the Chicago Tribune saying）："Kill the Osprey before it kills again," Chicago Tribune, Jan. 23, 2001.

501 国防長官ドナルド・ラムズフェルドに……送った（sent Defense Secretary Donald Rumsfeld）：Robert Burns, "Marines cede control of Osprey probe to Pentagon's top investigator," Associated Press, Jan. 24, 2001.

501 ジョーンズ司令官は……声明を発表した（Jones issued a statement）：United States Marine Corps News Release, "DoD IG asked to assume investigative lead," Jan. 24, 2001.

501 副大統領のディック・チェイニーは……意見を求められた（Vice President Dick Cheney was asked）：ABC News Transcript, "Vice President Dick Cheney Discusses Washington Issues," This Week, Jan. 28, 2001.

502 アビエーション・ウィーク誌のある記事は……報じた（followed by an article in Aviation Week）：Robert Wall, "V-22 Support Fades Amid Accidents, Accusations, Probes," Aviation Week & Space Technology, Jan. 29. 2001, p. 28.

502 メンバーの1人であったドナルド・トランプも（Donald Trump, once a member）：Jonathan S. Landay and Peter Nicholas, "Congress wants review of Osprey; future funding could depend on findings," Knight Ridder Washington Bureau, Feb. 1, 2001.

第11章　暗黒の時代（ダーク・エイジ）

507 有名なビジネス書籍を出版した（He also had published a popular book）：Norman R. Augustine,

Augustine's Laws, (Reston, Va.: American Institute of Aeronautics and Astronautics, 1997).

507 委員長であるデイリーは……心配し続けていた（Commission chairman Dailey had worried）：Dailey, deLeon, interviews.

508 そこには……長い記事が掲載されていた（where he found a long article）：Carlton Meyer, "The V-22 Fiasco," http://www.g2mil.com/V-22.htmwww.g2mil.com/V-22.htm.

512 2月1日……協議委員会において（In a February 1 conference call）：Jennifer Autrey, "Congressman blames makers for V-22 crashes," Fort Worth Star-Telegram, Feb. 2, 2001.

513 これらの調査により、この種の事故には付きものなのであるが（The investigations found that, as so often）：New River JAGMAN Report; Naval Aircraft Mishap Report VMMT-204, Class A FM, 01-01, 11 Dec 00, MV-22B, 1654 40.

516 ブルーリボン委員会（政府任命の学識経験者による会議）は……発表した（the Blue Ribbon Commission had issued）：Report of the Panel to Review the V-22 Program, Department of Defense, April 30, 2001.

517 「……事故だったはずです」（"This was an accident that"）：Transcript, Open Meeting, Panel to Review the V-22 Program, March 9, 2001.

519 「この航空機は、役に立つ航空機である……」（"This aircraft can do the job"）：Otto Kreisher, "Osprey panel recommends continue program, but fix it first," Copley News Service, April 18, 2001.

520 結論を聞いたハリー・P・ダンは（When Harry P. Dunn saw）：Harry P. Dunn, interview.

520 オーガスティーンは、ダンからの電子メールをすべて読み（Augustine read all of Dunn's e-mails）：Norman R. Augustine, interview.

523 ダンは……長い電子メールをコイルに送った（Dunn sent Coyle a long e-mail）：Harry P. Dunn e-mail to Philip Coyle, Subject: V-22 Osprey-a Political Program-Save the Crewmembers!, Nov. 29, 2000.

523 「自分自身の健全性を維持するため」（"For your own integrity"）：Harry P. Dunn e-mail to Norman R. Augustine, Subject: Facts Not provided to Blue Ribbon, May 6, 2001.

523 オーガスティーンは、委員会は……ダンに伝えた（He told Dunn the commission）：Norman R. Augustine e-mail to Harry P. Dunn, Subject: Note from Norm Augustine, May 22, 2001.

524 ダンは……持っている、という電子メールを送った（Dunn e-mailed him that he had）：Harry P. Dunn e-mail to Pete Aldridge, Subject: Termination, May 11, 2001.

524 ３日後、ダンは……電子メールで送った（Three days later, Dunn e-mailed）：Harry P. Dunn e-mail to Pete Aldridge et al., Subject: Critical & Fundamental Flight Safety FLAW in V-22 design Compromise, May 14, 2001.

525 ドナルド・ラムズフェルド国防長官から、……と言われていたオルドリッジであった（Defense Secretary Donald Rumsfeld had told Aldridge）：Edward C. "Pete" Aldridge, interview.

525 ２００１年６月……オルドリッジは……送った（In June 2001, Aldridge sent Dunn）：Pete Aldridge e-mail to Harry P. Dunn, Subject: RE: Personal for Mr Aldridge, June 11, 2001.

526 ５月９日、共和党員のウェルダンは……発表した（On May 9, Republican Weldon announced）：Otto Kreisher, "Weldon reactivates tiltrotor caucus to save Osprey," Copley News Service, May 10, 2001.

527 「問題の元凶は、……」（"The problem we've had"）：Peter Nicholas, "Weldon battling for Osprey's future," Philadelphia Inquirer, May 14, 2001.

528 ６月７日、スパイビーは、古くからの友人である……電子メールを送った（On June 7, Spivey

e-mailed his old friend）：Dick Spivey e-mail to Harry P. Dunn, Subject: V-22, June 7, 2001, and Dunn reply of same date.

529 それをコピーしたダンは……送った（Dunn copied it and e-mailed it）：Harry P. Dunn e-mail to Dick Spivey, Subject: [no subject], July 3, 2001.

532 オスプレイの操縦も行った（He even flew the Osprey）：Arthur "Rex" Rivolo, interview.

539 「レックス……どんな根拠があるんですか?」（"Rex, what kind of proof"）：Spivey, Rivolo, interviews.

541 苦情を言った（complained about Leishman）：Spivey, Leishman, interviews.

642 ＮＡＳＡ委員会は……結論付けた（The NASA committee concluded）：Tiltrotor Aeromechanics Phenomena: Report of Independent Assessment Panel, November 2001, submitted to Naval Air Systems Command.

543 次の日、オルドリッジは……記者会見を開いた（The next day, Aldridge met）：U.S. Department of Defense News Transcript, Media Roundtable with Under Secretary Aldridge, Aug. 15, 2001.

544 米国による……航空攻撃が開始されてから４日後（Four days after the U.S. air strikes）：Maria Recio, "Osprey helicopter may become phoenix of Afghan retaliation," Fort Worth Star-Telegram, Oct. 11, 2001.

545 国防法案が成立した時（When the defense bills were finished）：2001 CQ Almanac, p. 7-7.

545 ハリー・ダンは、海軍に関する情報誌……読んだ（Harry Dunn read in the trade newsletter）："Aldridge expected soon to approve V-22 Osprey flight test plan," Inside the Navy, Dec. 17, 2001.

546 「辛く悲しいことです」（"It is hard and sad"）：Harry P. Dunn e-mail to Pete Aldridge, Subject: You and I both loose [sic]!, Dec. 17, 2001.

546 オルドリッジは……正式に発表した（Aldridge confirmed his decision）：U.S. Department of Defense News Transcript, Under Secretary Aldridge Briefing on DoD Acquisition Programs, Dec. 21, 2001.

548 海兵隊の監察官たちが（The Marine Corps inspector general's investigators）：Rock, Dunnivan, interviews; Mary Pat Flaherty and Thomas E. Ricks, "A Troubled Osprey Wounds the Corps," Washington Post, May 1, 2001.

548 監察官の報告では（The inspector general's report）：DOD IG Records Falsification Report.

第12章　不死鳥（フェニックス）

555 ダンが……記事を掲載した時（When Dunn published an article）：Harry Dunn, "We shouldn't put all the eggs in Osprey basket," Fort Worth Star-Telegram, Nov. 12, 2001; Paul Rock, Ronald S. Culp, and Richard H. Dunnivan, "Don't sell the V-22 short," Fort Worth Star-Telegram, Dec. 3, 2001.

560 ２００２年7月2日、ダンは、リボロに1通の電子メールを送った（On July 2, 2002, Dunn e-mailed Rivolo）：Harry P. Dunn e-mail to Arthur Rivolo, Subject: Re: V-22 Court of Inquiry-Report, July 2, 2002, and Rivolo reply of same date.

560 オルドリッジは……「国防著作者グループ」で……言った（Aldridge told the Defense Writers Group）：U.S. Department of Defense News Transcript, Secretary Aldridge Addresses The Defense Writers Group, Aug. 12, 2002.

563 正午過ぎ、……オスプレイは……滑走し、離陸した（Shortly after noon, their Osprey began）：Lt. Col. (ret.) Steve Grohsmeyer, Macdonald, Aldridge, interviews.

572 「モグラ（スパイ）」を見つけ（He had found）：Dunn, interview.

573 ある日の7時13分……電子メールを送った（One day at 7:13 A.M. he sent）：Harry P. Dunn e-mail to Pete Aldridge, Subject: PERSONAL Alert-IMMEDIATE Attention, April 17, 2002.

573 ダンは、オルドリッジに抗議の電子メールを送った（Dunn e-mailed Aldridge a protest）：Harry P. Dunn e-mail to Pete Aldridge, Subject: Goodbye-Check out The Center for Public Integrity, May 21, 2003.

574 2日後に……自らの決定について説明した（explained his decision two days later）：U.S. Department of Defense News Transcript, Under Secretary Aldridge Briefing on the Results of the Tanker Lease Agreement, May 23, 2003.

575 「1年間の厳格に監視された」（"A year of closely monitored"）Robert Wall, "More Phoenix Than Osprey," Aviation Week & Space Technology, May 26, 2003, p. 26.

578 ほどなくして、ハウは（Not long afterward, Hough）：Hough, Rock, Dunnivan, interviews.

581 戻ってから数ヵ月後のある日（A couple of months after they returned）：Rock, Brig. Gen. Glenn Walters, interviews.

583 その春、……10週間にわたって（Over ten weeks that spring）：V-22 Osprey Program Report on Operational and Live Fire Test and Evaluation, Office of the Director, Operational Test & Evaluation, The Pentagon, September 2005.

586 シーモアは……地上滑走し始めた（Seymour taxied his Osprey out）The author was among the passengers.

587 オスプレイ陣営は……見出しに歓喜の声を上げた（The Osprey camp loved headlines）：Otto Kreisher, "After Decades of Tragedy, Osprey May Be Ready for Combat," Copley News Service, July 15, 2005.

595 １５３名のアメリカ人……の犠牲を払いながら（At a cost of 153 American）：Bing West, No True Glory: A Frontline Account of the Battle for Fallujah (New York: Bantam, 2005).

595 スンニ派武装勢力の地対空ミサイルにより（Sunni insurgents used a surface-to-air missile）：Statement by Lt. Gen. George Trautman, Deputy Marine Corps Commandant for Aviation, during his V-22 Osprey news conference, 2008 Farnborough International Air Show, July 15, 2008.

597 と題する記事を発表した（published a report titled）：Lee Gaillard, "V-22 Osprey: Wonder Weapon or Widow Maker?," Center for Defense Information, Washington, D.C., 2006.

597 覚書も引用されていた（It also cited a memo）：Memorandum for: Mr. Thomas Carter, DOT&E, From: A. Rex Rivolo, Subject: Lingering Safety Concerns Over V-22, 17 November 2003.

598 国防著作者グループ……言った（told a Defense Writers Group）：Defense Writers Group Transcript, General James Conway, U.S. Marine Corps Commandant, March 14, 2007.

600 その表紙には……掲げられていた（Its cover boasted）：Mark Thompson, "Flying Shame," Time, Oct. 8, 2007.

602 その手紙は、その雑誌……に掲載された（The magazine published his letter）"Letters to the Editor," Time, Nov. 5, 2007.

606 フェイビスオフ大尉ともう1人のパイロット（Captain Faibisoff and another pilot）：U.S. Department of Defense News Transcript, U.S. Marine Corps, Deputy Commandant, Aviation Lt. Gen. George Trautman, May 2, 2008.

616 哀愁に満ちたスピーチが行われた（There were nostalgic speeches）：Video provided to the author by Brett Spivey.

617 その寄贈に関する報道の中で（In a story on the donation）：Katie Fairbank, "XV-15 flies into history," Dallas Morning News, July 12, 2003.

617 ＶＭＭ－２６３がイラクに向かう直前に（Just before VMM-263 went to Iraq）：Dick Spivey e-mail to the author and others, June 15, 2007.

エピローグ

621 事故から10年後（A decade to the day after the disaster）：Aircraft Accident Investigation, CV-22B, T/N 06-0031, Near Qalat, Afghanistan, 9 April 2010 (L), 8th Special Operations Squad-ron, 1st Special Operations Wing, Hurlburt Field, Florida, http://www.afsoc.af.mil/shared/media/document/AFD-1ch0915-ch04.pdf, Dec. 16, 2010.

622 ハーベルは……空軍から退役した（Harvel retired from the Air Force）：Author interview with Brig. Gen. (Ret.) Don Harvel, Dec. 20, 2010.

623 ヘリコプターの損失や人員の死亡が頻繁に発生していた（The frequency of helicopter and personnel losses）：2ch06 Department of Defense Study on Rotorcraft Survivability.

623 概ね同じ期間に（Over roughly the same period）：Naval Air Systems Command e-mail reply to questions from the author, Sept. 2, 2010.

624 オスプレイは……隠れ潜む場所に飛び込むようなことをしなかった（the Osprey wasn't flying into ambushes）：Author interview with Lieutenant Colonel Robert Freeland, Aviation Plans, Weapons 52, Medium Lift Requirements Officer, Headquarters Marine

626 国防総省は……締結した（the Pentagon awarded）：U.S. Department of Defense Contract Announcement,

March 28, 2ch05.

626 最初の契約からの総費用は（Calculating from the first contract）：U.S. Department of Defense Selected Acquisition Reports, Program Acquisition Cost Summary, Sept. 30, 2010. Co-Chairs' Proposal, 11.10.10 Draft Document, National Com-mission on Fiscal Responsibility and Reform.

627 オスプレイそのものについては言及することなく（Without commenting on the Osprey）："Gates Warns Against Defense Cuts," Wall Street Journal, Nov. 16, 2010.

627 「私は、ティルトローター機が……信じているのです」（"I really do believe that tiltrotor aviation"）：Report of Bolden visit on NASA Aviation Division web site, http://www.aviationsystemsdivision.arc.nasa.gov/news/highlights/af_highlights_201ch0615.shtmlwww.aviationsystemsdivision.arc.nasa.gov/news/highlights/af_highlights_201ch0615.shtml#hilite1.

628 「我々の将来は……信じています」（"We believe the future"）：AgustaWestland press briefing, Heli-Expo 2ch06, Anaheim, Calif., Feb. 21, 2ch06.

文献目録

The AAF Helicopter Program. Study No. 222, compiled by Historical Division, Intelligence, T-2, Air Materiel Command, Wright Field, October 1946. Declassified 1950, U.S. Army Air Force.

The Aircraft Year Book for 1919. Manufacturers Aircraft Association Inc. Reprint issued 1989 by the Aerospace Industries Association.

Ambrose, James R. 13 May 1983 Memorandum for Director of the Army Staff, Subject: Army Withdrawal from JVX Program.

———. "Convertaplane: Key to Speed Range." Aviation Week, April 12, 1948.

Beckwith, Col. Charlie A. (ret.) and Donald Knox. Delta Force. New York: Avon, 1983.

"Bell's XV-3." Aerophile 2, no. 1 (June 1979).

Binkin, Martin, and Jeffrey Record. Where Does the Marine Corps Go from Here? Washington, D.C.: Brookings Institution, 1976.

Blake, Bruce B. "Research and Development at Boeing Helicopters." Vertiflite, May/June 1988.

Bowden, Mark. "The Desert One Debacle." Atlantic Monthly, May 2006.

Brown, David A. The Bell Helicopter Textron Story: Changing the Way the World Flies. Arlington, Texas: Aerofax, 1995.

Campbell, John P. Vertical Takeoff & Landing Aircraft. New York: Macmillan, 1962.

Charnov, Bruce H. From Autogiro to Gyroplane: The Amazing Survival of an Aviation Technology. Westport, Conn.: Praeger, 2003.

Creech, Col. Jim, USMC (ret.) "The Tilt-Rotor MV-22 Osprey, Transport Vehicle of the Future," Amphibious Warfare Review, Fall/Winter 1986.

———. "Company representatives vie for funds in the 1980 defense budget." Business Week, Feb. 12, 1979.

Department of Defense Authorization Act, 1982, Conference Report 97–311, 97th Congress, 1st Session., Nov. 3, 1981.

Department of the Navy. Aircraft Mishap Involving V-22 Osprey Aircraft Number Five That Occurred on 11 Jun 91 at Boeing Helicopter Flight Test Facility, Greater Wilmington DE Airport. Naval Air Systems Command memorandum dated March 2, 1992.

Dörfer, Ingemar. Arms Deal: The Selling of the F-16. New York: Praeger, 1983.

Eisenstadt, Steven. "Unusual Rebuttal by Bell-Boeing Challenges House Panel's V-22 Osprey Report." Defense News, April 14, 1986.

First Convertible Aircraft Congress Proceedings. Institute of the Aeronautical Sciences, New York, 1949.

Flanagan, LTC Robert M. "The V-22 Is Slipping Away." U.S. Naval Institute Proceedings, August 1990.

Fleming, William A., and Richard A. Leyes. The History of North American Small Gas Turbine Aircraft Engines. Washington, D.C.: Smithsonian Institution, 1999.

Ganley, Michael. "Are Marines Heading to the 1990s with the Wrong Equipment Mix?" Armed Forces Journal International, April 1986.

———. "Hill Criticism of V-22 Osprey Program Prompts Sharp Response from USMC." Armed Forces Journal International, May 1986.

Gerard Post Herrick Collection, Historical Note, National Air and Space Museum Archives.

"G. P. Herrick Dies; Aircraft Expert." New York Times, Sept. 10, 1955.

"Groves Says Annihilation Threatens U.S." Philadelphia Inquirer, Dec. 10, 1949.

Healey, Melissa. "Warplane Survives Attacks." Los Angeles Times, Nov. 29, 1990.

Hearings before the Committee on Military Affairs, House of Representatives, Seventy-fifth Congress, Third Session, on H.R. 8143, to authorize the appropriation of funds for the development of the Autogiro, April 26, 27 , 1938. Washington, D.C.: U.S. Government Printing Office, 1938.

"Helicopter Expert Tells Off Research." Philadelphia Inquirer, Oct. 30, 1938.

Herrick, Gerard P. "The Herrick Vertoplane." Aviation Engineering, January 1932.

———. "Half Helicopter, Half Airplane." Mechanix Illustrated, June 1943.

———. "Record of Invention." May 8, 1949. Gerard Post Herrick Collection, National Air and Space Museum Archives.

———. A Request In The Form Of A Proposal With Regard To Obtaining Certain Data Concerning The Performance Of The Herrick Convertible Airplane Which For Convenience Is Styled "Vertoplane." Gerard Post Herrick Collection, National Air and Space Museum Archives.

Hoffman, Jon T. Chesty: The Story of Lieutenant General Lewis B. Puller, USMC. New York: Random House, 2001.

Holley, Irving Brinton Jr. Buying Aircraft: Matériel Procurement for the Army Air Forces. Office of the Chief of Military History, United States Army, Washington, D.C., 1964.

Joint Advanced Vertical Lift Aircraft (JVX) Joint Services Operational Requirement (JSOR), Dec. 14, 1982.

Judge Advocate General Manual Report 5830 B 0525 of 21 July 2000, Investigation into the circumstances surrounding the Class "A" aircraft mishap involving an MV-22B Osprey BUNO 165436 that occurred on 8 April 2000 at Marana Northwest Regional Airport near Tucson, Arizona.

Kelley, Gen. P. X. 10 Sept. 1981 Memorandum for the Secretary of the Navy, Subject: Rotary Wing Aircraft Development.

———. 28 Sept. 1981 Memorandum for the Record, Subject: HXM Conversation with the SecNav, 24 September 1981.

Kimmel, Lewis H. Federal Budget and Fiscal Policy 1789–1958. Washington, D.C.: Brookings Institution, 1959.

Krulak, Victor H. First to Fight: An Inside View of the U.S. Marine Corps. Annapolis, Md.: U.S. Naval Institute, 1984.

Kurtz, Suzanne. "Semper Chai: General Robert Magnus." Hillel Campus Report, March 4, 2007.

Lynn, Robert R. "The Rebirth of The Tiltrotor—The 1992 Alexander A. Nikolsky Lecture." Journal of the American Helicopter Society 38, no. 1 (January 1993).

Maisel, Martin D., Demo J. Giulianetti, and Daniel C. Dugan. The History of the XV-15 Tilt Rotor Research Aircraft From Concept to Flight. Monographs in Aerospace History #17, The NASA History Series. Washington, D.C.: National Aeronautics and Space Administration, 2000.

Mark, Hans, and Robert R. Lynn. "Aircraft Without Airports—Changing the Way Men Fly." Vertiflite, May/

June 1988.
Martin, David C. "New Light on the Rescue Mission." Newsweek, June 30, 1980, pp. 18–20.
McCutcheon, Lt. Gen. Keith B., USMC. "Marine Aviation in Vietnam, 1962–1970." U.S. Naval Institute Proceedings, Naval Review, 1971.
McLarren, Robert. "Convertaplane Interest Grows Fast." Aviation Week, Dec. 26, 1949.
Mayer, Allen J., et al. "Fiasco in Iran." Newsweek, May 5, 1980.
Millett, Allan R., and Peter Maslowski. For the Common Defense: A Military History of the United States of America. New York: Free Press, 1994.
Montross, Lynn. "U.S. Marine Combat Helicopter Applications." Journal of the American Helicopter Society 1, no.1 (January 1956).
Moore, Lt. Gen. Harold G. (ret.), and Joseph L. Galloway. We Were Soldiers Once . . . And Young. New York: Random House, 1992.
Moskin, J. Robert. The U.S. Marine Corps Story. 3rd revised edition. Old Saybrook, Conn.: Konecky & Konecky, 1992.
Nighthawk 71 Cockpit Video and Transcript of Cockpit Voice Recording A/C 165433 8 April 00.
Norton, Bill. Bell Boeing V-22 Osprey Tiltrotor Tactical Transport. Hinckley, U.K.: Midland, 2004.
Pattillo, Donald M. Pushing the Envelope: The American Aircraft Industry. Ann Arbor: University of Michigan Press, 1998.
Proceedings of the Rotating Wing Aircraft Meeting. Philadelphia Chapter, Institute of the Aeronautical Sciences, 1938.

Prouty, R. W. "From XV-1 to JVX—A Chronicle of the Coveted Convertiplane." Rotor & Wing International, February 1984.

———. Helicopter Aerodynamics. Mojave, Calif.: Helobooks, 2004.

Rich, Ben R., and Leo Janos. Skunk Works. Boston: Little, Brown, 1994.

Roman, Alfred I. "Designed for Conversion." American Helicopter, February 1949.

Rosenstein, Harold, and Ross Clark. "Aerodynamic Development of the V-22 Tilt Rotor." Paper No. 14, Twelfth European Rotorcraft Forum, Garmisch-Partenkirchen, Germany, Sept. 22–25, 1986.

"Rotary Wings Touted For Fool-Proof Plane." Philadelphia Inquirer, Oct. 28, 1938.

Second Convertible Aircraft Congress Proceedings. Institute of the Aeronautical Sciences, New York, 1952.

Sedivy, Dean G. Bureaucracies at War: The V-22 Osprey Program. Executive Research Project, The Industrial College of the Armed Forces, National Defense University, Fort McNair, Washington, D.C., 1992.

Sikorsky, Sergei. "Rotary-wing revolution." Professional Pilot, November 2003.

Smith, Danny Roy. "The Influence of Contract Type in Program Execution/V-22 Osprey: A Case Study." Naval Postgraduate School, Monterey, Calif., December 1989.

Smith, Hedrick. The Power Game: How Washington Works. New York: Ballantine, 1989.

Smith, Maj. Gen. Perry M., USAF (ret.). Assignment: Pentagon—How to Excel in a Bureaucracy. 3rd ed. Washington, D.C.: Brassey's, 2002.

Spenser, Jay P. Whirlybirds: A History of the U.S. Helicopter Pioneers. Seattle: University of Washington Press, 1998.

Technology Assessment of Capability for Advanced Joint Vertical Lift Aircraft (JVX). Summary Report,

Analysis and Preparation Chaired by AVRADCOM, May 1983.

Tyler, Patrick. Running Critical: The Silent War, Rickover, and General Dynamics. New York: Harper & Row, 1986.

West, Bing. No True Glory: A Frontline Account of the Battle for Fallujah. New York: Bantam Dell, 2005.

Wright, Orville Jr., letter to J. Franklin Wilkinson, September 25, 1936. Copy provided to the author by Canadian Mountain Holidays CMH Heli-Hiking, Banff, Canada.

Young, Arthur M. The Bell Notes: A Journey from Physics to Metaphysics. New York: Delacorte Press, 1979.

訳者あとがき

平成27年のある日のこと、当時、陸上自衛隊補給統制本部の一員としてオスプレイ導入業務に携わっていた私は、ＦＭＳ（対外有償軍事援助）による日本向けオスプレイの供給を担任しているＮＡＶＡＩＲ（海軍システム・コマンド）のオスプレイ・チームのメンバーたちと一緒に食事を楽しんでいました。彼らを率いていたのは、いかにも米国人らしく常に明確に意見を述べる極めて聡明な女性でした。その彼女に本書の原書である「ザ・ドリーム・マシーン」を読んでいることを話した時、彼女は、隣の若い部下に向かってこう言ったのです。「それは、私たちオスプレイに関わる仕事をする者が必ず読むべき本なのよ」その時、私は、自分がオスプレイに関する知識を得るために、この本を読んでいたことが間違いではなかったと確信したのです。

かつて、ブラック・ホークの陸上自衛隊への導入に際し、米陸軍の整備課程に入校するなど、数々の貴重な経験をさせてもらってきた私は、過去15年以上にわたって、米軍の航空関連雑誌の記事を翻訳し陸上自衛隊航空科職種の部内誌に投稿するという活動を続けていました。その理由は、仲間たちが米軍の情報を理解するのを手助けしたかったし、後輩たちが英語を勉強するきっかけにして欲しかったこともありましたが、何よりも、自分自身が翻訳を好きだったからでした。ただし、本書のように長編の物語を翻訳したことは、これまでなかったのです。そんな私が、無謀にも、原書では４５０ページ以上、翻訳すると７００ページ以上に及ぶこの本を翻訳し、出版することを自分のドリームにしたきっかけは、彼女からのその言葉だったのです。

それ以来、仕事の合間を見ては、本書の翻訳作業に没頭してきました。特に、自衛隊を定年退職してからは、その作業を何よりも優先して行ってきました。それは、私がこれまでの自分の人生の中で取り組んできたいかなる作業よりも、はるかに根気のいるものでした。このため、初めの頃は、この作業を最後までやり遂げる自信が全くなかったのです。それでも、翻訳を始めてから半年ほどで、3分の1くらいの下訳が終わると、「これは、ひょっとすると最後までやり切れるかもしれない」と思えるようになりました。

ただし、そのためのモチベーションを維持するためには、「これをやり切ったら、必ず出版できる」という確証が必要でした。近年では、電子出版などの普及により、自ら書いた本を出版することが、以前に比べてはるかに容易になっています。しかし、既に外国で出版されている本を翻訳し出版するためには、著作権の取得が必要であり、そのためには、複雑な交渉や手続きが必要なのです。そこで、(今にして思うと、これも極めて無謀なことでしたが)本書の著者であるウィットル氏に直接電子メールを送り、私が「ザ・ドリーム・マシーン」を翻訳・出版することについて、許可を頂けるようにお願いしてみたのです。奇跡的に幸運なことに、ウィットル氏は、私の願いを受け入れ、エージェントを通じた契約の締結に協力してくれました。その後、その手続きを請け負ってくれる日本側の出版社を探すのにやや苦労しましたが、鳥影社が自主出版の形で引き受けてくれました。私のドリームは、その実現に向けて大きく前に進み始めたのです。

ウィットル氏に宛てた私のメールを読み返すと、「私は、あなたの『ザ・ドリーム・マシーン』を最も適切に翻訳できる日本人のひとりである」と書いています。今にして思うと、それは明らかに誇張でした。実のところ、私は、オスプレイや航空機の調達に関するある程度の経験や知識こそあるかもしれませんが、その英語力はこんな大作を翻訳出版するには実に心もとないレベルなのです。しかし、私は、そのくらいの誇張をしても、許されることだと思っていましたし、今でもそう思っています。なぜならば、この素晴らしい本を翻訳し、出版することを「他に誰もやろうとしなかった」からです。

結局、本書の翻訳には、約2年間かかってしまいました。その作業が終盤を迎えていた平成29年8月、米海兵隊のオスプレイがオーストラリア沖で墜落し、3名の海兵隊員が亡くなるという事故が発生しました。そして、その数日後、今度は米陸軍のブラック・ホークがハワイ沖で墜落し、5名の陸軍兵士が死亡しました。この2つの墜落事故の日本での報道のレベルには、大きな差がありました。言うまでもなく、オスプレイについては、大々的に報じられる一方で、ブラック・ホークについてはほとんど報じられることがなかったのです。このことは、日本でのオスプレイをめぐる世論の厳しさを改めて示すことになりました。

平成30年の後半には、陸上自衛隊へのオスプレイ導入が予定されていますが、それは、本書に描かれている暗黒の時代（ダークエイジ）に匹敵する厳しい環境の中で行われなければならないことを覚悟しなければなりません。本書の原書が出版された平成22年当時は、オスプレイが灰の中からよみがえり、ティルトローターの将来にも希望の光が見え始めた頃でした。ただし、それから7年が経過しようとしていますが、それらは、必ずしも当時の予想のどおりには進捗していません。ここで、その間のオスプレイやその他のティルトローターをめぐる動向について、簡単に紹介しておきたいと思います。

2011年11月、ベル社とアグスタウェストランド社が共同開発していたBA609の開発所有権がベル社からアグスタウェストランド社に移管され、航空機の名称もＡＷ６０９へと改められた。

２０１２年４月11日、米海兵隊のＭＶ－22Ｂがモロッコで離陸直後に墜落、２名が死亡した。低速状態でエンジン・ナセル角度を規定以上に前傾させたことが原因であった。

２０１２年６月13日、米空軍のＣＶ－22Ｂがフロリダ州で旋回中に急降下し、落着した（死亡者なし）。先行機の後方乱流に入ったことが原因であった。

２０１３年４月、ＦＶＬ（将来型垂直離着陸機）計画に関し、ベル社がＶ－２８０ヴェイラーと呼ばれるティルトローター機の設計概要を発表した。

２０１５年５月５日、米国務省が17機のＭＶ－22ＢブロックＣを日本に売却する事を承認し、同年７月14日、平成27年（２０１５年）度予算分の最初の５機を３億３２５０万ドル（約４１０億円）で購入する事に日本が合意したことが発表された。

２０１５年５月17日、米海兵隊のＭＶ－22Ｂがハワイ・オアフ島で着陸時に墜落し、１名が死亡した。エンジンが砂塵を吸い込み、出力低下に陥ったことが原因であった。

２０１５年10月30日、アグスタウェストランド社のＡＷ６０９がイタリアで試験飛行中に墜落し、２名が死亡した。

２０１７年８月５日、米海兵隊のＭＶ－22Ｂがオーストラリア沖で着艦時に墜落し、３名が死亡した。事故原因は調査中である。

２０１７年12月、ベル社のＦＶＬ候補機であるＶ－２８０ヴェイラーが初飛行に成功した。

原作者であるウィットル氏は、本書の中でオスプレイの良いことと、悪いことの双方をとり上げ、それらの事実に自分自身を語らせようとしました。本書の標題である「ドリーム・マシーン」の「ドリーム」は、「素晴らしい性能を持つ」というような良いイメージだけではなく、「実現するわけのない」というような悪いイメージも持つ言葉として使われているのです。私も、原作者の方針に従って翻訳作業を行うように努めたつもりです。それでも、例えば、副題の「ノートリアス（悪名高き）」をどう訳すかは、まがりなりにもオスプレイの導入に携わっていた者として大いに悩みました。結果的には、オスプレイを何とか擁護したいという自分の気持ちを押さえつけ、そのまま直訳することにしました。その方が、本書を読む方に、このドリーム・マシーンに関わる事実を正しく認識してもらえると考えたからです。

本書に描かれている、米国でのオスプレイの開発や装備化の間に生起した数々の問題は、私の経験に基づけば、日本でも起こりうることばかりです。陸上自衛隊が米海兵隊のような悲劇に見舞われないためには、米国におけるオスプレイの負の歴史を正しく認識することが非常に重要だと思っています。

本書が、オスプレイの導入に賛成する人にとっても、反対する人にとっても、事実に基づいた実りのある議論を行い、悪名高きオスプレイが日本でも同じような悲劇を繰り返さないようにするために、ほんのわずかでも役立てば幸いです。

平成29年12月

日の丸オスプレイが日本の空を羽ばたく日を夢見て

影本　賢治

索　引

【数字】

【アルファベット】

【あ行】

【か行】

【た行】

【な行】

【は行】

【わ行】

〈著者紹介〉
RICHARD WHITTLE（リチャード・ウィッテル）
「Dallas Morning News（ダラス・モーニング・ニュース）」紙に22年間米国防総省に関する記事を掲載し続けるなど、30年以上にわたって軍事および航空に関する諸作を発表。
ワシントンDC在住。

〈訳者紹介〉

影本　賢治（かげもと　けんじ）

陸上自衛隊航空科職種の整備幹部として、米陸軍機関誌の翻訳、オスプレイの装備化などに関わる業務に従事。

退職後は、ウェブサイト「AVIATION ASSETS（アビエーション・アセット）」を運営し、米軍機関誌の翻訳記事などを掲載中。

北海道旭川市在住。

ドリーム・マシーン
悪名高きV-22オスプレイの知られざる歴史

定価（本体 3200円+税）

乱丁・落丁はお取り替えします。

2018年　8月　21日初版第1刷印刷
2018年　9月　2日初版第1刷発行
著　者　リチャード・ウィッテル
訳　者　影本賢治
発行者　百瀬精一
発行所　鳥影社（www.choeisha.com）
〒160-0023　東京都新宿区西新宿3-5-12トーカン新宿7F
電話　03（5948）6470, FAX 03（5948）6471
〒392-0012　長野県諏訪市四賀 229-1（本社・編集室）
電話 0266（53）2903，FAX 0266（58）6771
印刷・製本　モリモト印刷

ISBN978-4-86265-686-5　C0053